PHP MVC 开发实战

李开涌　编著

机 械 工 业 出 版 社

MVC 是一种先进的开发模式，能够解决团队开发之间协同配合的问题，使得网站各部件以更高的效率运行。MVC 模式将网站分为 3 大部件，分别为模型、视图、控制器。这 3 大部件各自分离，但又相互依存，最终形成了一个容易维护、容易扩展、高效运行的网站平台。对于后台程序员，借助于 MVC 模式就可以更加专注于功能的实现，而不需要太多地涉及页面与前端。这种分工协作的最终目的是提高开发效率及项目质量。对于个人项目，也许在其他编程技术（例如 Java、Python）中，MVC 模式并没有优势，但在 PHP 中，由于支持混合编程，所以使用 MVC 模式进行编程，能显著提高工作效率。

本书是国内第一本专门介绍 PHP MVC 开发模式的图书，全书围绕 MVC 实现思路进行细致的讲解。通过 MVC 编程模式，以点带面，全面深入探讨 PHP 核心技术。同时，本书也是一本深入介绍利用 PHP 构建高性能网站的图书，通过 MVC 的数据库中间件，可以轻松实现网站群体、读写分离等高级应用，本书在此基础上还会进一步介绍当前流行的 NoSQL 应用、全文搜索应用等。最后，作者通过一个自行编写的 MVC 框架，引导读者开发属于自己的 PHP MVC 框架。

本书内容通俗易懂、示例形象，适合广大的 Web 从业人员阅读。由于 PHP 非常简单、易用，所以就算是未接触过 PHP 的读者或者初学者，只要掌握了基础的面向对象编程思想就可以轻松上手。

图书在版编目（CIP）数据

PHP MVC 开发实战 / 李开涌编著. —北京：机械工业出版社，2013.6（2017.1 重印）

ISBN 978-7-111-42852-7

Ⅰ. ①P… Ⅱ. ①李… Ⅲ. ①PHP 语言—程序设计 Ⅳ. ①TP312

中国版本图书馆 CIP 数据核字（2013）第 125415 号

机械工业出版社（北京市百万庄大街 22 号　邮政编码 100037）

策划编辑：时　静

责任编辑：时　静

责任印制：李　洋

三河市宏达印刷有限公司印刷

2017 年 1 月第 1 版 · 第 3 次印刷

184mm×260mm · 38.75 印张 · 961 千字

4501－5700 册

标准书号：ISBN 978-7-111-42852-7

定价：98.80 元

凡购本书，如有缺页、倒页、脱页，由本社发行部调换

电话服务	网络服务
服务咨询热线：（010）88361066	机 工 官 网：www. cmpbook. com
读者购书热线：（010）68326294	机 工 官 博：weibo. com/cmp1952
（010）88379203	教育服务网：www. cmpedu. com
封面无防伪标均为盗版	金 书 网：www. golden-book. com

前 言

我的编程之路

我本身是学习动画设计的，一次偶然的机会，接触到了计算机编程。记得那是 2003 年的时候，我刚拥有自己的第一台计算机，通过老师的介绍，学会了上网。那年暑假，在广州的计算机城购买了一套洪恩教育软件，认识了网页编程。那时的网页编程技术主流的是 ASP，由于 ASP 简单、易学，很快我就使用 ASP 技术构建了我的第一个网站（名称叫木棉休闲站，现已关闭），我的网站主要介绍天文知识，由于那时的 ASP 空间很贵，而且多数都不支持 FSO 组件，所以在实现图片上传时都是原图上传的（没有压缩等前期处理），随着访问人气的越来越高（大约 30 个请求量），很快网站就挂了。

后来我应聘到一家楼盘做网络管理员，并且负责文案录入，期间接触到了 Apache 服务器。我发现其网站后台也是使用 Web 设计的，可以对图片进行前期的压缩、裁剪、加水印等操作，而且单一服务器竟然轻松应对 1000 个以上请求量，而对外提供查询服务的正是 PHP 脚本。于是每到周末，我就到广州购书中心苦寻有关 PHP 的书籍，但是那时的 PHP 资料非常少，多数都是关于 JSP 以及 ASP 的。

2004 年初，随着国内网络的普及，很快网络上就活跃了一批开源爱好者，他们乐意将自己的学习成果分享到网络上，也就从那时起，我接触到了 PHP。由于早期的 PHP 在语法上与 C 很相似，所以我很快就上手了（在学校时我业余学习过 C 语言）。大约学习了 3 个月，PHP 的常见功能几乎能够运用自如了，与很多初学者一样，感觉 PHP 原来这么简单。

随着 Web 2.0 的到来，那时大兴 Flash 动画之风，我花了 9 个月时间使用 PHP＋Flash 技术重写了木棉网（即前木棉休闲站），提供了在线制作大头贴的功能，并且允许将大头贴发布到论坛及 QQ 空间上，从而有效地积累了一批用户。也正因为这些经历，让我意识到了设计模式的重要性。

2006 年，为了给木棉网添加一个讨论区，我花了 3000 元钱购买了一套基于 ASP.NET 的论坛程序。论坛是搭建起来了，但是因为 PHP 与 C#之间的差异性，论坛并没有很好地为用户提供服务（例如账号不同步，帖子内容不能与文章内容交互等）。于是那年 5 月，我决定推倒重来，苦心学习 C#，而这样做的目的仅仅是为了让系统账号同步。

由于专注于学习，并没有多余的精力管理网站，所以很快网站人气就下来了，直到 2007 年，遗憾地关闭了网站。在学习 ASP.NET 编程的这段日子里，我重新审视了 PHP 开发模式，并且将 ASP.NET 中广泛应用的类工厂设计模式引入到了 PHP 开发中。结合 Smarty 模板引擎，能够很好地实现分层设计思路，这成为我后来开发 PHP 产品的主要设计模式。

2009 年暑假，我当时参与设计的产品是基于 Windows CE 的图书管理系统，终端界面使用 C#技术，而后台就是使用熟悉的 LAMP 组合。其中开发模式使用 Zend Framework 编程框架，我主要的工作就是编写 SOAP 服务，当时首选的技术方案是 ASP.NET，因为在 ASP.NET 中，创建 SOAP 服务是最简单及快速的方式，但考虑到成本及后期扩展等原因，最终放弃了该方案，而是使用了 Zend Framework 的 SOAP 功能组件。也就从那时起，我就对 PHP MVC 开发模式产生了浓厚的兴趣，我发现 PHP MVC 模式与之前经常采用的类工厂模式非常类似，但 MVC 分层更加彻底及明确，而且 MVC 框架都是单一入口的，所以无论是在调试还是后期维护方面，都为程序员提供了极高的灵活性。为此我试图寻找一款更加适合在中文环境下使用的 MVC 框架（Zend Framework1.x 对中文支持不好），所以认识了国内比较早的 FCS（即 ThinkPHP 早期版本）。

一转眼就过去几年了，相信阅读本书的读者与我一样，都是出于对编程的热爱才自学 PHP 的。每个人从自学到所谓的高手，都会经历着一翻波折，有些是必要的，有些则是完全没必要的。为此我将个人的编程经历写出来与读者分享，希望能够帮助读者从中找到适合自己的编程道路。总而言之，编程是枯燥的，但也是快乐的，当你在编程中把原本复杂的问题一一解开，喜悦的心情不用我多言，相信读者也能够感受得到。

目前我主要从事移动开发及云技术开发，参与开发的商业产品有“丽物收购站管理系统”、“海晨酒店管理系统”，这些产品都是终端采用 C#，后台使用 LAMP 组合。此外还开发了一个 Windows Phone 休闲游戏。虽然工作辛苦，但能够看着自己的代码服务于社会，这是莫大的鼓励。

本书的写作背景

当前市面上很多 PHP 图书，都是以介绍 PHP 基础为重点的，例如 PHP 语法、函数等。我身边的一些朋友，在阅读 PHP 图书时，都会发出“书怎么那么厚？”的疑问。这直接给读者 PHP 很高深、很难学的印象。事实上，PHP 是一门简单易懂的语言，它的函数命名方式非常形象化，只需要具备一点英文基础，就能够读懂其含义。借助于主流的 IDE 工具，就算没有计算机编程基础的读者也能够迅速上手，所以说到底 PHP 没有那么复杂。

当然，并不是说 PHP 的基础不用学，事实上任何的计算机编程技术，入门的课程还是需要牢固掌握的，例如语法、结构、运行原理等。但是，由于 PHP 开源及自由的特性，很多开发者，特别是初学者都没有开发模式的概念，导致编写的代码在后期维护时连自己都不认识。造成这一结果除了前面提到的因素外，还由于现在的 PHP 图书极少介绍 PHP 的开发模式。本书内容由始至终，一直围绕着 PHP MVC 展开，利用高效的 MVC 开发模式，彻底告别过去“面条式”的代码编写形式。

由于 PHP 全面开源的特性，所以现在国内外已经出现了很多针对 MVC 编程的 PHP 框架，选择哪一套框架作为开发平台，这对于 PHP 开发人员来讲又是一个极具考验的问题。在 PHP 中，虽然也有官方的 MVC 框架（Zend Framework），但其影响力远没有微软的 ASP.NET MVC 以及 Java 的 SSH（Struts+Spring+Hibernate）那么大。所以在 PHP 中实现 MVC 编程，小项目通常使用现有的开源框架（包括 Zend Framework）实现；而大型项目通常采用自行编写 MVC 框架的方式实现（或者在现在的开源框架上进行二次开发），本书为了兼顾这两种情况，在内容安排上均有涉及，相信读者能够从中找到适合自己的 MVC 框架。

Zend Framework 虽然功能强大，是 PHP MVC 框架中最具代表的框架之一，很多大型的网站都是基于 Zend Framework 构建的，但是由于种种原因，Zend Framework 在国内应用得并不广泛，加上 Zend Framework 的扩展是以组件化的方式提供的，而一些第三方功能组件在国内并不能够正常使用，所以本书并没有以 Zend Framework 作为 PHP MVC 平台，而是使用国内人气比较高的 ThinkPHP 作为 MVC 平台，读者在通过系统的学习后，不仅可以对现有的开源MVC框架轻松上手，而且还能动手编写一个自己的MVC框架。

ThinkPHP是国内比较早也是比较成熟的PHP MVC框架，在实现MVC编程方面，借鉴了大量先进的开源实现库思路，例如Struts、JSP Tag、Smarty等。其清晰的文件结构、高效及敏捷的编程方式，能够让开发者迅速上手。同时基于其灵活的扩展机制，使得项目的功能得到无限扩展。本书将重点对扩展的实现机制进行介绍，例如驱动扩展、类库扩展等，这些扩展的实现思路不仅适用于ThinkPHP，同样适用于其他PHP MVC框架。

本书适合读者群

- 各类型的PHP程序员。
- 系统架构师。
- 项目架构师。
- 开源技术爱好者。
- 广大的Web开发从业人员。
- 计算机专业的学生。

本书主要内容

本书共分为3大部分，分别为基础篇、实战篇、项目篇。在内容组织上尽量以循序渐进的方式深入地讲解每个知识要领。初级的PHP程序员在阅读本书内容时，由于引用示例形象不会感觉生搬硬套、敷衍应付；高级的PHP程序员在阅读本书内容时，也会感受到作者清晰的实现思路，从中获益。本书的内容组织如下。

第1章主要介绍了PHP与MVC设计模式的关系，并且介绍了在实验环境下及生产环境下的PHP MVC运行环境搭建过程。由于MVC设计模式的本质是解决团队开发所带来的分工问题，所以本章后面还加入了团队开发的环境配置，帮助每位读者建立起良好的团队协作的概念。

第2、3章主要介绍了PHP的类结构。由于后面我们还会重点介绍MVC扩展的实现，以及编写自己的MVC框架，而要学习这些课程，深入掌握PHP的面向对象编程是必要的。所以这里安排了2章针对PHP类结构的内容，帮助读者加深对类的认识。

第4章主要介绍了在PHP中主流的MVC框架发展状况，并通过简单的示例分别演示了这些框架的简单使用，帮助读者初步认识PHP MVC编程状况。

第5～9章主要介绍ThinkPHP MVC框架的使用。这5章内容中，作者通过简单、形象的示例，充分地讲解了ThinkPHP在实现MVC编程中的灵活及高效，例如MVC项目部署、数据库CURD操作、功能类库的使用等。此外，为了增强应用的稳定性，还介绍了第三方高效的开源库，例如Nginx文件上传、HttpSqs消息队列等。

第10、11章主要介绍了ThinkPHP的扩展机制。作者将会详细介绍ThinkPHP所支持的几种类型扩展，例如类库扩展、驱动扩展、模型扩展、视图扩展、行为扩展、缓存扩展等。

第12章将重点介绍PHP实现SOAP服务的过程，使用SOAP服务，就能够实现高效的业务整合。

第13章主要是为了兼顾传统的PHP程序员更好地利用ThinkPHP的模型与控制器机制，实现更灵活的MVC定制，从而将Smarty模板引擎无缝地移植到ThinkPHP中。

第14～16章是专门为构建高性能网站而撰写的。现在的网站对性能是非常苛刻的，如果你的网站正在被性能所困扰，建议阅读这3章。

第 17 章是本书内容的浓缩部分，作者通过一个论坛系统项目，详细回顾了本书前面所介绍的内容精华，帮助读者巩固所学的知识。

第 18 章再次突出“PHP MVC 开发”这个主题，通过本章内容读者将由 MVC 框架的使用者变成 MVC 框架的开发者。作者将通过一个简单的 MVC 框架，帮助读者了解开发一个 MVC 框架所需要的技术及思路，从而有效提高 PHP 开发技能及组织能力。

致谢

由于 PHP 开源的特性，尽管我使用 PHP MVC 开发网站已有多年，但将庞大的碎片经验整合为一本厚达几百页的书，其中辛酸、个中滋味非三言两语能够道破的。最后能够面世，这里还要感谢一些人。

首先感谢女朋友逸韵的鼓励与支持，无数次的代码调试，烦躁孤寂的夜晚，QQ 的那头总能感受到关爱，这是我勇于克服障碍的原动力。其次还要多谢家里人，是他们的宽容，让我能够以安静的心调试每一行代码。感谢华软吴呈老师耐心的指导，感谢认识我的同学。最后感谢时静等编辑给予我的帮助。

勘误及支持

尽管我已经花了很多时间及精力，对书中的文字、代码、图片等进行了细致核对，但由于能力所限，书中难免会出现纰漏。在此，恳请读者批评指正，我的邮件地址是：kf@86055.com。

为了方便读者更好地学习，我还创建了本书的专属网站，感兴趣的读者可去浏览，网址是：http://beauty-soft.net/blog/ceiba。

目　录

实 战 篇

项 目 篇

基　础　篇

- 第 1 章　开发前准备
- 第 2 章　面向对象基础
- 第 3 章　类的高级特性

第1章 开发前准备

内容提要

MVC 是计算机编程技术中一种先进且完善的软件设计模式，最早运用在桌面软件开发中。Web 技术是近年来迅猛发展的一种互联网重要技术，利用 MVC 设计模式代替传统的混合式网页编写技术，不仅能够极大地提高代码质量，还为开发大型 Web 应用提供可靠的平台支持。

本章将会介绍 PHP 在实现 MVC 设计中的特性，详细介绍 PHP MVC 设计模式的优缺点，最终通过对 PHP 的了解，加深对编程模式的认识。本章后面还加入了环境搭建、工具选择等内容，方便读者进行系统学习。

阅读本章首先需要读者了解 Windows 命令行操作和 Linux 终端的简单操作，并且拥有一定的命令行使用习惯。

学习目标

- 了解 PHP 的历史、特点及优点等。
- 了解 PHP 与 MVC 之间的关系。
- 全面掌握 PHP 各种平台下的环境搭建。
- 认识 PHP 主流 IDE 开发工具。
- 全面掌握 SVN 版本控制实战应用。

1.1　PHP 与 MVC 概述

PHP 是一门计算机编程语言，MVC 是一种软件设计模式。PHP 可以独立于任何平台（只要该平台支持 PHP 解释引擎），而 MVC 同样适用于支持面向对象编程的开发语言。事实上，早期的 PHP 编程技术与 MVC 设计是无缘的，直到 PHP 5.x 的出现，PHP 才真正具备 MVC 设计的概念。要深入理解 PHP 与 MVC 之间的关系，就必须要对 PHP 的历史有深刻的认识。接下来首先介绍 PHP 的由来，然后再介绍 PHP 与 MVC 之间的关系。

1. PHP 发展历史

PHP 是 PHP Hypertext Preprocessor 的简称，从名字上就可以看出它是一种文本处理程序，并且是预处理的，所谓的预处理就是在 HTML 中嵌入处理脚本，实现功能运算。可见 PHP 天生就是为 Web 应用而设计的。

PHP 于 1995 年诞生于 Rasmus Lerdorf（拉斯姆斯·勒多夫，丹麦人）之手，最初的名称叫 Personal Home Page，是 Rasmus Lerdorf 为了完成个人网站数据收集、流量统计而开发的一种 CGI 工具集，Rasmus Lerdorf 将窗体解释器与表单数据进行集成，并将表单数据转换，实现与数据库交互，称之为 PHP/FI（Personal Home Page/Form Interpreter）并将源码放置到开源社区借此来加速程序的开发与查找错误。

1995 年底，开源后的 PHP/FI 被正式命名为 PHP 2，该版本已经具有了现代语言的一些特性，借鉴了 Perl 的许多特点，使用了 Perl 的变量命名方式、窗体处理方式、HTML 标记嵌入等，让 PHP 具有了更灵活的弹性。同时 Rasmus Lerdorf 使用 C 语言重写了 PHP/FI 的编译器，提供了完善的数据库访问接口，让 PHP 2 运行得更加稳定和快速。

1997 年，两个出色的以色列程序员 Zeev Suraski 和 Andi Gutmans 第一次参与了 PHP 解释器的设计，并出色地与 Rasmus Lerdorf 合作，完成了 PHP 2 的升级，取名为 PHP/FI 2，此次升级为 PHP 3 的到来奠定了方向（是 PHP3 的雏形）。另外 Zeev Suraski 和 Andi Gutmans 为了消除一些名称叫法的混乱，遵循开源社区协议，将 PHP/FI 2 及后续版本统称为 PHP（PHP Hypertext Preprocessor 依旧保留）。

1998 年，在 Zeev Suraski 和 Andi Gutmans 的努力工作下，完成了 PHP 一次重大的升级，这次升级重写了 PHP 解释器的内核，称之为 PHP 3。Zeev Suraski 和 Andi Gutmans 还在以色列成立了 PHP 商业化运作公司 Zend Technologies，并于 1999 年发布了 Zend Engine 引擎，该引擎能够为 PHP 带来更加高速与稳定的环境支撑。

2000 年，Zend Technologies 在 Zend Engine 的基础上发布了 PHP 4.0。PHP 4.0 是 PHP 的一次重大升级，提供了众多数据库接口、网络函数、文件操作函数等，使得 PHP 真正成为最主流和最快捷的 Web 应用开发语言。

2004 年 7 月，PHP 正式成为真正意义上的现代化编程语言，在开源社区和 Zend Technologies 的努力下 PHP 5 如期而来，该版本使 PHP 真正拥有了 OOP（面向对象）编程概念，使得 PHP 华丽地转身为 Java 最直接的对手，许多著名的网站开始由 Java 转向 PHP 5。

PHP 5 同 Java 一样提供了 OOP 概念、模块概念，并引入了数据访问中间层（PDO）。

PHP 5 以前的版本在进行团队开发时显得力不从心，大一点的项目往往都会抛弃 PHP，PHP 5 的出现让 PHP 真正具备了企业级开发能力，并且继承了前面版本中的高效与敏捷，兼容旧版本 PHP 大多数函数和语法，让 PHP 无缝过渡，得到了 Yahoo、Google 等网络巨头的强力支持，使得 PHP 5 成为世界上最流行的 Web 应用开发语言。截止笔者定稿为止，当前最新稳定版本为 PHP 5.3.8。

下一个版本将迎来 PHP 史上最大的改变，根据目前所综合的信息，代号为 PHP 6 的下一代 Web 开发语言将会支持多线程、支持 Unicode（多国语言）、支持 Collation（字符集整理）、支持语言翻译等，与 Java 和 C#一样深入支持命名空间（5.3.1 已经初步支持），使得 PHP 真正成为现代化的编程语言技术。另外，下一代 PHP 技术为了提高运行速度与稳定性，也会移除一些功能和函数（如 register_globals、magic_quotes、safe_mode 等）。

PHP 的发展大体上可分为 4 个步骤：处于萌芽时期的 1995～1998 年；处于成长期的 2000～2002 年；处于成熟期的 2002～2005 年以及处于稳定期的 2008 年到现在。Zend 公司从 4.0 版本开始，采用的是双版本更新策略，如图 1-1 所示。

总而言之，PHP 是让人兴奋的，PHP 6 更让全球的 Web 应用开发者和企业期待，读者如需了解更多关于下一代 PHP 技术，可以浏览 PHP 官方的技术支持网站 http://www.php.net，获取最新消息。

2. PHP 与 MVC 设计

MVC 是一种设计模式，在软件设计工程中非常实用，最早由 smalltalk 语言研究中心提出，Java 的壮大极大地丰富了 MVC 设计思想。目前，基于 Java 的 MVC 项目有 Struts、Spring、Grails 等，Java 程序员可以利用这些框架，极大地提高开发效率。

PHP 经历了面向过程、面向函数到 PHP 5.0 的面向对象。多种设计模式的演变，使得 PHP 变得非常易用和强大，但是也让 PHP 始终没有进入现代化设计语言的阵营。PHP 5 后的版本借鉴了大量 Java 思想，得益于早期 PHP 面向过程编程支持，PHP 在实现 MVC 设计中变得较灵活、易用。首先看一段代码。

```
<html>
<head>
<meta http-equiv="Content-Type" content="text/html; charset=utf-8" />
<title>测试</title>
</head>
<body>
<div class="main">
<ul>
    <li>用户名：<?php echo $rwos["username"];?></li>
      <li>密码：<?php echo $rwos["password"];?>
      <li>姓别：<?php
            if($rows["sex"]){
                echo "男";
            }else{
                echo "女";
            }?>
      </li>
    </ul>
</div>
</body>
</html>
```

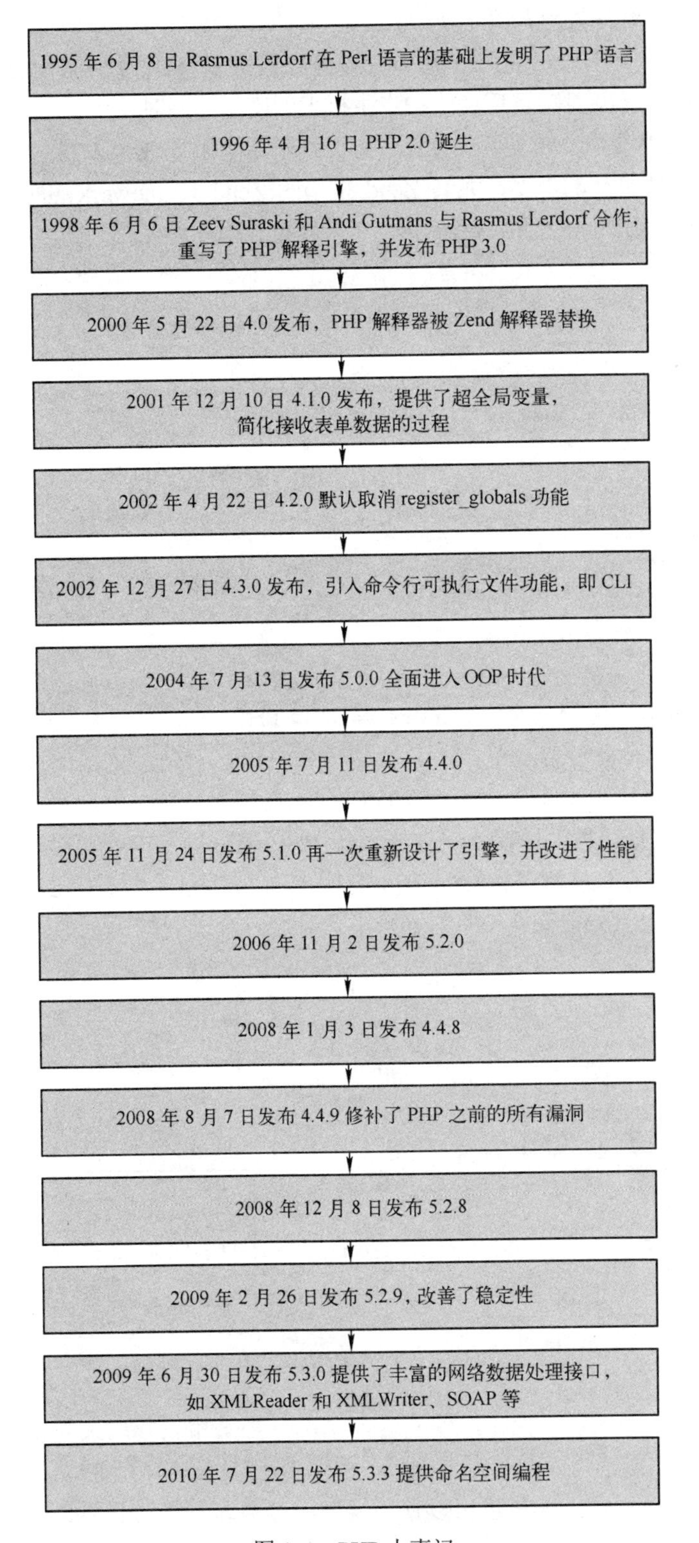
1995 年 6 月 8 日 Rasmus Lerdorf 在 Perl 语言的基础上发明了 PHP 语言
1996 年 4 月 16 日 PHP 2.0 诞生
1998 年 6 月 6 日 Zeev Suraski 和 Andi Gutmans 与 Rasmus Lerdorf 合作，重写了 PHP 解释引擎，并发布 PHP 3.0
2000 年 5 月 22 日 4.0 发布，PHP 解释器被 Zend 解释器替换
2001 年 12 月 10 日 4.1.0 发布，提供了超全局变量，简化接收表单数据的过程
2002 年 4 月 22 日 4.2.0 默认取消 register_globals 功能
2002 年 12 月 27 日 4.3.0 发布，引入命令行可执行文件功能，即 CLI
2004 年 7 月 13 日发布 5.0.0 全面进入 OOP 时代
2005 年 7 月 11 日发布 4.4.0
2005 年 11 月 24 日发布 5.1.0 再一次重新设计了引擎，并改进了性能
2006 年 11 月 2 日发布 5.2.0
2008 年 1 月 3 日发布 4.4.8
2008 年 8 月 7 日发布 4.4.9 修补了 PHP 之前的所有漏洞
2008 年 12 月 8 日发布 5.2.8
2009 年 2 月 26 日发布 5.2.9，改善了稳定性
2009 年 6 月 30 日发布 5.3.0 提供了丰富的网络数据处理接口，如 XMLReader 和 XMLWriter、SOAP 等
2010 年 7 月 22 日发布 5.3.3 提供命名空间编程

图 1-1　PHP 大事记

上述代码是传统 PHP 编程技术中典型的代码编写方式。PHP 允许开发人员直接在 HTML 网页中嵌入逻辑运算代码，这种类似于 JavaScript 的脚本编写方式，曾经大受网页开发人员欢迎。但是也正因如此，PHP 5.x 之前的版本并不能胜任大型 Web 项目的构建，因为过多地在页面中嵌入运算代码，无疑对项目后期维护产生极大的困扰。同时，由于逻辑与视图混在一起，将造成团队协同的困难。所以早期的 PHP 通常只适用于小型或个人网站。但是随着 PHP 5.x 的到来，各种 MVC 框架的出现，尤其 Zend 推出的 Zend Framework，彻底地改变了 PHP 状况，使得 PHP 也能够实现优雅的 Web 编程。MVC 设计模式将使代码将变得简洁。

```
<?php
//+----------------
//|index 控制器
//+---------------
class IndexController extends Controller {
   public function  Index(){
        $user=MOD("User");
        $rows=$user->rows();
        $this->View();
        $this->smarty->assign("pageTitle","会员中心首页");
        $this->smarty->assign("list",$rows);
        $this->smarty->display("index.html");
   }
}
?>
```

如上述代码所示，传统意义上，Index 是一个 PHP 类的方法。但是在 MVC 设计模式中，Index 称为动作。对于普通用户而言就是一个网页。但是，这里的网页并不像前面所讲的网页需要混杂着 HTML 代码，这就是 MVC 设计模式中最典型的前后台分离编程特点。

当然，MVC 只是一种设计模式，在开源的 PHP 编程世界中，已经拥有众多的 MVC 编程框架。尽管每个框架在实现 MVC 方式上有所不同，但无论怎样变化，都拥有 Model（模型）、View（视图）及 Controller（控制器）概念。这三者之间的关系如图 1-2 所示。

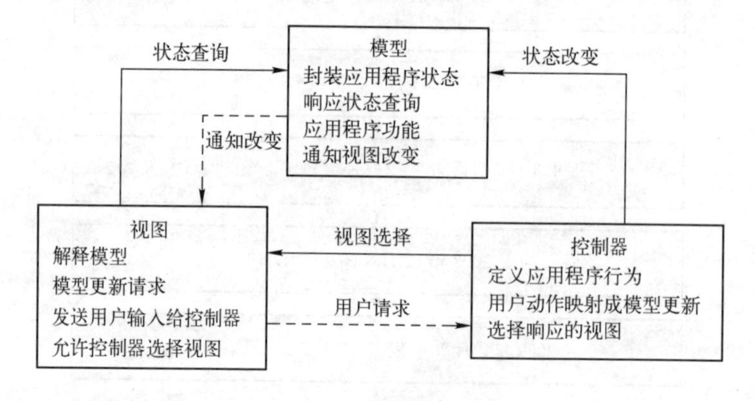

图 1-2　MVC 运行图

如图 1-2 所示，控制器、视图、模型这 3 个部分都是相互分离又互相依存的，它们具备较高的耦合性，控制器是 MVC 中的指挥员，模型器担当了 MVC 的动力源，模型器可以连接到传统的 PHP 类库，开发人员也可以使用现有的函数库等进行扩展。

综合而言，MVC 编程的灵魂就是灵活。MVC 设计不像传统的“类工厂”模式只在有限的类库中进行功能扩展；MVC 能够根据用户的请求，由控制器指挥模型器进行相应的算法，得出的结果由视图解释器进行呈现。

3．使用 PHP MVC 的优缺点

通过前面的介绍，相信读者已经能够对 PHP 与 MVC 设计有了初步理解。使用 PHP MVC 开发模式的显著优点如下。

- 利用 MVC 框架提供的数据库操作中间层，能够高效、安全地对各种数据库进行操作。
- MVC 提供了先进友好的前台与后台分离功能，使得一个团队中界面设计人员与后台编程人员更好、更高效地协作。
- MVC 的高度灵活性，能够在程序开发的任何阶段增强底层类库，使得在不修改或少量修改项目源代码的基础上，实现更强大的功能。
- MVC 框架都支持数据及文件缓存，并支持代码预编译（部分 MVC 框架支持），使得程序代码运行效率更加高效。
- MVC 框架从底层代码入口，对所有 POST 及 GET 提交均会做安全过滤，所以基于 MVC 编写的网站都能够得到很好的安全保护。
- MVC 对网站 URL 访问进行了优化，有效地改善用户体验。

当然，MVC 设计并非只有优点，也存在缺点，下面将进行简单总结。

- 对于简单的界面，严格遵循 MVC，使模型、视图与控制器分离，会增加结构的复杂性，并可能产生过多的更新操作，降低运行效率。
- 视图与控制器是相互分离，但却是联系紧密的部件，视图没有控制器的存在，其应用是很有限的，反之亦然，这样就妨碍了它们的独立重用。
- 依据模型操作接口的不同，视图可能需要多次调用才能获得足够的显示数据。对未变化数据的不必要的频繁访问，也将损害操作性能。
- 缺少针对性的 PHP IDE 支持（Zend Framework 除外）。

任何东西都是具备两面性的，尤其在计算机编程中更是如此。MVC 固然有其缺点，但其带来的好处远超其缺点。尤其对于大型 Web 应用开发来说，更能显示出 MVC 开发模式的巨大优势。本书就是一本专门针对 PHP MVC 设计模式的图书，不仅全面介绍 MVC 实战内容，最后还将介绍 MVC 模式的实现方式。

1.2 开发环境搭建

前面对 PHP 技术与 PHP 发展情况作了一些详细的介绍，要运行 PHP 必须要安装与配置 PHP 所需要的运行环境。本节将会介绍 PHP 运行环境的搭建，让读者特别是初次接触 PHP 的读者能够跑起第一个 PHP 应用程序。

PHP 运行环境通常分为两种情况：一种是用于真实生产环境的；另一种用于开发或演示环境的。对于真实的生产环境需要做较多的工作，需要结合操作系统的安全策略和特点详细配置 PHP 每个模块，考虑到成本与性能因素通常都是在 Linux 平台上搭建的。相比较而言开发环境下的 PHP 运行环境比较简单，开发人员只需要安装 Web 服务器和 PHP 解释引擎，即可正式进入开发状态。

目前生产环境上的平台使用最多的是 LAMP（Linux+Apache+MySQL+PHP）组合；以及被新浪、淘宝等国内外大企业广为采用的 LNMP（Linux+Nginx+MySQL+PHP）组合。后者使用 HTTP 反向代理，能够提供极具速度优势、系统资源占用少的特点，近年来已经广泛地被世界上超大型的网站所接受，大有超越 Apache 的趋势。与 Apache 相比，它体积非常小，功能模块也就少得多。需要注意的是，无论是 LAMP 组合还是 LNMP 组合，当中的 M 代表 MySQL，通常情况下 MySQL 都是使用独立服务器（服务器集群）进行安装的。这里所说的 PHP 环境搭建是指开发环境的搭建，开发环境的搭建又分为 Windows 与 Linux 两大平台，下面分别对这两种平台的 PHP 安装过程作一个详细的讲解。

1.2.1 在 Windows 下使用一键安装包

在 Windows 平台上开发 PHP 应用是最常见的，Windows 出色的图形界面能够极大地提高 PHP 应用程序的开发速度，为此一些 PHP 爱好者和组织也开发了 Windows 下的 PHP 一键安装包，使用这些安装包就能够轻易地完成 PHP 环境的搭建，如 PHPnow、phpStudy、XAMPP 等。出于易用性及效率考虑，本节将会详细讲解 Windows 平台的 XAMPP 一键安装包，使用一键安装包除了安全性差之外，其他的功能和真实的生产环境是一样的。

XAMPP 原名是 LAMPP，由德国人开发而成，近年来广泛地被开发者所接受，最重要的一点就是它非常容易安装和使用，并且集成了 PHP 众多模块，几乎所有主流的 PHP 扩展都已被内置。XAMPP 具有容易使用、高效开发和稳定运行的特点，已经被集成到了 Eclipse PDT 中，这样开发人员就可以利用 Eclipse 的强大调试功能，实现 PHP 的敏捷开发。

（1）下载 XAMPP

要安装 XAMPP 首先需要获得 XAMPP 安装包，读者可以前往 XAMPP 的下载页面进行下载，地址为http://www.apachefriends.org/zh_cn/xampp-windows.html，XAMPP 安装方式共分为两种：一种为使用 Windows 软件包安装方式；另一种为直接编译源代码，即绿色安装。两种方式同样简单，如果使用 Windows 软件包的安装方式，在安装完成后操作系统会记录此次安装的过程并反馈结果，然后启动相应的服务模块，最后在开始菜单中出现 XAMPP 可视化管理面板，下面分别介绍。

XAMPP 当前最新版本为 1.7.7。找到网页中的“XAMPP for Windows 1.7.7, 20.9.2011”，单击“Installer”链接，进入 Windows 软件安装包的 XAMPP 下载向导页，如图 1-3 所示。

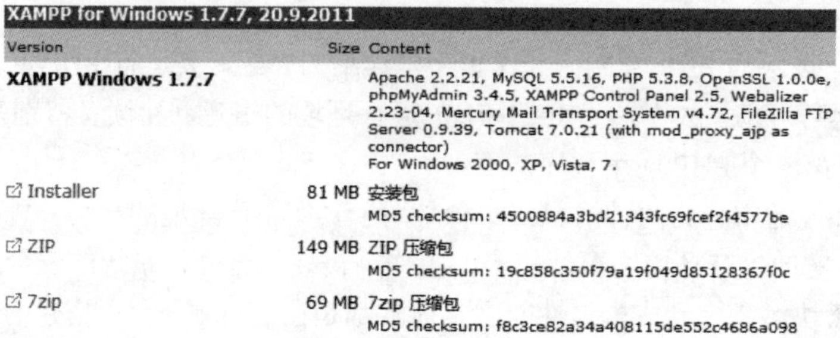

XAMPP for Windows 1.7.7, 20.9.2011		
Version	Size	Content
XAMPP Windows 1.7.7		Apache 2.2.21, MySQL 5.5.16, PHP 5.3.8, OpenSSL 1.0.0e, phpMyAdmin 3.4.5, XAMPP Control Panel 2.5, Webalizer 2.23-04, Mercury Mail Transport System v4.72, FileZilla FTP Server 0.9.39, Tomcat 7.0.21 (with mod_proxy_ajp as connector) For Windows 2000, XP, Vista, 7.
Installer	81 MB	安装包 MD5 checksum: 4500884a3bd21343fc69fcef2f4577be
ZIP	149 MB	ZIP 压缩包 MD5 checksum: 19c858c350f79a19f049d85128367f0c
7zip	69 MB	7zip 压缩包 MD5 checksum: f8c3ce82a34a408115de552c4686a098

图 1-3 下载 XAMPP

按照向导页面提示，完成 XAMPP 的下载。

（2）安装 XAMPP

XAMPP 的安装非常简单，双击下载的安装包，XAMPP 安装向导将启动，如图 1-4 所示。当前版本的 XAMPP 界面语言只支持英语，单击“OK”按钮，XAMPP 安装向导将会进入安装确认状态，如图 1-5 所示。

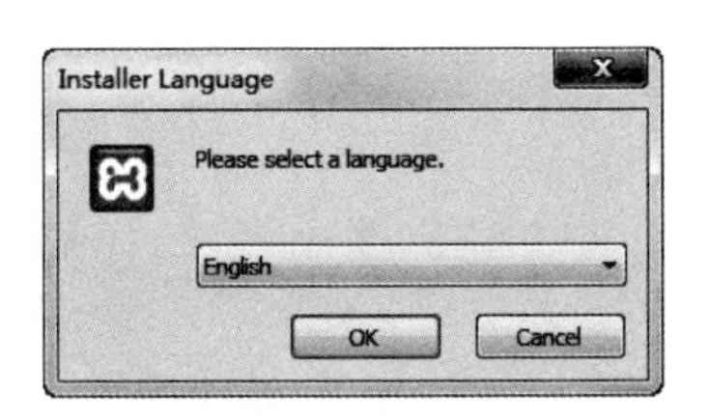

图 1-4　XAMPP 安装路径

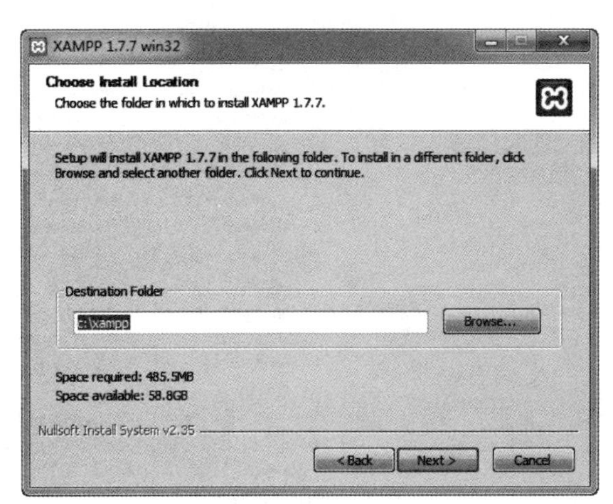

图 1-5　XAMPP 安装向导

确认安装路径后，一直点击“Next>”按钮，直到安装完成。在安装完成后可以在“开始”菜单下找到 XAMPP 的管理面板，启动后如图 1-6 所示。

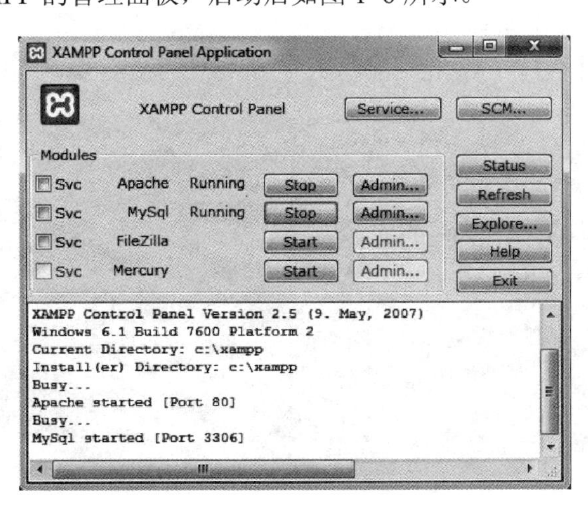

图 1-6　XAMPP 管理面板

在 XAMPP 管理面板中可以对各服务组件进行管理，例如“Start”、“Stop”等。如果需要随机启动，在相应组件的 Svc 上打“√”即可。

前面讲述的是使用安装包的方式进行安装，和其他 Windows 软件安装并没有多大不同，读者应该能够迅速掌握。下面将介绍使用源码包（ZIP 包）进行环境配置。

使用源码包进行安装显得更加干净和快捷，读者在安装时，只需要释放源代码包到磁盘下的某一目录，甚至解压到 U 盘，即可初始化 XAMPP。

ZIP 源代码包相对 Installer 安装包来说文件体积大了许多，解压后会在目录下看到 XAMPP 的文件组成结构，如图 1-7 所示。

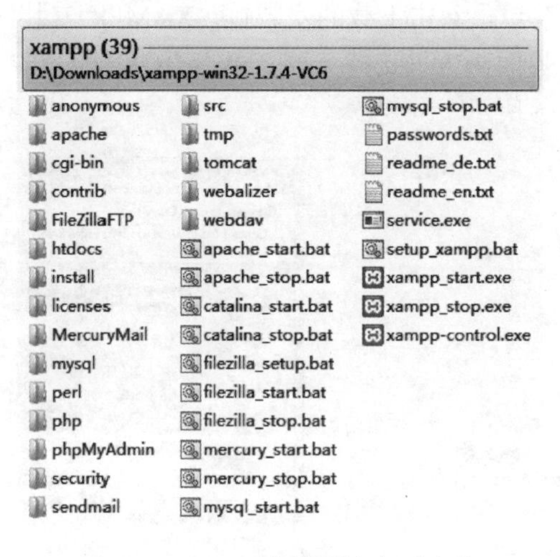

图 1-7　XAMPP 源代码包组成文件

双击文件夹下的“setup-xampp.bat”批处理文件，将会启动 XAMPP 初始化配置程序，如图 1-8 所示。初始化配置文件完成后，此时就可以打开目录下的“xampp_stop.exe”文件，该文件即为 XAMPP 的管理面板，它的使用方式和使用 Installer 安装包的方式是一样的，前面已经介绍过，在此不再重述。

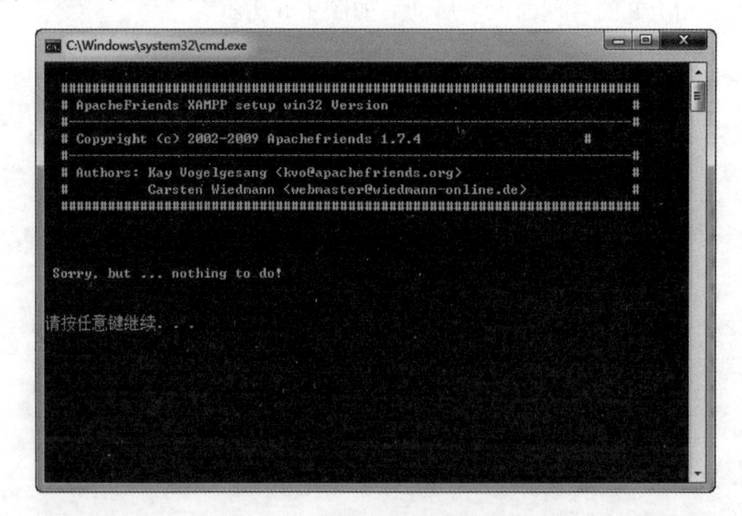

图 1-8　XAMPP 初始化

在管理面板中启动相关的组件后，打开浏览器进入 http://localhost 网址，如果浏览结果如图 1-9 所示，证明 XAMPP 已经安装成功，PHP 所需要的开发环境已经就绪。

如图 1-9 所示，读者可以单击右侧导航栏中的功能链接，检查 Apache 和 PHP 的运行状态，例如单击“perlinfo()”连接，将会进入 perlinfo()检查状态，如图 1-10 所示。

XAMPP 提供一键式安装，能够完成常见 PHP 组件的安装，拥有完善的管理面板，非常易于开发环境的搭建。另外 XAMPP 还能支持 PHP 5 与 PHP 4 的切换，但由于本书后面的内容是基于 MVC 的，所以如果读者需要使用 XAMPP 来作为开发环境，一定需要确保 PHP 的运行环境为 PHP 5.1 以上版本（默认状态即可）。

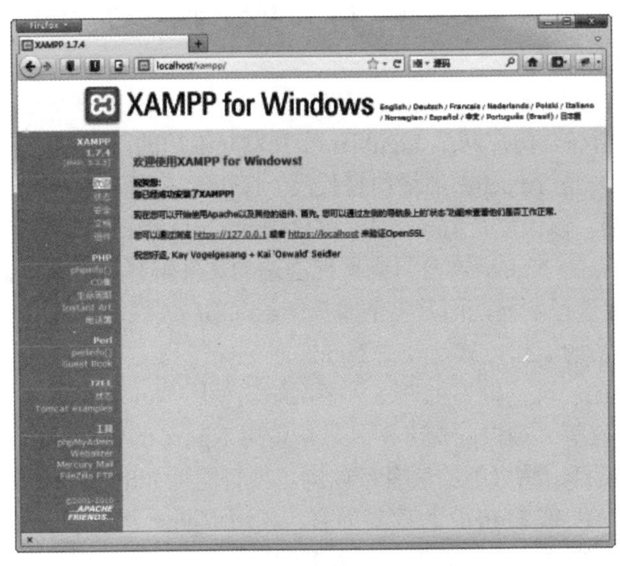

图 1-9　XAMPP 运行结果

Perl Version 5.10.1

Release date: 2009-08-22

Currently running on	Windows NT WIN-J7H23PJAN2V 6.1 Build 7600 x86
Built for	MSWin32-x86-multi-thread
Build date	Sun Nov 1 04:35:02 2009
Perl path	D:\Downloads\xampp-win32-1.7.4-VC6\xampp\apache\bin\httpd.exe
Additional C Compiler Flags	-nologo -GF -W3 -MD -Zi -DNDEBUG -O1 -DWIN32 -D_CONSOLE -DNO_STRICT -DHAVE_DES_FCRYPT -DPERL_IMPLICIT_CONTEXT -DPERL_IMPLICIT_SYS -DUSE_PERLIO -DPERL_MSVCRT_READFIX
Optimizer/Debugger Flags	-MD -Zi -DNDEBUG -O1
Server API	Apache/2.2.17 (Win32) mod_ssl/2.2.17 OpenSSL/0.9.8o PHP/5.3.4 mod_perl/2.0.4 Perl/v5.10.1
Thread Support	enabled (threads, ithreads)

This is perl, v5.10.1 built for MSWin32-x86-multi-thread
Copyright (c) 1987-2011, Larry Wall

图 1-10　查看 PHP 状态

❑ 说明：XAMPP 源代码包（ZIP 包）不要解压到中文名称目录下，否则将会造成 MySQL 组件启动失败。另外如果本机上已经安装了其他 Web 服务器（如 IIS），通常情况下都会被预先占用 80 端口，在初始化 XAMPP 前，最好将其他 Web 服务器暂停，或者修改服务器的默认端口。

1.2.2　在 Linux 平台安装 LNMP

XAMPP 是世界上使用最多的 PHP 开发环境集成安装包，同样提供了 Linux 安装包，由于它的安装过程非常简单，只需要几个命令即可，在此就不进行过多的介绍，读者如需了解更多，可以浏览官方的支持网页http://www.apachefriends.org/zh_cn/xampp-linux.html#1673。接下来将介绍以性能优越而著称的 LNMP 环境。

1. Nginx

所谓的 LNMP 即 Linux+Nginx+MySQL+PHP 软件包的组合名。对于 MySQL 及 PHP 相信读者已经非常熟悉，Nginx 是最近两年才在国内流行的，为了方便后面的学习，接下来首先对 Nginx 进行简单介绍。

（1）Nginx 的简介

Nginx 是由俄罗斯综合门户网站 Rambler.ru 开发并维护的一套 Web 服务代理软件，在应对大访问量的情况下，是 Apache 的最佳替代品。Nginx 之所以性能高效，主要由于 Nginx 采用了 epoll 网络模型，该模型是 Linux 2.6 内核中新的 IO 接口，能够有效地减少 CPU 性能消耗。最为重要的一点是 Nginx 本身只支持纯静态的文件解释。对于动态脚本，Nginx 不像 Apache 直接加载模块进行解释，而是将请求提交给 CGI 进程管理器（例如 PHP-FPM），这种分工明确但配合紧密的工作方式，使得 Nginx 时刻保持稳定、高速的运行状态。

由于 Nginx 出色的表现，世界上许多大型网站均使用 Nginx 来作为负载均衡服务器、缓存服务器、Web 服务器等。国内的淘宝网是最早使用 Nginx 的中文网站，甚至在 Nginx 的基础上开发了 Tengine 项目，感兴趣的读者可以浏览项目网址 http://tengine.taobao.org/。

对于普通的管理人员或者 PHP 程序员而言，使用 Nginx 比使用 Apache、Lighttp 更加容易。Nginx 的配置文件简单明了，并不需要太多的额外知识即可掌握。Nginx 支持 Apache 主流的功能，甚至支持得更好，包括 UrlReWriter、数据缓存、信息收集、FastCGI、CGI 等。下面将首先讲解在 CentOS 6.0 操作系统下安装 Nginx 的全过程。

（2）Nginx 的安装

首先以 Root 的身份登录 CentOS，在终端状态下输入“mkdir –p /data1”命令创建数据存放目录，然后使用“cd /data1”命令切换到“data1”目录，以下的操作将会在“data1”目录中完成。首先使用 yum 升级或安装系统工具类库（需要系统接入互联网）。

```
[root@~]# yum -y install gcc gcc-c++  make wget autoconf libjpeg libjpeg-devel
libpng libpng-devel freetype freetype-devel libxml2 libxml2-devel zlib zlib-devel
glibc glibc-devel glib2 glib2-devel bzip2 bzip2-devel ncurses ncurses-devel curl
curl-devel ssse2fsprogs e2fsprogs-devel krb5 krb5-devel libidn libidn-devel openssl
openssl-devel openldap openldap-devel nss_ldap openldap-clients openldap-servers
```

接着就可以安装 Nginx 了，这里安装的版本为 1.3.8。Nginx 的 URL 处理模块基于 pcre 实现，所以在安装 Nginx 前需要安装 pcre 类库。读者可以在官方网站中获取到相关源代码包，也可以使用以下命令进行获取。

```
[root@~]# wget http://soft.beauty-soft.net/lib/nginx-1.3.8.tar.gz
[root@~]# wget http://soft.beauty-soft.net/lib/pcre-8.10.tar.gz
```

下载完成后，就可安装 pcre 了。

```
[root@~]# tar zxvf pcre-8.10.tar.gz
[root@~]# cd pcre-8.10/
[root@~]# ./configure
[root@~]# make && make install
[root@~]# cd ../
```

然后创建 Nginx 运行用户及用户组，这里将使用 WWW 用户及用户组运行 Nginx。

```
[root@~]# groupadd -g 402 www
[root@~]# useradd www -g www
```

接着就可以安装 Nginx 1.3.8 了。

```
[root@~]# tar zxvf nginx-1.3.8.tar.gz
[root@~]# cd nginx-1.3.8
[root@~]#  ./configure  --user=www  --group=www  --prefix=/usr/local/nginx  --with-http_stub_status_module --with-http_ssl_module
[root@~]# make
[root@~]# make install
```

通过前面的步骤，Nginx 的安装就完成了。使用 ls /usr/local/nginx 命令可以查看 Nginx 安装后的目录结构。Nginx 非常灵活，默认情况下并不需要做任何配置即可正常运行。

```
[root@~]# /usr/local/nginx/sbin/nginx
[root@~]# pstree |grep nginx
          |-nginx---nginx
```

启动成功后，直接访问服务器所在 IP 即可看到 Nginx 成功提示页面。需要注意的是，此时的 Nginx 只能用于做代理服务器、缓存服务器以及解释静态文件。接下来将使用源代码安装方式安装 PHP 5.3.6，以便让 Nginx 能够解释 PHP 程序。

2．安装 PHP

前面提到过 Nginx 本身不支持解释 cgi 程序，所要必须借助于第三方 FastCGI 管理器实现动态程序解释。对于 PHP 而言，常用的 FastCGI 管理器有 spawn-fcgi 及 php-fpm。其中 spawn-fcgi 是 lighttp 服务器的一部分，现在已经成为一个独立的项目，在安装时可以以独立的安装包进行安装；php-fpm 在 PHP 5.3.2 版本之前也是一个独立的项目，现在已经成为 PHP 的一部分，并以插件的方式整合到 PHP 中。接下来将以 PHP 5.3.6 为例，详细介绍 PHP 的安装过程。

（1）安装 PHP 依赖库

在安装 PHP 5.3.6 之前，需要安装或更新 PHP 依赖库。这里将继续以源代码包安装方式进行安装，首先下载源代码包。

```
[root@~]# cd /data1
[root@~]# wget http://soft.beauty-soft.net/lib/libiconv/libiconv-1.13.1.tar.gz
[root@~]# wget http://soft.beauty-soft.net/lib/mcrypt/libmcrypt-2.5.8.tar.gz
[root@~]# wget http://soft.beauty-soft.net/lib/mcrypt/mcrypt-2.6.8.tar.gz
[root@~]# wget http://soft.beauty-soft.net/lib/mhash/mhash-0.9.9.9.tar.gz
[root@~]# wget http://soft.beauty-soft.net/lib/libiconv/php-5.3.6.tar.gz
```

下载完成后，接下来就可以安装了。

```
[root@~]# tar zxvf libiconv-1.13.1.tar.gz
[root@~]# cd libiconv-1.13.1/
[root@~]#./configure --prefix=/usr/local
[root@~]# make
[root@~]# make install
```

```
[root@~]# cd ../
[root@~]# tar zxvf libmcrypt-2.5.8.tar.gz
[root@~]# cd libmcrypt-2.5.8/
[root@~]#./configure
[root@~]# make
[root@~]# make install
[root@~]# /sbin/ldconfig
[root@~]# cd libltdl/
[root@~]#./configure --enable-ltdl-install
[root@~]# make
[root@~]# make install
[root@~]# cd ../../
[root@~]# tar zxvf mhash-0.9.9.9.tar.gz
[root@~]# cd mhash-0.9.9.9/
[root@~]#./configure
[root@~]# make
[root@~]# make install
[root@~]# cd ../
[root@~]# ln -s /usr/local/lib/libmcrypt.la /usr/lib/libmcrypt.la
[root@~]# ln -s /usr/local/lib/libmcrypt.so /usr/lib/libmcrypt.so
[root@~]# ln -s /usr/local/lib/libmcrypt.so.4 /usr/lib/libmcrypt.so.4
[root@~]# ln -s /usr/local/lib/libmcrypt.so.4.4.8 /usr/lib/libmcrypt.so.4.4.8
[root@~]# ln -s /usr/local/lib/libmhash.a /usr/lib/libmhash.a
[root@~]# ln -s /usr/local/lib/libmhash.la /usr/lib/libmhash.la
[root@~]# ln -s /usr/local/lib/libmhash.so /usr/lib/libmhash.so
[root@~]# ln -s /usr/local/lib/libmhash.so.2 /usr/lib/libmhash.so.2
[root@~]# ln -s /usr/local/lib/libmhash.so.2.0.1 /usr/lib/libmhash.so.2.0.1
[root@~]# ln -s /usr/local/bin/libmcrypt-config /usr/bin/libmcrypt-config
[root@~]# tar zxvf mcrypt-2.6.8.tar.gz
[root@~]# cd mcrypt-2.6.8/
[root@~]# /sbin/ldconfig
[root@~]# ./configure
[root@~]# make
[root@~]# make install
[root@~]# cd ../
```

（2）安装 PHP

安装 PHP 相对比较简单，只需要在编译时加入 php-fpm 扩展即可。此外为了能够连接 MySQL 数据库，还需要加入相应的扩展。

```
[root@~]# tar zxvf php-5.3.6.tar.gz
[root@~]# cd php-5.3.6
[root@~]#       ./configure       --prefix=/usr/local/php       --with-config-file-
path=/usr/local/php/etc  --with-iconv-dir  --with-freetype-dir  --with-jpeg-dir  --
with-png-dir  --with-zlib  --with-libxml-dir=/usr  --enable-xml  --disable-rpath  --
enable-discard-path  --enable-magic-quotes  --enable-safe-mode  --enable-bcmath  --
enable-shmop  --enable-sysvsem  --enable-inline-optimization  --with-curl  --with-
curlwrappers  --enable-mbregex  --enable-fastcgi  --enable-fpm  --enable-force-cgi-
redirect --enable-mbstring --with-mcrypt --enable-ftp --with-gd --enable-gd-native-
ttf  --with-openssl  --with-mhash  --enable-pcntl  --enable-sockets  --with-xmlrpc  --
enable-zip  --enable-soap  --without-pear  --with-gettext  --with-mime-magic  --with-
mysql=mysqlnd --with-mysqli=mysqlnd --with-pdo-mysql=mysqlnd
[root@~]# make ZEND_EXTRA_LIBS='-liconv'
[root@~]# make install
```

通过前面的步骤，PHP 就安装完成了，接下来只需要创建 php-fpm 配置文件即可启动 PHP 引擎。

（3）配置文件

PHP 5.3.6 安装完成后，并没有自动生成 php-fpm 配置文件，但提供了一个 php-fpm.conf.default 模板文件，接下来需要将该文件复制一份，用于正式的配置文件。

```
[root@~]#  cp  /usr/local/php/etc/php-fpm.conf.default  cp  /usr/local/php/etc/php-
fpm.conf
```

打开 php-fpm.conf 配置，这里需要修改运行用户及用户组（与 Nginx 相同）。此外还需要修改 pm.start_servers（动态方式下起始进程数量）及 pm.min_spare_servers（动态方式下最小 php-fpm 进程数量）配置项。如以下代码所示。

```
[global]
pid = /usr/local/php/var/run/php-fpm.pid
error_log = /usr/local/php/var/log/php-fpm.log
log_level = notice

[www]
listen = /tmp/php-cgi.sock
user = www
group = www
listen = 127.0.0.1:9000
pm = dynamic
pm.max_children = 20
pm.start_servers = 20
pm.min_spare_servers = 10
```

listen 配置项表示监听地址及端口，Nginx 之所以能够处理 PHP，就是利用反向代理将 URL 请求到该监听地址。

（4）启动 php-fpm

PHP 5.3.6 安装完成后，并没有自动生成 php.ini 配置文件，但在源代码包中提供了一个 php.ini-production 模板文件，接下来需要将该文件复制一份，用于正式的配置文件。

```
[root@~]# cp /opt/sda1/sft/php-5.3.6 /php.ini-production /usr/local/php/etc/php.ini
```

通过前面的步骤，php-fpm 及 PHP 已经安装完成了。最后只需要启动 php-fpm 即可。

```
[root@~]# /usr/local/php/sbin/php-fpm
```

php-fpm 主进程默认使用 9000 端口，要检测是否成功运行，可以使用 netstat -nlpt |grep 9000 命令查看。

3. 配置 Nginx

前面提到过，虽然 Nginx 已经安装成功，但此时的 Nginx 与 PHP 毫无关联，它们之间是两个不同的服务。接下来将通过配置 Nginx，实现解释 PHP。首先打开 Nginx 配置文件。

```
[root@~]# vi /usr/local/nginx/conf/nginx.conf
```

然后修改运行用户名及用户组为 www，并且在 server 节点中加入 PHP 请求转发支持，如以下代码所示。

```
location ~ .*\.(php|php5)?$
{
      #fastcgi_pass  unix:/tmp/php-cgi.sock;
      fastcgi_pass  127.0.0.1:9000;
      fastcgi_index index.php;
      include fcgi.conf;
}
```

如上述代码所示，fastcgi_pass 配置项表示 fastcgi 管理器地址，即 php-fpm 地址。include 表示包含外部文件，该文件用于配置 fastcgi 运行方式，内容如以下代码所示。

```
fastcgi_param  GATEWAY_INTERFACE  CGI/1.1;
fastcgi_param  SERVER_SOFTWARE    nginx/$nginx_version;

fastcgi_param  QUERY_STRING       $query_string;
fastcgi_param  REQUEST_METHOD     $request_method;
fastcgi_param  CONTENT_TYPE       $content_type;
fastcgi_param  CONTENT_LENGTH     $content_length;

fastcgi_param  SCRIPT_FILENAME    $document_root$fastcgi_script_name;
fastcgi_param  SCRIPT_NAME        $fastcgi_script_name;
fastcgi_param  REQUEST_URI        $request_uri;
fastcgi_param  DOCUMENT_URI       $document_uri;
fastcgi_param  DOCUMENT_ROOT      $document_root;
fastcgi_param  SERVER_PROTOCOL    $server_protocol;

fastcgi_param  REMOTE_ADDR        $remote_addr;
fastcgi_param  REMOTE_PORT        $remote_port;
fastcgi_param  SERVER_ADDR        $server_addr;
fastcgi_param  SERVER_PORT        $server_port;
fastcgi_param  SERVER_NAME        $server_name;

# PHP only, required if PHP was built with --enable-force-cgi-redirect
fastcgi_param  REDIRECT_STATUS    200;
```

fcgi.conf 文件路径需要与 nginx.conf 文件平级，默认情况下该文件并不存在，需要开发人员手动创建。

```
[root@~]# touch /usr/local/nginx/conf/fcgi.conf
```

最终，nginx.conf 配置文件代码如下。

```
user  www www;
worker_processes  1;

error_log  logs/error.log;
#error_log  logs/error.log  notice;
#error_log  logs/error.log  info;

pid        logs/nginx.pid;


events {
    use epoll;
    worker_connections  1024;
}


http {
    include       mime.types;
    default_type  application/octet-stream;

    #log_format  main  '$remote_addr - $remote_user [$time_local] "$request" '
    #                  '$status $body_bytes_sent "$http_referer" '
    #                  '"$http_user_agent" "$http_x_forwarded_for"';

    #access_log  logs/access.log  main;

    sendfile        on;
    #tcp_nopush     on;
    #keepalive_timeout  0;
    keepalive_timeout  65;

    #gzip  on;
    server {
        listen       80;
        server_name  localhost;
        root /home/wwwroot;
        #charset koi8-r;
        #access_log  logs/host.access.log  main;
        location / {
            root   /home/wwwroot;
            index  index.html index.htm index.php;
        }
        error_page  404              /404.html;

        # redirect server error pages to the static page /50x.html
        #
        error_page   500 502 503 504  /50x.html;
        location = /50x.html {
            root   html;
        }

        # proxy the PHP scripts to Apache listening on 127.0.0.1:80
        #
        #location ~ \.php$ {
        #    proxy_pass   http://127.0.0.1;
```

```
    #}

    # pass the PHP scripts to FastCGI server listening on 127.0.0.1:9000
    #
    error_page 405 =200 @405;
    location @405
    {
            root  /home/wwwroot;
    }
    location ~ .*\.(php|php5)?$
    {
                #fastcgi_pass  unix:/tmp/php-cgi.sock;
                fastcgi_pass  127.0.0.1:9000;
                fastcgi_index index.php;
                include fcgi.conf;
    }


    # deny access to .htaccess files, if Apache's document root
    # concurs with nginx's one
    #
    #location ~ /\.ht {
    #    deny  all;
    #}
}


# another virtual host using mix of IP-, name-, and port-based configuration
#
#server {
#    listen       8000;
#    listen       somename:8080;
#    server_name  somename  alias  another.alias;

#    location / {
#        root   html;
#        index  index.html index.htm;
#    }
#}
# HTTPS server
#

#server {
#    listen       443;
#    server_name  localhost;

#    ssl                  on;
#    ssl_certificate      cert.pem;
#    ssl_certificate_key  cert.key;

#    ssl_session_timeout  5m;

#    ssl_protocols  SSLv2 SSLv3 TLSv1;
```

```
    #    ssl_ciphers  HIGH:!aNULL:!MD5;
    #    ssl_prefer_server_ciphers   on;
    #    location / {
    #        root   html;
    #        index  index.html index.htm;
    #    }
    #}
}
```

标粗的即为需要改动的配置，完成后只需要重启 Nginx 即可。

```
[root@~]# pkill nginx
[root@~]# /usr/local/nginx/sbin/nginx
```

需要注意的是，如果 php-fpm 不在当前机器上，而是采用集群部署方式，防火墙需要开启 9000 端口，或者关闭防火墙。读者可以在/home/wwwroot 创建 PHP 文件，以便测试 PHP 是否运行正常。

4．安装 MySQL

MySQL 的安装方式有很多种，其中最常用的有使用 yum 和 rpm 安装，这里继续以源代码的安装方式安装 MySQL 5.5.3。安装步骤如下。

```
[root@~]# cd /data1
[root@~]# wget http://soft.beauty-soft.net/lib/mysql-5.5.3-m3.tar.gz
[root@~]# groupadd mysql
[root@~]# useradd -g mysql mysql
[root@~]# tar zxvf mysql-5.5.3-m3.tar.gz
[root@~]# cd mysql-5.5.3-m3/
[root@~]#./configure   --prefix=/usr/local/mysql/   --enable-assembler   --with-extra-charsets=complex --enable-thread-safe-client --with-big-tables --with-readline --with-ssl --with-embedded-server --enable-local-infile --with-plugins=partition,innobase,myisammrg
[root@~]# make
[root@~]# make install
```

需要注意的是在编译时务必开启 partition 插件，该插件用于实现数据表分区，本书第 7 章 7.5 节将介绍数据表分区的内容。安装耗时根据机器性能有所出入，一般在 30～90min 之间。

安装完成后，在/usr/local/mysql 目录中可以找到 MySQL 相关可执行文件，同时在/etc 目录下可以找到 my.cnf 配置文件。需要注意的是/etc/my.cnf 配置文件并不能满足启动 MySQL 的环境需求，事实上安装程序已经在/usr/local/mysql/share/mysql/目录中创建了多个 MySQL 配置文件模板，这里将使用 my-medium.cnf 模板文件作为配置文件，将其替换 my.cnf 文件即可。

```
[root@~]# cp /usr/local/mysql/share/mysql/my-medium.cnf /etc/my.cnf
```

my-medium.cnf 模板文件不需作任何修改就已经能够满足启动 MySQL 的需要。MySQL 安装完成后，所有可执行工具存放于/usr/local/mysql/bin/目录。其中 mysql_install_db 是一个用初始化 MySQL 数据库的工具，在启动 MySQL 前需要使用该工具创建 MySQL 默认数据库及存放目录（安装程序并不会自动创建）。

```
[root@~]#/usr/local/mysql/bin/mysql_install_db --basedir=/usr/local/mysql --datadir=/
usr/local/mysql/var --user=mysql
[root@~]# chown www:www -R /usr/local/mysql/var
```

执行完 mysql_install_db 命令后，向导将会在/usr/local/mysql/var 创建名为“mysql”的数据库，该数据库存放着与用户授权、系统运行状态等关键数据。通过前面的步骤，接下就可以启动 MySQL 主程序了。

```
[root@~]# nohup /usr/local/mysql/bin/mysqld_safe --user=mysql
```

前面虽然创建了“mysql”数据库，但并没有创建登录用户数据。接下来将使用 mysqldump 工具创建登录用户及用户密码。

```
[root@~]# /usr/local/mysql/bin/mysqladmin -u root password root
```

至此，MySQL 的安装就完成了。可以使用 pstree |grep mysql 命令检测 mysqld_safe 主程序是否存在，或者直接在终端登录 MySQL 数据库。

```
[root@~]# /usr/local/mysql/bin/mysql -uroot -proot
```

为了便于操作，读者可以使用 phpmyadmin 等管理工具对数据库进行管理。关闭 MySQL 时直接结束 mysqld 主进程即可。

```
[root@~]# pkill mysqld
```

1.3 开发工具介绍

要进行 PHP 开发，并不需要特定的开发工具，使用 Windows 自带的记事本程序就可以开发 Web 应用，由于 PHP 是一门脚本语言，所以并不像 C#或 Java 那样需要使用 IDE 进行调试、编译等。要运行 PHP，则先需要将该文件放置到 Web 服务器下，然后输入文件 URL 即可。但是随着 PHP 越来越智能化，功能模块越来越多，Web 应用变得更加复杂，特别是后期软件的测试、团队合作等都需要像 Visual Studio、Eclipse 那样的集成化开发环境。PHP 是一门成熟的 Web 技术开发语言，经过了几波 Web 技术风潮后，专为 PHP 而设计的集成化开发环境已经非常多，有些是商业的，有些则是免费和开源的，本节将会介绍几套比较流行的 PHP 集成化开发环境，开发人员使用这些工具能够明显地提高开发速度并减少程序的错误。

1.3.1 PHP Coder

PHP Coder 是一款比较著名的 PHP 集成开发环境，它的界面非常友好，能够为 PHP 开发提供集成化的开发、调试、代码感知、HTML 高亮显示、项目管理等完善的功能。PHP Coder 的调试功能非常强大，在没有架设 PHP 服务器的环境上，也能够完成应用程序的调试及开发。PHP Coder 是免费并且开源的，能够在 Windows 和 Linux 操作系统下使用，开发人员无论在 Windows 还是 Linux 下，所面对的 IDE 界面都相差不大，这点是非常友好的；另一个比较值得称道的是 PHP Coder 的代码感知功能是非常强大和快速的，这一点对开发 Web 应用是非常实用的。PHP Coder 目前没有中文版，界面如图 1-11 所示。

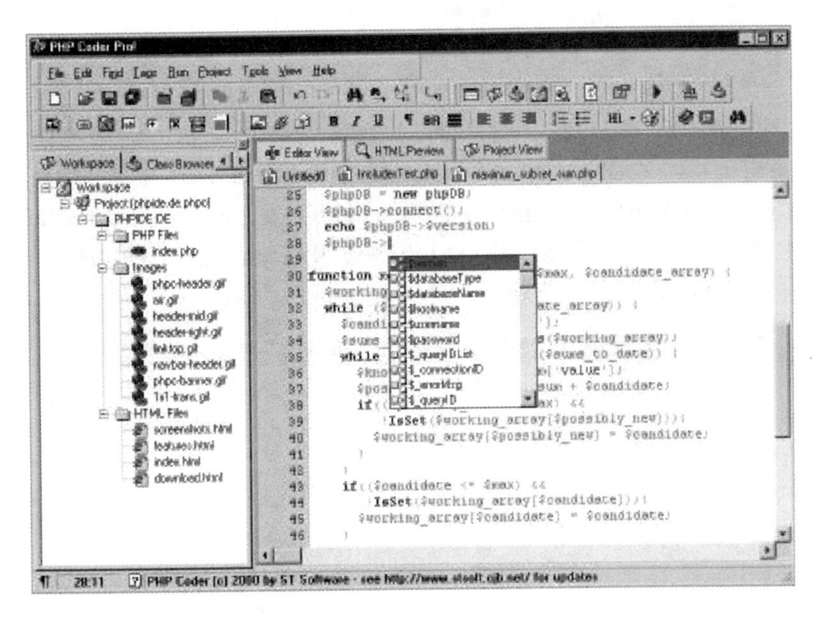

图 1-11　PHP Code 界面

1.3.2　PHP Editor

PHP Editor 全称为 DzSoft PHP Editor，是 DzSoft 公司所开发的一款免费且功能完善的 PHP 开发工具，PHP Editor 体积非常小，是一款轻量级但注重实效的 IDE。能够提供代码跟踪、CSS 智能提示、PHP 代码调试、PHP 函数自动完成等实用功能，DzSoft PHP Editor 目前最新版本为 5.4，新版本提供了 ZendFramework 等框架的开发支持，DzSoft PHP Editor 界面非常简洁，如图 1-12 所示。

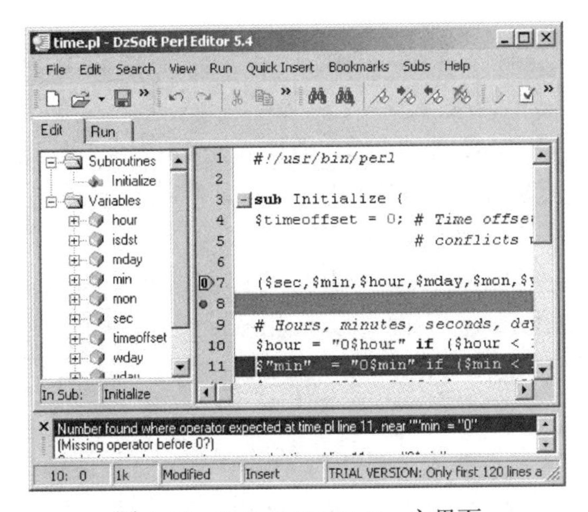

图 1-12　DzSoft PHP Editor 主界面

1.3.3　NetBeans IDE

NetBeans IDE 出自于大名鼎鼎的 Sun 公司，NetBeans IDE 并不是专业的 PHP 开发工具，而是专业级的 Java 开发工具。但由于 Sun 公司对 PHP 技术的重视，在 5.0 以后的版本中提供了强大的 PHP 开发支持。NetBeans IDE 与另一个重量级的 Java 开发工具 Eclipse 非常类似，它们都能够提供从开发到程序发布等一系列企业级开发支持，这两套工具与微软的 Visual Studio 各有千秋，是最流行的开发工具。使用 NetBeans IDE 开发 PHP，无论是从效率还是程序的稳定性来讲 NetBeans IDE 都是理想的 PHP 开发工具。NetBeans IDE 遵行 GPL 发行协议，大多数情况下个人或公司都可以免费使用；NetBeans IDE 能够完美地运行在 Windows、Linux、MacOS 等操作系统上，界面如图 1-13 所示。

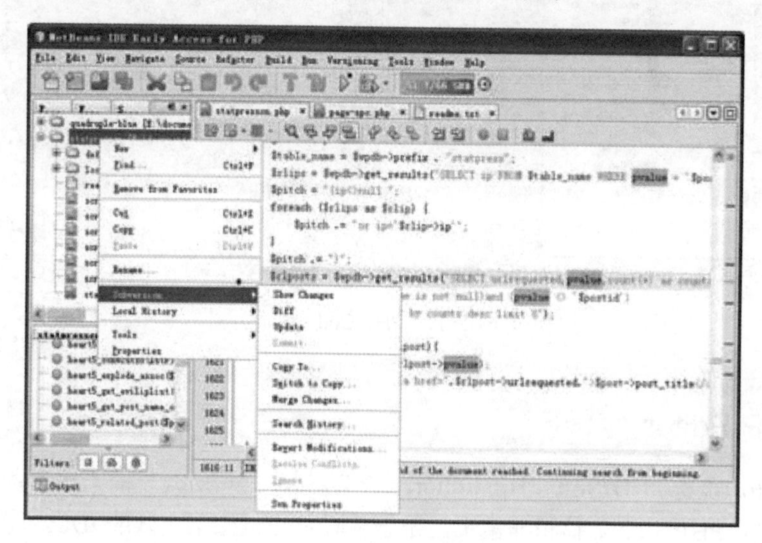

图 1-13　NetBeans IDE 界面

1.3.4　Eclipse PDT

Eclipse 是 IBM 的一个商业项目，2001 年 11 月起 IBM 将 Eclipse 贡献给开源社区，从此奠定了 Eclipse 的地位。Eclipse 是 Java 开发人员的首选开发工具，熟悉 Java 的读者应该都对这一工具非常熟悉。Eclipse 通过 PDT 插件来提供 PHP 开发支持，Eclipse PDT（PHP Development Tool Kit）能够让编写 PHP 变得简单和高效，下面将介绍 Eclipse PDT 的安装和使用。

Eclipse PDT 的安装有两种方式，一种是直接通过 Eclipse 的扩展进行安装；另一种是下载带 PDT 插件的 Eclipse 。下面将以 Eclipse 3.5.2 作为基础，讲解 Eclipse PDT 插件的安装过程。

首先确保计算机上已经下载了 Eclipse，并已经配置好了相关 JDK 和 JAR 运行环境，双击 Eclipse 启动应用程序，在 Eclipse 主环境中依次单击菜单栏上的“Help”→“Install New Software...”，如图 1-14 所示。

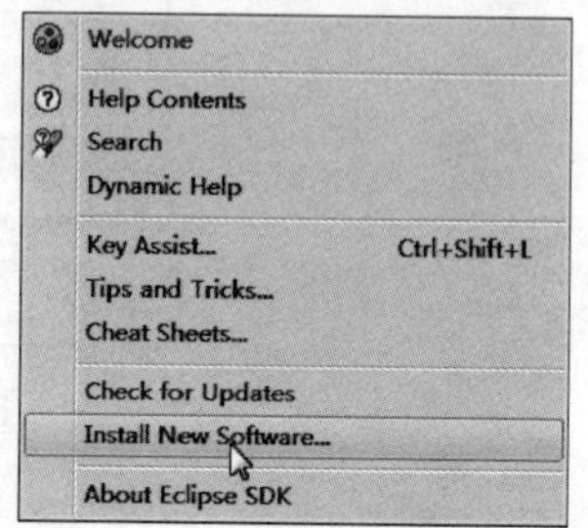

图 1-14　选择 Install New Software...命令

在弹出的对话框“Work with”一栏中输入 PDT 下载地址http://downloads.zend.com/pdt，

完成后下方的列表框中将会列出可用的插件，如图 1-15 所示。

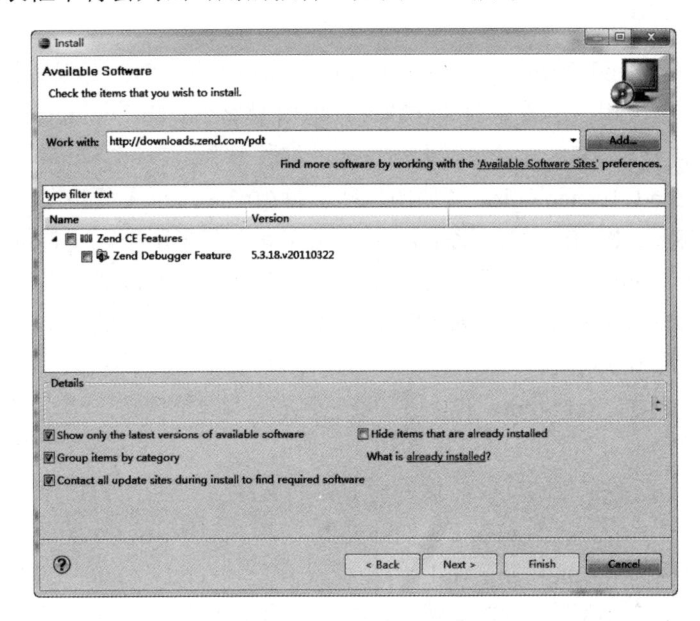

图 1-15　添加 PDT 插件

将所需要的插件选中，然后单击“Next”按钮，进入插件下载对话框，单击“Finish”按钮即可。

如果下载带 PDT 插件的 Eclipse，只需要双击 Eclipse 启动程序即可，此时 Eclipse 就提供了完美的 PHP 编程支持。带 PDT 的 Eclipse 下载网址为 http://www.eclipse.org/pdt/downloads/，主界面如图 1-16 所示。

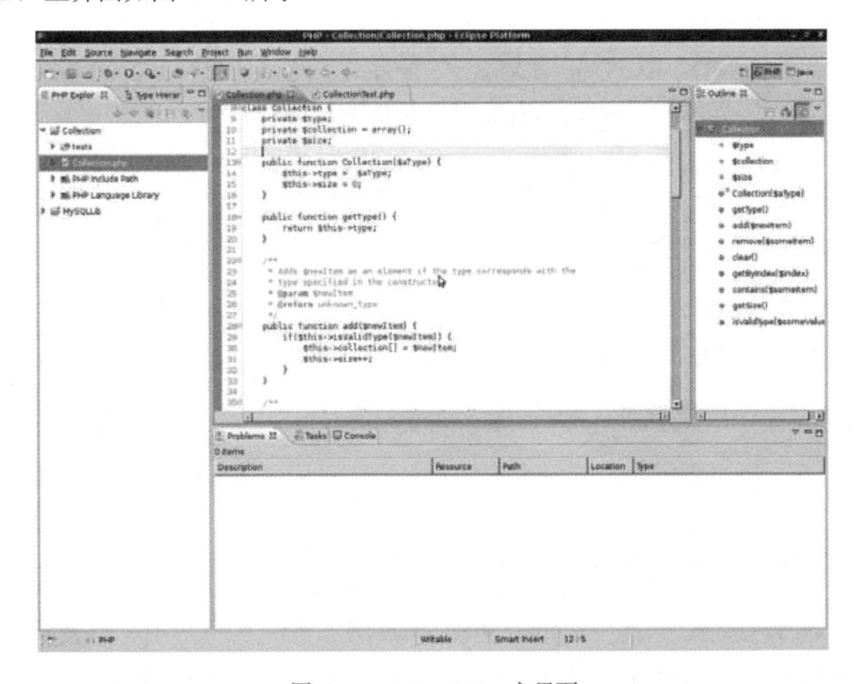

图 1-16　Eclipse PDT 主界面

1.3.5 Zend Studio

Zend Studio 是 Zend Technologies 所开发的一套商业化 PHP 开发工具，近年来屡获大奖，被众多企业广为采用。尽管是商业化软件，但由于 Zend Technologies 对 PHP 的深耕细作，Zend Studio 能够为 PHP 开发带来无与伦比的编程体验。Zend Studio 支持众多企业级开发，并且能够与 Zend Technologies 其他的一些重量级产品进行无缝整合，如 Zend Guard、ZendFramework、Zend Platform 等。Zend Studio 在 6.0 之前采用独立安装包进行发行。6.0 及以后的版本则基于 Eclipse PDT 发行了全新的商业化套件，目前最新的版本为 9.0。下面分别对经典的 Zend Studio 5.5 和成熟的 Zend Studio 8.0 进行讲解，方便读者选择。

1. Zend Studio 5.5

Zend Studio 5.5 是 Zend Studio 采用独立安装包发行版本的最后一个版本，也是非常经典的一个版本，目前仍被大量的 PHP 开发者和企业所采用。Zend Studio 5.5 使用 Java 语言开发而成，能够对 PHP 提供完善的支持，这种商业化的支持与其他的 PHP 开发工具相比，显得更加深入和全面。比如 Zend Studio 5.5 能够提供 CVS、SVN 等团队开发支持，也能够支持 WSDL、数据库可视化、ZendFramework 等企业级开发。Zend Studio 5.5 内置完善的调试机制，自身就内嵌入一个小型的 PHP 解释器，开发人员不需要额外 Web 服务器即可完成简单的 PHP 调试，甚至不需要将文件保存也能进行 PHP 的调试，这为调试 PHP 内置函数提供了非常便捷的手段。

Zend Studio 5.5 提供了完善的项目管理支持，能够像 Eclipse 那样对项目的文件组织、结构进行细化及分类，Zend Studio 5.5 项目管理器能够根据文件的增减，实时地更新项目信息，开发人员可以通过项目管理窗口了解当前项目的结构状态。

Zend Studio 5.5 代码编辑器的效率非常高，能够对 PHP 的代码语法、函数、常量、变量、类实例、方法等进行全方位支持（如代码提示、代码或注释格式化、实时错误检查等），还能够对 HTML、JavaScript、XML 等语言提供友好的支持。Zend Studio 5.5 相对 Eclipse 来说比较小巧，但启动速度却有点慢，界面如图 1-17 所示。

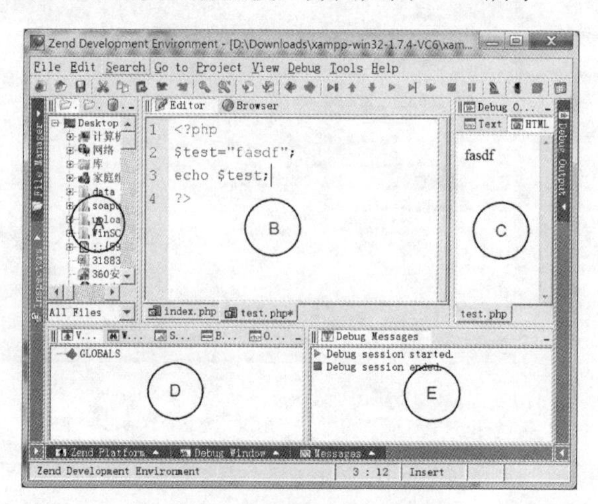

图 1-17 Zend Studio 5.5 主界面

如图 1-16 所示，Zend Studio 5.5 主界面大致可分为 5 部分，如下所示。

- A：项目管理面板。该面板是 Zend Studio 5.5 的项目管理窗口，开发人员可以在该面板中对项目文件进行操作，如添加、删除、修改等。
- B：代码编辑器。代码编辑器是 Zend Studio 中最重要的面板，也是集成化开发环境的精华所在，判断一个 IDE 是否强大在一定程度上取决于代码编辑器，Zend Studio 5.5 的代码编辑器对 PHP 的支持一直为业界称道，能够提供完善的 PHP 开发支持。
- C：调试输出面板。该面板相当于一个小型服务器，可以实时地浏览程序的运行结果，如 HTML、Txt 等。
- D：Zend Platform 事件管理面板。该面板提供 Zend Platform 错误输出、调试跟踪等信息管理。
- E：调试信息管理面板。该面板输出调试时程序的健康状态等信息。

2. Zend Studio 8.0

Zend Studio 8.0 是基于 Eclipse PDT 发行的一个全新的商业套件，能够提供企业级的 PHP 开发。Zend Studio 8.0 基于 Eclipse 的强大项目管理功能，整合了 Zend 自家的多项业务，提供了全新的 PHP 调试引擎、代码感知、智能分析等一系列强大功能。Zend Studio 8.0 能够深度支持 MVC 框架开发，如 MVC 的关联模块的创建、模型数据库可视化管理等。Zend Studio 8.0 支持多国语言，如图 1-18 所示即为中文版的 Zend Studio 8.0 主界面。

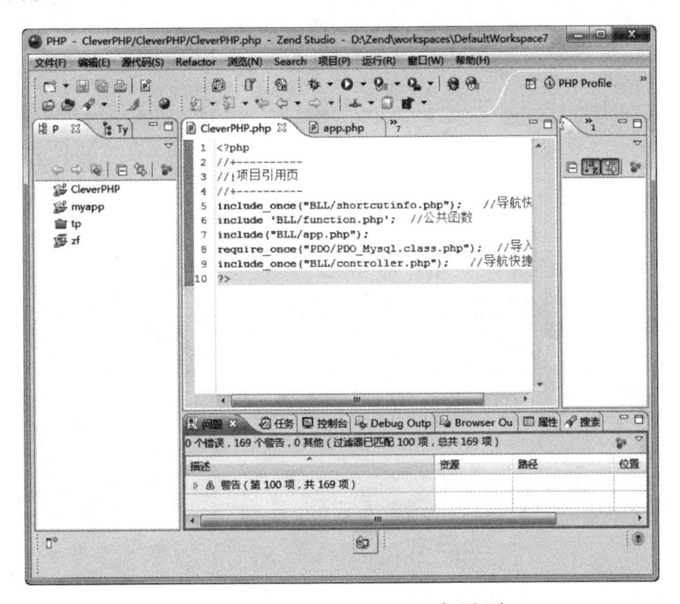

图 1-18 Zend Studio 8.0 主界面

如图中所示，Zend Studio 8.0 无论是从界面布局还是菜单位置都与 Eclipse 非常类似，习惯于使用 Eclipse 的读者应该非常容易上手。Zend Studio 8.0 是 Zend 推出的商业套件，开发者或企业必须要购买商业许可才能进行使用。当然也可以下载试用版，Zend 提供了标准版和企业版供开发者免费试用，下载地址为 http://www.zend.com/en/products/studio/downloads。

1.3.6 Adobe Dreamweaver

严格来讲 Dreamweaver 并不是 PHP 开发工具，之所以放到本节来讲，是因为 Dreamweaver

能够提供一流的网页编程体验，对 PHP 来说更重要的是编写 PHP 中的 HTML 代码部分。Dreamweaver 是业界最著名的网页设计工具，它能够提供可视化网页设计功能，是网页开发从业人员不可缺少的工具之一。Dreamweaver 不仅能够编写可视化的 HTML，借助于其完善的代码编写器，还能够编写编码正确，兼容性好的动态编程语言，如 PHP、JSP 等。

Dreamweaver 不同于专业性强的 IDE，Dreamweaver 定位于可视化网页设计，能够无缝融合 Adobe 的其他重量级套件，提供出色的网页设计功能。作为 PHP 开发人员，特别是 MVC 设计人员，主要使用 Dreamweaver 来设计视图显示层，配合专业的 PHP IDE 能够为编程带来无与伦比的效率。

Dreamweaver 虽然提供了可视化的 PHP 开发功能，但是支持的深度比较简单及原始。由于 Dreamweaver 对 HTML、CSS、JavaScript（Jquery、ExtJs）的友好支持，所以在混合编程时显得非常有效率，另外 Dreamweaver 的项目管理器非常全面和强大，不仅提供了出色的文件组织功能，还提供 FTP 远程管理，SVN 版本库控制等实用功能。

Dreamweaver 界面非常友好，能够让初次接触 Web 设计的开发人员迅速上手。Dreamweaver 还提供了众多的快捷键，能够显著提高开发人员的效率。如图 1-19 所示，显示了 Dreamweaver CS3.0 的界面概况。

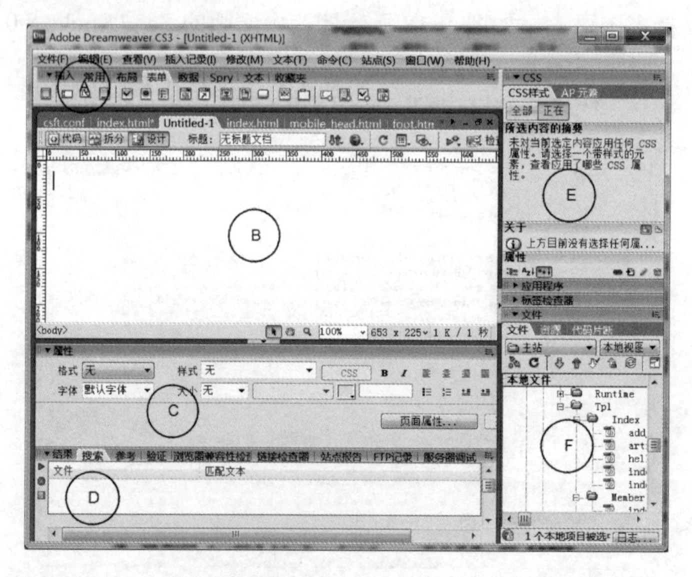

图 1-19　Dreamweaver CS3.0 主界面

如图中所示，Dreamweaver 主界面主要分为 6 个部分，分别如下。

- A：功能菜单区。主要提供了 Dreamweaver 的工具、控件、可视化菜单等。
- B：代码编写器。Dreamweaver 的代码编写器非常高效，在编写 HTML 时可以在代码模式与可视化模式之间进行切换。
- C：属性面板。Dreamweaver 的属性面板非常实用，特别是在设计可视化的 HTML 时就显得非常高效。属性面板会根据 HTML 元素的属性而出现相应的属性选项。
- D：信息区。该区域可以显示 Dreamweaver 编程时的异常信息、校验信息等。
- E：CSS 管理面板。该面板提供了对 CSS 的可视化管理，开发人员可以使用该面板完成 CSS 的创建、修改、删除等。

➢ F：项目文件管理区。该面板提供了强大的项目管理功能，能够提供 FTP 文件上传、文件新旧对比等实用的功能。

Dreamweaver 在 Adobe 公司的大力推广下，目前已经成为最主流的网页设计工具，最新版本为 Dreamweaver CS 5.5。新版本提供了对众多新技术的支持，如 HTML 5、多屏幕协同、CSS 3.0、移动开发、Jquery 等。

1.3.7 VS.PHP

VS.PHP 即 Visual Studio for PHP，它是 JCX 公司（微软的合作伙伴）针对微软 Visual Studio 套件而开发的一个商业插件，基于 Visual Studio 对项目的友好支持，提供一站式的 PHP 编程。如果使用过 Visual Studio 的程序员会感觉 VS.PHP 非常亲切和熟悉，VS.PHP 就是为这样的一群人而设计的。

使用 VS.PHP 开发应用程序，能够像 C#那样流畅、高效地编写代码，程序员能够在一站式的环境里专注 PHP 应用的实现，而不需要在各个工具间来回切换。Visual Studio 是一套历经时代洗礼的成熟开发套件，能够提供从测试环境到生产环境的全程支持，VS.PHP 基于 Visual Studio 的良好操作性，提供了出色的编程能力和语言代码管理能力，是专业 PHP 开发人员需要了解的工具之一。

VS.PHP 的安装非常容易，官方提供了 Web 在线安装包和 MSI 离线安装包。VS.PHP 是商业产品，个人或企业使用首先需要购买商业许可，当然也可以下载 30 天试用版，下载地址为http://www.jcxsoftware.com/jcx/vsphp/downloads。安装完成后可以在 Visual Studio 中的“New Project”对话框中找到“PHP Projects”模板，如图 1-20 所示。

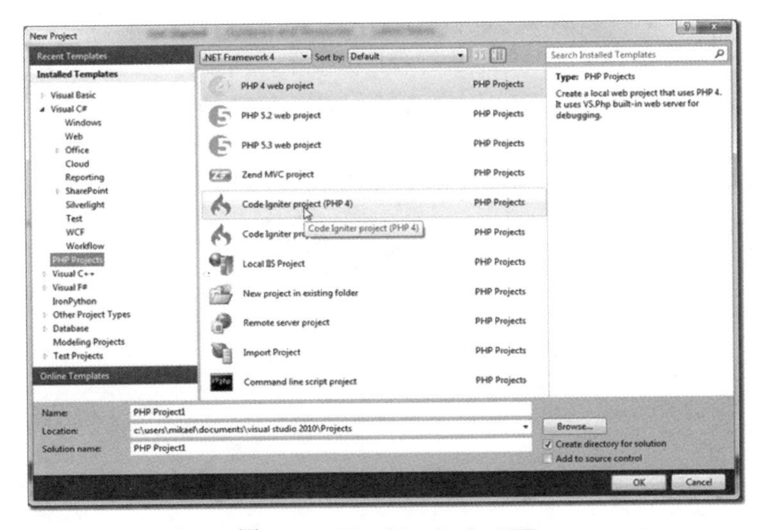

图 1-20　Visual Studio for PHP

值得注意的是，VS.PHP 必须要根据 Visual Studio 的版本选择相应的安装包，否则会导致安装成功后却找不到项目模板的情况。

❑ 提示：在安装 VS.PHP 前，必须要确保已经成功安装了 Visual Studio，否则 VS.PHP 将会退出安装；如果需要完整的 PHP 调试环境，还需要安装 XDebug。

1.4 SVN 版本控制

如果只是一个人在开发应用程序，那么只需要将文件保存到一个指定的目录即可，如果担心数据丢失，只需要将整个目录备份；但是如果是一个团队（3 人以上）合作项目，就需要进行版本控制和备份了。SVN 是一套版本控制系统，能够在多人开发项目时提供数据备份、冲突处理、新旧检测等功能，近年来已经被众多企业所采用，接下来将深入介绍 SVN 的理论知识与实际应用。

1.4.1 SVN 介绍

SVN 全称为 SubVersion，它是一套版本控制系统，SVN 近年来大受欢迎的一个重要原因是 SVN 解决了团队合作项目中的许多问题。在运用版本控制之前，一个团队的开发人员通常使用共享文件夹的方式进行协同编程，有些甚至使用 QQ 等文件传输工具进行相互传递，在极少人参与的项目环境中不会成为问题，但在一些比较大的团队项目，使用上述方式进行团队协作，效率是非常低的，而且整个项目是不可控的，一旦需要找回旧的文件，这时就是一项复杂的任务。SVN 是一套版本控制系统，简单地说就是一套自动备份系统。这个比喻虽然不太恰当，但使用 SVN 完全不用担心数据的丢失，只要从一开始就使用 SVN，哪怕项目快结束了，也能找到刚开始时的文件内容。

事实上 SVN 远不止备份那么简单，之所以这样比喻，是为了让没接触过 SVN 的读者有个直观印象，方便接下来的学习。SVN 使用数据库形式保存文件版本，项目中的文件只需要有一个文件发生了改变，项目版本号就会自动加 1，版本号是唯一能够让文件回滚的凭证，有了版本号开发人员就可以大刀阔斧地进行程序开发了，所以有些程序员亲切地把版本控制称为“项目开发的时光机器”。SVN 版本控制流程如图 1-21 所示。

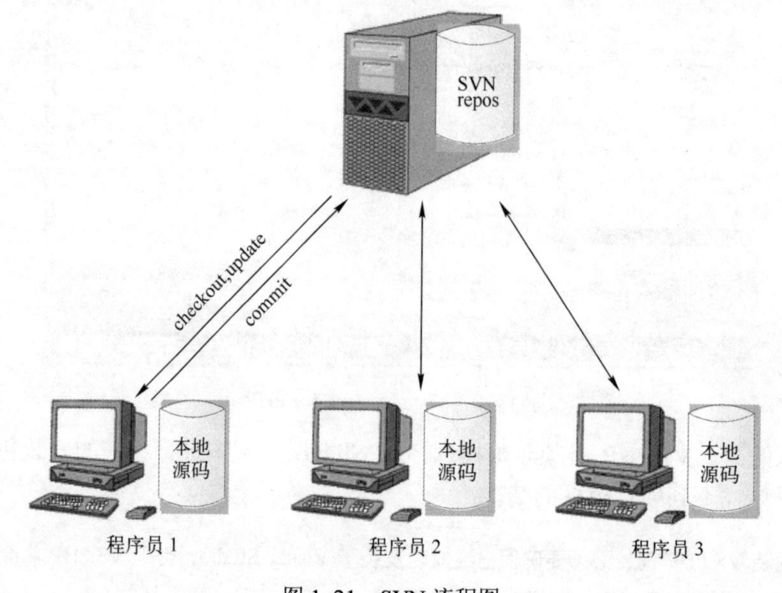

图 1-21　SVN 流程图

图 1-21 简单地演示了 SVN 多人协同开发时的流程。首先 SVN 服务器为项目创建版本库，当“程序员 1”用 update 命令将数据同步（当本地项目内容为空时需要使用 checkout 命令进行同步）到 SVN 数据库时，SVN 服务器将与本地计算机进行数据同步，完成后即可处于开发状态；此时“程序员 1”所编写的程序将只能自己看到，当“程序员 1”确定所编写的程序完成时，可以“commit（提交）”到 SVN 服务器；“程序员 2”与“程序员 3”可以使用“update”命令获取被改动的文件；SVN 版本控制系统内置有一套高效的版本冲突处理机制，防止 3 个程序员同写一个文件时造成的冲突。

SVN 是一套成熟的版本控制系统，经过多个版本的演进，SVN 已经能够运行在 Windows、Linux、MacOS 等操作系统上，并且提供了商业化支持；SVN 之前的版本控制系统为 CVS（Concurrent Versions System），CVS 是专为 C、C++设计的，由于其先天性的缺陷（如 CSV 只能记录单一文件版本，CVS 安全策略单一等）所以并没有得到广泛的应用。SVN 沿袭了 CVS 的特点，改进了 CVS 的版本控制方式，使用了类似于数据库的方式进行版本管理；SVN 一直强调用户自行管理的特点，所以强化了 SVN 服务器的安全功能，使得项目开发者对各自所管理的模块更加清晰，易于控制。SVN 的完善、易用已经成为了团队项目合作的代名词，作为一个 PHP 程序员，熟悉 SVN 已经成为一门必要的知识，本节将会详细讲解 SVN 的安装与使用。

1.4.2　SVN 的安装

SVN 分为服务端与客户端，无论是服务端或客户端都可以安装在 Windows、Linux 等操作系统上，考虑到 Windows 使用得比较多，接下来将详细介绍在 Windows 平台安装 SVN 客户端及服务器端的全过程。

1．Windows SVN 服务端的安装

（1）安装服务包

接下来将以 SubVersion 1.6.5 为基础，讲解 SVN 的安装过程。要安装 SVN 首先需要下载相应的安装包，SubVersion 的安装包是免费的，读者可以在国内外下载网站下载到，或者登录官方网站http://www.open.collab.net/cn/downloads/subversion/进行下载。把下载的压缩包解压后，找到 Setup-Subversion-1.6.5.msi 文件，双击该文件，启动安装向导，如图 1-22 所示。

单击安装向导“Next”按钮，接着指定安装目录，这里将 D:\subversion 作为安装目录，如图 1-23 所示。

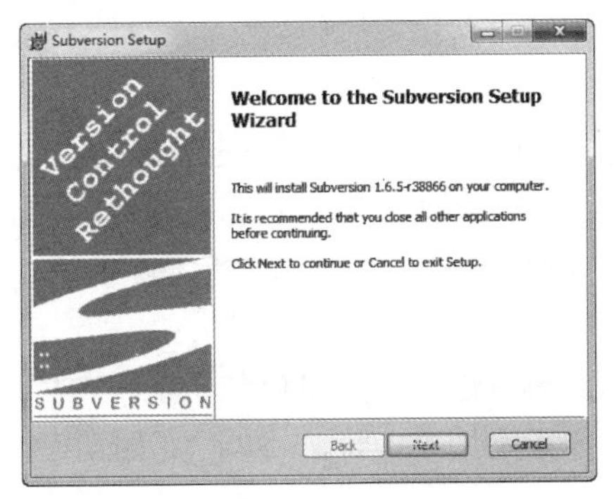

图 1-22　SubVersion 安装向导

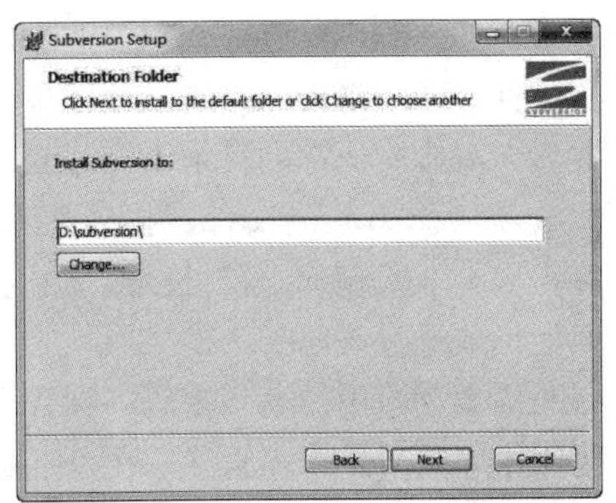

图 1-23　指定 SubVersion 的安装目录

根据向导提示，完成 SubVersion 的安装（这个过程需要重新启动计算机），安装完成后进入 D:\ subversion 查看目录下的文件，该目录下的 bin 目录即为 SubVersion 的核心服务包文件。

（2）创建版本库

正如前面所言，SVN 之所以能够进行版本控制必须依赖于 SVN 的版本数据库。在使用 SVN 服务之前，首先要创建版本库（Repository），创建步骤如下。

首先在 D 盘下创建一个空的目录，并命名为 svn，该目录用于存放 SVN 版本库；打开命令行工具，切换到 SubVersion 的核心文件目录；然后使用 svnadmin create d:\svn\repos1 创建版本数据库。当命令成功运行后可以进入 D:\svn 目录，此时可以看到 svn 目录下已经多出了 repos1 文件夹，该文件夹即为 SVN 的版本控制库，进入 repos1 文件夹，可以看到 SubVersion 管理终端已经生成了版本控制库所需要的目录与文件，如图 1-24 所示。

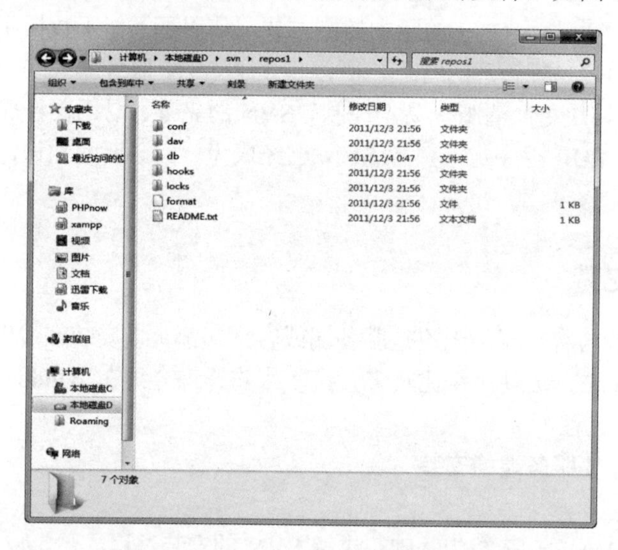

图 1-24 SubVersion 版本库目录结构

（3）启动 SubVersion 宿主服务

经过前面的步骤，SVN 的版本库已经成功建立，要让客户端访问 SVN 的版本库，需要启动 SubVersion 的宿主服务。由于 SVN 的版本库默认情况下只允许匿名用户以只读的方式进行访问，这里为了方便演示，将创建一个名为 test，密码为 test 的用户，该用户能够以读和写的方式对 repos1 版本库进行访问。要实现使用用户名和密码访问，需要对 repos1 版本库的配置文件作一些简单的修改，具体步骤如下。

首先进入版本库所在的目录 D:\svn\repos1\conf，打开该目录下的 svnserve.conf 文件，该文件即为 SVN 版本库配置文件，找到“[general]”节点，然后将“# password-db = passwd”中的注释符去掉（即删除“#”符号，#号后不能接空格），这样 repos1 版本库就能够以用户名与密码的形式进行访问了。

接下来需要创建用户名和密码，打开目录下的 passwd 文件（可以使用记事本打开），该文件即为版本库的用户配置文件，在“[users]”节点后添加 test=test，即添加 test 用户，该用户的密码为 test，最终 passwd 文件代码如下所示。

```
### This file is an example password file for svnserve.
### Its format is similar to that of svnserve.conf. As shown in the
### example below it contains one section labelled [users].

### The name and password for each user follow, one account per line.
[users]

# harry = harryssecret

# sally = sallyssecret
test=test
```

经过前面的步骤，就完成了版本库的配置，在命令行中使用 svnserve.exe –daemon 命令，启动 SubVersion 宿主服务，此时可以使用 TortoiseSVN 等 SVN 客户端管理工具进行访问了。

（4）将 SubVersion 服务加入操作系统服务

前面已经成功启动了 SubVersion 服务，此时如果需要访问必须确保命令行工具处于激活状态，一旦关闭命令行终端，SubVersion 服务进程将会结束。这里可以使用 Windows 的 sc 命令将 SubVersion 宿主服务加入操作系统中，这样在系统启动时将会自动启动 SubVersion 服务，命令如下。

```
sc create SvnService binpath= " d:\subversion\bin\svnserve.exe --service --root D:\svn" depend= "TCPIP" start= auto
```

2．客户端的安装

服务端安装完成后，还需要在客户端安装 SubVersion 的管理工具，SubVersion 内置了一个客户端管理工具 svn.exe，该工具只能在命令行下使用。下面将介绍另一款比较流行的 SubVersion 客户端管理工具 TortoiseSVN。

TortoiseSVN 能够紧密地集成到 Windows 右键快捷菜单中，提供出色的操作体验，使用 TortoiseSVN 能够明显地提高工作效率。TortoiseSVN 是免费开源的，同样能够运行在 Windows 及 Linux 等主流操作系统上，接下来将详细讲解在 Windows 操作系统上安装 TortoiseSVN。

要安装 TortoiseSVN，首先需要下载相应的安装包，下载网址为 http://tortoisesvn.net/downloads.html。TortoiseSVN 的安装非常容易，一直点击“Next”按钮直至完成即可。安装完成后在桌面空白的区域单击鼠标右键，如出现图 1-25 所示菜单，即表明 TortoiseSVN 安装成功了。

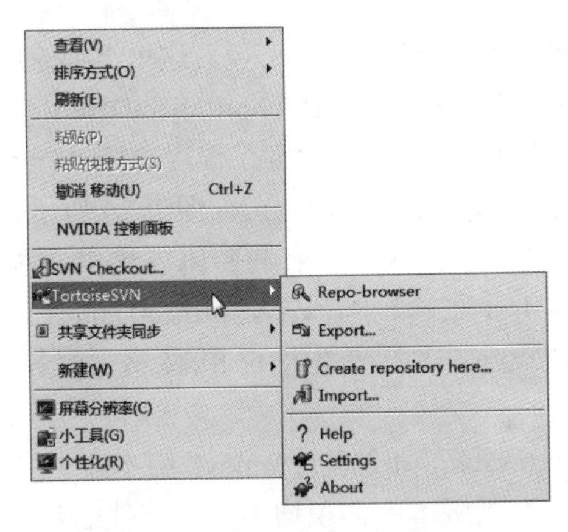

图 1-25　TortoiseSVN 快捷菜单

1.4.3 TortoiseSVN 的简单使用

前面介绍了 TortoiseSVN 的安装，接下来将讲解 TortoiseSVN 的使用。TortoiseSVN 的使用非常直观、友好，读者只需要理解以下几个重要的 TortoiseSVN 概念，就可以像操作 Windows 资源管理器一样进行版本控制。

- 通信协议：TortoiseSVN 是一个客户端，用于连接到 SubVersion 服务器，并操作服务器中的版本库，它是基于 svn:// 通信协议，与常见的 FTP 客户端使用 ftp://通信协议不一样，这也就意味着只要是基于 svn://通信协议的服务，都能够使用 TortoiseSVN 进行操作。
- 本地版本库：一个用户在参与项目时，通常是没有修改项目文件权限的，一旦分配了合法的 SVN 用户名及密码，就意味着该用户是一个合法的项目参与者，此时该用户只有将 SubVersion 服务器上的项目文件下载到本地，才能进行同步编程。
- 文件上传：用户在本地改动了项目中的文件，必须要将文件上传到 SubVersion 服务器，才能被其他用户查看到，同时版本库会自动增 1。
- 版本号：SubVersion 的版本号并不是针对单一文件的，而是针对整个项目，这也就意味着就算项目中的某个文件只作简单的修改，一旦进行提交操作，整个项目的版本号就会自增 1。

1. TortoiseSVN 的菜单

下面将通过实践的方式，消化上述理论化的知识。在讲解 TortoiseSVN 的实际应用前，首先简单介绍 TortoiseSVN 几个常用菜单。

- Svn Checkout：该命令用于项目参与者第一次下载 SubVersion 版本库文件。
- TrotoiseSVN→Repo-browser：浏览 SubVersion 版本库项目内容。
- TrotoiseSVN→Export：导出版本库中的项目文件。
- TrotoiseSVN→Create repository here：创建版本库，该命令的作用与 svnadmin create 命令相同。
- TrotoiseSVN→Import：将现有的项目文件导入 SubVersion 版本库中。
- TrotoiseSVN→Settings：该命令能够弹出 TortoiseSVN 详细设置窗口。

2. 使用步骤

下面通过一个示例讲解 TortoiseSVN 实际应用。这里继续使用前面创建的 repos1 版本库作为项目版本库，项目的本地路径为 D:\php\ProjectDemo1。首先在项目中创建一个 index.php 文件，然后使用 TortoiseSVN 快捷键，依次选择“TrotoiseSVN” →“Import”命令，将 ProjectDemo1 目录导入 repos1 版本库中，如图 1-26 所示。

单击“OK”按钮，将会要求输入用户名和密码（这里的账号及密码即为前面创建的 SVN 登录用户名及密码，即 test 账号）。完成后，ProjectDemo1 项目将会被导入 repos1 版本库中，如图 1-27 所示，如果导入失败，首先检查 SVN 宿主服务是否已经启动，然后检查用户名与密码是否正确。

此时可以通过“Repo-browser”命令查看 repos1 版本库中的文件。此时查看 repos1 版本库的实际存放路径，除了看到版本库体积增大外，其他的目录与文件结构一点也没发生改变。

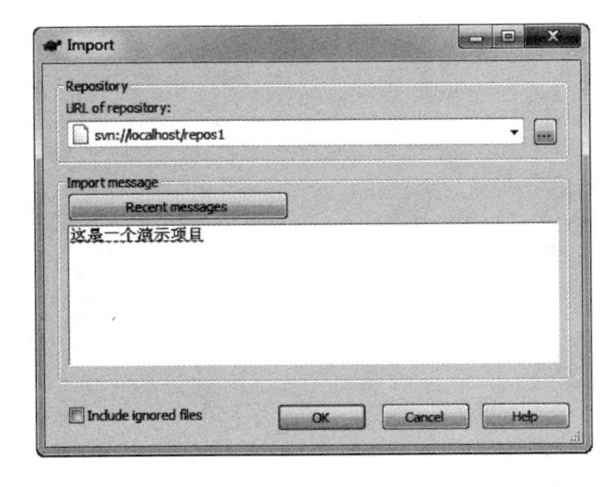

图 1-26　Import 对话框

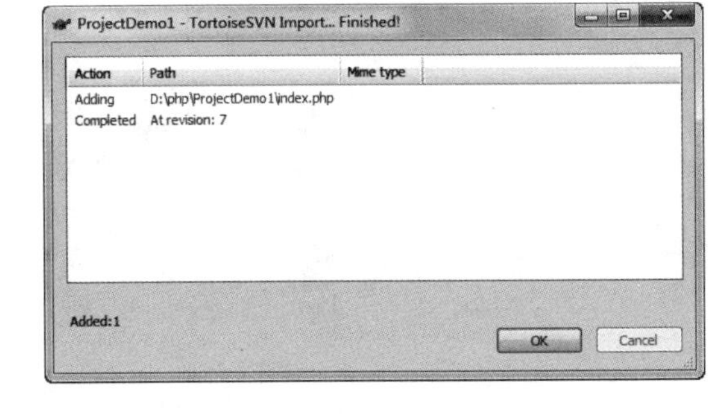

图 1-27　导入成功对话框

初次接触 SVN 的读者经常认为将项目导入版本库之后，就可以进行编程了。事实上，前面所做的项目导入只是创建版本库源文件而已，读者需要首先明白，项目源文件不是一个人在开发的，而是多人一起开发的。当前登录的用户为 test，要对项目进行开发，必须要将版本库中的源文件取出，所以应该使用“Svn Checkout”命令获取源文件，步骤如下。

首先在 D:\php\下创建一个目录（不能使用中文名称），并命名为 test，然后进入 test 目录，按下鼠标右键，在弹出 TortoiseSVN 快捷菜单中选择“Svn Checkout”命令，如图 1-28 所示。

在“URL of repository”一栏中输入“repos1”版本库 svn 地址，单击“OK”按钮，此时 TortoiseSVN 将会开始下载版本库中的源文件，如图 1-29 所示。

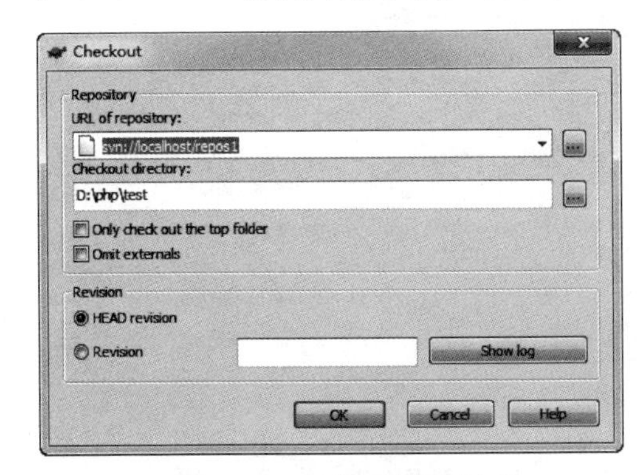

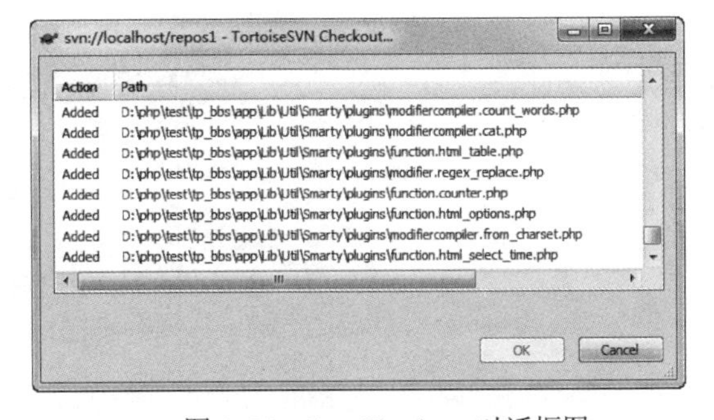

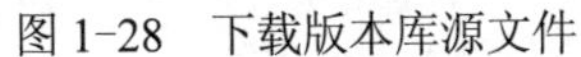

图 1-28　下载版本库源文件

图 1-29　Svn Checkout 对话框图

当版本库源文件下载完毕后，进入 test 目录，可以看到版本库中的目录与文件都被下载到本地了，此时才正式处于团队项目开发的状态。可以看到 test 目录下的文件都被 TortoiseSVN 自动加上了文件图标，因为此时还没对文件进行更改，项目的版本号（即项目没有文件被改动过）与版本库中的项目版本号是一致的，所以文件图标都显示为已经更新状态。TortoiseSVN 常见状态图标如图 1-30 所示。

TortoiseSVN 常见状态图标含义如下。

- normal：常规状态，此状态下的文件夹（文件）版本号与版本库中保存一致。
- ignored：忽略，该文件夹（文件）已经被忽略，提交时被排除。

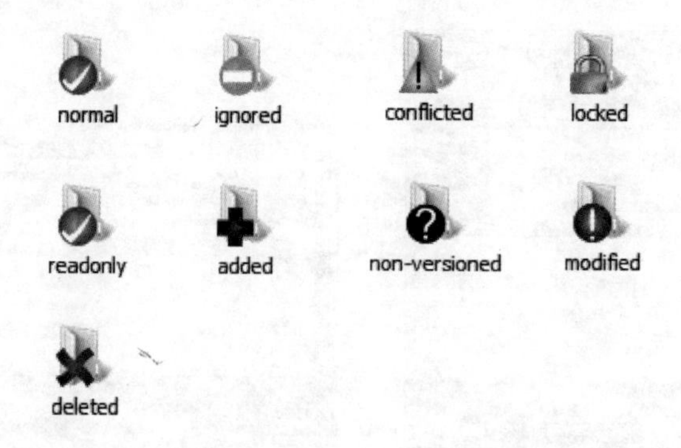

图 1-30　TortoiseSVN 常见状态图标

- confilcted：冲突，该文件夹（文件）已产生了冲突，需要做冲突处理。
- locked：锁定，该文件夹（文件）已经被上锁，操作前需要解锁。
- readonly：只读，该文件夹（文件）只能读取。
- added：添加观察名单，该文件夹（文件）已经被添加到观察名单，能被 SVN 识别。
- non-versioned：无版本控制，该文件夹（文件）还没有被 SVN 识别。
- modified：已修改，该文件夹（文件）已经被修改，但还没与版本库进行同步。
- deleted：已删除，该文件夹（文件）已经被其他用户删除。

读者可以修改项目下的 index.php 文件，观察文件状态图标变化，确定修改完毕后，选中 index.php 文件并弹出鼠标右键，在弹出的 TortoiseSVN 快捷菜单中选择“SVN Commit”命令，将此次修改保存到 SVN 版本库，如图 1-31 所示。

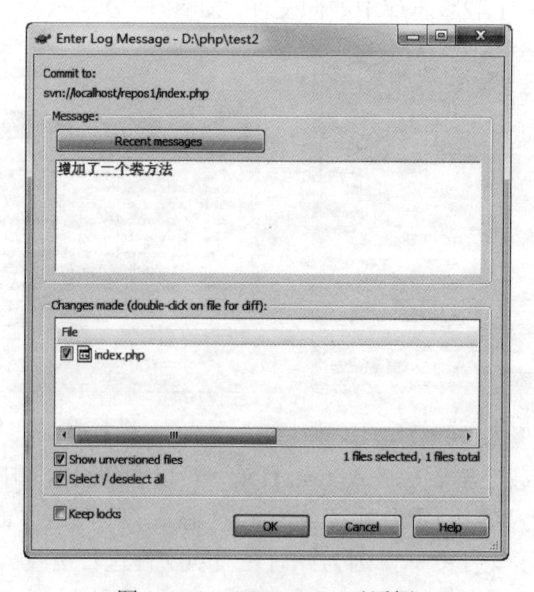

图 1-31　SVN Commit 对话框

在“Recent messages”一栏中输入本次修改的自定义信息，然后按下“OK”按钮，这样项目参与者就能够及时地查看到被修改过的文件了；如果自己需要查看项目的最新状态，可以使用“SVN Update”命令，将本地文件更新到与 SubVersion 版本库相一致。

1.4.4　TortoiseSVN 文件管理

前面介绍了 TortoiseSVN 的文件下载、同步、上传等简单功能，这些功能是 TortoiseSVN 最基础和最常见的功能，接下来将讲解 TortoiseSVN 的高级使用方法，这些功能主要包含文件删除、历史版本、新旧对比、冲突机制等，掌握这些功能的使用，可以满足多数实际应用开发中的需要。

1．文件删除

当版本库与本地项目同步后，要删除项目中的某个文件，初学者往往直接选中文件进行删除，这样一来再次使用“SVN Update”时，发现文件突然又回来了。正确的做法是使用 TortoiseSVN 操作菜单中的“Delete”命令（在项目文件上依次选择“TrotoiseSVN”→“ Delete”），如图 1-32 所示。命令执行后需要再选择“SVN Update”命令，以便其他程序员看到项目发生了改变。

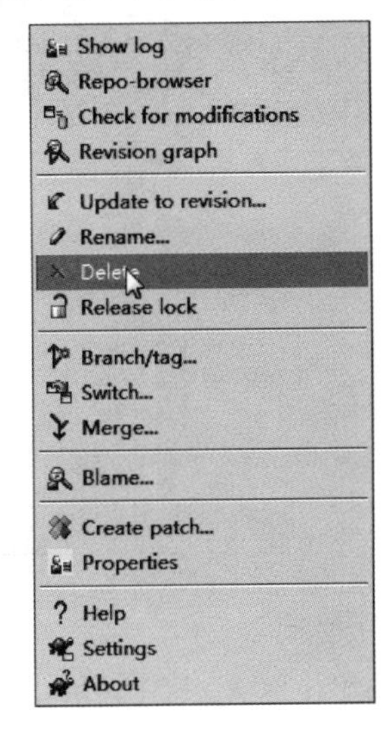

图 1-32　TrotoiseSVN 文件操作菜单

2．历史版本

所谓的历史版本也就是 SVN 的文件找回功能。假如使用了“Delete”命令删除了文件，此时如果需要再次找回该文件，历史版本功能就派上用场了。SVN 是以版本号作为版本控制依据的，只要项目中有一个文件发生了更改，并已经录入版本库，那么 SVN 服务器将把项目版本控制提升 1 个版本号，这就意味着开发人员需要找回旧的文件，只需要输入相应的版本号即可。在项目的空白区域上依次选择“TrotoiseSVN”→“Update to revision...”命令，在弹出的“Update”对话框中输入需要回滚的版本号即可，如图 1-33 所示。

如果对版本号不是很清楚，可以点击“Show log”按钮，在弹出的更新日志对话框中选择相应的记录，如图 1-34 所示。

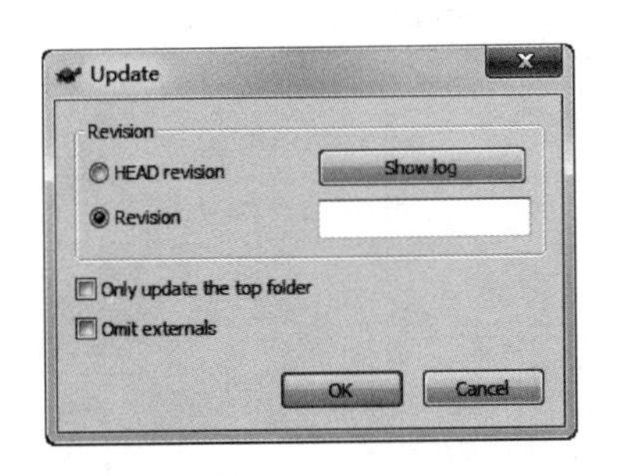

图 1-33　Update 对话框

图 1-34　更新日志对话框

3．新旧对比

所谓的新旧对比是 TrotoiseSVN 中一项实用的功能，它能够让程序员记得哪些代码是自己写的。假设有 2 名程序员，分别使用 A 与 B 表示，这 2 名程序员共同对一个文件进行编辑。A 程序员在休息时 B 程序员继续对该文件进行编辑，此时就可以通过“Diff with previous version”命令查看文件被 A 程序员修改的部分，这就是新旧对比的典型应用。“Diff with previous version”对话框如图 1-35 所示。

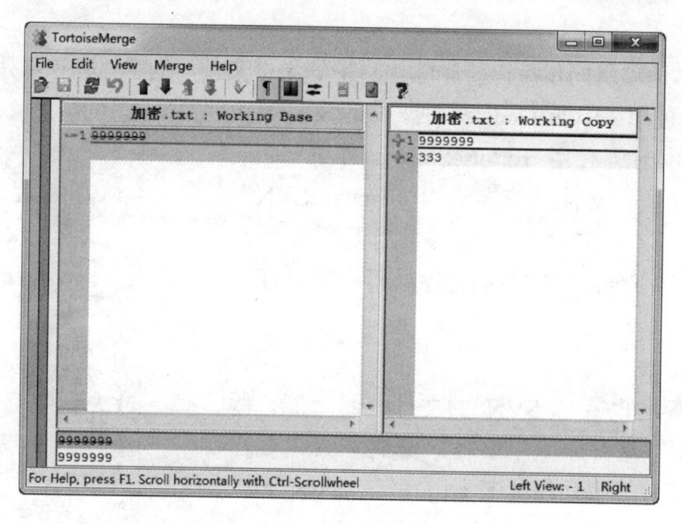

图 1-35　Diff with previous version 对话框

如图 1-35 所示，左边部分表示 A 程序员删除的内容，右边部分表示 B 程序员新增的内容，通过左右图对比，可以清楚地了解文件被更改状况。

4．冲突机制

TrotoiseSVN 文件版本冲突机制能够处理两名程序员同时对同一个文件进行编程时所产生的冲突。SVN 是以版本号作为唯一版本控制依据的，默认情况下低版本的项目文件不能向高版本的项目文件进行覆盖提交，所以 SVN 也提供了版本冲突处理机制（类似于操作系统的文件覆盖）。假设 A 和 B 程序员都将项目版本号更新到了 10 号版本（最新版本），并且他们同时对同一个文件进行编程，当 A 程序员提交修改后的文件时项目版本号将会变为 11；此时 B 程序员的文件还处于 10 号版本，当 B 提交文件时，由于版本库的项目版本号为 11，根据低版本号不能覆盖高版本号的原则，这时冲突就会产生了，如图 1-36 所示。

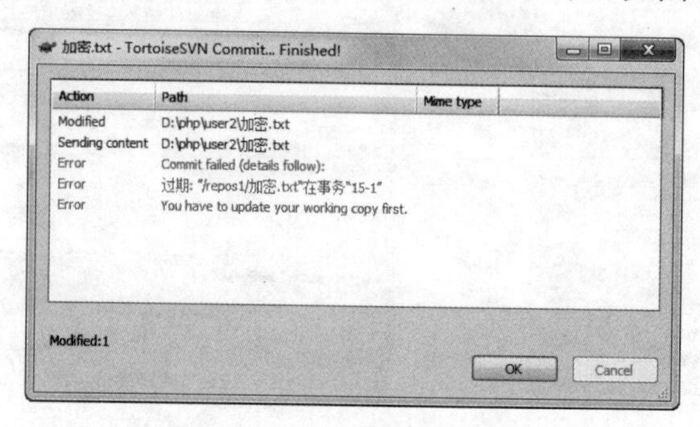

图 1-36　文件提交冲突

为此，TrotoiseSVN 提供了“Edit conficts”命令用于处理上述问题。一旦冲突发生，首先使用“SVN Update”命令与版本库进行同步，以保证版本号一致，此时可以发现目录下多出了几个候选文件，如图 1-37 所示。

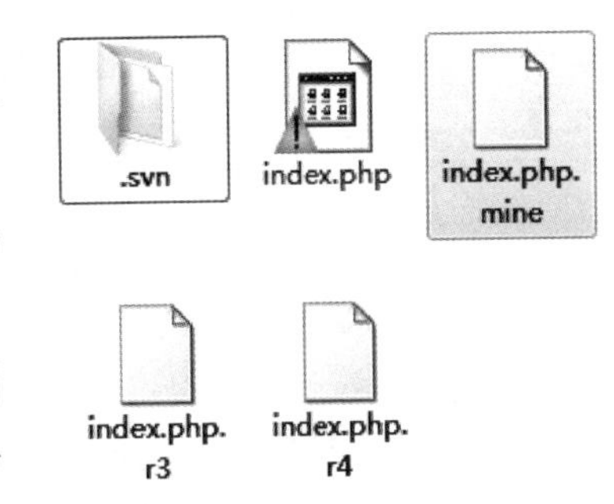

图 1-37　冲突候选文件

冲突候选文件根据版本库的版本号不同而出现不同的文件名，这里将以上述 4 个文件为例，介绍它们的具体含义，分别如下。

- index.php：冲突产生的文件，所有产生冲突的文件将以黄色感叹号为标识。打开该文件将会看到产生冲突的部分内容。
- index.php.mine：本地项目原文件。
- index.php.r3：版本号为 3 的 index.php 文件。
- index.php.r4：版本号为 4 的 index.php 文件。

选中冲突文件（index.php），依次选择“TrotoiseSVN” →“Edit conficts”（编辑冲突）”命令，在弹出的“编辑冲突”对话框中清楚地显示了服务器版本与本地项目版本的冲突片段内容，如图 1-38 所示。

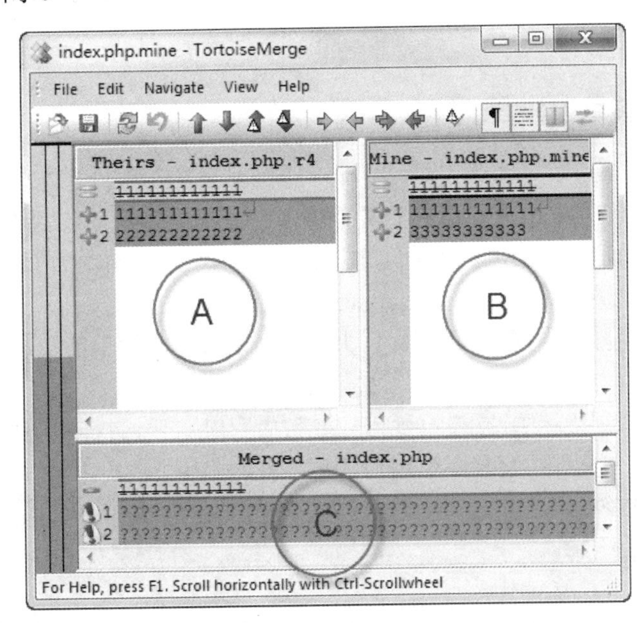

图 1-38　编辑冲突对话框

如图中所示，A 区显示的是服务器上的版本文件；B 区显示的是本地文件被改动过的文件；C 区显示两者合并后的结果。产生冲突的内容区域使用高亮（红色）标识。

既然知道了冲突的文件内容，那么就可以进行冲突处理了。解决冲突的方式在该对话框中变得非常容易，步骤如下。

这里假设需要将本地内容覆盖版本库中的内容，只需要在 B 区的编辑框中选中高亮的内容区域，然后按下鼠标右键，选择“Use this text block”命令，如图 1-39 所示。

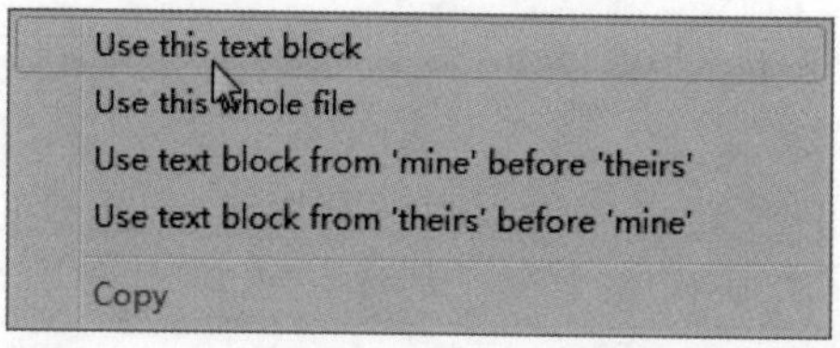

Use this text block
Use this whole file
Use text block from 'mine' before 'theirs'
Use text block from 'theirs' before 'mine'
Copy

图 1-39　选择覆盖命令

这就意味着将使用本地的内容覆盖远程 SVN 服务器中的内容；如果需要将远程 SVN 的内容覆盖本地的内容，只需要在 A 区编辑框中选择相同的操作即可；上述操作是内容覆盖内容的，如果需要将整个文件覆盖，只需要选择“Use this whole file”命令即可；最后按下〈Ctrl+S〉快捷键，保存更改，并关闭编辑冲突对话框。

上述操作完成后，还需要做最后的一步操作，选中带黄色感叹号的 index.php 文件，依次选择“TrotoiseSVN” →“ Resolved..（解决）”命令，确认冲突已经解决。在冲突解决完成后，目录下的候选文件将会自动消失，产生冲突的 index.php 文件已经变更为可提交状态。

通过 TrotoiseSVN 的冲突解决机制，可以看到 SVN 对文件的冲突处理提供了非常友好的操作，整个流程非常具有弹性，在实际应用开发中可以与项目的参与者商量后决定使用哪个冲突文件。

1.4.5　SVN 版本库权限配置

SVN 提供了完善的用户管理权限，用户管理权限在多人项目开发中具有非常重要的作用，它能够明确地让开发人员在自己的职责范围内编写代码。例如技术经理应该能够控制整个项目的文件读写；而程序员应该根据职责分配相应的权限，例如做前台界面设计的不应该能够编写后台 PHP 模块文件。SVN 使用 authz 文件作为权限配置文件，该文件提供了用户组功能，组别权限配置能够具体到项目的文件夹。下面通过一个简单的示例介绍 authz 权限文件的配置。

假设当前项目有 3 名程序员共同参与，匿名用户没有任何权限（默认情况下有读的权限），只需要在 passwd 文件中配置 3 名用户即可，代码如下。

```
### This file is an example password file for svnserve.
### Its format is similar to that of svnserve.conf. As shown in the
### example below it contains one section labelled [users].
### The name and password for each user follow, one account per line.

[users]
# harry = harryssecret
# sally = sallyssecret
ceiba=12345
test=test
manager=12345
```

如上述代码所示，ceiba 与 test 用户都是普通的程序员；manger 是项目负责人。在项目中添加 bbs 和 user 目录，分别代表论坛系统与会员中心；为了便于分工合作，这里将分配 bbs 目录给用户 ceiba，让其具有可读可写的权限；user 目录分配给 test，让其具有可读可写的权限。用户 ceiba 进入 user 目录时，限制其只能浏览但禁止提交文件；test 用户访问 bbs 目录时也限制其只能浏览但禁止提交文件。

根据上述权限分配要求，只需要在 authz 创建一个权限组 admin，这个权限组只赋给项目负责人 manger；然后再分别对项目下的其他目录单独配置权限，authz 文件代码如下。

```
### This file is an example authorization file for svnserve.
### Its format is identical to that of mod_authz_svn authorization
### files.
### As shown below each section defines authorizations for the path and
### (optional) repository specified by the section name.
### The authorizations follow. An authorization line can refer to:
###  - a single user,
###  - a group of users defined in a special [groups] section,
###  - an alias defined in a special [aliases] section,
###  - all authenticated users, using the '$authenticated' token,
###  - only anonymous users, using the '$anonymous' token,
###  - anyone, using the '*' wildcard.
###
### A match can be inverted by prefixing the rule with '~'. Rules can
### grant read ('r') access, read-write ('rw') access, or no access
### ('').
[aliases]
# joe = /C=XZ/ST=Dessert/L=Snake City/O=Snake Oil, Ltd./OU=Research Institute/CN=Joe Average
[groups]
admin = manager
# harry_and_sally = harry,sally
# harry_sally_and_joe = harry,sally,&joe

[/]
@admin = rw

[/bbs]
ceiba = rw
test = r
[/user]
test = rw
ceiba = r

# [/foo/bar]
# harry = rw
# &joe = r
# * =
# [repository:/baz/fuz]
# @harry_and_sally = rw
# * = r
```

如上述代码所示，标粗的即为更改的内容，其中[groups]定义了一个组并命名为 admin；[/]表示目录权限分配，意味着将整个项目的根目录权限分配给 admin 组，并指定该组用户能够可读可写；[/bbs]与[/user]分别表示配置 bbs 和 user 目录权限，这里将使用单个用户进行配置，并给出相应的权限。

将文件保存后，还需要在主配置文件中开启权限配置。打开 svnserve.conf 文件，找到#

authz-db = authz 节点，将#注释符与空格删除，这样就完成了权限配置。由于还需要禁止匿名用户浏览版本库，所以还需要将 svnserve.conf 文件中的# anon-access = read 配置项更改为 anon-access = none （前面不能留空）。至此，SVN 权限配置就完成了。

需要说明的是，SVN 只是实现版本控制，但对于团队开发来说，版本控制只是文件管理的一部分。要真正实现团队开发及测试，还需要配置团队调试环境。具体细节可参阅本书附录 B。

- 提示：TrotoiseSVN 在保存用户及密码后，没有提供清除用户与密码的功能，但可以通过删除 SVN 程序数据的方式清空用户数据与密码，该文件位于（以 Windows 7 为例）C:\Users\Administrator\AppData\Roaming\Subversion\ 目录，将该目录下的 authz 文件删除即可。

1.5 小结

本章一开始详细回顾了 PHP 的发展历史，了解 PHP 技术展趋势。接着讲解了 PHP 环境的搭建，本章介绍的环境搭建注重的是实践性，采用了高效的一键安装包的方式进行讲解，确保每个读者能够正确安装，迅速进入学习状态。

本章还详细介绍了 PHP 主流 IDE，方便读者选择开发工具。最后深入介绍了版本控制系统的使用，因为 MVC 的开发是分工明确的，深入学习 SVN 对于一名合格的 PHP 程序员来说非常有必要，由于篇幅所限本章并没讲解 Linux 下的 SVN 搭建，读者可以参阅 SVN 官方网站帮助文档。无论是 Windows 还是 Linux 下的 SVN，命令使用和权限配置都是一样。

本章所讲解的内容比较理论化，下一章将深入学习 PHP 的面向对象。面向对象开发是 MVC 设计的基础，读者需要深入掌握。

第2章 面向对象基础

内容提要

面向对象编程不是一门技术，而是一种编程思想，它与某种特定的技术不存在联系，一门高级的现代化语言最重要的一个因素就是看它是不是支持面向对象，比如 C#、Java、C++等都能够很好地支持面向对象编程；尽管每种技术在实现面向对象时不尽相同，但都有封装、继承、多态等特性。PHP 从 5.0 版本开始已经正式提供了面向对象编程技术，PHP 的面向对象编程技术借鉴了 Java 众多思想，能够满足大型软件的开发需要，这是 PHP 一个重要的进步。本章将会首先介绍面向对象技术，帮助读者树立面向对象编程思想；接着详细介绍 PHP 对面向对象编程的支持。

学习目标

- 理解面向对象编程思想。
- 理解 Class 关键字的意义。
- 理解类方法与函数的区别。
- 理解类的继承作用。
- 掌握实例类与静态类的使用。

2.1 面向对象介绍

面向对象编程思想最早出现在 20 世纪 60 年代。C++、Objective-C 等高级语言的出现，丰富了面向对象编程思想。以 Java 为代表的全面向对象编程技术，近年来已广泛地应用在大型工业化的软件设计中，面向对象编程技术是计算机编程史上的一个里程碑，它让程序更加容易维护、重用、部署等。面向对象类似于盒子操作，程序员不必知道类功能具体实现过程，只需要知道类提供了哪些可用的方法（操作实体），然后进行调用即可，这就意味着该类是可以多处调用、多处使用的。这里所说的多处调用与传统函数在方式上是类似的，只是面向对象提供的多重用性更加高效和彻底。如果具备面向过程设计基础（C、PHP 4.X、Asp、VB 等），理解 PHP 面向对象编程并不是一件困难的事。下面首先对类的几个最重要概念进行一个简单的介绍。更详细的使用将在后面的内容中结合示例代码进行讲解。

1．类

类是面向对象编程中最重要的概念，所谓的类和我们日常中见到的事物类是一样的。比如地球上有动物类、植物类等物种，动物类中又包含了人、猫、狗等，这些就是类的实体对象，这里就可以看出所谓的类只不过是人们用于方便识别物种的一个方法，它并不具体存在；但是动物类中的人、猫、狗等是真实存在的，可以完成特定的事情；同样，在软件设计中类也是用于总结、归类代码的一个称呼，它并不能实现具体的功能，但类包含的方法却可以完成具体的功能。

2．对象

设计好的类在被计算机编译后，便被分配内存区、地址、资源等。系统需要使用类，就需要找到相应的内存地址，然后进行编译，但还没有触发相应的功能，处于等待接受任务状态，被分配到内存中的资源句柄就称为对象；这里可以简单地理解为类是一个真实存在的文件，它存在于硬盘上，而对象是一个存放于内存中的抽象资源，可以随时销毁。通常情况下类与对象是一一对应的，一个没有实例化（没有生成对象）的类是不能使用它所包含的功能模块（静态类除外）。

3．方法

前面所讲的功能模块是类包含的具体功能代码，也就是类方法。虽然类方法的声明在每种编程语言上会有不一样的声明方式，但通常情况下类的方法就是常见的功能函数；将一个功能函数放到类中，就会成为该类的方法，一个类需要实现哪些功能，通常都需要在类方法中实现，这就是类的封装性。它可以让开发者像使用功能函数一样方便赋参、调用等；还可以作为类的接口对其他方法进行约束、规范等；从这里就可以看出，类的主要作用就是归类、合并传统编程中的函数、变量等。

4．成员变量

类成员属性也称成员变量，它通常用于接收外部数据或将内部数据返回；所谓的成员属性和常见的变量是一样的，它们都有自己的数据类型、赋值方式等。类成员变量与传统变量在作用上都是一样的，只是类成员变量只能作用于类中，并且受类的权限修饰符限制。类成员变量在类被实例化后就称为类成员属性，事实上均是指同一概念。

5．继承

继承是面向对象编程中最重要的一种思想，面向对象编程思想核心就是继承。所谓的继承顾名思义就是“接受旧的产生新的”，这就意味着新类具备旧类的全部功能；继承丰富了面向对象编程思想，使得程序设计更加便捷、高效。本书重点介绍的 MVC 技术就是就是基于继承实现的，在此读者只需要简单理解即可。

2.2 PHP 面向对象基础

PHP 面向对象编程雏形在 PHP 4.X 时已经形成，但直到 PHP 5.0，才真正能够完美地支持面向对象编程。PHP 5.0 面向对象不像过去那样仅仅是一个继承的功能，而是提供了封装、拆箱、类保护、接口、抽象层等类似于 Java 的高级功能。PHP 的面向对象设计出色地继承了传统 PHP 的简洁、高效，能够为 Web 开发提供一流的性能与效率。接下来将首先从 PHP 类设计开始学习，如果读者已经具备面向对象编程思想可以略过本章；但如果是初学者或者未接触过 PHP 编程的读者，务必阅读本章内容。

2.2.1 class 关键字

class 直译成中文即是“类”、“类别”的意思。前面已经讲述过，类是面向对象设计的基础单元。在 PHP 中，使用关键字“class”作为类体的声明，PHP 编译器一旦遇到该关键字，就会按处理面向对象的方式为程序分配相关的资源。如以下代码所示。

```
<?php
class technology {

   function PHP(){

        return  "php";
   }
   function Jsp(){

        return  "jsp";
   }
   function asp(){

        return  "asp";
   }
}
$myClass=new technology();

echo "我想学".$myClass->PHP();
?>
```

上述代码运行结果为“我想学 php”。代码中的“class”关键字为类声明，然后是类的名称，类名称后面的大括号“{}”即为类的实体。所有的功能代码必须写于类实体内。在进行类声明时，需要注意以下内容。

- 类名称必须符合规范，通常情况下使用一个具有意义的英文单词作为类名，如果类作为一个单独文件存在，通常类名与文件名同名，建议使用“类名.class.php”的文件命名方式。“class 123ab”、“class .abc class”这些类命名方式都是非法的，不能使用。“_abc class”、“ab_c class”这些类命名方式是合法的，但不建议使用。

➢ 类体中的“function”关键字即为类方法声明，普通的函数存在于类体中，就称为类方法。PHP 为弱类型语言，对类的数据类型不需要手动声明。PHP 对变量是严格区分大小写的，但对类名、方法、函数名称是不区分大小写的。

➢ 尽量避免在类方法中输出 HTML，这会在一定程度上破坏类的通用性。

前面使用了一个简单的示例，介绍了一个简单的类构成，一个类能够完成什么功能，通用性如何，需要通过类的成员来实现，下面将进一步介绍类的成员组成。

2.2.2 类中的成员

一个功能完整的 PHP 类体都会包含许多类成员，类成员的设计决定了类的意义与功能，除了前面提到的类方法，常见的 PHP 类成员还包括构造函数、成员变量、类常量、释构函数等，下面将分别介绍。

1. 构造函数

构造函数是一个比较特殊的函数，它用于类对象初始化时的默认传参。一个比较复杂的功能类，需要实现的功能非常多，程序员在调用类时往往需要处理一大堆默认参数，使用构造函数就可以在实例化类时直接以 news (参数 1,参数 2)的方式进行赋值。如以下代码所示。

```
<?php
class class1{
  private $name;
    private $action;
    /**
     * 构造函数
     *
     * @param unknown_type $_name
     */
    function __construct($_name,$_action)
  {
       $this->name=$_name;
       $this->action=$_action;
  }
  //自定义方法
  function action(){
       echo $this->name.$this->action;
  }
}

class class2{
    public  $name;
    public  $action;
    //自定义方法
    function action(){
      echo $this->name.$this->action;
  }
}
//有构造函数的类
$class1=new class1("李开湧","在写代码");
```

```
$class1->action();;

//没有构造函数的类
$class2=new  class2();
$class2->name="李开涌";
$class2->action="在写代码";
$class2->action();

?>
```

上述代码共有两个类，分别为 class1 和 class2，它们输出的结果都为“李开涌在写代码”。class1 类使用了__construct 声明了一个构造函数，构造函数共有两个参数$_name、$_action，并指定两个参数的值赋给成员变量$name 和$action，以便其他类方法进行调用，这两个参数在该类中的作用就是强制实例化时必须赋参，否则编译器将会报错。通过构造函数能够为类的完整性提供了保证。

class2 没有使用构造函数，虽然也实现了和 class1 相同的功能，但在实例化类时需要进行额外的属性属赋值，代码也多了 3 行。上述示例只是简单地演示构造函数的功能，在类功能复杂的情况下，构造函数可以方便开发人员初始化类。此外，PHP 构造函数除了使用__construct 进行声明外，还可以使用与类同名的方法作为该类构造函数。

2．成员变量

成员变量也称为成员属性，它是由普通的变量加上访问修饰符而构成的，成员变量和普通变量一样只用于临时存放数据，在 PHP 类设计中类变量还用于接收外部数据和反馈方法运行结果。如以下代码所示。

```
<?php
class myClass{
  public $NowTime;
  public $like;

  public function getTime(){
      //使用成员变量返回数据
      $this->NowTime=date("Y-m-d h:i:s");
  }
  public function MyLike(){
      //输出类成员变量数据
      echo "我喜欢".$this->like;
  }
}

//实例化类
$class=new myClass();
$class->getTime();
echo $class->NowTime;

$class->like="PHP";
$class->MyLike();
?>
```

3．释构函数

PHP 类构造函数一旦被初始化，编译器即会在操作系统内存区中建立资源堆栈，直到程序发出释放资源命令，才会释放该类所创建的资源。PHP 使用__destruct()函数进行释构，它的功能是跟__construct 构造函数取反值的，如以下代码所示。

```
<?php
class class1{
  private $name;
  private $action;
  /**
   * 构造函数
   *
   * @param unknown_type $_name
   */
   function __construct($_name,$_action)
   {
       $this->name=$_name;
       $this->action=$_action;
   }
   //自定义方法
   function action(){
       echo $this->name.$this->action;
   }
   //释放类变量 name 和 action 的资源
   function __destruct(){
       $this->name;
       $this->action;
   }
}
//有构造函数的类
$class1=new class1("李开湧","在写代码");
$class1->action();;
?>
```

如上述代码所示，使用__destruct()函数清除由构造函数创建的$name、$action 资源，这个过程是自动化的，PHP 不返回任何消息。事实上 PHP 的构造函数在实际应用开发中是不需要的，因为 PHP 内置了垃圾回收机制（garbage collection），就算不手动进行释放，PHP 也能自动清理残留的内存资源，保证程序的运行效率。

2.2.3 实例化类

一个 PHP 类被 new 后就称为实例化类。实例化后的类称为对象，程序员面对类对象不需要查看类体的实现过程，只需要知道类的公开接口（成员属性、公开的方法等）就可以完成类的使用。这也就意味着，一个封闭的类对开发人员来说是封箱的（像封装在箱子里的物体），普通的程序员没必要修改封装好的类，这就很好地保证了 PHP 类的通用性和重用性，一个设计优秀的类甚至可以应用在任何 PHP 应用中。下面分别使用两个文件演示 PHP 实例化类。

```
<?php
//MyClass.php 文件
class MyClass{
    /**
     * 输出天气信息
     *
     * @param unknown_type $str
     * @return unknown
```

```
        */
        function Weather($str){
            return "现在天气为：".$str;
        }
    }
    ?>
```

接着创建 index.php 文件，实例化前面创建的 MyClass，如以下代码所示。

```
<?php
//index.php
require("MyClass.php");
$class=new MyClass();
echo $class->Weather("多云");
?>
```

在 index.php 中只需要包含 MyClass.php 文件，即可以实现面向对象编程。开发人员不必知道类功能实现过程，只需要调用接口，即可完成相应功能的调用。如图 2-1 所示。

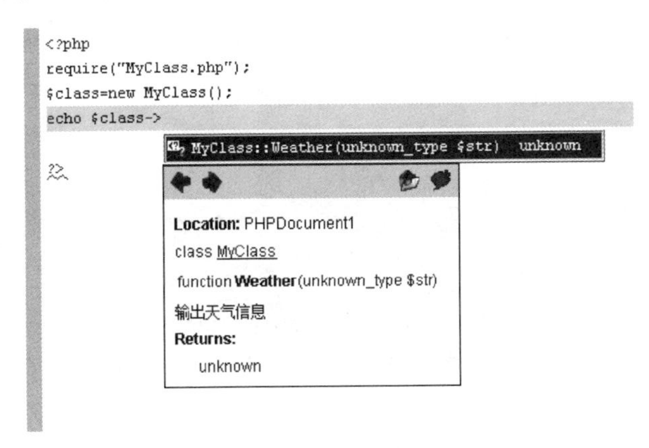

图 2-1　调用类公开接口

2.3　类中的方法

方法是类体中的功能模块，一个类需要实现哪些功能，需要通过类方法实现。一个普通的 PHP 函数是一个单一体，放到 PHP 类体中就成为了一个整体，是类体的具体方法。结合 PHP 类特性，还能够实现类的高度封装。类方法中比较重要的几个概念分别为方法的参数、访问修饰符、$this 关键字等，下面分别介绍。

2.3.1　方法的参数

PHP 之所以灵活强大，一部分原因来自于其内部海量的函数库。PHP 的函数库能够让程序员以较少的代码实现高效、强大的功能。一名优秀的 PHP 程序员，理解并熟悉 PHP 内置的函数库是必不可少的。PHP 内置函数中，多数都是需要传参数值的（即赋参）。只有正确地赋参，编译器才能得到函数运算的结果。同样，在自定义类方法中也可以定义方法参数，以便开发人员传进正确的参数，实现方法的功能运算。PHP 方法参数定义与函数参数定义是相同的，如以下代码所示。

```
<?php
class MyClass{
  private  $times;
  function __construct(){
      $this->times=date("Y-m-d H:i:s");
  }

  /**
   * 自定方法
   *
   * @param unknown_type $myname
   * @param unknown_type $action
   */
  function action($myname=array(),$action,$address="广场"){
      foreach ($myname as $value) {
        $name.=$value;
      }
      return "[".$this->times."]".$name."总共".count($myname)."个人".$action."地点为：
".$address;
  }
}

$class=new MyClass();
echo $class->action(array("李开涌，","小明"),"正在溜冰。");

?>
```

如上述代码所示，action 方法一共有 3 个参数：其中第 1 个参数声明为一个数组，在PHP 中不需要强制声明变量类型，编译器会自动匹配，所以这里使用了一个 array()作为默认值，以便调用的程序员知道这里需要传递一个数组参数；第 2 个参数为字符串变量，并且没有默认值；第 3 个参数是一个已经赋有默认值的参数，作用与普通函数中的默认参数值是一样的，即在调用时该参数赋值是可选的。在实例化类时，直接调用 action 方法并赋值即可。最终运行结果如下。

```
[2011-12-26 09:23:21]李开涌，小明总共 2 个人正在溜冰。地点为：广场
```

2.3.2 方法的返回值

成员方法使用 return 返回方法的运算结果，只有使用 return 返回，调用的程序才能接收到结果值；使用 echo 输出运算结果，调用的值将会为空。前面已经讲述过 PHP 声明变量是不需指定类型的，PHP 类方法返回值同样不需要指定数据类型，这点对于从其他语言转到PHP 的开发者而言尤其需要注意，但是开发人员也可以使用类型声明将结果强制转换为相应的数据类型，如以下代码所示。

```
<?php
class MyClass{
    function action1(){
        return array(
          "星期一"=>"php",
          "星期二"=>"Java",
          "星期三"=>"C#",
          "星期四"=>"C++",
          "星期五"=>"C"
```

```
            );
        }
    }
    ?>
```

上述代码中，action1 方法将返回一个数组，外部程序在获取结果时，可以通过数组下标获取到相应的值。在复杂的应用中，通常需要多个方法参与运算，最后才返回运算结果，如以下代码所示。

```
<?php
class MyClass{
   function action1(){
        $str="早上我在写代码";
        return $this->action2($str);
   }
   private function action2($str){
        return $str."：下午我在写文章";
   }

}
$class=new MyClass();
echo $class->action1();
?>
```

上述代码使用了 2 个方法共同运算，最后由 action1 方法返回运算结果。在功能复杂的类中，这样设计是经常用到的。

2.3.3　访问修饰符

访问修饰符可以控制类成员的权限域，它是面向对象设计中最经常使用到的技术，在前面的代码中，已经多次出现 public、private 关键字，这些关键字就是类成员（包含成员变量和成员方法）访问修饰符。使用访问修饰符可以完善类的设计，增强类的封装性、严谨性和安全性。一个良好的类体设计，应该具备完善的访问修饰，以防止被恶意调用，破坏程序的通用性。在 PHP 中共有 3 个访问修饰符，分别如下。

- public（全局公开）：该修饰符是 PHP 类设计中的默认修饰符，public 具有完全开放的权限，这意味着类成员可以被类其他成员或类对象使用。
- protected（受保护）：表示该成员只能在本类或子类中进行调用。
- private（私有）：表示只能在本类中调用，不能在子类中调用。

如以下代码所示，只有 action1 方法公开可调用，调用其他两个方法或属性时，PHP 编译器将会报错，但可以在内部进行调用。action3 方法的修饰符为 protected，所以可以在子类（sonMyClass）中进行调用。

```
<?php
class MyClass{
   private $name;
   function action1(){
        $str="早上我在写代码";
        return $this->action2($str);
   }
   private function action2($str){
        return $str."：下午我在写文章";
```

```
    }
    protected function action3(){
         return "晚上我在看电视";
    }

}
class sonMyClass extends MyClass {
    function myoff(){
         return $this->action3().", 一会就休息";
    }
}
$class=new sonMyClass();
echo $class->myoff();
?>
```

运行结果为“晚上我在看电视，一会就休息”，读者可以尝试在子类中调用其方法，观察运行结果有哪些变化。

2.3.4 $this 关键字

$this 关键字是 PHP 类设计中比较特殊的变量，它只能在类内部使用，用于在方法中调用成员变量或其他成员方法。前面的内容中已经多次出现过$this 关键字，相信读者已不再陌生，如以下代码所示，演示了$this 关键字的典型应用。

```
<?php
class MyClass{
  private $name=1;
  /**
   * 公开可调用的方法
   *
   */
  public  function action1(){
      return $this->action2();
  }
  private function action2(){
      if ($this->name==1) {
          return "结果值为 1";
      }else {
          return "为有赋值";
      }
  }
}
$class=new MyClass();
echo $class->action1();
?>
```

上述代码运行结果为“结果值为 1”。值得需要注意的是，引用类变量时$this 关键字后不能接$符号。例如$this->$name 是错误的，而$this->name 是正确的。

2.4 类的继承

继承可以让类设计变得更加合理，面向对象设计中最重要的一个概念就是继承，使用继承可以让类的作用得到无限延伸。所谓的继承顾名思义就是子类继承父类，开发人员可以开发出一个新的类，然后继承到已经存在的类。旧的类就是父类（或称基类），新的类叫做子类（或称派生类）。下面首先介绍最常见的子类继承父类，了解类设计的层次关系。

2.4.1 子类继承父类

从现实的角度考虑，假设需要为“动物”创建一个类，暂时称其为 Animals 类；随着程序的功能越来越多，现在需要创建一个类表示狗，暂时称其为 Dog；下面还可能有猫类、猪类等。这些类都有一个共同点，它们都是需要食物（Food）、睡觉（Sleep）、行走（Walk）等。

这些共同点即为动物的共性，如果不使用继承功能，需要在每个类中创建同样的食物、睡觉、行走；而使用了继承，由于在子类中可以完全使用父类中所有公开的属性和方法。这就意味着子类同样有了父类的同点，轻松地实现了面向对象的封装性和重用性，如以下代码所示。

```
<?php
//+-----------
//|动物，父类
//+-----------
class Animals{
  protected function Food(){
       return "吃饭...";
  }
  protected function Sleep(){
       return "睡觉中...";
  }
  protected function Walk(){
       return "活动中...";
  }
}
?>
<?php
//+---------------
//|狗，继承于 Animals 类
//+---------------
class Dog extends Animals {
  public function YellowDog(){
       echo "黄色的狗 3 点钟".$this->Walk()."6 点名钟".$this->Sleep()."8 点钟".$this->Food();
  }
  public function BlackDog(){
       echo "黑色的狗 4 点钟".$this->Walk()."7 点名钟".$this->Sleep()."9 点钟".$this->Food();
  }
  public function White(){
       echo "黄色的狗 5 点钟".$this->Walk()."8 点名钟".$this->Sleep()."10 点钟".$this->Food();
  }
}
$class=new Dog();
$class->YellowDog();
?>
```

如上述代码所示，共有两个类：Animals 为基类，定义了 3 个方法用于表示动物所共有的特性；Dog 类为子类，使用 **extends** 关键字指明了继承于 Animals 类，Dog 类包含 3 个方法，用于表示狗的颜色，由于狗都有共性，所以直接调用父类中已经存在的方法即可。运行结果如下。

```
黄色的狗 3 点钟活动中...6 点钟睡觉中..:8 点钟吃饭...
```

PHP 的类继承关系是无限制的，以上述代码为例，Dog 同样可以再被其他类继承，一旦被继承相应的子类将会包含 Dog 所公开的方法和属性。需要说明的是类继承关系必须要注意访问修饰符的作用，否则将会造成权限不足，继承将失败。

- 提示：extends 关键字用于类的继承，一旦被继承，实际上就相当于实例化一次，所有在继承关系中的类被 extends 后就相当于被 new 一次。

2.4.2 重写父类中的成员属性

通常会在父类中为一些重要的成员属性设置默认值，在子类继承时将会得到父类中公开的成员属性值，这就意味着子类可以像实例化对象一样获取或重写父类中的成员属性，以便实现程序运行过程中的特殊需要，如以下代码所示。

```
<?php
//+--------
//|天气基类
//+----------
class WeatherBase {
    //国家
    protected $country="中国";
    //城市
    protected $city="广州市";
    //温度
    protected $temperature=16;
    //天气
    protected $weather;
}
?>
<?php
//+---------------------
//|子类，继承于 WeatherBase
//+---------------------
class sonWeather extends WeatherBase {
    public function Forecast(){
        $this->country="北京"; //修改城市名
        $this->temperature=3; //修改温度
        $this->weather="多云"; //为天气赋值
        //返回数组
        return array(
          "title"=>"天气预报",
          "city"=>$this->country,
          "temperature"=>$this->temperature,
          "weather"=>$this->weather,
        );
    }
}
```

```
//调用
$class=new sonWeather();
$rows=$class->Forecast();
//输出数组数据
var_dump($rows);
?>
```

如上述代码所示，在父类中定义了 4 个成员属性，并且都是公开可继承的。在子类的 Forecast 方法中，通过改写父类中的成员属性，以便实现天气预报的变更，最后使用数组组织数据并返回，运结果如以下代码所示。

```
array(4) { ["title"]=> string(12) "天气预报" ["city"]=> string(6) "北京" ["temperature"]=> int(3) ["weather"]=> string(6) "多云" }
```

2.4.3　final 关键字

前面已经介绍过父类是可以无限制被子类继承的，父类方法同样也是能够被子类继承或调用的。出于类的严谨性或功能需要，某些类或方法不希望被继承调用，这时就需要使用 PHP 内置的 final 关键字了。final 可以很好地控制类继承范围，防止被无限层次调用，如以下代码所示。

```
<?php
final class BaseClass{
  protected function action1(){
      return "基类方法 1";
  }
}
class myClass extends BaseClass {
  function result(){
      return "调用的结果为: ".$this->action1();
  }
}
?>
<?php
//调用
$class=new myClass();
echo $class->result();
?>
```

上述代码使用关键字 **final** 声明了基类 BaseClass 为终极类，不允许被其他类继承，如果强行继承，编译器将会报错，如以下代码所示。

```
Fatal error: Class myClass may not inherit from final class (BaseClass) in PHPDocument1 on line 12
```

final 关键字不仅可以声明类为终极类（不可继承、不可覆盖），还可以声明成员方法为终极方法，如以下代码所示。

```
<?php
class BaseClass{
  //final 声明为终极方法
  final function action1(){
      return "基类方法 1";
  }
}
class myClass extends BaseClass {
  //试图重写父类中的 action1()方法
```

```
    function action1(){
        return "子类方法 1";
    }
}
?>
<?php
//调用
$class=new myClass();
echo $class->action1();
?>
```

如果强行调用，编译器将会报错，如以下代码所示。

```
    Fatal error: Cannot override final method BaseClass::action1() in PHPDocument1 on line 12
```

使用 final 关键字可以更严谨地控制类的作用域，使类设计更加安全与合理。

2.5 静态类成员

PHP 静态类成员主要包括静态方法、静态属性以及类常量。其中静态成员方法和静态属性使用 **static** 关键字进行定义。所谓的静态类成员它是类设计中比较特殊的结构，普通的类方法是类对象（类实例）的一部分，但静态类成员它只属于类体的一部分，在类实例化对象中资源是空的，编译器不会为静态类成员创建内存堆栈，所以在调用静态类成员时，不需要实例化，只需要知道静态类成员所在的类名即可。

例如代码 Myclass::name。Myclass 是一个显式的类名，没有经过 new 实例化，直接调用类中的静态属性即可。在类或继承的类中调用静态类成员时，不能再使用$this 关键字。但 PHP 提供了另外两个重要的关键字，用于在静态方法内调用其他静态类成员，下面分别介绍。

2.5.1 static 关键字

在成员变量前加上 static 关键字即成为了静态类变量，它的定义方式与普通的类成员变量并没有较大区别；如果在类成员方法前加上 static 关键字，那么该方法即成为了静态方法。如果一个类中既有实例化方法，也有静态方法，那么在静态方法中将不能直接使用$this 关键字进行调用。下面通过代码演示 static 关键字的使用。

```
<?php
class BaseClass{
    static $name="李开湧";
    static $time;
    //更改静态变量$time 的值
    function __construct(){
        self::$time=date("Y-m-d H:i:s");
    }
    /**
     * 静态方法
     *
     */
    static function action(){
```

```
        return "[".self::$time."]".self::$name."正在写代码";
    }
}
?>
<?php
//调用
echo BaseClass::action();
?>
```

如上述代码所示，使用关键字 static 声明了两个成员变量和 1 个成员方法。这就意味着这 3 个类成员都是静态化的。前面已经讲述过，一旦类的成员被静态化，它就不属于类对象的一部分，所以在调用时直接使用显式的“类名::静态类成员”方式调用即可。但是，由于构造函数并非静态成员，需要在对象中进行实例化，它才会被调用，所以上述代码的构造函数将会处于失效状态，运行结果如以下代码所示。

```
[]李开湧正在写代码
```

事实上，在调用静态类成员时，PHP 提供了非常弹性的方式。开发人员可以在非静态方法中使用实例化的方式调用静态类成员，如以下代码所示。

```
<?php
class BaseClass{
    static $name="李开湧";
    static $time;
    //更改静态变量$time 的值
    function __construct(){
        self::$time=date("Y-m-d H:i:s");
    }
    /**
     * 静态方法
     *
     */
    static function action(){
        return "[".self::$time."]".self::$name."正在写代码";
    }
}
?>
<?php
//调用
$class=new BaseClass();
echo $class->action();
?>
```

上述代码使用了类对象，它不仅能够实例化类，还能调用包括静态类成员在内的类成员。事实上在调用实例类成员时，开发人员同样可以使用“class::action()”调用实例类成员，但需要配置 php.ini 的错误级别，否则将会产生“Non-static”错误。经过改造，上述代码中的构造函数将会被执行，静态类成员也会被调用。

值得说明的是，虽然 PHP 提供了多种调用静态类成员的方式，但在实际应用开发中，通常使用“类名::静态类成员”的方式调用静态类成员；而使用 new 关键字调用实例类成员。

2.5.2 访问静态类成员（self::parent::）

在前面的例子中使用 self 关键字访问静态类成员，而不能使用$this 关键字。在继承的类体中同样使用 sellf 访问子类中的静态类成员，而访问父类的静态类成员时需要使用 parent 关键字。如以下代码所示。

```
<?php
//+--------------
//|基类
//+--------------
class BaseClass{
     protected static $name;
     protected static $age=26;
     protected static $profession;
     //静态方法
     protected static function action(){
          self::$profession="目前还是学生";
          return "[".date("Y-m-d H:i:s")."]".self::$profession;
     }
     //非静态方法
     protected function action2(){
          self::$name="李开湧";
     }
}
?>
<?php
//+---------------
//|继承于 BaseClass
//+---------------
class sonClass extends BaseClass {
     private  static $address="广州市天河区";
     private  static $school="毕业于广州大学";
     public static function result(){
          //静态方法中调用非静态方法
          $BaseClass=new BaseClass();
          $BaseClass->action2();
          //返回数组
          return array(
            //使用 parent 关键字访问父类中的静态属性
            "名称"=>parent::$name,
            "年龄"=>parent::$age,
            "职业"=>parent::action(),
            //访问本类的静态成员，使用 self 关键字
            "住址"=>self::$address,
            "毕业学校"=>self::$school,
          );
     }
}

?>
<?php
//调用
$rows=sonClass::result();
var_dump($rows);
?>
```

如上述代码所示，基类中定义了 3 个静态类变量、1 个静态类方法以及 1 个实例类方法；在子类中调用普通的方法时，需要将基类实例化（事实上这样的设计是不合理的，在实

际使用时可以在实例化过程中重写即可，这里主要用于演示，方便读者更进一步认识静态方法与非静态方法的区别）。在调用基类静态类成员时使用 parent，但调用本类的静态类成员时依然使用 self。

2.5.3　类常量

在类设计中，有些数据是恒久不变的，通常这些数据只用于呈现固定的数据。比如声明一个圆周率值 3.14，为了数据的完整性，就没有必要使用类变量进行声明。因为那样就意味着程序可以随时更改数据，这明显不符合设计要求，使用类常量就可以很好地解决上述问题。类常量和普通常量一样，它只用于保存数据，一旦定义就不能在程序运行过程中修改常量的值。在定义类常量时，只能使用 const 关键字进行定义，不能使用 define()定义，如以下代码所示。

```
<?php
//+-----------------
//|基类
//+----------------
class BaseClass{
     const NAME="李开涌";
     const AGE=26;
     const ADDRESS="广东省广州市";
     static function action(){
          return array(
            "姓名"=>self::NAME,
            "年龄"=>self::AGE,
            "地址"=>self::ADDRESS,
          );
     }
}
?>
<?php
//+--------------
//|继承于 BaseClass
//+---------------
class sonClass extends BaseClass {
     function result(){
          return parent::action();
     }
}
?>
<?php
//调用
$class=new sonClass();
var_dump($class->result());
?>
```

如上述代码所示，在基类中使用 const 关键字定义了 3 个类常量、1 个静态方法；在子类中实现了一个普通方法。细心的读者已经看出，在内部调用类常量时和调用静态变量一样使用 self 和 parent 关键字，事实上类的常量就是类的一个只读的静态类成员，在类外部调用时同样可以套用“类名::常量”格式进行调用（但不能修改）。

❑　提示：在定义类常量时必须要赋值，类常量不需设置访问修饰符，它是全局的，不受访问修饰符限制。

2.6 小结

本章介绍了 PHP 面向对象基础，这些基础知识是使用 PHP MVC 的基础，如果掌握不牢，后面的 MVC 内容将会学得非常辛苦，这点尤其需要刚接触 PHP 的读者注意。PHP 面向对象是由传统的 PHP 面向过程升级而来的，如果读者没有接触过 PHP 的面向过程设计，这一章阅读起来可能比较困难。如果有必要，读者可以查阅相关资料，了解 PHP 面向过程开发。如 PHP 结构、变量、数组、函数等。下一章将继续深入 PHP 面向对象，帮助读者完全理解 PHP 面向对象设计。

第3章
类的高级特性

内容提要

在 PHP 5 中完善了类结构设计，增加了许多实用功能，相信通过前面的学习，读者已经能够理解面向对象设计的一些重要特性。一个功能强大的类不仅能够做到条理分明、结构清晰，最重要的是要实现代码高度可重用。这也是所有面向对象设计语言所共有的特性。

在大型软件设计中，设计模式是一个非常重要的概念，只有合理的软件架构，前期完善的 UML 流程图，在软件开发的各个阶段，才能游刃有余。提及设计模式，就很有必要提及软件设计中的接口、抽象、多态、克隆等技术了，这在 C++编程中应用得非常广泛，PHP 从 5.0 开始也提供了这些编程概念。本章将会以上一章的内容为基础，继续讲解 PHP 面向对象开发中的高级特性，最后还会讲解 PHP 开发中的异常处理，这些都是 MVC 开发中非常重要的知识，希望读者能够牢固掌握。

学习目标

- 进一入巩固面向对象开发技术。
- 理解 PHP 类克隆。
- 理解 PHP 接口。
- 理解抽象类。
- 掌握 PHP 异常处理。

3.1 类对象的克隆（clone）

前面已经提到过，一个类体被实例化后就是一个对象，类对象可以直接使用，如果需要多次调用类体，就需要不断地重复实例化（new），这对于严谨的设计来说是不友好的，程序的可维护性会变差。PHP 5 提供 clone 关键字用于克隆类对象，克隆后的结果将会得到类对象指针（ID 值），而不是一个类体的副本，从而提高运行率。如以下代码所示。

```
<?php
class test1
{
    public $test1V = '早上';
}

class test2
{
    public $test1obj;
    public $test2V = '下午';

}

$test2_1 = new test2(); //test2 的第一个对象实例
$test1   = new test1(); //test1 对象实例
$test2_1->test1obj = $test1;
$test2_2 = clone $test2_1;//复制 test2_1 对象
$test2_1->test1obj->test1V = '吃早餐';
$test2_1->test2V = '中午饭';
echo $test2_2->test1obj->test1V."---".$test2_1->test2V;
?>
```

在 PHP 5 中不仅可以克隆类对象，还可以使用__clone()方法克隆一个类方法，但类方法的克隆在实际开发中应用得比较少，所以这里不做介绍。

3.2 类接口（interface）

前面介绍的内容侧重于类体的功能实现，读者掌握前面的内容，基本上能够满足常见的 PHP 开发。因为这些内容都是基于功能运算的，所以在一些小的项目中将会接触得非常频繁。接下来将讲解 PHP 在大型应用开发中经常采用的类接口技术，类接口技术是软件设计模式的范畴，它不涉及功能的运算，但却约束着功能运算结果，类接口技术在复杂的应用中应用得非常广泛，几乎所有面向对象语言都提供了类接口编程技术，类接口技术不仅能够满足大型软件开发灵活分工的需求，还能让软件架构变得有条有理。下面首先理解类接口中几个重要概念。

3.2.1 接口的意义

在一些复杂、大型的软件设计中，需要由众多的功能类构成，这些功能类需要由多个程序员共同完成，其中软件架构师需要制定设计模式、团队分工等工作。这会带来编程统一性的问题，如何保证关键的功能能够很好地实现，这就需要一个能够统筹兼顾的设计接口，在 PHP 中能够采用的方案有许多种，其中类接口是最常用的一种。PHP 类接口能够限制需要实现的功能列表，方便地约束项目程序员按既定的设计模式进行，PHP 类接口实现过程如图 3-1 所示。

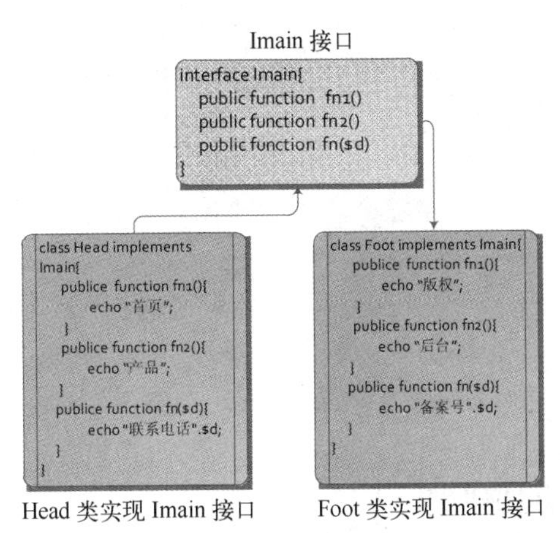

图 3-1　PHP 定义与实现接口

如图中所示，接口是独立的，一个合法的接口，可以在多个类体中实现。接口不负责功能的实现，它就像一个界面，定义了需要实现的类成员，这些成员在实现接口的功能类中必须要实现，否则程序将会停止运行并报错。这就保障了程序的完整性，让程序员知道自己需要实现的功能和业务。

3.2.2　定义接口

接口不是类体，不能在接口类体中定义已经实现好的方法，在定义接口时使用 interface 关键字进行定义，接口名称通常按照“I+接口名称”的格式进行命名。接口类体内所定义的成员必须为类体方法，而不能是类成员属性，如以下代码所示。

```
<?php
/**
 * 定义接口 Imyinterface
 *
 */
interface Imyinterface{
    function add1();
    function add2($s);
    function add3($t=0);
}
?>
```

定义接口成员时需要注意几点：接口成员必须具有全局访问权限，不能添加访问修饰符；接口成员不能使用常量、静态方法等类属性；接口成员不能定义为构造函数。

接口可以像类一样可以继承，在继承关系的接口中，子接口将会得到父接口的全部成员，如以下代码所示。

```
<?php
/**
 * 定义接口 Imyinterface
 *
 */
interface Imyinterface{
    function add1();
    function add2($s);
    function add3($t=0);
}
//接口的继承
interface Imys extends Imyinterface {
    function del();
    function edit();
    function update($str);
    function select($id,$str);
}

?>
```

3.2.3 实现接口（implements）

前面已经介绍过接口只能进行功能定义，但并不能实现具体的功能。要实现接口中定义的方法，必须在普通的功能类中进行实现。在实现接口时，只需使用“implements+接口名称”的方式创建一个普通功能类即可。如以下代码所示。

```
<?php
/**
 * 定义接口 Imyinterface
 *
 */
interface Imyinterface{
    function add1();
    function add2($s);
    function add3($t=0);
}
?>
<?php
//实现接口
class MyClass implements Imys {

    function add1(){

    }
    function add2($str){

    }
    function add3($t=0){

    }
?>
```

从 MyClass 类中可以看出，实现接口和类继承非常相似，只是关键字不一样而已。类继承使用 extends 关键字，而实现接口使用 implements 关键字。同时，需要在实现类中实现接口中所有已定义的成员方法（不能遗漏任意一个）。一旦实现了接口中所定义的成员方法（可以是空方法），其他的成员属性可以是普通的类成员。如果实现继承关系中的接口，需要同时实现子接口与父接口中所有定义的成员，如以下代码所示。

```
<?php
/**
 * 定义接口 Imyinterface
 *
 */
interface Imyinterface{
     function add1();
     function add2($s);
     function add3($t=0);
}
//接口的继承
interface Imys extends Imyinterface {
     function del();
     function edit();
     function update($str);
     function select($id,$str);
}

?>
<?php
class MyClass implements Imys {

     function add1(){

     }
     function add2($str){

     }
     function add3($t=0){

     }

     function del(){

     }
     function edit(){

     }
     function update($str="字符串"){
          return $str;
     }
     function select($id=0,$str="字符串"){
          return $id.$str;
     }
}

$mys=new MyClass();
echo $mys->select();

?>
```

使用 implements 关键字不仅可以实现一个接口，还可以在一个类中同时实现多个接口，这在接口众多的程序架构中是非常有用的。使用 implements 实现多个接口非常灵活和简单，只需要在各接口之间使用“,”隔开即可，如以下代码所示。

```
<?php
//接口 2
interface Imyinterface{
    function add1();
    function add2($s);
    function add3($t=0);
}
//接口 2
interface Imys  {
    function del();
    function edit();
    function update($str);
    function select($id,$str);
}

?>
<?php
//实现多个接口
class MyClass implements Imyinterface,Imys{
    function add1(){

    }
    function add2($s){

    }
    function add3($t=0){

    }
    function del(){

    }
    function edit(){

    }
    function update($str){

    }
    function select($id,$str){
        return $str.$id;
    }
}
$my=new MyClass();
echo $my->select(3,"星期");

?>
```

3.3 抽象类与抽象方法

PHP 抽象类与抽象方法是主流 MVC 框架所采用的设计模式，抽象类能够实现接口类似的功能，但抽象类与接口是两个不同的设计模式。一个可控、可定制的开发项目，它的设计模式应该是清晰和合理的，抽象类与接口相结合能够让 PHP 设计模式更加合理及规范。

3.3.1　理解抽象概念

在上一节中介绍了 PHP 接口在设计模式中的实际应用，接口在大型软件设计中具有非常重要的作用，虽然接口能够规范和统一程序的各个层次设计，但由于接口只能定义程序抽象界面，而不能提供具体的功能，所以接口的灵活性就大打折扣。抽象类与接口非常类似，它们都能够提供界面设计模式，但抽象类可以在抽象类体中实现普通的类成员，这也是抽象类比接口更灵活的地方。

抽象类是为类继承而设计的，所定义的抽象方法必须在子类中实现，在定义抽象方法时需要加上 abstract 关键字，然后写上普通的成员方法（不需要具体的功能代码）。从这里就可以看出抽象类和接口的共同点就是一个界面可以被多个子类实现，这对于大型的软件设计模式是非常有用的，后面章节将要学习的 PHP MVC 框架大多都是采用 PHP 抽象类构建的。

在日常生活中“抽象”是一种事物总体描述，不会具体到事物的本质。在 PHP 设计中也是同样的道理，一个抽象类只需要让开发人员知道该类的意义即可，至于需要实现什么样的功能，那就要看抽象实现类的需求了。

抽象类不能被实例化，但所定义的成员属性（变量）可以在子类的类对象中进行调用。抽象类与接口都是设计模式中重要的技术，可以简单地理解为抽象类等于普通功能类加上类接口（abstract=class+interface）。

3.3.2　定义抽象类和方法（abstract）

抽象类和抽象方法的关键字为 abstract，除此之外抽象类和普通功能类并没有多大的区别。在 PHP 中，抽象类不能定义为空类或普通类，抽象类至少需要提供一个抽象方法，这样抽象类才能被实现。以下代码是一个简单的抽象类结构，具备了简单意义上的 CURD（创建数据、更新数据、读取数据、删除数据）操作概念，代码如下。

```
<?php
//+-------------
//|抽象类的使用
//+-------------
abstract class Baseclass{
    //查询，抽象方法
    abstract function query();
    //插入，抽象方法
    abstract function insert();
    //更新，抽象方法
    abstract function update();
    //删除，抽象方法
    abstract function delete();
    //数据库连接，普通类方法
    public $mysqli;
    public function conn(){
        $this->mysqli=new mysqli("localhost","root","root","testdatabases");
         if ($this->mysqli->connect_error) die("出错了："．$this->mysqli->connect_
```

```
error);
            $this->mysqli->set_charset("gbk");
            return $this->mysqli;
        }
        //关闭数据库连接，普通类方法
        public function CloseConn(){

            return $this->mysqli->close();
        }

    }
    ?>
```

上述代码中 Baseclass 类是一个抽象类，并定义了 4 个抽象方法和两个普通方法，最终抽象方法会被要求实现，而普通的方法也能直接使用，可见抽象类相对于接口显得更加灵活。使用抽象类能够方便地实现常见的“抽象类工厂”设计模式，该模式是 MVC 框架的基础。

3.3.3 使用抽象类

抽象类一般用于设计模式的最底层。尽管抽象类内可以包含普通的类成员，但由于抽象类是不能实例化的，所以在使用抽象类时，首先必须派生一个子类，然后在子类中实现抽象类中所定义的抽象方法。以下代码将会实现 BaseClass 抽象类中所定义的抽象方法，并完成数据库 CURD 操作。

```
<?php
//+-----------
//|实现抽象的类
//+-----------
class  MyClass extends BaseClass{
    function __construct(){
        $this->conn();
    }
    public $lasError;
    public $sql;
    //实现查询
    function query(){
    $res=$this->mysqli->query($this->sql);
    if($rows=$res->fetch_array(MYSQLI_ASSOC)){
        return $rows;
    }else {
        $this->lasError=$this->sql;
        return false;
    }
    $this->CloseConn();
    }
    //实现插入
    function insert(){

    }
    //实现更新
    function update(){
     if ($smt=$this->mysqli->prepare($this->sql)){
        $this->CloseConn();
        return true;
```

```
        }else {
            $this->lasError=$smt->error;
            return false;
        }
    }
    //实现删除
    function delete(){
        if ($smt=$this->mysqli->prepare($this->sql)){
            $this->CloseConn();
            return true;
        }else {
            $this->lasError=$smt->error;
            return false;
        }
    }

}
?>
<?php
//使用
$obj=new MyClass();
$obj->sql="SELECT * FROM 'test'";
$rows=$obj->query();
if ($rows){
    var_dump($rows);
}else {
    print $obj->lasError;
}
?>
```

实现抽象类和普通类的区别之处在于必须要全部实现抽象方法，其他的类成员与普通的类成员并没有区别。抽象类是可以被多个子类进行继承的，在实际应用开发中通常使用抽象类和方法定义程序的通用模块，派生子类可以根据业务需求重写抽象类中的抽象方法，实现类的高度重用。

3.3.4 接口与抽象类的区别

通过前面的学习，相信读者已经对接口和抽象类有了更具体认识。接口和抽象类都是面向对象编程中一种重要的设计模式，在一些主流的面向对象编程技术中应用得非常广泛，虽然接口与抽象类在使用上类似，实现的目的也相同，但它们之间还存在一些明显区别，下面将介绍接口与抽象类之间的区别。

1．接口与抽象类的共同点

接口是引用类型，是一套行为和规范，它用于描述软件上层设计的一个界面，告诉软件设计者“我能做什么？”。抽象类是类的功能抽象化，需要通过继承关系才能确定抽象类实现的功能，它们之间都是软件设计的主流模式，同时也存在一些共同点，分别如下。

- 接口和抽象类都不能被实现化，接口需要使用 implements 实现；而抽象类使用普通类的 extends 关键字继承。
- 接口和抽象类都包含着未实现的方法声明。
- 派生类必须实现未实现的方法，抽象类是抽象方法，接口则是所有成员。

2．接口与抽象类的区别

抽象类是对对象的抽象，可以把抽象类理解为类的描述。而接口只是一个行为的规范或规定。两者之间的区别概括如下。

- 抽象类不能被密封，但接口可以。
- 抽象类实现的具体方法默认为虚的，但实现接口的类方法默认为实的。
- 抽象类必须为在该类的基类列表中列出所有成员以便让实现类实现，但接口允许空方法。

3.4 类的异常

无论是早期的 PHP 编译器，还是现在的 ZEND 处理引擎都内置实用的脚本异常信息处理机制。程序员可以通过改变 php.ini 配置文件改变异常信息级别（error_reporting），实现查看及控制 PHP 脚本运行过程中的异常信息。最新版的 Zend Engine 2.0 还提供了 triger_error、set_error_handler、error_log 函数，并统一封装到了 Exception 类，通过这些函数和类，开发人员就可以方便地在 PHP 程序中处理异常信息了。

3.4.1 Exception 类

PHP 5 提供了 Exception 异常处理类，开发人员可以使用 try 语句块捕捉程序运行过程中的异常信息（BUG），Exception 异常处理类封装了捕捉异常信息所需要的类成员，代码如下所示。

```
<?php
class Exception
{
    protected $message = 'Unknown exception';      // 异常信息
    protected $code = 0;                           // 用户自定义异常代码
    protected $file;                               // 发生异常的文件名
    protected $line;                               // 发生异常的代码行号

    function __construct($message = null, $code = 0);

    final function getMessage();                   // 返回异常信息
    final function getCode();                      // 返回异常代码
    final function getFile();                      // 返回发生异常的文件名
    final function getLine();                      // 返回发生异常的代码行号
    final function getTrace();                     // backtrace() 数组
    final function getTraceAsString();             // 已格成化成字符串的 getTrace() 信息

    /* 可重载的方法 */
    function __toString();                         // 可输出的字符串
}
?>
```

Exception 类是一个异常信息处理的基类，开发人员可以方便地继承和重写类成员，实现自定义异常处理。如以下代码所示。

```
<?php
/**
 * 自定义一个异常处理类
```

```
 */
class MyException extends Exception
{
    // 重定义构造器使 message 变为必须被指定的属性
    public function __construct($message, $code = 0) {
        // 自定义的代码

        // 确保所有变量都被正确赋值
        parent::__construct($message, $code);
    }

    // 自定义字符串输出的样式
    public function __toString() {
        return __CLASS__ . ": [{$this->code}]: {$this->message}\n";
    }

    public function customFunction() {
        echo "A Custom function for this type of exception\n";
    }
}
?>
```

3.4.2　使用 try、catch、throw 语句

Exception 类封装了处理异常信息的类成员，开发人员可以使用 try 语句块调用 Exception 类捕捉到的异常信息，如以下代码所示。

```
<?php

$name = "Name";

//check if the name contains only letters, and does not contain the word name

try
   {
   try
     {
      if (preg_match('/[^a-z]/i', $name))
       {
          throw new Exception("$name contains character other than a-z A-Z");
       }
      if(strpos(strtolower($name), 'name') !== FALSE)
       {
         throw new Exception("$name contains the word name");
       }
      echo "The Name is valid";
     }
   catch(Exception $e)
     {
     throw new Exception("insert name again",0,$e);
     }
   }

catch (Exception $e)
   {
```

```
    if ($e->getPrevious())
    {
     echo "The Previous Exception is: ".$e->getPrevious()->getMessage()."<br/>";
    }
    echo "The Exception is: ".$e->getMessage()."<br/>";
    }

  ?>
```

用 try 语句块捕捉异常信息非常简单和直观，在其他一些成熟的面向对象设计语言（如 C#、Java、C++等）已经应用得非常广泛，try 语句是 PHP 5.0.1 新增的语法，同时还提供了 throw 关键字用于中断进程并抛出异常信息，如以下代码所示。

```
<?php
 // PHP 5
 require_once('cmd_php5/Command.php');
 class CommandManager {
  private $cmdDir = "cmd_php5";

  function getCommandObject($cmd) {
    $path = "{$this->cmdDir}/{$cmd}.php";
    if (!file_exists($path)) {
      throw new Exception("Cannot find $path");
    }
    require_once $path;
    if (!class_exists($cmd)) {
      throw new Exception("class $cmd does not exist");
    }

    $class = new ReflectionClass($cmd);
    if (!$class->isSubclassOf(new ReflectionClass('Command'))) {
      throw new Exception("$cmd is not a Command");
    }
    return new $cmd();
  }
 }
?>
```

PHP 异常处理机制在实践应用开发中并不是必需的，但一个良好的程序员应该具备排查错误的能力，使用 PHP 提供的异常处理功能，能够让开发人员及早地发现程序 BUG，方便后续维护。

❑ 注意：过多地使用 try 语句块会导致 PHP 程序执行效率降低，如果没有必要，在实践的生产环境中应该尽量减少使用 try 语句块，通常情况下建议只在文件处理、远程网络处理等功能时才使用 try 语句块。

3.5 小结

本章接着上一章的内容，继续深入 PHP 面向对象技术，结合多个示例全面讲解了 PHP 面向对象的高级用法，这些技术都是 MVC 设计的重要内容，特别是 PHP 的接口、抽象类等内容，读者务必掌握牢固，本章内容部分示例引用于 PHP 官方手册，读者如需要更多帮助，可以前往www.php.net进行搜索查阅。

实 战 篇

- 第 4 章　PHP MVC 发展状况
- 第 5 章　ThinkPHP 开发入门
- 第 6 章　ThinkPHP 开发 MVC 应用
- 第 7 章　ThinkPHP 的数据库操作
- 第 8 章　安全与调试
- 第 9 章　ThinkPHP 功能库
- 第 10 章　网站静态化
- 第 11 章　ThinkPHP 扩展
- 第 12 章　SOAP 分布式开发
- 第 13 章　整合 Smarty 模板引擎
- 第 14 章　整合 Coreseek 全文搜索服务
- 第 15 章　使用 MongoDB
- 第 16 章　Redis 实战

第4章 PHP MVC 发展状况

内容提要

MVC 是软件设计工程中的灵魂，它能够让开发人员养成良好的编程习惯，简化开发流程，提高效率和项目质量。MVC 编程并不是必需的，但如果需要进入 PHP 编程更高境界，接触 MVC 设计模式是必需的。当然，既然选择阅读本书，笔者当然知道你的选择。从本章开始，读者将会学习几套完善的 MVC 编程框架，这些框架都是 PHP MVC 中的典型，借助于这些框架的设计思想，读者将会感受到 PHP 编程不再是草根语言，而是一门高级优雅的现代化编程语言。

要实现 MVC 开发，最简单的方式就是使用现有成熟的 MVC 框架（由一系列 PHP 类及函数组成的类库），在开源编程世界中，遵循不要重复造轮子的道理是永远相通的。与其他语言不一样，在 PHP 中实现 MVC 是允许继续使用传统的函数式编程，所以开发人员可以方便地对 MVC 框架进行扩展及定制。但正是由于这些特性，导致在 PHP 编程世界中，并没有统一规范的 MVC 框架。大多数 MVC 框架都有各自一套规范。

实现 PHP MVC 编程的框架已经非常多，选择一套合适的 MVC 框架是编程人员首先需要面对的问题。本章将会介绍最流行的 PHP MVC 框架，并演示这些框架的简单使用，通过本章内容，直观地认识到这些框架的功能、特点以及发展状况，为后续自行开发 MVC 框架提供思路。

学习目标

- 理解 Zend Framework。
- 掌握 Zend Framework 的部署与使用。
- 掌握 Symfony 的安装与使用。
- 掌握 Symfony 控制台主要命令的使用。
- 理解 CakePHP 实现 MVC 敏捷开发。
- 掌握 CakePHP 的实战运用。
- 掌握轻量级 CodeIgniter 框架的实战应用。
- 认识国内著名的 ThinkPHP 框架。

4.1　出身豪门的 Zend Framework

Zend Framework 是 Zend 公司针对企业级开发提供的一套 MVC 框架。它遵循严谨的 MVC 设计思想，提供组件化的编程方式，大大简化了 PHP 的开发流程。Zend Framework 是获得最多商业支持的 PHP MVC 框架，由于 Zend Framework 出自于 Zend，它的地位高贵、功能强大，所以 Zend Framework 迅速成为了 PHP 企业级开发的首选框架。

4.1.1　Zend Framework 简介

Zend Framework 是 PHP MVC 设计中的风向标，Zend Framework 中的设计思想是众多 PHP MVC 框架所参照的样板，因为 Zend 公司在 PHP 发展史中的特殊位置，所以 Zend Framework 无疑是 PHP MVC 设计中的重量级企业级产品。

事实上也是如此，包括 IBM、Yahoo、Google 等众多商业巨头都对 Zend Framework 敞开着怀抱，提供了众多商业化支持，使得 Zend Framework 的模型库和扩展库变得非常强大和易用。典型的有 Google API、Yahoo Mail、OAuth 等。

Zend Framework 是基于面向对象实现的，在实现 MVC 的层次中，社区开发人员根据功能将 Zend Framework 进行组件化，这些组件是确保 Zend Framework 功能强大的关键，PHP 开发人员使用 Zend Framework 组件化编程，能够轻易地实现高效编程。

在 Zend Studio 中，已经对 Zend Framework 提供了支持（如直接提供项目创建、代码管理、智能提示、代码跟踪、程序调试等），所以就算是初学者，也能够迅速上手。Zend Framework 没有专门的视图解释引擎，它是由纯正的 PHP 构成的，这样做是为了减少程序员的学习成本，让 MVC 框架回归真正的 PHP 编程。

4.1.2　安装 Zend Framework

这里介绍的 Zend Framework 版本为 1.5.2，个人可以免费使用。如果是企业，Zend 公司提供了商业化支持。接下来将介绍 Zend Framework 的安装与使用。

1．安装 Zend Framework 开发环境

首先，需要确保运行环境能够满足 Zend Framework 的需求，这里将采用第 1 章 3.1 节介绍过的 XAMPP 安装包进行搭建。正常启动 XAMPP 后，输入http://localhost将能够看到配置成功画面，单击 phpinfo 连接，将会显示 PHP 的运行环境，如图 4-1 所示。

由于 Zend Framework 使用 PDO 对数据库进行操作，搭建好运行环境后还必须手动开启相应的 PDO 功能。首先进入 xampp\php\目录，然后使用文本工具打开 php.ini 文件，使用搜索功能定位到所有 pdo 模块，然后将相应的模块注释删除，配置数据如下。

```
extension=php_pdo.dll
extension=php_pdo_mysql.dll
extension=php_pdo_pgsql.dll
extension=php_pdo_sqlite.dll
extension=php_pdo_odbc.dll
extension=php_pdo_firebird.dll
extension=php_pdo_oci8.dll
```

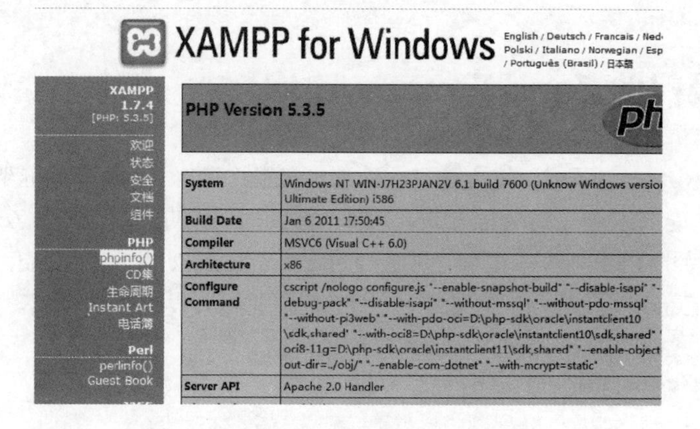

图 4-1　phpinfo 信息

保存 php.ini 文件，然后运行 xampp/apache_start.bat 程序，重新启动 apache 服务，以便配置生效。完成后就能够进行 Zend Framework 程序开发了。

❑ 注意：在 Linux 环境下，相应的模块名将以.so 为后缀，例如 extension = "pdo_mysql.so"。在 Linux 环境下，PDO 功能需要开发人自行安装和编译，默认并没有安装相应的 pdo 模块。但如果读者也采用 Linux 版的 XAMPP，该套件已经内置 PDO 功能。

2. 部署 Zend Framework

Zend Framework 是开放源代码的，没有整合到 PHP 类库中，需要开发人员自行下载并安装。打开 http://www.zend.com/en/community/downloads 网站，找到需要的源代码包，下载相应的 Windows 包（即 zip 包），然后解压到相应的目录，将目录下的 zend 文件夹复制到网站的根目录下（如 xampp/htdocs/zf/），整个安装过程就完成了。

Zend Framework 是由一些常见的 PHP 文件组成的，理论上只需要放到 PHP 环境下就可以运行。但是由于 Zend Framework 是一种平台，本着高效利用的原则，可以将 Zend Framework 放进 include_path 配置中，方法如下。

打开 xampp/php/php.ini，搜索;include_path，将前面的注释删除，重新启动 apache 服务器，在浏览器中打开 phpinfo，查看 include_path 选项，如图 4-2 所示。

XAMPP for Windows

ignore_user_abort	Off	Off
implicit_flush	Off	Off
include_path	.;D:\Downloads\xampp-win32-1.7.4-VC6\xampp\php\PEAR	.;D:\Downloads\xampp-win32-1.7.4-VC6\xampp\php\PEAR
log_errors	On	On
log_errors_max_len	1024	1024
magic_quotes_gpc	Off	Off
magic_quotes_runtime	Off	Off
magic_quotes_sybase	Off	Off
mail.add_x_header	Off	Off
mail.force_extra_parameters	no value	no value
mail.log	no value	no value
max_execution_time	30	30

图 4-2　include_path 选项

如图中所示，include_path 的目录为 D:\Downloads\xampp-win32-1.7.4-VC6\xampp\php\PEAR，只需要复制或移动解压出来的 zend 文件夹到 D:\Downloads\xampp-win32-1.7.4-VC6\xampp\php\PEAR 目录下，就可以实现 include_path 功能。至此，Zend Framework 的部署就完成了，接下来就可以进行 Zend Framework MVC 开发了。

❑ 说明：include_path 是基于 pear 的文件处理机制，它实现了 PHP 的环境变量功能，能够让 PHP 引擎在 web 目录下找不到相应的文件时自动搜索 include_path 配置目录。include_path 支持定义多个目录作为 PHP 的环境变量，定义多个目录时使用;隔开(Linux 使用:隔开)。在 PHP 代码中获取 include_path 目录路径时，可以使用 get_include_path()函数。include_path 中指定的目录必须为物理路径，Linux 系统必须要按照正确的格式填写。

4.1.3 使用 Zend Framework 实现 MVC

接下来将通过 Zend Framework 构建一个简单的 MVC 应用。Zend Framework 使用单一入口文件，所有的请求都由入口文件进行调配。ZendFramework 的核心组件为 Zend_Controller_Front，在入口文件中需要对该组件进行初始化。代码如下所示。

```
<?php
date_default_timezone_set('Asia/Shanghai');
require_once 'zend/Controller/Front.php';
Zend_Controller_Front::run('./application/controllers');
?>
```

上述代码中，首先使用 PHP 内置函数 date_default_timezone_set 设置运行环境的时区，这不是必需的；使用 require_once 引入 ZendFramework 核心组件（此处的 zend 目录并不存在于当前网站下），这是使用 ZendFramework 的前提，所以是必需步骤。最后使用 Zend_Controller_Front 静态类中的 run 方法初始化整个 MVC 架构，这时就可以使用 ZendFramework 构建网站应用了。

需要注意的是，在 run 方法中，指定了一个参数“./application/controllers”，该参数是必需的，它声明了当前入口文件对应的应用程序目录和控制器目录。application 指定了这是一个应用，它是 ZendFramework 约束的一个规范，当然名称可自行设置的，但一个入口文件必须要对应一个应用。应用是 MVC 开发中比较重要的概念，通俗来讲就是一个网站，当然也可以是一个大网站中的某一功能模块。一个网站中可以有多个入口文件，但入口文件只能对应一个应用。通常情况下默认的入口文件为 index.php。

application 目录代表一个网站的整体，所以它的目录结构通常都是与网站相关的，比如网站的公共文件、运行日志等。典型的目录结果如图 4-3 所示。

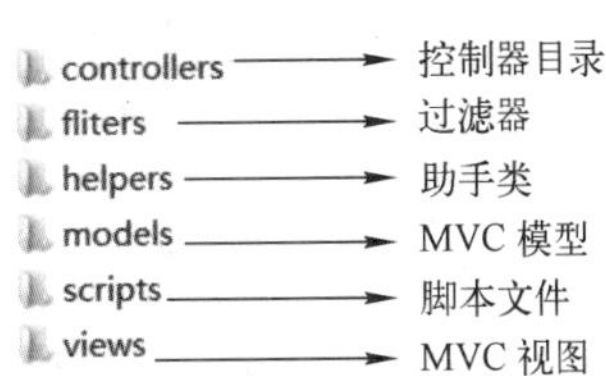

图 4-3 ZendFramework 项目目录结构

上述目录中，除了 controllers、models、views 外其他目录都是可自定义的。接下来在 controllers 目录中创建一个默认的模型，用于验证 ZendFramework 是否已经搭建成功。默认控制器的文件名为 IndexController.php，代码如下所示。

```
<?php
require_once("zend/Controller/Action.php");
include "zend/Date.php";
```

```
include "zend/Version.php";
class indexController extends Zend_Controller_Action {
    public function indexAction(){
        echo "当前的版本为：". Zend_Version::VERSION;
    }
    public  function userAction(){
      echo "用户中心";
    }

}
?>
```

通过浏览器访问网站的根目录，如果正确显示 ZendFramework 的版本号即代表 ZendFrameork 安装正确，否则需要检查 include_path 目录指向。

上述代码与普通的 PHP 类代码并没有区别，在 ZendFramework 平台中任何普通的 PHP 类只要继承于 Controller 都可以作为 MVC 中的模型（文件名必须遵循 ZendFramework 命名规范）。

4.1.4 Zend Framework 核心组件

Zend Framework 是以组件的方式进行代码构建的，组件的概念类似是 Java 中包的概念。Zend Framework 强大之处就在于提供了非常多的实用组件，开发人员可以方便地使用 Zend Framework 提供的种类组件，轻易地实现原本需要复杂设计的功能。常用的组件有 Zend_Validate、Zend_Filter、Zend_Cache、Zend_Mail、Zend_Db_Adapter 等。下面分别介绍。

1. Zend_Validate

Zend_Validate 组件用于表单数据的校验。通常在提交表单时为了数据的安全和完整，除了前端开发人员需要对数据的正确性和完整性进行校验外，作为后台处理程序也应该进行数据校验。PHP 本身就提供了非常多的校验手段，例如正则匹配、字符处理函数等，但都需要烦琐的处理，而且编程的质量直接影响到数据校验的结果。Zend_Validate 能够非常智能地实现数据的校验，开发人员不需要编程复杂的代码，只需要指定需要校验的字段和检验类型，Zend_Validate 就能够实现高效及安全的数据验证。Zend_Validate 组件包类库如图 4-4 所示。

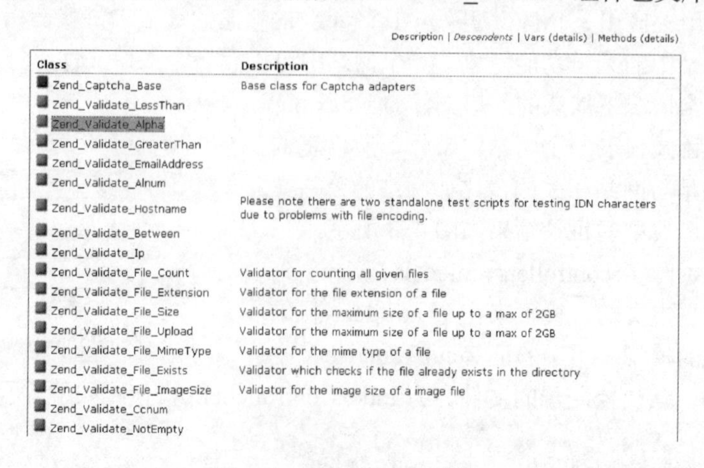
Description | Descendents | Vars (details) | Methods (details)

Class	Description
Zend_Captcha_Base	Base class for Captcha adapters
Zend_Validate_LessThan	
Zend_Validate_Alpha	
Zend_Validate_GreaterThan	
Zend_Validate_EmailAddress	
Zend_Validate_Alnum	
Zend_Validate_Hostname	Please note there are two standalone test scripts for testing IDN characters due to problems with file encoding.
Zend_Validate_Between	
Zend_Validate_Ip	
Zend_Validate_File_Count	Validator for counting all given files
Zend_Validate_File_Extension	Validator for the file extension of a file
Zend_Validate_File_Size	Validator for the maximum size of a file up to a max of 2GB
Zend_Validate_File_Upload	Validator for the maximum size of a file up to a max of 2GB
Zend_Validate_File_MimeType	Validator for the mime type of a file
Zend_Validate_File_Exists	Validator which checks if the file already exists in the directory
Zend_Validate_File_ImageSize	Validator for the image size of a image file
Zend_Validate_Ccnum	
Zend_Validate_NotEmpty	

图 4-4 Zend_Validate 组件

下面通过 Zend_Validate 中的 Zend_Validate_EmailAddress 类实现对 Email 地址的校验，代码如下所示。

```
//引入 Zend_Validate_EmailAddress 的类文件
require_once 'Zend/Validate/EmailAddress.php';
//实现化 Zend_Validate_EmailAddress 类
    $validator = new Zend_Validate_EmailAddress();
    if ($validator->isValid($email)) {
        echo "电子邮件地址有效";
    } else {
        //输出错误信息
        foreach ($validator->getMessages() as $messageID => $message) {
            echo "Validation failure '$messageID': $message\n";
        }
    }
```

2. Zend_Filter

Zend_Filter 提供了完善的数据过渡功能，能够将一些存在安全隐患的数据在插入数据库前进行过渡、转义。Zend_Filter 提供的 Zend_Filter_Interface（变形器）内置了一套完整的规则，能够实现在国际化的环境下处理一些诸如货币、单词统计等实用功能。常用 Zend_Filter 组件类如下。

- Zend_Filter_Inflector：变形器。
- Zend_Filter_HtmlEntities：处理 HTML。
- addFilter：连接器。

Zend_Filter 组件所包含的类如图 4-5 所示。

图 4-5　Zend_Filter 组件

以下代码将演示 Zend_Filter_HtmlEntities 过滤非安全 HTML 代码，如下所示。

```
<?php
    require_once 'Zend/Filter/HtmlEntities.php';
    $htmlEntities = new Zend_Filter_HtmlEntities();
    echo Zend_Filter::get('&', 'HtmlEntities');
    echo Zend_Filter::get('"', 'HtmlEntities');
    echo Zend_Filter::get('abc2 343^&**(()<>', 'Alnum');
    echo Zend_Filter::get('abc2 343^&**(()<>', 'Alpha');
    echo Zend_Filter::get('abc2 343^&**(()<>', 'Digits');
    echo Zend_Filter::get('d:/www/framework/', 'Dir');
    echo Zend_Filter::get('d:/www/framework/', 'BaseName');
    echo Zend_Filter::get('67abc2 343^&**(()<>', 'Int');//返回整数 $value
    echo Zend_Filter::get('67abc2 343^&**', 'StripNewlines');//返回不带任何换行控制符的
字符串
    echo Zend_Filter::get('./', 'RealPath');
    echo Zend_Filter::get('ABCDefg', 'StringToLower');//返回按需转换字母成小写的字符串
$value。abcdefg
    echo Zend_Filter::get('ABCDefg', 'StringToUpper');//ABCDEFG
?>
```

3. Zend_Cache

Zend_Cache 能够实现多种高效的前端与后台缓存功能，包括文件缓存、数据库缓存、Memcache 缓存等。其中 Zend_Cache_Core 类为缓存组件的核心，它提供了 Zend 缓存读写控

制、缓存生命周期、缓存序列化、缓存方式等。Zend_Cache 缓存方式如下。

（1）前端

- Core：核心缓存，所有前面缓存类都必须继承于 Core。
- File：以普通的文件进行缓存，类似于生成静态文件。
- Output：捕获并缓存输出，用于实现页面局部缓存。
- Page：缓存页面，对提高效率帮助很大，因为一旦命中缓存，就直接读取缓存并输出，不再执行后面的代码。支持以 session、cookie、get、post 作为 cache_id 干扰码。比如不同的 cookie 产生不同的缓存页面。
- Class：缓存静态类和对象。
- Function：缓存函数。

（2）后端

- APC：即 Alternative PHP Cache，它是基于 Zend 引擎的一个第三方缓存扩展，能够缓存 PHP 编译后的代码，达到类似于 Java、C#中的预编译效果。
- File：将 PHP 源文件以静态的方式进行缓存。
- Memcached：使用 Memcached（一个支持分布式架构的内存数据库）缓存数据。
- Sqlite：著名的嵌入式数据库软件，在 Linux、UNIX 上广泛地被使用，在小数据的情况下 Sqlite 的性能是非常高效的。
- Xcache：功能类似于 APC。

Zend_Cache 缓存组件位于在 Cache 目录下，结果如图 4-6 所示。

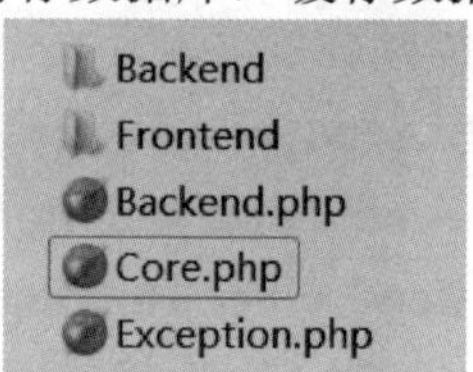

图 4-6　Zend_Cache 缓存组件

下面将通过代码演示 Zend_Cache 操作 Memcached，代码如下所示。

```
<?php
set_include_path(get_include_path().":/home/work/ZendFramework/");

   require_once("Zend/Loader.php");
   spl_autoload_register(array('Zend_Loader', 'autoload'));

   $frontendOptions = array( 'lifeTime' => 30, // cache lifetime of 2 hours
                        'automaticSerialization' => true, 'caching' => true);

   $backendOptions = array(
        'servers' => array(array(
         'host' => '101.65.122.11',
         'port' => 11211,
         'persistent' => Zend_Cache_Backend_Memcached::DEFAULT_PERSISTENT
      )),'compression'=>false);


   $cache     =     Zend_Cache::factory('Core',     'Memcached',     $frontendOptions,
$backendOptions);

if(!$cachestr = $cache->load('mypage')) {
     $cachestr =  'This is cached ('.time().') ';
     echo $cachestr;
     $cache->save($cachestr,'mypage');
```

```
    } else {
        echo $cachestr;
    }

echo 'This is never cached ('.time().').';
?>
```

4．Zend_Mail

在 PHP 中实现发送邮件是一件轻松的事，PHP 已经内置了 Mail 函数，直接使用 PHP 提供的 Mail 函数即可实现高效的邮件发送。Zend_Mail 是 Mail 函数的增强版，它以面向对象的方式为开发人员提供强大的邮件处理功能。例如能够轻易地实现邮件附加发送、SMTP 验证发送、POP、IMOP 邮件功能等。Zend_Mail 几乎提供了处理邮件所需要的类，并且能够较好地处理国际化编码问题。Zend_Mail 组件文件结构如图 4-7 所示。

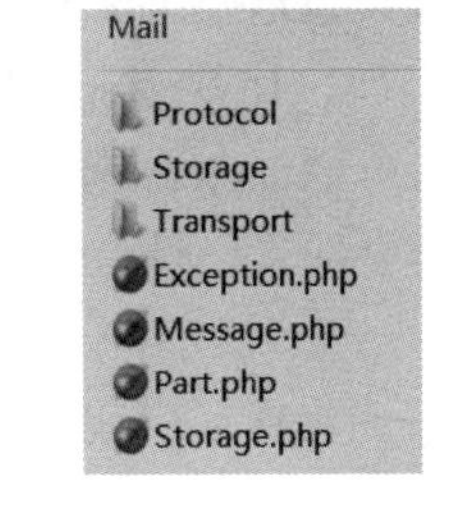

图 4-7　Zend_Mail 组件

Zend_Mail 和 PHP 内置的 Mail 函数一样，使用简单、方便。下面将通过代码演示 Zend_Mail 的使用，代码如下所示。

```
<?php
    require_once 'Zend/Mail.php';
    require_once 'Zend/Mail/Transport/Smtp.php';
    class logMail {
    private static $_config=array('auth'=>'login',
    'username'=>'kf@86055.com',
    'password'=>'123456');
    private static $_mail = null;
    private static $_transport = 25;
    public function __construct($title, $body){
    try {
    $shijie=date('Y-m-d');
    $transport = new Zend_Mail_Transport_Smtp('mail.yuyu.com',self::$_config);
    $mail = new Zend_Mail();
    $mail->setBodyText($body);
    $mail->setFrom('service@86055.com');
    $mail->addTo('kf@86055.com');
    $mail->setSubject($title.'('.$shijie.')');
    $mail->send($transport);
    return true;
    }catch(Exception $e) {
    $e->getTrace();
    return false;
    }
    return false;
    }
    public static function logMail($title, $body) {
    $this->__construct($title, $body);
    }
    public function __destruct() {
    }
    }
    new logMail('邮件标题','这是一封测试邮件');
?>
```

5. Zend_Db_Adapter

Zend_Db_Adapter 是一个操作数据库的组件，能够实现简洁高效的数据库操作。Zend_Db_Adapter 是基于 PDO（一个面向服务的数据库操作套件）的，所以在使用 Zend_Db_Adapter 前需要确保 PHP 运行环境已经支持 PDO 模块。

Zend_Db_Adapter 实现了 PDO 全部功能，并且简化了使用步骤，使得 Zend_Db_Adapter 更加适合 MVC 编程。Zend_Db_Adapter 提供的 CURD 快捷方法能够实现快速的数据创建、更新、读取、删除等常见操作。文件结构如图 4-8 所示。

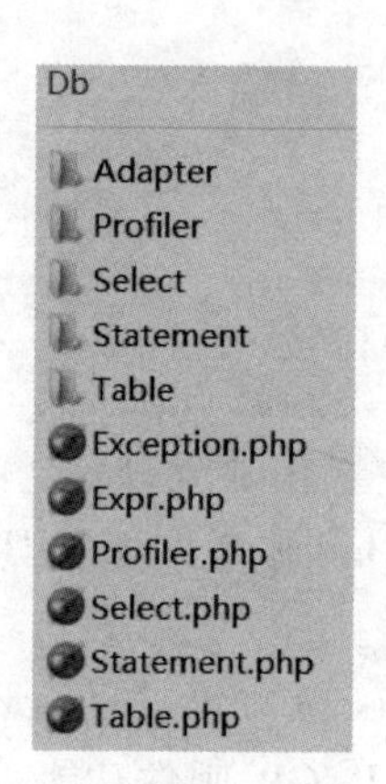

图 4-8　Zend_Db_Adapter 组件

下面将通过代码演示 Zend_Db_Adapter 连接 MySQL 数据库服务器，并执行数据查询的功能。

```
<?php
    require_once 'Zend/Db.php';
    $params = array ('host'     => '127.0.0.1',
                     'username' => 'root',
                     'password' => 'root',
                     'dbname'   => 'ceiba');
    //驱动选择 PDO_MYSQL
    $db = Zend_Db::factory('PDO_MYSQL', $params);
    $stmt = $db->prepare('SELECT * FROM user WHERE user > :username');
    //使用 bindValue 绑定变量
    $stmt->bindValue('username', '李开涌');
    $stmt->execute();
    // 使用 PDOStatement 对象$result 将所有结果数据放到一个数组中
    $rows = $stmt->fetchAll();
?>
```

如以上代码所示，Zend_Db_Adapter 在使用方式上与 PDO_MYSQL 类似。查询数据使用 fetchAll 方法；更新数据使用 update 方法；删除数据使用 delete。不同的只是声明方式不一样而已。

4.2　功能强大的 Symfony

4.2.1　Symfony 简介

Symfony 中文名称为“新魔方”，它是由法国人开发的一套开源的 PHP 开发框架。最早的版本于 2005 年发布，Symfony 定位非常明确，它整合了 PHP 5 所有功能特点，针对大型应用特别是扩展型的应用提供了整套解决方案。Symfony 的强大之处在于它的 Project ORM 数据库模型，还有借鉴于 Ruby on Rails 的模板处理引擎以及分工明确的 Model-View-Controlle 设计模式。

Symfony 在国外应用得非常广泛，如 Digg、Engadget 等都在使用。而在国内 Symfony

比较少见，不是因为 Symfony 不够优秀，也不是 Symfony 不能胜任开发需求，而是 Symfony 在国内的普及还处于初级阶段，最需要的开发文档大都处于英文或英文翻译的阶段。本节将简单介绍 Symfony 实现 MVC 开发的过程，了解 Symfony 对敏捷开发的支持。

4.2.2　获得 Symfony

要使用 Symfony 开发 Web 应用，PHP 环境必须为 5.0.1 以上，并且安装了 Pear 扩展库。如果读者和笔者一样使用 XAMPP 套件作为开发环境，那么所需要的环境是足够的。接来下将进入安装 Symfony 的步骤（以 Windows 7 为例）。

首先将 XAMPP 下的 php（如 D:\Downloads\xampp-win32-1.7.4-VC6\xampp\php）目录加入操作系统的环境变量，方便使用 pear 命令，如图 4-9 所示。

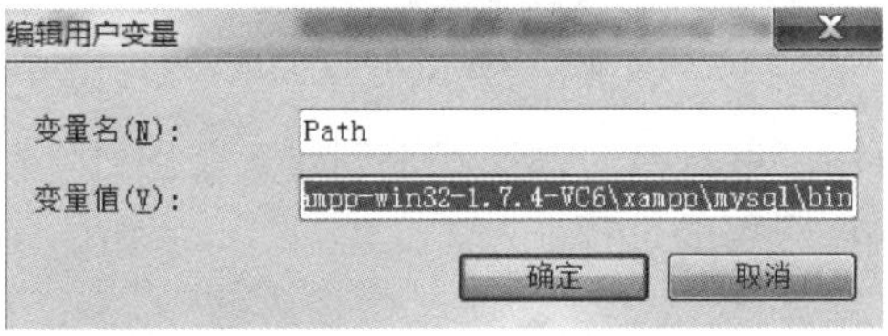

编辑用户变量
变量名(N):　Path
变量值(V):　mpp-win32-1.7.4-VC6\xampp\mysql\bin
确定　取消

图 4-9　将 php 目录加入环境变量

然后升级 PHP 自带的 pear 库，命令如下。

```
pear upgrade pear
```

现在就可以获取 Symfony 了。使用 pear remote-list -c symfony 命令列出可用的包，如图 4-10 所示。

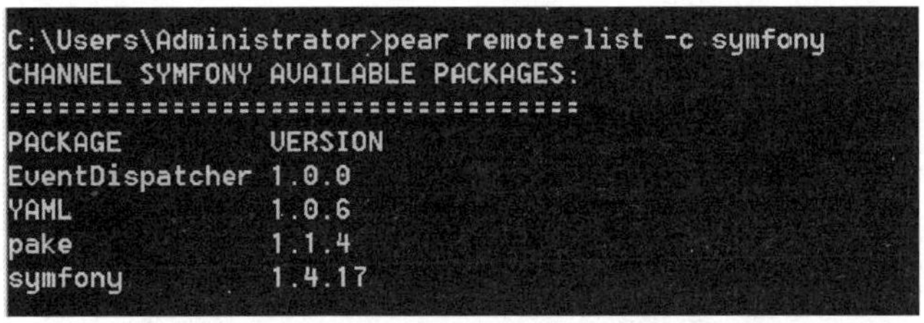

```
C:\Users\Administrator>pear remote-list -c symfony
CHANNEL SYMFONY AVAILABLE PACKAGES:
=================================
PACKAGE          VERSION
EventDispatcher  1.0.0
YAML             1.0.6
pake             1.1.4
symfony          1.4.17
```

图 4-10　symfony 频道可用的包

如图中所示，当前的 Symfony 最新的版本为 1.4.17，当然这指的是正式包，实际上可用的 2.0 测试包已经可供下载了。

接下来将进入 Symfony 的安装阶段，请确保当前网络环境稳定可靠。此过程将会视网络状况，下载进度有所不同。在命令行中输入 pear install symfony/symphony 指令，pear 将会把 Symfony 安装到 php 扩展目录下，如图 4-11 所示。

```
C:\Users\Administrator>pear install symfony/symfony
downloading symfony-1.4.17.tgz ...
Starting to download symfony-1.4.17.tgz (3,187,861 bytes)
..................................................................
install ok: channel://pear.symfony-project.com/symfony-1.4.17
```

图 4-11　pear 安装 Symfony

安装完成后可以在 xampp\php\pear 目录下看到 Symfony 文件夹，如图 4-12 所示。

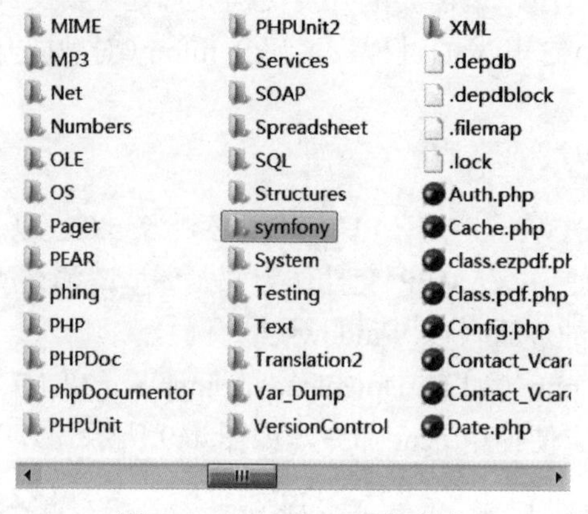

图 4-12　Symfony 安装成功

测试 Symfony 是否可用，最直接的办法就是创建一个项目。接下来将创建一个 Hello 项目，体验 Symfon 开发 MVC 应用的过程。

4.2.3　实现一个简单的 MVC

使用 pear 扩展包安装 Symfony 后，会将 Symfony 包的脚本命令一并安装，这也是 Symfony 的一大特色。在命令行中使用 symfony –V 命令将会显示 Symfony 当前的版本。symfony 命令提供了完善的项目管理操作，例如项目创建、单元测试、调试以及 Symfony 框架本身的升级维护等。作为开发人员，使用最多的还是利用 symfony 命令创建项目及应用，下面我们就使用 symfony 命令创建一个测试项目。

1. 创建项目

在网站根目录下创建一个文件夹，并命令名为 hello，该目录用于存放项目文件。打开命令行，定位到 hello 项目下，接下来的操作都位于该目录中。使用 symfony generate:project hello 命令创建一个名为 hello 的项目，该项目是基于 Symfony 框架的，命令执行完毕后，symfony 工具自动创建了所需要的项目文件和目录，如图 4-13 所示。

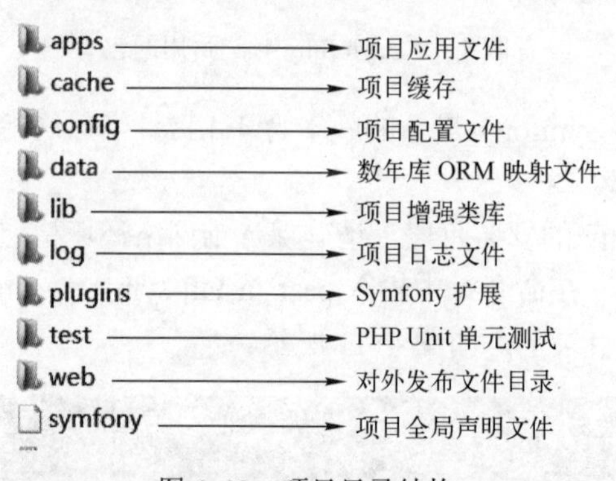

图 4-13　项目目录结构

如图中所示，就是一个典型的 Symfony 项目目录，其中的 web 目录为网站（即应用）根目录，创建完项目后还需要创建应用，在 Symfony 框架中应用是一个比较严谨的概念，项目只是一个便于管理的模式，应用才是具体的行为，一个项目最少需要创建一个应用（最多可以无限）。

2．创建应用

应用存放于 app 目录下，一个项目可以有多个应用。比如前台应用可以命名为 home；后台应用命名为 admin，在团队开发时就可以非常方便地进行管理。

```
>symfony generate:app home
```

上述命令运行后将创建一个名为 home 的应用。结构如图 4-14 所示。

其中 config 目录存放应用配置信息文件，例如路由配置、缓存配置、数据库信息配置等；lib 目录存放应用核心类库；modules 目录存放控制器；templates 目录存放全局布局文件，从这就可看出 Symfony 能够很好地管理着项目与应用之间的对应关系，并且提供了非常清晰及合理的 MVC 设计模式。home 目录里的文件都是后台的，只需要被开发人员看到，而不需要前台用户访问。home 的前台文件已经被生成到了 web 目录里，事实上 web 目录只需要存放应用的入口文件和应用的公共资源目录即可，如图 4-15 所示。

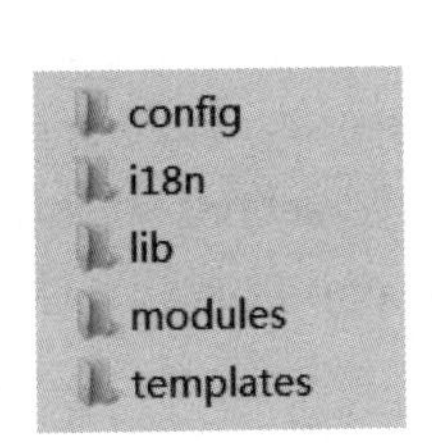

图 4-14　home 应用目录结构

图 4-15　web 目录结构

如图中所示，web 目录存放允许被用户访问的资源以及文件，由于 home 项目为第一个创建的应用，所以 symfony 命令工具会自动地将该应用设置为项目的主应用（即入口应用），主应用的入口文件为 index.php，如果再创建一个名为 demo 的项目，那么项目的入口文件就会变为 demo.php。

home_dev.php 是 Symfony 特有的项目调试文件。访问 index.php 文件并不会看到调试中的异常信息，但访问 home_dev.php 文件可以方便地查看到所有应用调试中的信息。xxx_dev.php 只能用于调试阶段，一旦正式发布应用，应该要将其删除。

经过前面的介绍，现在我们已经非常地清楚了 Symfony 处理项目与应用文件结构的特性，虽然 symfony 命令工具生成了很多层次的目录结构，但归根结底用户访问到的只有 web 目录，所以只需要将域名绑定到项目下的 web 目录，即可完成项目部署。

3．绑定域名

为了模拟真实的生产环境和便于测试，接下来将 hello.localhost 域名绑定到 web 目录。打开 C:\WINDOWS\system32\drivers\etc\hosts 文件，在文件中添加上 hello.localhost 域名，内容如下。

```
#    127.0.0.1       localhost
127.0.0.1 localhost
127.0.0.1 hello.localhost
```

打开 apache 配置文件（xampp 的虚拟主机配置文件为 xampp\apache\conf\extra\httpd-vhosts.conf），将 hello 项目下的 web 目录作为一个虚拟网站添加到配置文件中。

```
<VirtualHost *:80>
    ServerAdmin webmaster@localhost
    DocumentRoot "D: \xampp\htdocs\symfony\hello\web"
    ServerName hello.localhost
</VirtualHost>
```

上述配置操作都是基于 Windows 7 的，如果使用的是 Linux 系统，大体的步骤是一样的，只是在配置本地域名时使用 hostname 命令。配置完成后重新启动 apache，以使新网站生效，此时通过 http://helo.localhost 域名应能够正确地访问到 home 项目中的 web 目录。

4．创建模块

经过前面的步骤，现在已经创建了 1 个项目、1 个应用。在 Symonfy 框架中上述步骤只是创建一个网站的前提，在 Symonfy 中还有一个非常重要的概念，那就是模块。在前一节介绍的 Zend Framework 框架中，虽然也有模块，但概念并不是很清晰，通常称之为控制器，而在 Symonfy 中模块的概念非常清晰，它更像一个网站中的子网站或者频道，它的模块由一系列的控制器文件构成，默认的控制器文件为 actions.class.php。下面将使用 generate:module 命令创建一个名为 news 的模块。

```
>symfony generate:module home news
```

上述命令将会在 home 应用下创建一个名称为 news 的模块，打开 apps\home\modules\目录，将会看到由 symfony 工具生成的 news 模块，并且生成了 actions 目录及 templates 目录。actions 用于存放模块控制器文件，默认生成的 actions.class.php 控制器文件代码如下。

```
<?php

/**
 * news actions.
 *
 * @package    hello
 * @subpackage news
 * @author     Your name here
 * @version    SVN: $Id: actions.class.php 23810 2009-11-12 11:07:44Z Kris.Wallsmith $
 */
class newsActions extends sfActions
{
 /**
  * Executes index action
  *
  * @param sfRequest $request A request object
  */
  public function executeIndex(sfWebRequest $request)
  {
    $this->forward('default', 'module');
  }
}
```

templates 存放控制器动作相对应的模板，默认已生成 indexSuccess.php 文件，该文件即为 index 动作对应的模板。

5．开发应用

仍然以前面创建的 hello.localhost 应用为例，默认创建的 news 模块有一个默认的动作，即 index 动作。打开 apps/home/modules/news/actions/actions.class.php 文件，接下来添加一个名为 hello 的动作，在 hello 动作中输出一串字符，代码如下所示。

```
public function executeHello(sfWebRequest $request)
 {
   $info="欢迎使用 Symfony";
   $this->info=$info;
 }
```

上述代码是一个名为 hello 的控制器动作，可以看到它的命名方式为 execute+动作名。其中动作名称的首字母必须大写。通过http://hello.localhost/news/hello将能够访问到该动作，在 Symfony 框架中，动作与模板必须要成对出现，这意味着还必须要创建一个对应的模板文件才能正常运行。接下来在 apps/home/modules/news/templates/目录中创建动作模板，并命名为 helloSuccess.php，代码如下所示。

```
<html>
<head>
<meta http-equiv="Content-Type" content="text/html; charset=utf-8" />
<title>输出信息</title>
</head>
<body>
<?php echo $info;?>
</body>
</html>
```

模板创建完毕后，此时就可以正常访问http://hello.localhost/news/hello了。

4.2.4　Symfony 的配置文件

配置文件在 Symfony 中具有非常重要的作用。Symfony 使用 Yaml 文件作为配置文件。Yaml 是一种简单紧凑的数据序列文件，它不像 XML 那样需要标签，也不像 JSON 那样需要格式配对，它使用空格作为标记，这些空格能够被 Yaml 解释器辨认，然后转换成 PHP 数组代码。以下代码就是一个简单的 Symfony 配置文件，代码如下。

```
# You can find more information about this file on the symfony website:
# http://www.symfony-project.org/reference/1_4/en/09-Cache

default:
  enabled:     false
  with_layout: false
  lifetime:    86400
```

如以上代码所示，定义了 home 应用的缓存策略，如果要访问配置文件里的配置信息，可以使用 sfConfig::get()方法获取。

4.3　灵活完善的 CakePHP

4.3.1　CakePHP 简介

CakePHP 是另一款近年来广受好评的 PHP 应用开发框架，多年来一直被众多国外开源社区评为最优秀的 PHP 应用开发框架之一。CakePHP 不需要设置 PHP Path 也能够部署在任意层次的网站目录结构中，它的视图引擎支持多种语法，不仅支持原生的 PHP 语法，还支持 syntax 等语法。CakePHP 在 PHP 4 时代就已经非常有名气，在 PHP 5 中继承了早期版多数优点，并提供了众多新特性。其中稳定与灵活是新版 CakePHP 最显著的特点之一。

CakePHP 由一个 PHP 源代码包所组成，它使用科学、合理的层次结构将 CakePHP 分为数据库、应用程序脚手架、代码产生器、URL 处理、数据验证、模板引擎、ACL 权限、缓存处理、国际（本地）化等十多个模块。CakePHP 的代码量非常小，读者可以 http://cakephp.org/下载到 CakePHP 的最新版本。接下来将使用 CakePHP 构建一个简单的 MVC 应用，让读者对 CakePHP 有一个直观的认识。

4.3.2 下载安装 CakePHP

打开 http://cakephp.org/ 网站，单击导航栏中的“Downloads”链接，选择相应的 CakePHP 版本，这里选择 2.0。然后将进入 GitHub 网站，并选择相应的下载包，解压后将会得到 CakePHP 开发框架源代码，代码如图 4-16 所示。

图 4-16　CakePHP 框架目录结构

如图中所示，app 目录存放着 MVC 应用所需要的文件、lib 目录存放框架的核心文件、plugins 目录存放内置扩展文件、vendors 目录存放第三方扩展文件。

对于开发者而言主要需要处理 app 目录，该目录中有一个 webroot 目录，它就是整个网站的入口，所有基于 CatePHP 构建的网站都由该目录引导进入，用户访问到的路径始终都是该目录。所以无论是真实的生产环境还是开发环境，为了便于测试都应该将域名绑定到该目录（绑定方法可参照 4.3.3 节），这里绑定的域名为 catephp.localhost。app 目录结构如图 4-17 所示。

Config
Console
Controller
Lib
Locale
Model
Plugin
Test
tmp
Vendor
View
webroot
.htaccess
index.php

图 4-17　app 目录结构

4.3.3 使用 CakePHP 构建 MVC 编程

在 CakePHP 中，模型 Modue 与控制器（Controller）是非常依赖的一对关系，模型又与后台的数据表一一对应（通常情况下一个模型影射一个数据表）。与其他框架不一样，CakePHP 不允许使用空视图。下面通过一个简单的示例，演示 CakePHP 创建一个简单的 MVC 网站的过程。

1. 配置数据库连接

CakePHP 的配置信息存放于 app/Config 目录，这些配置文件包括框架核心配置、URL 路由配置、ACL 权限配置、邮件系统配置等。配置文件系统并不会自动生成，但默认生成了后缀名为.default 的配置示例。这里只需要对数据库进行配置即可。

打开 database.php.default 文件，将该文件另存为 database.php，修改其中的数据库配置信息，代码如下所示。

```
<?php
class DATABASE_CONFIG {
        public $default = array(
        'datasource' => 'Database/Mysql',
        'persistent' => false,
        'host' => 'localhost',
        'login' => 'root',
        'password' => 'root',
        'database' => 'cakephp',
        'prefix' => '',
        'encoding' => 'utf8',
    );
}

?>
```

2. 创建数据库

前面提到过 CakePHP 的模型对应一个数据表，此处将创建一个名为 Users 的数据表，需要注意的是在 CakePHP 里通常表名都是以 s 结尾的，这是为了与模型更好地整合而采用的一种特殊的命名方式，当然这只是个约定，并非必需的。SQL 语句如下。

```
CREATE TABLE 'Users' (
    'id' tinyint(4) NOT NULL AUTO_INCREMENT,
    'user_name' CHAR( 20 ) NOT NULL ,
    'user_email' CHAR( 40 ) NOT NULL ,
    INDEX ('user_name' , 'user_email' )
)
```

接着为 User 表添加一些演示数据，代码如下所示。

```
INSERT INTO 'Users' (
    'user_name' ,
    'user_email'
)
VALUES (
    '李开涌', 'kf@86055.com'
), (
    'ceiba', 'ceiba_@126.com'
);
```

3. 创建数据表模型

接下来需要为 User 数据库表创建一个对应的数据模型。CakePHP 的模型文件存放于/app/models 目录下，此处需要创建的模型文件名为 Users.php，代码如下。

```
<?php
//User 模型
class User extends AppModel {
      var $name = 'User';
}
?>
```

由于数据表名为 Users，所以模型的文件名称也必须为 Users.php。通过这些受约束的文件命名方式，开发人员甚至不需要写任何代码，就可以让数据表与数据模型产生关联。

4．创建控制器

模型（Model）只能被调用，而不能直接被访问。接下来需要创建一个控制器用于让用户访问，并将 Users 表中的数据显示到界面上。控制器存放于/app/controllers 目录里，这里将创建名为 UsersController.php 的控制器文件，代码如下。

```
<?php
class UsersController  extends AppController {
    public $name = 'Users';
    function index() {
          $this->set('Users', $this->User->find('all'));
    }
}
?>
```

如上述代码所示，其中 UsersController 为控制器名称；index 为动作名（不区分大小写）；$this->set 表示将查询结果分配到变量 Users，该变量将在 View 中使用。

5．创建视图

前面的步骤完成后，可以通过http://cakephp.localhost/users/index访问到 UsersController 控制器下的 index 动作，但是由于还没有创建视图模板，所以 CakePHP 将报错。视图模板文件存放于 app/View 目录下，这里首先需要创建名为 Users 的视图模板目录（与 Users 控制器对应），然后创建一个 index.ctp 视图文件（与 index 动作对应），代码如下所示。

```
<table>
<?php foreach ($Users as $user): ?>
   <tr>
      <td>
         <?php echo $user['User']['user_name']; ?>
      </td><td>
         <?php echo $user['User']['user_email']; ?>
      </td>
   </tr>
<?php endforeach; ?>
</table>
```

此时通过http://cakephp.localhost/users/index网址访问，将会循环显示 Users 表中的数据，效果如图 4-18 所示。

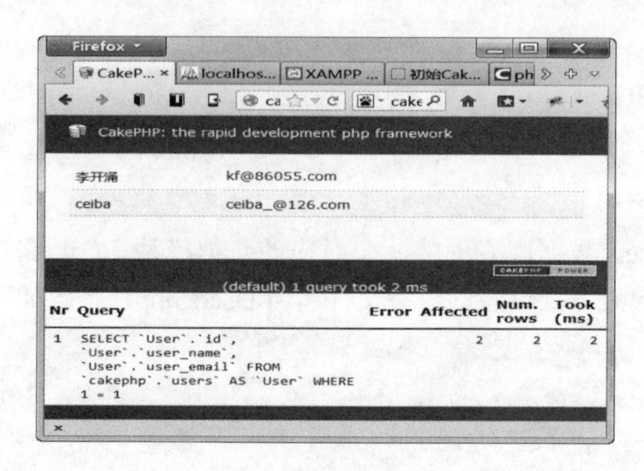

图 4-18　index 动作视图效果

需要注意的是，在 CakePHP 中布局样式决定了整个网站的风格，文件位于 app/View/Layouts 目录下，设计人员需要改变布局文件才能最终改变动作视图的外观效果。

4.3.4　好用的 CakePHP 视图助手

CakePHP 有一个好用的视图助手，它能够以组件化的方式为视图文件快速添加布局元素，有效地减少 HTML 代码的编写，提高开发速度。2.x 版本的视图助手还能够提供页面局部缓存，AJAX、样式自定义等实用功能。接下来将通过示例代码演示 CakePHP 视图助手的使用。

打开 app/View/Users/index.ctp 视图文件，将该文件的循环代码改成以下代码。

```
<?php foreach ($Users as $user): ?>
    <tr>
        <td>
        <?php echo $this->Html->link($user['User']['user_name'],
array('controller' => 'Users', 'action' => 'view', $user['User']['id'])); ?>
        </td>
<td>
            <?php echo $user['User']['user_email']; ?>
        </td>    </tr>
<?php endforeach; ?>
```

如以上代码所示，其中 this->Html->link()就是视图助手方法，该方法派生于 Html 处理类，该类包含了常用的视图助手方法，link 方法表示一个超链接组件，并接受 2 个参数。其中参数 1 将用于生成超链接字符，参数 2 将定义链接参数。除了 link 助手外，HTML 基类还提供了非常多的实用组件，例如图片助手，如以下代码所示。

```
        <div id="footer">
                <?php echo $this->Html->link(
                        $this->Html->image('cake.power.gif', array('alt' =>
$cakeDescription, 'border' => '0')),
                        'http://www.cakephp.org/',
                        array('target' => '_blank', 'escape' => false)
                    );
                ?>
            </div>
```

从以上代码可以看出，CakePHP 框架的视图助手可以方便地生成视图布局元素。以上代码虽不能体现出视图助手的便捷性，但如果在表单、表单域、AJAX 等需要大量脚本以及 HTML 的场合，视图助手确实能够简化许多脚本代码。由于视图助手使用纯正的 PHP 代替 HTML 及 JavaScript，所以 View 页面看上去也更加简洁。

4.4　使用广泛的 CodeIgniter

4.4.1　CodeIgniter 简介

CodeIgniter 简称 CI，是国内使用最广泛的 PHP MVC 框架之一。CodeIgniter 是一款遵循 Apache/BSD 双协议的开源产品，所以开发人员可以将 CodeIgniter 整合到任何开发环境，不需要担心版权问题。

CodeIgniter 从 MVC 入口文件到框架核心代码，均经过严谨的设计。CodeIgniter 定位于小型的网站应用开发，但并不代表 CodeIgniter 不适用于大型网站开发。事实上，CodeIgniter 对 MVC 的支持是非常强大，无论是 URL 的处理，还是视图引擎都能够适应大型网站的开发需求。CodeIgniter MVC 处理流程如图 4-19 所示。

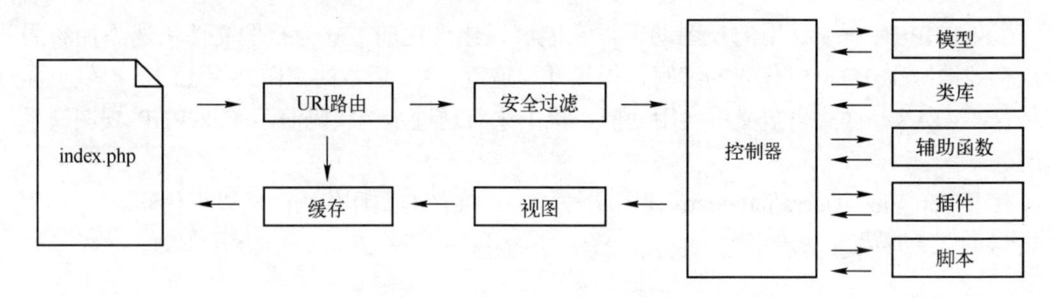

图 4-19　CodeIgniter MVC 处理流程

如图中所示，CodeIgniter 在 URL 处理阶段就提供了安全检验，对 GTE 和 POST 屏蔽了 PHP 内置的处理方式，提供了完善的过滤方法。控制器负责调用模型、类库、辅助函数、插件、脚本等功能模块，其中模型通常就是处理数据库表的实体影射，它是整个 MVC 的桥梁。辅助函数是 CodeIgniter 框架的一个实用而强大的功能库，许多原本复杂的功能调用辅助函数就能够轻松地完成。CodeIgniter 还支持官方及第三方的扩展，PHP 程序员使用面向对象知识可以快速地开发出 CodeIgniter 扩展。

CodeIgniter 支持主流的缓存机制（如文件缓存、内存缓存、数据库缓存、浏览器压缩缓存等），并且支持页面局部缓存、控制器缓存、数据库缓存等，这些缓存有些是智能化的，有些需要开发人员自行处理，CodeIgniter 提供了非常直观的缓存部署方式。

单元测试是应用程序开发中重要的一个环节，CodeIgniter 支持主流的 PHP 单元测试，它是确保应用质量的关键手段，不幸的是 PHP 程序员并不习惯使用单元测试，CodeIgniter 提供了简单但强大的单元测试，有效地降低了单元测试难度，从而提高应用的代码质量。不仅如此，CodeIgniter 还提供了数据库脚手架，开发人员在不进入数据库系统的情况下就可对数据进行整理、测试等，从而提高 PHP 应用开发速度。

CodeIgniter 灵活高效的 MVC 处理机制，无论在国内还是国外都得到了广泛的 PHP 程序员支持。在开源社区还衍生了 Kohana 子项目。对于国内 PHP 程序员来说，CodeIgniter 不仅简单好用，而且官方提供了详细的中文帮助文档，这也是 CodeIgniter 在国内流行的原因之一。

接下来将以 CodeIgniter 2.1.2 为基础，介绍 CodeIgniter 的 MVC 处理流程，让读者对 CodeIgniter 有一个更加直观的认识。

4.4.2　安装 CodeIgniter

CodeIgniter 是一套由 PHP 5 所构建的 PHP MVC 框架，要使用 CodeIgniter 并不需要特殊的环境配置，也不需要安装额外的 PHP 扩展（Zend Framework，CakePHP 等主流框架均需要安装 PDO），只需要具备 PHP 5.x 运行环境即可。读者可以在http://codeigniter.org.cn/downloads获得 CodeIgniter 安装包，解压后得到的文件如图 4-20 所示。

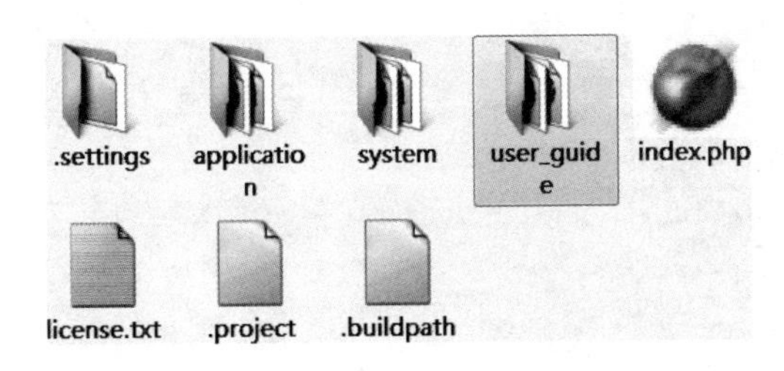

图 4-20　CodeIgniter 框架文件

如图中所示，system 目录即为 CodeIgniter 框架的核心代码包，application 为网站应用目录，是开发人员主要处理的目录，application 目录结构如图 4-21 所示。

图 4-21　application 目录结构

将解压后的文件复制到网站根目录，例如 CodeIgniter 目录，此时通过 http://localhost/CodeIgniter 网址，就可以初始化开发环境。CodeIgniter 是单入口模式、单应用的开发框架，读者可以将域名绑定到 CodeIgniter 文件夹。通过前面的步骤，CodeIgniter 就安装完成了，接下的 MVC 开发步骤均在 application 目录中完成。

4.4.3　使用 CodeIgniter 实现 MVC

接下来将使用 CodeIgniter 实现一个简单的新闻列表，用户点击列表中的新闻标题将会进入新闻的正文页面，通过该例子演示 CodeIgniter 实现 MVC 开发的流程。

1．创建数据表

为了方便演示 CodeIgniter 模型的调用机制，新闻标题将使用数据表存放。首先在 MySQL 中创建名为 codeigniter 数据库，然后创建一个 news 表，SQL 代码如下。

```
CREATE TABLE 'codeigniter'.'news' (
    'id' TINYINT NOT NULL AUTO_INCREMENT PRIMARY KEY ,
    'title' VARCHAR( 60 ) NOT NULL ,
    'content' TEXT NOT NULL ,
```

```
        'add_time' INT( 9 ) NOT NULL ,
        INDEX ('title')
)
```

接着向 news 表添加新闻数据。

```
INSERT INTO 'codeigniter'.'news' (
        'id' ,
        'title' ,
        'content' ,
        'add_time'
        )
        VALUES (
        NULL , '第一条新闻标题', '第一条新闻内容', '1346401694'
        ), (
        NULL , '第二条新闻标题', '第二条新闻内容', '1346401704'
);
```

创建完数据库和表之后，还需要更改 CodeIgniter 的数据库连接配置参数，打开 application/config/database.php 文件，修改该文件的配置参数，代码如下。

```
$active_group = 'default';
$active_record = TRUE;

$db['default']['hostname'] = 'localhost';
$db['default']['username'] = 'root';
$db['default']['password'] = 'root';
$db['default']['database'] = 'codeigniter';
$db['default']['dbdriver'] = 'mysql';
$db['default']['dbprefix'] = '';
$db['default']['pconnect'] = TRUE;
$db['default']['db_debug'] = TRUE;
$db['default']['cache_on'] = FALSE;
$db['default']['cachedir'] = '';
$db['default']['char_set'] = 'utf8';
$db['default']['dbcollat'] = 'utf8_general_ci';
$db['default']['swap_pre'] = '';
$db['default']['autoinit'] = TRUE;
$db['default']['stricton'] = FALSE;
```

以上配置信息读者需要根据 MySQL 实际环境而定，其中较为重要的是 $db['default']['dbdriver'] 和 $db['default']['char_set']。前者指定连接驱动，CodeIgniter 支持 Oracle、MySQL、PostgreSQL 等多种驱动；后者指定数据库的查询编码，对于 MySQL 必须要指定查询编码。

2. 创建模型

接下将创建 news 数据表对应的实体模型，进入 application/models 目录，创建一个 MNews.php 模型文件，该文件内容如以下代码所示。

```
<?php
class MNews extends CI_Model{
    //使用构造函数
    function __construct()
    {
        parent::__construct();
    }
    //获取新闻标题数据
    function get_news_all(){
```

```
            $sql="SELECT * FROM news";
            $query= $this->db->query($sql);
            return $query->result();
        }
    }

    ?>
```

如以上代码所示，模型的名称必须首字母大写，并且继承于 CI_Model 类，__construct()是模型的构造函数，该函数将实例化基类 CI_Model 的构造函数，这样才能在当前模型中使用构造函数（否则不能使用构造函数）。get_news_all()用于获取 news 表中的所有新闻标题，其中$this->db->query()指定使用 CI_Model 提供的数据库查询方法。

3．创建控制器

创建模型后，还需要创建控制器，然后调用模型中的方法，最终将结果显示到视图界面上。进入 application/controllers 目录，创建一个名为 news.php 的控制器文件，代码如下所示。

```
<?php
class News extends CI_Controller{
     public function index(){
          $this->load->model('MNews',"",true);
          $data["list"]=$this->MNews->get_news_all();
          //定义页面标题
          $data["page_title"]="新闻中心首页";
          //载入页面头部
          $this->load->view("head",$data);
          $this->load->view("index",$data);
          //载入页面底部
          $this->load->view("foot");
     }
     public function content(){

     }
}
?>
```

如以上代码所示，一个合法的控制器类名必须为首字母大写，类名与控制器文件名同名，并且必须继承于 CI_Controller 基类。在 CodeIgniter 中，控制器命名规则比较灵活，它不需要加前缀或后缀，一个普通的文件即可。$this->load->model()用于载入模型，该方法共有 3 个参数，第 1 个参数指定模型的名称；第 2 个参数指定模型的配置信息，即数据库配置信息，如果留空将使用 application/config/database.php 全局文件配置信息；第 3 个参数指定数据库连接的初始化状态，默认情况下 CodeIgniter 并不会自动连接数据库，需要将该参数设为 true 模型才会连接指定的数据库。

4．创建视图

在 MVC 设计中，一个动作就代表一个页面。以前面创建的 index 动作为例，它对应的视图文件就是 index.php。CodeIgniter 默认的视图文件以.php 作为视图文件，开发人员可以在视图中使用标准的 PHP 代码。当然 CodeIgniter 内置了 parser 视图引擎，支持使用.html 文件作为视图模板。此外，CodeIgniter 还能以扩展的方式支持 Smarty 作为模板引擎，但出于性能考虑，CodeIgniter 只建议开发者使用标准的 PHP 文件作为视图文件。

进入 application/views 目录，在该目录中创建一个名 index.php 的视图文件，代码如下所示。

```
<?php foreach($list as $item):?>
<li><a  href="news/content/<?php  echo  $item->id;?>"><?php  echo  $item->title;?>
</a></li>
<?php endforeach;?>
```

index 动作还使用了 head 及 foot 视图文件，这两个视图用于实现网站整体布局。分段视图文件载入不仅利用网站布局，还能实现页面的局缓存，提高页面的载入速度。application/views/head.php 代码如下所示。

```
<html>
<head>
<meta http-equiv="Content-Type" content="text/html; charset=utf-8" />
<title><?php echo $page_title;?></title></head>
<body>
```

application/views/foot.php 代码如下所示。

```
</body>
</html>
```

以上就是一个典型 CodeIgniter 视图处理过程，在实际开发中可根据需求在 head.php 中定义页面的布局及样式代码。最后打开 http://localhost/CodeIgniter/index.php/News 网址，将能够查看到 news 数据表中的新闻标题数据。

4.5 高效便捷的 ThinkPHP

4.5.1 ThinkPHP 介绍

ThinkPHP 是一套国内著名的 PHP MVC 开发框架，它能够极大地缩短 Web 应用的开发周期，典型的单一入口文件模式能够提供友好的 URL，使得网站更容易地被搜索引擎收录。ThinkPHP 经过了六年的发展，当前最新版本为 3.0。最新版本提供了 NoSQL、云技术、分布式支持，使得 ThinkPHP 的功能更加完善，能够满足大型 Web 应用的开发需求。

ThinkPHP 借鉴了著名的 Struts（Java Web 应用开发框架）思想，实现了 MVC 严谨的分层设计思路、对象关系映射（ORM）、数据库 CURD 操作等。ThinkPHP 提供了比 Smarty 还灵活和好用的视图引擎，能够将页面设计师和 PHP 程序员分离，保证网站的质量。

由于 ThinkPHP 的灵活和高效，经过这几年的发展，ThinkPHP 已经成为国内最受欢迎的 PHP MVC 框架。如果是个人或简单的项目，使用 ThinkPHP 并不会造成效率降低的问题；作为公司或者团队项目，ThinkPHP 不仅能够提高开发效率，内置的数据库集群功能、多应用分离功能，还能支持超大规模的网站开发。ThinkPHP 内置的多种缓存模式、代码预编译机制，方便易用的模块静态化使得网站的运行速度得到质的提高，这对于大型网站开发而言是尤其重要的。

ThinkPHP 虽然由国人开发，但并不意味着 ThinkPHP 不适合国际化开发，事实上 ThinkPHP 从 2.0 开始就提供了完善的国际化支持，与 Symfony、CakePHP 等主流框架一样提供多语言、多终端支持。ThinkPHP 定位于轻量级，快速和简单是该框架的主要特点，这在本书后面的章节内容中将会明显地感受到。接下来首先对 ThinkPHP 处理 MVC 的流程作一个简单的介绍，加深对 ThinkPHP 的直观认识。

4.5.2　下载安装 ThinkPHP

和其他 PHP MV 框架一样，要使用 ThinkPHP 必须首先要安装和部署框架文件。安装 ThinkPHP 和安装 CodeIgniter 一样简单，只需要 PHP 5.x 环境即可。ThinkPHP 支持多种数据库驱动，包括 PDO 套件，接下来将通过 ThinkPHP 实现一个简单的 MVC 应用。

1．下载 ThinkPHP

读者可以在 http://thinkphp.cn/down.html 页面上下载到 ThinkPHP 压缩包文件，也可以在 http://thinkphp.googlecode.com/svn/trunk SVN 代码库中获取到 ThinkPHP 最新源代码文件。这里将下载的版本为 ThinkPHP 3.0，解压后 ThinkPHP 目录结构如图 4-22 所示。

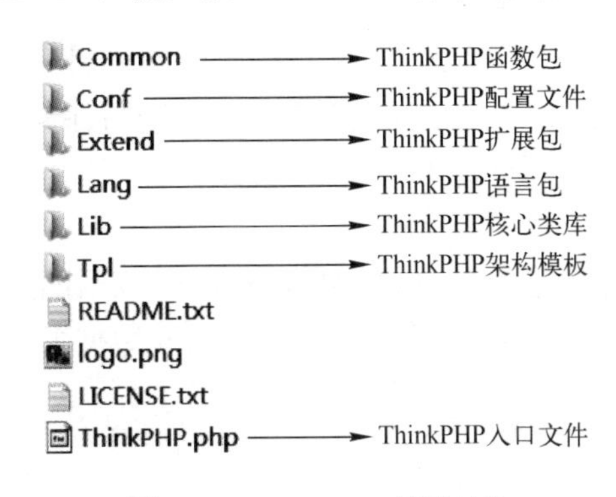

图 4-22　ThinkPHP 目录结构

如图中所示，ThinkPHP 3.0 的目录结构很少，关键的核心包文件位于 Lib 目录下，该目录包含了 MVC 控制器、数据库驱动、模板引擎、网络通信类、文件处理等，对于 MVC 开发人员而言，并不需要太多地关注 ThinkPHP 本身的这些类库，因为 ThinkPHP 提供了完善的自定义扩展，ThinkPHP 核心类库将在 5.2.1 章节中介绍。

2．安装 ThinkPHP

要使用 ThinkPHP 非常简单，ThinkPHP 并不需要安装，所谓的安装只不过是引入 ThinkPHP 入口文件即可。假设网站目录为 tp，那么只需要将 ThinkPHP 文件夹复制到 tp 目录下，然后在 tp 目录下创建项目入口网址，此处所创建的入口文件为 index.php，代码如下所示。

```
<?php
define("THINK_PATH","./ThinkPHP/");
define("APP_PATH","./Home/");
define("APP_NAME","index");
//引入 ThinkPHP 入口文件,初始化应用状态
require_once(THINK_PATH."ThinkPHP.php");
?>
```

如上述代码所示，共定义了 3 个系统常量：THINK_PATH 用于指定 ThinkPHP 所在目录；APP_PATH 指定了当前项目存放目录；APP_NAME 指定了当前项目名称，用于多项目部署（如前台和后台）。部署完成后，访问 http://localhost/tp 网址即可初始化开发环境，ThinkPHP 会自动创建必要的目录结构和文件，如图 4-23 所示。

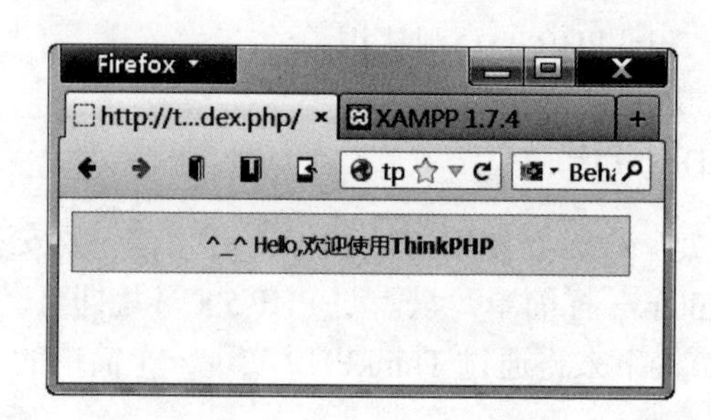

图 4-23　ThinkPHP 成功初始化项目

4.5.3　使用 ThinkPHP 实现 MVC

为了便于学习和测试，读者可以根据 4.3.3 节内容将 tp 目录绑定为一个虚拟网站，这里绑定的域名为 http://tp.localhost，本书后面的章节内容如无另外说明均在该虚拟网站中完成。接下来将使用 ThinkPHP 创建一个简单的 MVC 网站应用。

1. 创建数据库

为了便于测试 ThinkPHP 完整的 MVC 处理流程，首先创建一个数据库和一个数据表，分别命名为 tp（数据库）和 tpk_user（数据表），tpk_user 数据表 SQL 代码如下。

```
CREATE TABLE 'tp'.'tpk_user' (
    'id' TINYINT NOT NULL AUTO_INCREMENT PRIMARY KEY ,
    'user_name' CHAR( 20 ) NOT NULL ,
    'user_email' CHAR( 40 ) NOT NULL ,
    INDEX ('user_name' , 'user_email' )
) ENGINE = MYISAM ;
```

然后向 tpk_user 表中插入两条测试数据，SQL 代码如下所示。

```
INSERT INTO 'tp'.'tpk_user' (
    'id' ,
    'user_name' ,
    'user_email'
)
VALUES (
    NULL , '李开涌', 'kf@86055.com'
    ), (
    NULL , 'ceiba', 'ceiba_@126.com'
);
```

2. 修改配置文件

ThinkPHP 默认的数据库驱动即为 MySQL，所以无须做任何修改即可连接到 MySQL 数据库。打开项目的配置文件 home/Conf/config.php，增加 MySQL 数据库连接信息，如以下代码所示。

```
<?php
return array(
    //'配置项'=>'配置值'
    'URL_CASE_INSENSITIVE' =>true,
    'DB_TYPE'              => 'mysql',     // 数据库类型
    'DB_HOST'              => 'localhost', // 服务器地址
    'DB_NAME'              => 'tp',        // 数据库名
    'DB_USER'              => 'root',      // 用户名
```

```
        'DB_PWD'                => 'root',      // 密码
        'DB_PREFIX'             => 'tpk_',      // 数据库表前缀
);
?>
```

通过正确修改上述配置文件信息，现在 ThinkPHP 就可以操作 MySQL 数据库了。需要注意的是，由于 ThinkPHP 默认会使用预编译机制（即在 home/Runtime 目录里生成~runtime.php 文件），所以每次修改完配置文件后均需要删除~runtime.php 文件（可以直接清空 home/Runtime 目录），新的配置数据才会生效。

3．创建模型

根据 MVC 的设计思想，模型（Model）是用于影射数据表的，所有 CURD 应该都在 Model 中完成。但 ThinkPHP 有些不同，ThinkPHP 允许开发人员直接在控制器中完成这些操作，不必拘泥于在自定义的 Model 中完成（当然也支持在自定义 Model 中完成）。接下来将创建一个 User 模型，并在该模型中实现数据查询操作。

```
<?php
class UserModel extends Model{
    function get_user(){
        $userObj=M("User");
        $rows=$userObj->select();
        return $rows;
    }
}
?>
```

在 ThinkPHP 中无论是模型的文件名，还是模型的类名都必须遵循内建的文件规则。如 UserModel.class.php 文件，User 代表模型名称，Model 为模型文件的标识，.class.php 为 ThinkPHP 框架所规范的文件后缀名；UserModel 为类名称，所有用户自定义模型都必须继承于 Model 或者 AdvModel 基础模型类。

4．创建控制器

在 ThinkPHP 中，控制器的命名规则和模型相同，控制器的文件标识为 Action。接下来将在 home/Lib/Action 目录中创建一个 Member 控制器，文件名为 MemberAction.class.php，代码如下。

```
<?php
class MemberAction extends Action{
    public function index(){
        //实例化自定义模型
        $userObj=D("User");
        //调用 get_user 方法
        $rows=$userObj->get_user();
        //将结果分配级视图变量 data
        $this->assign("data",$rows);
        //显示视图模板
        $this->display();
    }
}
?>
```

如上述代码所示，在 index 动作中调用了前面创建的 User 自定义模型，该模型中有一个 get_user()方法，该方法将获取 tpk_user 表中的用户数据。$this->assign("data",$rows)指定了将数据输出到视图模板，接下来需要创建对应的视图模板。

5. 创建视图模板

进入 home/Tpl 目录，在该目录中创建一个分类 Member，一个控制器对应一个模板分类，然后进入 Member 目录，在该目录中为 index 动作创建视图模板，并命名 index.html（ThinkPHP 项目模板默认使用.html 作为视图模板），代码如下所示。

```
<table width="780" height="107" border="0" cellspacing="1" bgcolor="#CCCCCC">
 <tr>
  <td height="42" align="center" bgcolor="#FFFFFF">编号</td>
  <td align="center" bgcolor="#FFFFFF">用户名</td>
  <td align="center" bgcolor="#FFFFFF">用户邮箱</td>
 </tr>
 <volist name="data" id="vo">
 <tr>
  <td height="62" align="center" bgcolor="#FFFFFF">{$vo.id}</td>
  <td align="center" bgcolor="#FFFFFF">{$vo.user_name}</td>
  <td align="center" bgcolor="#FFFFFF">{$vo.user_email}</td>
 </tr>
 </volist>
</table>
```

如以上代码所示，由于在 index 动作中分配给视图模板的数据为数组，所以需要使用循环语句遍历变量数据。在 ThinkPHP3.0 中，可以使用<volist>或<foreach>标签遍历数组变量，使用方式类似于 Smarty 中的 foreach 标签。同时也支持直接使用标准的 PHP 代码。

由于 volist 提供了非常灵活的特性，并且很好地将界面与逻辑进行分离，所以应该尽量避免在视图代码中嵌入 PHP 代码。关于 ThinkPHP 的视图设计，在第 6 章 6.4 节中会详细介绍，在此读者只需要了解其作用即可。最终运行结果如图 4-24 所示。

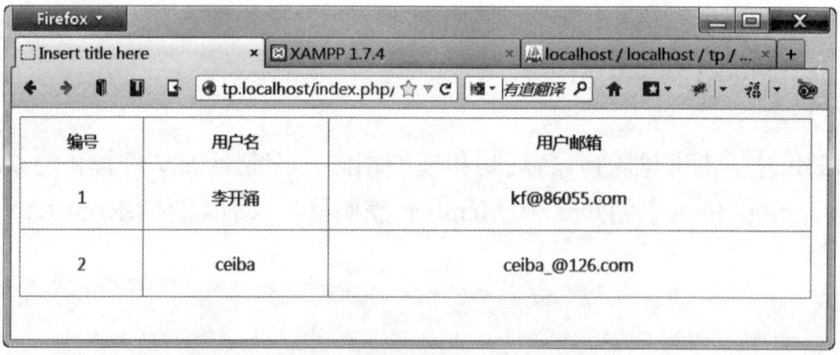

编号	用户名	用户邮箱
1	李开涌	kf@86055.com
2	ceiba	ceiba_@126.com

图 4-24　ThinkPHP MVC 运行效果

❑ 说明：在 ThinkPHP 3.0 以前的版本中，视图还有主题的概念，所谓的主题是为了使网站更好地应用多模板、多风格。比如一个网站也许会有红色风格和黑色风格，但必须要有一个默认风格，所以 ThinkPHP 2.x 在创建应用时会在 Tpl 目录中创建一个 default 目录，该目录即为默认的模板风格。以本节内容为例，Member 模板分类应该处于 default 风格下，所以 index.html 的路径应该为 home/Tpl/default/Member/index.html。在 ThinkPHP 3.0 中并不是没有主题的概念，只是默认的主题为空，如果确实需要多主题，DEFAULT_THEME 配置参数可以指定当前应用的主题目录。

4.5.4 高效的 ThinkPHP 视图引擎

前面已经简单介绍过 ThinkPHP 视图引擎，这些标签处理机制类似于 JSP tag，使用

XML 作为标签的渲染方式，开发人员可以方便地在网页中嵌入 XML 标签，然后由 ThinkPHP 视图引擎解释成标准的 PHP 代码。ThinkPHP 的视图引擎之所以高效，主要体现在它的标签扩展性。ThinkPHP 的视图标签扩展性够完美地与后台控制器代码相结合，例如在 Smarty 中使用函数功能，首先需要在后台 PHP 代码注册，而在 ThinkPHP 中完全不需要，如以下代码所示。

```
<volist name="list" id="vo">
            <eq name="vo['ClassPid']" value="$id">
          <div class="post">
                <p                class="meta"><span                class="date"><a
href="{$Think.config.SYS_URL}/c/{$vo["id"]}.html">{$vo["ClassName"]}</a></span> </p>
                <div class="entry">
               {:resColumn($vo['id'],6)}
                </div>
              </div>

         </eq>
</volist>
```

细心的读者也许已经发现，在前面的内容中并没有像 CakePHP、Symfony 那样的网站布局概念，事实上 ThinkPHP 已经提供了多种方式解决网站布局的问题，其中常用的有直接在模板中使用<include file="" />标签，或者在控制器中直接分段输出模板（类似于 CodeIgniter 方式）。相对而言使用<include file="" />标签更加友好，也更加符合 ThinkPHP 的模板处理机制特点，以下代码将使用<include file="" />标签包含网站的 head 和 foot，代码如下所示。

```
<html>
<head>
<meta http-equiv="content-type" content="text/html; charset=utf-8" />
<title>{$title}</title>
<meta name="description" content={$Think.config.SYS_Name}" />
<script src="{$Think.config.SYS_URL}/Publice/js/jquery.js"></script>
<link href="{$Think.config.SYS_URL}/Publice/style.css" rel="stylesheet" type="text/
css" media="screen" />
</head>
<body>
<include file="./Publice/head.html" />
<div id="page">
</div>
<include file="./Publice/foot.html" />
</body>
</html>
```

上述代码有一定的局限性，但能够提供非常清晰的思路，对界面设计人员非常友好，include 标签不仅可以直接包含网页，还可以包含当前项目控制器中的方法，例如<include file="Public:head"/>即表示包含自定义控制器 Public 中的 head 动作（方法）。当然使用分段输出模板也很方便，这种方式比较适合 PHP 和界面混合编程的团队，如以下代码所示。

```
$this->display('Public:head');
$this->display();
$this->display('Public:foot');
```

4.6 小结

本章着重介绍了当前国内外比较主流的几款 PHP MVC 框架，这些 MVC 框架是 PHP MVC 中最经典和最完善的编程框架。尤其是 Zend Framework 和 Symfony，是 PHP 程序员学习 MVC 开发的风向标，它们完善的架构和先进的设计思想能够提高 PHP 应用质量。本章最后还介绍了国内人气最高的 ThinkPHP，该框架无论是框架本身功能、代码编写习惯还是帮助文档支持都非常适合国内开发人员使用，也是一款值得所有热爱开源程序需要关注的 PHP MVC 框架。

当然，本章介绍的 PHP MVC 框架并不能概括所有 PHP MVC 框架的特性，但万变不离其宗，理解透了其中一款 MVC 的设计思路，再面对其他 PHP MVC 框架就游刃有余了。基于国内环境考虑，本书后面内容将着重对 ThinkPHP 3.0 进行深入的讲解，这些内容由浅入深、简单易懂，能够迅速帮助 PHP 程序员，尤其是 PHP 新手轻松地进入 PHP MVC 开发领域。

第5章 ThinkPHP开发入门

内容提要

ThinkPHP 是一套国内非常出名的 PHP MVC 开发框架，它易懂易学、效率高。本章按照循序渐进，由浅入深的讲解思路，结合示例代码帮助读者迅速上手。

通过本章内容，读者将深入理解 PHP MVC 编程模式，结合 ThinkPHP 帮助手册，完全能够开发出任意类型的 PHP 网站。需要说明的是，ThinkPHP 经过多年的发展，当前已经发展到了 3.0 版本。事实上，ThinkPHP 里程碑版本为 2.0，该版本奠定了 ThinkPHP 的核心架构，提供了适合企业级开发的众多特性，所以现在众多团队还在使用 ThinkPHP 2.x 版本构建网站。

新版本与 2.x 版本相比主要是在应用的部署方式上做了一些修改，并且全面使用 CBD 模式（核心 Core+行为 Behavior+驱动 Driver），增强了安全性，但在应用开发层面变化并不大，所以接下来的内容同样也适合 ThinkPHP 2.x 开发人员。

本章将会围绕 ThinkPHP 核心功能包进行讲解，包括框架的文件及目录组成，项目部署方式等。通过这些内容的介绍，为后续扩展开发打下基础。

学习目标

- 了解 ThinkPHP 构建 MVC 应用的方式。
- 了解 ThinkPHP 系统目录及应用目录结构。
- 掌握 ThinkPHP 创建项目的全过程。
- 了解 MVC 配置文件作用及创建方式。

5.1 大道至简、开发由我

通过前面第 4 章 4.5 节内容的介绍，相信读者已经对 ThinkPHP 有了初步的认识。ThinkPHP 无论是从应用部署方面，还是代码组织方面都显得非常灵活。常见的 PHP MVC 框架通常都将 PHP 项目（网站）放置到特定的目录中（例如 CakePHP 放到 app/webroot 目录；CodeIgniter 放到 application 目录），而 ThinkPHP 不需要指定存放目录，它可以放置到任意的网站目录中，需要的只是一个入口文件。在入口文件中完成框架所有初始化操作。需要说明的是，入口文件通常命名为 index.php，但并非一定是 index.php 文件，也可以自定义入口文件名。入口文件是 ThinkPHP 应用的入口，是一个项目中最重要的文件，所以是必需的，下面首先介绍 ThinkPHP 项目入口文件。

5.1.1 入口文件

入口文件用于初始化项目。应用从运行开始到运行结束，整个生命周期都由入口文件管理。如果入口文件配置出现错误，那么整个应用将只停留在入口文件，无论用户怎样请求后面的结果都将失效。这是单一入口框架的共同特性，ThinkPHP 入口文件支持两种项目部署方式：一种是传统的一个入口文件对应一个应用的方式；另一种是所有项目对应一个入口文件（即应用分组模式）。这里首先介绍第一种入口文件模式，代码如下。

```
<?php
define("THINK_PATH","./ThinkPHP/");
define("APP_PATH","./home/");
define("APP_NAME","index");
define("APP_DEBUG", true);
require_once(THINK_PATH."ThinkPHP.php");
?>
```

上述代码中，使用了 3 个预定义常量定义项目的初始化参数。其中 APP_PATH 定义项目目录；APP_NAME 定义项目名称；APP_DEBUG 定义调试模式。这 3 个常量都是可选的，最简单的入口文件只需要引入 ThinkPHP.php 文件即可，ThinkPHP 会自动生成项目文件与目录结构，如图 5-1 所示。

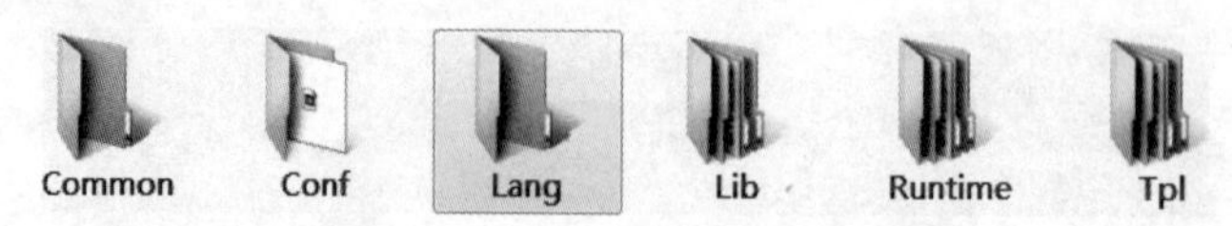

图 5-1 home 项目目录结构

在入口文件中，ThinkPHP 规范了一些系统常量，在入口文件中定义这些常量值可以修改项目的属性。例如前面创建的 index.php 开启了 APP_DEBUG，此时整个应用下的所有控制器都将输出调试信息。入口文件常见的预定义常量如表 5-1 所示。

项目一旦完成初始化，接下来的操作将交由 ThinkPHP 处理，最终的运行结果也由入口文件返回，整个流程如图 5-2 所示。

表 5-1　入口文件常见预定义常量

常　　量	默 认 值	说　　明
URL_COMMON	1	项目的 URL 模式
APP_PATH	null	项目目录
COMMON_PATH	APP_PATH.'Common/'	项目公共文件目录
APP_NAME	null	项目名称
APP_DEBUG	flash	是否开启调试模式
THEME_NAME	null	项目视图主题
HTML_PATH	APP_PATH.'Html/'	生成静态文件目录
TEMP_PATH	RUNTIME_PATH.'Temp/'	项目缓存目录
LANG_PATH	APP_PATH.'Lang/'	语言包目录

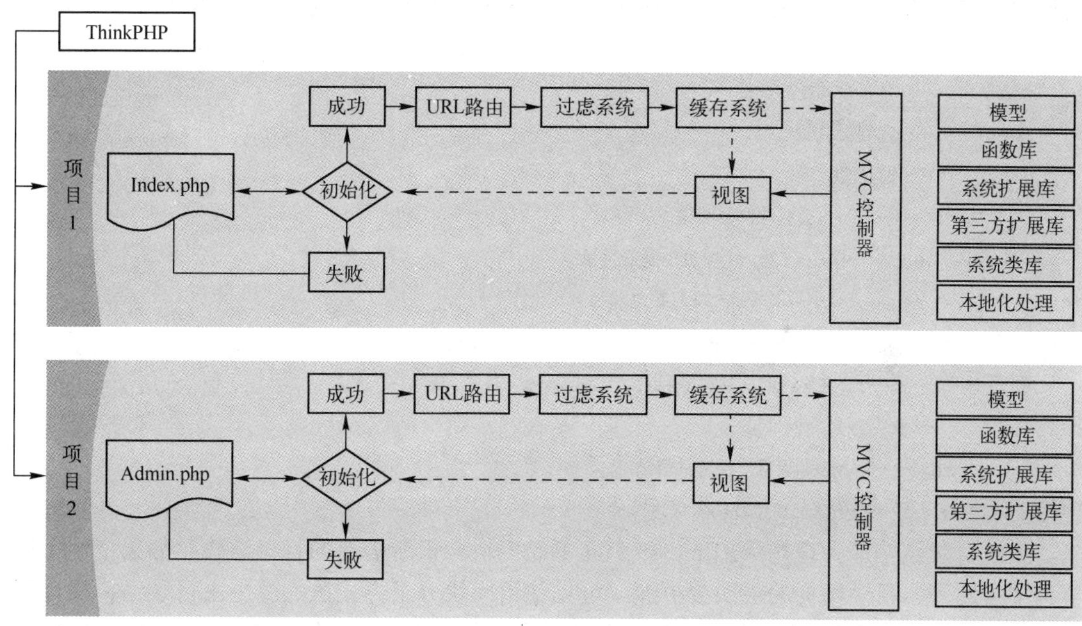

图 5-2　MVC 处理流程

5.1.2　两种创建项目的方式

前面介绍了 ThinkPHP 传统的项目部署方式。ThinkPHP 还支持模块分组方式（即所有项目共用一个入口文件），模块分组方式能够提高项目之间的整合性，由于所有的项目都被放置于同一级目录中，所以彼此之间的公共资源（如公共函数库、扩展类库、静态资源文件等）能够很好地被重复利用。同时由于只有一个入口文件（通常为 index.php），通以过配置 URL 路由，使得 URL 更加友好。典型的多入口文件项目目录结构如下。

```
ThinkPHP ············框架包
Public ·········所有项目公共资源目录
Uploads ············ 所有项目公共上传目录
```

```
Home ………… Home 项目
Admin ………… Admin 项目
index.php ………… Home 项目入口文件
admin.php ………… Admin 项目入口文件
```

采用模块分组后，项目的目录结构将变得更加简洁，如下所示。

```
ThinkPHP …………框架包
App ………… 项目目录
Public …………所有项目公共资源目录
Uploads …………有项目公共上传目录
index.php ………所有项目入口文件
```

采用模块分组后，所有项目文件都被放到 App 目录里，这里的 App 目录是可以在入口文件中自定义的。App 目录将包含 Home 项目和 Admin 项目，结构如下。

```
Common ………项目公共函数
Conf …………项目公共配置文件
Lang …………项目公共语言包
Lib …………项目库类
    Action …………公共控制器目录
        Home ………… Home 项目控制器目录
        Admin ………… Amin 项目控制器目录
    Model …………公共模型目录
Runtime …………公共运行时文件存放目录
Tpl …………公共项目模板目录
    Home…………Home 项目模板文件目录
    Admin…………Admin 项目模板文件目录
```

上述目录结构即为理想状态下，一个简单的模块分组所需要的目录结构。如果使用多语言、多主题等，目录结构的层次会更深。可见使用模块分组方式虽然看上去目录结构简单明了，但实际上模块分组的目录结构都必须有层的概念（即一个分组对应一个目录）。模块分组后能够提高整个系统的密封性，也大大提高了 ThinkPHP 部署应用的容量，各项目之间可以非常容易地相互调用，而不必担心系统找不到资源和文件。

5.1.3 模块分组

前面简单介绍了模块分组的目录结构，模块分组最重要的概念就是它的目录结构发生了比较大的变化。下面将使用 ThinkPHP 3.0 创建一个简单 Web 应用，该应用部署方式将使用模块分组。

1. 配置入口网址

使用模块分组意味着一个项目只有一个入口文件，通常为 index.php 文件，它与传统的多入口文件的配置是一样的，预定义常量也是通用的，不同的是需要配置 APP_NAME 和 APP_PATH 两项内容，只有这样才能使用模块分组，index.php 文件代码如下所示。

```
<?php
    define('THINK_PATH', './ThinkPHP/');
    //定义项目名称和路径
    define('APP_NAME', 'Myapp');
    define('APP_PATH', './App/');
    define("APP_DEBUG", true);
    // 加载框架入口文件
    require(THINK_PATH."ThinkPHP.php");
?>
```

通过 URL 访问到 index.php 文件，ThinkPHP 将会初始化项目环境，并创建相应的目录结构，此时并没有开启模块分组功能，需要在公共配置文件中配置。

2．配置文件

打开 App/Conf/config.php 配置文件，该文件作为模块分组后的公共配置文件，需要配置其中的分组选项，如以下代码所示。

```
<?php
return array(
      'APP_GROUP_LIST'=>'Admin,Home',
     'DEFAULT_GROUP'=>'Home',
);
?>
```

如上述代码所示，APP_GROUP_LIST 指定了分组列表，这里将项目分为 Admin 和 Home。通过 DEFAULT_GROUP 选项指定默认分组（即默认载入的分组）。公共配置文件修改完毕后，此时如果访问 index.php 入口文件，ThinkPHP 将会报错。这是因为在公共配置文件中开启了模块分组，但相应的分组目录并未创建，所以还需要手动创建模块分组目录。

3．创建模块分组目录

首先需要创建 Admin 和 Home 组的各自配置文件，模块分组后目录是和项目名称相对应的，所以需要在 Conf 目录下创建 Admin 和 Home 目录。然后分别在目录中创建 config.php 配置文件，这样 Admin 项目和 Home 项目就有了各自的配置文件。

同样 App/Lib/Action 目录也需要创建 Admin 和 Home 模块分组目录，然后将默认创建的 IndexAction.class.php 文件移动到 App/Lib/Action/Home 目录，此时再访问入口文件时将不会再报错，证明项目部署成功，如图 5-3 所示。

图 5-3　模块分组部署成功

通过上述 3 个步骤，就完成了模块分组，其他的编程模式和传统的部署方式是一样的。可见无论是使用传统的多入口文件部署方式，还是使用单入口的模块分组方式，ThinkPHP 都能够完美地解决项目部署的问题。两种项目部署方式同样简单高效，在实际应用开发中读者可根据需求选择其中一种。通常情况下，传统的模式适合项目之间耦合度不高的项目；而模块分组方式由于同一级目录下，各模块之间可以方便调用，公共资源也能够彼此利用（例如模块分组模式有公共配置文件的概念，而传统的模式并没有），所以比较适合大容量的项目。但是由于传统的部署模式目录结构少，简单明了，也是 ThinkPHP 官方推荐的方式，所以本书后面的内容将使用传统的项目部署方式进行讲解。

5.2 ThinkPHP 目录

在前面的内容中已经介绍过 ThinkPHP 框架的目录结构，虽然 ThinkPHP 提供了非常完善的扩展机制，但是这些扩展的编写方法都是基于标准的 OOP 设计的，所以如果不了解 ThinkPHP 基础类库中的文件结构，在编写 ThinkPHP 扩展时就会无从下手，接下来将着重介绍 ThinkPHP 核心类库文件，然后再简单介绍项目目录，以便更好地理解项目文件的组织方式。

5.2.1 系统目录

ThinkPHP 3.0 共由 6 个一级目录所组成，这些一级目录下包含了 ThinkPHP 所需要的类库文件，如图 5-4 所示。

图 5-4 ThinkPHP 目录

其中 Common 为 ThinkPHP 框架的核心函数目录，包含了 ThinkPHP 标准函数、基础函数及运行时函数；Conf 为框架配置文件目录；Extend 为框架扩展目录；Lang 为框架语言目录；Lib 为框架核心目录；Tpl 为框架视图模板目录。对于普通的开发者而言，最需要关注 Lib 目录及 Extend 目录，接下来分别进行介绍。

1. Lib 目录

Lib 目录存放了 ThinkPHP 最核心的文件，它以模块化的方式将文件组织在一起，所有的文件均遵循 ThinkPHP 的文件命名规范，Lib 目录结构如下。

```
Behavior ………… 行为扩展包
    CheckRouteBehavior.class.php ………… 路由检测
    ContentReplaceBehavior.class.php ………… 输出模板内容
    LocationTemplateBehavior.class.php ………… 自动定位模板
    ParseTemplateBehavior.class.php ………… 解释模板
    ReadHtmlCacheBehavior.class.php ………… 读取缓存
    ShowPageTraceBehavior.class.php ………… 在视图页面输出 Trace 调试信息
    ShowRuntimeBehavior.class.php ………… 显示程序运行时间
```

TokenBuildBehavior.class.php ………… 生成表单令牌
WriteHtmlCacheBehavior.class.php ………… 生成文件静态缓存
Core ………… 框架核心包
Action.class.php ………… 控制器基类
App.class.php ………… MVC 项目初始化基类
Behavior.class.php ………… 行为扩展包基类
Cache.class.php ………… 缓存管理类（包含文件缓存、内存缓存、数据库缓存等待）
Db.class.php ………… 数据库驱动中间件
Dispatcher.class.php ………… 解释 MVC 的 URL
Log.class.php ………… 日志管理类
Model.class.php ………… 模型基类
Think.class.php ………… ThinkPHP 初始化基类
ThinkException.class.php ………… 异常处理类
View.class.php ………… 视图管理基类
Widget.class.php ………… Widget（网页部件）处理类
Driver ………… 驱动管理包
Cache
CacheFile.class.php ………… 管理文件缓存
Db ………… 数据库驱动包
DbMysql.class.php ………… mysql_connect 驱动
DbMysqli.class.php ………… Mysqli 驱动
TagLib ………… 视图引擎标签类库
TagLibCx.class.php ………… CX 标签库解析类
Template
Template ………… 模板类库
ThinkTemplate.class.php ………… 模板引擎类
TagLib.class.php ………… 视图标签解释类

2．Extend 目录

Lib 类库只是提供了 ThinkPHP 的基础类库，能够处理 MVC 开发中的最基础功能，通过 Extend 类库，可以实现更加复杂和高级的功能，例如多数据库驱动，多模板解释引擎、云计算开发等，下面将对 Extend 类库进行讲解。

Action ………… 控制器扩展类库
RestAction.class.php ………… Action 控制器扩展
Behavior ………… 行为扩展
AgentCheckBehavior.class.php ………… 网络代理
BrowserCheckBehavior.class.php ………… 页面检查（例如防止刷新、浏览器缓存等）
CheckLangBehavior.class.php ………… 检测浏览器语言并自动加载语言包
CronRunBehavior.class.php ………… 计划任务
FireShowPageTraceBehavior.class.php ………… 将调试信息输出到 firebug 和 firePHP

```
    RobotCheckBehavior.class.php ………… 检测和限制搜索引擎爬虫、网页机器人等
Driver ………… 驱动扩展类库
    Cache ………… 缓存驱动扩展
        CacheApachenote.class.php ………… Apachenote 缓存驱动类
        CacheApc.class.php ………… Apc（Alternative PHP Cache）缓存驱动类
        CacheDb.class.php ………… 数据库缓存驱动类
        CacheEaccelerator.class.php ………… eAccelerator 缓存驱动类
        CacheMemcache.class.php ………… Memcache 缓存驱动类
        CacheRedis.class.php ………… Redis（NoSQL）缓存驱动类
        CacheShmop.class.php ………… Shmop 缓存驱动类
        CacheSqlite.class.php ………… Sqlite 数据库缓存驱动类
        CacheWincache.class.php ………… WinCache（专为 Windows 设计的缓存加速器）缓存驱动类
        CacheXcache.class.php ………… Xcache 缓存驱动类
    Db ………… 数据库驱动扩展类库
        DbIbase.class.php ………… Firebird 数据库驱动类
        DbMongo.class.php ………… Mongo（NoSQL）数据库驱动类
        DbMssql.class.php ………… MsSqlServer 数据库驱动类
        DbOracle.class.php ………… Oracle 数据库驱动类
        DbPdo.class.php ………… Pdo 驱动类
        DbPgsql.class.php ………… PostgreSQL 数据库驱动类
        DbSqlite.class.php ………… Sqlite 数据库驱动类
        DbSqlsrv.class.php ………… Sqlsrv 数据库驱动类
    Session ………… Session 扩展类库
        SessionDb.class.php ………… 使用数据库方式储存 Session 驱动
    TagLib ………… 视图标签扩展类库
        TagLibHtml.class.php ………… Html 标签库驱动
    Template ………… 模板引擎类库
        TemplateEase.class.php ………… EaseTemplate 模板引擎驱动类
        TemplateLite.class.php ………… TemplateLite 模板引擎驱动类
        TemplateSmart.class.php ………… Smart 模板引擎驱动类
        TemplateSmarty.class.php ………… Smarty 模板引擎驱动类
Engine ………… 引擎扩展（主要是第三方的开发引擎，默认提供了新浪 SAE 云开发）
Function ………… 函数扩展
    extend.php ………… 载入扩展插件函数
Library ………… ThinkPHP 类库扩展
    ORG ………… 基础类库
        Crypt ………… 加密和解密相关扩展
            Base64.class.php ………… Base64 加密类
            Crypt.class.php ………… Crypt 加密类
```

```
        Des.class.php ………… Des 加密类
        Hmac.class.php ………… Hmac 加密类
        Rsa.class.php ………… Rsa 加密类
        Xxtea.class.php ………… Xxtea 加密类
    Io ………… 文件处理扩展
    Net ………… 网络处理扩展
        Http.class.php ………… HTTP 工具类
        IpLocation.class.php ………… IP 管理类（例如获取、转换等）
        UploadFile.class.php ………… 文件上传类
    Util ………… 核心类库
        ArrayList.class.php ………… 数组增加扩展（可以方便地对数据生成集合、排序、增删
                                     改等）
        Authority.class.php ………… 页面访问权限处理
        CodeSwitch.class.php ………… 代码转换（例如字符集编码转换等）
        Cookie.class.php ………… Cookie 管理类（增强了 PHP Cookie 功能）
        Date.class.php ………… 日期时间管理类（例如时间戳取、格式转换等）
        Debug.class.php ………… 系统调试类
        HtmlExtractor.class.php ………… 网页数据提取工具（例如可以对页面中的特殊标签进
                                         行过滤等）
        Image.class.php ………… 图片管理类（例如截图、生成水印等）
        Input.class.php ………… 输入数据管理类（可以对数据的数据进行过滤、转换等）
        Page.class.php ………… 分页类
        RBAC.class.php ………… 基于角色的数据库方式验证类（在实际开发中并不常用）
        Session.class.php ………… Session 管理类（增强了 PHP Session 功能）
        Socket.class.php ………… Socket 套接链接管理类
        Stack.class.php ………… 堆栈的简单实现
        String.class.php ………… 字符串处理类（字符截取、计算、随机生成等）
Mode ………… 模式扩展类库（指的是开发模式，ThinkPHP 提供了多种模式，例如 cli 命令行、Lite 等）
Model ………… 模型扩展
    AdvModel.class.php ………… 高级模型，提供了乐观锁、悲观锁、字段过虑、延迟更新等高级功能
    MongoModel.class.php ………… MongoDb 增、删、改、查操作类
    RelationModel.class.php ………… 关联模型类扩展（提供更加高级的 SQL 查询功能）
    ViewModel.class.php ………… 视图模型扩展
Tool ………… ThinkPHP 扩展工具（默认提供了 PhpUnit 调试工具、Jqueyr 等）
Vendor ………… 第三方扩展包（主要为视图解释引擎包，默认提供了 EaseTemplate、Smarty、Zend 等）
```

Lib 和 Extend 目录包含了 ThinkPHP 重要的类库，这些类库的使用在后面的章节内容中会进行介绍，在此读者只需要理解即可。由于 ThinkPHP 遵循 Apache 2.0 协议，意味着 PHP 开发人员可以通过修改 ThinkPHP 源代码，以便更适合自己的开发需求，这就要求开发人员必须要对 Extend 目录下的扩展类库要有深入的认识。例如默认情况下 Page.class.php 分页类

只能满足于 ThinkPHP 的 3 种 URL 模式，但在实际应用开发中通常需要在 Ajax、静态网页甚至移动终端中使用分页功能，这时如果不修改 Page.class.php 文件，就难以满足要求；再比如许多超大型的网站数据库操作均需要读写分离、多类型数据库读写等功能，这时就需要开发人员修改 db.class.php 文件了。

总之，虽然 ThinkPHP 提供了非常丰富的功能，但是要想让 ThinkPHP 应用得更加得心应手，修改或增加 ThinkPHP 类库文件是必须要做的一件事。

5.2.2 项目目录

只需要在入口文件中定义项目的存放目录，ThinkPHP 在初始化完成时会自动创建相应的目录（如果是 Linux 系统，需要赋给写读权限）。这些目录结构是可以在入口文件中定义的，但无论是出于易用性还是安全性考虑，一般情况下都不需要更改内建的目录结构。项目目录主要由公共函数库、配置文件、多语言、核心类库、运行时及模板目录组成。在实际应用开发中通常还需要一个公共资源目录，用于存放 css、图片、js 等文件。典型的项目目录结构如下。

```
ThinkPHP ………… 框架包
Publice ………… 公共静态文件目录（该目录必须确保能够通过互联网访问）
    css ………… 存放 css 样式
    js ………… 存在 js 脚本
    images ………… 存放视图图片
Upload ………… 存在上传文件（该目录需要确定能够通过互联网访问）
home ………… home 项目存放目录
    Common ………… home 项目公共函数目录
        common.php ………… 默认的函数定义文件
    Conf ………… home 项目配置文件目录
        config.php ………… 常规配置（如数据库、项目属性等）
        htmls.php ………… 生成 HTML 配置
        routes.php ………… 项目 URL 路由配置
    Html ………… 存放生成的 HTML 文件
    Lang ………… 项目语句包存放目录
        zh-cn ………… 中文语言包
            index.php ………… Index 控制器语言包
        zh-tw
            index.php
    Lib ………… 项目核心类库目录
        Action ………… 控制器
        Behavior ………… 行为
        Model ………… 模型
        Widget ………… 部件
```

```
Runtime ………… 公共运行时
    Cache ………… home 项目缓存
    Data ………… 数据表结构缓存
    Logs ………… home 项目日志（包含查询日志、异常日志等）
    Temp ………… 临时文件
    ~runtime.php ………… 公共运行时模板（非调试模式下项目的配置信息、公共函数等会被会预先
                        编译）
Tpl ………… 模板文件
    Public ………… 项目公共模板
        dispatch_jump_success.tpl ………… 成功提示信息模板
dispatch_jump_error.tpl ………… 出错提供信息模板
Index ………… Index 模块（控制器）模板目录
    index.html ………… index 动作视图模板
index.php ………… home 项目入文件
```

项目的目录结构是多变的，除了前面提到的项目部署方式会改变目录结构外，ThinkPHP 还支持多种目录结构的部署，以多语言配置为例，ThinkPHP 还支持以下目录结构。

```
Lang
    common.php ………… 公共语言包
    zh_cn.php ………… 简体中文语言包
    zh_tw.php ………… 繁体中文语言包
```

ThinkPHP 的灵活性很大程度就体现在这些基础的配置文件上，它不仅支持多种部署方式，还支持配置文件的重写及合并。在实际应用开发中，读者可结合官方开发手册选择适合的目录部署方式（目录方式可以不同，但编程是一样的，本书内容主要讲解编程知识）。

5.3　配置文件

前面的内容已经涉及配置文件创建，在此不再重述，将直接讲解配置文件参数。ThinkPHP 通过配置文件改变项目属性、URL 方式及运行方式等，这些配置信息多数都有默认的参数值，开发人员甚至不需要改变配置信息，项目就可以运行。ThinkPHP 的配置文件使用标准的 PHP 关联数组，通过键值对的方式改变配置信息，下面分别进行介绍。

5.3.1　选项配置

config.php 是项目的配置文件，存放于项目的配置文件目录中，项目中所有使用到的属性信息均可以在 config.php 文件中进行配置。当然开发人员也可以自定义配置项，在获取配置项信息时，ThinkPHP 提供了快捷函数 C 进行获取，如果在视图中获取，也可以使用{$Think.config.配置项名称}标签进行获取。一个简单的 config.php 文件参数如以下代码所示。

```
<?php
return array(
    //'配置项'=>'配置值'
    'URL_CASE_INSENSITIVE' =>true,
   'DB_TYPE'              => 'mysql',    // 数据库类型
   'DB_HOST'              => 'localhost', // 服务器地址
    'DB_NAME'              => 'tp',       // 数据库名
    'DB_USER'              => 'root',     // 用户名
    'DB_PWD'               => 'root',     // 密码
    'DB_PREFIX'            => 'tpk_',     // 数据库表前缀
);
?>
```

如果需要添加自定义配置参数，只需要按照格式加入关联数组项就可以了。上述代码为数据库连接配置参数，如果使用模块分组方式部署应用，应该放到全局配置文件中（Conf/config.php）。因为通常情况下数据库配置信息都是全局的，所有项目数据库配置信息都是一样的。但是，如果使用的是传统的项目部署方式，由于没有全局配置文件的概念，所以数据库配置信息就达不到通用的目的，需要在各自的项目配置文件中重复定义上述代码，这在大型的应用开发中是非常不方便的，对后期的维护来讲也是一件烦琐的事。

好在 ThinkPHP 使用数组作为配置参数，PHP 本身对数组的支持是非常完善的，对常见的拆分、重组、排序等都提供了相应处理函数。在此只需要使用 array_merge 函数，即可实现数组合并，对于 ThinkPHP 而言，无论合并多少个数组，最终的配置都是后面的参数覆盖前面的参数。

首先在网站的根目录创建一个 config.inc.php（与 index.php 入口文件同级），该文件名称可以自定义，然后将数据库配置信息配置到该文件中，config.inc.php 作为全局文件，网站中所有全局信息应该都在该文件中进行配置（如网站名称、URL、全局静态资源等）。

然后打开项目配置文件 Conf/config.php），使用 array_merge 函数合并全局配置文件，如以下代码所示。

```
<?php
$arr1=include("./config.inc.php");
$arr2=array(
    "project_name"=>"项目名称",
    'URL_CASE_INSENSITIVE' =>true
);
//数组合并
return array_merge($arr1,$arr2);
?>
```

通过以上步骤，现在就可以在控制器方法中使用这些配置信息了。如果需要继续在其他项目中使用 config.inc.php 配置信息，重复以上操作即可。常见的配置参数如表 5-2 所示。

表 5-2 config.php 常见配置参数

配 置 项	默 认 值	备 注
常规选项		
URL_ROUTER_ON	flash	是否开启路由
URL_MODEL	1	共支持 4 种 URL 模式
URL_CASE_INSENSITIVE	false	URL 是否区分大小写，建议设置为 true

（续）

配　置　项	默　认　值	备　　注
TMPL_DENY_PHP	flash	默认视图引擎是否禁用 PHP 代码
TMPL_L_DELIM	{	默认视图引擎标签开始标记
TMPL_R_DELIM	}	默认视图引擎标签结束标记
TAGLIB_BEGIN	<	标签库标签开始标记
TAGLIB_END	>	标签库标签结束标记
TMPL_CACHE_ON	true	是否开启模板编译缓存
TMPL_CACHE_TIME	0	模板缓存有效期，只有 TMPL_CACHE_ON 为 true 时此项才生效
LAYOUT_ON	false	是否开启布局功能，3.0 以上版本才支持该功能
HTML_CACHE_ON	false	是否开启静态缓存，可参考本书第 10 章
SHOW_PAGE_TRACE	false	显示页面 Trace 信息，在开发阶段应该开启该项
TOKEN_ON	true	视图中的表单是否生成令牌，有效避免恶意提交
APP_FILE_CASE	false	是否检查文件的大小写，在 Windows 平台下开发时，建议开启
数据库配置选项		
DB_TYPE	mysql	数据库类型，可选的参数可参考 ThinkPHP/Extend/Driver/Db 目录
DB_HOST	localhost	数据库地址
DB_NAME	null	数据库名称
DB_USER	root	数据库登录用户
DB_PWD	null	数据库登录密码
DB_PORT	null	数据库端口
DB_FIELDS_CACHE	true	是否缓存数据表字段
DB_CHARSET	utf8	数据库编码，必须要与真实的数据库编码相对应，建议全部使用 utf8，否则有可能将出现乱码
DB_DEPLOY_TYPE	0	是否开启数据库集群，一般用在读写分离的架构上，默认关闭。
DB_RW_SEPARATE	0	是否开启数据库读写分离，默认关闭
DB_MASTER_NUM	1	读写分离主服务器数量，详情参考本书第 7 章 7.3 节
DB_SQL_BUILD_CACHE	false	是否缓存 SQL 语句
提示设置选项		
TMPL_ACTION_SUCCESS	dispatch_jump.tpl	默认成功跳转对应的模板文件
TMPL_EXCEPTION_FILE	think_exception.tpl	异常页面的模板文件

表 5-2 只列出了最常见的配置参数，ThinkPHP 提供了非常多的配置参数，但大多数情况下不需要更改默认值。

5.3.2　静态缓存配置

ThinkPHP 提供了 HTML_CACHE_ON 配置参数，用于设置是否开启静态缓存功能。所谓的静态缓存就是文件缓存（ThinkPHP 还提供了内存缓存、数据库缓存多种方式），HTML_CACHE_RULES 关联数组可以灵活地配置静态缓存的各种规则。默认情况下，系统将使用 md5 的方式建立缓存，缓存规则可以方便地创建基于控制器名称，动作名称的缓存文件。缓存规则一旦配置好，系统会自动识别所需要缓存的页面。静态规则定义在缓存模式中，常见的缓存模式如以下代码所示。

```
HTML_CACHE_RULES'=> array('
        'ActionName'=>array('静态规则', '静态缓存有效期', '附加规则'),
        'ModuleName'=>array('静态规则', '静态缓存有效期', '附加规则'),
        'ModuleName:ActionName'=>array('静态规则', '静态缓存有效期', '附加规则'),
        '*'=>array('静态规则', '静态缓存有效期', '附加规则'),
)
```

上述代码中，演示了 4 种静态缓存模式。其中 ActionName 模式表示将根据所有控制器动作（方法）建立缓存；ModuleName 将根据所有控制器建立缓存；ModuleName:ActionName 将根据指定的控制器动作建立缓存；*表示通配模式，将建立全站静态缓存（所有能访问的页面）。

缓存有效期和附加规则都是可选参数，这里重点需要理解静态缓存规则。静态缓存规则将约束缓存文件的创建方式，以下代码即为简单的静态规则。

```
'HTML_CACHE_ON'=>true, //开启静态缓存
'HTML_CACHE_TIME'=>3600,
"HTML_PATH"=>"./Html",//设置静态缓存路径
'HTML_FILE_SUFFIX' => '.html',
'HTML_READ_TYPE' => 0, // 静态缓存读取方式
'HTML_CACHE_RULES'=> array(
    'content:index'=>array('content-{id}'),
    'index:index'=>array('home/index'),
),
```

如以上代码所示，一共定义了两条静态规则。其中第 1 条将 Content 控制器中的 Index 动作建立静态缓存，静态缓存文件名将根据 Get 参数进行创建，最终访问 http://tp.localhost/index.php/content/id/1 页面时所创建的静态缓存文件名为 content-1.html；第 2 条将根据 Index 控制器 index 动作创建静态缓存，当用户访问 http://tp.localhost 时，系统自动创建首页（index.html）缓存。

默认情况下静态缓存文件存放在 home/Html 目录下，通过配置参数 HTML_PATH 修改静态缓存文件存放目录。需要注意的是，开启静态缓存不仅需要正确配置 HTML_CACHE_RULES 选项，还必须开启 HTML_CACHE_ON 选项，两者缺一不可。要测试静态缓存，需要注意以下几个步骤。

- 关闭程序的调试模式，即在入口文件中设置 define("APP_DEBUG", false)，否则所有关于静态缓存的选项都将无效。
- 如果是 Linux 平台需要手动在项目根目录下创建一个名为 Html 的目录，然后赋给读写权限。
- 相应的动作中必须要有输出模板（即使用$this->display()），并创建相应的模板文件。
- 在非调试模式下，ThinkPHP 会生成预编译文件 Runtime/~runtime.php，路由规则修改后需要手动删除该文件。

静态缓存能够有效提高页面的响应速度，尤其在大型网站中更是需要使用静态缓存功能，本节简单地介绍了静态缓存规则配置，更详细的缓存功能将在本书第 10 章进行介绍，在此读者只需要理解静态缓存的作用即可。

5.3.3　路由配置

路由是 ThinkPHP 为了改善和丰富 URL 呈现方式的一种手段，能够将原本冗长难记的 URL 变得形象好记。URL_ROUTE_RULES 数组用于配置路由规则，路由规则的正确与否直接决定了 URL 请求是否成功，所以理解 URL_ROUTE_RULES 配置选项，是使用 ThinkPHP 路由功能的基础。正确配置 URL_ROUTE_RULES 后，必须开启 URL_ROUTER_ON 方可起效。下面将通过一个简单的路由规则简单演示 URL 路由功能，更详细的路由使用方式在本书 6.1.2 节将有介绍。假设现在需要将"http://tp.localhost/index.php/t/李开涌"路由到"http://tp.localhost/index.php?a=content&m=index&name=李开涌"，那么 URL_ROUTE_RULES 路由规则代码如下所示。

```
"URL_ROUTER_ON"=>true,
"URL_ROUTE_RULES"=>array(
    't/:name'  =>'Index/content' //路由到 Index 控制器下的 content 动作
),
```

在 content 动作中可以使用$_GET 获取到 name 变量的值，使用方式和标准的 PHP 代码并没有区别，如以下代码所示。

```
public function content(){
  echo $_GET["name"];
}
```

❑ 说明：ThinkPHP 2.x 在缓存及路由配置文件部署上有所不同。静态缓存及路由配置均使用单独的配置文件实现。在配置规则上，与 ThinkPHP 3.x 则保持一致。

5.4　小结

本章详细地介绍了 ThinkPHP 文件结构。ThinkPHP 3.0 使用了全新的开发模式，其中驱动与扩展是全新架构的核心设计思念，本章对 Lib 及 Extend 目录进行了深入介绍，使读者能够理解整个框架的文件部署方式。

对于普通的 PHP 开发人员而言，虽然未必需要理解整个框架的原理，但如果要实现定制功能，这些都是必须要了解的。本章内容是学习 ThinkPHP MVC 开发的入门课，所有内容都是基于理论知识的，从下一章开始将以本章内容为基础逐渐进入 MVC 开发的实战阶段。

第6章 ThinkPHP开发MVC应用

内容提要

ThinkPHP 是一款轻巧型的 MVC 开发框架，提供了所有主流框架所支持的特性，开发人员可以使用 ThinkPHP 开发出强壮而又高效的 PHP 应用。ThinkPHP 的 MVC 模式吸收了所有主流框架的特点（包括 Java、ASP.NET）提供了层次分明、设计合理的 MVC 分层设计。针对国内情况提供了 4 种 URL 模式，有效改善了用户使用体验。

本章首先介绍 URL 模式。无论在哪个框架，URL 模式都是框架的重要内容，读者需要深入掌握；最后将介绍 MVC 开发的详细步骤，通过本章学习读者将会彻底理解三大部件（Model、View、Controller）在 ThinkPHP 中的使用。

学习目标

- 了解 ThinkPHP 处理 URL 的方式。
- 掌握 ThinkPHP 控制器的使用。
- 掌握 ThinkPHP 模型器的使用。
- 掌握 ThinkPHP 视图引擎的实战应用。
- 加深对 MVC 各部件的认识。

6.1 ThinkPHP 中的 URL

6.1.1 URL 模式

ThinkPHP 共支持 4 种形式的 URL 模式，分别为普通模式、PATHINFO 模式、REWRITE 模式和兼容模式。这 4 种 URL 构成了 ThinkPHP MVC 任务请求的核心，开发人员可以通过配置文件进行指定，4 种 URL 模式根据 Web 服务器的差异，支持有所不同（有些服务器如 Nginx、lighttpd 需要读者自行配置），从目前的使用情况来看，在 Apache 中运行得最完美，开发人员不需要特别的设置均可以在 4 种 URL 中自由切换。下面分别对 4 种 URL 进行讲解。

1．普通模式

本质上 ThinkPHP 的 4 种 URL 都是由普通模式的 URL 转换而成的，普通模式是整个 URL 处理模式的基础。普通模式下的 URL 显得比较长，各参数需显式传递，过长的 URL 对搜索引擎并不友好，但是普通模式能够支持任何 Web 服务器，对开发人员而言也显得比较友好。普通模式下 URL 格式如下。

http://tp.localhost/index.php?a=index&m=index&username=ceiba

普通模式 URL 和常见的网站 URL 非常类似，它是以显式的参数作为传递方式。其中参数 a 表示控制器的动作（即模型类中的方法）；参数 m 指定控制器名称。除了需要指定这两个参数之外，开发人员可以附加更多自定义参数，附加的自定义参数在控制器动作中可以使用$_G["参数名称"]方式进行获取。如果请求的控制器和动作都为 index，那么可以省略该请求参数，格式如下。

http://tp.localhost/index.php?username=ceiba

上述 URL 的请求结果是和前面 URL 请求结果是一样的。普通 URL 模式不需要修改 Web 服务器配置，只需要修改配置文件参数 URL_MODEL=0 即可；普通的 URL 模式是早期 ThinkPHP 的默认 URL 模式，也是众多网站所使用的方式，但无论对用户还是搜索引擎都显得不友好，所以现在很少使用了。接下来将介绍另外一种比较新式的 URL 模式。

2．PATHINFO 模式

PATHINFO 模式能够提供一种简短、友好的 URL 形式，是 ThinkPHP 默认的 URL 模式。PATHINFO 模式是利用 ThinkPHP 的路由功能实现的，它的实现原理与 URLRewriter 相类似，但是 ThinkPHP 不依赖于 Web 服务器的正则，框架自身已经有一套 URL 正则处理机制，开发人员甚至不需要部署.htaccess 文件，所以 PATHINFO 能够兼容绝大多数 Web 服务器。PATHINFO 模式的 URL 格式如下。

http://tp.localhost/index.php/index/content/username/ceiba

PATHINFO 为 ThinkPHP 默认的处理模式，能够显著改善 URL 形式，提高用户体验。PATHINFO 清楚地表达 MVC 的处理过程，如图 6-1 所示。

如图中所示，在整个请求的 URL 字符串中，对于开发者而言只需要记住两项参数，即控制器（index）和 content（动作），前后顺序不能改变。其余的参数（选项）均可作为需要传递的 GET 参数，如 username/ceiba 与&username=ceiba 作用是一样的，如果需要传递更多参数，依次类推，附加上即可。

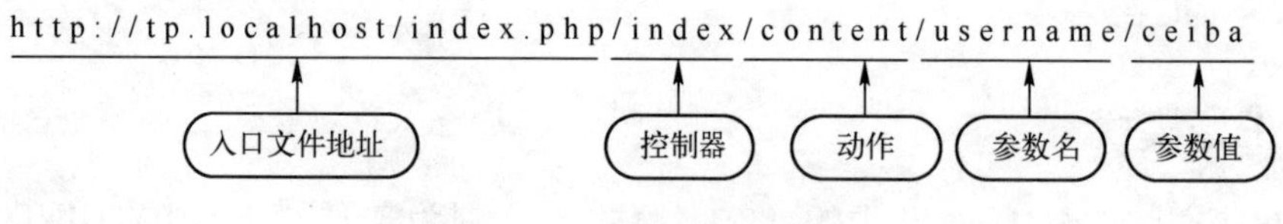

图 6-1　PATHINFO 模式

入口网址后的参数分隔符是可变的，开发人员可以通过修改 URL_PATHINFO_DEPR 配置参数实现需求，默认 URL_PATHINFO_DEPR="/"，常见的分隔符为“_”、“,”、“-”等，但不能使用“:”、“&”、“?”作为分隔符。

PATHINFO 的本质是使用 PHP 解释引擎中的$_SERVER['PATH_INFO']数组实现的，能不能使用 PATHINFO 模式还得看服务器支不支持$_SERVER['PATH_INFO']，通常情况下常见的 Web 服务器如 Apache、IIS 等都能够很好地支持。如果是反向代理一类的 Web 服务器（例如 Nginx、lighttpd），需要额外调用 CGI（详细可阅读本书附录 A）。

PATHINFO 配合服务器的 RewriteRule 功能，还可实现隐藏 index.php。在 Apache 中只需要开启 mod_rewrite 模块即可（XAMPP 开发套件已默认开启），然后配置网站中的.hessace 文件（与入口文件同级），如以下代码所示。

```
<IfModule mod_rewrite.c>
    RewriteEngine on
    RewriteCond %{REQUEST_FILENAME} !-d
    RewriteCond %{REQUEST_FILENAME} !-f
    RewriteRule ^(.*)$ index.php/$1 [QSA,PT,L]
</IfModule>
```

重启 Apache 服务器后，此时就可以使用 **http://tp.localhost/index/content/username/ceiba** 代替 **http://tp.localhost/index.php/index/content/username/ceiba** 网址了。隐藏 index.php 文件后，不仅让 URL 更加友好和简洁，同时也让 URL 更加通用。

❑ 提示：Ajax、SOAP、移动终端请求等许多应用是不支持 PATHINFO 模式的，甚至不支持普通的模式，这时使用隐藏 index.php 文件后的 PATHINFO 模式，能够让 URL 被任何类型的应用调用（因为会被解释成目录）。

3. REWRITE 模式

REWRITE 模式就是 URL 重写规则，它能够完全实现 PATHINFO 模式的所有功能，还能够利用服务器的 URL 重写功能，实现更完善的 URL 模式。REWRITE 不使用 PHP 的 PATCHINO 功能，能不能支持 REWRITE 模式关键要看服务器支不支持 RewriteRule 功能（绝大多数都是支持的）。REWRITE 模式需要读者额外熟悉 Web 服务器的各项配置，这不是本书的重点。以下.htaccess 文件代码为笔者常用的 REWRITE 配置，它能够模拟基本的 PATHINFO。

```
<IfModule mod_rewrite.c>
   RewriteEngine on
   RewriteCond %{REQUEST_FILENAME} !-d
   RewriteCond %{REQUEST_FILENAME} !-f
```

```
    RewriteRule ^(.*)$ index.php/$1 [QSA,PT,L]
</IfModule>
```

4．兼容模式

普通模式能够保证网站在所有支持 PHP 的 Web 服务器下正常运行，但是由于用户体验差，对搜索引擎不友好已经很少被采用了；而 PATHINFO 模式虽然有效地改善了 URL 形式，提高了用户体验，是所有 MVC 框架所采用的主流方式，但由于受限于一些服务器，PATHINFO 并不能完美地让项目适用于任意场景，所以 ThinkPHP 提供了 URL 兼容模式。兼容模式能够让普通模式与 PATHINFO 模式互相切换，对开发者而言整个项目不需要修改代码，ThinkPHP 可以智能地处理普通模式与 PATHINFO 模式之间的切换。兼容模式的 URL 表现形式如下所示。

http://tp.localhost/index.php/?s=/index/content/username/ceiba/

兼容模式结合了普通模式和 PATHINFO 的特点，在表现形式上是一种折中的方案，并不是好的 MVC URL 模式，它的最大好处就是能够确保网站运行在任何 Web 服务器。

事实上兼容模式本质上还是普通模式，它由参数 s 传递 MVC 所需要的参数（s 参数后的分隔符由 URL_PATHINFO_DEPR 配置项指定），一般用于开发阶段的调试。要启用兼容模式，只需要修改配置项'URL_MODEL'=>3 即可。

上述 4 种 URL 模式读者可根据需要进行选择，但无论是从用户体验还是对搜索引擎友好考虑，笔者都建议使用 PATHINFO 或 REWRITE 模式。如果需要做成全兼容的网站（如供第三方调用的接口、SOAP 等）还需要隐藏入口文件（当然接来下要介绍的 URL 路由也是一种解决方案），为了便于讲解，统一规范，如无额外说明，本书后面的所有内容都将使用 PATHINFO 作为 URL 请求模式。

6.1.2　URL 路由

使用 MVC 的好处之一就是能够提供可定制化的 URL 形式，其中路由功能是 MVC 框架中最常见的功能。ThinkPHP 提供了完善的 URL 路由功能，能够实现高度可定制的 URL 形式。在 ThinkPHP 3.0 中，URL 路由规则使用 URL_ROUTE_RULES 数组进行配置；而在 ThinkPHP 2.x 中使用的是 routes.php 配置文件，这点需要注意。下面为了便于讲解，将以 URL“**http://tp.localhost/index.php/t/李开涌**”路由到“**http://tp.localhost/index.php?a=content&m=index&name=李开涌&email=kf@86055.com**”为示例，详细介绍 ThinkPHP 提供的几种路由规则形式（所有路由规则都是基于项目不分组的，即多入口文件模式）。

1．键对值形式

格式：'路由规则'=>'[模块/操作]?额外参数 1=值 1&额外参数 2=值 2...'

```
"URL_ROUTE_RULES"=>array(
     't/:name'  =>'Index/content?email=kf@86055.com'
),
```

键值对形式的路由规则容量比较小，它是以关联数据作为配置规则。其中 t/:name 表示路由规则，路由规则决定了 URL 表现的形式；Index/content 表示路由的目标，Index 表示控制器名称，content 表示控制器动作，顺序不能相反。t 后的分隔符“/”表示一个路由匹配的结束，它与 Index/content 进行呼应。

2. 键对数组形式

格式：'路由规则'=>array('[模块/操作]','额外参数 1=值 1&额外参数 2=值 2...')

```
"URL_ROUTE_RULES"=>array(
    't/:name'  =>array("Index/content","email=kf@86055.com"),
),
```

键对数组形式和键对值形式是类似的，不同的是路由目标的形式使用的一个关联数组。可见，键对数组形式无论是格式上还是容量上都比单一的键对值形式要灵活。

3. 跳转形式

格式：'路由规则'=>'外部地址'

```
' t'=>'http://tp.localhost/index.php?a=content&m=index&name=李开涌&email=kf@86055.com'
```

跳转形式的路由规则形式就是一个页面跳转，在实际应用开发中的意义不大。外部地址是一个字符串，可以是任何有效的 URL 地址。

4. 重定向跳转

格式：'路由规则'=>array('外部地址','重定向代码')

```
't'=>array('http://tp.localhost/index.php?a=content&m=index&name=李开涌
&email=kf@86055.com','HTTP/1.1 301 Moved Permanently')
```

重定向跳转是普通跳转模式的增强模式，它在跳转到外（内）部地址时还会向浏览器头部（header）输出额外信息。例如搜索引擎对于普通的跳转是不会索引的，但在跳转时给浏览器的头部附加上“HTTP/1.1 301 Moved Permanently”信息，此时搜索引擎就认为该链接是一条正常的数据链接，会按正常的程序进行索引。常用的浏览器头部信息有 301、302 等。

上述 4 种路由形式中，主要使用的是第 1 和第 2 种。这里还需要深入理解路由规则，所谓的路由规则就是与浏览器相配对的参数，在浏览器中呈现的参数可以有若干个，但一条路由规则只对应一个参数。

在没有使用路由之前的传统 MVC 控制流程中，无论哪种 URL 模式都必须要显式地给出控制器名称和动作名称（index 除外，PATHINFO 使用参数位置表示）。但使用 URL 路由之后，控制器和控制器动作都可以取消了，开发人员可以使用任何一个字符（包括中文）代替控制器和动作名称，这在主流的大型网站中是非常多见的，例如新浪微博、facebook 等。

URL 路由并不一定需要 MVC 框架才能实现，事实上使用普通的 PHP 来做 URL 路由在超大并发的环境下也不是很理想。URL 路由完全可以使用 Web 服务器的重写功能来实现，但无论是复杂度还是灵活性都不是一般的 PHP 程序员所能接受的，ThinkPHP 提供的路由处理机制简化了路由配置流程，降低了门槛，使得网站应用开发人员更专注于业务逻辑。

现在再回过头来看前面的路由规则形式。“t/:name”是一种动态写法，“:”表示的是一个可接收的变量，如果不使用“:”则不是变量，而是一个固定的字符串；“name”表示变量名称，它与 URL 字符串“t/”后面的参数进行配对。变量是可以加限制符的，限制符以正则表示式中的匹配符号作为条件，例如限制变量 name 只能接收纯数字，代码如下。

```
"URL_ROUTE_RULES"=>array(
    't/:name\d'  =>array("Index/content","email=kf@86055.com"),
),
```

加入限制符以后，在 content 动作中使用$_G[“name”]进行接收，就再也获取不到传参值了，因为“李开涌”并非为数字。读者可以尝试改成数字进行验证。

路由规则不仅能够使用限制字符，还能够使用排除字符。同样，排除字符使用“^”符

号进行定义，多个排除字符使用“|”隔开，如以下代码所示。

```
"URL_ROUTE_RULES"=>array(
    't/:name^add|edit|delete'  =>array("Index/content","email=kf@86055.com"),
),
```

如上述代码所示，使用排除字符之后，在浏览器中输入“t/add”、“edit”、“delete”字符都将被过滤，在 content 动作中将不能接收到这些参数值。

在以上几个示例中，路由名称“t”都是固定的，它必须要与浏览器地址中的 t 进行对应。使用 Web 服务器 URL 重写大多数都是使用正则来实现路由功能的。同样，在 ThinkPHP 中路由名称也是支持正则匹配的，使用正则匹配后显得更加灵活，只要 URL 请求字符串符合定义的正则，ThinkPHP 就可以将相应的地址路由到目标地址中，如以下代码所示。

```
"URL_ROUTE_RULES"=>array(
    '^/t\/.*?$/'  =>array("Index/content","email=kf@86055.com"),
),
```

使用正则后，控制器、动作、参数都可以在一条正则中进行配对。使用正则表达式，可以实现任何形式的 URL，它的灵活性是最高的，但需要读者额外熟悉正则表达式（正则表达式并非 PHP 特有的功能，它是一套规范，在 JavaScript 等许多脚本中应用得很广泛，MVC 框架本身就是利用了大量正则来进行 MVC 控制的）。

6.1.3　自动生成匹配的 URL

ThinkPHP 提供了 4 种 URL 模式，在实际应用开发中也许会使用多种模式进行切换。这样一来就必须面对一个问题，假设开发者使用 PATHINFO 作为项目的 URL 模式，但是在真实的生产环境中发现服务器并不支持 PATHINFO，这时原先在模板中写好的链接（例如静态资源链接、栏目之间的导航链接等）将找不到相应的资源，只能重新改动模板，工作量是非常大的。ThinkPHP 提供 U 函数，可以让 URL 在 4 种模式中自由切换，而模板并不需要改动任何代码。

U 函数的格式为：**U('[分组/控制器/操作]?参数' [,'参数','伪静态后缀','是否跳转','显示域名'])**，其中分组指的是项目分组，如果不使用项目分组则不需要填写；？后面的字符串是需要生成的参数，为了代码简洁，可以使用数组存放。U 函数支持 URL 路由，下面将分别介绍。

假设我们需要让“http://tp.localhost/index.php/index/content/username/ceiba”URL 能够在 4 种 URL 模式下运行，那么可以使用函数 U 生成，如下所示。

U("Index/content?username=ceiba")

参数“username”可以使用数组存放，如下所示。

U("Index/content",array("username"=>"ceiba"));

和其他配置文件一样，配置 URL 参数也是使用关联数组，如果有多对参数需要生成，则填写相应的数组项即可。数组中的键值对和 URL 字符串中的参数与参数值是相对应的，最终上述 URL 在 4 种 URL 模式中的表现形式如下。

（1）普通模式

http://tp.localhost/index.php?m=index&a=content&username=ceiba

（2）PATHINFO 模式

http://tp.localhost/index.php/index/content/username/ceiba

（3）REWRITE 模式

http://tp.localhost/index/content/username/ceiba

或者

http://tp.localhost/index.php/index/content/username_ceiba.html

（4）兼容模式

http://tp.localhost/index.php?s=/content/username/ceiba

在生成 URL 参数时，可以使用数据库中的信息作为参数值。关于数据库的使用方式将在第 7 章进行介绍，在此读者只需要了解即可。生成 URL 后，界面设计人员可以在视图中进行获取了（为了便于管理，建议将 URL 统一生成一个数组，在视图中使用数组下标的方式获取），如以下代码所示。

```
public function index(){
    $url["index_content_url"]=U("Index/content",array("username"=>"ceiba"));
    $url["index_user_url"]=U("Index/user?id=1");
    $this->assign("urls".$url);
}
```

同样，U 函数能够完全支持 URL 路由的生成，但在实际应用开发中该功能使用得比较少，因为 URL 路由严格意义上来讲只是一个 URL 的别名，它的表现形式都已经固定不需要切换，没必要使用 PHP 代码生成。使用 U 函数生成 URL 的格式如下。

路由规则：'news/:id|d'=>'News/read' 生成格式：U（'/news/1'）

URL 生成不是必需的，它的功能只是为了让 URL 能够在 4 种 URL 模式中更容易切换，但事实上在真实的项目开发中，生产环境都是固定的，选定一种 URL 模式后较少改动。

6.1.4 实现文件伪静态

REWRITE 本身提供了使用文件进行静态化处理的功能，使用 U 函数可以方便地生成相应的 URL，但由于需要按照 ThinkPHP 内置的规则进行生成，所以灵活性受到一些限制。如果项目已经确定了一种 URL 形式，那么完全可以抛开 ThinkPHP 的 URL 模式，使用 Web 服务器的重写功能实现更简单的定制需求。例如新闻网站多数都是静态化的，在 ThinkPHP 中可以使用静态缓存来达到静态化的目的，然后配置 URL 重写规则功能即可，如以下.htaccess 文件代码如示。

```
<IfModule mod_rewrite.c>
RewriteEngine on
RewriteCond %{REQUEST_FILENAME} !-d
RewriteCond %{REQUEST_FILENAME} !-f
RewriteRule ^(.*)$ index.php/$1 [QSA,PT,L]
RewriteRule ([p]{1,})/([a-zA-Z,0-9]{1,})\.html$ content/index/id/$2
RewriteRule ([c]{1,})/([a-zA-Z,0-9]{1,})\.html$ column/index/id/$2
RewriteRule ([c]{1,})/([a-zA-Z,0-9]{1,})-([a-zA-Z,0-9]{1,})\.html$ column/index/id/$2/p/$3
RewriteRule ([u]{1,})-([a-zA-Z,0-9]{1,})$ user.php/UserOperation/WeiBo_Login/ac/$2
RewriteRule ([u]{1,})-([a-zA-Z,0-9]{1,})/$ user.php/UserOperation/WeiBo_Login/ac/$2
</IfModule>
```

配置完成 URL 重写规则之后，可以直接在视图中使用重写后的 URL。使用服务器的 URL 重写功能可以很好地实现 URL 静态化，结合 Varnish、Squid 等缓存服务器，能够实现性能更高的 PHP 动态网站，这在超大型网站中是经常使用的技术方案。

6.2　模型（Model）

在 ThinkPHP 中模型共有两种。一种指的是 Model 基类本身，称为数据库模型类；另一种指的是继承于 Model 基类的自定义类，称为自定义模型。两种模型可以混合使用，但数据库模型也可以直接在控制器中调用，不需要自定义模型。而自定义模型通常是为了增强数据库模型功能（也可当成普通的功能类使用），由于数据库模型涉及较多的内容，本书将使用一章的篇幅进行讲解，下面首先对自定义模型进行介绍。

6.2.1　创建模型

关于模型的细节在前面的内容中已经有过介绍，在此就不重复叙述。ThinkPHP 的基础模型类名为 Model，该类定义了操作数据库的常用方法，继承于 Model 类的 PHP 类称为自定义模型。在其他一些 MVC 框架中，模型被映射成一张数据表，但在 ThinkPHP 中模型并非一定要映射为一张数据表，它更像是控制器的中间件，这层中间件能够操作数据库、读写文件、数据转换等。ThinkPHP 对模型的定义不太严格，对中小型的团队开发而言，这种 MVC 处理方式是高效和灵活的，开发人员可以像使用 PHP 普通类一样调用模型，下面将介绍怎样创建一个正确的自定义模型类。

在 home/Lib/Model 目录下创建一个 PHP 文件，并命名为 UserModel.class.php，打开该文件，创建一个 PHP 类，命名为 UserModel，并使该类继承于 Model 类。这样，UserModel.class.php 就是一个标准的 ThinkPHP 项目模型文件。为了便于讲解，现在需要让该模型返回一些数据，代码如下。

```
<?php
class UserModel extends Model{
	/**
	 * 提供数据
	 * Enter description here ...
	 */
	protected function userData(){
		return array(
			"1"=>array(
				"姓名"=>"李开涌",
				"性别"=>"男",
				"邮箱"=>"kf@86055.com",
				"爱好"=>"读书"
			),
			"2"=>array(
				"姓名"=>"李明",
				"性别"=>"男",
				"邮箱"=>"ceiba_@126.com",
				"爱好"=>"上网"
			),
```

```
        );
    }
    /**
     * 返回数据
     * Enter description here ...
     * @param unknown_type $userId
     */
    public function infoData($userId=null){
        if (empty($userId)){
            return $this->userData();
        }else{
            $array=$this->userData();
            return $array[$userId];
        }
    }
}
?>
```

上述类文件代码中共有两种方法。userData 方法用于存放用户数据，在实际应用开发中这些数据可以在数据库、NOSQL 或者文本文件中获取，这里为了方便讲解，只使用 PHP 数组存放用户数据；infoData 方法将根据参数 userId 返回相应的用户数据。其中 infoData 使用了 public 修饰符，表示该方法是公开可调用的，而 userData 方法使用 protected 修饰符，限制了该方法只能在本模型内使用。通过前面的介绍，可见模型与常见的 PHP 类非常类似，如果读者不习惯模型这一称呼，不妨暂时可以理解为项目类。虽然如此，模型与标准的 PHP 类还是有些不同的，在一些应用场合下两者不能混为一谈，在自定义模型时需要注意以下事项。

- 模型的文件命名规则必须要严格按照“模型名+Model+.class.php”的方式进行命名。
- 模型名称首字母必须为大写，后缀名称.class.php 不能写成.php。
- 模型类必须继承于 Model（或者 AdModel）类，该类是一个实例类，自定义的模型类也必须为实例类（不能定义为抽象类、静态类等）。
- 虽然在 ThinkPHP 中模型未必要与数据库中的数据表进行映射，但事实上模型都是用于处理数据库信息的，所以应该让模型名与数据表名相对应。
- 项目中自定义的模型应尽量避免互相继承。
- 模型类不能使用构造函数。
- 模型类方法尽量避免使用静态方法。

6.2.2 实例化模型

模型本质上是一个实例类，该类封装了操作数据库的常见方法，模型一旦被实例化，意味着开始链接数据库。前面已经介绍过，ThinkPHP 不强制自定义模型与数据表进行映射，开发人员完全可以当成一个普通的类文件来使用，所以使用 new 方式也是没任何问题的。为了简单操作，ThinkPHP 还提供了 3 种方式快速实例化模型，如下所示。

- new Model(‘数据表名’)，使用传统的 new 方式实例化 Model 基类，该类封装了操作数据库的常见方法。需要注意的是 new 方式不能实例化自定义的模型。
- M(name='',class='Model')，快捷函数实例化模型。参数 name 表示数据表名称，class

表示自定模型类。M 函数可以在初始化数据表后再实例化一个自定义的模型类。

- D(name='',app='')，D 函数专门用于实例化自定义模型，参数 name 表示模型名(不需要 Model.class.php)；app 表示项目名称，如果调用跨项目的自定义模型，那么该参数是必需的，为空时则表示当前项目。

关于怎样使用 Model 基类进行数据库操作，在本书第 7 章将有深入的介绍，在此读者只需要理解该类的作用即可。继续以前面的内容为例，如果现在需要实例化 UserModel 类，那么正确的实例化方式如以下代码所示。

```
public function index(){
    $user=D("User");
    $rows=$user->infoData(1);
    var_dump($rows);//输出调用结果
}
```

M 函数同样可以实例化自定义模型，但该函数必须先初始化数据库，然后才能实例化自定义模型类，如以下代码所示。

```
public function index(){
    $user=M("User","UserModel");
    $rows=$user->infoData(1);
    var_dump($rows);
}
```

M 函数可以方便地进行数据库操作。利用自定义模型能够实现更复杂的数据库操作。M 函数的第 1 个参数表示数据表名，不能为空；第 2 个参数为自定义模型类，如果载入自定义模型，该模型类必须位于当前项目。

- 提示：ThinkPHP 框架使用的是单入口文件方式，并且强制使用类文件自动载入机制，所以在所有的 MVC 开发中均不需要开发者手动引入类文件。

6.2.3　模型初始化（_initialize()）

在实际应用开发中经常需要初始化一些全局接口。例如网站的会员系统，在访客进入会员系统前一般都需要判断该用户的权限、级别，以便于系统分配相应的功能；再比如一些第三方扩展类，在调用自定模型之前都需要初始化。在标准的 PHP 类设计中，通常开发人员会在构造函数中完成这些初始化的操作。但在 ThinkPHP 自定义模型类中，并不允许使用构造函数，只提供了_initialize()方法，该方法拥有最高的优先级，所有的自定义类只要存在_initialize()方法，就会首先运行该方法。如以下代码所示。

```
Public function _initialize(){
   // 初始化的时候检查用户权限
   $this->checkRbac();
}
```

_initialize()不仅可以运行在自定义模型中，还可以在控制器中使用，得到的效果也是一样的。利用_initialize()方法可以方便地对自定义类进行初始化，ThinkPHP 内置的许多扩展也是使用_initialize()来实现的，在后面的内容中将会经常使用到_initialize()方法。

6.3 控制器（Controller）

控制器负责 MVC 的任务请求、分派、数据转换等操作，最后将结果输出给视图，完成整个 MVC 的请求流程。控制器是整个 MVC 处理流程中最重要的环境，在 ThinkPHP 中将控制器称为模块，之所以称之为模块是因为控制器在 URL 中并没有具体的呈现，用户看到的网页是控制器里面的动作（Action），一个动作通常对应一个网页，而一个控制器可以包含若干个动作，事实上无论称为模块、频道或栏目等都是为了助记，只要该类遵循文件命名规范，并继承于 Action 类，在 MVC 开发中都是指控制器。

6.3.1 创建控制器

创建一个控制器大体上可分为两个步骤，分别为控制器类体本身以及控制器动作。所谓的控制器动作就是类体中的方法。在控制器中，公开为 public 的方法都可作为动作，否则只能当成成员方法使用。控制器文件位于 Lib/Action 目录下，一个最简单控制器只需要继承于 Action 基类即可，如以下代码所示。

```
<?php
class UserAction extends Action {
   public function index(){
         //逻辑代码
   }
?>
```

在 ThinkPHP 中，控制器类名都是带 Action 后缀修饰符的，控制器名称一定程度上决定了 URL 的访问方式。创建控制器需要遵循的原则如下。

- 默认情况下，ThinkPHP 对控制器的访问是区分大小写的，但是控制器的类名首字母必须大写，为了使 URL 更友好，可以在配置项中将 URL_CASE_INSENSITIVE 设置为 true，关闭大小写检测。
- 一个项目通常需要一个公共的控制器，以利于代码重用，如果所有的控制器都继承于 Action 基类，那么当需要深入改动时只能改动 Action 基类，这是不现实的。理想的做法是在一个项目中创建一个公共控制器（如 PublicAction），然后让公共控制器类继承于 Action 基类，在创建自定义控制器时继承于公共控制器类，实现代码的高效重用，尤其在一些需要做权限的项目中（例如会员系统、后台管理等），更需要有一个掌控全局的控制器。

6.3.2 控制器中的动作（Action）

动作是控制器的具体行为，一个没有动作的控制器是没任何意义的。任何需要输出到视图中的数据都必须由动作完成。默认情况下，ThinkPHP 会生成 Index 控制器和 Index 动作，在动作中只需要成功提示信息，如以下代码所示。

```
<?php
// 本类由系统自动生成，仅供测试用途
class IndexAction extends Action {
```

```
        public function index(){
            header("Content-Type:text/html; charset=utf-8");
            echo '<div style="font-weight:normal;color:blue;float:left;width:345px;text-align:center;border:1px solid silver;background:#E8EFFF;padding:8px;font-size:14px;font-family:Tahoma">^_^ Hello,欢迎使用<span style="font-weight:bold;color:red">ThinkPHP</span></div>';
        }
    }
```

默认生成的 index 动作是没有任何意义的。使用过 Symfony 或者 CakePHP 等框架的读者，也许已经感觉到了 ThinkPHP 对动作处理的灵活性。ThinkPHP 的动作和一个普通的 PHP 类方法并没有多大区别，它能够直接输出信息，不需要借助模板，也不需要分配变量，开发人员可以使用标准的 PHP 代码输出 HTML 等信息（Action 类也提供了 show 方法用于直接输出）。

尽管 ThinkPHP 允许直接在动作中输出信息，但这并不是一个好的编程方式。动作的设计原则是用来做逻辑运算，所以应尽量避免在动作中混入 HTML 等非 PHP 代码，Action 基类本身提供了 display 方法，用于结果输出。如以下代码所示。

```
<?php
class IndexAction extends Action {
    public function index(){
     $this->assign("data","欢迎使用 ThinkPHP");
     $this->display();
    }
?>
```

display 是 View 视图引擎中一个好用和高效的成员方法，在 Action 类中已经对 display 进行了封装，使得 display 能够智能地解释当前动作视图模板，并将 PHP 变量、数组等信息输出到目标文件中。display 支持 3 种高效的模板处理方式，下面分别进行介绍。

1．调用当前控制器其他动作模板

默认情况下，display 会查找当前动作对应的模板，当然也可以手动指定需要解释的模板，如以下代码所示。

```
<?php
class IndexAction extends Action {
    public function index(){
     $this->assign("data","欢迎使用 ThinkPHP");
       $this->display("home");
    }
    public function home(){
       $this->display()
    }
?>
```

手动指定视图模板时只需要模板名称，不需要模板文件后缀（默认情况下所有的模板文件都是以.html 作为后缀）。上述代码使用 home 模板，该模板必须位于当前控制器模板目录中（即 Tpl/Index/home.html）。通过这种方式可以实现访问不同动作呈现相同模板，但不同结果的效果，所以 home.html 文件也是可选的。

2．调用其他控制器动作模板

在 ThinkPHP 模板方案中，一个控制器对应的模板方案就是一个分类（即一个文件夹），由于跨控制器调用就意味着跨文件夹读取模板。所以在使用 display 解释模板时，需要

使用“:”分隔符，才能跨文件夹解释，如以下代码所示。

```
public function index(){
    $this->assign("data","欢迎使用 ThinkPHP");
    if (empty(cookie("usernames"))){
        $this->display("User:control");
    }else{
        $this->display();
    }
}
```

这里所指的其他控制器是指当前项目下的控制器，如果存在多个项目，虽然 display 也能够支持跨项目调用，但这会造成项目结构的混乱，降低代码可读性，所以并不建议跨项目调用。

3. 直接输出模板文件

display 还能够支持直接输出一个静态文件，直接输出文件不受 ThinkPHP 内置的模板目录处理方式限制，只要给出相应的模板文件路径，display 就能够将该文件进行解释。需要注意的是，直接输出模板中的文件必须为当前网站内的文件，而不能是远程文件，如以下代码所示。

```
public function head(){
    $this->display("./Public/html/head.html");
}
```

通过前面的内容介绍，可以看到 display 足够灵活和强大，能够满足多数项目开发的需求。Display 不仅能够支持输出 HTML 网页，通过第 3 个参数还能够输出 XML、WML 等文件，如以下代码所示。

```
$this->display('index','utf-8','text/xml');
```

6.3.3 控制器的调用

在 ThinkPHP 中，控制器是允许互相调用的。大体上可分为两种调用方式：一种为当前项目控制之间的调用；另一种为跨项目的控制器调用。被调用的控制器在初始化后，就可以当成一个实例类来使用。为了便于使用，系统还提供 2 个快捷函数处理控制器的调用，下面结合示例代码分别介绍这 2 个快捷函数的使用方式。

1. A 函数

A 函数用于实例化控制器，它的作用相当于 new，A 函数不仅支持调用本项目内的控制器，还支持跨项目调用控制器，如以下代码所示。

```
class IndexAction extends Action {
    public function test(){
      $obj=A("Member");
      $obj->user();
    }
    }
?>
```

如上述代码所示，A("Member")表示实例化本项目中的 Member 控制器；然后调用 Member 控制器中的 user 方法，该方法代码如下所示。

```
<?php
class MemberAction extends Action{
    public function user(){
```

```
            $this->assign("user","ceiba");
            $this->display();
        }
    ?>
```

控制器被实例化后得到的是实例对象，如果运行上面代码，假设当前模板分类中没有 test.html（即 Tpl/Index/test.html）那么系统将会抛出错误。因为在 user 方法中使用了$this->display()，这就意味着在当前动作（test 动作）中输出模板（因为此处的 user 动作已被实例化，所以 user 并不能作为动作，而是作为类方法）。

如果需要调用的控制器不在当前项目下，那么需要使用“://”分隔符。此外，如果项目使用模块分组方式，需要在控制器前加上“/”分隔符，跨项目控制器的调用方式如以下代码所示。

```
class IndexAction extends Action {
   public function test(){
      $obj=A("Admin://Member");
      $obj->index();
   }
}
?>
```

2．R 函数

A 函数只是负责调用控制器（实例化类），R 函数提供更加简洁的操作。R 函数可以在调用控制器时指定调用方法（动作），简化了操作步骤。R 函数的使用格式如下。

R('[项目名://][分组名/]模块名/操作名',array('参数 1','参数 2'…))

下面将使用示例代码，演示 R 函数的使用。

```
class IndexAction extends Action {
   public function test(){
      R("Member/user");
   }
}
?>
```

如上述代码所示，表示实例化当前项目 Member 控制器，然后调用该控制器下 user 动作。如果需要调用跨项目的控制器，需要在控制器前加上“://”分隔符，如以下代码所示。

```
class IndexAction extends Action {
   public function test(){
      R("Admin://Member/user");
   }
}
?>
```

上述代码表示实例化 Admin 项目下的 Member 控制器，然后调用 user 动作。如果使用模块分组方式部署应用，那么需要在控制器前加上“/”分隔符。

6.3.4　项目空控制器与控制器空动作

在一些网站中，我们经常看到当访问一些不存在或者过期的网页时，就会弹出友好的提示说明。这是利用 Web 服务器的 404 错误处理机制实现的，所有主流的 Web 服务器都提供了这项功能。在 ThinkPHP 中，开发人员还可以利用空控制器与空动作实现错误 404 的功能。不仅如此，空控制器与空动作更加灵活，因为它也是一个真实的实例类和方法，能够实现 MVC 所有的功能，例如在错误出现时可以将错误信息插入数据库，提供个性化的提示等。

当然，空控制器与空动作是不能代替服务器的错误页面处理机制的。空控制器与空动作只能处理 MVC 框架内的页面，不能处理框架之外的页面。空控制器与空动作不能处理 URL REWRITE 自定义格式的页面。下面在将分别介绍空控制器与空动作。

1．空控制器

当用户所访问的 URL 不存在需要访问的控制器时，空控制器就派上用场了。假设用户访问的 URL 为 http://tp.localhost/index.php/bbs，但该项目内并不存在 BbsAction 控制器，那么系统将会给出错误提示，如图 6-2 所示。

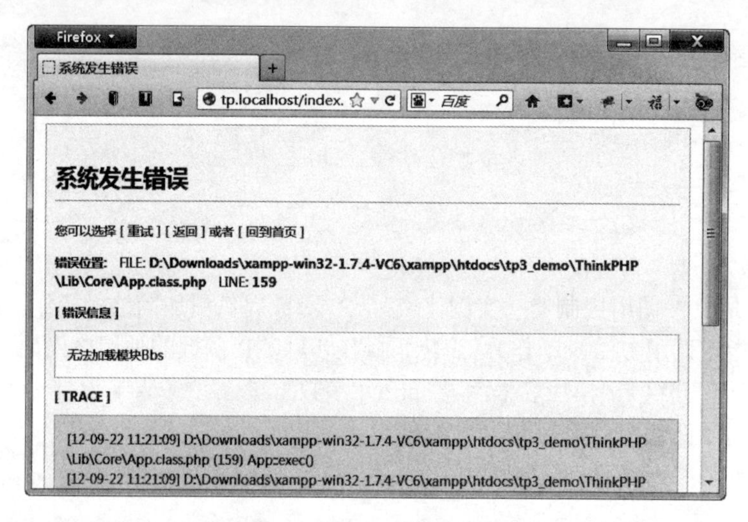

图 6-2　控制器不存在提示

需要注意的是，在调试时务必开启调试模式（即在入口文件中定义 define("APP_DEBUG", true)），否则只会呈现一片空白。如图 6-2 所示，信息提示 Bbs 模块（控制器）并不存在，项目停止执行。接下来在项目 Lib/Action 目录下创建 EmptyAction.class.php 控制器类文件，如以下代码所示。

```
<?php
class EmptyAction extends Action{
    public function index(){
        $this->assign("msg","你所查看的栏目已经不存在");
        $this->display("./Public/html/error.html");
    }
    //空控制器类方法
    protected function check_user(){

    }
    //..更多空控制器类方法
}
?>
```

再次访问 http://tp.localhost/index.php/bbs 网址，系统将会直接调用 Empty 控制器。开发人员完全可以在空控制器中定义更多的私有成员方法，实现功能强大的自定义 404 信息提示。

2. 空动作

空动作（_emtpy）与空控制器一样，都是系统为了避免 URL 异常而设计的。与空控制器定位到栏目（分类）不一样，空动作将定位到具体的页面，比如用户需要访问 http://tp.localhost/index/user.htm（使用 REWRITE URL 模式，相当于 http://tp.localhost/index.php/index/user）。但 Index 控制器中并不存在 user 动作，那么只需要在 Index 控制器中加入空动作，系统就会把_emtpy 动作代替 user 动作。如以下代码所示。

```
<?php
// 本类由系统自动生成，仅供测试用途
class IndexAction extends Action {
    public function _emtpy(){
        $this->assign("msg","你所查看的页面并不存在");
        $this->display("./Public/html/error.html");
    }
?>
```

6.3.5　动作的前后操作

通常情况下，用户访问控制器动作时，系统会直接调用动作，然后由 display 方法输出模板。这个过程是顺序执行的，开发人员需要在执行动作之前或者执行完动作之后嵌入一些额外功能代码，只能在动作中，按照由上到下的顺序进行添加。ThinkPHP 对控制器的解释顺序引入了动作前置（_before_）和后置（_after_）方法，使得添加前置代码和后置代码变得简单、直观。

前置方法格式如下。

```
_before_动作名
```

后置方法格式如下

```
_after_动作名
```

下面通过示例代码，演示动作前置方法和后置方法的使用。

```
<?php
class IndexAction extends Action {
    public function _before_index(){
        echo "前操作";
    }
    public function _after_index(){
        echo "后操作";
    }
    public function index(){
      $this->assign("data","欢迎使用 ThinkPHP");
      $this->display();
    }
?>
```

前后动作的顺序与运行的顺序无关。如上述代码所示，系统在调用 index 动作之前会首先运行_before_index 方法；然后再运行 index 动作；最后才到_after_index 方法。

需要注意的是，在_before_index 前置方法中如果使用 exit、$this->success 等中断语句，那么_after_index 后置方法将不会再执行，但 index 动作不受影响。前置方法和后置方法都可以使用$this->display()输出模板，但通常情况下前置和后置方法都是用来辅助 index 动作运算的，所以应该尽量避免输出 html 等代码。

6.4 视图（View）

评价一个网站的好坏，最直观的印象莫过于网页的视觉效果了。MVC 设计模式中最核心的概念就是视图与逻辑分离，本节将会介绍 ThinkPHP 内置的视图引擎，熟悉框架的视图处理方式，将能够有效提高设计人员和开发人员的工作效率。

6.4.1 创建和使用视图

视图，通俗地讲就是网页。视图的呈现需要视图引擎来运算，在主流的 PHP MVC 框架中都有各自的视图解释引擎，最常见的是使用标准的 PHP 来解释，还有 XML、XHML、Smarty、TagLib 等。对于 Smarty，相信接触过 PHP 的读者都已经有所了解，这里需要重点理解 TagLib 及 XML 解释方式。ThinkPHP 的模板引擎高效之处在于灵活的视图标签，熟悉这些标签的使用方式将能够提高视图模板的设计水平。接下来将从基本的创建视图开始，然后深入介绍默认视图引擎的使用。创建一个视图可分为以下几个步骤。

首先确定视图模板的分类及模板的存放位置，例如 Tpl/Index/index.html，其中 Index 对应控制器；index.html 对应控制器方法。如果使用模块分组的方式，需要在 Index 目录前加上对应的分组名称目录。系统通过 DEFAULT_THEME 配置项指定项目视图模板的主题，默认为空主题。应用多主题的好处是可以方便地在网站中应用多种模板。打开 index.html，代码如下所示。

```
<html>
<head>
<meta http-equiv="Content-Type" content="text/html; charset=UTF-8">
<title>{$title}</title>
</head>
<body>
<h1>这是一个测试</h1>
</body>
</html>
```

上述代码中，在视图模板中使用了变量{$title}，该变量的值由控制器方法提供。需要注意的是，使用默认的{$}边界符，在视图模板中使用 JavaScript 等脚本时，有可能造成冲突。安全起见，这里需要将默认的变量符号改成<!--{$}-->，Conf/config.php 配置信息如下。

```
<?php
return array(
   'TMPL_L_DELIM'         => '<!--{',
   'TMPL_R_DELIM'         => '}-->',
);
?>
```

读者可以根据需要进行修改，另外建议将边界符配置放到全局配置文件中。本书后面的章节内容中均使用该配置信息，在此予以说明。此时 index.html 模板代码如下所示。

```
<html>
<head>
<title><!--{$title}--></title>
</head>
```

```
<body>
<h1>这是一个测试</h1>
</body>
</html>
```

最后，需要在控制器方法中使用 assign 为变量赋值，如以下代码所示。

```
public function index(){
$this->assign("title","欢迎进入首页");
}
```

assign 是默认视图引擎的一个实例方法，该方法用于分配变量，变量的值可以是 PHP 支持的数组、对象或者 PHP 变量。ThinkPHP 内置了多种视图引擎，在默认情况下系统会使用内置的视图引擎，如果使用第三方的视图引擎，变量的分配方式会有所不同。

视图引擎的最终运行结果将转换成标准的 PHP，<!—{}-->边界符也会被解释成标准的 PHP 变量，如以下代码所示。

```
<?php if (!defined('THINK_PATH')) exit();?><html>
<head>
<meta http-equiv="Content-Type" content="text/html; charset=UTF-8">
<title><?php echo ($title); ?></title>
</head>
<body>
<h1>这是一个测试</h1>
</body>
</html>
```

ThinkPHP 默认的视图引擎支持标准的 PHP 代码。如果使用 PHP 代码，模板标签的转换步骤将省略，从而在一定程度上提高性能。要启用 PHP 代码解释，需要修改配置项 TMPL_DENY_PHP 值为 false 或者'TMPL_ENGINE_TYPE' =>'PHP'。

6.4.2　系统变量与常量

前面介绍了自定义变量的分配和使用，ThinkPHP 框架本身提供了非常多的变量和常量，在模板中使用这些内置变量和常量，能够有效提高开发效率。下面将分别进行介绍。

1. 系统变量

系统变量是框架内置的变量，并已经被赋值。开发人员在模板中调用时只能查看或使用变量值，而不能修改变量值。调用系统变量与调用自定义变量不同，调用系统变量需要使用 $Think 关键字，如<!—{$Think.get.username}-->表示使用 GET 变量接收 URL 传参。常见的系统内置变量如表 6-1 所示。

表 6-1　系统内置的变量

变量名称	作　用
$Think.get.name	相当于 PHP 的$_GET['name']
$Think.post.name	相当于 PHP 的$_POST['name']
$Think.server.name	相当于 PHP 代码的$_SERVER['name']
$Think.session.name	获取 Session 值，相当于 PHP 代码的 Session::get('name')
$Think.cookie.name	获取 Cookie 值，相当于 PHP 代码的 Cookie::get('name')
$Think.config.name	获取配置文件信息，相当于 PHP 代码的 C('name')

（续）

变量名称	作用
$Think.const.name	获取系统常量
$Think.lang.name	获取语言包，相当于 PHP 代码的 L('name')

为了便于操作，系统允许开发人员将$Think 关键字隐藏，如<!—{$Think.get.username}-->与<!—{$get.username}-->是等效的。在应用开发中读者可根据实际情况灵活使用这些内置的变量。

2．系统常量

ThinkPHP 系统还内置了许多常量，通过这些常量值能够得到当前项目的运行信息。ThinkPHP 视图引擎允许开发人员在模板中直接嵌入一部分常量。常量由关键字组成，它不像变量那样需要$符号，也不需要标签开始符和结束符，直接在模板代码中输入常量名称即可。允许在模板中直接使用的常量如表 6-2 所示。

表 6-2　在模板中使用的常量

常量名称	作用
__PUBLIC__	获取网站公共目录，系统默认的公共目录为/Public
__TMPL__	获取当前应用的模板目录，默认为/项目/Tpl/
__ROOT__	获取网站根 URL
__APP__	获取当前项目的 URL
__URL__	获取当前栏目（控制器）URL
__ACTION__	获取当前动作 URL
__SELF__	获取当前页面 URL

利用常量能够获取到系统环境等信息，设计人员可以直接在模板中使用常量代替模板中的绝对路径值，让模板更加通用。如以下代码所示。

```
<html>
<head>
<meta http-equiv="Content-Type" content="text/html; charset=utf-8" />
<title><!--{$title}--></title>
<link href="__PUBLIC__/default.css" rel="stylesheet" type="text/css" media="screen" />
<script src="<!-{$config.url}-->/__PUBLIC__/js/jquery.js"></script>
</head>
<body>
</body>
</html>
```

上述代码还利用自定变量<!—{$config.url}--> 获取 jquery.js 文件，这种方式能够确保无论模板放置到哪个项目，或者变更 URL 模式，都能够正确地获取到目标资源，最终的表现形式为 http://tp.localhost/Public/js/jquery.js。

6.4.3　在视图中使用函数

在传统的 PHP 编程中，开发人员可以方便地在 HTML 代码中嵌入逻辑代码，ThinkPHP 模板引擎最终也是将模板中的特定标签转换成标准的 PHP 代码，这些标签可以是语句结构、变量、常量、数组等，当然也包括函数。

假设模板中有一个变量<!—{$addTime}-->，该变量值在控制器动作中直接赋给当前时间戳$this->assign("addTime",time())。现在需要输出中文格式的日期及时间。如果使用传统的编程方式，那么代码如下所示。

```
<?php
  //使用 PHP 编程
  $time=date("Y-m-d H:i:s",$addTime);
  echo $time;
?>
```

在 ThinkPHP 模板中需要使用"|"分隔符引入函数，然后使用"="号来为函数赋参。上述代码使用模板标签实现，代码如下。

```
<!--{$addTime|date="Y-m-d H:i:s",###}-->
```

如上述代码所示，$addTime 是需要输出的变量，如果直接输出$addTime 将会得到一串标准时间戳数字。由于使用"|"引入了 date 函数，该函数共有 2 个参数，每个参数使用","隔开。其中使用"###"符号表示引用变量自身值。最后得出的结果类似于 2012-09-24 14:54:26 字符串。

开发人员还可以引用自定义的函数，自定义函数存放在项目的 Common/common.php 文件中，如以下代码所示。

```
<?php
//自定函数
function formatTime($time){
    $time=date("Y-m-d H:i:s",$addTime);
    return $time;
}
?>
```

在模板中调用 formatTime 自定义函数和调用 PHP 内置的函数是一样的。结合后面介绍的多语言技术，能够轻松地实现同一模板显示多种时间格式的功能。这里只是简单地演示在模板中怎样使用函数，在实际应用开发中，读者可根据需要在模板标签中引入函数。

在模板中还可以嵌套函数，实现更加灵活的功能。函数嵌套与传统的 PHP 一样能够支持无限层次。在 ThinkPHP 模板引擎中，使用函数嵌套的顺序由左到右（传统的 PHP 由里到外），即模板引擎最先解释左边的函数，最终的结果由最右边的函数决定，如以下代码所示。

```
<!--{$addTime|date="Y-m-d H:i:s",###|substr=0,10}-->
```

上述代码转换后的 PHP 代码如下所示。

```
<?php echo (substr(date("Y-m-d H:i:s",$addTime),0,10)); ?>
```

6.4.4 数据循环

利用视图引擎的 assign 方法可以将包括数组在内的数据分配到模板处理。在模板中，开发人员可以使用传统的下标或索引取到数组内的数据，例如$list["title"]。这种方式只能获取到单一的数据，如果一个数组集合中存在大量的数据（例如数据表集），那么就需要使用循环语句逐条读取。ThinkPHP 默认的模板引擎提供了 3 种数据循环方式，分别为 volist、foreach 以及 for 标签。这 3 对标签可以混合使用，但它们都有各自的适用对象，下面分别进行介绍。

1. volist 标签

volist 标签是一对功能强大，使用方便的数据循环标签，它支持多维或一维数组的循环。由于它容易使用，并且语法灵活，所以在 ThinkPHP 模板中该标签比较常见。volist 标签被模板引擎解释后将转换成 foreach()…endforeach 语句。一条简单的 volist 标签语句格式如下代码所示。

```
<volist name="数据源" id="临时变量名">
 //循环输出
</volist>
```

如上述代码所示，数据源支持 PHP 所有数组（不支持对象），临时变量名称可以自定义，该变量名决定了在循环体中可以使用的数组名称。为了方便演示，这里将在控制器 index 动作中定义一个多维数组，如以下代码所示。

```
public function index(){
    $rows=array(
        0=>array(
            "user_id"=>1,
            "user_name"=>"xiaoming",
            "user_mail"=>"kf@86055.com"
        ),
        1=>array(
            "user_id"=>2,
            "user_name"=>"lishi",
            "user_mail"=>"ceiba_@126.com"
        ),
        2=>array(
            "user_id"=>3,
            "user_name"=>"wangwu",
            "user_mail"=>"mmg7@qq.com"
        ),
        3=>array(
            "user_id"=>4,
            "user_name"=>"zaoliu",
            "user_mail"=>""
        ),

    );
    $this->assign("list",$rows);
    $this->display();
}
```

上述代码中定义了 1 个数组，并定义了 3 条数据。在 index.html 中可以使用 volist 标签将数组数据循环输出，如以下代码所示。

```
<html>
<head>
<meta http-equiv="Content-Type" content="text/html; charset=utf-8" />
<title>首页</title>
</head>
<body>
<div class="main">
    <volist name="list" id="vo">
        <li><!--{$vo.user_name}--></li>
    </volist>
</div>
```

```
</body>
</html>
```

如上述代码所示，list 为数组变量，该变量由 index 动作分配。在标签中直接引用变量只需要变量名即可，不需要定界符和“$”符号。$vo 是一个临时变量（由 volist 标签 id 值指定），所有等待循环的数据都被存放在该变量中，$vo.user_name 表示输出数组中的 user_name 键对应值，读者还可以像传统的 PHP 那样写成$vo['user_name']。

在实际应用开发中，一般只需要使用 volist 标签的 name 和 id 属性即可完成大多数的数据循环。ThinkPHP 为了能够使 volist 标签更加灵活，还提供了另外一些实用的可选属性，这些属性如下。

- offset：起始数据序列。
- length：数据结束序列。
- key：数据循环时的临时变量，相当于从 0 开始的索引号，默认变量名为 i。
- mod：对 key 值取模。
- empty：当 name 数组为空时显示的字符串信息。

offset 和 length 配合使用能够实现简单的数据分页功能，如果数组信息过多，可以使用 offset 和 length 分片输出，如以下代码所示。

```
<volist name="list" id="vo" offse="2" length="6">
        <li><!--{$vo.user_name}--></li>
</volist>
```

上述代码表示只循环索引号 2～6 之间的数据，利用 offset 和 length 属性，可以方便地控制页面中的局部数据。

2. foreach 标签

foreach 标签是 volist 标签的简化版，使用方式一样，最终生成的 PHP 代码也一样。唯一不同的就是 foreach 标签不支持 volist 中可选属性（只支持 key）。另外，foreach 不仅可以循环 PHP 数组，还可以循环对象。foreach 的临时变量使用 item 代替 volist 中的 id。如以下代码所示。

```
<html>
<head>
<meta http-equiv="Content-Type" content="text/html; charset=utf-8" />
<title>首页</title>
</head>
<body>
<div class="main">
    <foreach name="list" item="vo">
        <li><!--{$vo.user_name}--></li>
    </foreach>
</div>
</body>
</html>
```

3. for 标签

for 标签也是一种可以实现数据循环的标签，最终生成的代码就是 PHP 中的 for 语句块。无论是简洁性、易用性还是程序的运行速度都不及 volist、foreach 标签。但 for 标签不仅可以循环数组，还可以循环普通的 PHP 变量、函数等，常用在局部统计、更新等场合。for 标签格式如下。

```
<for start="开始值" end="结束值" comparison="" step="步进值" name="循环变量名" >
    //数据循环
</for>
```

一条最简单的 for 标签语句只需要开始值和结束值即可，这些变量值都支持模板或者控制器动作中的变量值，如以下代码所示。

```
<div class="main">
    <for start="0" end="$counts">
        <li><!--{$vo.user_name}--></li>
    </for>
</div>
```

在 for 标签中使用变量与 volist、foreach 标签不同，在 for 标签中使用变量必须在变量名称上加上“$”，并且变量不支持“|”函数引用符号。for 标签可选属性如下。

- comparison：start 与 end 的条件，默认为 lt（小于）。常用的有 elt（等于或小于）、eq（等于）。
- step：步进条数。
- name：循环时的变量名，默认为 i。

6.4.5 条件判断

虽然多数的运算逻辑都在控制器和模型中完成，但在模板引擎渲染过程合理地进行一些逻辑判断不仅能提高代码的可读性，还能够提高程序的运行效率。主流的框架大多数都支持在视图模板中进行逻辑判断、比较等基本操作，ThinkPHP 默认的视图引擎提供了非常丰富的逻辑运算判断、比较等标签。这些标签灵活易用，熟悉运算标签的使用将极大地提供开发效率，同时也让后台代码更加规范和整洁，下面分别介绍。

1. 运算判断标签

在传统的 PHP 开发中，开发人员可以使用 if 等标签比较两个数值的大小，以便程序进行下一步的运算。在 ThinkPHP 视图引擎中，开发人员可以使用内置的标签实现运算判断，如表 6-3 所示。

表 6-3 判断比较标签

标签	含义	PHP 表示法
eq	等于	==
neq	不等于	!=、<>
gt	大于	>
egt	大于或等于	>=
lt	小于	<
elt	小于或等于	<=
heq	全等于	===
nheq	非全等于	!==

了解 Smarty 模板引擎的读者相信对这些标签并不陌生，这些标签都是由相应的单词缩写而成，如 neq 就是 not equal 的缩写。相比 Smarty，在 ThinkPHP 视图模板中使用这些运算比较标签更加方便和灵活，如以下代码所示。

```
<volist name="list" id="vo">
<div class="main">
     <egt name="vo.user_id" value="2">
          <li><!--{$vo.user_name}--></li>
   </egt>
</div>
</volist>
```

如上述代码所示，在 volist 循环体中使用 egt 判断标签，表示只要输出 user_id 大于或等于 2 的记录。其中 name 属性表示比较源，value 表示比较的目标，这两个属性都支持使用变量（包括系统变量）。需要注意的是，属性 name 在设置变量时不需要指定“$”符号，而 value 属性必须指定“$”符号。判断标签最终将由模板引擎转换成 PHP 判断语句，如以下代码所示。

```
<?php
if(($vo["user_id"]) >= "1"): ?>
   <li><?php echo ($vo["user_name"]); ?></li>
<?php endif; ?>
```

其他的判断标签使用方式一样，在此不做细述。判断标签还可以结合<else/>标签使用，这样就可以实现类似于 if...else 的效果了，如以下代码所示。

```
<volist name="list" id="vo">
<div class="main">
    <neq name="vo.user_mail" value="">
     <li><!--{$vo.user_name}--></li>
     <else/>
     <b1>邮箱为空</b1>
    </neq>
</div>
</volist>
```

2. if 与 switch 标签

在模板设计中还可以使用功能更加丰富的 if 标签，if 标签能够实现运算判断标签的所有功能，并且允许设计人员在比较属性里加入 PHP 代码，也可以在比较属性里使用现有的功能函数。if 标签虽然功能丰富，但使用起来相对也比较烦琐，下面将通过代码演示 if 标签的使用，如下代码所示。

```
<if condition="($week gt 0) and ($week elt 7) ">
     <if condition="$week eq 1">
     星期一
    </if>
    <if condition="$week eq 2">
     星期二
    </if>
    <if condition="$week eq 3">
     星期三
    </if>
    <if condition="$week eq 4">
     星期四
    </if>
    <if condition="$week eq 5">
     星期五
    </if>
    <if condition="$week eq 6">
     星期六
```

```
    </if>
<else />
今天星期天，休息日。
</if>
```

上述代码将根据控制器动作分配的 week 变量值，从而得出今天星期几。控制器动作运算代码如下所示。

```
public function index(){
    $weekday = array('0','1','2','3','4','5','6');
    $week =$weekday[date('w', $_SERVER['REQUEST_TIME'])];
    $this->assign("week",$week );
    $this->display();
}
```

与 if 标签类似的还有 switch 标签，使用 switch 标签实现上述功能，代码将会得到简化，如以下代码所示。

```
<switch name="week" >
    <case value="1">
    星期一
    </case>
    <case value="2">
    星期二
    </case>
    <case value="3">
    星期三
    </case>
    <case value="4">
    星期四
    </case>
    <case value="5">
    星期五
    </case>
    <case value="6">
    星期六
    </case>
    <default />
     今天星期天，休息日
</switch>
```

switch 标签简化了 if 标签，在很多情况下均可以代替 if 标签。这里需要注意的是 switch 标签中的 name 属性，该属性指定数据的比较来源，支持 PHP 所有变量（包括系统变量），但不需要使用“$”变量分配符号；另外，在 value 条件配对中，switch 标签允许同时对多个结果进行配对，多个结果之间使用“|”分隔，如 value=”5|6”。

if 标签中的 condition 属性允许直接嵌入 PHP 代码，例如直接使用函数<if condition="$passwd eq md5($_post['password'])">，虽然 if 标签功能强大，但由于实现比较烦琐且容易出错，所以建议读者尽量使用其他标签代替。

本节重点介绍了 ThinkPHP 提供的常用的判断标签，系统还有一些实用的标签，由于篇幅所限，这里就不一一讲述。读者在实际应用开发中借鉴本节内容再配合官方提供的开发手册，相信其他判断标签也能轻松掌握。

6.4.6　使用外部文件

在 ThinkPHP 中，允许使用 include 标签包含页面。与 PHP 的 include 不同，在模板中使用 include 对引擎的解释过程不受任何影响，就算被包含的文件不存在也不会被中断执行。合理地使用 include 可以让页面变得整洁，整站的模板维护更加容易，但滥用 include 标签也会造成代码灾难，降低模板的通用性。ThinkPHP 还提供了 import 标签及 load 标签，这些标签作用类似，但也有各自的适用对象，下面分别介绍。

1．include 标签

这里的 include 标签与 PHP 的 include 语句不同，模板中的 include 模板只能解释静态的 html 等文件，而不能直接包含 PHP 文件，使用过 shtml 的读者应该会熟悉<!--#include file=""top.html""-->语句，该语句通常用于包含第三方文件，例如广告代码、页面导航、版权说明等。这里的 include 标签和 shtml 中的 include 语句作用是一样的，只不过形式不一样而已。一条最简单的 include 标签语句如以下代码所示。

```
<include file="./Tpl/default/Public/header.html" />
```

这里需要注意的是，include 包含的静态文件必须位于当前网站下，不能是一个 URL，该文件是一个完整的文件路径，通常从入口文件算起。另外 URL 模式尽量不要使用自定义的 URL REWRITE 模式，否则目录层级有可能发生改变，导致 include 找不到文件。

include 标签不仅可以包含完整路径的静态文件，也可以包含控制器动作。前面已经介绍过，一个控制器动作就相当于一个页面，所以使用 include 标签是允许直接包含控制器动作的（动作必须使用 this->display()输出模板）。如以下代码所示。

```
<include file="head" />
```

以上代码表示包含当前控制器的 head 动作，如果 head 动作不在当前控制器，那么需要使用“:”分隔符，如以下代码所示。

```
<include file="News:head" />
```

在包含文件的同时，include 标签还支持向目标页面传递额外的变量参数，这些参数会被模板引擎解释成 PHP 变量，如以下代码所示。

```
<include file="head" title="网站首页" keywords="PHP 学习，MVC 开发"/>
```

将要传递的参数附加到 file 属性值即可，这些参数可以在目标页面 head.html 文件中使用“[]”符号进行配对，如以下代码所示。

```
<html xmlns="http://www.w3.org/1999/xhtml">
<head>
<title>[title]</title>
<meta name="keywords" content="[keywords]" />
</head>
```

利用这些特性，设计人员可以方便地在页面中嵌入外部网页，实现页面布局、广告系统等实用的功能。使用 include 标签关键是网站的 URL 模式，读者需要计算好路径；过多地包含控制器动作会导致代码维护困难；在部署时，如果被包含的页面发生了改变，那么需要开发者手动删除当前视图模板缓存，否则将看不到最终效果。

2．import 标签

import 标签与 include 标签一样都可以引用外部文件，但 import 标签具有针对性，import 标签最常用于导入 JavaScript 或 CSS 文件，通过属性 type 指定文件的类型就可正确地导入文件，避免了手动编写脚本的步骤，提高了界面的整洁性。如以下代码所示。

```
<import type='js' file="Js.Util.Array" />
<import file="Js.Util.Array,Js.Util.Date" />
<import type='css' file="Css.common" />
```

import 标签在解释路径时，使用“.”代替“/”，默认的路径由 Public 目录开始算起，文件不需要后缀名。如上面的 Js.Util.Array，解释后的路径为/Public/Js/Util/Array.js。import 支持一次性导入多个文件，多文件之间使用“,”分隔符。

import 标签通过属性 type 指定需要导入的文件类型，默认导入 JavaScript 脚本文件，更改 type 属性值可以改变导入的文件类型，如 type=”css”。

import 标签以包的形式导入网站中公共静态资源文件，如果需要导入第三方网站或者使用显式的路径资源文件，可以使用 load 标签，该标签的使用方式和 import 标签一样，如以下代码所示。

```
<load href="../Public/Js/Common.js" />
<load href="http://code.jquery.com/jquery-1.8.2.min.js" />
```

虽然默认的模板引擎提供了灵活方便的文件导入标签，但如前面所述一样，这些标签最终都是转换成标准的 HTML 代码，使用导入标签虽然一定程度上提高了开发效率，但页面中太多的标签一起使用也需要牺牲运行效率。

6.4.7 导入标签库

前面介绍的标签都是系统内置的标签，ThinkPHP 模板引擎标签处理机制借鉴了 JSPTag 设计思想，提供了灵活的标签扩展驱动。使用标签扩展，开发人员就可以将一些常用的功能代码封装为标签，在使用时就像使用内置标签一样，直接输入标签参数即可完成标签的调用。被封装为标签的代码可以是 PHP、JavaScript、HTML 等，最终这些代码将被模板引擎转换为模板中可用的脚本代码。下面首先介绍怎样创建自定义扩展标签，然后再讲解怎样在模板中使用自定义标签。

1．创建自定义扩展标签

存放扩展标签的目录位于 ThinkPHP/Extend/Driver/TagLib，要创建自定扩展标签需要在该目录下创建相应的类文件。和其他常见类库一样，一个文件类代表一个标签类库，它的命名方式为“TagLib+标签库名称”，文件后缀名为.class.php。为了方便演示，这里将创建一个名为 My 的标签类库，类库文件名为 TagLibMy.class.php。打开 TagLibMy.class.php 文件，首先定义类库类名，并让其继承于 TagLib 基类，如以下代码所示。

```
<?php
class TagLibMy extends TagLib{
}
?>
```

这样一个名为 My 的标签类库就可以被系统识别了。只有类库没有标签是没有意义的，所以还需要为该类库制作标签。TagLib 类提供了 parseXmlAttr 扩展接口，该方法能够将数组信息解释为标签所需要的 XML 属性。为了方便讲解，这里将制作一个简单的 logo 标签，该标签用于显示网站的 logo，共有 2 个参数，分别为标签的 id 以及 logo 的大小类型，步骤如下。

首先在 tags 属性中定义标签属性（即参数），这里共定义 2 个属性，如以下代码所示。

```
<?php
class TagLibMy extends TagLib{
    protected $tags   =  array(
        //size 为 logo 大小
        "logo"=>array("attr"=>"id,size",'close'=>0),
    );
?>
```

如上述代码所示，在 tags 类成员属性中，定义了一个名为 logo 的数组，该数组索引键就是标签名称。logo 数组的值为关联数组，关联数组内的数组元素决定了标签的功能，其中 attr 指定了标签的属性（参数），其他的数组元素作用如下。

- close：标签是否为闭合方式 （0 闭合 1 不闭合），默认为不闭合。
- level：标签的嵌套层次（只有不闭合的标签才有嵌套层次）。
- alias：标签别名。

attr 数组决定了自定义标签能够接收的属性，如果需要多个标签属性，只需要在 attr 数组项值中定义多个数组元素即可。

定义完标签数据后，接下来还需要定义标签的处理方法。标签处理方法就是一个普通的实例类方法，在该方法内需要使用 parseXmlAttr 将数组解释成 XML 数据，如以下代码所示。

```
public function _logo($attr,$content)
{
    $tag = $this->parseXmlAttr($attr, 'logo');
    $id = !empty($tag['id']) ? $tag['id'] : '_logo';
    $size=$tag["size"];
    switch ($size){
        case "big":
            $str='<img name="logo" src="./Public/images/logo_big.jpg" width="200" height="140" alt="网站大 Logo">';
            break;
        case "small":
            $str='<img name="logo" src="./Public/images/logo_small.jpg" width="60" height="35" alt="网站小 Logo">';
            break;
        default:
            $str="size 参数有:big、small";
    }
    return $str;
}
```

如上述代码所示，标签的处理方法命名规则为“_标签名”，这是系统的规范。上述代码的功能很简单，就是根据 logo 标签中的 size 属性值，返回 logo 图标。通过上述步骤，一个简单的自定义标签就制作完成了，剩下的就是在模板中使用。

2. 使用自定义扩展标签

使用自定义标签和使用系统内置的标签，最大不同之处在于使用自定义标签需要引入标签类库，并且需要声明标签前缀为类库名。引入自定义标签类库需要使用 Taglib 系统标签，例如引入前面创建的 My 类库，代码如下所示。

```
<taglib name='My' />
```

引入扩展类库后，就可以直接使用了，格式为“<类库名:标签名 属性/>”代码如下所示。

```
<my:logo id="index_logo" size="big" />
```

通过前面内容的介绍，相应读者已经对扩展标签有了一个清晰的认识，也体验到自定义扩展标签的灵活与方便。在 ThinkPHP 官方开发包中，提供了众多第三方扩展包，这些扩展包多数都是利用自定义扩展标签来实现的，例如系统提供的富文本编辑器。

在模板中使用富文本框是一件轻松的事，ThinkPHP 框架本身就提供了 editor 标签，该标签能够直接在页面中嵌入编辑框。ThinkPHP 官方的 editor 标签位于 tp 扩展标签库中，在使用前需要在解压包中找到 Examples/Tag/Lib/TagLib/TagLibTp.class.php 文件，然后将其复制到 ThinkPHP/Extend/Driver/TagLib 目录，最后在模板中直接嵌入标签即可，如以下代码所示。

```
<taglib name="tp,My" />
<html>
<head>
<meta http-equiv="Content-Type" content="text/html; charset=utf-8" />
<title>首页</title>
</head>
<body>
<tp:editor id="textContent" uploadurl="/Public/editor_up" width="600"></tp:editor>
<form id="form1" name="form1" method="post" action="">
<textarea name="content" id="textContent" cols="45" rows="5"></textarea>
</form>
</body>
</html>
```

editor 标签中的 id 指定与当前页面中 textarea 互相绑定的 id；uploadurl 属性指定的了编辑器中图片上传保存的路径；width 属性指定编辑器的显示宽度。最终效果如图 6-3 所示。

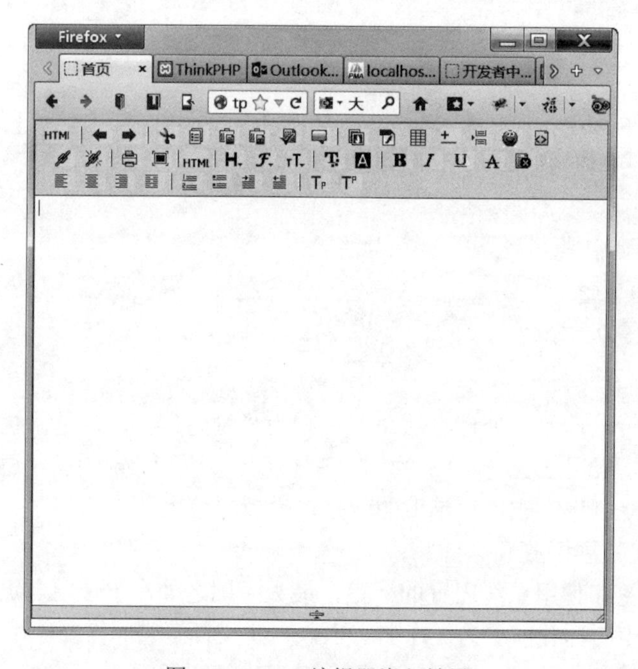

图 6-3　editor 编辑器嵌入效果

利用同样的原理，读者还可以嵌入其他好用的编辑器，本书 17.4.1 节就是利用自定义标签实现百度编辑器嵌入的。总之，系统提供的标签扩展有效地增强了模板引擎功能，其作用类似于 Smarty 扩展插件，无论作为界面设计人员，还是后台 PHP 开发人员，都应掌握。

6.4.8 使用布局

在主流的一些 MVC 框架中都提供有网站布局功能，如前面介绍过的 Symfony、CodeIgniter、CakePHP 等，这些框架默认的模板方案就已经启用了布局功能。使用布局能够有效地提高模板的开发速度，并且由于布局的限制，网站中的各页面能够保持高效的统一，方便后期维护。一个经典的网站布局如图 6-4 所示。

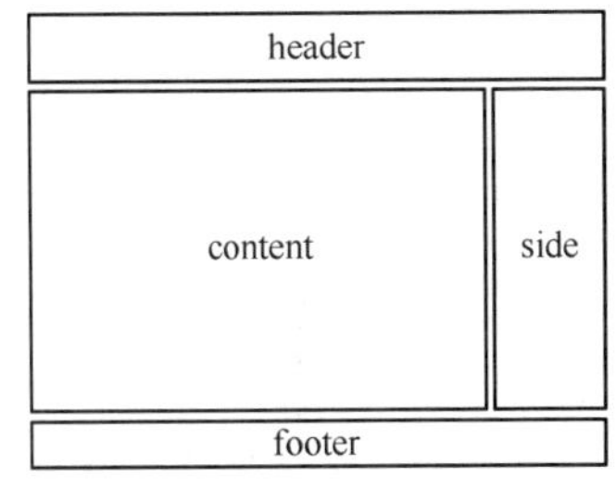

图 6-4 网站布局

如图 6-4 所示，这是一个经典的网站布局图，如果网站页面内容量大，栏目多，那么布局就会更加复杂。如果不使用布局功能，那么要保持整个网站相同的布局样式，就必须在每个模板中使用相同的代码，这无疑会极大地增加开发成本，降低开发效率。而一旦使用布局功能，那么只需要将 header、side、footer 区域的重复代码放到布局模板中，留下 content 区域的代码放到各自控制器动作模板中，那么就能够有效地提高开发效率。

ThinkPHP 3.0 之前的模板引擎没有布局的概念，但开发人员可以使用 include 包含文件达到网站布局的效果。新版的 ThinkPHP 引入了模板布局功能，要使用模板布局需要在配置项中打开 LAYOUT_ON 选项（默认为关闭，即 false）。为了方便演示，接下来将使用一个简单的模板文件，演示布局功能的使用，帮助读者加深对模板布局的认识。

首先在项目 Tpl 根目录下创建一个 HTML 文件，并命名为 layout.html。该文件即为当前应用的布局文件，使用可视化工具（如 Dreamweaver）设计一个网站外观，将需要经常改动的代码使用{__CONTENT__}特定变量（没有定界符）代替，如以下代码所示。

```
<html>
<head>
<meta http-equiv="Content-Type" content="text/html; charset=utf-8" />
<meta name="description" content="" />
<meta name="generator" content="HTML-Kit" />
<title><!--{$title}--></title>
<import type='css' file="Css.main" />
</head>
<body>
<div id="outside">
<div id="top-nav"><a href="#">首页</a><a href="#">English </a></div>
<h1>欢迎光临<span style="color: #666666;">我的博客</span></h1>
<div id="middle-nav"><a href="#">首页</a>|<a href="#">所有日志</a>|<a href="#">搜索中心
</a>|<a
    href="#">发表日志</a></div>
<div id="right-col">
<ul class="ul-menu">
    <li><span class="slide">&raquo;</span><a href="#">博文</a></li>
    <li><span class="slide">&raquo;</span><a href="#">相册</a></li>
    <li><span class="slide">&raquo;</span><a href="#">留言簿</a></li>
</ul>
<div class="info">
<h4>网站公告</h4>
```

```
    <p>我的博开通了，欢迎来访问我的博！我将在这里对总结我的学习成果，不定时地发表一些文章或看法，希望能够与各位共同探讨，共同进步。</p>
    </div>
    <div class="info">
    <h4>网站留言</h4>
    <p>暂时没有留言</p>
    </div>
    </div>
    <div id="main">{__CONTENT__}</div>
    <div id="bottom-nav"><a href="#">首页</a>|<a href="#">联系方式</a>|<a href="#">关于本站</a>|<a
        href="#">全文搜索</a>|<a href="#">订阅</a></div>
    <div id="footer">
    <h5>Copyright by me and not one other person 2012</h5>
    </div>
    </div>
    </body>
    </html>
```

如上述代码所示，模板引擎会将{__CONTENT__}变量替换为相应的控制器动作页面，整个解释流程将由 layout.html 开始，然后到各自的动作页面。这样一来，我们只需要在控制器动作中嵌入少量的代码，即可使页面保持统一的布局与风格，如以下代码所示。

```
<taglib name="tp,My" />
<tp:editor id="textContent" uploadurl="/Public/editor_up" width="600"></tp:editor>
<form id="form1" name="form1" method="post" action="">
<textarea name="content" id="textContent" cols="45" rows="5"></textarea>
</form>
```

在用户访问该页面时，上述代码将会代替{__CONTENT__}变量，效果如图 6-5 所示。

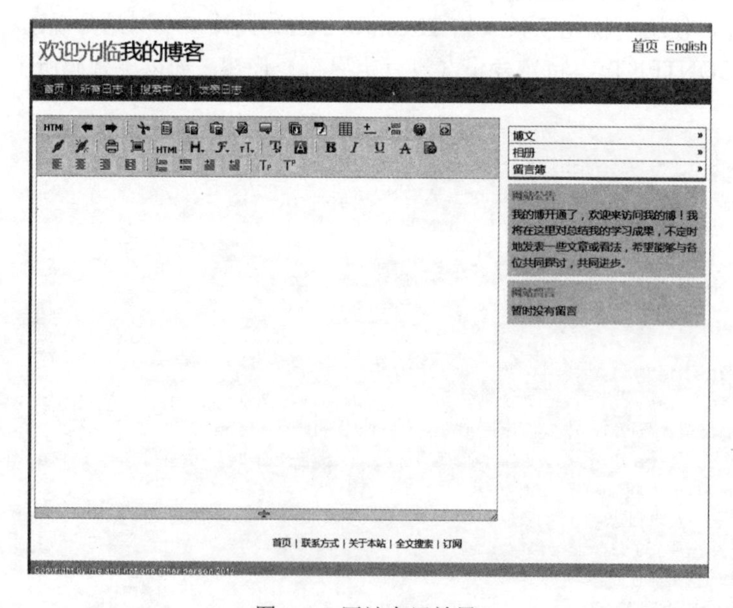

图 6-5　网站布局效果

在布局文件中嵌入的变量或标签等都是非全局的，而只针对当前页面生效。所以在布局代码中声明变量或语句，都应该在当前控制器动作中处理，否则就没有存在的意义。布局文件允许嵌套，如果网站页面更加复杂，还可以结合 include 等标签实现开发需求。

另外，如果不需要全局布局，也可以单独在当前页面中使用布局文件，只需要在当前页面头部加上<layout name='布局文件名称' />标签即可，这种方式称为局部布局，事实上与 include 标签原理一样。

6.5　小结

本章由浅入深全面介绍了 ThinkPHP 开发 MVC 的步骤。通过本章学习，可以感受到 MVC 开发的高效和灵活。本章重点介绍了 ThinkPHP 的路由模式与视图引擎，它是 MVC 与用户打交道的窗口，理解并掌握这些内容是设计好一个网站的前提。结合示例代码，读者应该能够轻松掌握。

为了便于讲解，本章并没有触及数据库操作知识。事实上，数据库操作才是一个网站的灵魂，ThinkPHP 提供的 CURD 数据库操作接口让这一切变得容易，下一章将会深入讲解 MVC 数据库开发。

第7章 ThinkPHP的数据库操作

内容提要

开发网站离不开数据库，PHP 本身就内置了众多数据库驱动，开发人员在不利用第三方驱动的情况下也能够轻松地使用 PHP 进行数据库系统开发。ThinkPHP 对数据库操作进行了高度封装，能够对当前所有主流的数据库提供高效的编程模型，开发人员甚至不需要了解当前数据库查询语句，也能够使用面向对象的 CURD 封装类，灵活快捷地完成数据库系统开发。

与其他主流 MVC 框架有所不同，ThinkPHP 不是简单地重写 PDO 类（当然也支持 PDO），而是所有数据库操作均继承于 Db 类，该类针对配置文件指定的配置信息，有选择地载入数据库驱动，默认使用 MySQL 数据库驱动，其他数据库驱动系统并没有自带（2.x 时自带），需要读者自行到官方网站下载。在操作层面，开发者不需要担心数据库间的差异性，因为这些过程都是抽象化的。

本章将对数据库常见操作进行深入介绍，包括数据增、删、改、查，简称 CURD。通过简单的数据库操作，还将进一步学习 ThinkPHP 提供的模型关联、高性能查询等知识。

学习目标

- 掌握数据表模型定义。
- 掌握数据库 CURD 操作。
- 掌握 AdvModel 高级模型的使用。
- 了解数据库分布式高性能开发。
- 掌握 MySQL 数据表分区技术。

7.1 定义数据表模型

要操作数据库，首先需要连接数据库，ThinkPHP 不需要手动连接数据库，而是由系统自动连接或释放，读者只需要根据 5.3.1 节内容配置好信息，这样就完成了连接数据库所需要的步骤。接下来就可以针对特定的数据表进行数据库系统的开发了。

7.1.1 模型映射

要测试数据库是否已经正常连接，最直接的办法就是在当前控制器动作中实例化数据表，然后使用 dump 函数输出，查看数据库的连接状态，代码如下所示。

```
public function hello(){
  $obj=M("User");
  dump($obj);
}
```

然后通过 URL 访问 hello 动作，如果出现错误提示则说明数据库没有连接上（确保打开调试模式），需要重新检查配置文件。否则即为成功状态。

上述代码中 M("User")即为模型映射，M 函数是 new Model()的快捷方式，Model 类是模型的基类，也是数据库操作的基类，该类封装了所有常见数据库操作方法，其中$name 为该类中的一个成员属性，表示模型名称，模型名称与数据库中的数据表进行映射，所以 Model 类将$name 作为构造函数参数传入，达到初始化的目的。

在模型与表映射过程中，系统会智能地根据配置信息处理好模型名与表名之间的关系。例如上述代码中的 User 表名，事实上数据库中并不存在 User 表，但是系统会根据配置信息 DB_PREFIX 指定的数据表名前缀智能地添加到模型中，因为 User 首字母为大写，系统会强制给 User 添加表前缀，最终的表名称为 tpk_user。

模型映射不仅能够智能地添加表前缀，还可以添加表后缀。假设数据表名为 tp_user_local，那么在模型映射时只需将表名与后缀名首字母改成大写即可。

```
public function hello(){
  $obj=M("UserLocal");
  dump($obj);
}
```

如果不需要为表添加表前缀，那么可以将模型名称首字母改为小写，即 M("userLocal")。当然在实际应用开发中是极少这样设计的（如果全部都不需要表前缀，DB_PREFIX 配置项中留空即可）。

7.1.2 自定义模型

Model 类提供了一些基础的数据库操作方法，当需要进行复杂的数据库操作时，就需要使用自定义模型了。自定义模型能够实现更加灵活和强大的数据库操作，特别是能够针对项目一些特殊的功能定制数据库操作方案，例如数据检验、数据缓存、数据加工等。使用自定义模型，通常情况下也是需要与数据库的真实表名进行映射，这是 MVC 的一条规范，否则模型就与普通的功能类无异。在调用时，系统提供了 D 函数，用于快速实例化自定义模型。

下面将结合示例代码介绍自定义模型的创建和使用。

1．创建自定义模型

自定义模型存放于项目 Lib/Model 目录下，假设需要为数据表 tpk_article 数据表建立模型映射，那么需要创建 ArticleModel.class.php 文件。创建完成后，在使用 D 函数进行实例化时，ArticleModel 模型将与 tpk_article 表进行映射。由于所有模型都需要继承于 Model 基类，所以 ArticleModel 拥有 Model 所有特性，这里将使用 select()方法输出 tpk_article 表数据，如以下代码所示。

```
<?php
class IndexAction extends Action {
    public function article(){
     $obj=D("Article");
     $rows=$obj->select();
     dump($rows);
    }
}
?>
```

使用自定义模型之后，在进行数据表操作时就更加灵活。比如需要让 tpk_article 表的内容能够根据客户所在的地区显示当地的新闻，那么就可以在 ArticleModel 模型中对数据进行加工和处理，如以下代码所示。

```
<?php
class ArticleModel extends Model{
     public function article(){
          $rows=$this->where("area ='{$this->checkUserArea()}'")->select();
          return $rows;
     }
     /**
      * 检测用户所在城市
      * Enter description here ...
      */
     protected function checkUserArea(){
          import("ORG.Net.IpLocation");
          $myip = get_client_ip();
          $Ip = new IpLocation("UTFWry.dat");
          $area = $Ip->getlocation($myip);
          return $area;
     }
}
?>
```

上述代码中，使用了$this->where 连贯操作，该语句对 SQL 查询语句中的 where 进行了封装，实际上效果是等同的。在 where 查询条件中，限制返回数据条件为当前地区的新闻，checkUserArea 是一个自定义方法，用于根据客户端 IP，自动取得当前用户所在的区域，作为一个功能方法不需要对外公开，所以修饰为 protected。ArticleModel 模型对应的 tpk_ article 数据表结构如图 7-1 所示。

	字段	类型
☐	id	tinyint(4)
☐	title	varchar(32)
☐	content	text
☐	category	char(20)
☐	area	char(32)
☐	add_user	char(24)
☐	add_time	int(9)

图 7-1　tpk_ article 表结构

2．使用自定义模型

使用自定义模型非常简单，系统提供了 D 函数，用于快速实例化自定义模型。以前面创建的示例为例，在动作中只需要调用 article 方法即可，如以下代码所示。

```
<?php
class IndexAction extends Action {
    public function article(){
     $obj=D("Article");
     $rows=$obj->als();
     $this->assign("list",$rows);
     $this->display();
    }
}
?>
```

这里只是简单地演示自定义模型影射数据表的过程。可以看到，使用自定义模型映射数据表比直接使用基类的模型映射更加灵活和强大。事实上这种方式在主流的 MVC 中使用得最广泛，甚至是必须这样做，例如前面章节介绍过的 Zend Framework、Symfony、CakePHP 等。使用自定义模型能够实现更复杂及更高级的功能，这里只是简单地演示其使用步骤，在实际应用开发中可以根据需求利用自定义模型对数据进行深度的加工、处理等。

自定义模型映射，一个模型对应一个数据表。所有增、删、改、查都在模型类中完成，大大地方便了文件及代码的管理。自定义模型的最大特点是代码容易移植，高度重用。例如一个客户端只能访问 XML 格式数据，此时自定义模型一句代码都不用更改，只需要改变动作中的输出格式即可。

这里需要说明的是，在 ThinkPHP 中模型代码是可以直接移植到动作中的，但这样就让代码的重复利用变差，代码的管理、维护变得困难，所以建议读者尽量将数据库操作的逻辑封装到自定义模型中，这也是 MVC 编程所提倡的思想。

7.1.3　create 方法

前面多次出现的 select 方法为 Model 类的一个成员方法，该方法用于列出所有符合条件的数据。在数据库开发中，查询和插入数据是同等重要的，ThinkPHP 对数据的插入、更新等都做了高度封装，系统提供 create 方法，用于创建数据对象。

所谓的数据对象就数据字段与数据表之间的关系，数据会被映射为类成员，然后再与数据表映射，最后实现数据的插入或更新。对开发者而言，这一过程不需要关心，只需要在表单中设置好字段（表单元素），系统会自动建立好映射关系。create 方法是 ThinkPHP 最基础和最强大的数据操作方法，该方法是连贯操作、CURD 操作的集合，包括了数据创建、数据检验、表单验证、自动完成等实用功能，接下来将详细介绍 create 方法。

1．create 创建数据流程

create 的数据源由 Post 表单提供，一般情况下开发者不需要做任何的更改，即可让表单元素中的数据自动映射为数据表中的数据。例如表单中有 username 表单元素，那么该元素会自动被映射为数据表中的 username 字段，在数据创建的过程中，create 方法会自动对数据进行处理，确保数据的安全和有效。过程如图 7-2 所示。

数据对象创建成功后，该对象被存放于内存中，此时可以使用 Model 类中的 add 方法对数据进行保存或更新操作（create 方法自动判断是保存还是更新）。

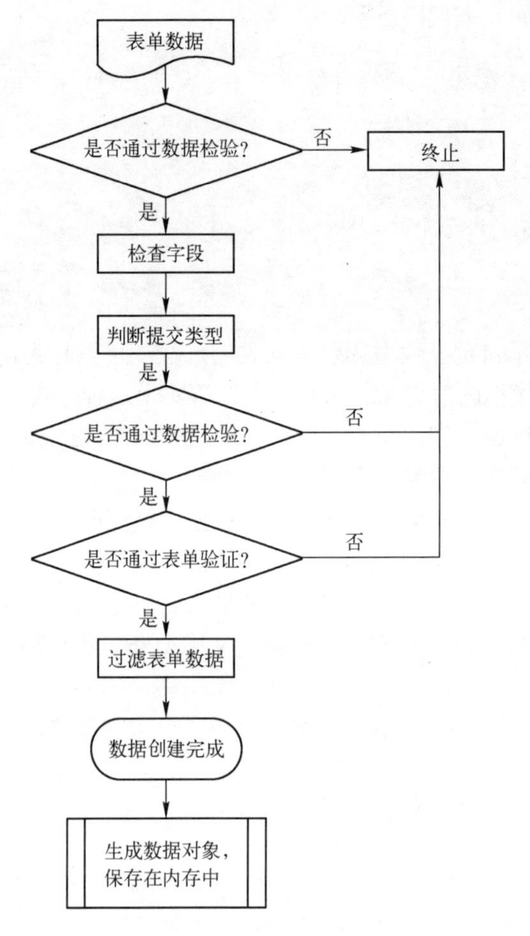

图 7-2　create 创建数据流程

2. create 数据操作

前面介绍了 create 方法的运行过程，读者只需要理解即可，在实际应用开发中创建数据的过程是极其简单的。下面将结合示例代码，介绍 create 方法的实际应用，加深对 create 方法的认识。

首先在 Index 控制器中创建一个用于接受用户输入的表单页面，这里将控制器动作命名为 add_article，代码如下所示。

```
<?php
class IndexAction extends Action {
    public function add_article(){
     $this->display();
    }
}
?>
```

add_article 动作对应的 add_article.html 页面代码如下所示。

```
<taglib name="tp" />
<form method="post" action="__URL__/add">
<li>标题：<input type="text" name="title" id="title" value="" size="30"/></li>
<li>作者：<input type="text" name="add_user" id="add_user" value="" size="30"/></li>
```

```
<li>地区:
  <label>
  <select name="area" id="select">
    <option value="guangdong">广东新闻</option>
    <option value="beijing">北京新闻</option>
    <option value="shanghai">上海新闻</option>
    <option value="chongqing">重庆新闻</option>
  </select>
  </label>
</li>
<li>分类:
  <label>
  <select name="category" id="category">
    <option value="1">社会民生</option>
    <option value="2">体育新闻</option>
    <option value="3">国际军事</option>
    <option value="4">财经动态</option>
    </select>
  </label>
</li>
<li>
<textarea name="content" id="textContent" cols="45" rows="5"></textarea>
</li>
<div class="addSubmit">
<input type="submit"  value="提交" />
</div>
</form>
<tp:editor id="textContent" uploadurl="/Public/editor_up" width="600"></tp:editor>
<style>
li{
list-style:none;
margin:6px;

}
.addSubmit{
 text-align:center;
width:600px;
}
.addSubmit input{
width:100px;
font-size:16px;
height:32px;
}
</style>
<div>
</div>
```

在上述代码中，在表单中共定义了 5 个字段，分别为 title、add_user、area、category、content。其中 area、category 使用了表单列表元素，content 使用了 ThinkPHP 内置的富文本编辑器，所以需要使用<taglib name="tp" />额外引入 tp 扩展标签类库，最终呈现效果如图 7-3 所示。

在上述代码中，表单提交页面为__URL__/add，即当前控制器中的 add 动作。接下来的操作均在 add 动作中完成，如以下代码所示。

图 7-3　add_article.html 页面效果

```
<?php
class IndexAction extends Action {
   //表单处理
   public function add(){
    $articleObj = M('Article');
    $articleObj->create();
    $articleObj->add_time=time();
    if ($articleObj->add()){
        $this->success("数据添加成功");
    }else{
        $this->error("数据添加失败");
    }
   }
?>
```

如上述代码所示，使用 M 函数直接实例化数据表 tpk_article，读者也可以在自定义模型中完成。然后使用 create 方法创建数据，创建的过程不需要开发者手动赋值，系统会直接将表单中的表单元素直接与 tpk_article 数据表进行映射。但是，由于表单中没有 add_time 元素，这里可以直接以对象的方式为 articleObj 数据对象添加类成员。最后的结果就是添加一个 add_time 表字段，该字段的值为当前时间戳。一切完成后，此时数据对象存放于内存中，使用 add 方法进行提交，完成整个 create 创建数据的过程。

7.1.4　模型属性

通过在自定义模型中定义类成员属性，可以更改模型与数据表的属性，提高自定义模型的灵活性。在自定义模型中，常见的成员属性包括 fields、tableName、dbName、_map 等，这些属性都必须修饰为 protected 权限，下面分别介绍。

1. fields 属性（表字段）

在模型里可以定义 fields 属性，该属性的值为一个二维数组，数组元素会被系统映射为数据表字段。默认情况下，在第一次初始化模型时，系统会将数据表字段写入到缓存文件中，这些缓存文件名称与数据表名相同，如 tpk_articl.php。缓存数据表字段能够提高数据的响应速度，减少查询时的资源消耗。但是默认情况下，系统会将表中的所有字段进行缓存，但往往我们只需要表中的某个字段，这无疑会造成性能损失。另外，如果数据表字段过多，在进行缓存时将会造成极大的 IO 开销，形成性能瓶颈，尤其在大型的分布式开发中更是需要注意。在 fields 属性中进行明文定义数据表字段，能够避免系统对数据表字段进行文件缓存。由于字段是明文标识的，系统在进行数据库操作时不会重复与数据表进行映射，而是与明文定义的 fields 属性值直接映射，这样就有效地提高了数据操作效率。

定义 fields 属性，需要在自定义模型中进行。在定义模型字段时，系统会默认模型字段添加一个主键 id，但更良好的编程习惯是显式指定，开发人员可以使用_pk 元素指定主键字段，并使用_autoinc 元素指定自动增长，如以下代码所示。

```
<?php
class ArticleModel extends Model{
    protected $fields = array(
      'title',
      'content',
      'category',
      'add_user',
      'add_time',
      '_autoinc' => true,
      '_pk' => 'id');
}
//…
?>
```

如果不定义模型字段，又不需要缓存数据表字段，那么可以配置'DB_FIELDS_CACHE'=>false 完全关闭字段缓存功能。如果关闭缓存，又不在自定义模型中定义 fields 属性，那么系统每次调用自定义模型时，都会往数据表中读取表字段。

2. tableName 属性（表映射）

前面已经介绍过，模型的命名需要与数据表名相同，这样系统才能将模型与数据表进行映射，否则在调用时只能当成一个普通的系统类使用。ThinkPHP 灵活之处就在于任何的操作都不是绝对的，定义模型同样也是。系统允许开发人员通过定义 tableName 成员属性改变当前模型与数据表映射关系，使用方式也比较简单，如以下代码所示。

```
<?php
class ArticleModel extends Model{
    protected $tableName = 'news';
    //...
}
?>
```

如上述代码所示，通过定义 tableName 属性，Article 模型就被映射为 news 表了。tableName 的值为数据表名，表名不能带表前缀，不区分大小写。需要注意的是，如果定义了 fields 属性，再使用 tableName 更改数据表名，那么 fields 中的字段名称需要与 tableName

中指定的表字段名称相同。虽然 tableName 能够改变表名称，但在实际应用开发中应该一个模型对应一个数据表，尽量避免使用 tableName 属性。

3. dbName 属性（切换数据库）

dbName 非常灵活和强大，尤其在超大型的分布式网站开发中，显得非常有用。dbName 能够让当前模型在不牺牲性能的情况下迅速切换数据库，并且这一过程是持续的，对用户而言不需要中断当前操作。dbName 默认情况下只能切换同一服务器的数据库，如果配合分布式数据库配置，也能够跨数据库服务器切换。dbName 数据库切换流程如图 7-4 所示。

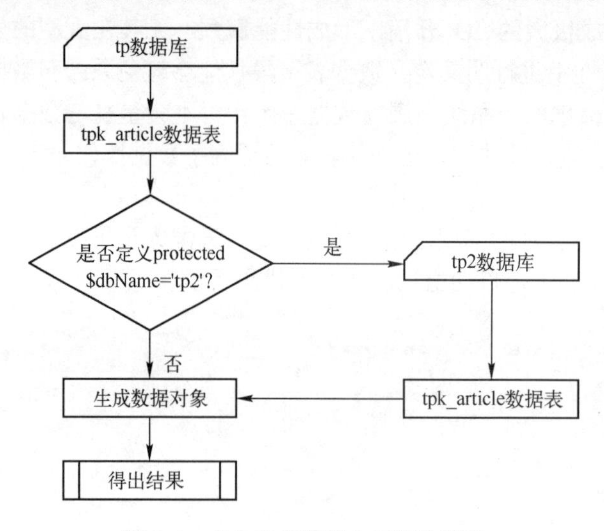

图 7-4 在自定义模型中切换数据库

如图 7-4 所示，通常情况下 Article 模型被映射成 tp 数据库中的 tpk_article 数据表（根据配置文件中所配置的信息而定），如果在模型中定义了 dbName 属性，那么执行流程将发生改变，Article 模型将会被映射为 tp2 数据库中的 tpk_article 数据表。这一过程虽然简单，但在实际应用开发中能够有效提高数据服务器的性能。利用 dbName 特性，开发人员可以创建两个表结构完全一样的数据库，然后在模型中动态更改 dbName 属性的值，实现简单的分布式开发，比如当主数据库中的 tpk_article 数据表过高记录时（超过百万行记录），此时可以按照记录条数比例动态切换到副数据库，就能够有效地提高数据读写性能。

切换数据库后，还可结合 tableName 一起使用，但意义并不大，因为通常切换数据库只作为提高性能的一种方式，如果再更改模型映射将会让代码维护变得困难。利用 dbName 特性，在开发数据库热备份程序时将变得容易。使用 dbName 非常简单，只需要在自定义模型中定义即可，代码如下。

```
<?php
class ArticleModel extends Model{
    protected $dbName = 'tp2';
    //...
}
?>
```

4. _map 属性（字段映射）

前面已经介绍过使用 create 方法可以方便地创建数据，使得表单与数据库交互变得容易。但这里面有一个不容忽视的问题，在 HTML 表单中的表单元素必须要与数据表中的字段名称相同，create 方法才能正确创建数据，这就意味着数据表字段显式地暴露在页面中，这对要求安全严紧的网站来说是不可以接受的。虽然 create 方法已经对数据进行了严格的控制，但数据表字段暴露在外始终是一个安全隐患。_map 属性可以将 HTML 表单中的元素以别名的方式映射到真实的数据表字段，和其他属性一样，_map 属性也必须定义在自定义模型中，该属性的值为二维数组，下面以 7.1.3 节内容为基础，修改 add_article.html 表单元素与 add 动作代码，并在 Article 模型中创建 createAdd 方法，用于处理表单数据。add_article.html 代码如下所示。

```
<taglib name="tp" />
<form method="post" action="__URL__/add">
<li>标题：<input type="text" name="subject" id="subject" value="" size="30"/>
</li>
<li>作者：<input type="text" name="author" id="author" value="" size="30"/>
</li>
<li>地区：
  <label>
  <select name="district" id="district">
    <option value="guangdong">广东新闻</option>
    <option value="beijing">北京新闻</option>
    <option value="shanghai">上海新闻</option>
    <option value="chongqing">重庆新闻</option>
  </select>
  </label>
</li>
<li>分类：
  <label>
  <select name="type" id="type">
    <option value="1">社会民生</option>
    <option value="2">体育新闻</option>
    <option value="3">国际军事</option>
    <option value="4">财经动态</option>
    </select>
  </label>
</li>
<li>
<textarea name="textEdit" id="textContent" cols="45" rows="5"></textarea>
</li>
<div class="addSubmit">
<input type="submit"  value="提交" />
</div>
</form>
<tp:editor id="textContent" uploadurl="/Public/editor_up" width="600"></tp:editor>
<style>
li{
list-style:none;
margin:6px;

}
.addSubmit{
text-align:center;
width:600px;}
.addSubmit input{
width:100px;
```

```
font-size:16px;
height:32px;
}
</style>
```

如上述代码所示，标粗的即为需要提交的表单元素，这些元素名称已经发生了改变，与数据表 tpk_article 中的字段完全不相关。接下来在 Article 模型中使用_map 属性将这些元素映射为 tpk_article 表中的相应字段。代码如下所示。

```
<?php
class ArticleModel extends Model{
    protected $_map=array(
        "subject"=>"title",
        "author"=>"add_user",
        "district"=>"area",
        "type"=>"category",
        "textEdit"=>"content"

    );
    /**
     * 处理表单提交数据
     * Enter description here ...
     */
    public function createAdd(){
        $articleObj = $this->create();
        $articleObj->add_time=time();
        return $this->add();
    }
}
?>
```

如上述代码所示，_map 属性的值为关联数组，其中键为表单字段名称，值为需要映射的数据表字段。在处理方法中，只需要直接调用父类（Model）中的 create 方法即可创建正确的数据。

在表单提交处理动作中，只需要直接调用自定义模型中的 createAdd 方法即可，如以下代码所示。

```
<?php
class IndexAction extends Action {
   public function add(){
     $articleObj = D('Article');
     if ($articleObj->createAdd()){
         $this->success("数据提交成功");
     }else{
         $this->error("数据提交失败");
     }


   }
}
?>
```

7.2 基础模型（Model）

在前面的内容中多次出现的 where、create、select 等方法就是用于操作数据库的最基础方法。ThinkPHP 为了提高开发效率，在以 create 方法的基础上派生了许多功能强大、简单易用的实用方法，开发人员使用这些方法可以极大地提高开发效率。这些操作都是面向对象的，开发人员不需要写传统的 SQL 语言，只需要调用相应的方法并赋给正确的参数即可，系统会自动转换成对应数据库能够解释的语句，下面首先从连贯操作开始讲解。

7.2.1　连贯操作

ThinkPHP 框架使用__call 魔术方法巧妙地实现了数据库连贯操作。所谓的连贯操作是指允许将多个对象方法串联在一起使用，从而构造成完整的 SQL 语句，对开发者而言不需要关心 SQL 语句的写法，只需要正确赋参即可，常见的连贯操作方法如表 7-1 所示。

表 7-1　连贯操作方法

方　法	作　用	支持的参数或参数类型
where	条件限制	String、Array、Object
table	操作的表名	String、Array
alias	定义表别名	String
data	新增或更新时所需要的数据	Array、Object
field	显示的表字段	String、Array
order	数据排序	String、Array
limit	限制查询条数	String、Int
group	对查询分组的支持	String
having	对 having 语句的支持	String
join	对 join 语句的支持	String、Array
union	对 union 语句的支持	String、Array、Object
distinct	是否对数据去重复	true 或 false
lock	是否锁定数据库	true 或 false
cache	SQL 查询缓存	String

连贯操作在使用方式上就如同将一条合法的 SQL 语句分成若干部分来解释，事实上系统也是根据这一流程进行转换的。例如以下 SQL 语句。

```
    SELECT * FROM `tpk_article` WHERE add_user = 'ceiba' ORDER BY `add_time` DESC LIMIT
0 , 30
```

如果使用连贯操作，那么将变得非常简单，如下所示。

```
    $articleObj=M("Article");
    $rows=$articleObj->where("add_user  ='ceiba'")->order("add_time  desc")->limit(30)-
>select();
```

读者可以根据表 7-1 的连贯方法进行串联，使用连贯方法除了 select 方法外，其他的连贯方法不区分前后顺序。事实上 select 不属于连贯方法，该方法是 CURD 中的一个用于显示数据的方法，表示显示所有数据。相应的如果只需要显示单条数据可以使用 find 方法。

7.2.2　CURD

在应用程序中数据库的操作主要分为 4 大类：创建数据（Create）、更新数据（Updata）、读取数据（Read）及删除数据（Delete），简称 CURD。主流的 MVC 框架都会对 CURD 操作进行封装，以达到易用、灵活的目的。CURD 是 Web 开发的重点，一套 MVC 成不成熟、稳不稳定很大程度上取决于 CURD 处理方式。ThinkPHP 的 CURD 操作是以连贯操作为基础的，通常情况下这两者会配合使用。下面分别进行介绍。

1．创建数据（add）

前面已经介绍过功能强大的 create 方法，在 CURD 操作中细化了 create 方法的步骤，但底层处理机是相同的。创建数据可以使用 add 方法，该方法接收一个关联数组作为参数传入（键值对），最终生成的数据对象和表中的结构是一样的。如以下代码所示。

```
<?php
class IndexAction extends Action {
    //...
    public function post(){
     $articleObj=M("Article");
     $data["title"]=$_POST["subject"];
     $data["add_user"]=$_POST["author"];
     $data["area"]=$_POST["district"];
     $data["category"]=$_POST["type"];
     $data["content"]=$_POST["textEdit"];
    $data["add_time"]=time();
     if ($articleObj->add($data)) {
          $this->success("数据添加成功");
     }else {
          $this->error("数据添加失败");
     }
    }
}
?>
```

可以看到，与 create 方法相比，在数据细化方面，开发人员需要手动创建数组，并且将创建的数组作为参数传入 add 方法。add 方法是 Model 类的一个实例方法，该方法能够对参数中的数组信息进行过滤、转换，最终提交给 DB 类中的 insert 方法，完成数据的插入。add 方法处理数据是可靠、安全的，所以就算开发人员不对数据进行处理，这些数据进入数据表时都是安全的。add 方法还可以结合 data 连贯操作方法一起使用，如以下代码所示。

```
<?php
class IndexAction extends Action {
    //...
    public function post(){
     $articleObj=M("Article");
     $data["title"]=$_POST["subject"];
     $data["add_user"]=$_POST["author"];
     $data["area"]=$_POST["district"];
     $data["category"]=$_POST["type"];
     $data["content"]=$_POST["textEdit"];
     $data["add_time"]=time();
     if ($articleObj->data($data)->add()) {
          $this->success("数据添加成功");
     }else {
          $this->error("数据添加失败");
     }
    }
```

```
}
?>
```

效果和使用参数传递是一样的。上述示例中数组信息是和 tpk_article 表结构是一样的，在实际应用开发中需要根据需求进行更改。

2. 更新数据（save）

可以创建数据，当然也能够更新数据。在 ThinkPHP 中对数据的更新基本上和创建数据一样。开发人员不需要针对数据库编写 set 操作，只需要使用 save 方法即可。继续以 tpk_article 为例，如果需要更新 id 为 2 的记录，那么只需要在 save 参数中指定 id 即可，如以下代码所示。

```
<?php
class IndexAction extends Action {
    //...
    public function post(){
     $articleObj=M("Article");
     $data["id"]=2;
     $data["title"]=$_POST["subject"];
     $data["add_user"]=$_POST["author"];
     $data["area"]=$_POST["district"];
     $data["category"]=$_POST["type"];
     $data["content"]=$_POST["textEdit"];
     $data["add_time"]=time();
     if ($articleObj->save($data)) {
         $this->success("数据修改成功");
     }else {
         $this->error("数据修改失败");
     }
    }
}
?>
```

当然，在实际应用开发中 id 的值应该取自于$_POST 或者$_GET。save 的使用方式和 add 基本一样，为了数据表安全，系统不允许提交空更新条件的操作，如上述代码中的$data["id"]即为更新条件，id 为操作主键，在没有条件时均可作为操作条件。如果数据表或更新条件不以 id 作为主键，那么可以配合 where 连贯操作来限定条件，如以下代码所示。

```
<?php
class IndexAction extends Action {
    //...
    public function post(){
     $articleObj=M("Article");
     $data["title"]=$_POST["subject"];
     $data["add_user"]=$_POST["author"];
     $data["area"]=$_POST["district"];
     $data["category"]=$_POST["type"];
     $data["content"]=$_POST["textEdit"];
     $data["add_time"]=time();
     if ($articleObj->where("id=2")->save($data)) {
         $this->success("数据修改成功");
     }else {
         $this->error("数据修改失败");
     }
    }
```

```
}
?>
```

以上是 save 方法的使用，在更新操作中系统还提供了针对不同更新类型的快捷方法。如下所示。

- setField('表字段','值')：更新单个字段的值，需要配合 where 连贯操作使用。
- setInc('字段',增加值)：对表中的特定字段增加数值，该字段的类型必须为 int 类型。需要配合 where 连贯操作使用。
- setLazyInc（'字段',增加值,时间）：支持延迟更新的 setInc，时间以秒为单位。
- setDec('字段',减少值)：对表中的特定字段减少数值，该字段的类型必须为 int 类型。需要配合 where 连贯操作使用。
- setLazyDec('字段',减少值,时间)：支持延迟更新的 setDec，时间以秒为单位。

3．读取数据（select）

在前面的内容中已经多次接触过 select 方法，该方法为 CURD 操作中最常用的方法。select 方法返回的是二维数组，本身并不会格式化数据，需要在视图中使用 volist 循环标签进行处理。如果需要返回单条数据可以配合 limit 连贯操作，或者使用 find 方法（后者不完全兼容 volist 标签）。由于它的使用方式在前面的内容中已经多次出现，在此就不再细述。这里需要注意的是，select 方法默认情况下会将数据表中的字段全部输出，这会造成资源浪费，解决的办法是配合 getField 连贯操作，如以下代码所示。

```
<?php
class IndexAction extends Action {
   //..
   public function index(){
     $articleObj=M("Article");
     $rows=$articleObj->getField("id,title,content")->select();
     $this->assign("list",$rows);
     $this->display();
    }
}
?>
```

4．删除数据（delete）

delete 方法可以方便地删除数据，delete 配合 where 连贯操作可以根据条件进行删除操作，如果配合 limit 还可以实现简单的批量删除。当然也可以配合 PHP 中的 foreach 或者 for 语句进行批量删除，delete 的使用方式和 select 基本一样，这里就不作过多介绍，下面将以代码演示 delete 方法的使用。

```
<?php
class IndexAction extends Action {
    //...
    public function delete(){
     $articleObj=M("Article");
     if ($articleObj->where("id=".$_GET["id"])->delete()) {
          $this->success("删除成功");
     }else {
          $this->success("删除失败");
     }
    }
}
?>
```

如果数据表的主键为 id，并且以 id 作为删除条件，那么还可以直接在 delete 方法中传入 id 参数，如以下代码所示。

```
$articleObj=M("Article");
$articleObj ->delete(1); // 删除主键为 1 的数据
$articleObj ->delete('2,3'); // 删除主键为 2、3 的多个数据
```

7.2.3　查询语言

前面已经介绍过在连贯操作中的 whrere 方法，该方法为查询限制条件，接受的参数为 SQL 查询条件部分（即 where 部分语句），在赋参时一般使用字符串作为查询条件，如 where(“add_user=’ceiba’”)。事实上这种方式是不建议使用的，因为这会导致查询溢出（SQL 注入、查询边界超出等）造成安全隐患。所以系统提供了多套查询方式，其中最常用的为数组查询方式，使用数组代替字符串，系统会对所有数据进行过滤，确保数据最终的安全。数组查询方式能够实现大部分字符串所能够实现的查询类型，包括常见的普通查询、区间查询、组合查询、统计查询等。使用数组进行查询操作，就需要使用查询表达式，否则传统的字符串表达式将不能正确解释，下面首先理解查询表达式。

1．查询表达式

SQL 语言是一种比较类似人类自然用语的结构化查询语言，它使用的表达式与传统的数学表达式非常类似。常见的等号（=）、不等号（<>）、大于（>）、小于（<）等表达式都通俗易懂，一般的开发人员几乎不必牢记，也能运用娴熟。这是 SQL 语言的一大特性，但是这些表达式的赋值是有讲究的，如果处理不当就会造成严重的安全隐患，早些年非常普遍的 SQL 注入百分之九十都出于这些表达式的运用不当。面对这些问题，在 C#、Java 等主流语言中使用预处理机制能够帮助提高查询的安全性，但 PHP 是一种脚本语言，必须依靠开发人员使用过滤函数进行处理，如果每个赋值都手动过滤，这无疑是效率低下的。

在 MVC 开发的年代，这一切早已发生了改变，无论是 Zend Framework 的 PDO 方式、还是 Symfony 的 Yml 表达式都能够很好地解决直接使用字符串带来的安全问题，并能有效提高开发效率。ThinkPHP 作为一款流行的 MVC 框架，同样也提供了多种方式，常用的有数组表达式如表 7-2 所示。

表 7-2　数组查询支持的表达式

表 达 式	作　用	示　例
EQ	等于（=）	$data[“user”]=array(“eq”, “ceiba”)
NEQ	不等于（<>）	$data[“id”]= array(“neq”, “50”)
GT	大于（>）	$data[“id”]= array(“gt”, “20”)
EGT	大于等于（>=）	$data[“id”]= array(“egt”, “10”)
LT	小于（<）	$data[“id”]= array(“lt”, “50”)
ELT	小于等于（<=）	$data[“id”]= array(“lt”, “100”)
LIKE	模糊查询	$data[“title”]= array(“like”, “ceiba%”)
[NOT] BETWEEN	（不在）区间查询	$data['id']　= array('between','1,8')
[NOT] IN	（不在）IN 查询	$data['id']　= array('not in','1,5,8')

定义好表达式后，就可以直接作为参数传递给 where 连贯操作了，如以下代码所示。

```
<?php
class IndexAction extends Action {
   //...
   public function index(){
    $articleObj=M("Article");
    $data["add_user"]=array("eq","ceiba");
    $data["content"]=array("like","苹果%");
    $rows=$articleObj->where($data)->select();
    $this->assign("list",$rows);
    $this->display();
   }
}
?>
```

如上述代码所示，where 传入的参数不再是前面的字符串，而是一个多维数组，这些数组元素最后被转换成标准的 SQL 语句，如以下代码所示。

```
SELECT * FROM `tpk_article` WHERE ( `add_user` = 'ceiba' ) AND ( `content` LIKE '%苹果%' )
```

读者可以使用 echo $articleObj->getLastSql();得到转换后的 SQL 语句。上述代码中共有两个查询条件：add_user 和 content。它们之间的关系为 AND（默认情况），即两个条件都必须成立。如果需要更改查询关系为 OR，可以使用$data['_logic'] = 'OR'数组元素值进行更改。

从上述代码中可以看出，查询表达式可以完美地代替传统的字符串查询表达式，并带来了非常好的效果，不会降低开发效率，建议读者采用这种方式。另外查询表达式是不区分大小写的。

2．普通查询

所谓的普通查询是相对功能而言的，事实上所有查询语言都是以普通查询为基础的，在实际应用开发中读者没必要区分查询分类，因为无论哪种查询都是连贯操作的结果，不同的只是 where 方法中的参数。前面所介绍过的查询语句都可归为普通查询。通常情况下，普通查询都会返回数据集，例如使用 select 或 find 等方法。由于普通查询在前面的内容中已经多次出现，这里就不再重述。

3．区间查询

区间查询就是需要查询的结果限制于两个或两个以上的查询条件。例如需要查询 id>10 并且 id<30 之间的数据，这就限制了结果为 id 字段 11～29 之间的数据，如果使用传统的 SQL 语句编写，代码如下所示。

```
Select * from tpk_article where id>10 and id<30
```

如果使用查询表达式，那么可以使用多个数组进行表达。此时的 id 数组元素值就会变为一个多维数组，如以下代码所示。

```
<?php
class IndexAction extends Action {
   //...
   public function index(){
    $articleObj=M("Article");
    $data["id"]=array(array("gt",5),array("lt","8"),"and");
    $rows=$articleObj->where($data)->select();
    $this->assign("list",$rows);
    $this->display();
```

```
        }
    }
    ?>
```

如上述代码所示，数组 id 元素的值使用了一个多维数组，多维数组中每个数组元素代表一个查询条件，最后一个数组元素为查询关系，可选的值有 and 或者 or，如果为空则使用 and 默认值。

4．组合查询

组合查询可以对复杂的多个查询条件进行封装，并且能够在数组元素中直接使用字符串，最终的结果由所有元素值决定。比如需要查询 id>5 或者 title 包含有“苹果”词汇的数据，最后还限制新闻来源地区为“guangdong”，那么使用组合查询代码就变得简洁，如以下代码所示。

```
<?php
class IndexAction extends Action {
    //...
    public function index(){
        $articleObj=M("Article");
        //条件 1
        $data["id"]=array("gt",5);
        $data["title"]=array("like","%苹果%");
        $data["_logic"]="or";
        //条件 2
        $where["area"]=array("eq","guangdong");
        //条件拼接
        $where["_complex"]=$where;
        $rows=$articleObj->where($where)->select();
        $this->assign("list",$rows);
        $this->display();
    }
}
?>
```

如上述代码所示，使用_complex 数组元素对 2 个查询条件进行拼接，如果有更多的条件需要拼接，依此类推即可。最终的 SQL 代码如下所示。

```
SELECT*FROM`tpk_article`WHERE(`area`='guangdong')AND((`area`='guangdong'))
```

5．统计查询

如果严格来区分，统计查询并不算查询语言的讲述范畴，因为在 ThinkPHP 中要进行字段数值统计并不需要额外定义数组元素，只需要更改显示方式即可。例如普通查询使用 select 进行数据显示，而统计查询根据统计需求有各自的显示方法。当然统计查询是可以结合前面的各种查询方式进行使用的，系统支持的统计查询如表 7-3 所示。

表 7-3　统计查询显示方法

显示方法	说明	参数
Count	统计指定表字段的总条数	可选，参数为字段名称
Max	获取指定表字段的最大值	必选，参数为字段名称
Min	获取指定表字段的最小值	必选，参数为字段名称
Avg	获取指定表字段的平均值	必选，参数为字段名称
Sum	获取指定表字段的合计结果	必选，参数为字段名称

统计查询的使用和前面介绍的连贯操作类似，只需要更改最后一个显示方法即可，如以下代码所示。

```
<?php
class IndexAction extends Action {
    //...
    public function index(){
        $articleObj=M("Article");
        $rows=$articleObj->select();
         //总共记录数
         $num=$articleObj->count();
         $this->assign("num",$num);
         $this->assign("list",$rows);
         $this->display();
    }
}
?>
```

7.2.4 使用原生的 SQL 语言

虽然系统已经将数据库操作进行了 OOP 封装，完善的 CURD 操作及表达式能够满足大部分需求，但还不能完全代替传统的 SQL 语言，尤其在一些复杂的 SQL 查询中，所以系统也提供了传统的 SQL 语言查询。在 Model 模型中，有 3 种方式可以使用原生的 SQL 语言，下面分别进行介绍。

1. query 方法

query 方法的使用比较简单和直观，接受的参数即为完整的 SQL 语句。这里所说的 SQL 语句是带完整数据表名的（包含前缀）查询语言。query 方法返回的结果是一个数据集，可以直接分配到模板中，如以下代码所示。

```
<?php
class IndexAction extends Action {
    public function index(){
     $userObj=M();
     $sql="select * from tpk_user where id>0";
     $rows=$userObj->query($sql);
     $this->assign("list",$rows);
     $this->display();
    }
}
?>
```

直接使用 query 方法执行 SQL 语句需要给出完整的数据表名，这时在 DB_PREFIX 配置文件中的配置项就变得毫无作用了，如果数据表前缀一旦变更，就会给代码维护带来严重的困难。这里可以使用两种方式进行解决：一种直接用使用 C 函数获取 DB_PREFIX 表前缀，以变量的方式替换 SQL 语句中的数据表名称；另外一种是将当前动作名或方法名改成与数据表名相同，在 SQL 语句中使用__TABLE__替换符进行替换。使用原生 SQL 语句后，所有的参数入口需要手动过滤，常用的过滤函数有 mysql_escape_string、addslashes、escapeshellarg 等。

2. execute 方法

execute 方法和 query 方法是一样的，使用方式也一样，唯一不同的是 execute 方法不会返回数据集，也不会返回受影响行数，甚至连错误信息都不返回。通常情况下 query 用于获取数据，execute 方法用于后台插入、更新数据。如以下代码所示。

```
<?php
class IndexAction extends Action {
    public function index(){
     $userObj=M();
     $sql="insert into tp_user(user_name,user_email)values('李开湧','kf@86055.com')";
     $userObj->execute($sql);
     $this->display();
    }
}
?>
```

3. exp 操作表达式

exp 操作表达式是介于 CURD 表达式与传统 SQL 之间的一种查询方式，为这两种方式找到了一个平衡点。在 exp 表达式中，开发人员可以完全使用标准的 SQL 语句（where 部分）进行数据操作，包括查询、更新、删除等，如以下代码所示。

```
<?php
class IndexAction extends Action {
    public function index(){
        $articleObj=M("Article");
        $data["title"]=array("exp","like '%苹果%' and add_user ='ceiba'");
        $rows=$articleObj->where($data)->select();
        $this->assign("list",$rows);
        $this->display();
    }
}
?>
```

原生的 SQL 语句建议只用于一些特殊的操作，因为原生的 SQL 语句是有一定的局限性的，比如部署多数据库应用时，需要处理各种数据库 SQL 语言之间的差异。此外，使用原生的 SQL 查询需要读者手动进行查询缓存（exp 表达式除外）。

7.3　关联模型（RelationModel）

关联模型是一种解决多表参与 CURD 操作的数据表模型，它以简单、直观的方式将原本需要多个步骤、多条 SQL 才能完成的操作进行了组件化，对于开发人员而言，几乎不需要任何 SQL 关联查询的知识，只需要定义数组元素即可。

7.3.1　关联关系

在学习关联模型前，首先需要理解关联模型的类型，只有理解类型之间的关系，才能真正理解关联模型。例如数据库里有文章表、评论表、用户表、管理员表，假设以评论表为参照表，评论表中的数据每条都对应一篇文章。对于评论表而言，评论表与文章表之间的关系即为一对一关系，但评论表为主表，所以关系描述为 **HAS_ONE**。

评论内容又必须隶属于用户表中的某个用户，那么评论表与用户表之间的关系属于一对一关系，但以用户表为主，所以此时的评论表与用户表之间的关系为 **BELONGS_TO**（反之依然为 HAS_ONE）。一篇文章可以对应若干条评论数据，此时文章表与评论表之间的关系为一对多，描述为 **HAS_MANY**。一条评论可以被多个管理员管理，同时多个管理员可以同时管理同一条评论，此时评论表与管理员表之间的关系为多对多，描述为 **MANY_TO_MANY**。

以上这个形象的例子充分地说明了 ThinkPHP 关联模型的 3 种关系 5 种分类，这 5 种分类系统已经定义为了 5 个常量，如表 7-4 所示。

表 7-4　关联模型关系表

分类常量名	说　明	关　系
HAS_ONE	一对一，评论表与文章表之间的关系	ONE_TO_ONE
BELONGS_TO	一对一，用户表与评论表之间的关系	
HAS_MANY	一对多，文章表与评论表之间的关系	ONE_TO_MANY
BELONGS_TO	多对一，评论表与用户表之间的关系	
MANY_TO_MANY	多对多，评论表与管理员表之间的关系	MANY_TO_MANY

在实际应用开发中，最常用的为 HAS_ONE 和 HAS_MANY 关系，BELONGS_TO 适用于 ONE_TO_ONE 及 ONE_TO_MANY。通常情况下，BELONGS_TO 用于改变 HAS_ONE 和 HAS_MANY 的关联关系参照表位置。

7.3.2　关联定义

使用关联模型，重点在于数据模型关联的定义，在定义模型之前首先需要根据表 7-3 的内容定义好数据表之间的关系。定义关联模型需要在自定义模型中定义，并且需要确保自定义模型继承于 RelationModel，关联属性全部使用数组元素来描述。

数组元素根据关系类型的不同而有所不同，为了便于排版，分别使用序列 A1 代表 HAS_ONE、A2 代表 BELONGS_TO、A3 代表 HAS_MANY、A4 代表 BELONGS_TO、A5 代表 MANY_TO_MANY，如表 7-5 所示。

表 7-5　关联模型属性定义

数 组 项	说　明	赋 值 要 求	A1	A2	A3	A4	A5
mapping_type	关联类型	5 种关系类型常量名	√	√	√	√	√
class_name	关联目标数据表名（不需前缀）	可选	√	√	√	√	√
mapping_name	关联映射名，在数据集中的别名	可选	√	√	√	√	√
foreign_key	外键字段	可选	√	√	√	√	√
condition	额外关联操作条件	可选	√	√	√	√	√
mapping_fields	结果集呈现字段	可选	√	√	√	√	√
as_fields	字段别名	可选	√	√			
parent_key	自引用关联的关联字段	可选		√	√		
mapping_limit	返回记录条数	可选			√		√
mapping_order	返回记录排序	可选					
relation_foreign_key	多对多关联外键字段	可选			√		√
relation_table	多对多的中间关联表名称	可选					√

如表 7-4 所示，打“√”的表示该数组元素支持对应的模型类型，为空则表示不支持。关联模型属性定义，需要在$_link 自定义成员属性中定义，如以下代码所示。

```
<?php
class ArticleModel extends RelationModel{
    protected $_link=array(
            //关联模型(表)1
            'comment'=>array(
                //元素（属性）定义
                'class_name'=>'comment',
            ),
            //更多关联模型...

    );
    //功能代码...
}
?>
```

7.3.3　关联模型的 CURD

接下来将以 HAS_ONE、BELONGS_TO、HAS_MANY 这 3 种最常见的关联模型类型作为讲解对象，深入浅出地介绍关联模型的 CURD 实际应用。

1．数据查询

（1）HAS_ONE 查询

HAS_ONE 是关联模型中最简单的一种查询方式，它适用于 ONE_TO_ONE 关系（即一条评论对应一篇文章）。下面继续以前面创建的 tpk_article 表作为数据表，演示创建一个 HAS_ONE 关联模型的过程。

首先创建一个评论表，并命名为 tpk_comment，评论表有 5 个字段，其中 aid 字段关联 tpk_article 数据表中的 id 字段，这样就简单地创建了 HAS_ONE 关联模型所需要的条件，tpk_comment 表结构如图 7-5 所示。

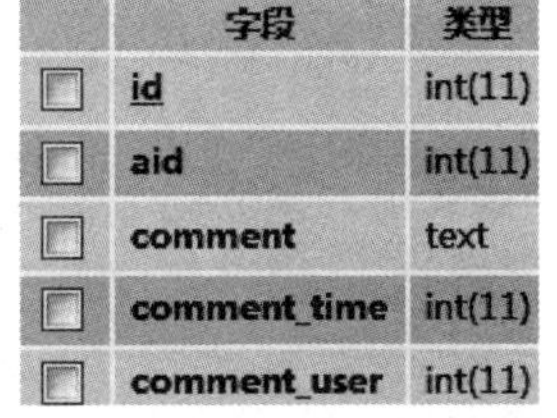

	字段	类型
☐	id	int(11)
☐	aid	int(11)
☐	comment	text
☐	comment_time	int(11)
☐	comment_user	int(11)

图 7-5　tpk_comment 表结构

然后在 tpk_comment 表插入几条数据，需要确保 aid 字段中的值与 tpk_article 表中的 id 值相对应，SQL 代码如下所示。

```
INSERT INTO `tpk_comment`(`id`,`aid`,`comment`,`comment_time`,`comment_user`)VALUES
(1, 1, '第一条评论', 1346401694, 1),
(2, 8, '第二条评论', 1346401694, 1);
```

接下来就需要使用自定义模型定义 tpk_comment 数据表与 tpk_article 数据表之间的关联关系了。打开自定义模型 ArticleModel，并让模型继承于 RelationModel，然后定义成员属性$_link，代码如下所示。

```
<?php
class ArticleModel extends RelationModel{
    protected $_link=array(
            //关联模型 1
            'comment'=>array(
                "mapping_type"=>HAS_ONE,
                "class_name"=>"comment",
                "mapping_name"=>"comment",
                "foreign_key"=>"aid",
```

```
                    "mapping_fields"=>array("id","comment"),
                ),
                //更多关联模型
        );
}
?>
```

如上述代码所示，$_link 属性值是一个多维关联数组，其中 comment 表示需要与当前模型建立关联模型的名称（即不带前缀的数据表名），$_link 属性允许定义多个关联模型。comment 的值为一个关联数组，其中 mapping_type 元素指定了该关联模型的分类（参考表 7-3）；其他数组元素根据类型不同而有所区别（参考表 7-4），这里除了 mapping_type 外，还定义了 class_name、mapping_name、foreign_key、mapping_fields 元素，其中 foreign_key 是必需的。

- 说明：foreign_key 也是一个可选项，用于指定目标数据表与当前数据表进行关联的有效字段（即外键），默认情况下系统会采用“数据对象名称_id”的形式为该元素赋值，例如关联的模型为 user，那么 foreign_key 的值为会被设为 user_id。

定义好关联属性后，接下来就可以在动作中直接使用了。调用自定义关联模型需要结合 relation 连贯方法，默认情况下 relation 方法是关闭的，需要传入 true 参数，关联查询才会起作用，如以下代码所示。

```
<?php
class IndexAction extends Action {
    public function index(){
        $articleObj=D("Article");
        $rows=$articleObj->field('id,title')->relation(true)->select();
        dump($rows);
    }
}
?>
```

关联查询可以使用所有 Model 基础模型的 CURD 操作方法，例如 find、delete 等。运行效果如以下代码所示。

```
array(8) {
  [0] => array(3) {
    ["id"] => string(1) "1"
    ["title"] => string(66) "库克就苹果地图缺陷向用户道歉：未提供一流体验"
    ["comment"] => NULL
  }
  //省略部份.......
  [6] => array(3) {
    ["id"] => string(1) "7"
    ["title"] => string(12) "eeeeeeeeeeee"
    ["comment"] => array(2) {
      ["id"] => string(1) "1"
      ["comment"] => string(15) "第一条评论"
```

```
    }
  }
  [7] => array(3) {
    ["id"] => string(1) "8"
    ["title"] => string(7) "fsdfsdf"
    ["comment"] => array(2) {
      ["id"] => string(1) "2"
      ["comment"] => string(15) "第二条评论"
    }
  }
}
```

如上述代码所示，由于由于评论表中只存在 aid 字段为 7 和 8 的数据，aid 是 tpk_article 表的外键，所以只有 id 为 7 和 8 的文章有评论数据。其中 comment 即为关联模型中的内容，默认情况下返回二维数组，因为在 HAS_ONE 关系中，所有关联模型的数据都只存在一条，为了操作方便可以使用 as_fields 属性将二维数组结果拆分为一个单独的数组元素。打开 ArticleModel，增加 as_fields 元素，如以下代码所示。

```
<?php
class ArticleModel extends RelationModel{
    protected $_link=array(
                //关联模型 1
                'comment'=>array(
                    "mapping_type"=>HAS_ONE,
                    "class_name"=>"comment",
                    "mapping_name"=>"comment",
                    "foreign_key"=>"aid",
                    "mapping_fields"=>array("id","comment"),
                    "as_fields"=>"id:comment_id,comment",
                ),
                //更多关联模型
    );
}
?>
```

如上述代码所示，由于合并后关联模型的 id 与当前模型的 id 产生冲突，所以需要使用“:”为 id 设置一个别名“comment_id”。定义 as_fields 元素后，结果集将全部合并为一个关联数组。如以下代码所示。

```
[6] => array(4) {
  ["id"] => string(1) "7"
  ["title"] => string(12) "eeeeeeeeeeee"
  ["comment_id"] => string(1) "1"
  ["comment"] => string(15) "第一条评论"
}
[7] => array(4) {
  ["id"] => string(1) "8"
  ["title"] => string(7) "fsdfsdf"
```

```
["comment_id"] => string(1) "2"
["comment"] => string(15) "第二条评论"
}
```

（2）BELONGS_TO 查询

BELONGS_TO 是适用于 HAS_ONE 和 HAS_MANY 关联关系，这里继续以前面 HAS_ONE 示例为例，介绍 BELONGS_TO 的使用。前面的示例中，使用 HAS_ONE 演示了一条评论 id 对应一篇文章，那么同样一条评论数据只对应一个用户 id，评论表与用户表之间的关系即为 BELONGS_TO。

这样一来只需要在 ComentModel 自定义模型中定义 user 表为关联模型，然后将 tpk_comment 表中的 comment_user 字段与 tpk_user 表中的 id 字段（默认字段，不需填写）建立关联关系，那么就实现了查询 tpk_comemnt 表，同时得到 tpk_user 表数据中的用户数据（即得到评论用户名）。

首先创建自定义模型，并命名为 CommentModel。让其继承于 RelationModel 模型，然后设置关联关系为 BELONGS_TO，如以下代码所示。

```
<?php
class CommentModel extends RelationModel{
    protected $_link=array(
            'user'=>array(
                "mapping_type"=>BELONGS_TO,
                "class_name"=>"user",
                "mapping_name"=>"user",
                "foreign_key"=>"comment_user",

            ),
    );
}
?>
```

同样可以使用 as_fields 元素合并查询结果，这样在调用 Comment 自定义模型时，不仅可以查到 tpk_comment 表数据，还能得到 tpk_user 表数据。调用方式与 HAS_ONE 方式无异，效果如以下所示。

```
array(2) {
  [0] => array(6) {
    ["id"] => string(1) "1"
    ["aid"] => string(1) "7"
    ["comment"] => string(15) "第一条评论"
    ["comment_time"] => string(10) "1346401694"
    ["comment_user"] => string(1) "1"
    ["user"] => array(3) {
      ["id"] => string(1) "1"
      ["user_name"] => string(9) "李开涌"
      ["user_email"] => string(12) "kf@86055.com"
    }
  }
```

（3）HAS_MANY 查询

一篇文章可以对应多条评论，评论表与文章表之间的关系即为 HAS_MANY。HAS_MANY 是关联模型中最常用的操作，HAS_MANY 的使用非常简单，和 HAS_ONE 相比，只需要修改其中的关系类型即可，其他的元素几乎不用修改。

当然 as_fields 元素只适用于单条数据，而 HAS_MANY 是用于查询多条数据的，所以 as_fields 在这里使用是没意义的。继续以前面创建的 HAS_ONE 示例为例，修改其中的 mapping_type 类型后，得到的效果正是一条新闻对应多条评论数据（前提是评论表中有多条 aid 重复值的评论数据）。由于 HAS_MANY 和 HAS_ONE 基本相同，在此就不做演示了。

至此，可以得到一个结论，HAS_MANY 与 HAS_ONE 是一对取反的关联模型，HAS_ONE 用于操作单条数据；HAS_MANY 用于操作多条数据。

2．数据的操作

一旦定义好关联模型属性，那么之后的 CURD 操作都不需要做更改。接下来继续以最典型的 HAS_MANY 关系为例，介绍关联模型的数据操作。关联模型中创建数据是最重要的步骤，也是确保能否正确操作数据的关键，假设需要为 tpk_article 表添加一篇文章数据，同时为 tpk_comment 表增加两条评论数据，那么只需要在 add 数组中定义 comment 数组元素，然后在 comment 中赋值就等于为 tp_comment 赋值了，代码如下所示。

```
<?php
class IndexAction extends Action {
    public function index(){
     $articleObj=D("Article");
     /*$data["id"]=7;
     $rows=$articleObj->where($data)->relation(true)->delete();
     echo $articleObj->getLastSql();
     dump($rows);*/
     $data["title"]="新闻标题";
     $data["content"]="这是一条关于体育动态的新闻";
     $data["category"]="体育新闻";
     $data["add_time"]=time();
     $data["comment"]=array(
         array("aid"=>9,"comment"=>"体育新闻评论 1","comment_time"=>time(),"comment_
user"=>1),
         array("aid"=>9,"comment"=>"体育新闻评论 2","comment_time"=>time(),"comment_
user"=>1),
    );
     $articleObj->relation(true)->add($data);
    }
}
?>
```

如上述代码所示，其中标粗的即为关联的模型，该元素名称需要与 ArticleModel 自定义模型中的关联模型名称相同。

既然可以插入数据，那么更新数据也一样，只需增加 where 条件限制操作并将 add 操作改为 save 操作即可。接来下将介绍关联模型的数据删除。

关联删除是关联模型中最典型的应用，也是最常用的一种功能，许多大型的关系型数据库都提供这种功能，在传统的 PHP 与 MySQL 开发中，要达到这样的效果，开发人员需要使用 join 或者视图来实现，也可以直接在 PHP 代码中使用 foreach 等语句来实现。在

ThinkPHP 关联模型中，要删除数据变得非常简单，只需要将关联外键赋参给 delete 操作方法，即可实现关联删除。无论是哪种关联关系，都是通用的，系统会自动删除相关联的数据，如以下代码所示。

```
<?php
  class IndexAction extends Action {
      public function index(){
          $articleObj=D("Article");
          $articleObj->relation(true)->delete(9);
      }
  }
?>
```

如果只需要删除 tpk_comment 表中的数据（即关联模型），那么只需要为 relation 操作方法传入 comment 参数即可。

7.4 高级模型（AdvModel）

高级模型是在基础模型的基础上增加了多项强化功能的数据表模型。使用高级模型除了能够实现普通模型所有功能外，还能够实现数据过滤、操作限制、延迟操作等实用功能，此外还提供了几种传参式获取数据字段的实用功能。高级模型是以扩展方式整合进系统的，它用于普通模型操作之外的一些特殊操作，但并不意味着普通模型不能实现高级模型的功能。本节将介绍高级模型中的定位查询、动态查询、内容存文本等实用功能。

7.4.1 定位查询

定位查询顾名思义就是将查询指针定位到某条记录。普通查询中通常使用 select 方法获取结果集，但有时并不是每个结果集都需要获取多条记录的，高级模型对 select 进行了细化，提供了 3 个实用方法用于实现定位查询，分别为 getN、first、last。

（1）getN

getN 方法用于获取符合条件指定位置的记录，授受的参数为数值类型，即需要获取结果集中指定的记录位置，参数为负数时则获取倒序向前的记录，否则即正序向后的记录，如以下代码所示。

```
$User->where('status =1')->order('add_time')->getN(2);
```

上述代码表示获取结果集第 3 条记录（即正序跳过 2 条），如果需要获取结果集的倒序第 2 条，则需要传入负数，如以下代码所示。

```
$User->where('status =1')->order('add_time')->getN(-2);
```

（2）first

如果只需要获取结果集中的第 1 条记录，那么可以直接使用快捷方法 first，该方法不需要赋参，代码如下所示。

```
$User->where('status =1')->order('add_time')->first();
```

（3）last

可以获取正序第 1 条记录，当然也可以获取倒序第 1 条记录，last 用于获取记录集的最后一条记录，代码如下所示。

```
$User->where('status =1')->order('add_time')->last();
```

7.4.2　动态查询

如果只是获取特定的字段或者获取指定的记录，使用动态查询更加高效。动态查询免除了 where 条件部分，直接动态传参即可。高级模型中一共提供了 3 个操作方法用于实现动态查询，分别为 getBy、getFieldBy 和 top。

（1）getBy

getBy 方法用于根据某个字段的值查询数据，这里所说的某个字段是不确定的，是一个动态的字符串，例如 getByEmail，就表示根据 Email 字段查询数据，如以下代码所示。

```
<?php
   public function index(){
    $User=new AdvModel("User");
    $rows=$User->getByUserEmail("kf@86055.com");
    dump($rows);
   }
}
?>
```

上述代码中传入参数“kf@86055.com”，即表示在 UserEmail 字段中查找值为 kf@86055.com 的记录。这里需要注意的是，在 tpk_user 表中并不存在 UserEmail 这个字段，但结果一样正确，这是因为系统默认使用了模型与数据表映射规则，即系统会将 UserEmail 这个字符串解释为 user_email 字段。上述代码的转换后的 SQL 语句如下所示。

```
SELECT * FROM `tpk_user` WHERE ( `user_email` = 'kf@86055.com' ) LIMIT 1
```

如果字段为数字类型，需要传入正确的数字，例如 getById(1)。

（2）getFieldBy

getFieldBy 和 getBy 相类似，但 getFieldBy 不仅获取到某个字段指定值的数据，还可以根据某个字段值得到另一个字段的值。假设根据 kf@86055.com 查询结果，得到该用户的 id，那么可以动态表示为 getFieldByEmail(“kf@86055.com”, “id”)，如以下代码所示。

```
<?php
   public function index(){
    $User=new AdvModel("User");
    $rows=$User->getFieldByUserEmail("kf@86055.com","id");
    dump($rows);
   }
}
?>
```

上述代码转换后的 SQL 语句如下所示。

```
SELECT `id` FROM `tpk_user` WHERE ( `user_email` = 'kf@86055.com' ) LIMIT 1
```

（3）top

getN 操作方法用于跳过记录，而 top 操作方法用于包含记录。top 操作方法是一个动态方法，不需要传递参数，它的表示方式直观好记，例如需要获取前 5 个用户，那么就表示为 top5()。严格意义上数字 5 并不是一个合格的方法命名规则，但在动态操作中是被允许的。

动态查询只有 top 操作方法需要使用 AdvModel 高级模型，其他两个并不需要，这里为了便于讲解，所以将其归类为高级模型。需要说明的是 AdvModel 模型完全适用于 Model 基础模型，所以在动态模型中，基础模型的 where、order 等连贯操作都是通用的。

7.4.3 内容存文本

内容存文本是一项非常实用的功能，将数据表中一些大数据量的字段，如 txt 类型字段、blob 类型字段转存于纯文本文件中，能够有效地减少数据表的容量，提高数据表的运行效率，并改善数据表冗余。要将数字表字段改为纯文本储存方式，只需要在自定义模型中定义$blobFields 成员属性值即可，更改后原先的 CURD 操作不受任何影响，接下来将通过一个示例演示$blobFields 属性的使用。

打开 ArticleModel.class.php 模型文件，将 ArticleModel 模型的父类改变为 AdvModel，然后定义$blobField 成员属性值，这里只需要改变 thk_article 数据表中的 content 字段储存方式为纯文本。代码如下所示。

```
<?php
class ArticleModel extends AdvModel{
    Protected $blobFields  = array('content');
}
?>
```

如果有多个字段需要改为纯文本储存方式，在数组中添加上相应的字段名称即可。数组中定义的字段可以是一个独立的字段，不需要数据表中同时存在该字段。通过前面的步骤，接下来的 CURD 操作不受任何影响，如以下代码所示。

```
<?php
class IndexAction extends Action {
    public function add(){
     $data["title"]="内容存文本";
     $data["content"]="写入的文本内容";
     $data["area"]="guangdong";
     $data["area"]="ceiba";
     $data["add_time"]=time();
     $articleObj = D('Article');
     if ($articleObj->add($data)){
         $this->success("数据插入成功");
     }else {
         $this->error("数据插入失败");
     }
     $this->display();

    }
}
?>
```

代码执行后，储存的文本内容默认被存放于 home/Runtime/Data/Article/目录下，文件以“主键 id_表字段”的方式命名，如 9_content.php。

需要注意的是，字段内容转存文本之后，相应的数据就不受数据库保护了，系统将以 IO 的方式取出文本数据，这就意味着内容存文本的字段只能是一些不重要或者不需要受保护的数据。

7.5 大数据支持

在这个信息量暴涨的时代，大数据存储无论何时都是每个程序员必须重视的问题。在小网站中，一台 MySQL 服务器，单个数据库，甚至单个数据表也能轻松应对。但是在大数据中，这种架构无疑是致命的。假设有 1 亿条数据记录需要实现 CURD 查询，如果全部将这些数据存放在一个表，那么再强大的服务器也承受不了，这时就可以使用数据库表分区技术或者数据库分库技术来将 1 亿条记录分开存储，为了实现查询和写入互相不干扰，还可以使用数据库读写分离技术实现高效的应用。

这里所说的大数据支持是指传统的关系型数据库应用。为了便于讲解，这里以最经典的 MySQL 作为示例。MySQL 5.2 以后的版本能够完美地支持主从同步、表分区、数据均衡等只有商业数据库才支持的功能，这些功能是确保能够适合大数据操作的关键，ThinkPHP 能够对这些功能提供良好的应用开发支持，比如多数据库切换、数据表分区、读写分离等。

7.5.1 分布式数据库

分布式数据库并不是指多个数据库，严格意义来说是指分布式数据库服务器，也称服务器集群。比如 MySQL 服务器集群，只是由于习惯性的问题，多数程序员都称为分布式数据库。分布式数据库的特点是多台数据库服务器轮流对外提供服务，并提供冗余、容灾等基本功能，确保操作不中断。衡量一个 MVC 框架能不能进行分布式数据库开发，首先需要看 MVC 中的连接对象能否智能并顺利地切换数据库服务器。默认情况下，一个连接对象只对一台数据库服务器生效。ThinkPHP 提供完善的数据库连接驱动，并且能够同时支持多种类型数据库的分布式开发。默认情况下提供了 MySQL 分布式数据库开发驱动，如果读者使用的是其他数据库，需要自行到 http://www.thinkphp.cn/extend/driver.html 网址下载对应的驱动。下面以默认的 MySQL 驱动为例，详细介绍 ThinkPHP 连接分布式数据库的过程。

1. 配置数据库

ThinkPHP 简化了连接分布式数据库的步骤，开发人员不需要手动创建连接对象和释放连接对象，只需要在配置文件中增加数据库配置即可。这里假设在原有的 MySQL 数据库服务器的基础上再添加一台用于存放 BBS 论坛数据的 MySQL 服务器，ip 地址为 192.168.1.10。配置文件如以下代码所示。

```
<?php
return array(
    //'配置项'=>'配置值'
    'DB_TYPE'              => 'mysql',     // 数据库类型
    'DB_HOST'              => 'localhost', // 服务器地址
    'DB_NAME'              => 'tp',        // 数据库名
    'DB_USER'              => 'root',      // 用户名
    'DB_PWD'               => 'root',      // 密码
    'DB_PREFIX'            => 'tpk_',      // 数据库表前缀
    'TMPL_L_DELIM'         => '<!--{',
    'TMPL_R_DELIM'         => '}-->',
    'LAYOUT_ON'=>true,
    "DB_Con1"=>array(
        'db_type'              => 'mysql',     // 数据库类型
        'db_host'              => '192.168.1.10', // 服务器地址
        'db_name'              => 'bbs',        // 数据库名
        'db_user'              => 'root',      // 用户名
        'db_pwd'               => 'root',      // 密码
    ),
```

```
    //..更多数据库配置

);

?>
```

如上述代码所示，新添加的数据库配置项命名为 DB_con1，该名称是自定义的，切换数据库时需要使用到。如果需要添加更多集群数据库服务器，只需要按照格式填写即可。配置信息和连接方式根据驱动情况而有所不同，比例使用 DNS 连接方式，那么就必须按照 DNS 的方式配置。

这里需要注意的是，新增的数据库配置项名称必须为全小写，否则系统将不能正确识别（以 ThinkPHP 3.0 为例）。另外，新增加的数据库配置不支持配置数据表前缀。配置完成后，原先的数据库配置会被系统设为默认数据库，并分配编号 0；而新增的 DB_Con1 数据库分配的编号为 1，需要开发人员手动切换。

2．使用数据库

分布式数据库配置完成后，接下来就可以直接使用了。假设 bbs 数据库中有一个数据表，并命名为 comm_bbs，那么动态切换到该数据表是非常简单的，代码如下所示。

```
<?php
class IndexAction extends Action {
    public function index(){
     $user = M();
        $data = $user->db(1,'DB_Con1')->table("comm_bbs")->where("classid =1")->select();
        echo $user->getLastSql();
        dump($data);

    }
    //..
}
?>
```

table 方法是一个重要的方法，该方法用于指定数据表。前面已经讲述过新增加的数据库配置不支持配置表前缀，所以 table 方法必须传入带表前缀的数据表名称。但是如果新增加的数据库表前缀本来就和默认数据库的表前缀是一样的，那么 table 方法是可以省略的。如以下代码所示。

```
<?php
class IndexAction extends Action {
    public function index(){
     $user = M("Bbs");
        $data = $user->db(1,'DB_Con1')->where("classid =1")->select();
        echo $user->getLastSql();
        dump($data);

    }
    //..
}
?>
```

事实上分布式数据库多数都用在主从读写分离上的，这也就意味着所有数据库的表结构都相同，这种情况下就不需要 table 方法。针对数据库读写分离，ThinkPHP 还专门提供了更加便捷的方式。

7.5.2　读写分离

前面介绍过多数据库动态切换可以实现数据库读写分离，但这种方式是需要手动切换的，也就是说读的时候需要开发人员指定数据库，写的时候也是如此。事实上，ThinkPHP 已经完美地解决了读写分离功能，本节将会详细介绍。

读写分离的本质是数据主从同步，所以要想真正实现读写分离，还必须要在数据库系统内首先实现主从同步复制。由于主从复制在每种数据库上实现的方式都不尽相同，而且涉及数据库系统知识，这不是本书介绍对象，所以接来下不会深入介绍数据库主从复制的原理，只简单介绍实现一个简单的数据库主从复制过程。

1．配置数据库主从复制

仍然以 MySQL 为例，介绍 MySQL 主从复制的配置过程。要实现 MySQL 主从复制，需要确保主 MySQL 服务器的版本号大于或等于从 MySQL 服务器的版本号，并且需要确保版本号大于 5.1。除此之外还需要确保开启了数据库 bin-log 二进制日志和慢查询日志。前者是必需的，而后者是可选的，用于数据库维护和调优。

由于 bin-log 日志是主从复制的关键，所以这里有必要进行简单介绍（更多资料可以参阅 MySQL 官方手册或者相关书籍）。bin-log 是 MySQL 数据库中非常有用的一种高级日志，它完全地记录了数据库系统对数据库所有的增、删、改、查行为，但不会记录服务器本身的健康状态。假设程序执行了 select * from tpk_user where id=5 语句，那么 bin-log 将会完整地记录，并且为该操作添加上 position 值。

所有 bin-log 日志默认存放于数据库存放目录里（默认为 data 或 var），bin-log 日志是一种二进制文件，使用一般的文本编辑器无法打开（如记事本、vi 等）。MySQL 提供了 MySQLbinlog 管理工具用于查看 bin-log 日志。利用 bin-log 存放完整 SQL 语句的特性，系统管理人员可以轻易地从 bin-log 日志中恢复数据。同样的原理，MySQL 主从复制并不是真正地复制数据表中的信息，而是复制主数据库中的 bin-log 日志，然后再从这些日志中恢复数据，实现数据的复制。所以要实现主从复制首要前提就是开启 bin-log 日志，并且确保主从数据库之间的 master bin-log 日志中的 position 值相同。

下面将使用两台 MySQL 数据库服务器为例，简单介绍主从复制的过程，满足本章后续的学习需要。本例中主数据库的 ip 地址为 192.168.2.1；从数据库的 ip 地址为 192.168.2.2，读者可以使用虚拟机来模拟上述环境。下面首先配置主数据库。

（1）配置主 MySQL 服务器

前面多次提到要实现主从复制，首先需要开启 bin-log 日志功能，无论主服务器还是从服务器都一样。首先查看主服务器的 bin-log 日志状态。

```
mysql> show variables like 'log_bin';
+---------------+-------+
| Variable_name | Value |
+---------------+-------+
| log_bin       | ON    |
+---------------+-------+
1 row in set (0.00 sec)
```

如果结果为 ON 则表示 bin-log 日志已经处于激活状态，否则需要打开 MySQL 配置文件，开启 bin-log 功能，如以下代码所示。

```
48 # Replication Master Server (default)
49 # binary logging is required for replication
50 log-bin=mysql-bin
```

作为主服务器，还需要配置服务器的 server-id，该值是唯一性的，是主从服务的重要标识，通常情况下主服务器的 server-id 设置为 1，如以下代码所示。

```
55 # required unique id between 1 and 2^32 - 1
56 # defaults to 1 if master-host is not set
57 # but will not function as a master if omitted
58 server-id       = 1
```

配置完成后，保存配置文件，重启 MySQL 数据库。至此，主服务器就基本配置完成了，剩下的只需要配置一个专用于同步数据的用户即可。为了安全，在此只赋给同步用户复制数据的权限，读者可以使用可视化的 phpmyadmin 来设置，也可以使用命令行操作，命令如下代码所示。

```
>mysql> grant replication slave on *.* to sync@192.168.0.210 identified by 'sync@admin';
>mysql> flush privileges;
```

如果使用 phpmyadmin 管理工具，创建的用户只需要确保 REPLICATION SLAVE 被打“√”即可，如图 7-6 所示。

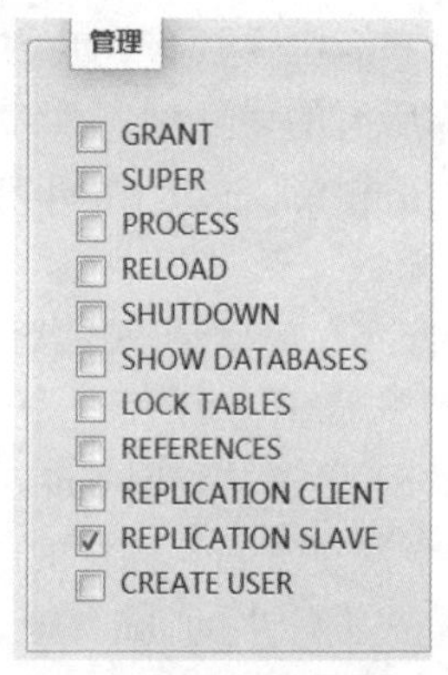

图 7-6　选择 REPLICATION SLAVE

通过前面的步骤，主服务器就配置完成了，最后将数据库 tp 中的表和数据导出，以便导入到从服务器，确保主从数据库中的数据一致。读者可以使用 mysqldump 导出，也可以使用 phpmyadmin 导出。mysqldump 命令如下。

```
>mysqldump -uroot -proot tp -F > /tmp/tp.sql;
```

以上是 Linux 的导出路径，如果是 Windows 系统，需要做对应的更改。mysqldump 工具位于 MySQL 安装路径的 bin 目录（例如/usr/local/mysql/bin）。

（2）配置从 MySQL 服务器

首先创建一个数据库用于存放主数据库中的数据，这里将从服务器的数据库命名为 tp（5.1.7 后的版本需要确保主从一致），然后将前面导出的 tp.sql 数据导入到该数据库中，接着将 tp.sql 文件复制到从服务器上，最后执行导入步骤，如以下代码所示。

```
>mysql -uroot -proot tp2 -v -f</tmp/tp.sql
```

读者也可以使用可视化的 phpmyadmin 导入数据。但如果使用 phpmyadmin 导入时，主从数据库都需要使用 reset master 命令重置 bin-log 日志。

导入数据之后，根据前面讲述的方式查看是否已经启动 bin-log 日志。如果没有，需要打开配置文件开启 bin-log 日志功能，然后设置配置文件中的 server-id 为 2，如以下代码所示。

```
[mysqld]
server-id=2
log-bin=mysql-bin
replicate-do-db=tp #需要同步的数据库
replicate-ignore-db=mysql #不需要同步的数据库
replicate-ignore-db=test #不需要同步的数据库
```

修改配置文件后，需要重新启动 MySQL，以便让新配置生效。最后进入 MySQL 命令行工具，执行同步操作，如以下代码所示。

```
mysql> stop slave;
Query OK, 0 rows affected (0.01 sec)
mysql> change master to
    -> master_host='192.168.2.1',
    -> master_user='sync',
    -> master_password='sync@admin';
Query OK, 0 rows affected (0.01 sec)
mysql> start slave;
```

现在可以使用 show slave status 命令查看同步状态，如果 Slave_IO_Running 和 Slave_SQL_Running 这两项都为 yes 则表示同步成功，如以下代码所示。

```
mysql> show slave status \G
*************************** 1. row ***************************
               Slave_IO_State: Waiting for master to send even
                  Master_Host: 192.168.2.1
                  Master_User: sync
                  Master_Port: 3306
                Connect_Retry: 60
              Master_Log_File: mysql-bin.000001
          Read_Master_Log_Pos: 106
               Relay_Log_File: mysql-relay-bin.000002
                Relay_Log_Pos: 252
        Relay_Master_Log_File: mysql-bin.000001
             Slave_IO_Running: Yes
            Slave_SQL_Running: Yes
              Replicate_Do_DB: tp
          Replicate_Ignore_DB: mysql,test
           Replicate_Do_Table:
       Replicate_Ignore_Table:
      Replicate_Wild_Do_Table:
  Replicate_Wild_Ignore_Table:
                   Last_Errno: 0
                   Last_Error:
                 Skip_Counter: 0
          Exec_Master_Log_Pos: 106
              Relay_Log_Space: 408
              Until_Condition: None
               Until_Log_File:
                Until_Log_Pos: 0
           Master_SSL_Allowed: No
           Master_SSL_CA_File:
           Master_SSL_CA_Path:
```

```
             Master_SSL_Cert:
           Master_SSL_Cipher:
              Master_SSL_Key:
       Seconds_Behind_Master: 0
Master_SSL_Verify_Server_Cert: No
               Last_IO_Errno: 0
               Last_IO_Error:
              Last_SQL_Errno: 0
              Last_SQL_Error:
  Replicate_Ignore_Server_Ids:
            Master_Server_Id: 1
1 row in set (0.00 sec)
```

读者可以在主数据库中对 tpk_user 数据表进行增、删、改、查等操作，从数据库（192.168.2.10）中的 tpk_user 数据表同样也会跟着发生改变。接下来将结合 ThinkPHP 实现数据的读写分离。

❑ 提示：在 5.1.7 以前的版本中，从服务器的同步配置是需要在 MySQL 配置文件中进行配置的。但新版只需要在配置文件中配置 server-id 和指定需要同步的表及不需要同步的表，然后使用命令执行同步操作即可，这点与老版本区别较大，需要读者注意。

2. 实现读写分离

前面只是配置了数据库主从同步功能，主从同步通常用于数据库读写分离。ThinkPHP 提供了完善的读写分离功能，开发人员不需要手动切换数据库。什么时候读，什么时候写系统会自动判断。读数据时系统会操作从服务器，而写数据时系统会操作主服务器。最终由数据库实现同步，这就是一个最典型的数据库读写分离，下以将以前面配置好的两台主从数据库为例，详细介绍实现读写分离。

首先打开项目下的数据库配置文件，修改其中的数据库连接参数。要实现多数据库连接，只需要使用“,”分隔多台服务器即可，如以下代码所示。

```
<?php
return array(
    //'配置项'=>'配置值'
    'URL_CASE_INSENSITIVE' =>true,
    "DB_DEPLOY_TYPE"=>1,          //是否启用分布式
    'DB_RW_SEPARATE'=>true,           //是否启用智能读写分离
    'DB_TYPE'              => 'mysql',     // 数据库类型
    'DB_HOST'              => '192.168.2.1,192.168.2.10', // 服务器地址
    'DB_NAME'              => 'tp',        // 数据库名
    'DB_USER'              => 'root,root',      // 用户名
    'DB_PWD'               => 'root,root',      // 密码
    'DB_PREFIX'            => 'tpk_',      // 数据库表前缀
    "project_name"=>"项目名称",
    'TMPL_L_DELIM'          => '<!--{',
    'TMPL_R_DELIM'          => '}-->',
    'LAYOUT_ON'=>true,
);
?>
```

如上述代码所示，要启用读写分离只需要设置 DB_RW_SEPARATE 为 true 即可。然后其他的配置信息和普通的配置信息相差不大。DB_HOST 用于配置服务器 ip，多个服务器使

用“,”隔开，排在第 1 个位置的表示主服务器（即写入服务器），排在后面的默认都会被分配为从服务器（读服务器）；DB_USER 用于配置服务登录用户，顺序与 DB_HOST 相对应，如果分布式数据库所有登录用户都相同，可以只输入一个登录名即可；DB_PWD 与 DB_HOST 配置过程一样，在此不再细述。

配置文件配置好后，现在就可以在动作中测试读写分离了，如以下代码所示。

```
<?php
class IndexAction extends Action {
    //查询
    public function index(){
     $articleObj=M("Article");
     $rows=$articleObj->select();
     dump($rows);
    }
    //写入
    public function add(){
     $articleObj=M("Article");
     $data["title"]="读写分离测试";
     $data["add_user"]="ceiba";
     $data["area"]="shanghai";
     $data["category"]="教育新闻";
     $data["content"]="读写分离测试---内容";
     if ($articleObj->add($data)) {
         $this->success("数据添加成功");
     }else {
         $this->error("数据添加失败");
     }
    }
}
?>
```

add 动作执行后，读者可以首先查看 192.168.2.1 主服务器，然后再观察 192.168.2.10 从服务器，可以看到这两台服务器的数据是同步更新的。通过读写分离，能够有效地提高数据库的负载能力。

7.5.3　数据表分区

使用数据库读写分离能够有效地解决流量负载，提高连接并发，是大型网站常用的技术。但只有读写分离还不能解决前面提到过的 1 亿条数据存储的问题。通常情况下，管理员会将这 1 亿条数据进行水平分库，但这对于开发人员来说需要面临众多的问题，尤其是过多切换数据库将降低开发效率和运行效率，并且其后期程序扩展及维护是非常困难的。

商业数据库通常会使用数据表水平分区功能来处理超大型数据。MySQL 5.1 以上版本（社区版）通过插件的方式能够完美支持表分区功能，便得 MySQL 的储存性能得到了质的提升。ThinkPHP 本身也参照了 MySQL 表分区功能，提供了简单的数据库分表功能。事实上，所谓的数据库分表是在开发人员手动创建数据表的基础上，然后根据设定的规则，分步对各表进行操作，实现应用层面上的简单分表功能。由于处理逻辑在程序内实现，这对数据库的后期维护无疑是困难的，所以本节将介绍 MySQL 中的表分区功能，代替 ThinkPHP 中的数据分表功能。

1．数据表分区概述

在 MyISAM 引擎中，传统的数据库文件 1 个表对应 3 个文件。以 tpk_user 为例，用于存放表结构的 tpk_user.frm；用于存放数据的 tpk_user.MYD；以及用于存放索引文件的 tpk_user.MYI。随着数据的快速增长，tpk_user.MYD 和 tpk_user.MYI 文件大小也会激增，如果单个文件超过 4GB，那么数据库的 IO 操作将会明显变慢，频繁的操作将会使数据库系统读写变得困难，这时就需要将数据表文件进行切割，限制单个件在可控的大小之内。数据表分区技术就是用于切割数据表文件的一项实用技术，从 MySQL 5.1 开始以插件的方式提供，要查看数据库系统是否支持数据表分区功能，可以使用 show plugins 命令查看，如以下代码所示。

```
>mysql> show plugins;
+-----------------------+----------+-------------------+---------+---------+
| PARTITION             | ACTIVE   | STORAGE ENGINE    | NULL    | GPL     |
+-----------------------+----------+-------------------+---------+---------+
```

如果出现 PARTITION 插件，那么说明当前数据库系统支持表分区功能，否则需要在 configure 时加入相应的选项（--with-plugins=all --with-PARTITION）。如果是 Windows 下的 MySQL，默认已经开启表分区功能。

2．表分区分类

在确保数据库系统支持表分区后，就可以创建表分区了。MySQL 共支持 4 种分区类型，分别为 RANGE、LIST、HASH、KEY。在生产环境下，最常用的是 RANGE 分区和 LIST 分区。

（1）RANGE 分区

RANGE 分区是根据分区规则中设定的字段值来分区的，设定的字段值必须是能够有序变化并唯一的数值，例如时间、id 等。RANGE 的分区规则不需要开始序列，只需要结尾序列即可。如以下代码所示。

```
CREATE TABLE IF NOT EXISTS `tpk_user` (
  `id` int(11) NOT NULL AUTO_INCREMENT,
  `user_name` char(20) NOT NULL,
  `user_email` char(40) NOT NULL,
  `class_id` int(11) NOT NULL,
  PRIMARY KEY (`id`),
  KEY `user_name` (`user_name`,`user_email`)
) ENGINE=MyISAM  DEFAULT CHARSET=utf8
PARTITION BY RANGE (id) (
     PARTITION p0 VALUES LESS THAN (3),
     PARTITION p1 VALUES LESS THAN (6),
     PARTITION p2 VALUES LESS THAN (9),
     PARTITION p3 VALUES LESS THAN (12),
     PARTITION p4 VALUES LESS THAN MAXVALUE
 );
```

如上述代码所示，表示使用 RANGE 分区，并且以 id 作为分区依据。当 id 到达 3 时则创建 p0 分区，依次类推；当 id 超过 12 时将存放于 p4 分区中。

（2）LIST 分区

LIST 分区与 RANGE 分区类似，RANGE 分区的规则是连续区间，而 LIST 规则是根据指定的字段值是否与规则中的值相等，如果相等则创建，否则放弃。指定的字段通常为枚举类型的数据。如以下代码所示。

```
CREATE TABLE IF NOT EXISTS `tpk_user` (
  `id` int(11) NOT NULL,
  `user_name` char(20) NOT NULL,
  `user_email` char(40) NOT NULL,
  `class_id` int(2) NOT NULL
) ENGINE=MyISAM  DEFAULT CHARSET=utf8
PARTITION BY LIST (class_id) (
    PARTITION p0 VALUES IN (1,2,3,4,5,6,7,8),
    PARTITION p1 VALUES IN (9,10,11,12,16),
);
```

如上述代码所示，创建 tpk_user 数据表时，当 class_id 为 1～8 时创建 p0 分区；class_id 为 9～16 时创建 p1 分区。也就是说，LIST 分区是必须显式指定固定的数值的，而不像 RANGE 规则那样指定一个数据区间。需要注意的是，创建 LIST 分区时，数据表中不允许存在主键索引字段。

（3）HASH 分区

HASH 分区没有特定的分区规则，它使用的是随机分配的分区策略，在创建数据表时，只需要指定 PARTITIONS 数值，HASH 分区则按照设备的值将数据随机存放到数据表分区中，如以下代码所示。

```
CREATE TABLE IF NOT EXISTS `tpk_user` (
  `id` int(11) NOT NULL AUTO_INCREMENT,
  `user_name` char(20) NOT NULL,
  `user_email` char(40) NOT NULL,
  `class_id` int(11) NOT NULL,
  PRIMARY KEY (`id`)
) ENGINE=MyISAM  DEFAULT CHARSET=utf8
PARTITION BY HASH(id)
PARTITIONS 5;
```

上述代码表示创建 tpk_user 数据表时，将创建 5 个 HASH 分区。

（4）KEY 分区

KEY 分区类似于 HASH 分区，但 HASH 分区使用用户自定义的表达式，而 KEY 分区使用的哈希函数是由 MySQL 服务器提供。如以下代码所示。

```
CREATE TABLE  `tpk_user2` (
  `id` int(11) NOT NULL ,
  `user_name` char(20) NOT NULL,
  `user_email` char(40) NOT NULL,
  `class_id` int(11) NOT NULL,
  `col1`  INT NOT NULL
) ENGINE=MyISAM  DEFAULT CHARSET=utf8
PARTITION BY LINEAR KEY (col1)
PARTITIONS 3
```

通过前面的介绍，相信读者已经掌握了这 4 种最常见的分区技术，每种分区技术都有各自的特点，在实际应用开发中可以灵活选择。至此，前面提到的 1 亿条数据的存储方案相信读者也已经找能够解决。最后还需要索引步骤，由于 MySQL 调优不在本书讲述范畴，需要读者自行参阅相关 MySQL 书籍。

❑ 提示：要在数据库中模拟 1 亿条数据并非困难的事，这里提供一种快速创建数据的方法。首先在数据库中创建 2 个一模一样的数据表，命名为 t1 和 t2。在 t1 表中手动插入 10 条数据，然后在 MySQL 命令行中运行 insert into t2 select * from t1;，执行完一次成后，按键盘上的“↑”键，然后回车。这时将会看到 t2 表以 1 倍的数据量重复添加。连续重复同样操作，t2 数据表将很快达到存储极限，使用这种方式可以有效地测试数据表分区和数据表索引性能。

3．分区管理

在创建分区时或者创建分区后可以对分区的文件指定存放位置。

（1）改变文件位置

默认情况下，数据表分区文件和数据表文件存放一起，如果为了便于管理，在创建时可以通过 DATA DIRECTORY 选项手动指定数据表分区文件存放位置，如以下代码所示。

```
CREATE TABLE IF NOT EXISTS `tpk_user` (
  `id` int(11) NOT NULL AUTO_INCREMENT,
  `user_name` char(20) NOT NULL,
  `user_email` char(40) NOT NULL,
  `class_id` int(11) NOT NULL,
  PRIMARY KEY (`id`),
  KEY `user_name` (`user_name`,`user_email`)
) ENGINE=MyISAM  DEFAULT CHARSET=utf8
PARTITION BY RANGE (id) (
     PARTITION p0 VALUES LESS THAN (3)
      DATA DIRECTORY = '/data0/data'
      INDEX DIRECTORY = '/data1/idx',
     PARTITION p1 VALUES LESS THAN (6)
      DATA DIRECTORY = '/data0/data'
      INDEX DIRECTORY = '/data1/idx',
     PARTITION p2 VALUES LESS THAN (9)
      DATA DIRECTORY = '/data0/data'
      INDEX DIRECTORY = '/data1/idx',
     PARTITION p3 VALUES LESS THAN (12)
      DATA DIRECTORY = '/data0/data'
      INDEX DIRECTORY = '/data1/idx',
     PARTITION p4 VALUES LESS THAN MAXVALUE
);
```

如上述代码所示，DATA DIRECTORY 指定分区数据文件存放位置；INDEX DIRECTORY 指定分区表索引数据存放位置。

（2）删除分区

数据表分区创建完毕后，通常不需要作修改，但是如果执行删除操作，可以使用 drop 删除指定的数据表分区，命令如下。

```
mysql> alter table tpk_user drop PARTITION p2;
```

（3）增加分区

增加分区和增加字段类似，可以使用 alter 进行操作，例如为 RANGE 增加新分区，可以执行以下操作。

```
mysql> alter table tpk_user add PARTITION(PARTITION p4 values less than MAXVALUE);
```

（4）重置分区

如果发现以前分配的分区不符号数据存放需求，同样也可以使用 alter 来重新分配过，以 RANGE 分区为例，只需要重置 PARTITION 即可，如以下代码所示。

```
mysql> ALTER TABLE tpk_user REORGANIZE PARTITION p0,p1,p2,p3,p4 INTO (PARTITION p0
VALUES LESS THAN MAXVALUE);
```

数据表分区后，在应用层是不需要做任何更改的，这也是笔者建议读者使用数据表分区功能的最主要原因。虽然使用 PHP 程序也能在一定程度上实现类似的功能，甚至性能更加好，但无论是从开发效率还是程序的后期维护来衡量，都不建议在 PHP 中完成。

7.6　小结

本章深入介绍了 ThinkPHP 操作数据的方方面面，以最基础的自定义模型开始，然后讲解了各种查询言的使用。ThinkPHP 提供了多种查询表达式，运用好这些表达式是有效提高开发效率的手段。接着还介绍了数据库高级开发，例如多数据库动态切换、高级模型、关联模型等重要内容。最后还介绍了 Web 3.0 中最典型的大数据应用，是每个 PHP 程序员都需要掌握的内容。网站安全问题无论何时都必须高度重视，下一章将深入介绍 ThinkPHP 内置的安全机制。

第 8 章 安全与调试

内容提要

网站上线后安全问题永远都是运营企业所关心的问题，网站的安全涉及众多方面。其中最突出的是服务器安全及网站程序自身的安全，做到绝对安全是每个程序员所追求的目标，但现实是相对的。所以这就更需要开发人员和系统管理人员认真对待每个细节，坚守职业规范。

作为开发人员的我们，最需要关注的是程序安全，所以这就必须要求在开发阶段对程序进行严密的测试，比如有没有 SQL 注入、用户鉴权是否合理、程序是否存在漏洞等，这些问题都应该在开发和测试阶段发现并修复。本章将结合 ThinkPHP 的安全机制，全面介绍 MVC 开发的安全与程序调试。

学习目标

- 了解 ThinkPHP 内置的安全机制。
- 掌握表单令牌的使用。
- 掌握字段检测。
- 掌握数据验证。
- 了解 ThinkPHP 安全日志机制。
- 掌握 HTTPSQS 处理安全日志的实战应用。
- 了解 ThinkPHP 程序调试机制。
- 掌握程序调试的全过程。

8.1　构建稳健及安全的 MVC

接下来将讲解 ThinkPHP 内置的安全验证机制，包括表单令牌、字段验证、字段限制以及日志功能。此外为了监控数据的完整性，后面还将介绍 HTTPSQS 信息队列功能，帮助读者构建真正稳定、健康的应用程序。下面首先来了解 ThinkPHP 内置的安全机制。

8.2　ThinkPHP 内置的安全机制

ThinkPHP 内置了许多安全处理机制，帮助开发者在应用层方面尽量减少安全漏洞。理解并掌握这些安全机制是对每个 ThinkPHP MVC 开发人员的基本要求。ThinkPHP 内置的安全机制有表单令牌、字段检测、数据验证、数据完整性、数据验证码等功能，下面将分别进行介绍。

8.2.1　表单令牌

表单令牌是一项非常实用的技术，它使用服务器的 Session 功能，实现对表单数据来源的检测及校验，防止数据被伪造和篡改。传统的表单提交一般使用权限功能来检测。例如在留言系统中，当用户提交留言数据时，后台的程序首先会启动基本的数据校验程序，例如数据是否为空，某个字段是否填写正确等，如果一切符合条件，则允许提交，否则终止操作。

假设用户在站外，例如本地上模拟同样的数据提交给服务器，由于没有做表单验证功能，所以这些数据也会被提交，这无疑给网站留下了隐式的安全隐患，就算是使用传统的会员权限来判断，如果没有数据来源验证，也是不可靠的（用户可以通过修改 head 等信息实现 cookie 欺骗）。

ThinkPHP 提供的表单令牌功能很好地解决了数据来源校验，防止跨站提交。当表单令牌开启后，在存在表单的视图中会生成随机令牌（默认为随机的 MD5 字符串）。当数据被保存到数据库前，开发人员可以使用 Session 对令牌进行校验，如图 8-1 所示。

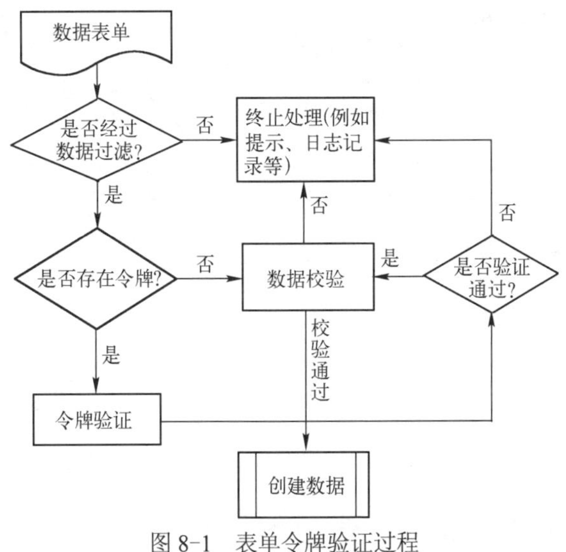

图 8-1　表单令牌验证过程

表单令牌默认已经开启，默认情况下生成的表单令牌使用随机 HASH 字符串，并且字段名称为__HASH__，如以下代码所示。

```
<form action="/index.php/index/post" method="post" name="form1">
<li>用户名：<input type="username"></li>
<li>密码：<input type="password"></li>
<input type="submit" value="提交" name="">
<input type="hidden"
value="40fc857da6775ed3a56258ee250bb0ec_549de3594b50aaf7d2b634053f641d1b" name="__HASH__">
</form>
```

如上述代码所示，当系统视图引擎遇到 form 标签时，就会在表单后面追加表单令牌，如果需要关闭，可以在当前动作中配置 C('TOKEN_ON',false)。表单生成后，就可以在动作中验证表单来源了，如以下代码所示。

```
<?php
class IndexAction extends Action {
   public function post(){
     // 实例化 User 模型
        $User = M('User');
        $User=$User->create();
        // 根据表单提交的 POST 数据创建数据对象
        if (!$User->autoCheckToken($_POST)){
            $this->error("非法的表单来源");        }
   }
}
?>
```

__HASH__是默认生成的隐藏字段名，开发人员可以通过配置文件进行更改。此外，表单令牌的加密方式等都是可以自定义的，如以下代码所示。

```
'TOKEN_ON'=>true,  // 是否开启令牌验证
'TOKEN_NAME'=>'__hash__',    // 令牌验证的表单隐藏字段名称
'TOKEN_TYPE'=>'md5',  //令牌哈希验证规则 默认为 MD5
'TOKEN_RESET'=>true,  //令牌验证出错后是否重置令牌 默认为 true
```

需要注意的是，如果一个页面中存在多个表单，那么只能有一个表单存在令牌。多个表单时，使用{__TOKEN__}标识令牌生成区，如以下代码所示。

```
<form name="form1" method="post" action="__URL__/post">
<li>用户名：<input type="username"/></li>
<li>密码：<input type="password" /></li>
<input name="" type="submit" value="提交">
</form>
<form name="form2" method="post" action="__URL__/post">
<li>用户名：<input type="usernames"/></li>
<li>密码：<input type="passwords" /></li>
<input name="" type="submit" value="提交">
{__TOKEN__}
</form>
```

上述代码中，定义了 2 个表单，因为只有 form2 表单定义了{__TOKEN__}标识，所以只有该表单存在表单令牌。

8.2.2 字段检测

使用 create 方法创建数据系统会自动进行过滤和检测，但也可以单独对表单中的单一字

段进行检测和过滤。系统对单个表单字段的处理主要有字段过滤、字段只读限制、字段类型检测等。下面分别进行介绍。

1. 字段过滤

字段过滤可以对表单中的单个字段进行过滤，极大地方便了表单数据处理。例如在数据插入前，开发人员可以对表单中的字段进行敏感字检测，在获取数据时可以对单个字段中的数据进行替换。字段过滤只需要在自定义模型中定义$_filter 属性即可（字段过滤需要继承于 AdvModel 模型）。$_filter 属性格式如下。

```
protected $_filter = array(
  '过滤的字段'=>array('写入前处理函数','读取前处理函数',是否传入整个数据对象),
)
```

这里所说的过滤字段是指数据表中的字段，如果表单中的字段与数据表中的字段不一样，则需要做字段映射（字段映射可参考本书 7.1.1 节）。写入前处理函数和读取前处理函数是指在 common.php 中自定义的函数。最后一个选项是指是否传入所有表字段，默认只传入过滤字段中定义的字段，可设置的选项有 true 及 false。下面通过一个示例演示$_filter 属性的使用。

仍然以 tpk_article 数据表为例，如果需要在数据插入前，对 content 字段进行额外处理。当 content 字段中存在 URL 字符串时，禁止用户输入完整的 URL 代码，而是只能输入一个字符串，系统自动将字符串转换成标准的 HTML 代码。同时在读取时系统会对编辑器中特定的 UBB 代码进行转换，以达到显示图片的目的。

首先让 ArticleModel 继承于 AdvModel 高级模型，然后定义$_filter 属性，如以下代码所示。

```
<?php
class ArticleModel extends AdvModel{
    protected $_filter = array(
        'content'=>array('contentWriteFilter','contentReadFilter'),
    );
}
?>
```

如上述代码所示，contentWriteFilter 函数是写入前的处理函数；contentReadFilter 函数用于处理读取 content 字段前的处理函数，这 2 个处理函数均在 Common/common.php 中定义，代码如下所示。

```
<?php
//对 content 字段写入前进行处理
function contentWriteFilter($var){
    $url="/(https?|ftps?):\/\/(www|mail|news)\.([^\.\/]+)\.(com|org|net)/i";
    return preg_replace($url, '<a href="\1://\2.\3.\4">${1}://${2}.${3}.${4}</a>',$var);
}
//读取 content 字段前进行处理
function contentReadFilter($var){
    $ubbcodes=array(
        '/\[b\](.*?)\[\/b\]/i',
        '/\[u\](.*?)\[\/u\]/i',
        '/\[i\](.*?)\[\/i\]/i',
        '/\[color=(.*?)\](.*?)\[\/color\]/',
        '/\[size=(.*?)\](.*?)\[\/size\]/',
        '/\[align=(.*?)\](.*?)\[\/align\]/'
    );
    $htmls=array(
```

```
            '<b>\1</b>',
            '<u>\1</u>',
            '<i>\1</i>',
            '<font color="\1">\2</font>',
            '<font size="\1">\2</font>',
            '<p align="\1">\2</p>'
        );
        //UBB 替换
        return  preg_replace($ubbcodes,$htmls,$var);
    }
?>
```

最后就可以在动作中进行处理了。处理过程不需要开发人员干涉，系统会自动进行匹配，完成字段过滤的整个过程。如以下代码所示。

```
<?php
class IndexAction extends Action {
    public function add(){
     $Article=D("Article");
     $data["title"]=$_POST["title"];
     $data["content"]=$_POST["content"];
     $data["add_user"]="ceiba";
     $data["add_time"]=time();
     $data["category"]="教育新闻";
     $data["area"]="guandong";
     if($Article->add($data)){
        $this->success("数据插入成功");
     }else{
        $this->error("数据插入失败");
     }

    }
}
?>
```

读者可以在表单中输入 url 字符串，系统将自动转换成 HTML 代码。例如http://localhost 转换成的 html 代码为<a href=http://localhost >http://localhost</a>。这里只是作为一个演示，事实上字段过滤在实际应用开发中是非常灵活的，可以应用在任何数据处理场合。

2．字段只读限制

为了使数据更加严谨，开发人员可以单独对特定的字段进行只读限制。被限制为只读的字段将不能接收数据插入、修改、删除指令，只能用于显示数据。只读字段通常用于会员中心数据的处理以及 XML、SOAP 等只作查询的场合。定义只读字段需要在自定模型中进行定义，并且需要继承 AdvModel 高级模型，如以下代码所示。

```
<?php
class ArticleModel extends AdvModel{
    protected $readonlyField = array('title','add_user','add_time');
}
?>
```

定义完只读字段后，然后对 title、add_user、add_tim 字段值进行增、删、改操作时，系统将停止执行。

3．字段类型检测

PHP 是一种弱类型脚本语言，对变量的类型适配是自动的，也就是说 PHP 对变量的类型不做强制区分，这点与 C#、Java 等强类型语言有着明显的区别。但是数据表字段对类型是有严格限制的，所以为了提高安全性，可以对数据字段进行强类型检测。

要开启字段类型检测，需要在配置文件中开启 DB_FIELDTYPE_CHECK 选项（默认 false）。开启后，系统会强制检测数据表字段与数据变量之间的类型关系。通常情况下，字段类型检测用于数据的增加和修改，以达到完善数据的目的。

8.2.3　数据验证

数据验证是数据插入数据表前一个重要的步骤，甚至可以说是必须要做的一个步骤。不仅 PHP 应用如此，其他语言类型的应用也如此。因为数据验证关系到数据的完整性和规范性，所以数据验证需要开发人员认真调试。

传统的 PHP 开发，一般首先在视图用使用 JavaScript 或 Jquery 等脚本进行初步的表单验证，然后在后台使用 PHP 正则或者字符处理函数对表单数据进行验证，这无疑是很好的处理方式，但是由于编写正则需要额外的知识，并且如果所有字段都使用正则或函数来处理，难免会影响开发效率，尤其在表单字段众多时更是值得注意。ThinkPHP 提供了简单、易用的表单字段验证处理功能，能够极大地提高开发效率。接下来将介绍系统内置的验证规则，结合前端验证脚本，可以快速地实现友好、强大的数据验证功能。

1．定义验证规则

定义数据验证规则，需要在自定模型中进行定义。和其他数据处理方式一样，数据验证也是使用成员属性值来实现的，配置数据验证的属性为$_validate，该属性值是一个多维数据，格式如以下代码所示。

```
array(验证字段,验证规则,错误提示,[验证条件],[附加规则],[验证时间])
```

需要说明的是，系统提供的验证方式只是包装和简化了现有的 PHP 验证方式，例如 PHP 正则、字符串处理函数等，所以无论是灵活性还是可靠性两者都是一样的。针对数据表单特性，系统一共提供了 7 种数据验证规则，如表 8-1 所示。

表 8-1　系统内置的表单验证规则

验证规则	示　例	说　明
regex	array('verify','require','验证码必须！')	使用正则进行验证，规则可以是一个正则表达式
function	array('password','checkPwd','密码格式不正确',0,’function’)	使用自定函数，规则可以是一个自定义函数
callback	array('password','checkPwd','密码格式不正确',0,’callback’)	使用成员方法，规则可以是 Model 类或当前模型类中的成员方法
confirm	array('repassword','password','确认密码不正确',0,’confirm’)	验证表单中的两个字段值是否相同，常用于验证两个字码是否相同
equal	array('verify','equal ','验证码必须！')	验证是否等于某个值（绝对等于）
in	array('value',array(1,2,3),'值的范围不正确！',2,’in’)	验证字段值是否处理规则中定义的范围，规则必须是一个数组
unique	array('name','','账号名称已经存在！',0,'unique',1)	验证表单字段值与数据表中对应的字段值是否唯一性

2．配置验证规则

验证规则本身支持验证错误提示（支持多语言），所以在 ThinkPHP 中使用表单验证规则非常简单。为了方便演示，这里将继续使用 tpk_article 和 tpk_user 数据表作为验证数据表，对应的模板表单代码如下所示。

```
<taglib name="tp,My" />
<tp:editor id="textContent" uploadurl="/Public/editor_up" width="600"></tp:editor>
<form id="form1" name="form1" method="post" action="__URL__/add">
<div class="main">
<li>标题：<input type="text" size="30" name="title"/></li>
<li>
<textarea name="content" id="textContent" cols="45" rows="5"></textarea>
</li>
<input type="submit" value="提交" />
</form>
</div>
```

读者也可以使用其他数据表来演示，只需要注意字段名称即可。下面将分别介绍系统内置的 7 种验证规则。

（1）regex 正则验证

正则验证是系统最常用的一种表单字段验证方式，也是默认的验证方式。例如判断表单字段是否为空，系统使用的就是正则验证。正则验证的关键字为 require，如以下代码所示。

```
<?php
class ArticleModel extends Model{
    protected $_validate  = array(
        array('title','require','标题需要填写'),

    );
}
?>
```

正则验证的本质是正则表达式，系统允许开发人员使用数组配置代替将难以记牢的正则表达式，有效地提高开发效率。

（2）使用函数验证（function）

正则验证只适用于已有的系统内置验证规则，如果验证规则不存在，验证将失效。所以正则验证的扩展性是有限的。配合函数验证，将能够实现更加灵活的扩展验证。函数验证通常是指使用自定义函数实现验证。假设需要验证标题字符数量，如果字数大于 2 则允许提交，否则将终止表单提交。步骤如下。

首先需要在 Common/common.php 中定义自定义函数，该函数用于计算中文字符的数量，如以下代码所示。

```
<?php
//计算中文字数
function abslength($str)
{
     $ch_amont = 0;
        $en_amont = 0;
        $str = preg_replace("/(  | ){1,}/", " ", $str);
        for($i=0;$i<strlen($str);$i++)
        {
            $ord = ord($str{$i});
            if($ord > 128)
                $ch_amont++;
            else
```

```
            $en_amont++;
        }
      $strNum=($ch_amont/3) + $en_amont;
      if ($strNum>=2){
          return true;
      }else {
          return false;
      }
  }
?>
```

接下来需要在 ArticleModel 自定义模型中使用函数验证规则来实现 title 字段验证，如以下代码所示。

```
<?php
class ArticleModel extends Model{
    protected $_validate  = array(
        array('title','require','标题需要填写'),
        array('title','abslength','标题不能少于 2 个字',0,'function'),

    );
}
?>
```

如以上代码所示，函数验证规则和正则验证规则是可以同时使用的。函数验证规则需要显式地指定验证附加规则（即 function），其中数组元素 0 表示根据函数的返回值判断该验证规则的成立条件。

（3）使用方法验证（callback）

使用 callback 方法验证和使用函数验证是一样的，不同之处在于 callback 的验证附加规则是 Model 类及当前类中的成员方法，而不是一个功能函数，如以下代码所示。

```
<?php
class ArticleModel extends Model{
    protected $_validate  = array(
        array('title','require','标题需要填写'),
        array('title','abslength','标题不能少于 2 个字',0,'callback'),

    );
    //计算中文字数
    function abslength($str)
    {
        $ch_amont = 0;
          $en_amont = 0;
          $str = preg_replace("/(  | ){1,}/", " ", $str);
          for($i=0;$i<strlen($str);$i++)
          {
              $ord = ord($str{$i});
              if($ord > 128)
                  $ch_amont++;
              else
                  $en_amont++;
          }
        $strNum=($ch_amont/3) + $en_amont;
        if ($strNum>=2){
            return true;
```

```
            }else {
                return false;
            }
        }
    }
    ?>
```

（4）对比表单字段值（confirm）

在会员注册系统中，通常需要重复校验 2 次密码字段，以确认用户所输入的密码。系统提供了 confirm 验证规则，用于实现表单中 2 个字段的校验，如以下代码所示。

```
<?php
class UserModel extends Model{
    protected $_validate  = array(
        array('repassword','password','确认密码不正确',0,' confirm' ),

    );

?>
```

（5）验证字段是否等于指定的值（equal）

equal 验证规则用于验证指定的表单字段值是否绝对等于指定的值，该值由验证规则所定义，如以下代码所示。

```
<?php
class ArticleModel extends Model{
    protected $_validate  = array(
        array('title','','标题不能为空'),

    );
}
?>
```

（6）验证字段值范围（in）

in 验证附加规则用于验证表单的值是否处于指定的范围内，通常用于验证表单值是否为数字。因为 in 能够指定范围，所以验证规则可以是一个数组，如以下代码所示。

```
<?php
class UserModel extends Model{
    protected $_validate  = array(
        array('id',array(1,2,3),'值的范围不正确！',2,'in'),

    );
}
?>
```

（7）验证字段值是否唯一（unique）

在会员注册系统中，通常在用户输入用户名或者邮箱时，需要使用查询语句查询输入的用户名或邮箱是否已经存在于数据表，如果存在则终止提交。这对于完善数据和提高数据的安全性是非常有效的。使用附加规则 unique 将变得简单，开发人员不需要编写查询代码，即可轻松地实现字段查询及校验，如以下代码所示。

```
<?php
//User 模型
class UserModel extends Model{
    protected $_validate  = array(
        array('user_email','','邮箱已经存在！',0,'unique',1),
```

```
    );
}
?>
```

需要注意的是，判断字段值是否唯一，通常情况下需要配合 Ajax 实现。不仅 unique 需要如此，其他的验证规则也一样，以提高用户体验。

3．使用验证规则

一旦在自定义模型中配置验证规则之后，基本上就完成了数据校验所需要的步骤。在动作中只需要使用 D 函数调用自定模型即可，系统在插入数据前会自动进行表单验证。如以下代码所示。

```
<?php
//Index 控制器
class IndexAction extends Action {
    //..
     public function add(){
           $ Article =D("Article");
           if (!$Article->create()){
                exit($User->getError());
           }else{
                $ Article->add();
           }

     }
?>
```

需要注意的是，要使用表单验证，需要使用 create 方法创建数据。

8.2.4　数据验证码

数据验证码是一项运用非常广泛的技术，尤其在登录系统中数据验证码无处不在。早期的数据验证码是为了防止自动发帖软件而采取的一项技术，它能够有效地防止非人为的发帖行为，提高数据的安全性和完整性。现在的数据验证码可以用在多种场合中，有些对安全性要求极高的登录系统还将验证码技术结合硬件技术，实现更高级的应用。验证码技术经过多年的发展，越来越成熟，越来越多样化，比较常见的有数字或字母验证码、语音验证码、问题对答验证码、日期验证码等。

接下来介绍的验证码是基于 ThinkPHP 内置的验证码，它能够解决一般数据提前所需要的安全验证，包括纯数字验证、英文字母验证，数字和英文混合验证、中文验证等。验证码又可以按长短、大小写来区分，接下来将详细介绍系统内置的验证码功能。

1．生成验证码

验证码通常是由 GD 基础类库结合 Session 实现的一组图片信息，所以要使用验证码需要确保 PHP 已支持 GD 库（5.0 以上版本已默认支持）。ThinkPHP 通过扩展的方式提供验证码功能，所以在初始化验证码时首先需要引入 Image 系统类库（路径为 ThinkPHP/Extend/Library/ORG/Util/Image.class.php），该类库存放了所有关于图片处理的方法（事实上就是对 GD 基础类库部分功能的封装）。大体上验证码共分为 2 类，即使用数字或字母的国际化验证码（下称普通验证码）和使用中文汉字的验证码。下面分别介绍。

（1）生成普通验证码

普通验证码是最通用和常用的一种验证码，也是一种最简单易用的验证码。用于生成普通验证码的方法为 buildImageVerify，该方法是 Image 系统扩展类库的成员静态方法，共有 6 个参数，表现形式为 buildImageVerify($length,$mode,$type,$width,$height,$verifyName)。改变 buildImageVerify 方法参数可以改变验证码的显示样式。如表 8-2 所示。

表 8-2 buildImageVerify 方法参数

参 数	说 明	默认值
length	验证码的长度	4
mode	验证字符串的类型，共有 5 种类型：0（纯字母）、1（纯数字）、2（大写字母）、3(小写字母)、4（带声调的中文字母）、5（数字+字母混合）	0
type	图片类型，值可以为 png 和 gif	png
width	图片宽度	48
height	图片高度	22
verifyName	验证码 Session 名称	verify

生成普通验证码非常简单，只需要使用引入系统扩展类即可。假设需要生成一个混合型的验证码，只需要将 mode 参数设为 5 即可，如以下代码所示。

```
<?php
class IndexAction extends Action {
    //验证码
    public function verify(){
        import("ORG.Util.Image");
        Image::buildImageVerify(6,5,"png",100,60);

    }
}
?>
```

如上述代码所示，import 函数是一个引入第三方或系统扩展类库的函数。引入 Image 类库之后，由于 buildImageVerify 方法是一个静态方法，所以不需要实例化。最终的验证码效果如图 8-2 所示。

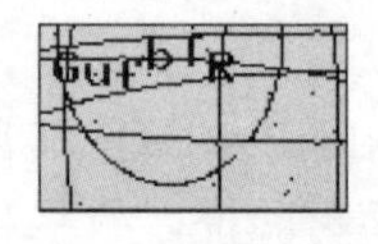

图 8-2 验证码

（2）生成中文验证码

中文验证码是一种防猜测更强的验证码，它解决了普通验证码容易被破解导致安全性低的问题，近年来在国内的主流网站中均已被采用，例如 QQ 安全中心、新浪微博等。中文验证码在国内被广泛采用的根本原因是它与普通验证码相比，防破解能力更强，字体更友好，适合中文网站使用。与语音或多媒体验证码相比，它更直观，终端设备上不需要特殊要求。但是中文验证码也有缺点，最显著的就是中文验证码只适用于面向中文地区的用户。

Image 类库中的 GBVerify 静态方法用于生成中文验证码，使用该方法生成中文验证码是基于字库的，系统并没有自带字库，所以如果需要正确地生成中文字符，首先需要字库。读者可以在网上搜索下载，或者在 Windows 系统里的 C:\Windows\Fonts 目录中选择，不同的字库将会显示不一样的文字效果，最后将字库文件复制到 ThinkPHP\Extend\Library\ORG\Util 扩展目录中。完成上述步骤后就可以使用 GBVerify 方法了。

GBVerify 方法共有 6 个参数，形式为 GBVerify ($length, $type, $width, $height, $fontface, $verifyName)。改变参数的值将改变中文验证码的生成效果，如表 8-3 所示。

表 8-3　GBVerify 方法参数

参　数	说　明	默 认 值
length	验证码的长度	4
type	图片类型，值可以为 png 和 gif	png
width	图片宽度	180
height	图片高度	50
fontface	字库文件地址（绝对路径）	simhei.ttf
verifyName	验证码 Session 名称	verify

这里为了方便演示，将使用 C:\Windows\Fonts\simhei.ttf 字库。有了中文字库，生成中文验证码将变得非常简单，如以下代码所示。

```
<?php
class IndexAction extends Action {
    public function verify(){
        import("ORG.Util.Image");
        Image::GBVerify();
    }
}
?>
```

最终的文字是随机的，并且会被加密后存放于 Session 中。效果如图 8-3 所示。

图 8-3　中文验证码效果

需要说明的是，无论是普通验证码还是中文验证码，GD 库生成图片依赖于浏览器 Head 头信息，所以在 Head 之前不能有任何的输出，否则将导致生成失败。这也就意味着验证码动作之前或之后都不能有任何的数据被输出，为了保险起见，可以将验证码定义在入口文件中。

2．使用验证码

无论是普通验证码还是中文验证码，最终的文件都是一个图片文件。所以在使用时直接为 img 标签赋予图片路径即可，如以下代码所示。

```
<style>
li{
list-style:none;
margin:6px;
}
</style>
<script language="javascript">
   function show(obj){
```

```
        obj.src="__APP__/index/verify/random/"+Math.random();

    }
    </script>
    <form name="form1" method="post" action="__URL__/post">
    <li>用户名: <input name="username" type="text"/></li>
    <li>密  码: <input type="password" name="password"  /></li>
    <li>验证码: <input type="text" name="verify" size="8"/></li><span><img src="__URL__/verify/"
onclick="show(this);"/></span>
    <li><input name="" type="submit" value="提交"></li>
    </form>
```

如上述代码所示，自定义 show 脚本函数是用于实现验证码切换（即点击验证码会随机重新分配验证码）。最终效果如图 8-4 所示。

图 8-4 验证码使用效果

上述登录表单将提交到 post 动作中，在 post 动作中需要对验证码进行验证，以确保用户输入的验证码有效和正确。如以下代码所示。

```
    <?php
    class IndexAction extends Action {
       //...
       public function post(){
        if(md5($_POST[verify])!=$_SESSION["verify"]
          || empty($_POST[verify]) || empty($_SESSION["verify"])){
           $this->error("你所输入的验证码无效");
        }
        // 实例化User模型
        $User = M('User');
        $data["user_name"]=$_POST["username"];
        $data["password"]=md5($_POST["password"]);
        $rows=$User->where($data)->count();
        if ($rows){
            $this->success("登录成功");
        }else{
            $this->error("登录失败");
        }
```

```
        }
    }
    ?>
```

8.3 ThinkPHP 安全日志机制

日志是网络应用中必不可少的一种安全机制，用于记录网站的健康状态。根据应用的不同，日志的作用和方式等也不同，成熟的 MVC 框架都提供有日志记录功能，有些还结合自动报警接口实现手机短信、邮件等安全报警。ThinkPHP 日志功能够实现应用程序出错状态、数据库操作状态、特殊文件更改等日志的记录，这些都是系统自带的，开发人员只需要开启日志记录即可。当然，ThinkPHP 对自定义日志的支持也非常完善，系统提供了多种记录方式，接下来将分别介绍。

8.3.1 记录方式

ThinkPHP 共有两大类型日志：一种是针对框架本身的运行状态；另一种是针对基于 ThinkPHP 构建的应用日志，也称手动日志。这两类日志默认情况下都保存于 Runtime/Logs 目录。要开启日志记录功能，只需要在配置文件中设置 LOG_RECORD 为 True 即可。ThinkPHP 处理日志的基础类为 Log 静态类，该类提供了多种记录方式，如表 8-4 所示。

表 8-4 Log 类日志记录方式

记录方式	说明	标识
SYSTEM	使用 PHP 引擎内置的日志处理机制（需要在 php.ini 中配置 error_log）	0
MAIL	使用 error_log 函数	1
FILE	直接写入文本文件中	3
SAPI	使用 PHP 接口	4

日志的记录方式可以在配置文件 LOG_TYPE 选项中进行指定。默认 LOG_TYPE 为 3，即使用文本文件记录。如果需要更改日志记录方式，根据表 8-4 的值进行设置即可。例如修改为邮件记录方式，代码如下。

```
'LOG_TYPE' =>1,
'LOG_DEST' =>'kf@86055.com',
'LOG_EXTRA' =>'From: webmaster@example.com',
```

LOG_DEST 指定发送方邮箱，LOG_EXTRA 指定接收方邮箱。需要注意的上述配置只是应用层面的配置，如果需要确保邮件能够发送正常，还需要配置 PHP 中的 MAIL 函数，并确保邮件系统正常。

日志的记录时间格式默认使用全格式，读者可以修改为容易理解的时间格式，例如常见的“_年_月_日 时:分:秒”。只需要在动作中调用 Log 静态类前修改即可，如以下代码所示。

```
<?php
class IndexAction extends Action {
public function hello(){
```

```
        Log::$format='[ Y年m月d日 H时:i分:s秒 ]';
        $user=M("User");
        $rows=$user->where("sid>0")->select();
        if(empty($rows["name"])){
          Log::write("返回的用户名为空");
        }
      }
    }
?>
```

8.3.2 系统日志

系统日志是系统内置的一种自动记录的日志方式，它完整地记录了系统运行中的出错信息，例如文件导入失败、视图引擎解释错误、CURD 操作错误等。根据级别，共分为 9 级，如表 8-5 所示。

表 8-5　系统日志级别

级　别	说　明
EMERG	严重错误，程序将终止运行
ALERT	警戒性错误，必须修复错误
CRIT	临界值错误， 超过临界值的错误
ERR	一般性错误
WARN	警告性错误， 需要发出警告的错误
NOTICE	提示性通知，程序可以运行，但会提示有错误存在
INFO	信息，程序输出信息
DEBUG	调试，用于调试信息
SQL	SQL 语句解释异常

在配置项 LOG_LEVEL 中配置系统的日志级别，可以将多个日志级别一起配置，每个级别使用“,”隔开，如以下代码所示。

```
'LOG_LEVEL'  =>'EMERG,ALERT,CRIT,ERR,SQL',
```

8.3.3 应用日志

应用日志是在 MVC 应用中开发人员手动记录的日志。手动记录可以将需要记录的信息保存到日志系统中，方便在系统出错时能够第一时间排查故障所在。手动记录日志虽然麻烦，但却是保证网站稳定、安全运行的关键，所以在实际应用开发中，应该要养成良好的日志记录习惯，无论对于系统维护人员还是后期的网站维护人员都是友好并重要的。

Log 类提供了两种手动记录日志的方式：一种为立即写入；另一种分步写入。无论哪一种方式，对于开发人员而言都是简单易用的。下面分别介绍。

1. 立即写入

立即写入是一种比较传统的日志记录方式，如果使用 FILE 记录方式，立即写入就等于写文件操作。立即写入使用 write 静态方法实现，该方法共有 5 个参数，表现形式为 Log::write($message,$level，$type='',$destination='',$extra='')，参数作用如表 8-6 所示。

表 8-6　write 静态方法参数

参　数	说　明	默 认 值
message	手动记录的日志内容	空
level	日志级别	ERR
type	记录方式，受 LOG_TYPE 配置项影响	空
destination	日志目标，受 LOG_DEST 配置项影响	空
extra	额外日志内容，受 LOG_EXTRA 配置项影响	空

除了参数 message 是必选项之外，其余参数都为可选项。所以最简单的手动记录日志代码如下所示。

```
$getLastSql=$user->getLastSql();
Log::write("查询出错，最后的 SQL 为：".$getLastSql);
```

2. 分步写入

分步写入可以在一定程度上解决立即写入导致 IO 开销过大的问题。分步写入最大的特点是首先将日志信息暂存内存，在这一过程中程序的运行不受影响，由于可以避免 CURD 操作繁忙阶段，所以分步写入效率更加高。分步写入共分为两个步骤。首先使用 record 方法将日志写到内存中，直到开发人员手动调用 save 方法时日志信息才最终被永久保存。

（1）record 方法

record 方法用于定义日志，例如日志的信息、级别等。record 将收集到的信息保存到数组中，在这一过程中数组中的信息是临时性的，程序可以继续运行，也可以继续往数组中添加日志信息。record 方法共支持 3 个参数，表现形式为 record($message,$level=self::ERR,$record=false)。改变 record 方法参数值，可以改变日志的记录方式，如表 8-7 所示。

表 8-7　record 方法参数

参　数	说　明	默 认 值
message	日志内容	空
level	记录级别，受 LOG_LEVEL 配置项影响	ERR
record	是否强制记录，受 LOG_LEVEL 配置项影响	false

（2）save 方法

save 方法不允许单独使用，需要配合 record 方法一起使用。一旦调用 save 方法，日志将会立即执行保存功能，该方法支持 3 个参数，表现形式为 Log::save($type='',$destination='',$extra='')，参数值如表 8-8 所示。

表 8-8　save 方法参数

参　数	说　明	默 认 值
type	日志类型，受 LOG_LEVEL 配置项影响	空
level	日志记录目标，受 LOG_LEVEL 配置项影响	ERR
record	日志记录额外参数，受 LOG_LEVEL 配置项影响	false

因为分步写入日志是首先暂时存放的，这就意味着一次可以写入多条日志记录，如以下代码所示。

```
public function hello(){
    $user=M("User");
    $rows=$user->where("sid>0")->select();
    $getLastSql=$user->getLastSql();
    Log::record("查询出错，最后的 SQL 为: ".$getLastSql);
    Log::record('测试调试错误信息', Log::DEBUG);
    Log::save();
}
```

ThinkPHP 提供的日志功能比较传统，但开发人员可以重写 Log 类实现更加完善的日志系统。例如将日志保存到数据库、Memcache、消息队列、分布式文件系统、数据云中等，这些都可以通过重写 Log 类实现。当然更简单的方法是通过系统提供的扩展机制来实现，关于扩展功能的介绍，本书第 11 章将会全面介绍。

8.4 使用消息队列机制

消息队列是一个使用异步处理的数据处理引擎，使用消息队列不仅能够提高系统的负荷，还能够改善因网络阻塞导致的数据缺失，在大型的互联网应用中消息队列应用得非常广泛。通常用于邮件发送、手机短信发送、数据表单提交、图片生成、视频转换、日志储存等。由于使用的是异步处理，所以消息队列特别适合于瞬间数据量超大的网站。消息队列很早就被国内外的大型网站所采用，提供消息队列服务的软件，经过多年的发展已经变得非常稳定和成熟，无论是在 Windows Server 还是 Linux 系统，都有相应的解决方案（Windows Server 默认已经内置）。在 Linux 平台上使用的最广泛的有 ZeroMQ、Posix、SquirrelMQ、Redis、QDBM、Tokyo Tyrant 等，并且这些软件都是开源和免费的。

接下来将介绍一款性能优良并由国内开发者开发并维护的消息队列开源软件，该软件命名为 HTTPSQS。顾名思义，这款软件是基于 HTTP 协议来实现消息队列的，所以无论在使用和调试方面都是透明的，非常便于开发人员进行系统整合，同时作者还提供了 PHP、Java、Perl、Shell、Python、Ruby 等开发接口，使得开发消息队列应用变得简单和快速。接下来将全面介绍消息队列相关知识并结合 MVC 框架，演示消息队列的实战应用。

8.4.1 HTTPSQS 基础

HTTPSQS 是一款用于解决消息队列的开源软件，能够高效地运行在 BSD、Linux 等服务器上。HTTPSQS 拥有 Tokyo Tyrant 数据持久化的特性，也拥有 Memcache 大内存储存的功能，极大地提高了数据完整性和队列吞吐量。与 Memcache 一样，HTTPSQS 也是使用异步事件触发来唤醒进程的，能够确保数据及时入队和出队，如图 8-4 所示。

图 8-4 中，数据首先由接口提交给 HTTPSQS 队列服务器，HTTPSQS 内置有过滤器，它能够对数据进行验证或加密；然后将数据按先来先到的规则从低到高进行列队，并且为每个队列添加唯一的 pos 值，一个队列占一块储存区（相同于数据表），一个队列里最多可以存放 10 亿条数据。

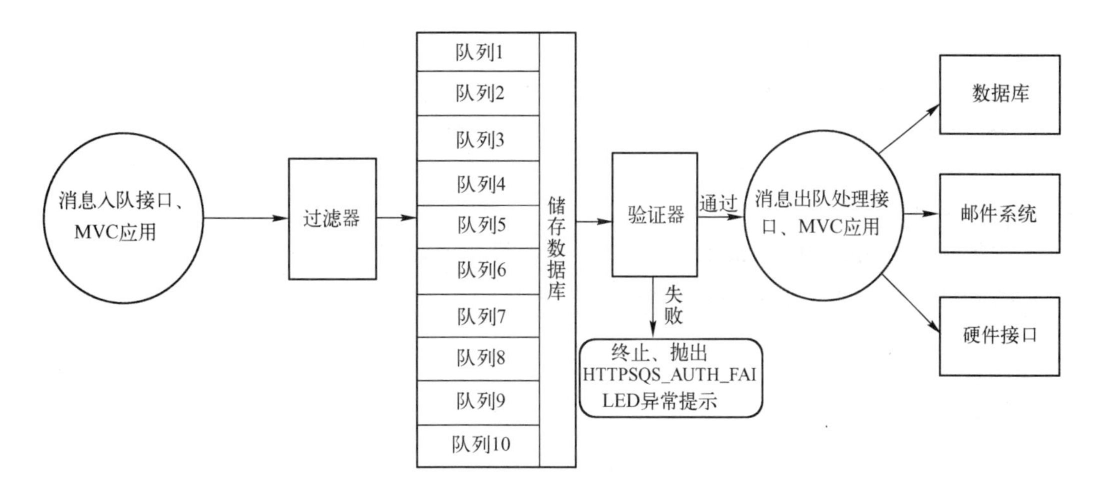

图 8-4　HTTPSQS 队列数据过程

数据出队时，由先入先出的规则进行出队，出队时需要经过验证器，验证器会对队列进行校验，例如密码是否正确等。最后由 MVC 程序处理出队的数据，例如将数据永久存放到数据库、发送到邮件系统、手机短信系统等，完成整个消息队列的过程。

需要说明的是，在数据入队后 HTTPSQS 并不能监控数据何时到达，所以并不能自动将数据推出队列，但是使用 Linux 的计划任务或者监控脚本，即可实现自动出队。与国外成熟的消息队列软件相比，HTTPSQS 为了提高性能简化了过滤器、验证器并且只提供单一的出入队方式，使得整个软件体积不到 900KB，对于追求性能的网站再合适不过了。关于 HTTPSQS 的更多介绍，读者可以查看项目托管地址 http://code.google.com/p/httpsqs/。接下来将全面介绍 HTTPSQS 的实战应用，本节内容需要读者掌握基本的 Linux 网络知识。

8.4.2　安装 HTTPSQS

HTTPSQS 只有 Linux 源代码包，没有 Windows 安装包，也没有 RPM 包。HTTPSQS 可以安装在主流的 Linux 发行版本或者 BSD 操作系统上。接下来在 CentOS 6.0 操作系统上安装 HTTPSQS 1.7，读者可以在虚拟机上搭建系统环境（关于虚拟机的使用，读者可以网上搜索，建议使用免费的 VirtualBox），但需要确保系统能够正常连接互联网。

1. 安装前准备

HTTPSQS 只有源码包，所以在安装前需要确保系统已经安装好了 wget 下载工具及 gcc、make 编译环境。此外，HTTPSQS 核心引擎是基于 TokyoCabinet 核心包的，TokyoCabinet 是一个缓存器引擎，类似于 Memcached，这两个引擎都是以异步事件来监听进程的，所以在安装 HTTPSQS 前同样也需要安装 libevent 异步事件依赖库及 TokyoCabinet 核心引擎。下面将分别介绍整个安装过程。

（1）安装 libevent

为了保证安装顺利，首先使用 yum 安装或升级 libevent 依赖库，命令如下。

```
[root@~]# yum install zlib zlib-devel glibc glibc-devel glib2 glib2-devel bzip2
bzip2-devel
```

然后使用 wget 或 curl 下载 libevent。

```
[root@~]#mkdir /home/soft/
[root@~]#cd /home/soft/
[root@~]#wget http://httpsqs.googlecode.com/files/libevent-2.0.12-stable.tar.gz
tar zxvf libevent-2.0.12-stable.tar.gz
cd libevent-2.0.12-stable/
```

接着解压 libevent-2.0.12-stable.tar.gz 源码包，进行编译安装。

```
[root@~]#./configure --prefix=/usr/local/libevent-2.0.12-stable/
[root@~]# make
[root@~]# make install
[root@~]# cd ../
```

安装完成后，可以在/usr/local/libevent-2.0.12-stable/目录中查看到编译后的类库文件。

（2）安装 TokyoCabinet

同样，TokyoCabinet 只有源代码包，所以只能手动编译。TokyoCabinet 的安装非常简单，只需要直接执行编译步骤即可。首先使用 wget 下载 TokyoCabinet，命令如下。

```
[root@~]#cd /home/soft/
[root@~]#wget http://httpsqs.googlecode.com/files/tokyocabinet-1.4.47.tar.gz
```

接着解压 tokyocabinet-1.4.47.tar.gz 源码包，执行编译安装。

```
[root@~]#tar zxvf tokyocabinet-1.4.47.tar.gz
[root@~]#cd tokyocabinet-1.4.47/
[root@~]#./configure --enable-off64 --prefix=/usr/local/tokyocabinet-1.4.47/
[root@~]#make
[root@~]#make install
[root@~]#cd ../
```

安装完成后，可以在/usr/local/tokyocabinet-1.4.47/目录中找到相关文件。完成上述步骤后，就可以进行安装 HTTPSQS 了。

2. 安装 HTTPSQS

HTTPSQS 的安装与 tokyocabinet 一样简单，只需要直接编译源代码包即可。

```
[root@~]#cd /home/soft
[root@~]#wget http://httpsqs.googlecode.com/files/httpsqs-1.7.tar.gz
[root@~]#tar zxvf httpsqs-1.7.tar.gz
[root@~]#cd httpsqs-1.7/
[root@~]#make
[root@~]#make install
[root@~]#cd ../
```

通过上述步骤，HTTPSQS 就安装完成了。最后只需要启动 HTTPSQS 服务进程即可。

```
[root@~]#mkdir /data0/queue
[root@~]#ulimit -SHn 65535
[root@~]#httpsqs -d -p 1218 -x /data0/queue
```

httpsqs 进程启动后，队列持久化数据将被存放于/data0/queue 目录中。为了便于测试，还需要将 1218 端口设置为允许穿过防火墙，或者暂时关闭防火墙。

```
[root@~]#service iptables stop
```

此时可以直接通过浏览器访问 HTTPSQS，地址为 HTTPSQS 所在的主机地址加上 1218 端口号，例如 http://92.168.2.15:1218。因为 HTTPSQS 队列为空，所以返回结果为 HTTPSQS_ERROR。检查 HTTPSQS 是否已经成功运行，可以查看是否存在主进程，如以下代码所示。

```
[root@bogon soft]# pstree
init─┬─anacron
     ├─auditd───{auditd}
     ├─avahi-daemon───avahi-daemon
     ├─console-kit-dae───63*[{console-kit-da}]
     ├─crond
     ├─dbus-daemon───{dbus-daemon}
     ├─httpsqs───httpsqs───{httpsqs}
     ├─login───bash
     ├─master─┬─pickup
     │        └─qmgr
     ├─5*[mingetty]
     ├─rsyslogd───2*[{rsyslogd}]
     ├─sshd─┬─bash───pstree
     │      └─sftp-server
     ├─sshd
     └─udevd───2*[udevd]
```

只需要使用 pkilll 关闭进程名称即可关闭 HTTPSQS。在启动 HTTPSQS 时，最常用的启动参数为-d、-p、-x，事实上 HTTPSQS 还有许多可选的参数，如表 8-9 所示。

表 8-9　HTTPSQS 参数

参　数	说　明	默 认 值
-i	可选，监听的 IP 地址，默认不限制	0.0.0.0
-p	可选，监听的 tpc 端口号	1218
-x	必须，持久化队列数据存放目录	空
-s	可选，同步内存缓冲区内容到磁盘的间隔秒数	5
-c	可选，内存中缓存的最大非叶子节点数	1024
-m	可选，允许临时性队列占用多大内存（M 为单位）	100
-i	可选，HTTPSQS 进程号存放文件	/tmp/httpsqs.pid
-a	可选，访问 HTTPSQS 服务器密码	空
-d	可选，强制以守护进程运行	空
-h	可选，显示帮助	空

8.4.3　测试 HTTPSQS

为了方便讲解，帮助读者加深对 HTTPSQS 的直观认识，下面将对前面安装完成的 HTTPSQS 进行简单的测试。测试 HTTPSQS 只需要使用浏览器即可，如果使用虚拟机，首先需要确保本地机器能够连接到虚拟机上。消息队列主要分为两大步骤，即入队及出队，下面分别介绍。

1．入队（put）

入队是消息列队中最基本的操作。HTTPSQS 只支持使用 HTTP 进行数据提交，所以开发人员只需要使用浏览器就可以向 HTTPSQS 提交数据。HTTPSQS 是基于异步事件的，所有数据的入队都是单一同向的，并且数据入队后均需要排序。入队网址格式如下。

http://host:1218/?name=队列名&opt=put&data=数据&auth=加密口令

队列名是一个数据集的名称，通常情况下可以使用一个数据表名称或者日期时间等；opt 是操作的标识；data 表示入队的数据，一次只能入队一条数据，数据入队后系统会自动分配 pos 值（相当于自动增加的 id）；auth 表示当前队列的加密口令。

HTTPSQS 能够接受 GET 或者 POST 提交方式。需要注意的是，data 参数如果为中文，需要进行 URL 转码。加密口令不是必需的，如果 HTTPSQS 服务器处于内网，建议放弃队列加密，这样将获得更好的运行效率。下面将通过示例演示入队的实际操作，如以下代码所示。

```
http://192.168.2.15: 1218/?name=testhttpsqs&opt=put&data=hellohttpsqs&auth=123456
```

如果入队成功，浏览器将返回 HTTPSQS_PUT_OK。同时使用 Firefox Firebug 插件查看 head 头信息，可以查看到 HTTPSQS 返回的 pos 值，该值即为当前数据存放在队列中的具体位置。读者可以改变 data 参数数据，并多次刷新，观察返回的 pos 值，如图 8-5 所示。

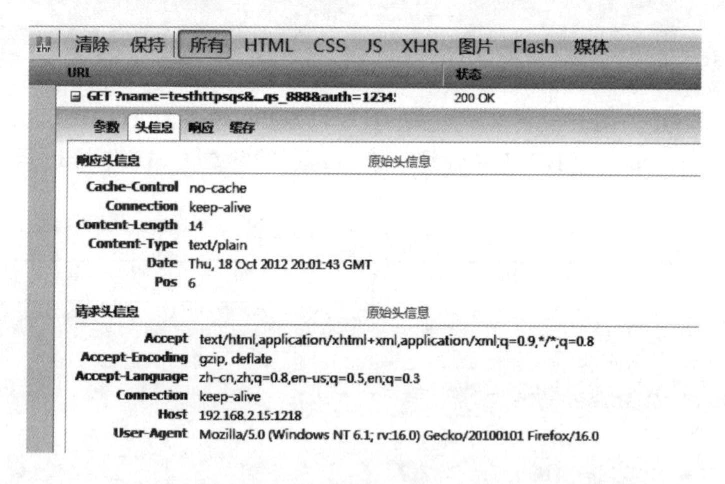

图 8-5　HTTPSQS 入队返回信息

❑ 提示：入队时 HTTPSQS 返回值共有 3 种状态：HTTPSQS_PUT_OK 表示入队成功；HTTPSQS_PUT_ERROR 表示入队失败，需要检查提交的格式是否正确；HTTPSQS_PUT_ERROR 表示队列已满，单个队列的默认值为 100 万条，理论值最大可存放 10 亿条，更改入队参数 num 可以改变队列数据条数。

2．出队（get）

可以使用 HTTP 进行入队，当然也可以使用 HTTP 获取队列数据（出队）。HTTPSQS 支持出队时对数据进行序列化，默认情况下为 TXT 文本。出队的 URL 格式如下所示。

http://host:1218/?charset=utf-8&name=队列名称&opt=get&auth=队列口令

入队和出队是成正比的，也就是说先入队的数据就会先出队。出队时 opt 参数值共有两个：get 表示返回 txt 类型数据；status_json 表示使用 json 序列化数据。如以下代码所示。

```
http://192.168.2.15：1218/?charset=utf-8&name=testhttpsqs&opt=get&auth=123456
```

如果出队成功，则返回 json 序列化数据或文本数据，否则将会返回 HTTPSQS_GET_END 异常信息，表示数据不存在。同时使用 Firefox Firebug 插件查看 head 头信息，可以查看到当前数据的 pos 值，该值总是由小到大进行变化的。如图 8-6 所示。

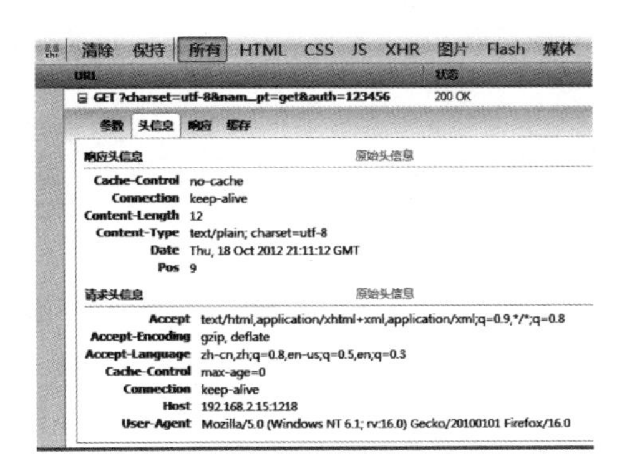

图 8-6　HTTPSQS 出队返回信息

数据出队是排序进行的，一旦出队，数据即会从 HTTPSQS 数据库中删除。如果不需删除数据，而只是想查看数据，可以指定 pos 值查阅对应的数据，如以下代码所示。

```
http://192.168.2.15:1218/?charset=utf-8&name=testhttpsqs&opt=view&pos=12&auth=123456
```

8.4.4　在 MVC 中使用 HTTPSQS

熟悉 Web 开发的读者经过前面介绍的 HTTPSQS 测试，相信已经了解了怎样在 PHP 中提交数据入队。PHP 本身内置的 file_get_content 或者 CURL 函数都可轻松实现 HTTPSQS 数据入队。在应用程序层面，主要涉及入队，数据出队通常情况下不需要程序获取，因为消息队列的本质就是自动提交数据，如果使用程序来获取消息队列中的数据，那就没有使用消息队列的必要。接下来将介绍在 MVC 中入队数据，然后再介绍利用脚本功能实现消息队列自动出队。

1．入队

HTTPSQS 入队使用的是 HTTP 提交，PHP 内置了许多 HTTP 功能函数，方便开发人员选择。同时，HTTPSQS 还提供了多种语言的类库，用于实现 HTTPSQS 入队及出队的所有操作，由于目前还没有介绍 ThinkPHP 扩展，所以这里不使用作者提供的类库，而是使用 PHP 内置的 CURL 函数。为了便于开发，只需要对 CURL 进行简单地封装即可，如以下代码所示。

```
<?php
//curl 提交数据
function curl_post($url,$post_data=array()){
        $ch = curl_init();
        curl_setopt($ch, CURLOPT_URL, $url);
        curl_setopt($ch, CURLOPT_RETURNTRANSFER, 1);
        curl_setopt($ch, CURLOPT_POST, 1);
        curl_setopt($ch, CURLOPT_POSTFIELDS, $post_data);
        $output = curl_exec($ch);
        curl_close($ch);
```

```
        return $output;
    }
?>
```

只需要将上述函数写到 Common/common.php 自定义函数库中，即可在控制器动作中调用。这里将使用 HTTPSQS 处理日志信息，如以下代码所示。

```
<?php
class IndexAction extends Action {
    //...
    public function hello(){
     $user=M("User");
     $rows=$user->where("sid>0")->select();
     $getLastSql=$user->getLastSql();
     $data["data"]=time().urlencode("_系统出现了一个出错，最后查询 SQL 为: ".$getLastSql);
     if (empty($rows["id"])){
         //保存日志记录
         curl_post("http://192.168.2.15:1218/?name=log&opt=put",$data);
     }else{
         //逻辑处理
     }
    }
}
?>
```

通过前面的步骤，一个简单的消息队列日志系统就完成了。使用这种方式来保存日志，系统不仅运行得更加高效，而且数据更加完整。读者可以在浏览器中查看队列是否成功，如以下代码所示。

```
http://192.168.2.15:1218/?charset=utf-8&name=log&opt=get
```

接下来就可以在出队中将日志记录保存到 tpk_log 数据表，实现永久保存。

2. 出队

要使用入队后的数据就需要将数据出队。例如将日志记录保存，方便网站后台人员查阅，就需要创建存放日志的数据表，并且在控制器动作中创建相应的提交动作。这里将把保存日志的数据表命名为 tpk_log，结构如图 8-7 所示。

	字段	类型	整理	属性	空	默认	额外
☐	id	int(11)			否	无	auto_increment
☐	log_title	varchar(40)	utf8_estonian_ci		否	无	
☐	log_content	text	utf8_estonian_ci		否	无	
☐	log_time	int(11)			否	无	
☐	status	tinyint(2)			否	无	

图 8-7　tpk_log 数据表结构

然后在 Index 控制器中创建提交动作，并命名为 SaveLog。代码如下所示。

```
<?php
class IndexAction extends Action {
    //保存日志
    public function SaveLog(){
     //安全验证
     if (empty($_POST["verify_key"]) || $_POST["verify"]!="abc_123"){
         exit("no");
     }
```

```
    $log=M("Log");
    $data["log_title"]="系统日志";
    $data["log_content"]=urldecode($_POST["data"]);
    $data["log_time"]=time();
    if ($log->add($data)){
        echo "yes";
    }else{
        echo "no";
    }
   }
}
?>
```

至此，保存日志所需要的步骤就完成了，接下来就需要将 HTTPSQS 中的队列数据发送给 SaveLog 动作。前面已经提到过，HTTPSQS 本身没有自动提交数据（出队）的功能，需要开发人员自行编写监控脚本。在 Linux 系统中，可以使用官方提供的 C 语言接口，完成数据的检索和提交，C 语言接口下载地址为 http://code.google.com/p/httpsqs/source/browse/trunk/client/c。

对于只熟悉 PHP 的开发人员而言，同样也提供了 PHP 监控脚本，前提是监控服务器上已经安装了 PHP 解释器。这里假设 PHP 安装路径为/usr/local/php，那么 PHP 的解释器路径就为/usr/local/php/bin/php。下面将使用 PHP 解释器实现一个简单的 HTTPSQS 监控脚本。PHP 类库下载地址为 http://code.google.com/p/httpsqs/source/browse/trunk/client/php/httpsqs_client.php。

将下载后的 httpsqs_client.php 文件保存到监控服务器的/opt/php_shell 目录中，然后使用 vi 等编辑器创建一个监控脚本，并命名为 httpsqs.php，代码如下所示。

```
<?php
  include_once dirname(__FILE__)."httpsqs_client.php";
  $host="192.168.2.15";
  $port="1218";
  $httpsqs = new httpsqs($host, $port, $auth, $charset);
  while(true) {
    $result = $httpsqs->gets($name);
    $pos = $result["pos"]; //当前队列消息的读取位置点
    $data = $result["data"]; //当前队列消息的内容
    if ($data != "HTTPSQS_GET_END" && $data != "HTTPSQS_ERROR") {
      //执行数据提交
      $content["data"]=$data;
      $content["verify_key"]="abc_123";
      curl_post("http://192.168.2.1/index.php/Index/SaveLog",$content);
    } else {
      sleep(1); //暂停 1 秒钟后，再次循环
    }
  }
  function curl_post($url,$post_data=array()){
   $ch = curl_init();
   curl_setopt($ch, CURLOPT_URL, $url);
   curl_setopt($ch, CURLOPT_RETURNTRANSFER, 1);
   curl_setopt($ch, CURLOPT_POST, 1);
   curl_setopt($ch, CURLOPT_POSTFIELDS, $post_data);
   $output = curl_exec($ch);
   curl_close($ch);
   return $output;
```

```
    }

?>
```

最后只需要将 httpsqs.php 脚本推送到后台运行即可。如以下代码所示。

```
nohup /usr/local/php/bin/php /opt/php_shell/httpsqs.php 2>&1 > /dev/null &
```

至此，一个简单的消息队列日志系统就完成了。通过消息队列提交数据，虽然麻烦，但带来的性能提升是明显的。这里只是做一个简单的日志系统，事实上 HTTPSQS 支持大数据，能够使用在任何需要异步处理的场合，在实际应用开发中可根据需要进行选择。

需要说明的是，虽然消息队列能够提升性能，但是由于使用的是异步处理，所有数据都是按先入先出的排序方式进行出队的。所以消息队列中的数据始终是有延迟的，如果需要即时性的结果，就不太适合使用消息队列机制了。

8.5 ThinkPHP 程序调试机制

ThinkPHP 内置了一些用于程序调试或测试的类库，以便在程序出现异常时能够迅速找到问题之所在。接下来将结合示例代码，详细介绍系统内置的几种易用和全面的调试方式。

8.5.1 开启调试功能

调试功能是 ThinkPHP 内置的一项重要的代码调试机制。由于 MVC 框架是由众多 PHP 类库构造的，它改变了许多传统 PHP 开发的模式，例如数据库操作、文件包含、代码执行流程等，在开发过程中要对代码进行调试，使用传统的 PHP 来调试，只能调试当前 PHP 代码，但不能调试由框架引起的异常。所以几乎所有主流的 MVC 框架都提供代码异常处理机制，即代码调试机制。ThinkPHP 本身内置有代码调试功能，开发人员只需要在入口文件中开启即可。为了方便开发者了解每个页面的运行情况，系统还提供了 Trace 信息显示功能。下面分别介绍。

1. 调试模式

一旦开启调试模式，代码的执行步骤将会发生改变，这种改变是利于代码调试的，但对运行结果没有影响。要启动代码调试功能，设置常量 APP_DEBUG 为 true 即可，如以下代码所示。

```
<?php
define("THINK_PATH","./ThinkPHP/");
define("APP_PATH","./home/");
define("APP_NAME","Home");
define("APP_DEBUG", true);
require_once(THINK_PATH."ThinkPHP.php");
?>
```

一旦开启代码调试模式，系统会在出现异常的动作视图模板中追加调试数据，如图 8-8 所示。

这些异常信息根据异常的情况而有所不同，并且是可以进行定制显示的。但需要注意的是调试模式只有异常时才会抛出调试信息。

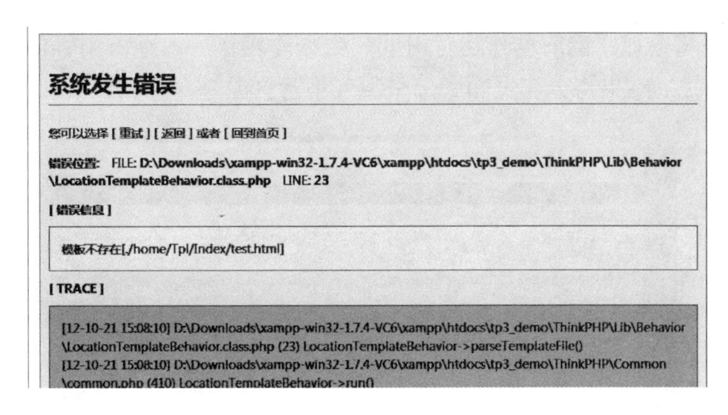

图 8-8　调试异常信息

2. Trace 异常信息

Trace 异常信息默认是关闭的，它是前面介绍的异常数据显示的子类。Trace 信息是可定制的，可以在任何运行阶段抛出，事实上 Trace 可以在任何动作视图上随时显示。

要开启 Trace 页面信息，只需要在配置文件中设置 SHOW_PAGE_TRACE 为 true 即可。需要注意的是 Trace 信息需要结合模板使用，也就是说动作中必须使用$thin->display()输出，如图 8-9 所示。

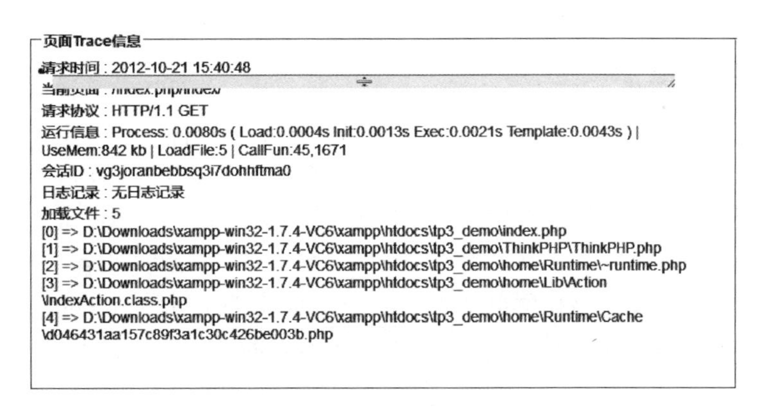

图 8-9　Trace 页面信息

Trace 信息中详细地列出了当前页面所运行的时间、状态、内存占用、会话 ID、请求协议以及页面所有调用的类库等，这对于代码的调试及优化是非常有用的。

对于 Trace 的运行时间、状态、内存占用等信息，是可以单独提取出来的。如果结合前面介绍的基于消息队列的日志系统，那么还可以将运行超时的页面推送到消息队列中，方便开发人员查看并优化。如以下配置文件代码所示。

```
'SHOW_PAGE_TRACE'        =>false,
'SHOW_RUN_TIME'=>true,          // 运行时间显示
'SHOW_ADV_TIME'=>true,          // 显示详细的运行时间
'SHOW_DB_TIMES'=>true,          // 显示数据库查询和写入次数
'SHOW_CACHE_TIMES'=>true,       // 显示缓存操作次数
'SHOW_USE_MEM'=>true,           // 显示内存开销
'SHOW_LOAD_FILE' =>true,    // 显示加载文件数
'SHOW_FUN_TIMES'=>true ,   // 显示函数调用次数
```

上述配置信息将会显示当前动作运行时间、数据库操作、内存占用等信息，读者可以根据需要选择开启。最终的结果将会在页面底部呈现（不管页面是否存在异常），如图 8-10 所示。

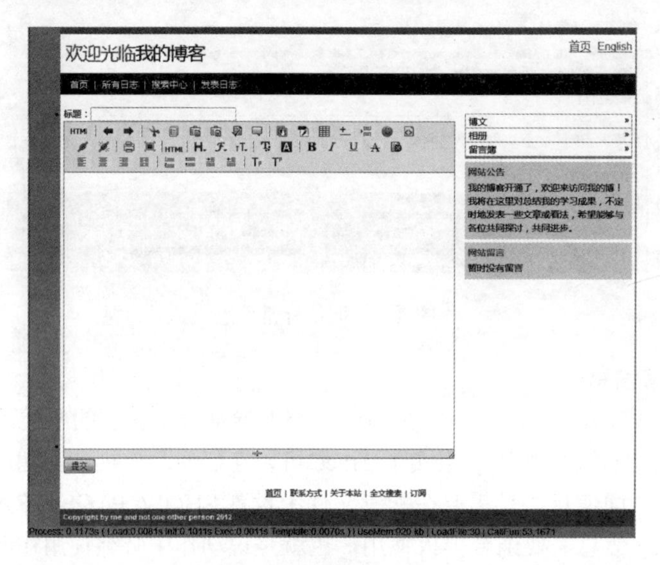

图 8-10　页面运行状态

8.5.2　代码编译概念

PHP 本身是一种脚本语言，因此没有编译的概念。这里所说的代码编译是指 ThinkPHP 框架提供的类库缓存功能。系统为了提高性能和安全性，在项目第一次运行时会将所需要的系统类库、函数、扩展、配置文件数据等载入到内存，然后保存到 Runtime/~runtime.php 文件中，这个过程只需要一次，下次再运行项目时，系统将会直接读取~runtime.php 文件中的代码缓存，不再重复调用，这样就很好地提高了性能。同时，由于~runtime.php 保存的是最终代码缓存，所以在排查错误时可以直接查看~runtime.php 文件中的缓存代码，方便查找最终的问题所在。

由于代码编译会将框架中的核心代码和扩展类库等必需的代码缓存到一个文件中，这就意味着如果项目本身没有发生配置和代码变动，开发人员甚至可以使用~runtime.php 文件代替框架入口文件。也就是说项目不再需要引入 ThinkPHP，而只需要引入~runtime.php 文件即可（包括项目的配置文件、自定函数文件、项目扩展类库等都可以删除），这对提高网站的安全性是有帮助的。

项目预编译文件默认存放于项目 Runtime 根目录下，开发人员可以通过修改 RUNTIME_PATH 入口文件配置项改变~runtime.php 存放目录。此外，还可以修改入口文件 RUNTIME_FILE 配置项改变预编译文件名称，如以下代码所示。

```
<?php
define("THINK_PATH","./ThinkPHP/");
define("APP_PATH","./home/");
define("APP_NAME","Home");
define("APP_DEBUG", false);
define('RUNTIME_PATH',APP_PATH.'temp/'); //预编译文件文件目录
```

```
define('RUNTIME_FILE', RUNTIME_PATH.' runtime_cache.php');// 预编译文件名
require_once(THINK_PATH."ThinkPHP.php");
?>
```

8.5.3 异常定制

异常信息是调试模式中最直观的数据，这些信息的处理是由系统基类 ThinkException 类来完成的。开发人员可以对异常信息进行定义，包括异常信息显示项定义和模板定义。这些操作虽然对程序调试意义不大，但项目的文件组件和管理却有一定的意义。为了方便在开发中进行异常处理，系统还提供了 throw_exception 函数用于处理异常信息，该函数封装了所有对 ThinkException 类的调用操作，并且不受 APP_DEBUG 入口文件配置项的影响。如果在生产环境中部署，不需要显示这些敏感的数据，或者需要统一收集这些异常信息，系统还支持使用一个控制器动作或者 URL 作为统一处理异常的页面。接下来将详细介绍异常信息的定制。

1．ThinkException 类

ThinkException 类继承于 PHP 内置的 Exception 异常错误处理类，提供了自定义模板和自定义信息的功能。默认情况下，异常信息的显示模板路径为 ThinkPHP/Tpl/think_exception.tpl，开发人员可以通过修改 EXCEPTION_TMPL_FILE 配置项修改异常信息模板。如以下代码所示。

```
'EXCEPTION_TMPL_FILE' => '/Public/exception.tpl',
'SHOW_ERROR_MSG' =>true,
'ERROR_MESSAGE' =>'发生错误！'
```

通过修改 EXCEPTION_TMPL_FILE 配置项，此时的异常模板将会使用自定义的模板 /Public/exception.tpl，代码如下所示。

```
<html>
<head>
<meta http-equiv="Content-Type" content="text/html; charset=utf-8" />
<title>错误信息</title>
</head>
<body>
<div class="main">
 <li>异常文件：<?php echo $e['file'];?></li>
 <li>异常发生行数：<?php echo $e['line'];?></li>
 <li>异常信息：<?php echo $e['message'];?></li>
 <li>异常详细代码：<?php echo $e['trace'];?></li>
</div>
<div>
客户端环境：<?php echo $_SERVER["HTTP_USER_AGENT"];?>
</div>
</body>
</html>
```

如上述代码所示，由于 ThinkException 类继承于 Exception，所以可以使用关键字 throw 捕捉异常数据，并保存到全局数组中，开发人员可以手动获取数组中的异常信息。ThinkException 类对 Exception 类捕捉到的异常数据进行了二次处理，不需要在逻辑层面直接输出，只需要在模板中直接引用即可。这也就意味着在模板中定义的 PHP 代码都能够被系统执行。在动作逻辑层面，只需要使用快捷函数 throw_exception 调用模板即可。

```
<?php
class IndexAction extends Action {
public function hello(){
```

```
        $user=M("User");
        $rows=$user->where("sid>0")->select();
        $getLastSql=$user->getLastSql();
            if (empty($rows["id"])){
                //出错提示
                throw_exception("查询出错，最后执行 SQL 语句为：".$getLastSql);
            }else{
                //逻辑处理
            }
    }
}
?>
```

throw_exception 函数只是封装了 throw_exception 类的所有操作，如果习惯传统的 throw 关键字处理异常，ThinkPHP 允许开发人员继续使用 throw 关键字，如以下代码所示。

```
throw new ThinkException("代码执行出错：".$getLastSql);
```

2．使用 URL 处理异常

如果项目已经部署到生产环境中，还可以通过配置 ERROR_PAGE 选项指定一个 URL 或者控制器动作收集异常信息。例如当数据不存在，或者下载文件不存在时系统就跳转到一个页面（类似于 404 错误页面），如果是一个控制器动作，还可以在动作使用消息队列发送邮件给管理员。ERROR_PAGE 配置项非常简单，如以下代码所示。

```
'ERROR_PAGE' => 'http://tp.localhost/exception/index',
```

一旦配置了 ERROR_PAGE 选项，系统会忽略 EXCEPTION_TMPL_FILE 选项。这种方式使用的是传统的跳转方式，相当于服务器中的 404 异常处理，这对于访客而言是比较友好的。

8.5.4 性能调试

Debug 是一个系统静态扩展类，主要用于调试程序的性能，为优化程序运行效率提供依据。例如显示块代码内存占用、块代码执行时间、区间代码性能调用等。此外系统还提供了快捷函数 G 用于简单地测试代码性能，下面分别介绍。

1．Debug 类

Debug 类是一系统基类，用于测试代码执行性能。该类公开可调用的静态方法分别有：mark、useTime、useMemory、getMemPeak。其中 mark 方法为 Debug 类的核心方法，后面 3 个方法必须以 mark 为统计依据才能收集到代码执行性能数据，下面分别介绍。

（1）mark

mark 是 Debug 调试类的核心方法，该方法不参与数据收集，只用于声明调试的开始与结束标记。假设需要对一个页面进行性能调试，那么首先需要在测试的代码之前加入标记，如以下代码所示。

```
public function test(){
    import('ORG.Util.Debug');
    Debug::mark('run');
    $commentObj=M("Comments");
    $rows=$commentObj->select();
    Debug::mark('end');
}
```

如上述代码所示，由于 Debug 是一个系统扩展类，所以需要引入扩展。关于扩展的详细使用本书第 11 章将有详细介绍。在此读者只需要理解即可。mark 方法只需传入一个参数即可，该参数是一个可自定义的字符串。例如 run 与 end，表示代码调试从 Debug::mark('run')开始，直到 Debug::mark('end')结束。这对标记内的代码性能数据会被记录到$marker 数组中。

如果要对一个完整的控制器动作代码进行调试，更理想的方法是在前动作和后动作中置入 mark 标记，这样更有利于代码管理，如以下代码所示。

```
//test 前动作
 public function _before_test(){
      import('ORG.Util.Debug');
      Debug::mark('run');
 }
public function test(){
    $commentObj=M("Comments");
    $rows=$commentObj->select();

}
//test 后动作
 public function _after_test(){
      Debug::mark('end');
}
```

为代码添加了标记后，系统就能够识别调试区域了。其他的 3 种方法分别用于获取代码运行时间、代码运行占用内存及代码占用内存的峰值。

（2）useTime

useTime 用于收集标记区代码的运行时间，该方法共支持 3 个参数，表现形式为 useTime($start,$end,$decimals = 6)。其中 start 及 end 参数即为 mark 方法中对应的开始标记及结束标记；decimals 表示时间统计精度。代码如下所示。

```
//test 前动作
 public function _before_test(){
      import('ORG.Util.Debug');
      Debug::mark('run');
 }
public function test(){
 $commentObj=M("Comments");
 $rows=$commentObj->select();

}
//test 后动作
 public function _after_test(){
      Debug::mark('end');
      echo "运行所需时间：".Debug::useTime('run','end').'秒';
}
```

如果动作中使用了缓存，useTime 能够真实地收集到缓存后的运行时间，这对于缓存优化是非常有用的。

（3）useMemory

useMemory 方法用于收集区间代码所占用的系统内存。该方法共支持两个参数，表现形式为 useMemory($start,$end)。start 及 end 参数分别代码 mark 方法中对应的开始标记及结束标记。useMemory 的实际使用如以下代码所示。

```
//test 前动作
 public function _before_test(){
```

```
        import('ORG.Util.Debug');
        Debug::mark('run');
    }
    public function test(){
     $commentObj=M("Comments");
     $rows=$commentObj->select();

    }
    //test 后动作
     public function _after_test(){
        Debug::mark('end');
        echo "页面占用内存：".Debug::useMemory('run','end')."kb";
    }
```

在实际应用开发中，可以根据需要换算 useMemory 结果值。

（4）getMemPeak

useMemory 得到的结果是区间代码最低占用率值与最高占用率值之间的平均值。而 getMemPeak 方法用于获取区间代码内存占用率的最高值，所以 getMemPeak 方法更具有参考意义。getMemPeak 方法与 useMemory 方法无论参数还是什么都是一样的，在此就不再重复相关代码演示。需要说明的是，无论是 useMemory 还是 getMemPeak，使用的前提都是 Web 服务器安装并开启了 **memory_get_usage** 函数，否则将获取不到任何数据。

2．G 快捷函数

G 快捷函数能够简单快捷地获取区间代码性能数据。相比 Debug 类，G 快捷函数不需要引手动引入扩展类，只需要定义开始标记即可，结束标记是可选的。G 快捷函数支持 3 个参数，表现形式为 G($start,$end='',$dec=4)。其中 start 表示需要传入开始标记；end 是可选参数，如果为空即表示以当前动作最后一行代码为基准；dec 是可选参数，该参数值为数字类型，用于设定统计精度。使用 G 函数比较简单，如以下代码所示。

```
    //test 前动作
     public function _before_test(){
        G('run');
     }
    public function test(){
     $commentObj=M("Comments");
     $rows=$commentObj->select();

    }
    //test 后动作
     public function _after_test(){
        echo "代码执行时间：".G('run','end').'秒';
    }
```

相对 Debug 类而言，G 函数收集的信息比较简单，收集结果只有代码运行时间。但大多数情况下，根据代码执行的时间就可以得到代码的运行情况和效率。

8.6 小结

本章深入地介绍了 ThinkPHP 开发 MVC 应用程序中安全与调试的方方面面。首先一开始就使用了形象、易懂的流程图对系统内置的安全机制进行了描述，然后结合代码重点讲解了表单令牌、数据验证等实用技术。

接着介绍了系统内置的日志处理机制。养成良好的自定义日志记录，将能够给项目的后期维护带来极大的便利，所以笔者重点介绍了自定义日志的使用。性能与日志系统是相辅相成的，如果面临超大的并发，传统的日志记录方式将难以应对，所以本章还讲述了消息队列机制，它使用异步处理机制，能够解决大并发带来的各种问题。最后介绍了系统内置的代码性能调试类，使得初学者也能够对代码性能进行有效测试。

理解本章内容，对构建安全及稳定的 MVC 应用是非常有帮助的，读者应该融会贯通。下一章将继续介绍 ThinkPHP 内置的各种功能强大的类库，帮助读者有效提高开发效率。

第9章
ThinkPHP 功能库

内容提要

通常情况下我们可以通过自定义函数库为项目提供更多功能，并将应用开发过程中多次重复的代码封装为函数。ThinkPHP 功能库能够简化开发人员编写自定义函数的步骤，将更多编程工作放到逻辑处理上。当然系统内置的功能库并不能代替自定义函数库，但是一些常用的功能可以首先在功能库中查找，如果存在则直接使用；如果没有则再使用自定义函数编写。

在实际应用开发中，更有效率的原则是以系统内置的功能库为基础，然后在自定义函数库中进行封装，使得功能库的功能和易用性得到最大提升。这里所说的功能库是有一定的局限性的，事实上自定义函数库也是基于系统基础类库的，所以在自定义函数中直接使用系统类库、配置信息、CURD 操作等都是被允许的。

本章将会对数据处理、函数扩展、多语言、Session 等功能库进行详细介绍，帮助读者在实际应用开发中提高效率。

学习目标

- 了解数据处理引擎概念。
- 掌握 SAX 引擎的使用。
- 掌握 Dom 的使用。
- 了解 Json 及 Jsonp。
- 掌握 SimpleXML 扩展的使用。
- 了解 ThinkPHP 扩展函数库。
- 了解 ThinkPHP 扩展类库。

9.1　数据处理

传统的网站开发中，一般开发人员只需要处理 HTML 或者纯文本输出即可，但是由于互联网的迅猛发展，一个成熟的网站通常都不是独自构成的，而是由网站、API、桌面客户端、手机客户端、UC（网站实时聊天工具）、统计分析系统等共同构成。要将这些功能模块或系统整合到一起，使用纯粹的 HTML 或者文本来通信，显然不可行。在主流网站开发技术中（例如 C#、Java）都有各自的跨应用通信技术，其中最通用的就是 Json 及 XML。PHP 本身内置有处理 Json 及 XML 的类库，但使用复杂，ThinkPHP 对其进行了封装和增强，使得该类库更加适合在 MVC 中使用。

9.1.1　XML 引擎

XML 是一种标记性语言，由 GML（一种工业平面印刷描绘语言）派生而来。由于它的扩展性好、可编程性高、数据传输量大等特点，所以很早就被用于 Web 数据交互。早在 2004 年，微软发布 IE6 浏览器时就能够支持简单的 XML 通信，由于 XML 国际化标准的设定，近年来各类编程语言几乎都对 XML 提供了全方位的支持，有些编程技术甚至单独内置 XML 解释引擎（例如 Object-C 编程），足见 XML 的活力及优势。

早期的 PHP 版本（4.x）对 XML 的支持是不完善的，但现在的 PHP 已对 XML 提供了完善的支持（无论是解释还是生成）。PHP 5.x 对 XML 的处理主要有 4 种方式：SAX（Simple Api for XML）引擎、Dom（Document Object Model）解释器、SimpleXML 扩展、XML Reader 扩展。ThinkPHP 内置的 XML 处理技术也是基于上述方式的。下面首先对 PHP 原生的 XML 处理机制进行简单讲解，然后结合 ThinkPHP 框架讲解在 MVC 中处理 XML 文档。

1. SAX

SAX 引擎是一款轻量级的 XML 处理引擎，它的执行过程是由上而下顺序执行的。SAX 在处理 XML 时使用的是异步事件驱动机制，这能够在快速反应的同时及时地捕捉到 XML 中的节点信息，由于 SAX 是单向无缓冲的，所以 SAX 非常适用于手机终端等内存受限设备上（IOS、Android 等默认使用 SAX 来解释 XML）。

PHP 作为一门网站编程语言，在讲求运行效率的网站应用需求上，同样也默认使用内置的 SAX 解释引擎处理 XML。开发人员在安装完 PHP 5.X 之后就能够使用 SAX 开发 XML 网站了。下面将通过一个简单的示例讲解 SAX 解释 XML 的全过程。

假设网络上有一个 XML 接口，现在需要使用 PHP 来解释该文档中的数据，以便进行开发。XML 文档数据如以下代码所示。

```
<?xml version="1.0" encoding="utf-8"?>
<result>
<row>
  <id>1</id>
  <date>1351048596</date>
  <title>PHP 比你想象的好得多</title>
  <content>在说最近 PHP 社区取得的惊人成就之前，我们先来看看一些有趣的数字：PHP 被 77.9%的服务端编程语言已知的网站使用。Wordpress 被全世界 16.6%的网站使用。使用率最高的三个 CMS 建站系统是：第一的
```

```
Wordpress 份额为 54.3%，第二的 Joomla 份额为 9.2%，第三的 Drupal 份额为 6.8%。这三个产品都是用 PHP 写的。
    </content>
  </row>
  <row>
    <id>2</id>
    <date>1351048677</date>
    <title>PHP 5.4 内置 Web 服务器</title>
    <content>PHP 是一种脚本语言，它需要 PHP 解释器来分析运行 PHP 文件。当把 PHP 做为 CGI 服务 Web 请求时，它需要被嵌入到某种 Web 服务器里，最常见的是集成到 Apache 或 IIS 里，这就是说，在使用 PHP 前，你需要安装 Apache 或 IIS，并且正确的配置它们和 PHP 集成的参数。虽然这种配置已经很规范，文档非常丰富，但我们还是经常在安装 Apache 和 PHP 集成时遇到问题，而且，有时候我们只想测试一个简单的 PHP 特征，不想就为此安装、启动 Apache 服务。
    </content>
  </row>
  </result>
```

上述 XML 代码共有两条新闻数据，通过浏览器直接访问将能够正确识别。接下来将使用 xml_parser_create 函数创建 XML 对象，并使用 xml_parse 来提取文档中的节点信息。这两个函数是 SAX 引擎的核心函数，使用时与普通的 PHP 函数并无区别。为了方便代码管理，这里将 SAX 创建 XML 数据对象及解释 XML 数据全过程封装成一个功能类，并命名为 SaxXmlClass，代码如下所示。

```
<?php
class SaxXmlClass {
    private $parser;
    private $i = 0;
    private $search_result = array ();
    private $row = array ();
    public  $data = array ();
    private $now_tag;
    private  $tags  =  array  ("ID",  "CLASSID",  "SUBCLASSID",  "CLASSNAME",  "TITLE",
"SHORTTITLE", "AUTHOR", "PRODUCER", "SUMMARY", "CONTENT", "DATE" );
    //构造 XML 数据对象
    function __construct() {
        $this->parser = xml_parser_create ('UTF-8');
        xml_set_object ( $this->parser, $this );
        xml_set_element_handler ( $this->parser, "tag_open", "tag_close" );
        xml_set_character_data_handler ( $this->parser, "cdata" );
    }
    //使用 xml_parse 解释数据
    public function parse($data) {
        xml_parse ( $this->parser, $data );
    }
    //返回 XML 节点
    protected function tag_open($parser, $tag, $attributes) {
        $this->now_tag = $tag;
        if ($tag == 'RESULT') {
            $this->search_result = $attributes;
        }
        if ($tag == 'ROW') {
            $this->row [$this->i] = $attributes;
        }
    }
    //生成数据对象
```

```
    protected function cdata($parser, $cdata) {
        if (in_array ( $this->now_tag, $this->tags )) {
            $tagname = strtolower ( $this->now_tag );
            $this->data [$this->i] [$tagname] = $cdata;
        }
    }
    //查找 XML 标记结束
    protected function tag_close($parser, $tag) {
        $this->now_tag = "";
        if ($tag == 'ROW') {
            $this->i ++;
        }
    }
}
?>
```

最后只需要在使用页面中实例化 SaxXmlClass 类，并调用 data 属性即可，该属性存放着最终生成的数据对象，代码如下所示。

```
<?php
require_once("Lib/saxXmlClass.php");
$xml = file_get_contents("http://localhost/web/news.xml");
$xml_parser = new SaxXmlClass();
$xml_parser->parse($xml);
$data=$xml_parser->data;
//var_dump($data);
foreach ($data as $key=>$value){
  echo "<li> 标 题 : ".$value["title"]." 【 发 布 时 间 : ".date("Y-m-d H:i:s",$value["date"])."】</li>";
}
?>
```

将代码保存，直接访问页面将会看到运行结果。这些新闻数据不是来自于数据库，也不是来自于纯文本，而是来自于具备跨站通信能力的 XML。

2．DOM

DOM 全称为 Document Object Model（文档对象模型），从名称上就可以看出 DOM 是专门用于处理文档数据的。事实也如此，DOM 能够处理多种文档，包括常见的 SGML、HMTL、XHTML、XML、RSS 等。PHP 内置的 DOM 用于处理 HTML、XML 等是非常合适的，也是非常高效的。

与 SAX 不同，DOM 处理 XML 时首先将 XML 加载到服务器内存，然后再进行解释，这种解释方式是不需要按照顺序执行的，最开始载入的节点最终的解释顺序未必就排在最前面。由于 DOM 首先将 XML 载入内存，这就意味着在引擎还没最终输出结果前，开发人员可以对内存中的数据进行增、删、改，这也是 DOM 最为强大的功能。同时，由于 DOM 是先载入后解释的（SAX 是同时载入同时解释），使得数据能够被缓存，所以在解释大型的 XML 数据时 DOM 性能更加出色，接下来将继续以前面的例子为基础，详细介绍 DOM 的使用。

（1）DOM 查询 XML

前面使用 ASX 引擎能够方便地对 XML 数据进行查询，接下来将使用 DOM 进行同样的查询操作，帮助读者加深对 DOM 与 SAX 的认识。PHP 5.x 对 DOM 的支持已经非常完善，开发人员不需要再手动安装插件，只需要实例化 DOMDocument 基础类即可。该类提供了所有对文档进行操作所需要的方法和属性，其中用于查询 XML 文档的方法主要为

documentElement、getelementsByTagName、childNodes。

其中 documentElement 用于得到 XML 文档的根节点；getelementsByTagName 返回带有指定标签名的对象集合；childNodes 返回所有子节点（最内层的节点）。熟悉 JavaScript 的读者，相信对 DOM 并不会感到陌生。事实上，PHP 内置的 DOM 引擎和 JavaScript 中的 DOM 引擎使用方式上都是相似的。下面将结合代码演示 DOM 查询 news.xml 文档的全过程。

首先创建一个功能类，并命名为 DomNewsXML。该类于用创建解释器对象，并且完成数据的查询，如以下代码所示。

```
<?php
class DomNewsXML extends DOMDocument {
    private $root;
    //构造函数
    public function __construct() {
        parent::__construct ();
        $this->load ( "news.xml" );
    }
    //解释 XML
    public function show_message() {
        $root = $this->documentElement;
        $xpath = new DOMXPath ( $this );
        $node_record = $this->getelementsByTagName ( "row" );
        $node_record_length = $node_record->length;
        $datas=array();
        //遍历 row 节点
        for($i = 0; $i < $node_record->length; $i ++) {
            $k = 0;
            foreach ( $node_record->item ( $i )->childNodes as $articles ) {
                $data [$k] = $articles->textContent;
                $k ++;
            }
            //包装数据
            $d[$i]["title"]=$data[5];
            $d[$i]["time"]=$data[3];
            $datas=$d;
        }
        //返回数据
        return $datas;
    }
}

?>
```

将上述代码保存，在使用文件中只需要调用 show_message 方法即可得到 news.xml 文件中的数据，调用文件代码如下所示。

```
<?php
include_once("DomNewsXML.class.php");
$hawkXML = new DomNewsXML();
$data=$hawkXML->show_message ();
//var_dump($data);
foreach ($data as $key=>$value){
    echo "<li>标题：" . $value["title"] . "【发布时间：" . date ( "Y-m-d H:i:s",
$value["time"] ) . "】</li>";
```

```
}
?>
```

该示例的运行结果和前面使用 SAX 的结果是一致的。读者可以在此基础上继续完善，实现更复杂的 XML 文档查询。

（2）DOM 增加 XML 元素

DOM 最强大的功能之一就是可以对文档模型进行 CURD 操作。其中对 XML 增加文档元素，只需要调用 DOMDocument 基类类中的 appendChild 方法即可。这里继续以 DomNewsXML.class.php 文件为例，在该类中添加 add_news 方法，该方法用于实现添加新闻，代码如下所示。

```
    private $root;
    //构造函数
    public function __construct() {
        parent::__construct ();
        $this->load ( "news.xml" );
    }
    //解释 XML
    //省略.................
    //增加新闻
    public function add_news($date, $title, $content) {
        //初始化文档对象
        $Root = $this->documentElement;
        //定义新闻 id 子节点
        $id = rand ( 100, 1000 );
        $_id = $this->createElement ( "id" );
        $id = $this->createTextNode ( iconv ( "UTF-8", "UTF-8", $id ) );
        $_id->appendChild ( $id );
        //定义新闻日期了子节点
        $_date = $this->createElement ( "date" );
        $date = $this->createTextNode ( iconv ( "UTF-8", "UTF-8", $date ) );
        $_date->appendChild ( $date );
        //定义新闻标题子节点
        $_title = $this->createElement ( "title" );
        $title = $this->createTextNode ( iconv ( "UTF-8", "UTF-8", $title ) );
        $_title->appendChild ( $title );
        //定义新闻内容子节点
        $_content = $this->createElement ( "content" );
        $content = $this->createTextNode ( iconv ( "UTF-8", "UTF-8", $content ) );
        $_content->appendChild ( $content );
        //创建 row 节点
        $Node_Record = $this->createElement ( "row" );
        //生成子节点
        $Node_Record->appendChild ( $_id );
        $Node_Record->appendChild ( $_date );
        $Node_Record->appendChild ( $_content );
        $Node_Record->appendChild ( $_title );
        //将子节点添加到 row 节点下
        $Root->appendChild ( $Node_Record );
        try {
            $this->save ( "news.xml" );
            return true;
        } catch ( ErrorException $e ) {
            throw $e->getMessage ();
```

```
        }
    }
```

如上述代码所示，为 news.xml 文档添加 row 子节点，就相当于添加新闻数据。整个流程共分 4 步骤：首先使用 documentElement 方法根据构造函数中载入的 XML 文件创建文档对象；然后定义数据节点，并使用 appendChild 方法添加到文档对象中；接着将所有节点添加到 row 父节点下；前面的步骤都是在内存中完成的，最后还需要使用 save 方法写入到 news.xml 文件中（即保存到硬盘中）。

需要注意的是，创建文档对象节点的过程中，PHP 中的 DOM 引擎对中文汉字的支持存在 BUG，开发人员需要手动将汉字显式地转换为 UTF8 编码（就算当前文件为 UTF8 编码也需要转换）。

最后在使用文件中直接调用 add_news 方法并传入新闻数据参数即可，如以下代码所示。

```
<?php
include_once("DomNewsXML.class.php");
$DomAddNews=new DomNewsXML();
$obj=$DomAddNews->add_news(time(),
"为您介绍 5 个 PHP 安全措施",
"多年来，PHP 一直是一个稳定的、廉价的运行基于 web 应用程序的平台。
像大多数基于 web 的平台一样，PHP 也是容易受到外部攻击的。");
if($obj){
    echo "数据添加成功";
}else{
    echo "数据添加失败";
}
?>
```

（3）DOM 删除 XML 元素

使用 DOM 删除 XML 元素非常简单，只需要调用 DOMDocument 基类中的 removeChild 方法即可。下面继续以 DomNewsXML.class.php 文件为例，在该类中添加 delete_news 方法，实现新闻数据的删除，代码如下所示。

```
    private $root;
    //构造函数
    public function __construct() {
        parent::__construct ();
        $this->load ( "news.xml" );
    }
    //解释 XML
    //...
    //删除新闻
    public function delete_news($id) {
        $Root = $this->documentElement;
        $xpath = new DOMXPath ( $this );
        $Node_Record = $xpath->query ( "//row[id='$id']" );
        $Root->removeChild ( $Node_Record->item ( 0 ) );
        try {
            $this->save ( "news.xml" );
            return true;
        } catch ( ErrorException $e ) {
            throw $e->getMessage ();
        }
```

```
    }
```

通过前面的例子，可以看到 DOM 在处理文档模型数据时非常完善和强大。与其他 XML 引擎不同，DOM 对文档节点的 CURD 操作是彻底及完善的。因为 DOM 的强大及出色，所以很早就被 W3C 推荐为处理可扩展置标语言的标准编程接口。但有一点读者需要明白的是，虽然 PHP 可以使用 DOM 来处理文档模型，但通常来讲在 PHP 中只需要读取即可（数据通常保存到数据库），文档模型的 CURD 操作一般处理界面 UI 时才需要使用，例如 Jquery、ExtJs 等框架都提供了完善的 DOM 支持。

正因如此，PHP 还内置了一种更加简单和易用的 XML 查询解释扩展 SimpleXML。该扩展处理机制上与 SAX 相似，并且拥有 SAX 快速及稳定的特性，但相对 SAX 来说，SimpleXML 在使用方式上更加简单及高效，所以 SimpleXML 是 PHP 官方推荐使用的 XML 解释引擎。

3. SimpleXML

SimpleXML 是 PHP 内置的一款标准 XML 解释器，使用 SimpleXML 来解释 XML 是高效和稳定的。如果只需要单纯的查询 XML 文档，那么使用 SimpleXML 是一个非常好的方案。SimpleXML 不需要像 SAX 引擎那样使用多个方法进行捕捉 XML 信息，也不需要像 DOM 那样多次调用相应的方法遍历文档模型。SimpleXML 将 XML 文件映射为一个 PHP 类对象，调用类中的成员就等于获取 XML 文档中的节点信息。下面将结合示例代码详细介绍 SimpleXML 的使用。

继续以前面创建的 news.xml 文件为例，使用 SimpleXML 来解释并提取文件中的数据。首先创建一个类，并命名为 SimpleXMLNews.class.php。该类用于实现所有 SimpleXML 查询操作，如以下代码所示。

```
<?php
class SimpleXMLNews {
    protected $data;
    function __construct($file){
        $data=file_get_contents($file);
        $this->data=$data;
    }
    public  function readXml(){
        $xmlObj=simplexml_load_string($this->data);
        $datas=array();
        $i=0;
        foreach ($xmlObj->row as $key=>$value){
            $i++;
            //将对象数据转换成数组，便于使用页面中循环
            $datas[$i]["title"]=$value->title;
            $datas[$i]["content"]=$value->content;
            $datas[$i]["date"]=$value->date;
        }
        return $datas;
    }
}

?>
```

如上述代码所示，使用 SimpleXML 处理 XML 文档将变得非常简单。整个步骤只需将 XML 文档数据传入到 simplexml_load_string 函数，该函数接受字符串数据。类似的函数还有

simplexml_load_file、simplexml_import_dom、similar_text 等，这些函数都是用于载入数据的，只是载入的方式有所不同。

但不管哪种方式载入数据，只要成功载入数据，SimpleXML 引擎就会自动将 XML 文档中的节点映射为类成员属性，开发人员可以像普通的面向对象开发一样直接实例化对象（例如$xmlObj->title 相当于获取 title 节点文本），实现查询 XML。但为了方便前台调用，所以在上述代码中将$xmlObj 对象转换为数组。使用时直接调用 readXml 方法即可，如以下代码所示。

```
<?php
require_once("SimpleXMLNews.class.php");
$SimpleXMLNews=new SimpleXMLNews("news.xml");
$datas=$SimpleXMLNews->readXml();
foreach ($datas as $key=>$value){
    $times=date("Y-m-d H:i:s","{$value['date']}");
    echo "<li>".$value["title"]."【发布时间：".$times."】</li>";
}
?>
```

通过前面的介绍，相信读者已经能够领会到 3 种主流 XML 引擎的要点。SAX 解释速度快，适用于数据量少的 XML 文档（300KB 以下），基于事件驱动的函数式触发能够准确捕捉到 XML 文档中的每个元素、节点、属性等；DOM 引擎是一款 W3C 推荐的文档模型处理引擎，得益于在内存中处理数据，所以能够提供强大的 CURD 文档模型操作功能，同时很好地避免了因即时解释造成的超时，所以 DOM 能够应用于大型数据文档（前提是服务器内存足够大）；SimpleXML 是一款小巧的 PHP 扩展，只需要传入数据，所有 XML 的处理过程将由 SimpleXML 自动完成，开发人员只需要实例化对象即可。

综上所述，如果需要快速开发，可以使用 SimpleXML；如果对性能要求比较苛刻，可以考虑 SAX；如果文档数据比较大（1024KB 以上），则需要使用 DOM。在实际应用开发中，读者可以根据需要进行选择。

另外，XML Reader 解释引擎也是一款高性能的 XML 处理引擎，该引擎以数据流的方式对 XML 进行操作，能够对整个文档节点进行顺序全部读取（SAX 只能处理部分节点），并且对大数据进行了分段处理（将一部分数据存放在缓存区中，一部分在内存中进行解释），所以 XML Reader 是非常优秀的 XML 引擎。由于篇幅所限，这里将不再深入介绍，感兴趣的读者可以参考 PHP 官方手册。

9.1.2 返回 XML

DOM 可以创建并生成静态的 XML 文件，但在实际应用开发中通常使用动态生成。动态生成可以实时地从数据库中获取数据，并以标准的 XML 格式输出，第三方应用（如 PHP 应用、手机终端应用）调用动态生成的 XML 文件能够实现远程与本地的高效互动。ThinkPHP 内置了许多生成 XML 数据的类库，常用的有 Action 控制器类中的 ajaxReturn 方法、display 方法以及 xml_encode 扩展函数。下面分别介绍。

1. ajaxReturn 方法

ajaxReturn 方法是 Action 控制器基类中用于返回数据的方法，该方法可以返回 Json、EVAL 序列化数据以及通用的 XML 标记数据。ajaxReturn 通常结合 Ajax 异步请求来使用，但也可以用于设计开放 API（网站接口）。

ajaxReturn 生成 XML 是非常简单的，开发人员不需要定义文档节点，甚至不需要了解 XML 文档结构，因为 ajaxReturn 使用关联数组生成 XML 文档模型。也就是说普通数组中的键名（key）对应 XML 文档中的节点名称；键值（value）对应节点文本。假设 PHP 数组代码如下所示。

```
$array=array(
        "username"=>"李开涌",
        "age"=>26,
        "sex"=>"男",
        "email"=>"kf@86055.com",
        "address"=>"广东省广州市",
);
```

使用 ajaxReturn 转换后，将得到标准的 XML 格式数据，如以下代码所示。

```
<?xml version="1.0" encoding="utf-8"?>
    <think>
        <status></status>
        <info></info>
    <data>
        <username>李开涌</username>
        <age>26</age>
        <sex>男</sex>
        <email>kf@86055.com</email>
        <address>广东省广州市</address>
    </data>
</think>
```

ajaxReturn 方法返回结果受 DEFAULT_AJAX_RETURN 配置项影响，默认值为 json，可选的值有 json、eval 及 xml。当然也可以指定 ajaxReturn 方法第 4 个参数值为 xml，强制输出 xml 数据。ajaxRetun 方法共支持 4 个参数，表现形式为 ajaxReturn($data,$info,$status,$type)。改变参数值将直接影响输出结果，如表 9-1 所示。

表 9-1　ajaxReturn 方法参数

参　数	说　明	默 认 值
data	需要转换的 PHP 数组数据	空（必选）
info	提示信息	空（可选）
status	状态	空（可选）
type	生成类型（可选的值有 json、eval、xml）	json（必选）

Model 类中的 select 或 find 方法返回的数组原本就是关联数组数据，所以 ajaxReturn 能够很好地将结果转换为 XML 文档，如以下代码所示。

```
<?php
// 本类由系统自动生成，仅供测试用途
class IndexAction extends Action {
    public function index(){
        $article=M("Article");
        $rows=$article->field("content",true)->select();
        $this->ajaxReturn($rows,"","","xml");
    }
}
?>
```

ajaxReturn 最终会将数据表字段转换为 XML 子节点名称，字段值将转换为节点文本，如图 9-1 所示。

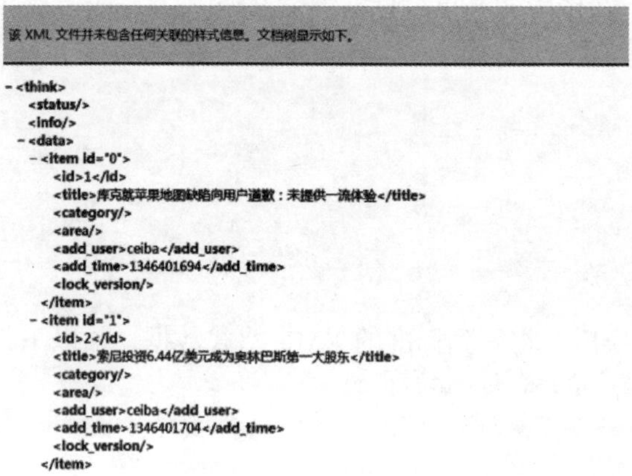

该 XML 文件并未包含任何关联的样式信息。文档树显示如下。

```
- <think>
    <status/>
    <info/>
  - <data>
    - <item id="0">
        <id>1</id>
        <title>库克就苹果地图缺陷向用户道歉：未提供一流体验</title>
        <category/>
        <area/>
        <add_user>ceiba</add_user>
        <add_time>1346401694</add_time>
        <lock_version/>
      </item>
    - <item id="1">
        <id>2</id>
        <title>索尼投资6.44亿美元成为奥林巴斯第一大股东</title>
        <category/>
        <area/>
        <add_user>ceiba</add_user>
        <add_time>1346401704</add_time>
        <lock_version/>
      </item>
```

图 9-1　ajaxReturn 生成 XML 结果

需要注意的是 ajaxReturn 生成的 XML 标签名称是受自定义模型字段映射（$_map）影响的（可参考本书第 7 章 7.1 节）。

2．display 方法

display 方法是控制器与视图引擎进行交互的入口，系统内置的视图引擎默认将模板渲染为 HTML，通过 display 方法第 3 个参数可以改变渲染方式。display 方法共支持 3 个参数，表现形式为 display($templateFile,$charset,$contentType)，参数值的设定如表 9-2 所示。

表 9-2　dsplay 方法参数

参　数	说　明	默 认 值
templateFile	默认文件路径，不需要后缀名	空（必选）
charset	输出的文件编码	utf-8（可选）
contentType	输出的数据类型	html（可选）

对于 XML 数据而言，只需要更改 contentType 参数值即可，但该参数值只能对当前的输出产生作用，如果需要应用到整个项目，开发人员还可以通过修改 TMPL_CONTENT_TYPE 配置项值为 xml，使得项目下的所有 display 输出变为 XML。

需要说明的是，虽然通过修改配置项 contentType 可实现 XML 输出，但模板文件还必须使用 HTML 来描述，如以下代码所示。

```
<?php
class IndexAction extends Action {
    public function index(){
        $article=M("Article");
        $rows=$article->field("content",true)->select();
        $this->assign("list",$rows);
        $this->display("index_xml",'utf-8','text/xml');
    }
}
?>
```

如上述代码所示，index_xml 的真实文件名为 index_xml.html，所以开发人员需要在 tpl

/Index/目录下创建该文件，代码如下所示。

```
<?xml version="1.0" encoding="utf-8"?>
<root>
    <status></status>
    <info></info>
    <data>
     <volist name="list" id="vo" key="k">
       <row id="<!--{$k}-->">
        <id><!--{$vo.id}--></id>
        <title><!--{$vo.title}--></title>
        <user><!--{$vo.add_user}--></user>
        <time><!--{$vo.add_time}--></time>
       </row>
      </volist>
    </data>
</root>
```

可以看到，使用 display 输出 XML 与默认的 HTML 并没有区别，模板引擎中的所有标签、语法、变量等都可以使用。这就给 XML 开发带来非常灵活的特性，例如可以方便遍历数据、设置自定义标签、自定义属性等。最终的运行效果如图 9-2 所示。

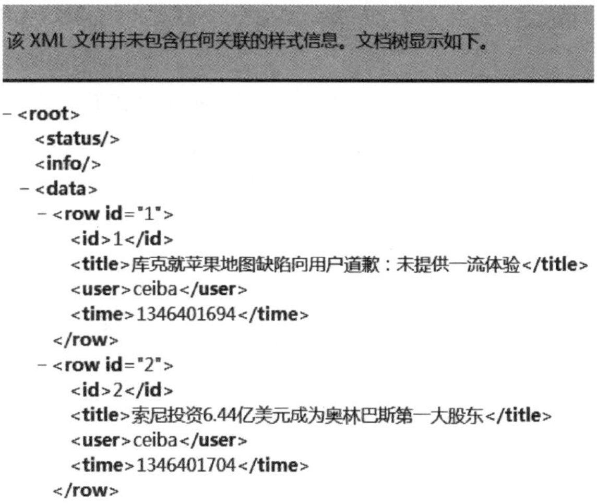

```
该 XML 文件并未包含任何关联的样式信息。文档树显示如下。

- <root>
    <status/>
    <info/>
  - <data>
    - <row id="1">
        <id>1</id>
        <title>库克就苹果地图缺陷向用户道歉：未提供一流体验</title>
        <user>ceiba</user>
        <time>1346401694</time>
      </row>
    - <row id="2">
        <id>2</id>
        <title>索尼投资6.44亿美元成为奥林巴斯第一大股东</title>
        <user>ceiba</user>
        <time>1346401704</time>
      </row>
```

图 9-2　display 输出 xml

需要注意的是，由于 XML 对标记的处理比 HTML 要严格，所以在使用 display 输出 XML 时，不能有其他的非 XML 数据被输出（例如在动作或模板中输出调试信息、性能信息或者开启 LAYOUT_ON 布局选项等），否则由于标记溢出，导致浏览器解释异常。

3．xml_encode 函数

xml_encode 函数用于快速生成 XML 数据，功能上类似于 ajaxReturn，这两者所生成的 XML 标签名称和标签文本都是根据关联数据键名与键值而来的。不同之处在于 xml_encode 可以在 MVC 所有功能类库中进行使用，包括自定义扩展、自定义函数、自定义模型等。而 ajaxReturn 只能在控制器动作中进行使用。

另外，xml_encode 虽然不能自定 XML 文档标签，但允许自定义根节点。xml_encode 函数支持 3 个参数，表现形式为 xml_encode($data, $encoding, $root)，参数值如表 9-3 所示。

表 9-3　xml_encode 函数参数

参　数	说　明	默 认 值
Data	用于生成 XML 数据的关联数组	空（必选）
encoding,	输出的文件编码	utf-8（可选）
root	XML 文档模型的根节点名称	think（可选）

xml_encode 函数的使用非常简单，和普通的自定义函数没什么区别，如以下代码所示。

```
<?php
class IndexAction extends Action {
    public function index(){
        $article=M("Article");
        $rows=$article->field("content",true)->select();
        header('Content-Type:text/xml; charset=utf-8');
        exit(xml_encode($rows,'utf-8','root'));
    }
}
?>
```

事实上，ajaxReturn 方法本质上也是调用 xml_encode 函数的，所以在实际应用开发中如果只需单一地生成 xml 数据，完全可以使用 xml_encode 代替 ajaxReturn 方法。

通过前面内容的介绍，可以看到使用 display 方法处理 xml 是最灵活和强大的，如果配合后面章节将介绍的静态缓存功能，可以将结果进行缓存，以提高数据响应速度。

display 是控制器基类 show 的数据交互方法，show 方法直接调用模板引擎中的 view（封装在 action 类中）接口，根据面向对象原则，开发人员可以直接调用 show 方法进行处理数据（需要使用连贯操作，即$this->view->show（））。

通过这前面内容的学习，相应读者能够使用 PHP 轻松地生成 XML 文件，以及使用内置的 XML 引擎解释 XML 数据了。XML 只是一种数据规范，接下来将学习另外一种非常流行的数据规范。

9.1.3　返回 Json

Json 是一种轻量级的数据交换格式，它的英文全称为 JavaScript Object Notation。Json 使用 JavaScript 对象语法，能够以简单的语法格式对 JavaScript 对象进行表示。虽然其中带有 JavaScript 名称，但事实上 Json 是一种独立的开放式的数据交互格式，在主流的语言或框架中均提供有相应的 Json 序列化及反序列化类库。

Json 与 XML 类似，都是进行数据交互的常用格式，并且都支持本地与 Ajax 远程通信（Json 需借助于 Jsonp 协议），但是 Json 不需要定义标签，数据得到极大地压缩，所以相对来讲 Json 比 XML 传输效率更加出色。同时由于 Json 本质上是一种序列化文本，所以 Json 不需要特定的解释引擎，在 JavaScript 脚本中甚至只需要使用 for 语句或 eval()函数也可以对数据进行提取。

正是由于 Json 的简单、轻巧及稳定，近年来已被各大网站纷纷使用，典型的应用有网站开放 API、UI 前后台分离、Ajax 异步请求等。对于 PHP 开发人员而言，使用 Json 是非常方便的，PHP 5.x 本身就内置了 json_encode 及 json_decode 函数，用于实现数组数据序列化及反序列化。下面将结合 ThinkPHP 深入介绍 Json 在 MVC 开发中的实际应用。

1．json_encode 函数

json_encode 函数是 PHP 5.x 内置的一个标准函数，该函数用于实现对数组进行 Json 格式序列化。json_encode 的使用非常简单，如以下代码所示。

```
<?php
class IndexAction extends Action {
    public function index(){
        $array=array(
            "name"=>"李开湧",
            "age"=>20,
            "email"=>"kf@86055.com"
        );
      header('Content-Type:text/html; charset=utf-8');
      exit(json_encode($array));
    }
}
?>
```

json_encode 只能接受 utf-8 编码的数据，如果当前文档不为 utf-8，需要使用 iconv 等函数进行编码转换。上述代码的转换结果如下代码所示。

```
{"name":"\u674e\u5f00\u6e67","age":20,"email":"kf@86055.com"}
```

可以看到，json_conde 函数将标准的数组信息转换为了紧凑的字符串信息，这种被序列化后的字符串也是使用键值对来描述的，例如 age 的键值为 20，使用“:”进行分隔（相等于数组中的=>），多个键值对之间使用“,”分开。可以看到 Json 没有标签或节点的概念，所有数据都是序列化后的键值对，这无论对开发效率还是传输效率都是非常高效的。

2．ajaxReturn 方法

ajaxReturn 方法前面已经有过深入地介绍，在此不再重述。ajaxReturn 默认情况下就是返回 Json 格式数据，能够方便地与前台 Ajax 实现高效互动，如以下代码所示。

```
<?php
class IndexAction extends Action {
    public function index(){
        $array=array(
            "name"=>"李开湧",
            "age"=>20,
            "email"=>"kf@86055.com"
        );
      $this->ajaxReturn($array);
    }
}
?>
```

上述代码的运行结果如下代码所示。

```
{"status":1,"info":"","data":{"name":"\u674e\u5f00\u6e67","age":20,"email":"kf@86055.com"}}
```

与生成 xml 数据一样，status、info 及 data 这 3 个 Json 序列键都是系统自动生成的，方便 Ajax 编程。其中 status 表示状态；info 表示提示信息；data 用于存放序列化后的数组数据。Json 与数组一样，支持多维嵌套，例如 data 键对应的值就是一个 Json 序列，所以直接输出 select 结果也是允许的，如以下代码所示。

```
<?php
```

```
class IndexAction extends Action {
    public function index(){
        $article=M("Article");
        $rows=$article->field("content",true)->select();
        $this->ajaxReturn($rows);
    }
}
?>
```

3. 实现 Jsonp

前面已经提到过 Json 实现本地和远程 Ajax 通信是基于 Jsonp 的。Jsonp 是一种通信方式，这一点初学者往往将其与 Json 混淆，事实上它们是两个完全不同的概念，简单地说 Jsonp 是通信方式，Json 是数据格式。用过 Ajax 编程的读者应该了解 Ajax 默认情况下是不允许跨域请求的，所以要实现与远程（跨域名）的 xml、JavaScript、html 等数据进行通信，必须设置请求代理，例如实现 iframe、本地储存等或者添加同源组策略（适用于 Windows）。好在现在的 JavaScript 面向对象编程全部封装了这些操作（包括各种框架，例如 jquery、extjs 等），开发人员需要做的步骤其实非常少。但 Json 不同，Json 是一种序列化的数据（相当于纯文本），所以本身不具备跨域通信的能力（没有用于代理回调的标记），为了解决 Json 跨域通信的问题，所以 Jsonp 就应运而生了。

Jsonp 请求数据时，会在 url 追加 cakebale 回调函数，Json 数据必须回应该函数，才能绕过浏览器的安全策略，实现跨域通信。所以要让 json_encode 序列化的 Json 能够用于跨域处理，只需要加入回调函数标识即可，如以下代码所示。

```
<?php
function jsonp_encode($data,$info,$status){
    $result["data"]=$data;
    $result["info"]=$info;
    $result["status"]=$status;
    if (empty($_GET["callback"])) {
        $json=json_encode($result);
    }else {
        //Jsonp 跨域通信
        $json=$_GET["callback"]."(".json_encode($result).")";
    }
    header("Content-Type:text/html; charset=utf-8");
    exit($json);
}
?>
```

将上述自定义函数保存到 Common.php 文件中，在控制器动作中直接调用即可，如以下代码所示。

```
    public function index(){
        $array=array(
            "name"=>"李开湧",
            "age"=>20,
            "email"=>"kf@86055.com"
        );
      jsonp_encode($array);
    }
```

在 Ajax 异步请求时只需要为 callback 传入回调标识名称，即可实现 Jsonp 通信。假设传递的 callback 标识名称为 datas，那么最终的 Json 数据格式如下代码所示。

```
datas({"name":"\u674e\u5f00\u6e67","age":20,"email":"kf@86055.com"})
```

Jsonp 能够轻松地实现 Ajax 异步请求，关于 Jsonp 的实际应用，接来下将结合 JavaScript 进行简单介绍。

9.1.4　使用 Json 及 Jsonp

Json 能够应用在许多场合，包括 PHP 本身就提供了对 Json 的反序列化操作。当然，Json 更多地应用在 Ajax 或者各种终端与网站的通信上（例如手机程序、桌面客户端、Flash 等）。接下来首先介绍 PHP 内置的 json_decode 函数，然后再结合 JavaScript 讲解 Json 在网站 UI 设计上的实际应用。

1. json_decode 函数

json_decode 函数是 PHP 内置的标准函数，该函数用于反序列化 Json 数据。json_decode 函数共支持 3 个参数，表现形式为 json_decode ($json, $assoc, $depth)，参数值如表 9-4 所示。

表 9-4　json_decode 函数参数

参　数	说　明	默 认 值
Json	Json 序列化数据	空(必选)
Assco	当 assco 为 true 时返回数组，否则返回对象	false（可选）
Depth	反序深度	null（可选）

json_decode 的使用非常简单，如以下代码所示。

```
<?php
class IndexAction extends Action {
    public function index(){
      $str='{"name":"\u674e\u5f00\u6e67","age":20,"email":"kf@86055.com"}';
      header('Content-Type:text/html; charset=utf-8');
        $array=json_decode($str,true);
        dump($array);
    }
?>
```

上述 Json 数据序列化的结果如下代码所示。

```
array(3) {
  ["name"] => string(9) "李开湧"
  ["age"] => int(20)
  ["email"] => string(12) "kf@86055.com"
}
```

json_decode 虽然大多数情况下都可以实现对 Json 反序列，但需要注意的是 Json 数据编码必须为 utf-8。另外，json_decode 在反序列少量数据时，通常情况下是可靠的，但在反序列大量数据，尤其包含大量中文或特殊字符时，json_decode 会出现异常。事实上，Json 在传送大量数据时本身是存在溢出的，所以在设计时服务端要尽量避免输出大量 Json 数据。如果有此需求，建议使用 XML 或者后面章节将介绍的 wsdl。

2. Ajax 异步请求

Ajax 是近年来发展迅速的一种网页 UI 编程技术，几乎所有 SNS 类型的网站都离不开 Ajax，当然普通类型的网站使用 Ajax 也能明显提高用户体验。PHP 开发人员虽然大多数情况下只负责后台的程序设计，但如果不了解 Ajax 就很难与前端设计进行良好的沟通。前端与后台本来就相互依赖的，前端可以不了解后台设计，但需要掌握怎样处理后台输出的结果；同样，后台开发可以不必精通前端设计，但需要理解怎样才能输出符合前端设计要求的数据格式。这就是典型的前后台分离设计，如果彼此配合恰当，对整个项目的开发无论是代码质量还是开发效率都是质的提升。

要达到前后台分离设计，使用 Json 通信最好不过了，因为主流的 UI 设计框架都对 Json 提供了完善的支持，下面将以 Jquery 为基础，详细介绍 Ajax 与 Json 的开发过程。

（1）Jquery

Jquery 是当前最主流的 UI 设计框架，虽然整体功能及特性不及老牌 ExtJs，但由于其轻巧、敏捷及兼容性全面，近年来纷纷被国内外大型网站所采用。Jquery 是高效的，这种高效不仅是运行效率，还有开发效率，这点是毋庸置疑的。假设有一个 Ajax 异步请求，代码如下所示。

```
<script type="text/javascript">
function getResult(){
  var url = "ajaxServlet?action=send";
  if (window.XMLHttpRequest){
   req = new XMLHttpRequest();
  }else if (window.ActiveXObject)
  {
   req = new ActiveXObject("Microsoft.XMLHTTP");
  }
  if(req)
  {
   req.open("GET","ajax/test.xml", true);
   req.onreadystatechange = complete;
   req.send(null);
  }
}
/*分析返回的 XML 文档*/
function complete(){
  if (req.readyState == 4)
  {
   if (req.status == 200){
    var type = req.responseXML.getElementsByTagName("type_name");
    var str=new Array();
    for(var i=0;i<type.length;i++){
     str[i]=type[i].firstChild.data;
     document.all[td].innerHTML+=str[i]+"<BR>";
    }
   }
  }
}
</script>
```

上述代码用于异步请求 xml 数据，如果使用 jquery 来开发，那么将简化为如下代码。

```
<script type="text/javascript">
$.ajax({
     url: 'ajax/test.xml',
     dataType : 'xml',
     cache: false,
     success: function(xml) {
          $("AUTHOR", xml).each(function(id) {
```

```
                //AUTHOR = $("AUTHOR", xml).get(id);
                alert($(this).children("FIRSTNAME").text());
                alert($(this).children("LASTNAME").text());
            });
        }
  });
</script>
```

可以看到，使用 Jquery 后，无论是代码质量还是数量，都发生了极大变化，开发人员只需要填充$.ajax 方法属性即可。如果处理 Json 数据，代码将变得更加简单，因为 Jquery 从设计之初就非常重视轻量级的 Json 数据，提供了快捷选择器$.getJSON。

Jquery 易学易用，通过上述代码演示，读者应该对$符号非常熟悉，这种符号称为选择符，后面的标识称为方法（或称动作）。这里所说的选择符与 css 设计中的选择符原理是一样的，都是用于选择指定的 HTML 文档模型中的节点，这个过程称为 DOM 选择操作。

总之，Jquery 是强大的，配合数以万计的扩展插件，Jquery 在前端设计中几乎无所不能。由于本书并非介绍 UI 设计的，读者如需要更深一步学习 Jquery，需要自行查阅相关图书或资料，这里为了方便演示 Json 数据处理过程，只需要理解 Jquery 的异步请求功能即可。

（2）异步请求 Json

异步请求即通常所说的 Ajax（Asynchronous JavaScript and XML），早期是为了前端与后台的 XML 异步通信而设计的，但现在的 Ajax 早已与 XML 没有特定关系，它不仅用于异步处理 XML，还用于异步处理 Json、Eval 等所有序列化数据，并且性能上比 XML 更为出色。Jquery 对 Ajax 的封装是彻底及灵活的，开发人员甚至不需要了解 XMLHttpRequest 任何知识，也能够开发出稳定强大的 Ajax 应用。下面将通过一个示例演示 Jquery 中的 Json 处理过程。

Ajax 开发大体上共分为两个步骤，即后台及前端。首先在 ThinkPHP 中设计后台，这里为了方便演示，将创建一个显示新闻标题的页面，代码如下所示。

```
/**
 * 文章列表
 * Enter description here ...
 */
public function article(){
 $obj=M("Article");
 $rows=$obj->order("id desc")->select();
 $this->assign("list",$rows);
 $this->display();

}
```

article 动作用于获取文章列表数据，并将数据输出到视图模板中，相应的 article.html 视图模板文件代码如下所示。

```
<style>
/*列表样式*/
</style>
<div class="main">
<!--文章列表-->
    <ul class="article">
  <volist name="list" id="vo">
```

```
        <li id="li_<!--{$vo.id}-->">
          <a  href="javascript:void();"  onClick="detailArticle(<!--{$vo.id}-->);"><!--
{$vo.title}--></a>
          <span>【<a href="javascript:void();" onClick="deleArticle(<!--{$vo.id}-->);">
删除</a>】</span>
            <div class="content" style="display:none">
            </div>
          </li>
      </volist>
      </ul>
    <!--添加文章-->
    <ul class="post_article">
    <form name="form1" onSubmit="return false;">
    <li>标题：<input type="text" name="title" id="title" size="56" /></li>
    <li>
      <label>
      <textarea name="content" id="content" cols="45" rows="5"></textarea>
      </label>
      <label>

      <input type="submit" onClick="inputArticle();" name="button" id="button" value="发表">
      </label>
    </li>
    </form>
    </ul>
   </div>
```

最终的模板视图效果如图 9-3 所示（注意需开启 LAYOUT_ON 布局选项，并按照 6.4.3 节的内容设计好布局文件）。

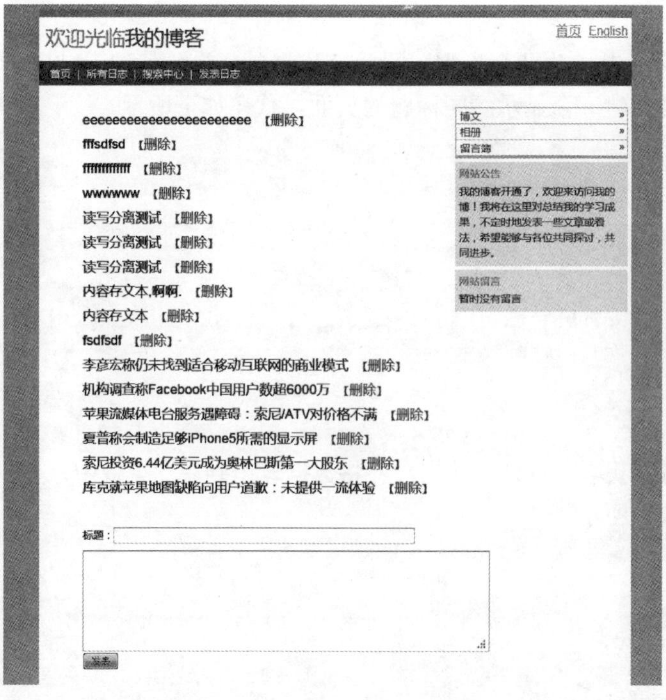

图 9-3 article.html 模板视图效果

设计好视图之后，接下来就需要使用 Json 异步处理数据了，本例中需要的效果共分为 3 大部分：首先是用户单击新闻标题，将会在新闻标题下方显示新闻的详细内容；当用户单击【删除】链接，将删除当前单条新闻；当用户在标题及文本框中输入完内容并提交时，需要使用异步处理提交到后台，最后无刷新返回到当前页面。下面首先实现显示新闻详细数据。

```
/**
 * 单篇文章详情
 * Enter description here ...
 */
public function detailArticle(){
 $obj=M("Article");
 $data["id"]=$_GET["id"];
 $rows=$obj->where($data)->find();
 if ($rows["id"]){
      jsonp_encode($rows,"数据获取成功",1);
 }else{
      jsonp_encode(null,"数据获取失败",0);
 }
}
```

当用户单击页面上的文章标题时，将触发 detailArticle 脚本函数。代码如下所示。

```
<script language="javascript" src="http://t.beauty-soft.net/js/jquery.js"></script>
<script>
/*点击显示详细新闻*/
function detailArticle(id){
    $.ajax({
      //跨域需要使用 Jsonp
     url: 'http://127.0.0.1/tp3_demo/index.php/Index/detailArticle?id='+id+"&callback=?",
      type:'GET',
     dataType: "json",
     cache: false,
     success: function(data) {
             if(data.status){
                 $("#li_"+id+" .content").html(data.data.content);
                 $("#li_"+id+" .content").toggle();
             }else{
                 alert(data.info);
                 return false;
             }
         }
    });
}
</script>
```

如上述代码所示，在使用 Jquery 前必须首先引入框架核心类库。在 detailArticle 函数中使用$.ajax 选择器获取远程（跨域）数据。这里为了方便介绍，使用 127.0.0.1 代替远程地址（本地域名为 tp.localhost），在实际应用开发中只需要替换为真实的域名即可。最终的运行效果如图 9-4 所示。

由于使用 Jsonp 进行异步获取数据，所以 Ajax 异步通信变得简单。与常见的同域 Json 通信不同，Jsonp 通信时会在 callback 参数后附加上随机函数，通过 Firebug 查看，如图 9-5 所示。

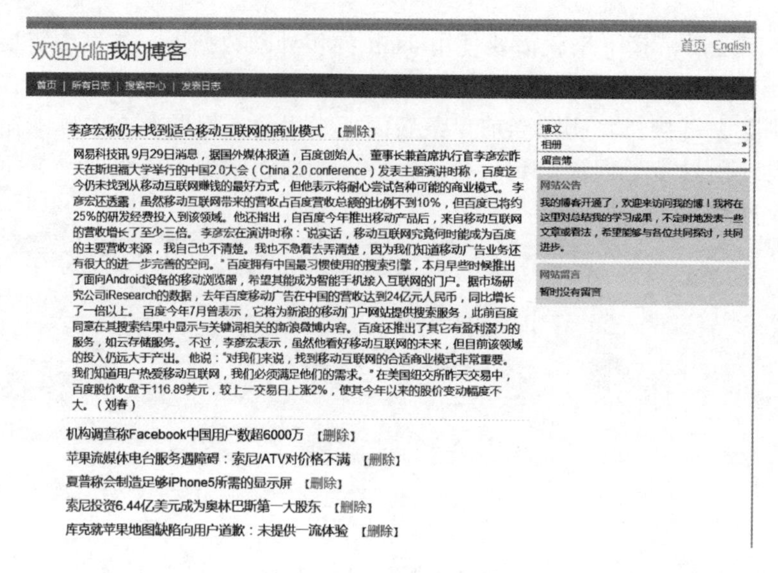

图 9-4　远程获取文章数据

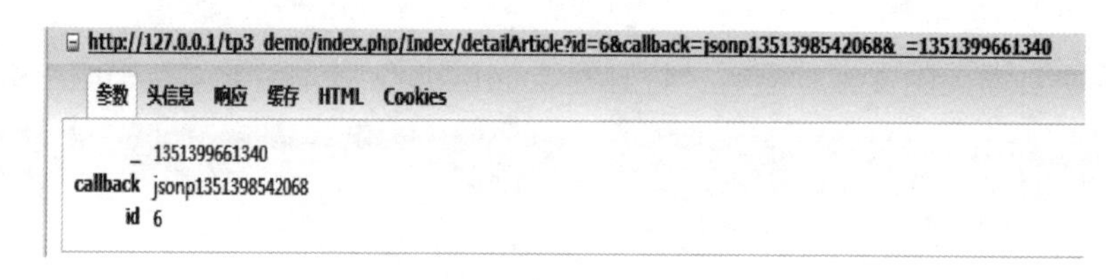

图 9-5　Jsonp 跨域异步通信

接下来将实现删除文章功能。用户单击【删除】链接，将触发 deleArticle 脚本函数，代码如下所示。

```
/*点击删除新闻*/
function deleArticle(id){
    if (confirm("真的要删除吗？")){
                //当前域下不需要回调函数
                var url="/index.php/Index/delArticle";
                $.getJSON(url,{'id':id},function(data){
                    if(data.status){
                        //后台删除成功，移除界面相应的新闻
                        $("#li_"+id).remove();
                    }else{
                        alert(data.info);
                        return false;
                    }
                });
        }else{
              return false;
    }
}
```

这里使用了 getJSON 方法，该方法是 Ajax 的子方法，只能处理单纯的 Json 数据格式。删除数据是一项特殊的操作，在实际应用开发中还需要结合系统认证权限来处理数据的删除，这里为了方便演示，省略了相关操作。

接下来将继续使用 Json 实现数据的提交。当用户在页面下方的文本框中输入标题及内容，单击【提交】按钮将触发 inputArticle 脚本函数，该函数代码如下所示。

```
    //发表文章
    function inputArticle(){
        if($("#title").val().length<2 || $("#content").val().length<4){
            alert("请填写数据");
            return false;
        }
        //当前域不需要回调函数
        var url="http://tp.localhost/index.php/Index/postArticle";
        alert(url);
        $.post(url,{'title':$("#title").val(),'content':$("#content").val()},
        function(data){
            if(data.status){
                //数据发送成功，在界面上无刷新添加文章标题
                $(".main .article").prepend("<li id='li_"+data.data.id+"'><a
onclick='detailArticle("+data.data.id+");'
href='javascript:void();'>"+$('#title').val()+"</a><span>【<a
onclick='deleArticle("+data.data.id+");' href='javascript:void();'>删除</a>】</span> <div
style='display:none' class='content'></div> </li>");
            }else{
                alert(data.info);
            }
        },'json');
    }
```

inputArticle 函数实现了无刷新操作，上述代码中使用$.post 方法提交数据，并且强制声明回调处理数据为 Json 格式（默认 txt 格式）。

最终的体验效果是，用户提交数据后将感觉不到曾经离开过当前页面，但界面上的文章数量却发生了改变，这正是 Ajax 的核心理念，也是 Web 2.0/3.0 最显著的特性之一。

上述例子完美地演示了 Json 与 Jsonp 的实际应用，读者可以在此基础上继续完善。例如加入权限判断，返回的文章数据增加分类、发表时间、发表用户等，以提高对 Json 及 Jsonp 的认识。

9.2　ThinkPHP 函数库

ThinkPHP 内置了许多系统函数库，使用这些函数库能够提高开发者的效率。大多数情况下，系统内置的函数库都能够满足开发需要，当然读者了可以继续完善这些函数，让其更加适合项目需求。本章将介绍内置的快捷函数库、编译函数、扩展函数等。

9.2.1　快捷方法

快捷方法实际上是一种系统函数，之所以为称为方法是因为此类函数通常用于快速实例化系统核心类库，类库中的方法通常直接在快捷函数中调用即可。所以官方手册习惯把快捷函数称为快捷方法。系统内置的快捷方法如表 9-5 所示。

表 9-5 系统快捷函数库

函 数	表现形式	说 明
A	A(name, app='@')	实例化 Action， name 表示 Actin 名称 app 表示项目名，默认是当前项目
B	B(name)	行为调用
C	C(name=null,value=null)	获取或设置配置文件数据。当 value 为 null 时处于获取模式，否则为设置模式
D	D(name='',app='')	实例化自定义模型
F	F(name,value='',path=DATA_PATH)	读取或删除缓存文件。当 value 为空时处于删除缓存模式，否则为写入缓存模式
G	G($start,$end='',$dec=4)	以微秒的单位统计代码执行时间
L	L(name=null,value=null)	获取或设置多语言配置。当 value 为空时处于获取模型，否则为设置模型
M	M(name='',class='Model')	实例化数据表（Model 基础模型）
N	N($key, $step=0)	设置和获取统计数据
R	R(module,action,app='@')	实例化当前项目控制器及跨项目控制器动作。参数 module 为控制器名称；action 为动作名称；app 为项目名称。默认为当前项目
S	S(name,value='',expire='',type='')	获取或设置缓存。与 F 函数不同，S 函数能够获取到任何形式的缓存数据，包括 Memcache、X-Cache 等。value 为空时处于获取模式，否则为设置模式
U	U (url,params,redirect=false,suffix=true)	根据当前 URL 配置生成 URL 地址 并支持跳转
W	W(name,data=array(),return=false)	输出 Widget

快捷方法的使用在前面的章节内容中已经多次提及。例如 M 函数、D 函数等，在此不再重述，其他快捷函数在以后的章节内容中将会有所提及，例如 S 函数、F 函数等。

9.2.2 基础函数库

系统基础函数库是确保系统能够正常运行的关键，当然在项目中调用系统的基础函数也是被允许的，接下来将分别介绍几个内置的高效基础函数。

1. file_exists_case（检查文件）

file_exists_case 函数是 is_file 的封装函数。is_file 是 PHP 内置的一个基础函数，该函数用于检测指定的文件是否存在，如果存在则返回 true 否则返回 false。但是 is_file 函数在检测文件时是不区分大小写的，file_exists_case 函数对 is_file 函数进行了封装，在检测文件时将区分大小写。file_exists_case 格式如下所示。

file_exists_case($filename)

参数 filename 表示文件的路径（从入口文件开始算起）。使用方式如以下代码所示。

```
public function index(){
    echo file_exists_case("./Public/Uploads/t.jpg");
}
```

需要注意的是，file_exists_case 只能实现在 Windows 系统下区分大小写，在非 Windows 下是无效的。与 file_exists_case 函数相似功能的还有 file_exists 函数，该函数是 PHP 内置的一个标准函数，但据公开的资料显示 file_exists 与 is_file 性能相差 10 倍以上（is_file 性能较高）。

2. require_cache（包含文件）

require_cache 函数是 require_once 的封装。require_once 是一个用于包含文件的 PHP 基

础函数，该函数是 PHP 5.x 新增加的，用于避免重复的 include 引用导致程序崩溃。require_once 在引入文件时，对环境变量的检测是不严谨的。最典型的就是在 Windows 系统下，require_once 不检测文件大小写，导致程序移植到 Linux 等系统时运行出错。require_cache 函数使用 file_exists_case 函数来检测文件，能够避免因大写小造成的错误。require_cache 函数格式如下所示。

require_cache($filename)

参数 filename 表示文件的路径（从入口文件开始算起）。如以下代码所示。

```
public function index(){
    require_cache("./Public/head.html");
}
```

3. import（导入类）

import 函数用于导入系统基础类库、应用类库的常用函数。import 参考了 Java 编程中的 import 文件导入机制，并且也使用命名空间的方式进行导入。所谓的命名空间，事实上是相对于框架本身而言的，与 Java 或者 PHP 内置的命名空间不是一回事。import 命名空间导入格式下所示。

import($class, $baseUrl = '', $ext='.class.php')

其中 class 参数表示类名，类名必须要与文件名（不带.class.php 后缀）一致，这是 ThinkPHP 的文件命名规范；baseUrl 参数表示基础类库，即引入的类文件路径从该目录开始算起；ext 参数表示类文件后缀名。这里需要重点理解的是 class 参数值，该参数值使用命名空间的方式来表示，如以下代码所示。

```
import("Think.Util.Session");
```

其中 Think 是标识符，Util 表示命名空间，Session 表示类库。中间的分隔符“.”与“/”相等。在 import 函数中，标识符是一个很重要的概念，只有系统能够辨认的标识符，该基础类才能被导入。否则系统将会尝试导入当前项目下的类库。系统一共提供了 4 个标识符号，分别代表不同位置的类库，如表 9-6 所示。

表 9-6 import 函数导入类标识符

标识符	定位路径	说明
Think	/ThinkPHP/Lib/	系统核心库
ORG	/ThinkPHP/Extend/Library/ORG/	扩展网络处理类库
Com	/ThinkPHP/Extend/Library/Com/	扩展接口类库
@	/AppName/ Lib/	当前项目目录下的 Lib 目录

上述代码的最终路径为 /ThinkPHP/Lib/Util/Session.class.php 。假设将 import("Think.Util.Session") 改为 import("Page.Util.Session")，那么路径将变为 /home/../Page/Lib/Util/Session.class.php。这是因为 Page 并非标识符，当系统遇到非标识符时，会将路径定位到当前项目根目录下。同样，修改了参数 baseUrl 系统将首先定位系统根目录（与入口文件平级），然后定位到 baseUrl 指定的目录下。需要注意的是 baseUrl 参数值不能同时与“@”标识符同在。

ext 参数用于导入第三方扩展是非常有用的，因为它可以修改默认的.class.php 类文件后缀名。例如有一个第三方的类，命名为 Page.php，如果继续使用默认的导入方式显然是失败的，此时可以通过下述两种方式实现类库的导入。

```
import("@.Util.Page","",".php");
import("@.Util.Page#php","","");
```

上述代码导入结果都是相同的。最终的文件路径为./home/Lib/Util/Page.php。前者通过修改 ext 参数实现；后者通过使用“#”替代符号实现。“#”替代符号是系统用于代替“.”文件后缀符号的，这样就可以避免因命名空间与非.class.php 后缀名文件造成的冲突。

虽然使用 import 能够实现导入第三方类库，但系统同时提供了 vendor 函数，该函数在导入第三方类库时更加规范与便捷。

4．vendor（导入第三方类）

前面提到过，使用 import 可以导入任意类文件。事实上 vendor 函数也只是对 import 函数的封装，这种封装是有针对性的，所以操作起来更加简单。为了便于文件的管理，系统的第三方扩展包都存放于 ThinkPHP/Extend/Vendor 目录，vendor 函数就是直接定位到该目录下的，所以建议所有第三方类库或扩展包都放置于该目录下，以便进行统一管理。ThinkPHP 默认情况下已经提供了多个扩展包，如下所示。

```
EaseTemplate/
phpRPC/
SmartTemplate/
Smarty/
TemplateLite/
Zend/
```

假设现在需要导入 Smarty 扩展包，使用 vendor 函数就能很方便地导入，如以下代码所示。

```
public function index(){
    Vendor('Smarty.Smarty');
}
```

Vendor 函数参数与 import 函数参数一样，同时也采用命名空间方式导入文件。上述代码最终得到的路径为./ThinkPHP/Extend/Vendor/Smarty/Smarty.php。

5．load（导入函数）

import 和 vendor 函数在导入文件时都遵循命名空间的方式，load 函数也用于导入文件，但与前面介绍的函数不同，load 函数不遵循命名空间方式，并且后缀名默认不再是.class.php。从这个意义上来讲，load 函数用于导入扩展函数文件是最合适的了。load 函数格式如下所示。

load($name, $baseUrl='', $ext='.php')

其中参数 name 表示文件名称（不带后缀名）；baseUrl 为基目录，默认为/ThinkPHP/Extend/Function/；ext 表示文件后缀名。

如果要导入的文件位于当前项目下，那么可以在 baseUrl 参数中进行指定，也可以使用“@”指定，如以下代码所示。

```
public function index(){
    load("@.user");
}
```

上述代码最终得到的路径为/home/Common/user.php。使用“@”符号首先定位到当前项目 Common 目录，Common 正是用于存放自定义函数的目录。最后导入对应的文件名。

6．strip_whitespace（去除空白）

strip_whitespace 函数可以对输入的数据进行优化和过滤。去除空白在 PHP 中有很多种方法可以实现，例如使用内置的函数、正则表达式替换等。但使用 strip_whitespace 函数不仅可以去除空白，还可以去除代码中的注释，最后将结果合并为一行数据，极大地压缩代码质量。系统编译（Runtime）代码时正是使用 strip_whitespac 函数实现的，开发人员也可以直接调用。

7．mk_dir（创建目录）

PHP 内置的 mk_dir 函数能够方便地创建目录，ThinkPHP 封装后的 mk_dir 函数用于实现在创建前对指定目录进行检测。如果目录存在则创建，否则将直接返回 false，并且不会报错。

9.2.3　扩展函数库

系统扩展函数库能够增强系统的基础特性，在使用时需要使用 Load('extend')快捷方法引入扩展函数库。下面将分别对常用的扩展函数进行讲解。

1．auto_charset（自动编码）

auto_charset 基础函数封装了 iconv 函数，能够对 gbk、gb232 或者 utf-8 等数据进行相互编码，auto_charset 是系统扩展函数，使用时需要额外引入，格式如下所示。

auto_charset($fContents, $from='gbk', $to='utf-8')

其中参数 fContents 表示需要进行编码的数据；from 参数表示当前数据编码类型；to 参数表示需要转换的目标编码，常用参数值有 gbk、gb2312、utf-8 等。下面将使用一个例子示范 auto_charset 函数的使用，如以下代码所示。

```
public function index(){
    Load('extend');
    $str=auto_charset("编码测试","utf-8","gbk");
    header('Content-Type:text/html; charset=gbk');
    exit($str);
}
```

在 ThinkPHP 中，文件编码必须使用 UTF8，所以当前页面中的数据也是 utf-8 编码。使用 auto_charset 函数将 utf-8 转换为 gbk 后，如果不显式指定 charset 为 gbk，浏览器仍然使用 utf-8 模式来处理当前页面输出，这样的后果显然是错误的（中文出现乱码）。

2．is_utf8（检测是否 UTF8 编码）

由于系统只支持 UTF8 编码的文件，所以当数据不是 UTF8 编码时，将不能够正确处理。这时可以使用 is_utf8 函数对数据进行检测，如果不是 utf-8 编码时，使用前面介绍过的 auto_charset 函数转换。is_utf8 函数格式如下所示。

is_utf8($string)

下面通过一个示例演示 is_utf8 扩展函数的使用，代码如下所示。

```
public function index(){
    Load('extend');
    $str=auto_charset("编码测试","utf-8","gbk");
    if (is_utf8($str)){
        $str=auto_charset("编码测试","gbk","utf-8");   }
    header('Content-Type:text/html; charset=utf-8');
    exit($str);
}
```

3. msubstr（中文截取）

PHP 内置了众多字符串处理的函数，对字符串进行截取的有 substr、mb_substr、mb_strcut、str_replace 等，当然还有强大的正则表达式。除了正则表达式之外，PHP 内置的字符截取函数对中文的支持都是不完善的，msubstr 利用了 PHP 正则及 mb_substr 函数，实现了对中文字符串的精确截取。msubstr 函数格式如下所示。

msubstr($str, $start=0, $length, $charset="utf-8", $suffix=true)

其中参数 str 表示需要截取的字符串，支持英文、数字、中文（简体或繁体）；参数 start 表示截取的开始位置；length 表示截取的最后一个字符位置，默认为不限制，即一直到字符串最后一个字符；charset 表示截取的字符串编码；参数 suffix 为 true 时把截取剩余部分用“...”代替。下面通过示例演示 msubstr 函数的使用，代码如下所示。

```
public function index(){
    Load('extend');
    $str="mb_substr 执行一个多字节安全的 substr()操作基础上的字符数。
    从 str 的开始位置计算。第一个字符的位置为 0。第二个字符的位置是 1，依此类推。 ";
    echo msubstr($str, 12,23);
}
```

最终将会得到“一个多字节安全的 substr()操作基础上的字...”，读者可以在此基础上继续完善 msubstr 函数。例如修改截取后缀字符“...”等。

4. rand_string（随机生成密码）

PHP 内置的 rand 函数可以方便地随机生成数字字符串。rand_string 对 rand 函数进行了封装，不仅实现了纯数字随机、字母随机、数字与字母混合随机，还实现了中文字符随机、中文与英文混合随机等。rand_string 通常用于自动生成密码，但也可以用于需要自动生成字符的场景，例如验证码、安全问答话题等。rand_string 函数格式如下。

rand_string($len=6,$type='',$addChars='')

其中参数 len 表示随机生成字符串的位数；参数 type 表示随机字符串的类型，共支持 6 种类型；addChars 表示额外字符（即后缀）。下面对过示例演示 rand_string 函数的使用，代码如下所示。

```
public function index(){
    Load('extend');
    $str=rand_string(6,3);
    echo $str;
}
```

在实际应用开发中，通常需要修改参数 type，改变该参数的值，将直接影响到随机字符串的形式。type 参数有效值由 0～5 组成，如表 9-7 所示。

表 9-7 type 参数值

type 值	字符有效范围	生 成 样 式
0	A-Z，a-z	rRnTQL
1	0-9	722199
2	A-Z	EFAHGV
3	a-z	cabikw
4	中文	更...哪...塔...页...继...争...
5	除参数值 4 之外的有效字符	xAbZv6

5．build_count_rand(批量生成随机字符串)

rand_string 函数一次只能生成一串字符串，build_count_rand 函数是基于 rand_string 函数的，但 build_count_rand 函数实现了批量生成随机字符串，并将结果保存到数组中。build_count_rand 函数格式如下所示。

build_count_rand ($number,$length=4,$mode=1)

参数 number 表示随机批量生成的字符串数量；参数 length 表示字符串的长度；model 参数与 rand_string 函数中的 type 参数相同。build_count_rand 函数使用非常简单，如以下代码所示。

```
public function index(){
    Load('extend');
    $str=build_count_rand(6,6,3);
    dump($str);
}
```

build_count_rand 函数返回的结果是关联数组，在实际应用开发中，可以将结果循环插入数据库等。build_count_rand 函数通常用于批量生成优惠券、虚拟金币等。

6．byte_format（字节格式化）

byte_format 一个格式化计算机容量单位的函数。默认情况下，计算机都是以 byte（B）为单位的，但对用户而言显然是不友好的，一个普通的网络文件少则几十 KB；大的几十 MB 甚至几百 MB。这种情况下就需要对网络文件容量单位进行格式化。byte_format 函数可以实现对 byte 自动格式化为 B、KB、MB、GB、TB、PB，对一般的网站而言，最常见的为 KB 及 MB。byte_format 函数格式如下。

byte_format($size, $dec=2)

其中参数 size 表示要转换 byte 数据大小，1024byte 约等于 1KB；参数 dec 表示四舍五入位数。下面通过示例演示 byte_format 函数的使用，代码如下所示。

```
public function index(){
    Load('extend');
    echo byte_format("1073741824",1);
}
```

上述代码结果将显示“1 GB”。需要注意的是 byte_format 在 Windows 平台与 Linux 等平台格式化结果有所差异（Linux 平台以 1000byte 为基础运算单位）。byte_format 函数通常用于上传文件检测，或者统计用户使用空间大小等。

7．highlight_code（代码加亮）

在一些需要原生代码演示的文章系统中，经常需要嵌入高亮代码，并且需要保持代码原有的格式、字体颜色、行号等。传统的做法是先将代码使用 htmlspecialchars 转义，然后保存到数据库中，取出时再使用 htmlspecialchars_decode 函数反转义，最后使用 HTML 标记 <pre>原格式输出（还需要结合正则替换）。

使用 highlight_code 函数输出原代码格式，将变得简单，该函数所接收的代码数据即为最终呈现的代码格式。不仅如此，highlight_code 函数还支持直接传入文件路径，返回该文件原生代码。highlight_code 函数格式如下所示。

highlight_code($str,$show=false)

参数 str 表示原生格式代码；参数 show 表示是否直接输出，为 true 时返回值，不输出。

下面通过示例代码演示 highlight_code 函数的使用，代码如下所示。

```
public function index(){
    Load('extend');
    $str=highlight_code("./index.php");
    header('Content-Type:text/html; charset=utf-8');
    echo $str;
}
```

上述代码最终运行结果如图 9-6 所示。

```
1. <?php
2. define("THINK_PATH","./ThinkPHP/");
3. define("APP_PATH","./home/");
4. define("APP_NAME","Home");
5. define("APP_DEBUG", true);
6. require_once(THINK_PATH."ThinkPHP.php");
7. ?>
```

图 9-6　highlight_code 高亮代码效果

9.3　ThinkPHP 多语言支持

多语言环境是每个国际化网站都需要的功能，在传统的 PHP 开发中，开发人员通常需要使用多套模板、多种类库实现多语言支持。在主流的 MVC 框架中，几乎都提供了多语言支持，ThinkPHP 同样也对多语言提供了完善的支持，接下来将全面介绍。

9.3.1　部署多语言

使用多语言功能，能够有效地降低开发国际化网站的难度。默认情况下，系统是关闭多语言功能的，所以也不需要语言包。项目的语言包默认存放于项目 Lang 目录下，一个典型的 Lang 目录及文件结构如图 9-7 所示。

```
Lang/
  zh-cn/……………………→ 简体中文语言包
      index.php ………→ Index控制器
      user.php ………→ User控制器
      article.php ………→ Article控制器
    common.php ………→ 公共语言
  zh-tw/……………………→ 繁体中文语言包
      index.php ………→ Index控制器
      user.php ………→ User控制器
      artcle.php ………→ Article控制器
    common.php ………→ 公共语言
```

图 9-7　项目语言包目录及文件结构

在实际应用开发中，如果需要更多语言支持，根据上述目录及文件结构添加即可，但需要确保各语言包的结构是一致的。例如增加 en-us 包，该包的目录及文件结构必须与其 zh-cn 或 zh-tw 包结构相同。公共文件 common.php 不是必需的，但为了更加容易理解，这里将保留该文件。

通常 common.php 语言文件用于配置当前语言包公共部分的语言数据，例如自定义函数信息返回、日志操作等。如果项目非常小，甚至只需要使用 common.php 文件作为语言包即可。

9.3.2　实现多语言

部署好语言包后，就需要对语言包中的配置文件进行配置了。这里需要说明的是，ThinkPHP 多语言并非指系统自动实现语言翻译，尽管系统内置了自动定位语言的功能，但不能实现自动翻译功能，所谓的语言包文件需要开发人员配合翻译人员修改配置值实现。假设需要对 Index 控制器配置简体与繁体中文，那么 zh-cn/index.php 代码如下所示。

```
<?php
return array(
    //简单中文
    "page_title"=>"首页",
    "title"=>"标题",
    "category"=>"分类",
    "category_s1"=>"请选择一个分类",
    "add_user"=>"添加用户",
    "add_time"=>"添加时间",
    "submit_btn_txt"=>"提交",
    "add_error"=>"文章添加失败",
    "add_success"=>"文章添加成功",
);
?>
```

对应的繁体中文语言配置文件 zh-tw/index.php 代码如下所示。

```
<?php
return array(
    //繁体中文
    "page_title"=>"首頁",
    "title"=>"標題",
    "category"=>"分類",
    "category_s1"=>"請選擇一個分類",
    "add_user"=>"添加用戶",
    "add_time"=>"添加時間",
    "submit_btn_txt"=>"提交",
    "add_error"=>"文章添加失敗",
    "add_success"=>"文章添加成功",

);
?>
```

和其他配置文件一样，语言配置文件也是使用关联数组来配置的。控制器及动作中的语言配置文件优先级大于 common.php 文件。

9.3.3 多语言与客户端

通过前面的设置，现在系统已经具备了多语言编程的条件，但现在系统还不能够检测到多语言配置的存在，因为还需要在配置文件中开启多语言支持（默认是关闭的），然后还需要配置系统行为，让系统行为载入多语言文件。

1. 开启多语言环境

与其他类库一样，开启多语言只需要在配置文件中开启 LANG_SWITCH_ON 选项即可，如以下代码所示。

```
<?php
return array(
    'LANG_SWITCH_ON'=>true, //是否开启多语言
    'LANG_AUTO_DETECT'=>true, //是否自动检测语言环境
    'DEFAULT_LANG'=>'zh-tw', //默认语言包
    //省略配置项...
);
?>
```

完成上述配置项后，还需要在项目 Conf 目录下创建 tags.php 文件，然后在该文件中开启 CheckLang 行为，如以下代码所示。

```
<?php
return array(
    //配置系统行为
    'app_begin'=>array('CheckLang')
);
?>
```

通过前面的配置，现在就可以使用多语言来编程了。

2. 使用多语言环境

在 MVC 开发中，主要有两种形式的编程环境需要使用多语言。一种是在视图模板中使用；另外一种是在控制器动作、模型中使用（即在后台中使用），下面分别介绍。

（1）在视图模板中使用多语言

视图是用户首先接触也是接触最多的 MVC 组件，所以应用多语言也主要应用于视图模板。为了方便演示，这里将 index 动作对应的 index.html 模板改为国际化多语言模板，如以下代码所示。

```
<style>
.main li{
list-style:none;
margin:8px;
}
</style>
<div class="main">
<form action="__URL__/post" method="post">
    <ul>
      <li><!--{$Think.lang.title}-->:
       <input type="text" size="60" name="title"/>
     </li>
     <li><!--{$Think.lang.category}-->:
       <label>
       <select name="select" id="select">
```

```
        <option value="0"><!--{$Think.lang.category_s1}--></option>
            </select>
        </label>
      </li>
      <li><!--{$Think.lang.add_user}-->:
        <input name="add_user" type="text" id="add_user" size="22" />
      </li>
      <li><!--{$Think.lang.add_time}-->:
        <input name="add_time" type="text" id="add_time" size="22" value="<?php echo
time();?>" />
      </li>
      <li>
        <label>
        <textarea name="content" id="content" cols="60" rows="8"></textarea>
        </label>
      </li>
      <li>
        <input type="submit" name="button" id="button" value="<!--{$Think.lang.submit_btn_txt}-
->" />
      </li>
    </ul>
  </form>
  </div>
```

上述代码是一个普通的表单代码，与之前不同的是表单中的所有字符说明文字并非固定的，而是来自于语言包。效果如图 9-8 所示。

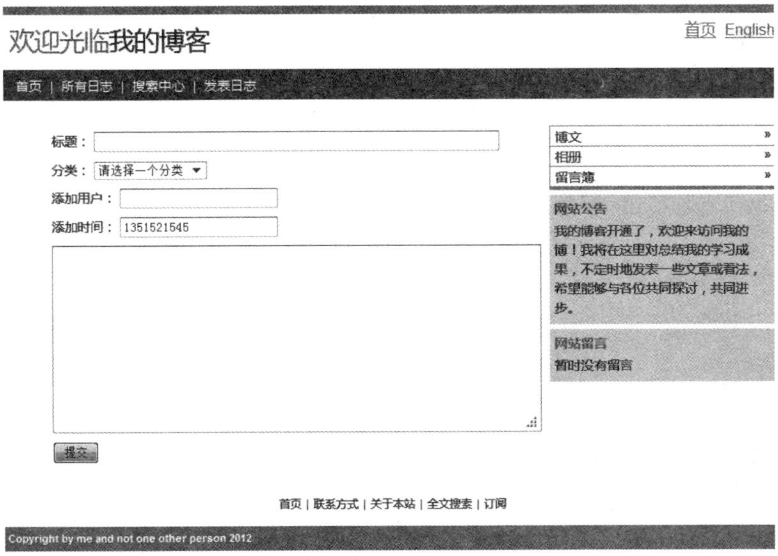

图 9-8　简体中文首页表单

前面提到过，在默认情况下系统会自动识别当前的浏览器语言环境，并调用相应的语言包。开发人员也可以传入 GET 参数 l（或 L），实现手动定位语言包，例如访问 http://tp.localhost/?l=zh-tw，表单中的文字将转换为简体中文模式，如图 9-9 所示。

需要注意的是，一旦选定了指定语言包，系统将会记录，下次再访问该页面时，系统将自动匹配上次选择的语言包。读者可以在此基础上继续完善，实现全页面的多语言转换，例如将分类下拉列表使用多语言包实现。

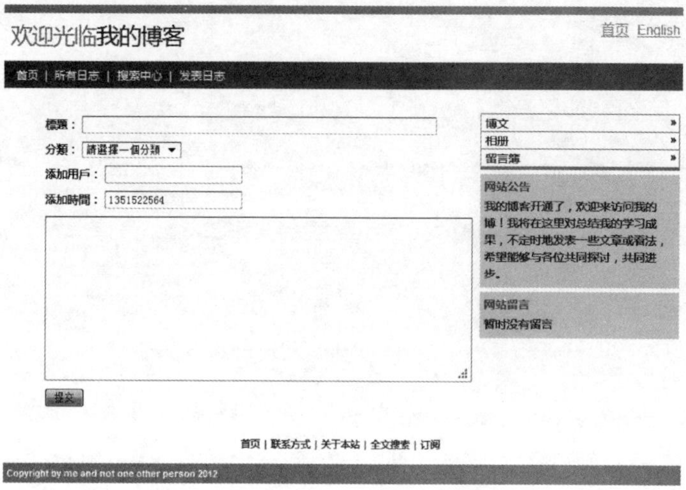

图 9-9　繁体中文首页表单

（2）在后台中使用多语言

在后台中使用多语言通常用于系统提示信息、日志记录、表单验证等。前面的章节中已经介绍过 L 函数，该函数就是用于在后台获取或设置语言包的快捷函数。下面将通过代码演示 L 函数的实际使用，代码如下所示。

```
public function add(){
     $User=D("Article");
     if (!$User->create()){
          throw_exception(L("add_error"));
     }else{
          $this->success(L("add_success"));
     }
}
```

9.4　客户端

ThinkPHP 内置了许多针对客户端的类库，使用这些类库更加符合 MVC 设计模式，同时也能够有效地提高开发效率。本节将对常见及重要的 Session、Cookie 类库进行介绍。

9.4.1　封装的 Session

网站开发都离不开临时会话（Session）功能。这些数据是临时性的，但也是非常重要的，例如记录登录用户数据、用户爱好，统计网站数据等都离不开 Session。在 PHP 开发中使用 Session 是非常简单的，开发人员只需要使用 session_start()函数开启即可。虽然如此，但在实际应用开发中通常是不能满足要求的，ThinkPHP 一共内置了两种 Session 封装操作，分别为 Session 函数及 Session 扩展类库。这两种封装操作都是高效、灵活的。下面首先介绍 Session 函数。

1. Session 函数

Session 函数是 ThinkPHP 3.x 提供的一个功能完善的 Session 管理函数，它封装了所有 Session 常规操作，例如 session_start 初始化、session_id 增、删、改、查等。Session 函数还提供了 Session Hander 驱动扩展功能，开发人员可以轻易地利用该驱动扩展，编写高效的 Session 储存机制（例如存放到内存数据库、Memcache、NoSQL 等）。Session 函数格式如下所示。

session($name,$value='')

其中参数 name 是一个比较特殊的变量，一般情况下用于表示 Session 存放名称（即 key）；value 表示 key 对应的值，支持中文。Session 函数是系统内置的核心函数，使用时不需要额外引入，一个最简单的 Session 声明如以下代码所示。

```
public function index(){
    session("goods","iPhone");
}
```

Session 声明之后，可以在同域下使用，如以下代码所示。

```
public function testIndex(){
    echo session("gools")
}
```

可以使用 dump($_SESSION)函数输出当前域下的所有 Session。参数 name 是一个特殊的变量，之所以特殊是因为该变量是多变的，当变量值为字符串时，将作为 Session 存放 key；当值为关联数组时，将作为 Session 初始化的环境配置。name 数组的配置信息如表 9-8 所示。

表 9-8　参数 name 数组值配置选项

数 组 键	说　明	默 认 值
id	Session 存放名称	自动生成
name	Session 会话名称	自动生成
path	Session 存放路径	由 session.save_path 配置信息指定
prefix	Session Key 存放前缀	空
expire	Session 过期时间	由 session.gc_maxlifetime 配置信息指定
domain	Session 会话有效域名	当前域名（不包括子域名）
use_cookies	Session 浏览器端 Cookie 名称	自动生成
use_trans_sid	浏览器禁用 Cookie 时传递的 GET 变量	自动生成（Windows 无效）
type	Session Hander 扩展类库名	空

事实上，在实际应用开发中极少使用参数 name 来初始化 Session 环境，因为该参数只针对当前 Session 声明生效，如果在其他地方继续声明 Session，所有配置将不起作用，所以更通用的办法是在配置文件中配置，如以下代码所示。

```
'SESSION_AUTO_START'=>true,//启动 session_start()，默认即为 true
'SESSION_PREFIX'=>'thk_',//Session 前缀
'VAR_SESSION_ID'=>time(),//Session ID
'SESSION_TYPE'=>'',//Session 驱动类库，默认为文件
'SESSION_OPTIONS'=>array(
    'Path'=>'/',
    'domain'=>'tp.localhost',
),
```

配置项 SESSION_OPTIONS 定义的值即为参数 name 的值。初始化完成后，就可以实现对 Session 的增、删、改、查了，如表 9-9 所示。

表 9-9 Session 常规操作

操 作	示 例	说 明
增加	session("goods","iPhone");	增加 goods Session 项，并赋值为 iPhone
删除	session("goods",null);	删除 goods Session 项
修改	session("goods","HTC");	将 goods Session 项的值改为“HTC”
查询	session("goods");	获取 goods Session 项的值
判断	session("?goods");	判断 goods Session 项是否存在

前面提到过，Session 函数支持 hander 驱动扩展，接下来将首先介绍 hander 驱动机制，然后结合示例代码介绍驱动控制的实战应用。

PHP 内置的 Session 处理机制都是由 session_set_save_handler 函数来完成增、删、改、查的，PHP 允许开发人员重载该函数，这就意味着只要掌握 session_set_save_handler 函数的使用，就可以将 Session 的存放环境改变为 PHP 所支持的环境，例如大型数据库、Hadoop、NoSQL 等，这样不仅带来性能的提升，还能实现 Session 跨网站应用，防止 CC 攻击等。session_set_save_handler 函数参数表现形式如下所示。

```
session_set_save_handler(array(__CLASS__, 'open'),
                         array(__CLASS__, 'close'),
                         array(__CLASS__, 'read'),
                         array(__CLASS__, 'write'),
                         array(__CLASS__, 'destroy'),
                         array(__CLASS__, 'gc')
                   )
```

每个参数由一个关联数组组成。数组中的“__CLASS_”表示操作类，对应的值即为 Session 操作标识， 6 个参数表示 6 个成员方法，分别为 open（初始化 Session）、close（删除 Session）、read（获取 Session）、write（Session 写入）、destroy（全部销毁 Session）、gc（垃圾回收）。根据这些方法声明，开发人员只需要在对应的类中实现这 6 个成员方法，即可实现高级的 Session 功能定制。

ThinkPHP 内置的 Session 驱动扩展也是基于 session_set_save_handler 接口函数的。驱动类库默认存放于 ThinkPHP/Extend/Driver/Session 目录；类库命名规则为“Session+类库名”（类库名必须首字母大写），该名称即为 SESSION_TYPE 配置项中指定的名称，例如 SessionDb。

接下来将以系统内置的 SessionDb 驱动扩展为例，详细介绍 Session 数据转存 MySQL 数据库的过程。要开启 Session 驱动扩展，首先需要在配置文件中配置相应选项，如以下代码所示。

```
'SESSION_AUTO_START'=>true,//启动 session_start()，默认即为 true
'SESSION_PREFIX'=>'thk_',//Session 前缀
'VAR_SESSION_ID'=>time(),//Session ID
```

```
'SESSION_EXPIRE'=>36000, //session过期时间
'SESSION_TABLE'=>'think_session', //存放session的数据表名
'SESSION_TYPE'=>'Db', //驱动器名称
```

SESSION_TABLE 指定的是 Session 存放表，SQL 代码如下所示。

```
CREATE TABLE think_session (
    session_id varchar(255) NOT NULL,
    session_expire int(11) NOT NULL,
    session_data blob,
    UNIQUE KEY `session_id` (`session_id`)
);
```

当然，读者也可以使用其他数据表作为 Session 存放表，只需要确保结构如图 9-10 所示即可。

字段	类型	整理
session_id	varchar(255)	utf8_general_ci
session_expire	int(11)	
session_data	varchar(250)	utf8_general_ci

图 9-10　Session 数据存放表结构

通过上述步骤，现在再使用 Session 函数操作 Session 时，将全部转存到数据表，例如增加一条 Session 数据，如以下代码所示。

```
public function index(){

    session("username","李开湧");
}
```

存放到数据表中的 Session 数据如图 9-11 所示。

session_id	session_expire	session_data
1noec7ka8vqqje8sesgpqpbuc6	1351650333	gools|s:8:"ttsdfsdf";

图 9-11　Session 数据存放表

2. Session 类

系统提供了一个 Session 扩展类，该类在 ThinkPHP 2.x 中是默认的 Session 处理机制。Session 类只是对 PHP 原有的 Session 操作机制进行了封装，让其更加适合 MVC 开发。在 ThinkPHP 3.x 中使用时，需要额外手动引入该类。下面将结合示例代码，演示 Sesson 类的使用。

（1）增加 Session

```
public function index(){
    import("ORG.Util.Session");
    Session::set("username", "李开湧");
}
```

（2）删除 Session

```
public function index(){
    import("ORG.Util.Session");
    Session::set("username", null);
}
```

（3）修改 Session

```
public function index(){
    import("ORG.Util.Session");
    Session::set("username", "ceiba");
}
```

（4）获取 Session

```
public function index(){
    import("ORG.Util.Session");
    echo Session::get("username");
}
```

（5）判断 Session 是否过期

```
public function index(){
    import("ORG.Util.Session");
    if(Session:: isExpired("username")){
      echo "Session 已经过期"
    }
}
```

（6）删除所有 Session

```
public function index(){
    import("ORG.Util.Session");
    Session:: clear();
}
```

9.4.2 封装的 Cookie

Cookie 是网站开发中最常使用的技术之一，与 Session 类似，Cookie 也是用于存放客户端临时数据的，不同之处在于 Cookie 存放于客户端操作系统文件夹上（由浏览器指定），而 Session 存放于服务器指定的文件夹（或由 Session 驱动指定存放环境）。这就意味着 Cookie 是能够被用户操作，但是由于存放于客户端，服务器的 IO 压力将会得到改善（在超大流量的网站中尤其突出）。所以一般情况下如果网站的安全性需求比较高，需要使用 Session；如果是一些比较开放的数据，例如访客统计、个性化设置等可以使用 Cookie。

Cookie 的操作与 Session 相类似，但比 Session 简单许多。同样，ThinkPHP 也提供了 Cookie 函数用于处理客户端 Cookie，该函数格式如下所示。

cookie($name, $value='', $option=null)

其中参数 name 表示 Cookie 存放名称（即 key），不支持数组；value 表示 Cookie 值；option 表示 Cookie 初始化环境配置参数，该参数中的配置参数可以通过配置文件统一配置。下面通过示例代码，演示 Cookie 函数的实际应用。

1. 增删改查操作

（1）增加 Cookie

```
public function index(){
    cookie('ceiba','李开湧',3600);
}
```

（2）删除 Cookie

```
public function index(){
    cookie('ceiba',null);
}
```

（3）修改 Cookie

```
public function index(){
    cookie('ceiba','李开涌');
}
```

（4）获取 Cookie

```
public function index(){
    cookie('ceiba');
}
```

（5）删除所有 Cookie

```
public function index(){
    cookie(null);
}
```

（6）删除指定前缀的 Cookie

```
public function index(){
    cookie(null,'think_');
}
```

对于查询而言，不管 Cookie 前缀设置如何，只要使用 cookie 函数来获取，系统都能够自动识别。Cookie 能够存放包括中文在内的字符，但长度需要控制在 225 个字符之内。

2．Cookie 配置

前面提到过 Cookie 函数支持参数配置，但通常情况下只需要在配置文件中配置即可。Cookie 是本地化保存机制，不需要驱动扩展，只需要指定存放路径、有效期、作用域即可，如以下代码所示。

```
'COOKIE_EXPIRE'=>3600,//Cookie 有效期
'COOKIE_DOMAIN'=>'tp.localhost', //Cookie 有效作用域
'COOKIE_PATH'=>'', //Cookie 存放路径
'COOKIE_PREFIX'=>'tp_' //Cookie 前缀
```

通过前面的学习，相信读者已经能够掌握 Session 及 Cookie 的操作了。虽然 Cookie 存放于客户端，但是并不意味着 Cookie 不适合用于会员验证等场景。恰恰相反，由于 Cookie 存放于客户端，使得数据能够长时间保存（除非用户主动删除），这就意味着只要用户登录一次，在很长一段时间内就不需要重复进行登录（通过配置 COOKIE_EXPIRE 选项实现），这对用户而言无疑是良好的体验。所以很多网站会使用加密的方式存放 Cookie 用户名及密码，甚至结合软件与硬件签名实现高度安全的 Cookie。总而言之，使用 Cookie 存放登录数据是可行的，但要做好加密与解密相关操作。

9.5 小结

本章一开始首先深入介绍了当前最主流的几款 XML 处理引擎，从原理到实战，详细地讲解了 SAX、DOM、SimpleXML 的方方面面，帮助读者提高对 XML 的认识。接着介绍了简洁实用的 Json 数据，并结合 Jquery 详细介绍了利用 Json 进行前后台分工合作的过程，由于 Jsonp 是 Json 异步请求的通信方式，所以本章还对 Jsonp 的原理及使用过程做了全面的介绍。

最后，深入介绍在 MVC 开发中的 Session 及 Cookie 的操作，这是网站开发中最常使用

的功能，也是重要的功能，所以笔者重点介绍了 Session，并结合 MySQL 数据库，详细介绍了 handler 驱动扩展，并将 Session 储存到数据库。

本章涉及的 PHP 额外知识比较多，例如 DOM、Jquery 等。建议读者在学习过程中务必养成良好的记录笔记习惯，如果遇到到本书没有介绍的知识，可以暂且记下，并通过其他资料补齐所需知识。下一章将介绍网站缓存功能，网站缓存不是必需的，但如果要让网站运行得更加稳定及高效，使用缓存功能是必需的。

第 10 章
网站静态化

内容提要

PHP 是一种脚本语言，也是一种动态语言，所谓的动态语言是由 Web 服务器解释，然后输出 HTML，用户最终看到的是动态语言运算后的结果。运算的过程，根据程序逻辑的复杂情况而有所不同，响应速度也就不一样，如果多个用户同时访问同一页面，Web 服务器都为每个用户执行一次运算过程，这种效率是非常低的，在人气少的网站不会成为问题，但访问量过高时通常会导致性能瓶颈。

数据缓存能够在一定程度上提高网站的运行速度，降低服务器压力。本章将详细介绍 ThinkPHP 内置的缓存功能，包括文件缓存、内存缓存等。通过本章的学习，在开发大并发网站时将会得心应手。

学习目标

- 了解缓存概念。
- 了解 ThinkPHP 缓存中间件。
- 掌握文件缓存的使用。
- 掌握 Memcached 的安装与使用。
- 了解 Redis 缓存扩展。
- 掌握 Redis 的安装及简单使用。
- 掌握 ThinkPHP 静态缓存的配置与使用。

10.1 Cache 类

Cache 类是 ThinkPHP 内置的缓存中间件，提供了对外操作缓存的所有方法。Cache 类本身不参与缓存的实际操作，所有的缓存操作需要由相应的缓存驱动进行。与 Session 驱动一样，Cache 缓存驱动也是能够扩展的，但系统默认已经内置了当前所有主流的缓存驱动，开发人员只需要在配置文件中，或者初始化 Cache 类时指定驱动即可。下面首先介绍 Cache 中间件。

10.1.1 缓存的方式

在 ThinkPHP 中，缓存方式主要分为两种：一种基于文件模式（默认模式）；另一种基于扩展驱动模式。使用文件模式的文件缓存不需要特殊配置，只需要缓存目录可读写即可。前面提到过 Cache 中间件只是一个对外接口，并不参与缓存管理，缓存过程如图 10-1 所示。

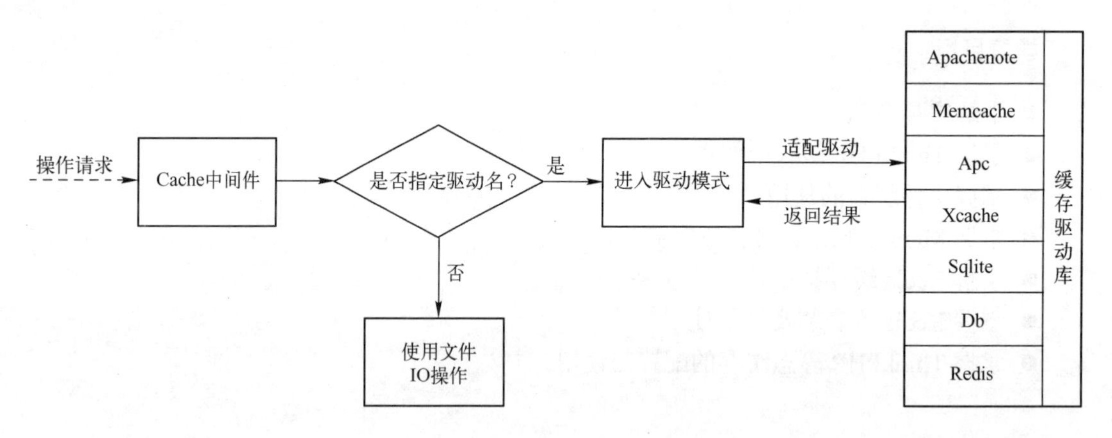

图 10-1　Cache 中间件处理缓存请求过程

如图 10-1 所示，在应用请求缓存操作时，首先由 Cache 中间件统一收集信息，如果系统配置文件中没有指定缓存驱动，Cache 中间件会调用文件系统处理缓存；如果配置信息中指定有相应的缓存驱动，并且驱动类中包含相应的驱动实现，那么系统将会进入驱动模式。最终开发人员不需要针对特定的缓存驱动调用相应的方法，而只需要统一调用 Cache 中间件中提供的公开方法即可，例如 set、get 等。通过前面的介绍，可以看到 ThinkPHP 提供的缓存模块是非常完善的，接来下将进一步介绍其实战用法。

10.1.2 开启缓存

缓存不需要手动开启，默认情况下系统已经开启。当处于非调试模式时，系统还会对数据表字段、模板文件等进行缓存。对于程序开发人员而言，只需在配置文件中对缓存参数进行配置即可，用于配置缓存的参数如表 10-1 所示。

表 10-1　缓存配置参数

缓存配置	说明	默认值
DATA_CACHE_TYPE	缓存类型	file
DATA_CACHE_PATH	缓存存放路径	appName/Runtime/Temp
DATA_CACHE_SUBDIR	是否使用子目录存放缓存	false
DATA_CACHE_TIME	缓存默认过期时间	3600
DATA_CACHE_COMPRESS	是否对数据进行压缩	false
DATA_CACHE_CHECK	是否对缓存进行检验	false

通常情况下，只需要设置 DATA_CACHE_TIME 选项即可。在使用缓存前，还需要对 Cache 类进行初始化，如以下代码所示。

```
public function index(){
    $Cache=Cache::getInstance();
}
```

Cache 类是系统的基础类库，使用时不需要导入。getInstance 方法用于初始化缓存引擎，并允许传入初始化参数（优先级大于配置文件），该方法的参数格式如下。

getInstance('缓存方式','缓存参数')

其中参数 1 表示缓存方式，该值将覆盖 DATA_CACHE_TYPE 配置项；参数 2 以关联数组的方式传入表 10-1 配置参数。

初始化完成后，就可以对缓存进行增、删、改、查了，如以下代码所示。

```
public function index(){
     $Cache=Cache::getInstance();
     if ($Cache->set('username','李开湧')){
          $rows=$Cache->get("username");
          echo $rows;
     }
}
```

读者可以在/Runtime/Temp 目录查看到缓存后的文件。对于 Cache 中间件的操作，系统还提供了快捷函数 S。使用快捷函数处理缓存，将有效地提高开发效率，如以下代码所示。

```
public function index(){
     S('username','李开湧');
     if ($rows=S("username")){
          echo $rows;
     }
}
```

上述代码使用快捷函数实现了缓存写入与获取，最终结果与直接使用 Cache 中间件是一样的。前面介绍的都是默认文件系统缓存，接下来将结合 Memcached 内存数据库介绍驱动缓存。

10.1.3　安装 Memcached

Memcahced 是一套小巧、高效且成熟的内存数据库。与普通的数据库不同，Memcached 存放的数据只能是简单的键值对，在查询时需要根据存放的 key 获取数据。Memcached 最大的特点是数据存放于内存。众所周知内存是计算机上数据储存最快的单元器件之一，如果将数据存放于内存中，将会获得比传统文件系统高 10 倍效率的读写性能。所以 Memcached 通常是高效存储的代名词，在很长一段时间内，Memcached 都是各大型门户网站所采用的缓存系统。ThinkPHP 对 Memcached 的支持已经非常完善，在使用前首先需要正确安装并运行，安装方式又分为 Linux 平台及 Windows 平台，下面分别介绍。

1. 在 Linux 平台上安装 Memcached

Memcached 的安装比较简单，但如果要让 PHP 支持 Memcached，还需要安装 Memcache for PHP 扩展。当然，读者也可以将 Memcached 独立安装到一台服务器，这里假设使用的是 XAMPP 开发环境包，现在需要安装 Memcached，步骤如下所示（以 Centos 6.0 为例）。

（1）安装 libevent

与前面介绍的 HTTPSQS 一样，Memcached 也是使用异步事件处理的，所以在安装 Memcached 之前，首先需要查看当前环境是否已经安装异步事件处理函数库 libevent。

```
[root@~]#  ls -al /usr/local/lib | grep libevent
libevent-1.4.so.2 -> libevent-1.4.so.2.1.3
```

如果没有，可以使用 yum 进行安装，但版本可能比较低。这里将使用源代码安装，安装步骤如以下命令所示。

```
[root@~]# mkdir /opt/data
[root@~]# cd /opt/data
[root@~]# wget http://soft.beauty-soft.net/lib/libevent-1.4.13-stable.tar.gz
[root@~]# tar -zxvf libevent-1.4.13-stable.tar.gz
[root@~]# cd libevent-1.4.13-stable
[root@~]#./configure
[root@~]# make
[root@~]# make install
```

默认会被安装到/usr/local/libevent-2.0.12-stable/目录下。

（2）安装 Memcached

接下来就可以安装 Memcached 主程序了。Memcached 官方网站为 http://memcached.org/，读者可以在该网站上找到最新的源代码安装包，这里将使用 1.4.15 版本，安装过程如下。

```
[root@~]# cd ../
[root@~]# wget http://soft.beauty-soft.net/lib/memcached-1.4.15.tar.gz
[root@~]# tar -zxvf memcached-1.4.15.tar.gz
[root@~]# cd memcached-1.4.15
[root@~]#./configure
[root@~]# make
[root@~]# make install
```

默认情况下，Memcached 将被安装到/usr/local/bin/目录下。在启动前，还需要将 libevent 包存放路径加入到/etc/ls.so.conf 文件中，如以下命令所示。

```
[root@~]# vi /etc/ld.so.conf
```

```
include ld.so.conf.d/*.conf
/usr/local/lib
```

完成上述操作后，现在就可以启动 Memcached 主程序了，如以下命令所示。

```
/usr/local/bin/memcached -m 100 -p 11211 -d -u root -P /tmp/memcached.pid -c256
```

在启动时，常用的启动参数如下。

- -m：最大使用内存，以 MB 为单位，默认 64。
- -p：Memcached 启动进程所使用的 TCP 通信端口，默认 11211。
- -d：将 Memcached 作为后台守护进程运行。
- -u：启动用户。
- -P：进程文件存放路径。
- -c：最大运行并发数，默认 1024。
- -l：监听服务器地址（即允许 telnte 登录的 IP）。

启动完成后，可以直接查看主进程是否存在，判断是否启动成功。

```
[root@~]# pstree |grep mem
  |-memcached---5*[{memcached}]
```

（3）安装 Memcache 扩展

Memcache 是 PHP 一个扩展模块，在安装前需要确保当前环境已经具备 PHP 环境。因为只有将 Memcache 编译到 PHP 扩展模块中，开发人员才能使用 PHP 代码调用 Memcache，PHP 内置了一个编译第三方扩展的工具 phpzie，接下来就利用该工具来编译 Memcache，步骤如下。

首先下载和解压 Memcache，这里使用的版本是 2.2.5，命令如下所示。

```
[root@~]# wget http://soft.beauty-soft.net/lib/memcache-2.2.5.tgz
[root@~]# tar -zxvf memcache-2.2.5
[root@~]# cd memcache-2.2.5
```

接下来使用 phpzie 工具配置 Memcache。假设 PHP 安装路径为/usr/local/php/，那么 phpize 路径就是/usr/local/php/bin/phpize。

```
[root@~]# /usr/local/php/bin/phpize
[root@~]#./configure --with-php-config=/usr/local/php/bin/php-config
```

现在就可以使用 make 工具编译 Memcache 了，过程如下。

```
[root@~]# make
[root@~]# make install
Installing shared extensions:     /usr/local/php/lib/php/extensions/no-debug-non-
zts-20090626/
```

扩展将被安装到/usr/local/php/lib/php/extensions/no-debug-non-zts-20090626/目录。最后还需要修改 php.ini 配置项，将该扩展目录加入到 extension_dir 选项。事实上 php.ini 已经默认加入了该扩展目录，只是被注释而已，只需要去掉注释即可，过程如下。

```
[root@~]# vi /usr/local/php/etc/php.ini
  805 ; Directory in which the loadable extensions (modules) reside.
   806 ; http://php.net/extension-dir
```

```
807    extension_dir  =  "/usr/local/php/lib/php/extensions/no-debug-non-zts-20090626/"
808 extension = "memcache.so"
809 extension = "pdo_mysql.so"
```

读者也可以手动添加上。保存 php.ini 配置文件，重启 php-fpm 或者 web 服务器，以便配置文件生效。

```
[root@~]# /etc/init.d/php-fpm restart
```

至此，Memcached 及 Memcache 都已经安装完成，通过 phpinfo 函数输出信息将可以看到 Memcache 配置项，如图 10-2 所示。

memcache support	enabled
Active persistent connections	0
Version	2.2.5
Revision	$Revision: 1.111 $

图 10-2　成功安装 Memcache 扩展

2．在 Windows 平台上安装 Memcached

在 Windows 下安装 Memcached 主程序及 Memcache 扩展比较简单，使用方式不论在任何平台上都没有区别。但是无论是官方文档还是第三方权威资料，都不建议在 Windows 下部署 Memcached 生产环境。通常情况下，在 Windows 上只用于开发环境。下面将简单介绍在 Windows 7 下的安装过程。

首先需要下载 Windows 安装包。

```
http://beauty-soft.net/book/php_mvc/down/memcached-windows.html
```

将压缩包解压到指定的目录，例如 C:\memcached，进入该目录将会看到 memcached.exe 主程序。接下来使用命令终端执行 memcached.exe，命令如下。

```
c:\memcached> memcached.exe -d install
```

通过上述步骤，Memcached 就自动安装完成了，接来下只需要启动即可。

```
c:\memcached> memcached.exe -d start
```

启动完成后，可以通过任务管理器查看到 Memcached 进程，也可使用 netstat –an 查看 11211 端口，检测 Memcached 是否安装成功。接下来只需要安装 PHP 扩展即可。

首先下载 memcache.dll 扩展，这里使用的版本为 2.2.5.

```
http://soft.beauty-soft.net/lib/win/php_memcache-2.2.6-5.3-vc9-x86.zip
```

解压后将得到 php_memcache.dll 扩展文件。将 php_memcache.dll 复制到 PHP 扩展目录，通常该目录位于 PHP 安装目录下的 ext 目录（即 php\ext）。打开 php.ini 配置文件，将 php_memcache.dll 扩展加入到配置项中，如以下代码所示。

```
;extension=php_tidy.dll
extension=php_xmlrpc.dll
extension=php_memcache.dll
```

保存配置文件，重启 Web 服务器，通过 phpinfo 函数可以看到 Memcache 选项，证明 PHP 扩展安装成功。

10.1.4　使用 Memcached

前面已经提到过，ThinkPHP 默认就已经提供了 Memcache 缓存驱动。开发人员只需要指定 DATA_CACHE_TYPE 配置项，就可以改变缓存驱动。例如将 DATA_CACHE_TYPE 值配置为 memcache，那么系统会自动将缓存驱动切换为 Memcache。

为了帮助读者提高对 Memcached 缓存驱动的认识，这里将首先使用传统的 PHP 代码操作 Memcached；然后再介绍使用 telnet 命令管理 Memcached；最后将介绍使用 MVC 操作 Memcached。

1. PHP 操作 Memcached

成功安装 Memcache 扩展后，PHP 就具备与 Memcached 通信的能力了。首先需要使用 content 方法连接上 Memcached 服务器，代码如下所示。

```
<?php
	$mem = new Memcache;
	$mem->connect("127.0.0.1", 11211);
?>
```

缓存操作与数据库操作一样，最重要的就是增、删、改、查。接下来将继续使用 Memcache 成员方法对缓存数据库进行操作。

（1）add（增加缓存条目）

add 方法可以向 Memcached 服务器增加缓存条目，如果存在相同缓存条目，则放弃操作。代码如下所示。

```
<?php
	header('Content-Type:text/html; charset=utf-8');
	$mem = new Memcache;
	$mem->connect("127.0.0.1", 11211);
	$mem->add("key", "现在时间".time(), 0, 60);
?>
```

参数 1 为缓存 key，要求 250 个英文字符之内，该参数需要唯一性；参数 2 表示缓存内容，最大 1000KB，接受常见的数据类型，包括数组、Json 等；参数 3 表示是否使用 zlib 压缩数据，默认为不使用； 参数 4 表示缓存过期时间，以秒为单位，最大值为 2592000（即 30d）。

（2）delete（删除指定缓存）

delete 可以根据传入的 key，删除指定的缓存条目。

```
<?php
	header('Content-Type:text/html; charset=utf-8');
	$mem = new Memcache;
	$mem->connect("127.0.0.1", 11211);
	$mem->delete("key")
?>
```

（3）set（修改）

set 方法与 add 方法类似，set 方法用于修改或添加缓存条目。如果数据库中没有对应的 key，则将该条数据存放到数据库中，否则对指定的数据进行修改。

```
<?php
	header('Content-Type:text/html; charset=utf-8');
	$mem = new Memcache;
```

```
    $mem->connect("127.0.0.1", 11211);
    $mem->set("key", "现在时间".time(), 0, 60);
?>
```

（4）get（查询）

get 方法可以对指定的 key 取得对应的 value。

```
<?php
    header('Content-Type:text/html; charset=utf-8');
    $mem = new Memcache;
    $mem->connect("127.0.0.1", 11211);
    $mem->get("key",0);
?>
```

get 方法支持两个参数，其中参数 1 表示缓存 key；参数 2 用于解压缩或反序列，参数 2 共有 3 个选项，如下所示。

- 0：数据没有经过压缩（默认）。
- 1：数据已经经过序列化，需要反序列数据。
- 2：数据已被 zlib 压缩，需要解压缩。

2．使用命令行管理 Memcached

直接登录 Memcached 服务器，能够直观地查看到数据库储存状态，对数据进行管理等。在程序调试阶段是必不可少的操作之一，所以读者需要掌握一些频繁使用的命令，方便在程序开发中进行调试。Memcached 有第三方完善的管理工具，但最方便的还是使用 telnte，命令如下。

```
C:>telnet localhost 11211
```

成功登录后就可以对数据库进行管理了，常用的命令有 stats、stats reset、stats slavs、stats items、stats cachedump、set、get、gets 等，命令说明如下。

- stats：获取 Memcached 服务器状态信息，包括服务器缓存数量，内在占用等。
- stats reset：重新统计数据。
- stats slabs：显示 slabs。
- stats items：显示当前 slabs 中存放的所有缓存项。
- stats cachedump：显示 slabs 指定范围内的缓存项,例如 stats cachedump 0,3。
- flush_all：清空当前服务器上所有缓存数据。
- quit：退出当前连接。
- set：修改或添加一条缓存项。
- get：根据 key 返回缓存项内容。

3．在 MVC 中操作 Memcached

在 ThinkPHP 中使用 Memcached 是非常简单及高效的，系统默认已经提供了 Memcache 缓存驱动，要将缓存模式改为 Memcache，只需要修改配置文件即可，如以下代码所示。

```
'DATA_CACHE_TYPE'=>'Memcache',  //缓存驱动
'MEMCACHE_HOST'=>'127.0.0.1',   //缓存服务器地址
'MEMCACHE_PORT'=>'11211',       //服务器端口
'DATA_CACHE_TIMEOUT'=>36000,    //过期时间
```

在切换到 Memcache 驱动后，原有的开发代码不需要做任何改变，这也是 Cache 中间件最为灵活和方便的地方。

10.2 Memcached 实战应用

缓存虽然能够提高页面的响应速度，但并非所有场合都适合使用缓存。Memcached 是一个内存缓存数据库，对数据的容量及长度都有一定的限制，所以 Memcached 并不适合缓存单项数据量过大的数据。通常情况下，Memcached 适合于缓存 SQL 语句、数据集、用户临时性数据、延迟查询数据以及 Session 等。也就是说，缓存只适用于查询操作，并不适合添加、修改、删除，这一点需要注意。下面将通过几个典型的示例，介绍 Memcached 的实战应用，加深对数据缓存的认识。

10.2.1 页面局部缓存

有些动态页面，就算使用了静态化处理（例如生成 HTML），也不能很好地解决局部载入过慢的问题；这时就可以考虑使用页面局部缓存。页面局部缓存可以在一定程度上减小服务器的压力，提高页面整体响应速度。

所以现在主流的 Web 服务器（例如 Nginx）或者缓存服务器（例如 Varnish、Squid）都提供了页面局部缓存的功能，但是使用这些技术需要额外的硬件成本，这些技术都是基于服务器 IO 实现的，在性能上不及 Memcached，所以开发人员也可以使用 Memcache 实现少量的页面局部缓存。

由于 Memcache 对数据的限制，所以只需要缓存页面中查询率过高但更新较少的区域即可，例如 Ajax、栏目导航信息、消息提示等。如以下代码所示。

```
public function index(){
    if (!S("navigation")){
        $xml = file_get_contents("./Public/nav.xml");
        $xml_parser = new SaxXmlClass();
        $xml_parser->parse($xml);
        $nav=$xml_parser->data;
        //缓存 xml 部分数据
        S("navigation",$nav);
    }else{
        $nav=S("navigation");
    }
    $this->display("nav",$nav);
    $this->display();
}
```

10.2.2 缓存数据集

在 ThinkPHP 中，缓存数据集是最常用及最有意义的一项操作，因为系统内置了非常智能化编译及缓存机制，数据表字段、SQL 语句等在非调试模式下会自动进行缓存，所以开发人员不需要手动处理。缓存数据集能够避免相同数据多次读取数据库，从而提高查询效率。

通常情况下，数据集是由多条记录组成的，所以只需要将一条记录作为一条 Memcached 数据项，就可以有效改善查询速度；如果数据量比较小，可以一次性将整个数据集进行缓存。缓存数据集，可分为 3 种模式，下面分别介绍。

1．缓存数据集字段

缓存数据集字段是效率最高、也是 Memcached 最常使用的一种缓存模式。缓存数据集，只需要在第一次返回结果时，将其中没有创建索引，或者数据量比较大的字段（例如 text、varchar 字段等）缓存到 Memcached 中，用户再次查询相同的数据时，系统将直接输出已经缓存过的字段值，避免再次查询数据库。如以下代码所示。

```
public function index(){
        $articleObj=M("Article");
        $field=array("id","title","content",);
        $rows=$articleObj->field($field)->select();
        foreach ($rows as $key=>$value) {
            $title=$value["title"];
            $content=$value["content"];
            if (!S("article_title_".$value["id"])){
                //缓存单条标题
                S("article_title_".$value["id"],$title);
            }else{
                //获取标题缓存
                $title=S("article_title_".$value["id"]);
            }
            if (!S("article_content_".$value["id"])){
                //缓存单条内容
                S("article_content_".$value["id"],$content);
            }else{
                //获取内容缓存
                $contents=S("article_content_".$value["id"]);
            }
            $row[$key]["title"]=$title;
            $row[$key]["content"]=$contents;
        }
        $this->assign("list",$row);
        $this->display();
}
```

上述代码中，将 title 及 content 字段值使用 Memcached 缓存为一个独立项，再次查询 title 及 content 字段时，系统将不会从 tpk_article 数据表获取，而是直接在缓存系统中获取，很好地提高了效率。

不仅如此，由于缓存系统是全局性的，这也就意味着缓存系统中的数据可以在网站内任何地方调用。根据这个原理，在单击文章详情时，只需要输出 Memcachd 中的缓存即可，而不需要查询数据表。如以下代码所示。

```
/**
 * 文章详情页面
 */
public function detailed(){
    if(S("article_title_".$_GET["id"])){
        $rows["title"]=S("article_title_".$_GET["id"]);
        $rows["content"]=S("article_content_".$_GET["id"]);
    }else{
        $articleObj=M("Article");
        $field=array("id","title","content",);
        $rows=$articleObj->field($field)->where(array("id"=>$_GET['id']))->find();
    }
```

```
        $this->assign("content".$rows);
        $this->display();
    }
```

如上述代码所示，在文章详细页面中，根据 GET 传递参数判断缓存系统是否存在相应的数据，如果存在，则直接返回数据，不再操作数据库。经过上述处理，数据查询速度将得到质的提升。

2．缓存数组集结果

如果数据集返回的数据量比较小，可以将全部结果缓存到 Memcached 中，这样做的好处是可以提高开发效率，同时也能够提高查询速度。但也有缺点，如果返回的数据量突然增多，甚至超过 Memcache 的容量，那么数据集将会丢失数据，造成系统运行异常。

同时需要注意，缓存整个数据集必须要将结果进行序列化（要确保获取时能够完美反序列化），常用的序列化函数有 json_encode、sizeo、base64_encode 等。缓存数据集相对比较简单，只需要创建缓存 Key 即可，如以下代码所示。

```
    public function index(){
            $articleObj=M("Article");
            import("ORG.Util.Page");// 导入分页类
            $count= $articleObj->where(array("add_user"=>'ceiba'))->count();
            $Page  = new Page($count,25);
            $field=array("id","title");
            $rows=$articleObj->field($field)->where(array("add_user"=>'ceiba'))->select();
            $thisPage=$_GET["p"];
            if (empty($thisPage) || $thisPage==0 ) $thisPage=1;
            if (!S("article_row_".$thisPage)){
                //根据当前分页编号创建缓存集
                $rows=json_encode($rows);
                S("article_row_".$thisPage,$rows);
            }else{
                //直接读取缓存
                $rows=json_decode(S("article_row_".$thisPage));
            }
            $this->assign("list",$rows);
            $this->display();
    }
```

上述代码使用到了分页扩展，这里只需要理解即可，后面将会有详细介绍。一个数据集就相当于一个页面中的数据循环体，根据分页号唯一性的特点，可以直接使用分页号作为 Memcached 缓存主键，在获取数据时，一条 Memcached 数据项就是一个数据集。

3．缓存整个数据表

缓存整个数据表是减轻数据库查询压力最有效的方法，但同时也是最消耗内存的一种缓存方式。同时，由于在缓存时需要全部读取数据表中的数据，然后执行缓存操作。在这一过程中，将会占用服务器的大量资源（主要是内存及 CPU）。

将数据全部缓存到 Memcached 之后，程序在获取数据时并不直接连接数据库，而是连接缓存服务器。在查询时，只能根据缓存主键（例如 ID）查询数据，并且只支持一个字段。这样一来数据库操作将失去原有的灵活性，所以在此并不建议使用这种模式缓存数据。但如果确实需要，建议使用以下几种手段解决上述提到的问题。

➢ 创建缓存时，需要在访问量较少的时间段内进行，可以配合计划任务实现。但更通用的办法是在网站后台中，由管理员手动生成缓存。

- 由于 Memcached 是一个内存数据库，所以 Memcached 所在的服务器内存必须要足够大。服务器关机后，内存中的数据也将会被清空，所以尽量搭建可容灾的 Memcached 服务器集群。
- 充分使用 Memcached 内置的 zlib 压缩功能。

下面通过一段简单的示例代码，演示缓存数据表数据的过程，代码并不完善，在真实应用开发中还需要读者继续完善，代码如下所示。

```
/**
 * 生成缓存
 * Enter description here ...
 */
public function add_cache(){
    $articleObj=M("Article");
    $rows=$articleObj->select();
    foreach ($rows as $key=>$value) {
        //逐条添加
        $cache_key="article_".$value["id"];
        S($cache_key,array(
            "title"=>$value["title"],
            "content"=>$value["content"],
            "add_user"=>$value["add_user"],
            "add_time"=>$value["add_time"],
        ));
    }
}
```

生成缓存后，只需要根据 cache_id 进行获取即可，如以下代码所示。

```
    /**
     * 获取缓存
     * Enter description here ...
     */
    public function get_cache(){
        $min_id=empty($_GET["min_id"])?1:$_GET["min_id"];
        $max_id=empty($_GET["max_id"])?10:$_GET["max_id"];
        for ($i=$min_id;$i<=$max_id;$i++){
            $cache_key="article_".$i;
            $data[$i]=S($cache_key);
        }
        $this->assign("list",$data);
        $this->display();

    }
```

上述代码使用 for 区间批量获取，读者可以根据前面介绍的第 2 种缓存模式获取单条缓存数据。

10.2.3 使用 Memcache 存放 Session

前面介绍的都是数据库的缓存，接下来将介绍使用 Memcached 缓存 Session。无论是使用哪种技术或者开发框架，Session 的储存都是使用文件操作来完成的。

PHP 默认将 Session 存放于系统临时目录下（例如/tmp），如果会话大量产生，这无疑对服务器的 IO 性能是一个苛刻的挑战。现在可以利用 Memcached 的高性能，将大量的 Session 缓存到缓存服务器中，由于在内存中完成所有会话操作，性能将得到大幅提升。

此外，大型网站通常都是使用负载均衡来支撑运营的，各服务器的文件系统是独立的，这就意味着一旦切换网站，原有的 Session 将失效，这无疑是糟糕的用户体验。传统 PHP 开发可以使用文件共享、Session 存数据库以及 Cookie 存 Session 解决。但无论从性能还是安全性考虑，基于 TCP 协议的 Memcached 都具有优势，唯一的缺点就是需要保证 Memcached 服务器的高可靠性运行。

上一章已经介绍过 PHP 内置的 session_set_save_handler 函数，该函数用于扩展内置的 Session 操作，例如读取、写入、修改等，接下来将利用 session_set_save_handler 函数，实现将 Session 存放于 Memcached。

首先在 ThinkPHP/Extend/Driver/Session 目录下创建 Session 驱动，并命名为 SessionMemcached.class.php，代码如下所示。

```
<?php
class SessionMemcached {
    //有效时间
   protected $lifeTime='';
    //前缀
   protected $prefi='';
    //Memcached 句柄
   protected $hander;

   /**
    +----------------------------------------------------------
    * 打开 Session
    +----------------------------------------------------------
    * @access public
    +----------------------------------------------------------
    * @param string $savePath
    * @param mixed $sessName
    +----------------------------------------------------------
    */
   public function open($savePath, $sessName) {
      $this->lifeTime = C('SESSION_EXPIRE');
  $this->prefi    =   C('SESSION_PREFIX');
  $memcache=new Memcache;
  $memcache->connect(C("MEMCACHE_HOST"),C("MEMCACHE_PORT"))or die("could not connect!");
      if ($memcache){
          $this->hander=$memcache;
          return true;
      }else{
              return false;
      }

   }

   /**
    +----------------------------------------------------------
    * 关闭 Session
    +----------------------------------------------------------
    * @access public
```

```
    +-----------------------------------------------------------
    */
   public function close() {
       $this->gc(ini_get('session.gc_maxlifetime'));
       return $this->hander->close();
   }

   /**
    +-----------------------------------------------------------
    * 读取 Session
    +-----------------------------------------------------------
    * @access public
    +-----------------------------------------------------------
    * @param string $sessID
    +-----------------------------------------------------------
    */
   public function read($sessID) {
      $data=$this->hander->get($this->prefi.$sessID);
      return $data;
   }

   /**
    +-----------------------------------------------------------
    * 写入 Session
    +-----------------------------------------------------------
    * @access public
    +-----------------------------------------------------------
    * @param string $sessID
    * @param String $sessData
    +-----------------------------------------------------------
    */
   public function write($sessID,$sessData) {
       $expire = $this->lifeTime;
       return $this->hander->set($this->prefi.$sessID, $sessData,$expire);
   }

   /**
    +-----------------------------------------------------------
    * 删除 Session
    +-----------------------------------------------------------
    * @access public
    +-----------------------------------------------------------
    * @param string $sessID
    +-----------------------------------------------------------
    */
   public function destroy($sessID) {
      return $this->hander->delete($this->prefi.$sessID);
   }

   /**
    +-----------------------------------------------------------
    * Session 垃圾回收
    +-----------------------------------------------------------
    * @access public
    +-----------------------------------------------------------
```

```
     * @param string $sessMaxLifeTime
     +----------------------------------------------------------
     */
    public function gc($sessMaxLifeTime) {
       return true;
    }

     /**
     +----------------------------------------------------------
     * 初始化接口
     +----------------------------------------------------------
     * @access public
     +----------------------------------------------------------
     * @param string $savePath
     * @param mixed $sessName
     +----------------------------------------------------------
     */
     public function execute() {
      session_set_save_handler(array(&$this,"open"),
                       array(&$this,"close"),
                       array(&$this,"read"),
                       array(&$this,"write"),
                       array(&$this,"destroy"),
                       array(&$this,"gc"));

     }
}
?>
```

如上述代码所示，驱动的类名必须与驱动文件名称相同，ThinkPHP 提供的初始化接口方法为 execute 方法，需要在初始化方法中完成 session_set_save_handler 函数的定义。如果使用传统的 PHP，则需要在自定义初始函数或构造函数中完成。

接着定义 session_set_save_handler 函数所需要的 6 个参数，最后在当前类中分别实现参数中定义的 6 个方法。在自定义驱动中，可以使用 MVC 框架内所有对外公开的类方法及函数。保存 SessionMemcached.class.php 驱动文件，将 Session 驱动名改为 SessionMemcached，如以下代码所示。

```
'SESSION_AUTO_START'=>true,          //启动 session_start()，默认即为 true
'SESSION_PREFIX'=>'thk_',            //Session 前缀
'VAR_SESSION_ID'=>time(),            //Session ID

'SESSION_TABLE'=>'think_session',    //存放 session 的数据表名
'SESSION_EXPIRE'=>36000,             //session 过期时间
'SESSION_TYPE'=>'Memcached',         //驱动器名称
'MEMCACHE_HOST'=>'127.0.0.1',
'MEMCACHE_PORT'=>'11211',
'DATA_CACHE_TIMEOUT'=>36000,
```

由于在驱动文件中实现了 session_set_save_handler 函数所有参数，所以在使用时可以直接使用 PHP 内置的$_SESSION 获取或设置 Session（需要加前缀）；当然也可以使用 ThinkPHP 内置的 Session 函数（不需要加 Session 前缀），如以下代码所示。

```
public function index(){
    session("name","李开湧");
```

```
    }
    public function test(){
        dump($_SESSION);
    }
```

通过前面的设置，现在所有 Session 操作（包括增加、删除、修改、销毁等）都在 Memcached 中完成。使用 Memcached 缓存 Session，不仅可以提高系统性能，由于 Memcached 数据库是受内存限制的，一旦数据达到临界，服务器将根据时间顺序删除内存中的数据，在一定程度上减少 CC 等攻击。

10.3 使用 Redis 缓存

Redis 是一个功能强大、性能高效的开源数据结构服务器，Redis 最典型的应用是 NoSQL。但事实上 Redis 除了作为 NoSQL 数据库使用之外，还能广泛用于消息队列、数据堆栈以及数据缓存等众多场合。Redis 与 Memcached 相类似，都是以键值对（key-value）存放数据的，但是 Redis 支持的数据类型及特性远比 Memcached 丰富。

在缓存应用方面，Redis 同样也是一个内存数据库，拥有 Memcached 的快速、稳定等特性，并且支持数据快照功能，开发人员可以通过配置文件指定数据快照间隔时间，Redis 会将数据快照自动存放于硬盘中，这样就算服务器突然停止服务，Redis 也极少会出现丢失数据的现象。所以近些年越来越多的大型互联网公司开始使用 Redis 作为缓存服务器。

ThinkPHP 内置了 Redis 缓存驱动，要使用 Redis 作为缓存服务器，首先需要正确安装 Redis 数据库，然后安装 PHP 扩展模块，下面分别介绍。

10.3.1 Redis 的安装

Redis 的安装与 Memcached 一样主要分为两种安装环境，即 Windows 及 Linux。与多数开源软件一样，Windows 版的 Redis 无论在性能还是资源分配、线程稳定性上都不及 Linux 版本。所以在 Windows 上的 Redis 只作为程序开发调试之用，并不建议用于生产环境。下面将分别介绍。

1. 在 Windows 上安装 Redis

在 Windows 操作系统上安装 Redis 相对比较简单。整个过程可分为下载 Redis 可执行文件，创建或编辑 redis.conf 配置文件，最后启动 redis。下面首先下载 Redis。

Windows 版的 Redis 可以在 http://code.google.com/p/servicestack/wiki/RedisWindowsDownload 网站上获取，这里下载的版本为 redis-2.0.0-rc4。下载后，打开 redis-2.0.0-rc4.zip 压缩包，文件结构如下。

```
redis-2.0.0-rc4/
  cygwin1.dll
  redis-benchmark.exe
  redis-check-aof.exe
  redis-check-dump.exe
  redis-cli.exe
```

```
redis-server.exe
```

其中 redis-server.exe 为主程序；redis-cli.exe 为 Redis 内置的一个基于命令行的管理工具。在启动 Redis 服务进程时，需要指定配置文件。默认情况下，压缩包内并没有提供 Redis 配置文件，所以需要开发人员手动创建配置文件，并命名 redis.conf，代码如下所示。

```
pidfile /var/run/redis.pid
# 端口
port 6379

#绑定 ip
# bind 127.0.0.1
# 数据有效时间
timeout 300
#数据库数量
databases 16
################################ 快照配置 ################################
save 900 1
save 300 10
save 60 10000
#是否对数据进行压缩
rdbcompression yes
# 数据库文件名
dbfilename dump.rdb
# Redis 工具目录
dir ./
```

这里只是简单地列出了与缓存有关的配置项，更多设置可参考本书第 16 章 16.1.2 节。保存 redis.conf 文件内容，并复制到 redis-2.0.0-rc4 目录，接下来就可以启动 Redis 了。首先在命令终端中进入 redis-2.0.0-rc4 目录，例如 cd c:\redis-2.0.0-rc4，然后运行 redis.serve.exe 主程序，并指定配置文件。

```
c:\redis-2.0.0-rc4>redis-server.exe redis.conf
```

命令成功执行后，Redis 将以命令终端的形式启动，如图 10-3 所示。

图 10-3　启动 Redis

如果 Windows 装有防火墙，需要允许防火墙通过 6379 端口，否则 PHP 连接将被终止，如图 10-4 所示。

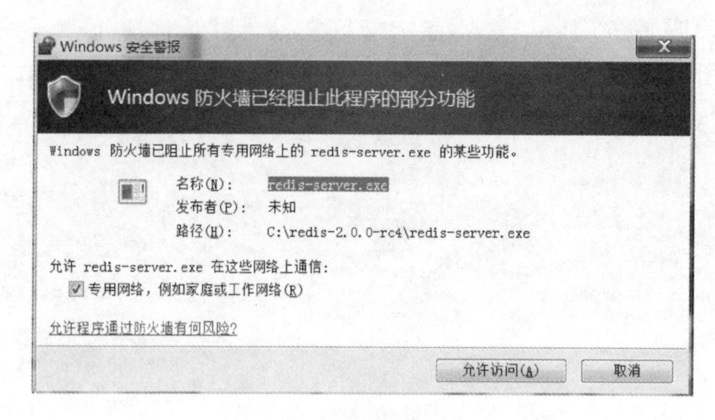

图 10-4 Redis 通过防火墙

至此，Windows 下的 Redis 服务端就安装完成了。redis-cli.exe 是命令行管理终端，直接使用 redis-cli 命令运行即可。

2．在 Linux 上安装 Redis

作为 PHP 开发人员，需要重点掌握在 Linux 环境下的安装及配置。接下来将以 CentOS 6.0 为平台，详细介绍 Redis 的安装及配置过程。

（1）下载 Redis

读者可以在 http://www.redis.io/download 网址下载最新的 Redis 安装包，这里下载的版本为 2.4.17，命令如下。

```
[root@~]# mkdir /opt/data/
[root@~]# cd /opt/data
[root@~]# wget http://redis.googlecode.com/files/redis-2.4.17.tar.gz
```

（2）安装 Redis

下载完成后，就可以安装 Redis 了。在安装前需要确保当前平台上已经安装编译工具（可参考 8.4.2 节），安装过程如下。

```
[root@~]# tar zxvf redis-2.4.17.tar.gz
[root@~]# cd redis-2.4.17
[root@~]# make
[root@~]# cd src
[root@~]# make install
```

执行完 make install 安装命令后，安装脚本将会提示如下信息。

```
mkdir -p /usr/local/bin
cp -pf redis-server /usr/local/bin
cp -pf redis-benchmark /usr/local/bin
cp -pf redis-cli /usr/local/bin
cp -pf redis-check-dump /usr/local/bin
cp -pf redis-check-aof /usr/local/bin
```

以上信息提示 Redis 已经安装完成，现在需要创建/usr/local/redis/bin 目录，并将 Redis 客户端复制到该目录下，便于操作与管理。这里将 Redis 所有文件（包括服务端）都复制到

/usr/local/redis 目录，过程如下。

```
[root@~]# mkdir -p /usr/local/redis/bin
[root@~]# mkdir -p /usr/local/redis/etc
[root@~]# cp -pf redis-benchmark /usr/local/redis/bin
[root@~]# cp -pf redis-cli /usr/local/redis/bin
[root@~]# cp -pf redis-check-dump /usr/local/redis/bin
[root@~]# cp -pf redis-check-aof /usr/local/redis/bin
[root@~]# cp -pf redis-server /usr/local/redis/bin
[root@~]# cp -pf ../redis.conf /usr/local/redis/etc
```

操作完成后，可以在/usr/local/redis/目录下查看到相关文件。至此，Redis 的安装就完成了，只需要启动 Redis 服务即可。

（3）启动 Redis

同样，在 Linux 系统下启动 Reids 时需要指定配置文件。这里只需要将配置项 daemonize 设为 true 即可，该选项可以把 Redis 推送到后台运行，过程如下。

```
[root@~]# vi /usr/local/redis/etc/redis.conf
    # By default Redis does not run as a daemon. Use 'yes' if you need it.
    # Note that Redis will write a pid file in /var/run/redis.pid when daemonized.
    daemonize yes
```

保存 redis.conf 配置文件，启动 Redis 服务，过程如下。

```
[root@~]# /usr/local/redis/bin/redis-server /usr/local/redis/etc/redis.conf
```

启动完成后，可以通过查看 Redis 主程序是否存在，以确定 Redis 是否安装成功。

```
[root@~]# [root@bogon bin]# pstree |grep redis
        |-redis-server---2*[{redis-server}]
```

Redis 默认使用 6379 通信端口，可以使用 netstat –anput 命令检测 Redis 是否运行成功。如果开启了防火墙，需要允许 6379 端口通过。

10.3.2　安装 Redis 扩展

Redis 是一个完善、功能强大且易用的 NoSQL 数据库，之所以能够被广泛使用，与 Redis 官方提供稳定、可靠的 API 分不开。Redis 项目提供了包括 Java、C#、C++、PHP、JavaScript 等所有主流语言的 API，读者可以在 http://www.redis.io/clients 网址下载到相应的安装包。对于 PHP 而言，只下载 PHP 类文件或者为 PHP 解释引擎安装扩展模块即可。显然安装扩展模块更加方便。这里将使用 phpredis 扩展模块，下载地址为 https://github.com/nicolasff/phpredis。

1．在 Windows 下安装 phpredis 扩展

在 Windows 下安装 PHP 扩展比较简单，phpredis 分为 32 位版本及 64 位版本，安装时需要注意选择。下面介绍安装过程。

读者可以在 https://github.com/nicolasff/phpredis/downloads 下载相应版本的 Windows 扩展（注意需要与 PHP 版本号对应），这里下载的版本为 php_redis-5.3-vc9-ts-73d99c3e.zip。解

开压缩包，将得到 php_redis.dll 扩展模块，将该文件复制到 PHP 扩展目录，例如 D:\xampp\php\ext，然后编辑 php.ini 配置文件，加入 extension=php_redis.dll 配置项，如以下代码所示。

```
983 extension=php_sqlite.dll
984 extension=php_sqlite3.dl
985 985 ;extension=php_sybase_ct.dll
986 ;extension=php_tidy.dll
987 extension=php_xmlrpc.dll
988 extension=php_memcache.dll
989 extension=php_redis.dll
990
991 [PECL]
992 extension=php_ming.dll
993 ;extension=php_pdo_oci.dll
994 ;extension=php_pdo_oci8.dll
```

保存 php.ini 配置文件，重启 Web 服务器，至此整个安装过程完成了。要检测是否安装成功，可以通过 phpinfo 函数输出信息，查看是否存在 Redis，如图 10-5 所示。

Redis Support	enabled
Redis Version	2.1.3

图 10-5　Redis 配置信息

2．在 Linux 下安装 phpredis 扩展

使用 PHP 内置的 phpize 工具，可以很方便地为 PHP 引擎添加扩展模块。接下来将继续使用 phpize 安装 Redis 扩展模块。读者可以在 https://github.com/nicolasff/phpredis/downloads 下载 phpredis 扩展模块。详细的安装过程如下。

（1）下载 phpredis

```
[root@~]# wget http://soft.beauty-soft.net/lib/phpredis-master.tar.gz
[root@~]# tar zxvf phpredis-master.tar.gz
[root@~]# cd phpredis-master
```

（2）使用 phpize 工具安装 phpredis

假设 PHP 安装路径为/usr/local/php/，那么 phpize 路径就位于/usr/local/php/bin/phpize，详细安装过程如下。

```
[root@~]# /usr/local/php/bin/phpize
[root@~]#./configure --with-php-config=/usr/local/php/bin/php-config
[root@~]# make
[root@~]# make install
    Installing shared extensions: /usr/local/php/lib/php/extensions/no-debug-non-zts-20090626/
```

可以看到，phpredis 的模块安装与 Memcache 模块的安装并没有多大区别。安装完成后 Redis 扩展模块的路径为/usr/local/php/lib/php/extensions/no-debug-non-zts-20090626/redis.so。至此，Linux 环境下的 phpredis 扩展模块安装完成。

（3）在配置文件中加入 Redis 扩展

最后只需要在 php.ini 配置文件中加入 Redis 扩展模块即可(php.ini 路径可以通过 phpinfo

函数查看，通常为安装目录下的 etc 目录，例如/usr/local/php/etc/)。

```
807 extension_dir = "/usr/local/php/lib/php/extensions/no-debug-non-zts-20090626/"
808 extension = "memcache.so"
809 extension = "pdo_mysql.so"
810 extension = "redis.so"
```

保存 php.ini 文件，重启 Web 服务器，至此整个安装过程完成了。要检测是否安装成功，可以使用 phpinfo 函数检查是否存在 Redis 信息。

10.3.3　测试 Redis

验证 Redis 数据库及 phpredis 扩展模块是否正确运行，最直接有效的办法是使用 PHP 代码进行测试。下面将使用一段简单的代码对 Redis 进行测试，代码如下所示。

```
<?php
   $redis = new Redis();
   $redis->connect('192.168.2.15',6379);
   $redis->set('test','hello world!');
   echo $redis->get('test');
?>
```

10.3.4　Redis 缓存

Redis 与 Memcached 不同，Redis 不是专为缓存而设计的，缓存只是其中的一项功能。本章主要介绍缓存应用，下面将结合 ThinkPHP 提供的 Redis 缓存驱动，实现数据缓存。详细的 Redis 使用在第 16 章将会有详细介绍，在此读者只需要当作缓存服务器理解即可。

1．开启 Redis 缓存

在 ThinkPHP 中使用 Redis 缓存驱动与使用其他缓存驱动并没有区别，开发人员只需要在配置文件中配置好与 Redis 相关的配置项，在使用时直接切换即可，与 Redis 相关的配置项如下。

- REDIS_HOST：Redis 服务器 IP 地址，例如 127.0.0.1。
- REDIS_PORT：Redis 服务器开放端口，默认 6379。
- DATA_CACHE_TIME：缓存有效时间，默认为 0 不限制。

此外，还可以直接通过 Cache 中间件中的 getInstance 方法初始化 Redis 配置信息，如以下代码所示。

```
public function index(){
     $Cache = Cache::getInstance(
     'Redis',array(
          //redis 服务器 ip
         "host"=>"192.168.2.15",
         //端口
         "port"=>6379,
         //缓存过期时间
         "timeout"=>3600
    ));
}
```

初始化完成后，就可以直接使用 Cache 类保存缓存了，如以下代码所示。

```
$Cache->set('name','ThinkPHP');        // 缓存 name 数据
$value = $Cache->get('name');          // 获取缓存的 name 数据
```

如上述代码所示，这里的 set 及 get 方法不是 phpredis 模块中的方法（phpredis 模块也包含 set 及 get 方法），而是 Cache 缓存中间件所提供的缓存统一处理方法。

2．使用 Redis 缓存 Session

使用 Redis 作为缓存服务器在使用方式上与 Memcached 一样的，读者可参考前面介绍的 Memcached 实战内容部分。接下来将通过创建一个 Session 驱动，进一步认识 Redis 数据缓存功能。

首先在 ThinkPHP/Extend/Driver/Session 目录创建 Session 驱动，并命名为 SessionRedis.class.php，代码如下所示。

```
<?php
class SessionRedis {
     //有效时间
    protected $lifeTime='';
     //前缀
    protected $prefi='';
     //Memcached 句柄
    protected $hander;

    /**
     +----------------------------------------------------------
     * 打开 Session
     +----------------------------------------------------------
     * @access public
     +----------------------------------------------------------
     * @param string $savePath
     * @param mixed $sessName
     +----------------------------------------------------------
     */
    public function open($savePath, $sessName) {
       $this->lifeTime = C('SESSION_EXPIRE');
       $this->prefi =   C('SESSION_PREFIX');
       $redis = new Redis();
       $redis->connect(C('REDIS_HOST'),C('REDIS_PORT'))or die("could not connect!");
       if ($redis){
          $this->hander=$redis;
          return true;
       }else{
               return false;
       }

    }
    /**
     +----------------------------------------------------------
     * 关闭 Session
     +----------------------------------------------------------
     * @access public
     +----------------------------------------------------------
     */
   public function close() {
       $this->gc(ini_get('session.gc_maxlifetime'));
       return true;
   }
```

```
 /**
  +----------------------------------------------------------
  * 读取 Session
  +----------------------------------------------------------
  * @access public
  +----------------------------------------------------------
  * @param string $sessID
  +----------------------------------------------------------
  */

public function read($sessID) {
   $data=$this->hander->get($this->prefi.$sessID);
   return $data;
}

 /**
  +----------------------------------------------------------
  * 写入 Session
  +----------------------------------------------------------
  * @access public
  +----------------------------------------------------------
  * @param string $sessID
  * @param String $sessData
  +----------------------------------------------------------
  */
public function write($sessID,$sessData) {
    $expire = $this->lifeTime;
    return $this->hander->setex($this->prefi.$sessID,$this->lifeTime,$sessData);
}

 /**
  +----------------------------------------------------------
  * 删除 Session
  +----------------------------------------------------------
  * @access public
  +----------------------------------------------------------
  * @param string $sessID
  +----------------------------------------------------------
  */
public function destroy($sessID) {
   return $this->hander->delete($this->prefi.$sessID);
}

 /**
  +----------------------------------------------------------
  * Session 垃圾回收
  +----------------------------------------------------------
  * @access public
  +----------------------------------------------------------
  * @param string $sessMaxLifeTime
  +----------------------------------------------------------
  */
public function gc($sessMaxLifeTime) {
```

```
        return true;
    }

    /**
     +----------------------------------------------------------
     * 打开 Session
     +----------------------------------------------------------
     * @access public
     +----------------------------------------------------------
     * @param string $savePath
     * @param mixed $sessName
     +----------------------------------------------------------
     */
    public function execute() {
      session_set_save_handler(array(&$this,"open"),
                       array(&$this,"close"),
                       array(&$this,"read"),
                       array(&$this,"write"),
                       array(&$this,"destroy"),
                       array(&$this,"gc"));

    }
}
```

在使用 Session 时不需要修改任何代码，只需要将 Session 类型改为 Redis 即可，如以下代码所示。

```
'SESSION_TYPE'=>'Redis',    //驱动器名称
'REDIS_HOST'=>'192.168.2.15',
'REDIS_PORT'=>6379,
```

10.4 静态缓存

前面介绍的缓存都是针对数据库查询的，事实上 ThinkPHP 还支持静态文件缓存。静态文件缓存可以根据控制及控制器动作生成缓存，生成缓存后页面就等于完全静态化（与生成 HTML 类似），在缓存有效期内页面数据不再依赖后台数据库。

页面静态缓存非常适用于信息数据量大、页面更新少、访问量大的页面，例如 Blog、新闻系统等。静态缓存是 ThinkPHP 核心功能之一，使用时不需要额外配置环境，也不需要额外引入扩展，只需要在配置文件中开启 HTML_CACHE_ON 选项即可。静态缓存共由两部分组成：静态缓存配置、静态缓存规则。只有正确地开启或配置，静态缓存才能够正确运行，下面分别介绍。

10.4.1 静态缓存配置

静态缓存配置涉及缓存的生效时间、路径存放、缓存扩展名称等。静态缓存配置与常见的项目配置项相类似，其中 HTML_CACHE_ON 配置项是静态缓存的总开关，静态缓存配置选项如表 10-2 所示。

表 10-2 缓存缓存配置项

配置项	说明	默认项
HTML_CACHE_ON	静态缓存生成状态	false
HTML_CACHE_TIME	静态缓存有效时间，以秒为单位，为 0 时表示不限时间	60
HTML_FILE_SUFFIX	静态缓存文件名后缀	.html
HTML_PATH	静态文件存放目录	./appName/Html
HTML_CACHE_RULES	静态缓存规则	array()

需要注意的是，HTML_PATH 默认路径为项目根目录下的 HTML 文件夹，如果该文件夹不存在，系统将会自动创建。这就意味着项目存放目录（appName）需要赋予可读可写权限（在非 Windows 下），但更理想的做法是修改 HTML_PATH 配置值，让该值指向一个可读可写的全局缓存目录中，例如 Runtime 目录。

10.4.2 静态缓存规则

静态缓存规则是静态缓存生成中最关键的配置。静态缓存规则与 URL 路由规则有些类似，这两者的核心都是基于正则匹配的。静态缓存规则格式如下。

'路径匹配规则'=>array('文件缓存规则', '静态缓存有效期', '附加规则')

静态缓存规则共由两部分组成：路径匹配规则及文件缓存规则。文件缓存规则又分为常规配置及附加配置，下面分别介绍。

1. 路径匹配规则

路径匹配规则决定了缓存的区域，系统共提供了 4 种路径匹配规则（全部小写），分别为全局动作缓存规则、控制器缓存规则、控制器动作缓存规则以及全站缓存规则，下面分别介绍。

（1）全局动作缓存规则

全局动作缓存规则是根据 URL 请求，匹配项目下的所有动作并生成相应的静态文件。全局动作缓存规则是最常用、最方便的一种静态缓存规则，规则格式如以下。

'index'=>array('index','60')

标粗的即为全局动作缓存规则。其中 index 即为控制器动作，表示在 URL 请求到 index 动作时，系统将生成 index.html 静态缓存文件。这里使用的是全局配置，意味着只要用户访问项目下的 index 动作名称，不管来自哪个控制器，都会生成静态缓存。

（2）控制器缓存规则

控制器缓存规则能够智能地根据控制器生成缓存分类，并且将分类（栏目）下的所有动作都生成静态缓存，这个过程是无需开发人员干预的，系统会自动根据 URL 请求完成缓存生成与读取。控制器缓存规则格式如下。

'index:'=>array('index/{:action}_{id}','600')

标粗的即为控制器缓存规则。其中 index 表示控制器名称，“:”分隔符是全局动作缓存规则与控制器缓存规则的区别所在（注意为英文冒号）。表示当 URL 请求到 index 控制器下的任意一个动作（页面），系统将自动创建或读取静态缓存文件。

（3）控制器动作缓存规则

控制器动作缓存规则是全局动作缓存规则的子规则，能够将缓存规则区域进一步缩小。控制器动作缓存规则根据 URL 请求中的控制器及动作名称，匹配缓存规则中的范围。如果匹配结果成立，则生成或读取缓存，否则放弃缓存操作。控制器动作缓存规则格式如下。

' **index:user**'=>array('{id}',0)

标粗的即为控制器动作缓存规则。其中 index 表示控制器名称，user 表示 index 控制器下的 user 动作。需要注意的是，通常情况下只需要对有意义的控制器动作做静态化处理即可，所以上述格式只适合于常见的控制器动作静态缓存规则，并不适合空控制器及空动作。

（4）全站缓存规则

全站缓存规则使用的是泛匹配模式，如果将该规则配置到项目配置文件，则将项目下的所有控制器动作都做静态化处理；如果将全站缓存规则配置到全站公共配置文件（config.inc.php），则无论访问网站哪个页面，都将做静态化处理。全站缓存规则格式如下。

'*'=>array('{$_SERVER.REQUEST_URI|md5}')

上述缓存规则表示根据当前页面生成或读取静态文件，并使用 md5 函数序列化文件名称。全站缓存规则是一种贪婪的匹配模式，过多的使用会极大地消耗服务器资源，从而让缓存效果得不偿失，如果在数据更新频繁的网站上使用，有可能造成不可预料的运行错误。

2．文件缓存规则

文件缓存规则是系统在处理缓存时的一种文件命名规则，它直接影响到缓存的保存名称、有效期等。文件缓存规则共由缓存规则、缓存有效期及附加规则构成。通常情况下，只需要配置缓存规则即可，系统共支持 5 种缓存规则，下面分别介绍。

（1）使用 PHP 全局变量

PHP 内置了许多全局变量，例如$_SERVER、$_SESSION、$_COOKIE 等。文件缓存规则允许开发人员直接在缓存规则内调用 PHP 内置的全局变量，最终生成的缓存文件将以全局变量的值作为缓存文件名，如以下代码所示。

```
/**
 * 文章列表
 * Enter description here ...
 */
public function article(){
    cookie("cache","article"); //当面页面缓存名称
    $obj=M("Article");
    $rows=$obj->order("id desc")->select();
    $this->assign("list",$rows);
    $this->display();
}
```

在配置文件缓存规则时，直接使用$_COOKIE 全局变量获取 cache 值即可，如以下代码所示。

```
'HTML_CACHE_ON'=>true,
   'HTML_CACHE_TIME'=>86400,
   'HTML_CACHE_RULES'=> array(
        'index:article'=>array('{$_COOKIE.cache}'),
  ),
```

如上述代码所示，在缓存规则中使用变量，需要使用定界符“{ }”。如果变量为数组，

使用“.”连接符匹配数组下标键。与视图标签一样，文件缓存规则允许使用函数对变量值做一步处理，变量值与函数之间使用“｜”分隔符，如以下代码所示。

```
'HTML_CACHE_ON'=>true,
    'HTML_CACHE_TIME'=>86400,
    'HTML_CACHE_RULES'=> array(
         'index:article'=>array('{$_COOKIE.cache|md5}'),
   ),
```

上述代码表示使用 md5 函数加密$_COOKIE['cahce']。

（2）使用框架变量

为了方便开发人员得到当前环境信息，ThinkPHP 框架本身就内置了许多对外公开的变量或常量，开发人员可以直接将这些变量嵌入到文件缓存规则里，常见的框架变量如下。

- {:app}：获得当前应用名称，即入口文件定义的 APP_NAME 常量值。
- {:group} 获取当前应用分组名称，没有分组时将显示为空。
- {:module} 获取当前控制器名称。
- {:action} 获取当前动作名称。

框架变量之间可以组合使用，也可以单独使用。如果多个变量之间使用“/”分隔符，系统将根据变量前后顺序生成相应的目录结构，最后的变量值为缓存文件名。如以下代码所示。

```
'HTML_CACHE_ON'=>true,
'HTML_CACHE_TIME'=>86400,
'HTML_CACHE_RULES'=> array(
     'index:article'=>array('{:module}/{:action}/{$_COOKIE.cache|md5} '),
),
```

上述配置规则将以控制器名称及动作名称生成缓存文件存放路径，并以 md($_COOKIE['cahce'])作为缓存文件名。

（3）使用$_GET 参数值

缓存规则是以 URL 请求为基础的，所以可以直接使用$_GET['变量名']的方式取得参数值。在默认的视图模板引擎中，要获取 URL 参数值，只需要使用{$参数名}方式获取即可。同样，在缓存规则中也是允许这样使用的。如以下代码所示。

```
'HTML_CACHE_ON'=>true,
'HTML_CACHE_TIME'=>86400,
'HTML_CACHE_RULES'=> array(
     'index:article'=>array('{:module}/{:action}/article_{$p}'),
),
```

如上述代码所示，{$p}变量与$_GET['p']是相等的。参数 p 是框架内置的一个分页变量，该值保存着当前分页页码。

（4）使用函数

使用函数是一种比较灵活及强大的文件缓存规则，这里的函数不仅支持 PHP 内置的函数，还支持框架或项目中的函数（包括自定义函数、扩展函数等）。使用函数时不再使用“$”变量声明符号，而是使用“|”分隔符作为标识，如以下代码所示。

```
'HTML_CACHE_ON'=>true,
'HTML_CACHE_TIME'=>86400,
'HTML_CACHE_RULES'=> array(
```

```
        'index:article'=>array('{|time}'),
    ),
```

（5）混合使用

混合使用是在前面介绍的 4 种缓存规则的基础上，实现在一条缓存规则内同时运用多条文件缓存规则，如以下代码所示。

```
    'HTML_CACHE_ON'=>true,
    'HTML_CACHE_TIME'=>86400,
    'HTML_CACHE_RULES'=> array(
        'index:article'=>array('{:module}/{:action}_{|time}'),
    ),
```

3. 文件缓存附加规则

文件缓存附加规则是文件缓存规则中一种扩展机制，通常使用自定义函数实现文件缓存规则。事实上，附加规则不是必需的，因为在前面介绍的 5 种文件缓存规则中第 4 种就可以使用自定义函数。所以文件缓存附加规则通常用于后期维护。如以下代码所示。

```
    'HTML_CACHE_ON'=>true,
    'HTML_CACHE_TIME'=>86400,
    'HTML_CACHE_RULES'=> array(
        'index:article'=>array('{$_COOKIE.cache}',3600,'temp'),
    ),
```

附加规则中指定的 temp 函数，只需要在 common.php 公共函数库中实现即可，代码如下所示。

```
function temp($var){
    return "~".$var;
}
```

最终缓存的文件名称将在原来的文件名基础上追加“~”标识，例如“~article.html”。在实际应用开发中，可以使用自定义函数，实现功能强大的附加规则。

10.5 小结

本章针对大数据缓存进行了详细讲解，结合 ThinkPHP 内置的缓存驱动、Session 驱动，使得第三方大型缓存服务器能够无缝地集合到 MVC 开发模式中。

本章一开始对系统内置的 Cache 缓存中间件进行了深入介绍，因为只有理解缓存中间件，在使用 S 快捷函数时才能对缓存过程了然于胸。

通过自定义扩展，使得数据缓存、Session 缓存变得容易，通过使用大型的数据缓存服务器，不仅使缓存速度变快，同时也让数据变得更加安全及稳定，还有效地解决了 Session 跨域问题，所以在真实应用开发中，如果条件允许，建议读者多尝试使用缓存服务器处理缓存及 Session。

ThinkPHP 支持多种缓存服务器（数据库），由于篇幅关系，本章重点对主流的 Memcached 及 Redis 进行深入介绍，读者在学习过程中可以尝试编写其他缓存数据库驱动。最后还深入介绍了基于 IO 操作的静态缓存，全面实现网站静态化。

第 11 章 ThinkPHP 扩展

内容提要

扩展是衡量 MVC 框架是否灵活及强大的重要标志，一套完善的 MVC 框架必须提供扩展机制。ThinkPHP 的扩展机制是非常灵活和高效的，在前面的内容介绍中已有涉及。ThinkPHP 的扩展机制根据功能与作用共分为 8 大类，前面已涉及的有驱动扩展及类库扩展。

除此之外系统还提供模式扩展、控制器扩展、模型扩展、行为扩展、函数扩展、增强扩展等。本章首先将对系统内置的扩展进行全面介绍，在此基础上进一步介绍增强扩展机制，实现自定义扩展。通过本章的学习，读者不仅可以全面了解系统内置的扩展机制，还能深入掌握 PHP 高级使用方法。

学习目标

- 了解扩展概念。
- 掌握文件上传扩展的使用。
- 掌握网络通信扩展的使用。
- 掌握 ThinkPHP 内置常见扩展类库的使用。
- 理解 ThinkPHP 行为（拦截器）。
- 掌握行为扩展的使用。

11.1 使用扩展

ThinkPHP 的扩展机制灵活高效，在使用方式上不需要复杂的配置。根据功能与作用不同，扩展的使用方式也有所不同，但主要分为类库导入方式及文件配置方式。接下来首先介绍扩展的分类，帮助读者理解系统内置的扩展原理，然后再介绍扩展的配置。

11.1.1 扩展的分类

前面介绍过系统共支持 8 大类扩展，这些扩展是系统原生支持的，但扩展类库文件并非系统内置，需要开发人员手动下载，读者可以在 http://www.thinkphp.cn/extend/找到相关信息及扩展文件。下面分别介绍。

1．模式扩展

传统意义上，一般使用 MVC 进行开发就是指网站开发，所谓的网站开发需要由视图、控制器、模型组成。但是随着互联网的发展，很多情况下网站只是其中的一个单元，共同构造运营平台的还有客户端、开放 API、CRM（客户管理系统）、OA（办公自动化系统）等。如何将这些单元或设备整合到一起，是网站开发人员需要面对的问题。ThinkPHP 的模式扩展很多情况下就适用于开发这些模块，以简化开发难度，提高运行速度。系统共支持 7 种模式扩展，下面将分别对最常用的几种模式进行介绍。

（1）简洁模式

系统在初始化时，默认使用标准模式运行。标准模式最典型的模块有视图、数据库 ORM 等。简洁模式就是将标准模式进行了简化，使得项目改变运行模式，处于简洁模式的项目具有以下特性。

- 不支持模块（控制器）分组。
- 不载入视图引擎（但可以手动调用）。
- 不支持数据模型（数据映射、CURD、字段处理等），只能使用原生 SQL 操作数据库。
- 只载入 MySQL 数据库驱动。
- 不载入多语言处理模块。
- 不支持 Dispatch 路由。
- 不能使用系统内置扩展，但可以使用自定义扩展。

简洁模式通过减少模块的载入，从而使框架更加轻量级。由于没有视图引擎，所以简洁模式非常适合开发类似于 Ajax 后台、JavaScript 输出等简单的应用。定义简洁模式，只需要在项目入口文件定义 MODE_NAME 常量值为 Thin 即可，如以下代码所示。

```
define('MODE_NAME','Thin');
```

（2）精简模式

精简模式是一种比简洁模式提供更多功能的应用开发模式。精简模式非常适合开发小型的留言板、向导系统等。精简模式的 MODE_NAME 常量值为 Lite，如以下代码所示。

```
define('MODE_NAME','Lite');
```

与简洁模式相比，精简模式在简洁模式的基础上增加了如下几项特性。

- 载入系统默认的视图引擎。

➢ 支持 Dispatch 路径功能。
➢ 支持连贯操作，统计查询。
➢ 支持没有回调结果的 CURD 操作。

（3）命令模式

在 Linux Shell 编程中，通常使用 Java、C、C++、Perl 编写命令脚本。PHP 作为一种 Web 动态脚本，通常用于网站编程，但 Zend 引擎引入了命令行模式，允许开发人员直接将 PHP 编译为 Shell 脚本，在 Linux 系统下只要安装了 PHP 解释器，就能够像其他编程语言一样，使用 PHP 作为 Shell 脚本。

命令行模式就是运行在 Shell（即 Linux 终端命令）编程模式下的，开发人员只需要在 Shell 脚本中以传参的方式给 MVC 动作传递命令，PHP 脚本即会执行相关操作（例如操作数据库、IO 操作等）。命令行模式的 MODE_NAME 常量值为 cli，如以下代码所示。

```
define('MODE_NAME', 'cli');
```

命令行模式非常适合于 Shell 编程，例如计划任务、消息队列等均需要在命令行下运行的任务。在传参时需要使用 Linux 标准的命令参数。例如/usr/local/bin/php index action id 4 表示请求 index 模块 action 方法，并传递参数 id，参数值为 4。

（4）AMF 模式

ZendAMF 是一款由 Zend 公司开发并定义的数据传输协议，用于满足 flex、flash 编程时与 PHP 进行大数据交互的需要。数据交互常用的技术有 HTTPService、WebService 和 RemoteObject。这些技术都是基于 RCP（远程过程调用协议）的。HTTPService 和 WebService 使用 XML 数据格式，RemoteObject 使用 ZendAMF 数据格式。

ZendAMF 数据是基于数据流的，在传输时需要序列化与反序列化，所以无论性能还是传输量，ZendAMF 都比 XML 更有优势。使用 AMF 模式将让应用更加适合 ZendAMF 编程，实现与 flex 高效互动。在 ThinkPHP 中，要修改项目为 AMF 模式，只需要在入口文件中修改 MODE_NAME 值为 amf 即可。如以下代码所示。

```
define('MODE_NAME', 'amf');
```

将运行模式改为 amf 后，还需要在配置文件中定义允许被 RemoteObject 调用的控制器，如以下代码所示。

```
'APP_AMF_ACTIONS'=>'Index,User,Shop',
```

关于 RemoteObject 的使用，读者可以参考相关的 flex 开发资料，在此不做深入介绍。

（5）RPC 模式

RPC 通信是一种应用非常广泛的数据交换技术，例如 HTTPService、WebService（SOAP）、WCF 等都是基于 RPC 来通信的。RPC 能够支持多种数据格式，例如 XML、WSDL、Json、ZendAMF 等。可以说 RPC 是客户端与服务端最通用、也是最可靠的一种通信协议。在 ThinkPHP 中，定义 RPC 通信模块与 Amf 类似。首先在配置文件中修改 MODE_NAME 常量值为 phprpc，如以下代码所示。

```
define('MODE_NAME', 'phprpc');
```

然后在项目配置文件中定义公开可调用的控制器即可，如以下代码所示。

```
'APP_PHPRPC_ACTIONS'=>'Index,User,Shop',
```

将项目改变 phprpc 模式，可以让项目专注于处理 rpm 调用，而不需要处理 Web 实现，例如 WebService 处理等，非常适合开发网站 API。

2. 控制器扩展

一个控制器就是一个文件类，例如 UserClass。开发人员可以通过控制器扩展，实现为控制器添加附加功能，例如客户端判读、权限检验等。控制器扩展需要使用_initialize 方法接口实现，如以下代码所示。

```
<?php
class IndexAction extends Action {
    //扩展接口
    function _initialize(){
        $USer=M("User");
        $username=session("username");
        $password=session("password");
        $rows=$USer->where(array("user_name"=>$username,"password"=>$password))->count();
        if (!$rows) {
            $this->error("你还没登录，请登录后再操作");
        }
    }
    public function verify(){
        import("ORG.Util.Image");
        Image::buildImageVerify();
    }
    public function index(){
        //...
        $this->display();
    }
}
?>
```

3. 模型扩展

模型提供了对数据表直接操作的作用，通过模型扩展，可以增强模型的功能。系统本身内置了多种扩展模型，如 AdvModel（高级模型）、RelationModel 等。与控制器一样，模型的扩展接口也是_initialize 方法，开发人员可以使用_initialize 方法实现模型接口的初始化，调用基础类库或者函数等。扩展模型允许使用模型内置的增强方法，如_before_insert、_after_insert 等，从而实现更高级的 CURD 操作。可扩展的模型增强方法如表 11-1 所示。

表 11-1 CURD 操作接口

方 法	作用说明	CURD 操作
_before_insert($data,$options)	保存数据前接口	add
_after_insert($data,$options)	保存数据后接口	add
_before_update(&$data,$options)	更新前接口	save
_after_update($data,$options)	更新后接口	save
_after_delete($data,$options)	删除后接口	delete
_after_select(&$data,$options)	查询多条数据后接口	select
_after_find(&$data,$options)	查询单条数据后接口	find

如表 11-1 所示，参数$data 表示传入或返回的数据信息（数组类型）；参数$options 表示返回当前操作的模型名称及表前缀（数组类型）。其中更新前操作及更新后操作还可以使用_facade($data)代替。CURD 扩展接口的使用如以下代码所示。

```
<?php
class UserModel extends Model{
    /**
     * add 前操作接口
     * @see Model::_before_insert()
     */
    function _before_insert($data,$options){
        $data["password"]=md5($data["password"]);
        return $data;
    }
}
?>
```

4．行为扩展

行为相当于请求管理器，行为可以根据 URL 动作请求，在执行动作前执行的一系列系统扩展功能。例如 URL 路由检测、模板定位、令牌生成等。系统共内置了 8 大行为，如下所示。

- checkRoute：检测 URL 路由。
- LocationTemplate：定位模板文件路径。
- ParseTemplate：调用模板解释引擎。
- ShowPageTrace：显示页面 Trace 信息。
- ShowRuntime：显示系统运行时间。
- TokenBuild：初始化表单令牌。
- WriteHtmlCache：生成缓存。
- ReadHtmlCache：读取缓存。

行为的基类为 Behavior，允许开发人员通过继承的方式扩展行为。关于行为的使用，本章后面将详细介绍，在此读者只需要理解行为的作用即可。

5．函数扩展

通过自定义函数可以实现函数的扩展，函数扩展在前面章节内容中已经多次介绍，读者应该已经掌握，在此不再过多介绍。

6．增强扩展

通过自定义的类库扩展可以实现系统本身不内置的功能，例如发送电子邮件、GD 绘图等。这也是本章重点介绍的内容。

11.1.2　模板引擎扩展

模板引擎扩展是一种比较特殊的扩展，它不允许开发人员对扩展进行自定义，必须要严格按照第三方模板引擎提供的处理方式设计模板。也就是说如果改变模板引擎，模板必须重新设计。ThinkPHP 内置了两种模板引擎扩展（Smarty 及 Template）。要更改模板引擎，只需要在配置文件中指定 TMPL_ENGINE_TYPE 配置项即可，默认如下。

```
'TMPL_ENGINE_TYPE' =>'Smarty'
```

这里需要注意的是，虽然系统提供了模板扩展机制，但只能完成基础的模板解释操作，对于模板原有的内置扩展并不支持，例如在模板中使用自定义函数、类库、缓存等。但我们可以通过扩展控制器的方式实现，如以下代码所示。

```
<?php
class PubAction extends Action  {
   public $smarty;
   public function init_Smarty() {
      // 加载 Smarty 模板扩展
      Vendor("Smarty.Smarty","",".class.php");
      $this->smarty=new Smarty();
      //默认模板目录
      $this->smarty->template_dir=APP_PATH.'/Tpl/';
      $this->smarty->compile_dir=APP_PATH.'/Runtime/'.'compiles';
      //配置文件目录
      $this->smarty->config_dir=APP_PATH.'/Conf/';
      //缓存目录
      $this->smarty->cache_dir=APP_PATH.'/Runtime/'.'Cache';
      $this->smarty->caching=false;
      //模板定界符
      $this->smarty->left_delimiter='<!-{';
      $this->smarty->right_delimiter='}-->';
  }
}
?>
```

如上述代码所示，通过创建一个 PubAction 的公共控制器，在该控制器中实现 Smarty 模板引擎的初始化，项目下的所有控制器均继承于该控制器，通过这种方式就可以实现全功能的 Smarty 模板扩展，在设计模板时开发人员可以使用 Smarty 内置的所有功能，如以下代码所示。

```
    public function index(){
        $User=M("User");
        $rows=$User->select();
        $this->init_Smarty();
        $this->smarty->template_dir=APP_PATH.'/Tpl/ndex';
        $this->smarty->assign("list",$rows);
        $this->smarty->assign('Title',"fsdf");
        $this->smarty->display('index.html');
    }
```

index 动作对应的 index.html 模板文件如以下代码所示。

```
<html>
<head>
<meta http-equiv="Content-Type" content="text/html; charset=utf-8" />
<title>首页</title>
</head>
<body>
<div data-role="content">
 <ul data-dividertheme="b" data-theme="c" data-role="listview" data-inset="true">
   <!--{foreach from=$list item=rows}-->
   <li><a href="#UserPage" ><!--{$rows["UserName"]}--></a></li>
   <!--{/foreach}-->
  </ul>
</div>
</body>
</html>
```

关于 Smarty 模板引擎的使用，本书第 13 章将会深入介绍，在此读者只需要掌握 Smarty 模板引擎的导入即可。

11.2　网络操作

网络操作是网站开发中最常见的功能，例如文件上传、数据采集等。本节将深入介绍 ThinkPHP 对网络操作的支持，使用系统内置的封装类库，可以高效、稳定地开发网络通信应用。此外本节还深入讲解 Nginx 内置的文件上传功能，实现文件上传进度实时显示。

11.2.1　文件上传

PHP 内置了非常强大、易用的文件上传模块，使得过去需要额外扩展才能实现的文件上传，在 PHP 中只需要使用一个简单的 move_uploaded_file 函数即可实现。ThinkPHP 内置了文件上传扩展类 UpdateFile，该类库对 move_uploaded_file 函数进行了高度封装，实现了上传文件类型检测、上传文件大小检测、上传文件压缩等重要功能。下面将深入介绍。

1．UpdateFile 类库

虽然 PHP 提供了 move_uploaded_file 函数，能够方便地实现文件上传功能。但一个完善的文件上传步骤至少需要包括文件大小检测、类型检测等，然后才能执行 move_uploaded_file 上传，如以下代码所示。

```
<?php
$uploaddir = './uploads/';
$filename = $_FILES['file']['name'];
$uploadfile = $uploaddir . $filename;
if (($_FILES['file']['szie']*1024)>10) {
    exit("文件太大");
}
$type=$_FILES['file']['tmp_name'];
$type=strstr($type,".");
if ($type!=".jpg") {
    exit("文件类型正确");
}
if (move_uploaded_file($_FILES['file']['tmp_name'], $uploadfile)) {
    exit("文件上传上传");
}else{
    exit("文件上传失败");
}
?>
```

在 MVC 开发中，这些操作均被封装为功能类。文件类型、大小等使用类成员属性定义，UpdateFile 类库是 ThinkPHP 内置的文件上传扩展类，使用时需要额外引入。如以下代码所示。

```
import("ORG.Net.UploadFile");
```

UpdateFile 类是实例类，使用时需要实例化。一个最简单的上传功能只需要调用 upload 方法即可，如以下代码所示。

```
$upload = new UploadFile();                  // 实例化上传类
$upload->maxSize  = 3145728 ;                // 设置附件上传大小
$upload->allowExts  = array('jpg');          // 设置附件上传类型
$upload->savePath =  "/Public/upload";       // 附件上传目录
$upload->upload();                           //执行上传
```

如上述代码所示，UpdateFile 扩展类中提供了 maxSize、allowExts 等实用属性，这些属性可以对文件大小、类型进行检测，防止用户随意上传文件，给系统造成安全隐患。UpdateFile 提供了众多文件上传处理属性，如表 11-2 所示。

表 11-2 UpdateFile 扩展类成员属性

属　性	说　明	默 认 值
常规选项		
maxSize	上传文件最大字节数量	-1，不限制
savePath	上传文件存放路径，需要可读写权限	UPLOAD_PATH
saveRule	上传文件保存规则，需要唯一性，例如 time()	C('UPLOAD_FILE_RULE')
hashType	上传文件的验证方式	md5_file
autoCheck	是否自动对上传文件进行大小、类型、合法性检测	true
uploadReplace	存在同名文件是否覆盖	false
allowExts	允许上传文件后缀，关联数组类型	array()，不限制
allowTypes	允许上传文件类型，关联数组类型	array()，不限制
缩略图		
thumb	是否生成缩略图	false
thumbMaxWidth	缩略图宽度，多个之间使用“,”隔开	空
thumbMaxHeight	缩略图高度，多个之间使用“,”隔开	空
thumbPrefix	缩略图前缀	thumb_
thumbSuffix	缩略图后缀	空
thumbPath	缩略图保存路径	空，使用 savePath 值
thumbFile	指定缩略图保存名称	空
thumbRemoveOrigin	生成缩略图后是否删除原文件	false
子目录		
autoSub	是否启用子目录存放上传文件	false
subType	子目录生成规则，可选的值有 hash、date	hash
hashLevel	子目录生成层次	1

2. Image 类库

UpdateFile 文件上传类对图像文件处理是基于 Image 类库实现的，同时 Image 类也是一个对外公开的扩展类（位于 ORG/Util 目录）。开发人员可以直接调用 Image 图像处理类直接对上传图片进行进一步处理。Image 类包括了静态成员方法及实例成员方法，静态方法使用时不需要实例化。下面将对常用的成员方法进行介绍。

（1）getImageInfo

getImageInfo 方法用于获取图像文件综合信息（基于 PHP 内置的 getimagesize 函数实现），方法形式如下。

```
static function getImageInfo($img)
```

参数 img 表示完整的图片文件路径。一旦获取成功 getImageInfo 方法将会返回图像宽度、高度、大小等。如以下代码所示。

```
public function index(){
```

```
    import("ORG.Util.Image");
     $data=Image::getImageInfo("./Public/Images/123.jpg");
     dump($data);
}
```

（2）water

water 方法能够生成图片水印，方法形式如下。

```
static public function water($source, $water, $savename=null, $alpha=80)
```

参数 source 表示需要加入水印的原图片；参数 water 表示水印图片，只支持 jpg、png 图片格式；参数 savename 表示水印合成后的图片文件；参数 alpha 表示水印透明度。

（3）buildString

buildString 方法可以将字符串转换为图片，方法形式如下。

```
static function buildString($string, $rgb=array(), $filename='', $type='png', $disturb=1, $border=true)
```

参数 string 表示需要转换的字符串，不支持中文；参数 rgb 表示图像字体的颜色值，例如 array("0","0","0")表示黑色字体；参数 filename 表示输出文件名；参数 type 表示图像类型，常用的有 jpg、bmp、png；参数 disturb 表示图像干扰点，共支持 4 个值：0（无干扰点）、1（点干扰）、2（线干扰）、3（复合干扰）；参数 border 表示是否添加图像边框。

11.2.2　Nginx 文件上传进度

网站文件上传多数都是使用 HTTP 提交实现的，与桌面程序使用 Socket 等上传方式不同，HTTP 通信是一种异步单线程的通信方式，所以处理文件实时上传进度一直是网站开发的难题。接下来将使用 Nginx 上传模块，实现文件上传及文件上传进度显示功能。在这之前，首先了解目前主流的文件上传技术。

1．文件上传进度

现在多数网站实现文件上传进度显示，常用的方法有浏览器插件、Flex、Ajax、服务器上传模块等，下面分别介绍。

（1）浏览器插件

使用浏览器插件是当前大型网站所普遍采用的上传技术，国内的视频网站、QQ 空间、网盘（网页版）等都是基于浏览器插件技术实现文件上传的。利用 IE 浏览器 Acivex 技术可以实现将桌面级的程序嵌入到网页中，网站就可以充分利用操作系统强大的特性，轻松地实现多线程文件上传、进度显示、文件夹上传、文件转换等。

得益于多线程处理，在上传文件过程中还能够实现队列上传、断点上传等高级功能。虽然 Acivex 是微软 IE 独有的技术，但主流浏览器都提供了扩展功能，通过安装扩展，同样能够实现类似功能。浏览器插件技术并非全是优点，也有缺点，分别如下。

- 由于浏览器插件本质上是一种桌面软件，这就意味着开发人员需要额外掌握浏览器扩展开发技术，这对于普通的 PHP 开发人员而言是极大的挑战。
- 对于 IE 浏览器而言，不能使用插件的方式实现浏览器扩展，需要使用 Activex 技术。出于安全考虑，通常系统已将浏览器级别调到最高，这种安全级别下操作系统是禁止自动安装 Activex 控件的。一些杀毒软件同样提供了相同的拦截机制。所以常见的视频网站都需要用户主动安装客户端，或者浏览器控件。对于中小型网站而言，这种用户体验是很难被认可的。

- 随着客户端浏览器或操作系统的升级，插件或 Activex 必须要提供相应的升级更新，这无疑增加了网站运营成本。
- 浏览器插件技术不能应用于手机、平板电脑等移动终端。

（2）Flex

Flex 是 Flash 的演进技术，与 Jquery、JavaFx 一样是一种富互联网技术（RAI），使用 Flex 技术能够轻易地创建出极具美观、动感的网站。国内的 Web 游戏多数都是基于 Flex 实现的，但由于性能问题，以及 HTML 5 的问世，近年来 Flex 的发展受到了一些挑战。

但在文件上传方面，Flex 一直是最通用、主流的技术。使用 Flex 实现网站文件上传，不仅可以实现进度显示、多文件上传、文件夹上传等功能，而且由于充分利用操作系统网络处理功能，能够轻松地实现大文件上传、断点上传等。此外还可以结合 Adobe Fms 流媒体技术实现视频实时采集等高级应用。

本质上 Flex 也是一种浏览器插件技术，但由于 Flash 的普及，使用 Flex 技术开发的网站几乎不需要用户额外安装浏览器扩展，这对于用户而言无疑是友好的。但 Flex 也有缺点，归纳如下。

- Flex 是一种由 Adobe 掌控的技术，不像 HTML、JavaScript 是由 W3C 定义的技术，所以需要开发人员对 Adobe 开发技术有深入理解，例如网络通信、文件处理等。
- Flex 使用 Flash Play 渲染，Flash Play 是一种浏览器插件，近年来多次被曝严重安全漏洞。用于网站文件上传，需要把安全问题考虑在内。
- 虽然多数浏览器都支持 Flex 技术，但由于性能问题，移动终端并不支持 Flex。

相似的技术还有 JavaFx 以及 Silverlight 等。这些技术共同点均需要额外安装浏览器扩展，虽然功能强大，但用户体验并非良好。

（3）Ajax 技术

Ajax 是由 JavaScript、Xml、CSS 等综合构成的技术，在易用性及通用性上是其最大优点。Ajax 最大的亮点是能够实现网页局部无刷新操作，从而改进文件上传体验。

传统的网页文件上传需要使用表单提交到 PHP 处理页面，再由 PHP 处理表单中的文件数据。处理完成后再返回结果，开发人员需要在返回结果后将页面导航到成功处理页面。

使用 Ajax 能够将文件上传步骤改为无刷新操作。这一过程用户始终感觉不到曾经离开过当前页面，但事实上文件上传表单已经被后台处理完毕，并返回结果。为了让用户感觉到文件在上传，开发人员还可以使用动画图片模拟上传进度，在一定程度上提高用户体验。

由于 Ajax 本质上是 JavaScript，所以包括移动终端在内的许多设备，都能够很好地支持 Ajax。只要该设备浏览器支持文件表单域（IOS 6.0、Windows CE、Windows RT 等均已支持），就可以很好地实现跨平台。所以现在很多中小型网站都广泛地使用 Ajax 处理文件上传。同样，Ajax 也存在一些缺点，简单归纳如下。

- Ajax 虽然实现了无刷新提交表单，但本质上还是 HTTP 网页提交，后台的 PHP 脚本处理能力决定了文件上传速度，最终直接决定用户上传体验。
- Ajax 的文件上传进度是使用动画图片模拟的，事实上并不能真实反应文件上传进度，如果上传的文件比较大，这种动画模拟并不能真正有效改善用户体验。

➢ Ajax 通常只能上传较小的文件，例如用户头像、邮件附件等。

需要注意的是，Ajax 只能实现同一网站内的文件上传，不能实现跨网站上传。

（4）服务器上传模块

服务器上传模块是一种用于改进 Web 上传低效的技术，例如脚本运行超时、内存溢出、CPU 负载过高等。服务器上传模块是一种高效的文件上传技术，它使用操作系统底层的网络处理技术，实现多线程的文件上传功能。目前 Lighttp 以及 Nginx 都提供有相应的文件上传扩展，根据笔者的实际测试，Nginx 上传扩展在效率上起码比传统的 PHP 脚本提高 1 倍。

Nginx 文件上传扩展，虽然不能像浏览器扩展那样能够实现文件夹上传、断点续传等高级功能。但是 Nginx 上传扩展支持文件集群存放（支持存放数据云）、文件实时进度显示、文件加密等功能，所以 Nginx 上传扩展能够适用于各类型网站文件上传的需要，并能够有效改善用户体验。接下来将重点介绍 Nginx 文件上传扩展功能。

2. Nginx 文件上传

Nginx 用于处理文件上传的扩展模块共有两个，分别为 nginx_upload_module（上传文件）及 nginx_uploadprogress_module（显示文件进度）。Nginx 在编译时默认并没有加入这两个扩展模块，需要开发人员手动进行编译。下面首先介绍模块的安装。

（1）安装文件上传模块

默认情况下，Nginx 并没有安装 nginx_upload_module 及 nginx_uploadprogress_module 模块，读者可以使用 nginx –V 检测是否存在该模块。

```
[root@~]# /usr/local/nginx/sbin/nginx -V
```

接下来手动重新编译 nginx_upload_module 及 nginx_uploadprogress_module 模块，这里使用的操作系统为 CentOS 6.0，Nginx 版本为 1.3.8。首先下载软件包。

```
[root@~]# mkdir /opt/sda1/sft/
[root@~]# cd /opt/sda1/sft/
[root@~]# wget http://soft.beauty-soft.net/lib/nginx_upload_module-2.2.0.tar.gz
[root@~]# wget http://soft.beauty-soft.net/lib/nginx_uploadprogress_module-0.9.0.tar.gz
[root@~]# wget http://soft.beauty-soft.net/lib/nginx-1.3.8.tar.gz
```

为保证安装顺利，安装前首先更新或安装 Nginx 依赖库。

```
[root@~]# yum -y install gcc gcc-c++ autoconf libjpeg libjpeg-devel libpng libpng-devel freetype freetype-devel libxml2 libxml2-devel zlib zlib-devel glibc glibc-devel glib2 glib2-devel bzip2 bzip2-devel ncurses ncurses-devel curl curl-devel e2fsprogs e2fsprogs-devel krb5 krb5-devel libidn libidn-devel openssl openssl-devel openldap openldap-devel nss_ldap openldap-clients openldap-servers
```

接着使用 tar 解压下载到的源代码包。

```
[root@~]# tar zxvf nginx_upload_module-2.2.0.tar.gz
[root@~]# tar zxvf nginx_uploadprogress_module-0.9.0.tar.gz
[root@~]# nginx-1.3.8.tar.gz
```

nginx_upload_module 及 nginx_uploadprogress_module 扩展模块不需要安装，只需要在编译 Nginx 时添加上即可，如果已经安装过 Nginx，同样也需要重新编译。

```
[root@~]# ./configure --user=www --group=www --prefix=/usr/local/nginx --with-http_stub_status_module --with-http_ssl_module --add-module=/opt/sda1/sft/nginx_upload_module-2.2.0 --add-module=/opt/sda1/sft/masterzen-nginx-upload-progress-module-a788dea
```

通过前面的步骤，接下来只需要执行 make 即可。

```
[root@~]# make
[root@~]# make install
```

通过前面的步骤，现在 nginx_upload_module 及 nginx_uploadprogress_module 模块已经被编译进 Nginx 了。需要注意的是，这里只是介绍 nginx_upload_module 及 nginx_uploadprogress_module 模块安装，方便接下来的学习，如果读者全新安装 Nginx（非重新编译），需要自行安装 PHP 及 PHP-FPM，可参考本书第 1 章 1.2.2 节。

（2）配置 Nginx

通过前面的步骤，现在 Nginx 已经支持文件上传模块，接下来只需要在配置文件中配置上传模块，即可实现文件上传。

nginx_upload_module 的上传原理也是通过 HTTP 进行提交的，nginx_upload_module 能够自动对表单中的附件进行处理，开发人员只需要提交相应的表单给 Nginx 即可。整个过程 PHP 均不直接参与文件处理，只需要负责提交数据及处理提交后的数据即可。为了方便操作，这里将在 Nginx Server 节点中配置节点，用于统一处理表单提交请求。如以下代码所示。

```
    location /upload {
            upload_pass   @test;
            upload_store /home/wwwroot/file 1;
            upload_store_access user:r;
            upload_set_form_field "${upload_field_name}_name" $upload_file_name;
            upload_set_form_field"${upload_field_name}_content_type" $upload_content_type;
            upload_set_form_field "${upload_field_name}_path" $upload_tmp_path;
            upload_aggregate_form_field"${upload_field_name}_md5"$upload_file_md5;
            upload_aggregate_form_field"${upload_field_name}_size" $upload_file_size;
            upload_pass_form_field "^submit$|^description$";
            upload_pass_args on;
            track_uploads proxied 30s;
    }
    location @test {
            rewrite ^(.*)$  /test.php last;
    }
```

上述代码各项配置参数含义如下：

- upload_pass：文件上传完成处理通道。通常是一个网站，或者 PHP 文件地址。
- upload_store：临时文件存放路径。Nginx 运行用户需要具备可读可写权限；参数 1 表示存放目录散列方式（Nginx 将把文件随机存放到散列目录，默认为 0～9）。
- upload_store_access：存放目录访问模块。
- upload_set_form_field：传递给 upload_pass 脚本的 POST 表单值。PHP 可以使用 $_POST 获取到该数值。
- upload_aggregate_form_field：变量集合。
- upload_pass_form_field：传递给后台的参数方式。可以使用正则。

➢ upload_pass_args：是否把前端脚本请求的参数传给后端处理程序。默认为 on。

通过前面的配置，现在已经完成了 nginx_upload_module 模块的配置。要让 Nginx 能够实时返回上传进度，还需要配置 nginx_uploadprogress_module 模块。

nginx_uploadprogress_module 模块运行于独立的线程，在 nginx_upload_module 上传文件时，能够实时地监控上传文件的状态信息。开发人员可以使用 HTTP 的方式获取 nginx_uploadprogress_module 返回的数据，这里也是通过配置 Server 节点实现。代码如下。

```
location ^~ /progress {
 report_uploads proxied;
}
```

通过上述配置，现在可以通过 http:// DomainName/progress 初始化 nginx_uploadprogress_module 扩展模块。这里需要注意的是，nginx_uploadprogress_module 默认是根据 x-progress-id 参数返回文件上传状态的，该参数值是唯一的，由上传表单通过 x-progress-id 参数提供。

```
location ~ (.*)/x-progress-id:(\w*) {
    rewrite ^(.*)/x-progress-id:(\w*)   $1?X-Progress-ID=$2;
}
```

最终的 Nginx 配置信息如以下代码所示。

```
user www www;
worker_processes  1;
events {
    worker_connections  1024;
}
http {
    autoindex on;
    autoindex_exact_size off;
    autoindex_localtime on;
    default_type application/octet-stream;
    sendfile on;
    tcp_nopush on;
    tcp_nodelay on;
    keepalive_timeout 10;
    gzip on;
    gzip_min_length 1k;
    gzip_buffers 4 8k;
    gzip_http_version 1.1;
    gzip_comp_level 3;
    gzip_types text/css text/xml text/plain application/x-javascript application/xml
application/pdf application/rtf application/x-perl application/x-tcl application/msword
application/vnd.ms-excel   application/vnd.ms-powerpoint   application/vnd.wap.xhtml+xml
image/x-ms-bmp;
    gzip_vary on;
    output_buffers 4 32k;
    upload_progress_json_output;
    upload_progress proxied 1m;
    server {
        listen       80;
        server_name  localhost;
        charset utf-8,gb2312;
        client_max_body_size 2000m;
      root /home/wwwroot;
```

```
        error_page 405 =200 @405;
      location @405
      {
          root  /home/wwwroot;
      }


      location /upload {
              upload_pass   @test;
              #upload_pass   /test.php?path=uploadfile&a=upload_server;
              upload_store /home/wwwroot/file 1;
              upload_store_access user:r;
              upload_set_form_field "${upload_field_name}_name" $upload_file_name;
              upload_set_form_field"${upload_field_name}_content_type"$upload_content_type;
              upload_set_form_field "${upload_field_name}_path" $upload_tmp_path;
              upload_aggregate_form_field "${upload_field_name}_md5" $upload_file_md5;
              upload_aggregate_form_field "${upload_field_name}_size" $upload_file_size;
              upload_pass_form_field "^submit$|^description$";
          #upload_pass_form_field "^.*$";
          upload_pass_args on;
              track_uploads proxied 30s;
        }
        location @test {
              rewrite ^(.*)$  /test.php last;
          #proxy_pass   http://192.168.2.15:80;
        }

        location / {
            proxy_set_header Host $http_host;
            root   /home/wwwroot;
            index  index.html index.htm index.php;
        }

        location ~ (.*)/x-progress-id:(\w*) {
            rewrite ^(.*)/x-progress-id:(\w*)   $1?X-Progress-ID=$2;
        }
        location ^~ /progress {
            report_uploads proxied;
        }
        location ~ \.php$ {
            fastcgi_pass 127.0.0.1:9000;
            fastcgi_index index.php;
            set $path_info "/";
            set $real_script_name $fastcgi_script_name;
            if ($fastcgi_script_name~"^(.+?\.php)(/.+)$"){set $real_script_name $1;
                set $path_info $2;
            }
        }
        location ~ .*\.(gif|jpg|jpeg|png|bmp|swf)$ {
            root /home/wwwroot;
            access_log off;
            expires 30d;
        }
        location ~ .*\.(js|css|ico)?$ {
            root /home/wwwroot;
```

```
            access_log off;
            expires 1h;
        }
        error_page 500 502 503 504 /50x.html;
        location = /50x.html {
            root /home/wwwroot;
        }
        fastcgi_param SCRIPT_FILENAME $document_root$real_script_name;
        fastcgi_param script_name $real_script_name;
        fastcgi_param path_info $path_info;
        include /usr/local/nginx/conf/fastcgi_params;
    }

}
```

配置完成后，可以使用/usr/local/nginx/sbin/nginx –t 测试 Nginx 配置文件是否正确，如果配置无误，最后只需要重启或启动 Nginx 即可。

```
[root@~]# pkill nginx
[root@~]# /usr/local/nginx/sbin/nginx
```

（3）测试文件上传模块

通过前面的步骤，Nginx 已经具备文件上传功能了。可以将表单提交给 upload 模块处理，一旦存在表单域，Nginx 将自动上传，并由 progress 返回状态信息。但是如果读者直接访问 http:// DomainName/upload/，因为不存在表单提交，Nginx 将返回 404 错误。这里为了便于测试，首先在网站中创建表单页面，如以下代码所示。

```
<html>
    <head>
        <title>文件上传</title>

    </head>

    <body>
        <form  id="upload"  enctype="multipart/form-data"  action="http://192.168.2.15/
upload?X-Progress-ID=123456789" method="post">
        <input name="file" type="file"/>
        <input type="submit" value="Upload"/>
        </form>

        <div id="uploading">
          <div id="progress" class="bar">
            <div id="progressbar"> </div>
          </div>
        </div>
        <div id="percents"></div>
    </body>
</html>
```

如上述代码所示，其中的表单提交地址不再是 PHP 页面地址，而是前面配置的 upload 服务器模块。其中参数 X-Progress-ID 是文件的唯一 id，获取上传进度时需要使用。前面介绍过，Nginx 在上传时使用 0～9 的目录随机保存文件，所以在执行上传前，需要手动在/home/wwwroot/file 目录中创建相应的目录。 完成后就可以访问前面创建的表单页面进行文件上传了。在上传过程中，可以通过 http:// DomainName/progress?X-Progress-ID=xxx 取得该文件的上传状态。

3. 使用 Ajax 提交文件

通过页面的介绍，相信读者已经对 Nginx 的文件上传原理已经有了全面理解。Nginx 在上传文件时，共有两个网址，一个用于处理表单，另一个用于返回上传状态。

根据这个原理，只需要使用 Ajax 异步提交表单，同时使用 JavaScript 时间触发事件，异步无刷新获取该文件的上传进度，并更新页面上的进度条（可以使用 CSS+DIV 或图创建），这样就实现了文件上传及文件上传进度实时显示。

接下来将使用 Jquery 提供的 Ajax 异步上传插件，该插件在传统的 PHP 上传中使用得非常广泛。如以下代码所示。

```
<html>
    <head>
        <title>ajaxFileUpload</title>
        <meta http-equiv="Content-Type" content="text/html; charset=utf-8" />
        <script src="http://t.beauty-soft.net/js/jquery.js"></script>
        <script src="http://t.beauty-soft.net/js/ajaxfileupload.js"></script>
        <script type="text/javascript">
          function upUserHeadimg(){
                    var uuid = "";
                for (var i = 0; i < 32; i++) {
                    uuid += Math.floor(Math.random() *16).toString(16);
                }

                    $.ajaxFileUpload({
                            url:'http://192.168.2.15/upload?X-Progress-ID='+uuid,
                            secureuri:false,
                            fileElementId:'file',
                            dataType: 'post',
                            success: function (data, status){
                            if(data=="0"){
                                    //没能通过校验
                                    alert("上传失败");
                            }
                            if(data.indexOf("error")>= 0){
                                    //上传失败
                            }else{

                            }
                    },
                            error: function (data, status, e)
                    {
                            alert(e);
                    }
                    }
                    );
                    interval = window.setInterval(
            function () {
          getUploadProgress(uuid);
        },
        20
      )
                    return false;
```

```
            }
            //获取文件上传进度
            function getUploadProgress(uuid){
                var url="http://192.168.2.15/progress?X-Progress-ID="+uuid;
                $.getJSON(url,function(data){
                    if(data.state=="done"){
                        //上传完成
                        $("#progressbar").css({width:"100%"});
                        var w=Math.floor(0.1 * 100.0 / 1000);
                        window.clearTimeout(interval);
                    }else{
                        //实时显示上传进度
                        var w = Math.floor(data.received * 100.0/data.size);
                        $("#progressbar").css({width:"'+w+'%"});
                    }

                });
            }
        </script>
        <style type="text/css">
            .bar {
              width: 300px;
            }

            #progress {
              background: #eee;
              border: 1px solid #222;
              margin-top: 20px;
            }
            #progressbar {
              width: 0px;
              height: 24px;
              background: #333;
            }
        </style>
    </head>

    <body>
      <form  id="upload"  enctype="multipart/form-data"  onsubmit="return  upUserHeadimg();"
method="post">
        <input name="file" id="file" type="file"/>
        <input type="submit" value="Upload"/>
      </form>

        <div id="uploading">
          <div id="progress" class="bar">
            <div id="progressbar"> </div>
          </div>
        </div>
        <div id="percents"></div>
    </body>
</html>
```

上述代码是普通的 HTML 代码，没有涉及任何 PHP 处理脚本，读者可以直接在 MVC 视图中使用。最终上传效果如图 11-1 所示。

图 11-1　文件实时上传进度效果

文件上传完成后，upload 模块（upload_pass 定义的 PHP 脚本输出）将返回上传文件数组信息，这里为了方便演示，只需要输出提交表单信息即可。test.php 文件代码如下。

```
<?php
var_dump($_POST);
?>
```

实际应用开发中，可以将返回的数据保存到数据库或缓存系统。Nginx 的上传模块从设计之初就是针对大型文件系统的，所以采用了临时目录存放的特性，在文件上传完成后，通常需要使用监控脚本将临时文件上传到文件系统（例如 MooseFS、HDFS 等）。在实验时，读者可以直接使用 PHP 将文件移动到正式目录，并且使用前面介绍的 Image 类库完成图片截图、创建水印等常见操作。

❐ 说明：如果读者在本地网络中模拟上传操作，由于网速过快的原因，可能会出现 stat 永远为 done 的状态，即文件上传完成状态。解决办法是在真实的互联网中进行上传。

11.2.3　FTP 文件上传

FTP 是一种可靠、稳定的文件传输协议。与 HTTP 相比，由于 FTP 使用操作系统底层实现，所以 FTP 能够有效降低系统资源占用，提高上传效率。接下来将简单介绍 PHP 使用 FTP 上传文件。

ThinkPHP 本身并没有内置 FTP 上传扩展，但 PHP 内置了 ftp_put 函数，用于实现 FTP 文件上传。这里将使用第三方扩展实现 FTP 操作，下载地址为 http://beauty-soft.net/book/php_mvc/vendor/ftp.html。

下载后将 Ftp.class.php 文件复制到 home/Lib/ORG 项目类库中。完成后直接使用 import 函数导入该类库即可。下面通过代码演示 FTP 文件上传操作，如以下代码所示。

```
public function index(){
        import("@.ORG.Ftp");
       $Ftp=new Ftp("localhost",21,"admin",123456);
         if ($Ftp->up_file("./Public/Images/logo.png","/opt/wwwroot/tmp/")){
              $Ftp->close();
              exit("上传成功");
         }else{
              $Ftp->close();
              exit("上传失败");
         }
}
```

如上述代码所示，读者可以根据实际情况修改 FTP 连接及登录信息。需要注意的是相应的 FTP 上传用户需要目录读取及写入权限。

11.2.4　下载文件

在 PHP 开发中，下载文件可以使用 curl、fsockopen、file_get_contents 等函数。ThinkPHP 对这些函数进行了封装，并进一步简化操作步骤，提高开发效率。同时还提供了 Header 处理，能够方便地对 HTML、TXT 等文本进行下载，也能够对 JPG、ZIP 等文件进行下载。下面将结合示例代码介绍 HTTP 扩展类库的使用。

1．curlDownload

curlDownload 是 Http 扩展类的一个基础方法，该方法基于 CURL 实现，所以在使用时需要确保当前 PHP 环境已经开启 CURL 模块。curlDownload 方法形式如下。

```
static public function curlDownload($remote,$local)
```

其中参数 remote 表示远程文件 URL 地址；参数 local 表示本地存放的文件名，带完整路径。如果 local 参数为空，则只下载不保存。

curlDownload 能够方便地对远程文本文件、HTML、XML、图片等文件进行异步下载，如以下代码所示。

```
public function index(){
    import("ORG.Net.Http");
    Http::curlDownload("http://www.beauty-soft.net/index.html","./Public/t.html");
}
```

PHP 内置了 file_get_contents 函数，该函数是 PHP 程序员常用于下载文件的函数，但 file_get_contents 并不提供文件本地化保存功能，需要开发人员手动处理。此外 CURL 无论是性能还是灵活性都比 file_get_contents 函数要丰富。

2．fsockopenDownload

fsockopenDownload 是一个强大的文件下载方法，该方法通常用于采集 HTML 等文件。fsockopenDownload 还提供了 Cookie 访问、POST 数据上传、设置下载超时、线程控制等实用功能。fsockopenDownload 方法形式如下。

```
static public function fsockopenDownload($url, $conf = array())
```

参数 url 表示文件地址；参数 conf 为表示下载配置参数。conf 配置项如下。

- limit：获取文本文件的字数。
- post：在下载时可以设置 POST 上传数据，使用关联数组表示参数键值，如 array(“user”=>”ceiba”)。
- cookie：在下载时可以携带本地 Cookie 数值。
- ip：允许使用 ip 代替 url 参数。
- timeout：下载超时时间，以秒为单位。
- block：是否启用防止阻塞访问，默认为 true。

fsockopenDownload 方法的使用非常简单，如以下代码所示。

```
public function index(){
        import("ORG.Net.Http");
        $data=Http::fsockopenDownload("http://t.beauty-soft.net/upload/ceiba.jpg",array(
            "limit"=>300,
        ));
        dump($data);
```

```
}
```

需要注意的是 fsockopenDownload 方法不支持将文件保存到本地磁盘。如果有此需要，读者可以使用 fopen 处理。

3. download

download 用于直接输出文件保存对话框，方便用户下载文件。download 能够对常见的 TXT、HTML、XML、图片等文件提供下载功能，也能够对压缩包、二进制文件等提供下载功能。该方法表现形式如下。

```
static public function download ($filename, $showname='',$content='',$expire=180)
```

其中参数 filename 表示存放于网站的文件，需要带完整路径；参数 showname 用于提示用户保存的文件名；参数 content 表示下载内容；参数 expire 表示该文件的浏览器缓存时间。使用方式如以下代码所示。

```
public function index(){
        import("ORG.Net.Http");
        Http::download("./Public/t.html","静态文件(t.html)");
}
```

运行效果如图 11-2 所示。

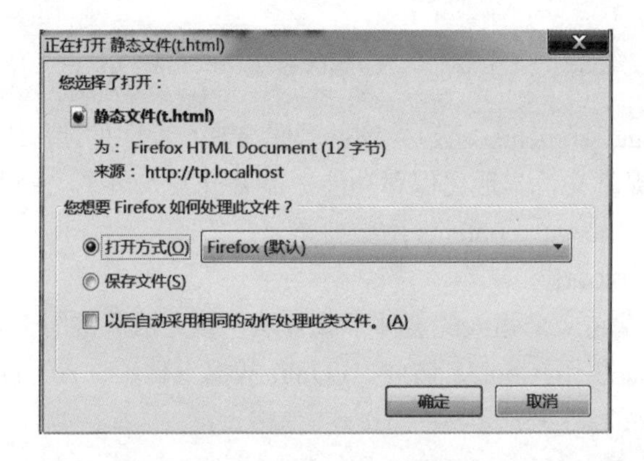

图 11-2　download 方法下载文件效果

11.2.5　Socket 套接字编程

Socket 编程是网络开发重要的技术。与传统的 HTTP 相比，Socket 最大的特点是无状态，所以特别适合发送邮件、实时聊天、硬件系统交互等通信应用。PHP 在网站开发中有很多应用需要使用 Socket，例如 SMTP 邮件发送、缓存系统、全文搜索、文件上传下载等。

PHP 本身提供了强大的 Socket 编程功能，但多数都是通过 PHP 扩展模块实现的，这样能够确保通信效率高效及安全。事实上 PHP 同样也提供了编程接口，允许开发人员直接在 PHP 代码中调用 Socket。ThinkPHP 对 Socket 编程进行了封装，使得编程模式更加适合 MVC 编程，下面将结合代码进行介绍。

1. Socket 扩展类

Socket 类是系统内置的一个扩展类，用于方便地实现 Socket 编程。该类包含了 4 个成员方法，如下所示。

- connect：根据构造函数中定义的连接信息连接 Socket 服务器。

- write：向 Socket 服务器写入数据。
- read：获取 Socket 服务器数据。
- disconnect：断开 Socket 服务器连接，以节省内存资源。

2. 使用 Socket 类

Socket 编程与前面介绍的 FTP 一样，需要绑定监听端口。Socket 能够穿过指定的监听端口，由守护程序作出响应，PHP 通过 Socket 返回方法取得通信结果，最后关闭连接。

这就是整个 Socket 的简单通信流程。为了便于演示，帮助读者掌握 Socket 应用，笔者编写了一个 Socket 服务端监听程序，下载地址为 http://beauty-soft.net/book/php_mvc/down/socket_cli.html，解压后将得到 Windows 可执行程序，监听端口为 7044，首次使用时需要开放 7044 端口，如图 11-3 所示。成功运行后，程序界面如图 11-4 所示。

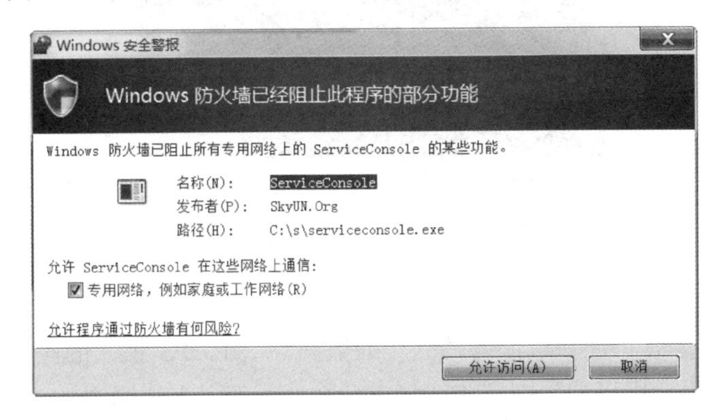

图 11-3　开放 7044 端口访问

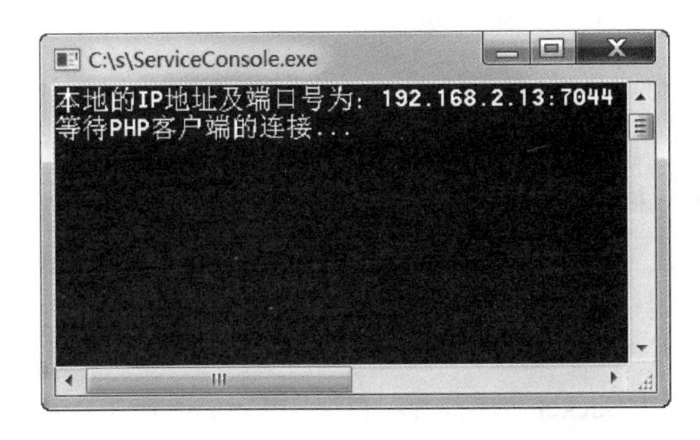

图 11-4　Socket 监听程序运行效果

需要注意的是，该程序使用 C#2.0 编写的，Windows XP 需要自行安装 Net Framework 2.0。Windows 7 或 Windows 8 等操作系统已经内置.Net Framework，不需要安装。接下来就可以在 PHP 中发起 Socket 连接请求，完成 Socket 的常规操作了，例如上传数据、获取数据等。

（1）上传数据

上传数据使用 write 方法，该方法只有一个参数，即上传数据，如以下代码所示。

```
public function index(){
        import("ORG.Util.Socket");
        $socket=new Socket(array(
```

```
            "host"=>"192.168.2.13",
            "port"=>7044
        ));
        $socket->connect();
        $socket->write("hello socket");
        $socket->disconnect();
}
```

数据上传完成后，服务监控端会实时显示上传的数据，如图 11-5 所示。

图 11-5　Socket 通信

（2）获取数据

同样可以使用 read 方法获取服务端回传的数据，由于 B/S 模式的关系，在 PHP 中获取 Socket 服务端数据需要用户主动刷新才能够成功获取。如以下代码所示。

```
public function read(){
        import("ORG.Util.Socket");
        $socket=new Socket(array(
            "host"=>"192.168.2.13",
            "port"=>7044
        ));
        $socket->connect();
        dump($socket->read(1024));
        $socket->disconnect();
}
```

可以看到，B/S 应用并不适合做 Socket 双向实时通信的应用。事实上 PHP 开发 Socket 通常只需要客户端向服务端单向通信即可。

前面的操作只是演示 Socket 通信，没有任何实际功能。在真实生产环境中，开发人员可以在服务监控端完成实际功能（Linux 下可以使用 PHP 编写守护脚本）。当然，现在很多开源的服务端都是基于 Socket 来通信的，不需自行编写。例如后面将介绍的 Sphinx、Redis 等，开发人员只需要根据软件开发者提供的 Socket 通信协议完成相关调用即可。

除了可以使用 PHP 进行 Socket 通信外，当前流行的 HTML 5 也将 Socket 通信定义为其中标准，并命名为 Web Socket。Web Socket 比 PHP Socket 拥有更丰富的特性，感兴趣的读者可以参阅相关 HTML 5 资料。

11.2.6　定位当前位置

ThinkPHP 内置了 IpLocation 扩展，利用该扩展能够实现用户位置定位。这里的位置定位并非 GPS 高精度定位，而是利用访问用户的 IP，得到用户所在的地理位置。所以读者还需要下载一个地址数据库，IP 地址越多，定位的数据越准确。接下来将结合示例代码，介绍 IpLocation 扩展的使用。

```
public function location (){
        import("ORG.Net.IpLocation");
        $iplocal=new IpLocation();
        $data=$iplocal->getlocation("112.94.255.150");
        dump($data);
}
```

如上述代码所示，IpLocation 在构造函数时共支持一个传参，即 IP 地址数据库，默认为 UTFWry.dat。getlocation 方法用于取得当前用户 IP 对应的地理位置数据，为了方便演示，这里传入一个互联网 IP，在实际应用中，不需要传入参数，系统会自动得到当前访问用户的 IP 地址。配置完成后，还需要下载 UTFWry.dat 数据库文件，下载地址为 http://beauty-soft.net/book/php_mvc/down/utfwry.html。

下载完成后，将文件解压缩，并将 UTFWry.dat 文件复制到 ThinkPHP/Extend/Library/ORG/Net 扩展目录，完成上面的步骤后，现在通过浏览器就可以获取到用户的地理位置信息了。

11.2.7　发送电子邮件

电子邮件发送是网站开发中重要的功能，典型的应用场景有会员注册、邮件订阅、密码找回等。可靠的邮件发送系统能够有效改善用户体验。PHP 本身内置了 mail 函数，该函数在处理邮件上具有快速、稳定的特性，所以许多大型网站都在使用 mail 函数构建邮件系统。但是 mail 函数对运行环境要求比较苛刻，而且不支持 SMTP 登录验证，所以很多开发者更加喜欢使用基于安全验证的大型邮件系统（例如 Postfix、SendMail 等）来构建 PHP 邮件发送程序。

事实上，主流的邮件系统都是基于 SMTP 验证的，并且支持 Socket 连接。所以开发人员可以直接在 PHP 中使用 fsockopen 函数向服务器提交数据，SMTP 默认情况下会监听 25 号通信端口，如果校验通过，邮件系统会直接执行 Socket 发送的命令，完成邮件处理。

ThinkPHP 本身没有内置邮件发送扩展，接下来将使用第三方扩展类库实现邮件发送。下载地址为 http://www.beauty-soft.net/book/php_mvc/vendor/send_message.html。

下载完成并解压后，得到 SendMessage.class.php 类库文件，将该文件复制到项目 Lib/ORG 目录中。接下来就可以在项目中使用了。如以下代码所示。

```
public function sendmail(){  这个段代码运行有漏洞，需要替换过
        import("@.ORG.SendMessage");
        $conf=array(
            "port"=>25,
            "host"=>"localhost",
            "user"=>"admin",
            "pass"=>"admin",
            "from"=>"kf@86055.com",
            "mail"=>array(
```

```
            "mail_templ"=>"mail.html",
        ),
    );
    SendMessage::init($conf);
    SendMessage::SendMail("邮件测试","test content","mmg7@qq.com");
    $info=json_decode(SendMessage::$info,true);
    if ($info["status"]){
        $this->success("邮件已经发送成功，请登录邮箱查看");
    }else{
        $this->error("发送失败，请稍后再试");
    }
}
```

需要注意的是，这里只是完成了 PHP 代码方面的编程，读者在学习或开发中需要正确发送邮件，还需要在本机或远程服务器上配置 SMTP 邮件发送系统（建议使用 Postfix），关于邮件系统的搭建，读者可以参阅笔者在博客里写的一篇文章，网址为 http://beauty-soft.net/blog/ceiba/PHP/postfix.html，在此不再细述。

SendMessage 扩展类库需要在初始化时配置数据选项，也可以直接在项目配置文件中定义，前者优先级大于后者。下面将介绍常用及重要的配置项，如表 11-3 所示。

表 11-3 SendMessage 配置选项

配置项	说明	默认值
全局选项		
host	服务器 IP 地址	空
user	登录用户名	空
pass	登录用户密码	空
time_out	登录超时时间，以秒为单位	120
邮件配置		
phpmail	是否启用 PHP 内置 Mail 函数发送邮件	false
from	发送方电子邮件地址	空
auth	是否启用 SMTP 验证	true
relay_host	转发服务器 IP，为空时与 host 选项相同	空
log_file	邮件发送记录日志文件，相对于项目 Runtime/Logs 目录	mail.log
bodytype	邮件内容类型，可选值为 HTML 及 TXT	HTML
mail_templ	如果选择 HTML 内容类型，使用的邮件模板文件，该文件相对于项目 Tpl 目录	空

其中邮件配置项必须为 mail 元素值。mail_templ 配置项表示模板文件，可以指定 HTML 文件或者 PHP 文件，该文件支持如下模板标签。

- {title}：HTML 邮件标题。
- {body}：HTML 邮件正文内容。
- {form}：邮件发送者。
- {time}：邮件发送时间。

一个最简单的邮件模板如以下代码所示。

```
<html>
<head>
```

```
    <meta http-equiv="Content-Type" content="text/html; charset=utf-8" />
    <link  type="text/css"  href="http://beauty-soft.net/css/main.css"  title="style"
media="screen" rel="stylesheet" />
    <title>{title}</title>
    </head>
    <body>
    {body}
    </body>
    </html>
```

所有配置项支持在项目配置文件中配置，只需要将表 11-3 的配置项赋值给 SendMessage 元素即可，如以下代码所示。

```
    "SendMessage"=array(
                "port"=>25,
                "host"=>"localhost",
                "user"=>"admin",
                "pass"=>"123456",
                "mail"=>array(
                    "mail_templ"=>"mail.html",
                    "from"=>"kf@86055.com",
                ),
    ),
```

11.3　数据处理

通过扩展类库，能够对数据进行深度处理，例如数据分页、数据加密、编码转换等。为了方便操作，提高开发效率，系统还提供了 String 字符串处理类库，使用该类库能够对字符串进行截取（支持中文）、随机生成字符串、编码检测等，接下来首先从数据加密开始介绍。

11.3.1　数据加密

数据加密是网站开发中重要的安全技术，PHP 共支持两大类加密方式：一种是不可逆的加密方式，即单向加密，例如常见的 MD5、Crypt、Des 等；另外一种是支持双向操作的加密方式，例如 Base64、Xtea 等。接下来将分别介绍系统内置的常用加密处理扩展。

1. Des

Des 是一种支持加密及解密的加密技术，在 Linux、UNIX 等操作系统底层实现中，已经在大量应用。PHP 很早就支持 Des 加密，使用方式也比较简单。ThinkPHP 内置了 Des 扩展类库，使用该类库实现 Des 加密解密，更加符合 MVC 编程模式，如以下代码所示。

```
    public function index(){
            header('Content-Type:text/html; charset=utf-8');
            import("ORG.Crypt.Des");
            $des=new Des();
            //加密
            $data=$des->encrypt("123456789","mykey");
            echo $data;
            //解密
            echo $des->decrypt($data,"mykey");
    }
```

在实际应用开发中，读者可以使用数据库等技术将加密后的字符串保存，使用时直接解密即可还原数据。

2. Base64

Base64 加密方式是网络上最常用的加密方式，典型的应用有 URL 传值。Base64 通过把 3 个 8 位（bit）的字符转换为 4 个 6 位的字符，最后使用 0 补够 8 位，最终实现数据加密。解密时也必须要沿这个步骤反向运算。Base64 类库的使用与 Des 类库相类似，如以下代码所示。

```
public function index(){
        header('Content-Type:text/html; charset=utf-8');
        import("ORG.Crypt.Base64");
        $base64=new Base64();
        //加密
        $data=$base64->encrypt("123456789abcdefglmn","mykey");
        echo $data;
        //解密
        echo $base64->decrypt($data,"mykey");
}
```

3. Rsa

Rsa 是由 Ron Rivest、Adi Shamirh 及几位美国麻省理工学院学生发明的加密方式，现在已经成为一种国际化通用标准的加密方式。Rsa 使用的是数值相乘加密方式，能够实现对超长字符串的加密。Rsa 是一种高效的数学加密方式，由于位数高，能够有效防止密码猜测等攻击。Rsa 常用于数字证书加密、硬件级的芯片加密等。PHP 对 Rsa 提供了国际化支持，如以下代码所示。

```
public function index(){
        header('Content-Type:text/html; charset=utf-8');
        import("ORG.Crypt.Rsa");
        $rsa=new Rsa();
        //加密
        $data=$rsa->encrypt("123456789abcdefglmn","mykey","STR_PAD_LEFT",256);
        echo $data;
        //解密
        echo $rsa->decrypt($data,"mykey");
}
```

4. Crypt

在 PHP 中 MD5 等加密方式都可称为 Crypt，但这里的 Crypt 并不是指 MD5，而是 ThinkHPP 内置的一种实用的双向加密类库，Crypt 类库能够对包括中文在内的常见字符进行加密。Crypt 类库的加密方式非常简单，根据字符串的长度进行循环截取。此外 Crypt 类库支持 Besa64 加密。如以下代码所示。

```
public function index(){
        header('Content-Type:text/html; charset=utf-8');
        import("ORG.Crypt.Crypt");
        $Crypt=new Crypt();
        //加密
        $data=$Crypt->encrypt("你好",true);
        echo $data;
        echo "<br/>";
        //解密
```

```
        echo $Crypt->decrypt($data,true);
}
```

encrypt 方法与 decrypt 方法都支持两个参数。其中参数 1 表示加密的字符串；参数 2 表示是否使用 Base64 位加密，默认为 false。

5．Hmac

Hmac 类库是一个哈希运算加密类库，包含了 sha1 与 md5 方法。前者用于实现 SHA1 加密，后者用于实现 MD5 加密，这两种加密方式都是单向不可逆的，非常适用于加密用户密码。下面将通过代码演示 Hmac 类库的使用。

```
public function index(){
    import("ORG.Crypt.Hmac");
    echo "sha1 加密：".Hmac::sha1("mykey", "hello");
    echo "<br/>";
    echo "MD5 加密：".Hmac::md5("mykey", "hello");
}
```

11.3.2　数据编码转换

ThinkPHP 创建网站时使用 UTF8 编码，包括数据库操作默认情况下也使用与文件系统相同的编码。但有些第三方应用，使用的并非 UTF8 编码，如果在当前应用中调用，将会出现异常，例如乱码、解释错误等。事实上 PHP 已经内置了 iconv 函数用于处理字符编码，但只能处理字符串。ThinkPHP 内置了 CodeSwitch 类库，能够方便地对 PHP 及 HTML 文件进行转码，支持批量转码。转码后开发人员就可以方便地调用不同编码的类库及函数。

1．DetectAndSwitch 方法

DetectAndSwitch 方法可以方便地对单个 PHP、HTML、JS 等文件进行编码转换，DetectAndSwitch 方法形式如下。

```
static function DetectAndSwitch($filename,$out_charset)
```

其中参数 filename 表示需要转码的有效文件；参数 out_charset 表示转换后的编码，接受的输出编码与 iconv 函数一样。如以下代码所示。

```
public function index(){
    import("ORG.Util.CodeSwitch");
    CodeSwitch::DetectAndSwitch("./", "UTF-8");
}
```

需要注意的是转码后原文件将会被替换，这就意味着在 Linux 系统下，Web 服务器对该文件必须具备可读可写权限。

2．CodingSwitch 方法

很多第三方类库都不是由单个文件构成的，而是由一系列的类库构成的。CodingSwitch 方法可以实现对整个目录下的 PHP 或者 HTML 等文件进行编码转换，函数形式如下。

```
static function CodingSwitch($app = "./",$charset='UTF-8',$mode = "FILES",$file_types = array(".html",".php"))
```

其中参数 app 表示目录路径；参数 charset 表示文件转换的目标编码；参数 mode 表示目录遍历模式，保持默认即可；参数 file_types 表示文件匹配后缀名，只有匹配的文件才进行转码。CodingSwitch 方法的使用非常简单，如以下代码所示。

```
public function index(){
```

```
        import("ORG.Util.CodeSwitch");
        CodeSwitch::CodingSwitch("./ThinkPHP/Extend/Vendor/libs/");
    }
```

11.3.3 数据分页

在前面的 CURD 操作中，已经简单涉及数据分页内容。接下来将详细介绍 ThinkPHP 内置的 Page 基础数据分页类。Page 类库是一个扩展类，使用时需要额外引入。一个最简单的数据分页功能，代码如下所示。

```
public function index(){
        $article = M("Article");
        import("ORG.Util.Page");
        $count     = $article->count();
        $Page      = new Page($count,3);
        $show      = $Page->show();
        $list = $article->limit($Page->firstRow.','.$Page->listRows)->select();
        $this->assign('list',$list);
        $this->assign('page',$show);
        $this->display();
}
```

对应的视图模板文件代码如下所示。

```
</style>
<div class="main">
<ul>
 <volist name="list" id="vo">
     <li><!--{$vo.title}--></li>
 </volist>
</ul>
<ul class="page">
<!--{$page}-->
</ul>
</div>
```

上述视图模板代码应用了 Layout 全局布局，其中变量 page 即为接下来需要重点介绍的分页变量。效果如图 11-6 所示。

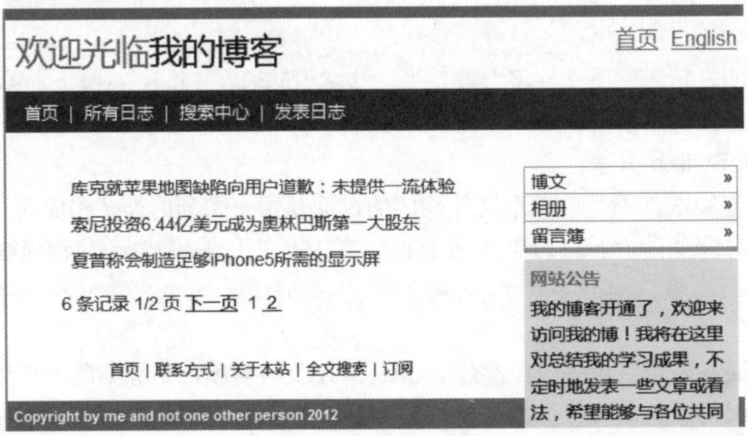

图 11-6　数据分页效果

Page 对外公开了一些成员属性，在调用 show 方法前，开发人员可以通过改变成员属性的值，直接改变分页的形式，例如分页数量、外观等。公开可调用的成员属性如表 11-4 所示。

表 11-4　Page 类成员

类成员	说明	默认值
listRows	分页导航栏显示的分页数量（序列数）	5
parameter	分页数跳转时要带的参数	空
listRows	每页的数据量	25
firstRow	数据查询的起始行	0
setConfig	成员方法，用于改变分页导航栏的文本信息	空

setConfig 是一个成员方法，用于改变分页导航栏的文本信息，例如将“下一页”改为“Next”可通过该方法进行设置。setConfig 方法形式如下。

```
function setConfig($name,$value)
```

其中参数 name 表示分页导航栏项，参数 value 表示相应的值。分页导航栏可设置的选项如下：

- header：分页导航栏的头部信息，默认为“条记录”。
- prev：返回上一页的显示文本，默认为“上一页”。
- next：前往下一页的显示文本，默认为“下一页”。
- first：开始页显示文本，默认为“第一页”。
- last：最后一页显示文本，默认为“最后一页”。
- theme：分页导航栏的外观主题，改变该值可以直接改变分页导航栏的文本显示格式及数量。

11.3.4　日期数据

在网站开发中处理时间日期数据是比较烦琐的工作，例如计划日期时差、日期转星期、指定日期倒计时等。系统内置了 Date 扩展类，能够让日期数据处理变得快捷、简单。接下来将介绍 Date 类常用的方法。

1. dateDiff（比较日期跨度）

dateDiff 成员方法用于比较两个日期数据间隔的时间。返回的结果以“年”、“月”、“日”、“时”、“分”、“秒”作为计算结果。dateDiff 方法形式如下。

```
function dateDiff($date, $elaps = "d")
```

其中参数 date 表示与构造函数日期比较的日期数据；参数 elaps 表示比较跨度。elaps 支持 6 个参数值，用于返回结果值的计算单位，分别为 y（年）、M（月）、w（星期）、h（小时）、m（分钟）、s（秒）。dateDiff 方法在运算时与构造函数参数进行比较，如以下代码所示。

```
public function index(){
    import("ORG.Util.Date");
    $date=new Date("2012-06-13");
    dump($date->dateDiff("2013-11-15","y"));
}
```

上述代码运行结果为“1.4246575342466”，即 1.4 年。

2．timeDiff（以中文显示日期跨度）

timeDiff 方法与 dateDiff 类似，不同的是 timeDiff 并非以浮点数值为返回结果，而是返回友好的中文格式。timeDiff 方法形式如下。

```
timeDiff( $time ,$precision=false)
```

其中参数 time 表示与构造函数日期比较的日期数据；参数 precision 表示结果精度。precision 参数值与前面介绍的 elaps 参数值一样。timeDiff 的使用如以下代码所示。

```
public function index(){
    import("ORG.Util.Date");
    $date=new Date("2012-06-13");
    dump($date->timeDiff("2013-11-15"));
}
```

上述代码运行结果为“1 年前”。使用 timeDiff 方法，可以方便地模拟微博、日志之类的日期显示应用。

3．yearToCh（年份转中文）

一些中文应用通常需要将数字转换为中文字符串。yearToCh 方法能够将常见的数字年份转换为中文格式的年份，并且支持公元元年的转换。yearToCh 方法形式如下。

```
function  yearToCh( $yearStr ,$flag=false )
```

其中参数 yearStr 表示与构造函数日期比较的日期数据；参数 flag 表示是否显示公元元年。yearToCh 方法的使用如以下代码所示。

```
public function index(){
    import("ORG.Util.Date");
    $date=new Date("2012-06-13");
    dump($date->yearToCh("2012",true));
}
```

上述代码运行结果为“公元二零一二”。yearToCh 方法不仅可以转换年份，还可以对普通的数字进行转换。

4．magicInfo（计算生肖）

magicInfo 方法用于运算构造函数指定日期所属的生肖、星座等信息。magicInfo 方法形式如下。

```
function magicInfo($type)
```

其中参数 type 表示返回的结果类型，共支持 3 种类型，分别如下：

- XZ：返回星座。
- GZ：返回干支，即甲、乙、丙、丁、戊、己、庚、辛、壬、癸、子、丑、寅、卯、辰、巳、午、未、申、酉、戌、亥之间的数值。
- SX：返回十二生肖。

magicInfo 方法的使用如以下代码所示。

```
public function index(){
    import("ORG.Util.Date");
    $date=new Date("2012-06-13");
    dump($date->magicInfo("XZ"));
}
```

上述代码返回结果为“双子座”。读者可以尝试更改 type 参数值，观察 magicInfo 运算结果，如果需要多语言，可参考第 9 章 9.3.3 节实现。

11.3.5　Input 类

PHP 是一种弱类型开发语言，对字符串变量能够自动识别，在处理字符串上一直是强项。在传统的 PHP 开发中，用于处理字符串的技术的有函数、正则以及扩展等。Input 类库是 ThinkPHP 提供的一个字符串输入处理扩展，能够方便地对字符串进行安全过滤、转义等，下面将对 Input 扩展类公开可调用的方法进行介绍。

1. makeLink（自动匹配链接）

在网站开发中，经常需要对页面中的网址字符串进行自动匹配。例如用户在发表微博时，只需要输入文本网址，系统会自动将该网址转换为标准的 HTML 链接代码。这对用户而言，提高了用户体验，对于网站而言，提高了安全性（用户只能输入文本）。在传统的 PHP 中，实现上述功能可以使用正则替换，在 MVC 编程中，这些步骤简化为使用类库方法。makeLink 就是一个基于正则替换实现的 URL 处理方法，形式如下。

```
static public function makeLink($string)
```

参数 string 表示 URL 字符串文本（需要带 http），使用方式如下。

```
public function index(){
    import("ORG.Util.Input");
    $str="http://beauty-soft.net";
    dump(Input::makeLink($str));
}
```

URL 协议支持 https、ftp 等，运行结果为“<a href="http://beauty-soft.net" title="http://beauty-soft.net" rel="external">http://beauty-soft.net</a>”。

2. truncate（自动省略字符）

truncate 方法能够对字符串进行自动省略，被省略的字符默认使用“...”代替。truncate 方法形式如下。

```
static public function truncate($string, $length = '50')
```

其中参数 string 表示需要进行省略处理的字符串；参数 length 表示省略的字符数。使用方式如以下代码所示。

```
public function index(){
    import("ORG.Util.Input");
    $str="PHPMVC 实战";
    dump(Input::truncate($str,3));
}
```

上述代码的运行结果为“P ... VC 实战”。

3. safeHtml（安全 HTML）

safeHtml 能够对 HTML 中不安全脚本进行过滤，例如 JavaScript、转义字符等。safeHtml 通常用于过滤表单输入，防止用户输入 HTML 代码破坏数据安全性。也可以用于调用第三方页面代码时过滤其中的危险代码。safeHtml 方法如下。

```
static function undoHsc($text)
```

参数 text 表示需要安全过滤的 HTML 代码，可以来自于表单或者远程 HTML。使用方式如下。

```
public function index(){
        import("ORG.Util.Input");
        $hml="
        <hml>
            <head><title>测试</title>
            <script>
                function test(){
                    alert('html');
                }
            </scipt>
            </head>
            <body>
                <a onclick='test();'>测试</a>
            </body>
        <html>
        ";
        echo Input::safeHtml($hml);
}
```

代码运行结果为“<hml> 测试 function test(){ alert('html'); } </scipt> 测试</a>”。与之相类似的方法还有deleteHtmlTags，该方法不仅过滤危险的HTML代码，还对HTML代码进行过滤，只留下纯文本数据。

4．nl2Br（自动换行）

nl2Br 方法能够对用户输入的回车符转换为 HTML 代码中的
换行符，方法形式如下。

```
static public function nl2Br($string)
```

参数string表示需要自动换行的文本数据。使用方式如下代码所示。

```
public function index(){
    import("ORG.Util.Input");
    $str="PHP MVC
    实战";
    dump(Input::nl2Br($str));
}
```

上述代码的运行结果为“PHP MVC
实战
”。

11.3.6 GD库绘制图形

GD图形处理库（简称GD库）是基于Zend Engine的强大基础类库，网络上许多数据矢量图都是由GD库绘制的，例如网站数据统计图、股市行情分析图、员工考勤图等。当然这只是GD库的基础功能之一，事实上GD库能够处理与图片有关的多数操作，例如前面介绍的图形验证码、图片水印等都是基于GD库实现的。接下来将继续使用GD库绘制数据统计图。

要实现绘制图形，首先需要确认当前PHP环境是否已安装GD库，可以在phpinfo中查看。在确认支持后，就可以直接使用PHP函数调用相应的接口了。

与GD库操作相关的函数非常多，这里为了方便演示，将使用第三方扩展类库DrawGraph实现数据图绘制，读者可以前往 http://beauty-soft.net/book/php_mvc/vendor/drawgraph.html 网址下载。

解压后得到DrawGraph.class.php扩展类库文件，将该文件复制到项目Lib/ORG目录中，接下来就可以在项目中导入该类库了，如以下代码所示。

```
public function index(){
        import("@.ORG.DrawGraph");
        $data=array(
                        "0"=>array(
                        "name"=>"1 月份",
                        "max"=>10,
                    ),
                    "1"=>array(
                        "name"=>"2 月份",
                        "max"=>90,
                    ),
                    "2"=>array(
                        "name"=>"3 月份",
                        "max"=>80,
                    ),
                    "3"=>array(
                        "name"=>"4 月份",
                        "max"=>40,
                    ),
                    "4"=>array(
                        "name"=>"5 月份",
                        "max"=>400,
                    ),
                    "5"=>array(
                        "name"=>"6 月份",
                        "max"=>800,
                    ));

        $conf=array(
            "unit"=>"元",
            "XTag"=>"X",
            "YTag"=>"Y",
        );
        DrawGraph::init($data,$conf);
        DrawGraph::PrintReport();
}
```

如上述代码所示，变量 data 表示统计数据，DrawGraph 类库在生成图形时，需要根据统计结果进行绘制，最终效果如图 11-7 所示。

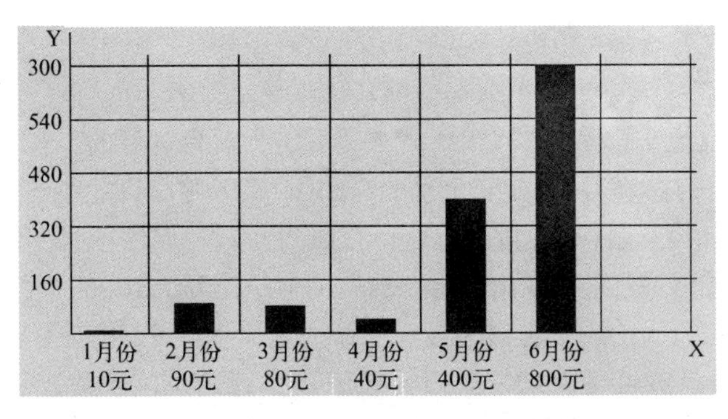

图 11-7 GD 库绘制数据图形效果

改变参数 conf 的值将直接决定绘图的外观效果，其中 width、font、filename 选项为必选项。如表 11-5 所示。

表 11-5 DrawGraph 配置项

配 置 项	说 明	默 认 值
width	画布宽度	空
type	图片类型	png
greenColor	画布背景颜色	255,255,255（白色）
lineColor	网络线条颜色	0,0,0（黑色）
pillarColor	柱形条颜色	255,0,0（红色）
XYColor	XY 轴颜色	0,0,255（蓝色）
font	字体文件	Runtime/simhei.ttf
unit	数据数值单位	空
headout	是否在浏览器直接输出	true
filename	图片文件名称	空

其中 width 表示画布的宽度，如果为空系统则根据数据的数量进行智能计算；参数 font 表示字库，该文件可以在操作系统目录中获取；参数 headout 表示是否在浏览器中直接输出图片，如果需要保存图片，可以设置为 false；参数 filename 表示图片名称，如果 headout 设置为 false 时，该参数不能为空（带保存路径，例如/Public/Images/t.png）。

需要注意的是，如果 headout 为 true 时，需要确保输出图片前不能有任何数据被输出；当 headout 设置为 false 时，需要确保存放目录可读可写。

11.4 行为扩展

行为是一项非常灵活及实用的功能，系统内置的很多功能都是基于行为实现的，例如 URL 路由、多语言、缓存生成等。同时系统提供了一系列内置行为扩展，使用这些扩展，开发人员可以更加方便管理项目执行流程。Behavior 类是行为类库的基类，系统允许开发人员在继承该类的情况下创建自定义行为扩展。接下来将首先理解行为概念，然后再分别介绍行为的实际应用。

11.4.1 行为概述

传统的 PHP 开发通常都是根据 URL 请求然后进行后台运算的。在这一过程中，开发人员需要对 URL 请求进行处理，例如安全检测、URL 映射等，只能在运算进行前使用特定的文件进行拦截或处理。在项目小的情况下这不会成为问题，但当项目文件太多时，拦截的效率就明显不足，此时再增加拦截功能就会变得困难。ThinkPHP 的行为机制本质上是一种 URL 拦截处理机制，行为的引入把过去没有生命周期概念的 PHP 应用添加了生命周期的概念。行为机制将项目拆成若干个功能片段，在应用执行的不同阶段，这些功能片段会被执行，同时执行与之相对应的行为。

系统内置了 9 大行为，分别为 CheckRoute、LocationTemplate、ParseTemplate、

ShowPageTrace、ShowRuntime、TokenBuild、ReadHtmlCache、WriteHtmlCache。这些行为在程序运行到不同的阶段时会被触发（可以同时触发多个行为），如图 11-8 所示。

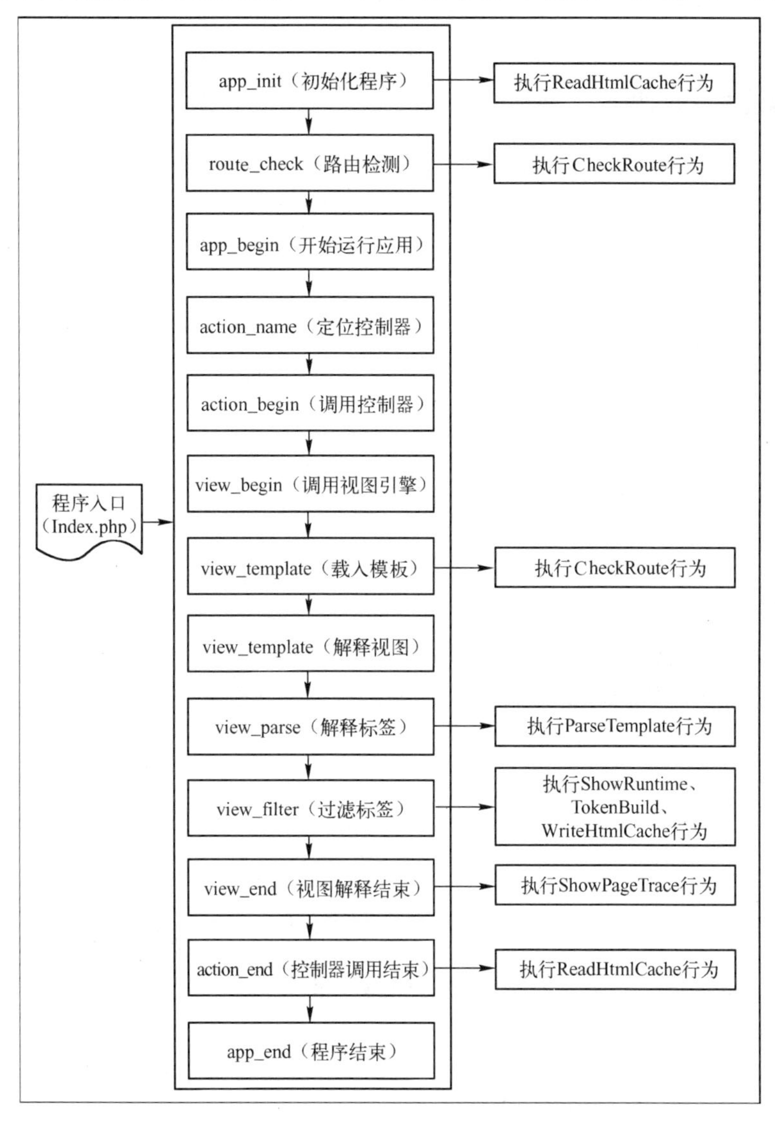

图 11-8　ThinkPHP 行为执行过程

内置行为是确保系统能够运行的基础，一般情况下开发人员不需要扩展内置的行为。Behavior 类是所有行为类库的基类，系统允许开发人员直接继承该类实现行为扩展。如图 11-8 所示，项目首先执行的行为标签是 app_init，一直到 app_end 标签，中间的标签有些有对应的行为，有些没有。自定义行为扩展通常就是定义在这些只有标签没有行为的运行阶段中。

这里有一个非常重要的标签概念。所谓的标签事实上就是行为的别名，项目不能直接执行行为类库，只能执行标签（标签也可以自定义），一个标签可以对应若干个行为类，如果需要调用扩展行为（包括系统内置的扩展行为），可以直接在 Conf/tags.php 文件中定义标签执行的行为类。

标签允许同时出现，默认情况下，后面出现的标签会覆盖前面出现的标签。如果标签为空，则系统放弃执行，例如'app_end'=>array('')。接下来将结合示例代码，详细介绍内置行为的使用。

11.4.2 内置行为扩展

前面介绍过，系统内置的行为是系统正常执行的基础，所以开发人员不需要改动这些扩展。事实上系统已经提供了一系列行为扩展，在项目中使用时，直接配置即可（所有内置行为扩展默认都是被禁用的）。下面分别介绍。

1．AgentCheck（检测浏览器代理）

AgentCheck 行为是一个系统提供的扩展行为，用于检测当前访问用户是否使用代理访问，如果是则禁止访问。开启该行为只需要两步。首先打开项目配置文件，开启 LIMIT_PROXY_VISIT 配置项，如以下代码所示。

```
"LIMIT_PROXY_VISIT"=>true,
```

然后打开项目 Conf/tags.php 文件（如果不存在则需要手动创建），配置行为标签，以便系统正确执行，如以下代码所示。

```
return array(
    'app_init'=>array('AgentCheck'),
);
```

如上述代码所示，这里执行 AgentCheck 行为的运行阶段为 app_init（即初始化程序）。读者可以根据图 11-8 所示标识的流程，在相应的标签中定义需要的扩展行为。通过前面的步骤，当前项目下的网页就具备检测是否代理访问的功能了。

2．BrowserCheck（防止浏览器刷新）

BrowserCheck 行为利用 Cookie 防止用户频繁刷新浏览器，该行为共有一项配置，如以下代码所示。

```
"LIMIT_REFLESH_TIMES"=>5,
```

配置项 LIMIT_REFLESH_TIMES 表示刷新的间隔，以秒为单位。设置完成后，只需要在 tags.php 文件中定位运行标签即可，如以下代码所示。

```
return array(
    'app_init'=>array('BrowserCheck'),
);
```

3．CheckLang（检测多语言）

CheckLang 行为在 9.3 节已经有详细介绍，在此不再细述。CheckLang 行为共支持 4 个配置项，如以下代码所示。

```
'LANG_SWITCH_ON'       => false,          // 是否开启多语言
'LANG_AUTO_DETECT'      => true,          // 是否自动侦测浏览器语言
'LANG_LIST' => 'zh-cn',                   // 允许切换的语言列表用逗号分隔
' DEFAULT_LANG'          => 'zh-ch',      // 默认语言包
```

4．CronRun（计划任务）

这里的计划任务与 Linux 中的计划任务不是一个概念，CronRun 行为需要由浏览器触发，执行的任务指令为 Web 可执行脚本，例如 JavaScript、PHP、HTML 等。要启动计划任务，只需 4 个步骤。首先配置计划任务，打开项目配置文件，设置计划任务执行时间，如以下代码所示。

```
'CRON_MAX_TIME'=>360,
```

CRON_MAX_TIME 配置项表示计划任务的执行时间，以秒为单位（即服务器时间加上 CRON_MAX_TIME 配置时间等于计划任务执行时间）。配置完成后在 tags.php 文件中定位 CronRun 行为，如以下代码所示。

```
'app_init'=>array('CronRun'),
```

通过前面的配置，计划任务成功开启。接下来需要配置计划任务列表，CronRun 使用 ~crons.php 存放任务列表，该文件需要存放于项目 Runtime 目录中。接下来配置一条计划任务，如以下代码所示。

```
<?php
return array (
  'testcron'=>array('test',30,1353052449),
);
?>
```

如上述代码所示，testcron 表示任务名称。对应的值为一维数组，其中 test.php 表示执行的 PHP 文件名称，该文件必须保存于项目 Lib/Cron 目录；参数 30 表示执行间隔时间；1353052449 表示下次执行的时间戳，可为空。

最后只需要在 Lib/Cron 目录中创建 test.php 文件即可。为了方便演示，这里只需要在该文件中输出字符串即可，如以下代码所示。

```
<?php
echo "你好，欢迎光临本站，现在时间是：".date("Y-m-d H:i:s",time());
?>
```

在实际应用开发中，可以在任务执行脚本中调用远程数据、执行 PHP 支持的功能操作。

5. RobotCheck（防止数据爬虫访问）

RobotCheck 行为用于检测访问来源是否是数据采集之类的自动化软件，从而减少系统资源占用。RobotCheck 行为共支持一项配置项，如以下代码所示。

```
"LIMIT_ROBOT_VISIT"=>true,
```

开启 RobotCheck 行为后，只需要在 tags.php 文件中指定运行阶段即可，如以下代码所示。

```
'app_init'=>array('RobotCheck'),
```

11.4.3 自定义行为扩展

通过前面的介绍，相信读者已经能够掌握内置行为扩展的使用。ThinkPHP 的一大特点就是扩展灵活，同样行为也是可以自定义扩展的。利用自定义行为扩展，能够使编程更加灵活，因为扩展是一种拦截机制，一旦开启整个项目都受其约束，这个过程开发人员不需要在项目控制器或类库中编写任何代码，只需要在配置文件中简单地配置即可。接下来将深入介绍自定义行为扩展的实现。

1. 创建自定义行为

自定义行为类的定义与普通类库及控制器有较大不同，自定义行为类库虽然也是 PHP 功能类，但自定义行为只有一个入口函数 run，使用 options 成员属性映射项目配置项，如以下代码所示。

```
<?php
class AutoCheckUserLoginBehavior extends Behavior {
    // 行为参数定义
    protected $options  =  array(
```

```
            'AutoCheckUserLogin'        => false,
        );
        /**
         * 行为入口处
         * @see Behavior::run()
         */
        public function run(&$params){
            if(C('AutoCheckUserLogin')) {
                $this->isLogin();
            }else{
              return true;
            }
        }
        /**
         * 自动检测方法
         */
        protected function isLogin(){
         if (!session("username")) {
              exit("请登录后再操作...");
         }
        }
    }
    ?>
```

上述代码是一个名为 AutoCheckUserLogin 的自定义行为类。其中 options 成员属性是可选项，但却是重要的配置项，options 成员属性值将被系统映射为项目配置文件中的配置项。例如上面的 AutoCheckUserLogin 数组项，在运行时系统会将该元素映射为配置文件中的 AutoCheckUserLogin 配置项，在项目中或者行为方法里直接使用 C 函数即可获得配置项值。

run 方法是行为类中最关键的方法，也是普通类与行为类最明显的区别，run 方法是行为类的入口，相当于普通类的构造函数，所以在创建行为类时只需要该方法设为 Public 即可。最后还需要确保自定义行为类继承于 Behavior 基类。

自定义行为类创建完成后，只需要将该文件保存到项目 Lib/Behavior 目录中，并以“行为名+ Behavior+.class.php”的方式命名文件即可。这样一个名为 AutoCheckUserLogin 的自定义行为就可以直接使用了。

2. 使用自定义行为

创建完自定义行为后怎么使用，这是初学者容易困惑的问题。事实上自定义行为不需要写任何调用代码，只需要配置即可。继续以 AutoCheckUserLogin 行为为例，要使用该行为只需要两步。首先在 tags.php 文件中指定行为的运行阶段（参照图 11-8），如以下代码所示。

```
'app_init'=>array('AutoCheckUserLogin'),
```

因为在设计行为时指定了只有配置参数 AutoCheckUserLogin 为 true 时才执行用户检查，所以还需要在配置文件中开启 AutoCheckUserLogin，如以下代码所示。

```
"AutoCheckUserLogin"=>true,
```

事实上，AutoCheckUserLogin 配置项并不是必需的，也就是说在配置时，自定义行为就已经能够正常运行了，配置项只不过用于实现灵活的配置。通过前面的步骤，现在访问项目任意一个页面，都会执行用户登录检测。

行为的调用（即触发）并非只有配置 tags.php 文件一种方式，但无论从灵活性还是方便后期维护考虑，使用 tags.php 文件配置都具备优势，所以这里不再对其他调用方式进行介绍，感兴趣的读者可以参阅官方提供的开发手册。

通过上述操作，可以看到自定义行为的使用与内置行为的使用并无区别。同时行为机制的引入，对项目整体控制提供了高效、灵活的处理方式。

3．配置自定义行为标签

前面介绍过，标签就是行为的别名，一个标签可以对应多个行为。但这些标签都是系统内置的，用于表示程序（所有基于 ThinkPHP 构造的应用）不同的运行阶段，事实上开发人员也可以自定义标签，用于表示当前项目或控制器的不同运行阶段。假设需要在当前控制器载入时执行前面创建的 AutoCheckUserLogin 行为，代码如下所示。

```
<?php
class IndexAction extends Action {
    Public function _initialize(){
            tag("index_init");
    }
}
?>
```

上述代码表示在 Index 控制器初始化时添加一个“index_init”行为标签。添加标签后，AutoCheckUserLogin 行为触发标签不再是“app_init”而是“index_init”，如以下代码所示。

```
'index_init'=>array('AutoCheckUserLogin'),
```

此时，再次访问项目，只有 Index 控制器下的页面受 AutoCheckUserLogin 自定义行为影响，其他页面则不受影响。

❑ 提示：如果需要让该标签约束当前项目，可以将标签定义在公共控制器中，项目下的控制器继续用该公共控制器即可。同样的原理，自定义标签也可以定义在控制器前操作或后操作方法中，实现单个动作页面的行为控制。

11.5　小结

本章全面介绍了 ThinkPHP 内置的扩展功能，包括模式扩展、模板扩展、类库扩展、行为扩展、标签扩展。其中行为扩展是一种全新的概念，在前面的章节内容中均没有涉及相关介绍，在本章里通过直观的图形，简单的示例，帮助读者快速掌握行为扩展的实际应用。

ThinkPHP 的灵活之处在于扩展丰富，开发人员不仅可以使用系统内置的高效扩展，还可以利用现有的 PHP 类，直接以第三方扩展形式整合到系统中。

本章重点选取了类库扩展进行深入介绍。使用第三方类库，使得 ThinkPHP 功能得到无限的扩展。本章所介绍的扩展类库读者均可以在 http://www.beauty-soft.net/book/php_mvc/网站下载。

至此，有关 ThinkPHP 功能就全部介绍完了。后面的内容将继续深入探讨 PHP，全面讲述当前网站开发中最主流的技术，通过这些课程的学习，读者完全可以使用 PHP MVC 开发各类大中型网站。

第12章 SOAP分布式开发

内容提要

分布式开发是一项用于实现各种软件硬平台交互的实用技术。它不同于 Json 或者 XML，分布式开发更注重服务调用。在分布式开发中，最常用的技术有.NET Remoting、WCF、Web Server。其中 Web Server 使用的是 W3C 规范的 WSDL 数据格式。

本章首先介绍 SOAP 与 SOA 的概念，然后对 SOAP 的消息体进行重点介绍，接着还会对 Zend Studio 可视化创建 SOAP 进行讲解，最后介绍 Web Service 的性能测试。阅读本章需要读者具备 XML 基础知识。

学习目标

- 了解扩展概念。
- 了解 PHP 对 SOAP 的支持特性。
- 理解 SOAP 与 SOA。
- 熟悉 WSDL 组成格式。
- 掌握 WSDL 消息体节点的创建。
- 掌握可视化创建 WSDL 的步骤。
- 掌握 nusoap 套件的使用。
- 掌握在 ThinkPHP 中开发 Web Service 的方法。
- 熟悉 soapUI 测试工具的使用。

12.1 分布式开发概念

Web Service 是分布式开发中一项非常重要的技术，分布式开发一个重要的概念就是将服务放置在 Web 上，而客户端只需要调用服务，其他的数据验证、协议、数据驱动等都由服务中心来完成，客户端接收处理后的结果即可。Web Service 就是通过标准的 XML 数据格式和通用的互联网协议为其他应用程序提供服务的。

在为其他应用程序提供服务时，Web Service 可以以接口的方式接收合法的请求，并返回相应的服务和功能。应用程序在获取这些特定的服务和功能时，只需实现这些接口即可完成数据间的交互。分布式开发没有统一的服务主体，只要服务方遵循 SOA（Service-Oriented Architecture）服务契约，就可以向客户端提供服务。

SOA 是一种描述分布式开发的架构，能够将不同的服务通过定义好的接口和契约相互关联起来。下面首先介绍 SOA 与 SOAP 之间的关系。

12.1.1 SOA 与 SOAP

SOA 是一套服务组件模型，它完整地描述了分布式开发所需要的数据格式、数据契约。SOA 不属于任何厂商，它是独立于第三方的。虽然实现分布式开发的不仅只有 SOA，但 SOA 是一种国际化标准，常见的 ASMX、WSDL、CORBA（Common Object Request Broker Architecture）等主流分布式开发技术都是基于 SOA 规范的。

SOA 组件之间进行通信时，使用 SOAP 协议进行传递。它最先由微软公司于 1999 年发布并整合到.NET Framework 1.0 中，2001 年被 W3C 正式定义为一种轻量的、简单的、基于 XML 的通信协议。经过十多年的发展，微软公司基于 SOAP 1.2 通信协议发展和完善了分布式开发技术，最新的演进技术为 WCF（Windows Communication Foundation）。

SOAP 类似于 HTTP，在通信时使用 HTTP 发送 XML 格式数据，使用 RPC 调用远程结果，所以简单理解就是 HTTP 和 XML 两种通信协议的结合。此外，SOAP 不仅支持 HTTP 还支持 SMTP、MIME 等多种成熟的网络传输协议，也就是说使用 SOAP 协议可以代替 HTTP、SMTP 等受支持的协议。

网络上各种 Web 服务器都可以作为 SOAP 的平台，各服务器平台只需要生成或创建符合 SOAP 协议的服务，即可在各种客户端间相互调用。比如客户端调用服务方的服务，只需要在这些 Web 服务器上创建服务，然后公开 SOAP 规范接口，就能够进行调用。

Web Service 平台需要一套协议来实现分布式应用程序的创建。任何平台都有它的数据表示方法和类型系统。要实现互操作性，Web Service 平台必须提供一套标准的类型系统，用于沟通不同平台、编程语言和组件模型中的不同类型系统。

Web Service 就是使用 SOAP 协议，实现各服务间互相调用的平台。客户端调用 Web Service 只需要生成一个代理，然后声明需要调用的服务公开方法，最后使用异步通信返回请求的数据（即服务结果），如图 12-1 所示。

PHP 5.X 内置了 SOAP 扩展，能够同时支持客户端访问模式及远程服务模式。其中在客户端访问模式下，PHP 使用 SoapClient 初始化连接；在服务模式时，PHP 使用 SoapServer 初始化 SOAP。无论处于哪种模式，PHP 都是使用 WSDL 数据格式进行通信的。

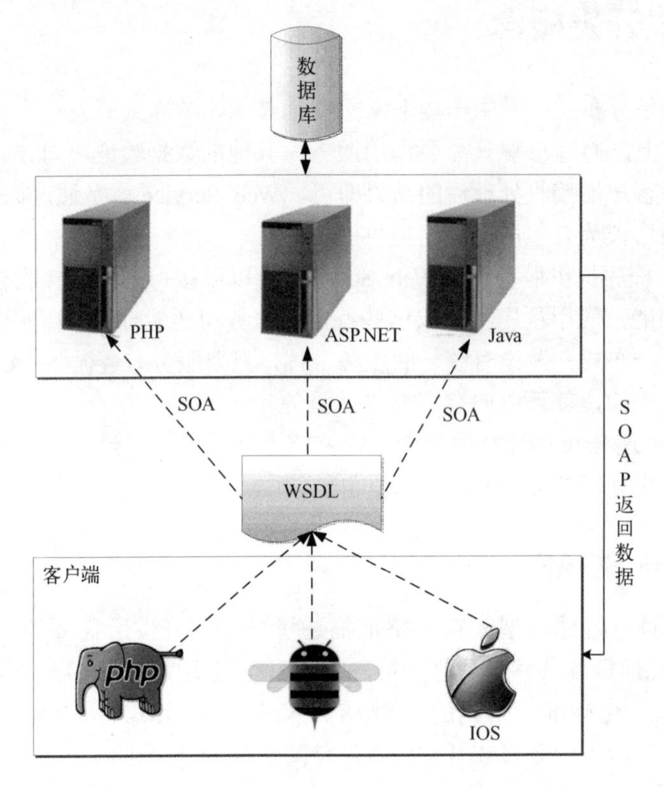

图 12-1　SOAP 通信过程

如图 12-1 所示，读者也许会感觉到整个流程与普通的 XML 通信过程并无区别，事实上 Web Service 整个开发框架核心在 SOAP 协议。假设以传统的 HTTP 访问 WSDL，尽管 WSDL 就是一个 XML 文件，那么浏览器也不会得到运算结果（以源代码显示）。但要是在支持 SOAP 访问协议的容器中访问 WSDL 文件时，将会得到 SOAP 服务，并能够发现被注册的公开服务。WSDL 中定义的 XML 节点，并不是访问就会被触发的，需要在应用程序中使用 UDDI（Universal Description, Discovery and Integration，提供基于 Web 服务的注册和发现机制）登记所需要请求的服务节点。

这也就是说，客户端能不能加入 Web Service 分布式开发，关键是看客户端支不支持 SOAP 通信协议。对于服务端而言，支不支持分布式开发服务，关键是看解释引擎有没有提供 SOA 生成模块。SOA 虽然是一套 W3C 规范，但是并不意味着各种解释引擎都能够完美支持，这也就造成各种开发技术的功能实现不尽相同。

例如在 C#、Java 中，对 SOA 的支持是最强大和最完整的，不仅支持动态生成，而且支持数据流通信、长文本等。而在 PHP 中只支持静态定义而且不支持数据流，在 PHP 5.4 以上版本支持得比较好。

对于开发者而言，XML 需要开发人员自己手动编写处理过程，根据 XML 解释器的差异，处理的手段也不一样，过程也相对比较复杂。而使用 SOAP 时，开发人员不需要手动处理解释过程，因为 SOAP 解释器已经自动完成所有的数据解释工作，需要做的就是调用

WSDL 文档中的服务（即节点，通常一个节点对应一个类成员方法），而且无论使用什么技术，过程都是统一的，不会造成差异。在开发形式上与本地调用功能类并无区别，所以开发效率上无疑比 XML 更高。

与 HTTP 一样，无论在哪种语言技术中，SOAP 都是异步通信的，所以能够很好地解决性能问题，尤其像手机一类的内存受限的终端应用开发，使用 SOAP 非常可靠。Web Service 开发虽然有很多优点，但缺点也非常明显，尤其在 PHP 中。下面将结合 PHP 技术，全面介绍在 PHP 中的支持情况，然后再详细介绍 WSDL 文档。

12.1.2 PHP 5 分布式开发

PHP 5 以插件的形式提供 SOAP 服务，所以在编译时，需要加入--enable-soap 选项。使用 phpinfo 输出信息时，如果存在 SOAP 选项，表示服务已经生效，如图 12-2 所示。

Soap Client	enabled
Soap Server	enabled

Directive	Local Value	Master Value
soap.wsdl_cache	1	1
soap.wsdl_cache_dir	/tmp	/tmp
soap.wsdl_cache_enabled	0	0
soap.wsdl_cache_limit	5	5
soap.wsdl_cache_ttl	86400	86400

图 12-2 SOAP 服务

如果服务没有开启，需要在 PHP 配置文件中开启，如以下代码所示。

```
;extension=php_snmp.dll
extension=php_soap.dll
```

在 Linux 操作平台开启 SOAP 服务的代码如下所示。

```
;extension=php_snmp.dll
extension=php_soap.so
```

SOAP 有自己的配置选项，如以下代码所示。

```
[soap]
; Enables or disables WSDL caching feature.
; http://php.net/soap.wsdl-cache-enabled
soap.wsdl_cache_enabled=0

; Sets the directory name where SOAP extension will put cache files.
; http://php.net/soap.wsdl-cache-dir
soap.wsdl_cache_dir="/tmp"

; (time to live) Sets the number of second while cached file will be used
; instead of original one.
; http://php.net/soap.wsdl-cache-ttl
soap.wsdl_cache_ttl=86400

; Sets the size of the cache limit. (Max. number of WSDL files to cache)

soap.wsdl_cache_limit = 5
```

其中选项 soap.wsdl_cache_enabled 表示是否关闭 WSDL 数据缓存，值为 1 时禁用缓存，为了方便程序调试，在开发阶段建议将该项设置为 1； soap.wsdl_cache_dir 表示缓存存放目录，Windows 系统可以设置为 c:\tmp；soap.wsdl_cache_ttl 表示缓存生命周期，以秒为单位，默认 86400；soap.wsdl_cache_limit 表示缓存数据大小，以 MB 为单位。

配置文件修改后，重启 PHP 服务或者 php-fpm，即可生效。如果 PHP 运行于非安全模式下，上述配置项可以直接在 PHP 代码中使用 ini_set 设置，例如关闭 WSDL 缓存功能，如以下代码所示。

```
ini_set("soap.wsdl_cache_enabled", "1");
```

前面提到过 PHP 既可以作为 SOAP 的客户端，也可以作为服务端。作为服务端时，使用 SoapServer 实例类初始化 SOAP 服务，如以下代码所示。

```
$server    =new    SoapServer('./wsdl/UserDataSoap.wsdl',array('soap_version'    =>
SOAP_1_2));
```

其中参数 1 表示 SOA 服务描述文件，即 WSDL 文件，该文件是 SOAP 通信的核心；参数 2 表示 SOAP 协议版本，常用的版本有 1.0 及 1.2，本章内容及示例全部基于 SOAP 1.2 版本实现。

得到 SoapServer 实例对象，就可以调用对象中的 setClass 方法设置 WSDL 所描述的消息服务。通常情况下，需要将 setClass 指定实例类描述为可公开调用的服务接口。假设需要将 User 类描述为 WSDL 服务接口，代码如下所示。

```
public function SoapService(){

     ini_set("soap.wsdl_cache_enabled", "1"); // disabling WSDL cache
     $server =new SoapServer('./wsdl/User.wsdl',array('soap_version' => SOAP_1_2));
     $server->set
     include "./user.php";
    $server->setClass("User");
    if (isset($HTTP_RAW_POST_DATA)) {
       $request = $HTTP_RAW_POST_DATA;
    } else {
       $request = file_get_contents('php://input');
    }
    $server->handle($request);

}
```

user.php 类文件如以下代码所示。

```
<?php
class  User{
   public function getUser($username){
       return $username;
   }
}
?>
```

所有作为公开调用的服务接口，成员类方法必须修饰为 public 权限。

当 PHP 作为客户端模式时，使用 SoapClient 实例类。假设需要调用前面创建的 user 服务，代码如下所示。

```
<?php
$soap = new SoapClient('./wsdl/user.wsdl');
```

```
$rows=$soap-> getUser ("李开涌");
var_dump($rows);

?>
```

在实际应用开发时，WSDL 文件可以是远程的文件，并且支持跨域访问。可以看到，PHP 在调用 SOAP 服务时，开发人员不需要编写任何处理 WSDL 或者 XML 文档的过程，只需要像本地开发一样调用对象中的方法即可。

看到这相信读者已经感觉到分布式开发无论是客户端还是服务端，PHP 所需要做的工作非常少。关键是 WSDL 文档模型，这里并没有涉及相关内容，是因为 WSDL 确实是分布式开发中最重要的文档模型，读者只有彻底理解该文档模型，才能正确开发分布式应用，所以接下来的内容将重点围绕该文档展开。

虽然 SOAP 开发具有很多优点，但并非没有缺点，在实际开发中应该根据需要考虑是否该使用 SOAP 代替 XML 或者 Json，存在的缺点主要如下。

- 在 PHP 中内置的 SOAP 扩展并不支持生成生成 SOA 服务，开发人员需要手动创建 WSDL 文件，而 Json 或 XML 等，PHP 直接提供生成及解释功能。
- WSDL 文件虽然是 SGML 文件，但需要使用 SOAP 协议访问，如果使用普通的浏览器访问 WSDL 文件，将不能触发相应服务。这就意味着在开发阶段要进行调试，过程将变得复杂。使用普通的 Firebug 等插件不能获取到异常信息，而断点调试是 PHP 的弱项，所以调试问题将会是 SOAP 开发首要面对的问题。
- 能不能使用 SOAP，关键是看解释引擎支不支持 SOAP 协议及 SOA 服务。虽然主流的技术，例如 Object-c、C#、C++、Java 等都提供了良好的支持，但常见的 JavaScript 并不支持 SOAP。

12.2　SOAP 消息体

SOAP 服务需要由 WSDL 描述及注册，WSDL 的全称是 Web Services Description Language，是用于描述 Web 服务通过 XML 与客户端通信的一套文档模型。这里的 Web 服务通常就是指网站程序中的功能模块，例如功能类，函数等都可以作为接口。所以 WSDL 也称 SOAP 消息体，对于开发者而言，该文档并不陌生，因为与常见的 XML 文档类似。接下来将对 WSDL 文档模型进行详细介绍。

12.2.1　WSDL 文件

在 PHP 中，SOAP 扩展模块只能解释 WSDL 文件，这也是 W3C 所规范的文件类型。事实上 WSDL 并非唯一的 SOAP 文档模型，在其他平台中出于商业需要，各厂商会进行相应的功能定制，文件名称也不尽相同，例如 ASP.NET 平台就叫 ASMX。

但不管怎样叫法，由于 WSDL 遵循国际化规范，所以在这些平台上使用 WSDL 是完全通用的。WSDL 由 definitions、types、message、binding、service 等节点组成，分别代表不同的描述信息，如下所示。

- types（消息类型）：可选，数据类型定义的容器，它使用某种类型系统（如 XSD）。

- message（消息）：必选，通信数据的抽象类型化定义，它由一个或者多个 part 组成。
- part：必选，消息参数。
- operation（操作）：必选，对服务所支持的操作进行抽象描述。
- port Type （端口类型）：必选，特定端口类型的具体协议和数据格式规范。
- binding（通信类型绑定）：必选，描述通信的类型，例如 SOAP。
- service（服务描述）：必选，相关端口的集合，包括其关联的接口、操作、消息等。
- port（服务列表）：必选，定义为绑定和网络地址组合的单个端点。

其中 operation 操作分为 4 种类型，分别为 one-way（单向）、request-response（异步请求异步返回）、solicit-response（要求应答）、notification（通知）。WSDL 最外层元素是 definitions，在该元素下定义其他节点描述信息。如图 12-3 所示。

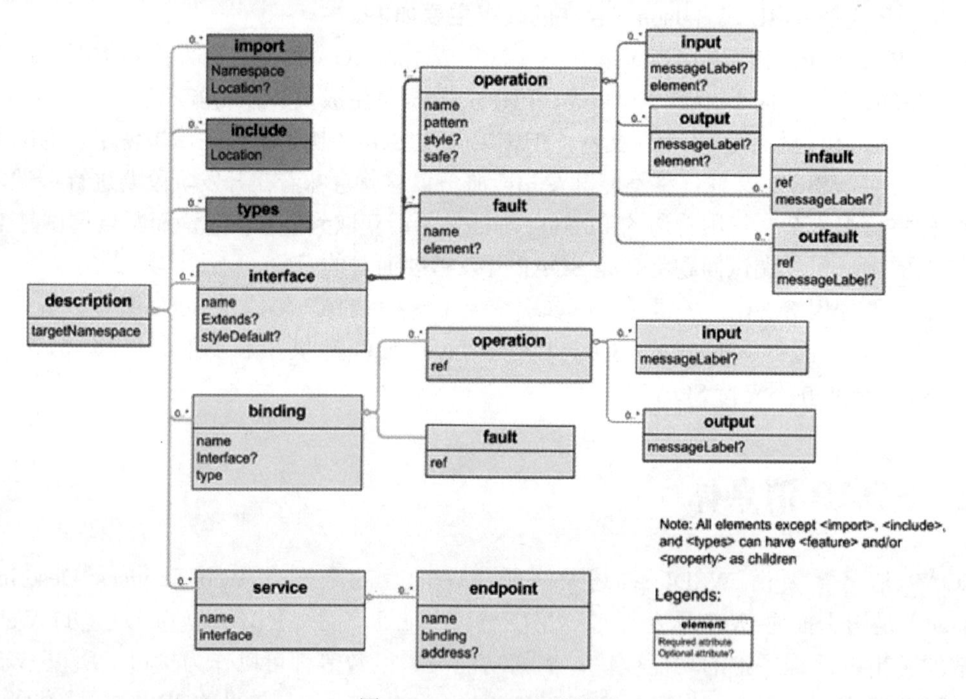

图 12-3 WSDL 文档模型

如图 12-3 所示，这些节点描述信息并非全是必选的，下面将通过一个示例代码，简单演示 SOAP 的应用。假设使用 http://c1.localhost 作为 Web Service 服务端，使用 http://c2.localhost 作为客户端，那么在服务端中需要创建消息实体类。首先创建绑定接口文件，并命名为 api.php，代码如下。

```
<?php
include("Data.class.php");
ini_set("soap.wsdl_cache_enabled", "1");
$server =new SoapServer('./api.wsdl',array('soap_version' => SOAP_1_2));
$server->setClass("Data");
if (isset($HTTP_RAW_POST_DATA)) {
    $request = $HTTP_RAW_POST_DATA;
} else {
```

```
    $request = file_get_contents('php://input');
}
$server->handle($request);
?>
```

对应的 Data.class.php 文件为消息类体文件，代码如下所示。

```
<?php
class Data{
    public function getData($city){
        $array=array(
            "100000"=>"北京",
            "200000"=>"上海",
            "300000"=>"天津",
            "50000"=>"河北",
            "510000"=>"广州",
        );
        return $array[$city];
    }
}
?>
```

上述代码功能很简单，只需要根据客户端提交的邮政编码，返回相应的城市。在实际应用开发中，这些数据可以直接在数据库中获取。前面在 api.php 文件中已经将 api.wsdl 绑定为消息类体描述文件，所以需要在同级目录下创建 api.wsdl 文件，代码如下。

```
<?xml version="1.0" encoding="UTF-8" standalone="no"?>
<wsdl:definitions xmlns:soap="http://schemas.xmlsoap.org/wsdl/soap/" xmlns:tns="http://www.example.org/api/" xmlns:wsdl="http://schemas.xmlsoap.org/wsdl/" xmlns:xsd="http://www.w3.org/2001/XMLSchema" name="api" targetNamespace="http://www.example.org/api/">
<!—消息类型列表-->
 <wsdl:types>
   <xsd:schema targetNamespace="http://www.example.org/api/">
   <!—上传消息类型-->
     <xsd:element name="getData">
       <xsd:complexType>
         <xsd:sequence>
           <xsd:element name="in" type="xsd:string"/>
         </xsd:sequence>
       </xsd:complexType>
     </xsd:element>
     <!—返回消息类型-->
     <xsd:element name="ReposDatagetDataResponse">
       <xsd:complexType>
         <xsd:sequence>
           <xsd:element name="out" type="xsd:string"/>
         </xsd:sequence>
       </xsd:complexType>
     </xsd:element>
   </xsd:schema>
 </wsdl:types>

 <!—公开的消息列表，一组消息类型由上传及获取两个 part 构造-->
 <wsdl:message name="getDataRequest">
   <wsdl:part name="city" type="xsd:string"/>
 </wsdl:message>
```

```
    <wsdl:message name="getDataResponse">
      <wsdl:part name="ResponseData" type="xsd:string"/>
    </wsdl:message>

   <!—端口类型，只有加入 portType 列表的方法才可以对外公开调用-->
    <wsdl:portType name="api">
      <wsdl:operation name="getData">
        <wsdl:input message="tns:getDataRequest"/>
        <wsdl:output message="tns:getDataResponse"/>
      </wsdl:operation>
    </wsdl:portType>
   <!—绑定列表-->
    <wsdl:binding name="apiSOAP" type="tns:api">
      <soap:binding style="document" transport="http://schemas.xmlsoap.org/soap/http"/>
      <wsdl:operation name="getData">
        <soap:operation soapAction="http://www.example.org/api/getData"/>
        <wsdl:input>
          <soap:body use="literal"/>
        </wsdl:input>
        <wsdl:output>
          <soap:body use="literal"/>
        </wsdl:output>
      </wsdl:operation>
    </wsdl:binding>
   <!—服务描述，即后台 PHP-->
    <wsdl:service name="api">
      <wsdl:port binding="tns:apiSOAP" name="apiSOAP">
        <soap:address location="http://c1.localhost/api.php"/>
      </wsdl:port>
    </wsdl:service>
  </wsdl:definitions>
```

如上述代码所示，types 节点定义了消息的数据类型（上传及返回）。PHP 目前只支持 string、int、float 等常见数据类型。这里的数据类型与 PHP 中的数据类型不是一个概念，而是 W3C 定义的数据类型。也就是说在此定义的数据类型无论在哪种语言或技术中，都能够转换为该语言对应的数据类型。对于 PHP 而言，由于 PHP 对数据类型不敏感，所以意义不大（例如可以使用 string 代替 int）。

至此，一个简单的 SOAP 服务端就创建完成了。接下来在 http://c2.localhost 网站中创建客户端，代码如下所示。

```
<?php
//客户端
$soap = new SoapClient('http://c1.localhost/api.wsdl');
$rows=$soap->getData("510000");
var_dump($rows);
?>
```

运行结果为“广州市”。可以看到，在客户端中并不是调用 api.php 文件，而是调用 api.wsdl 文件。api.wsdl 文件是一个 XML 格式的数据描述文件，并没有脚本处理能力。但由于将其与 api.php 文件绑定，所以 api.wsdl 文件就拥有了 api.php 所拥有的功能了，在使用时与在本地直接调用 api.php 文件保持一致，这就是分布式开发的典型应用。

需要注意的是，由于 PHP 对数据类型不敏感，所以对调用的结果并不会进行强类型检测，这往往会造成严重问题。

例如在 WSDL 中定义了 array 类型数据，在调用时 PHP 可以使用 array 类型传参数给远程接口。但使用其他语言时（例如 C#、Java）将会造成严重的错误。这是因为 PHP 对 WSDL 的支持是严格按照 W3C 规范所设计的，而该规范中并未将数组类型作为 SOAP 标准数据类型（需要额外引入另外一组命名空间）。

所以强制将节点中的 string 改为 array 时，PHP 能正常识别为数组类型，但其他强类型语言则不能识别。解决办法是尽量使用 W3C 规范的标准数据类型，例如可以将数组序列化为 Json，然后以字符串的形式传参。

接下来将对 WSDL 中重要的节点元素进行讲解。理解这些节点的作用及意义，是掌握 SOAP 应用开发的前提。首先从 definitions 元素开始介绍。

12.2.2 定义根消息体 definitions

definitions 元素是一个标准的 WSDL 根元素，根元素只能有一个，并且成对出现，如以下代码所示。

```
<?xml version="1.0" encoding="UTF-8" standalone="no"?>
<wsdl:definitions
xmlns:soap="http://schemas.xmlsoap.org/wsdl/soap/"
xmlns:tns="http://www.example.org/api/"
xmlns:wsdl="http://schemas.xmlsoap.org/wsdl/"
xmlns:xsd="http://www.w3.org/2001/XMLSchema"
name="api"
targetNamespace="http://www.example.org/api/">
    <!—其他节点元素-->
</wsdl:definitions>
```

如上述代码所示，definitions 根元素共定义了 6 个属性，分别如下：

- xmlns:soap：声明 SOAP 命名空间。
- xmlns:tns：使用 tns 前缀指向自身命名空间（相当于功能类中的 this）。
- xmlns:wsdl：声明 WSDL 命名空间。
- xmlns:xsd：声明 XML Schema 及 DTD 命名空间，对 XML 数据进行校验。
- name：当前文档模型的名称。
- targetNamespace：指定返回值的 XML 命名空间。

上述文档定义，除了 xmlns:wsdl 命名空间及 name 属性是必选项外，其他都是可选的。但为了更加标准化，建议读者全部使用。

12.2.3 type 类型

type 节点用于定义当前文档模型支持的数据类型。这里的数据类型是一种抽象的数据类型，根据 W3C 的定义，这些数据类型会被客户端语言转换为能够识别的数据类型。假设在 WSDL 消息中定义一个接口参数，就必须要严格定义数据类型。如以下代码所示。

```
<wsdl:types>
  <xsd:schema targetNamespace="http://www.example.org/api/">
    <xsd:element name="getData_String">
      <xsd:complexType>
        <xsd:sequence>
```

```
        <xsd:element name="in" type="xsd:string"/>
      </xsd:sequence>
    </xsd:complexType>
  </xsd:element>
  <xsd:element name="Response_int">
    <xsd:complexType>
      <xsd:sequence>
        <xsd:element name="out" type="xsd:int"/>
      </xsd:sequence>
    </xsd:complexType>
  </xsd:element>
</xsd:schema>
</wsdl:types>
```

上述代码定义了两个抽象的数据类型，即 getData 及 Response_string。所有数据类型需要定义在 xsd:schema 节点中，xsd:schema 是一组类似于 DTD 的 XML 文档标记验证模型，对于 WSDL 而言，所有数据类型需要遵循 xsd:schema 标准。定义好数据类型列表后，在使用时直接引用相应的节点名称即可。例如需要使用 string 数据类型，代码如下。

```
<wsdl:part name="city" type="xsd: getData_String "/>
```

当然，如果不使用节点作为数据类型，可以直接使用 xsd 声明数据类型即可，如以下代码所示。

```
<wsdl:part name="city" type="xsd:string"/>
```

使用节点元素作为数据类型主要是方便文档模型的管理，以及扩展数据类型（PHP 因为不支持动态生成 WSDL，所目前不支持数据类型扩展），但为了代码更加简洁，在实际应用开发中一般直接声明即可。xsd（即 xml: schema）标准的数据类型如表 12-1 所示。

表 12-1　schema 支持的标准数据类型

类　型	说　明	对应 Java 数据类型
xsd:boolean	布尔值	boolean
xsd:date	日期类型	new Date();
xsd:dateTime	可以格式化的时间日期类型	java.util.Date
xsd:double	双精度数值	double
xsd:float	浮点数值	float
xsd:hexBinary	二进制数据类型	byte[]
xsd:int	整型数值	int
xsd:string	字符串	java.lang.String
xsd:time	UNIX 时间戳	javax.xml.datatype.XMLGregorianCalendar

12.2.4　portType 端口类型

portType 节点是 WSDL 文档模型中重要的节点元素，也是一个必不可少的元素。它完整地描述了公开可调用的消息接口，包括上传消息接口及下行数据接口。其中上传消息接口使用 wsdl:input 元素定义；下行数据接口使用 wsdl:output 元素定义。每个元素定义的值必须是当前文档模型中存在的操作（operation）。如以下代码所示。

```
<wsdl:portType name="api">
  <wsdl:operation name="getData">
```

```
    <wsdl:input message="tns:getDataRequest"/>
    <wsdl:output message="tns:getDataResponse"/>
  </wsdl:operation>
</wsdl:portType>
```

如上述代码所示，属性 portType 表示公开的端口名称，通常是一个 PHP 类名，后面介绍的 binding 节点类型需要指定为该名称。input 的操作为 getDataRequest，事实上当前文档模型中并不存在 getDataRequest。真正对应的操作是 getData，但 portType 自动添加了消息类型（由 message 定义操作类型）。也就是说最终的结果由 message 节点来决定。如果有多个操作（即类成员方法）需要作为公开接口，按照相同的格式添加上即可。

12.2.5　message 消息列表

message 节点直接影响 SOAP 交互的结果，前面的内容已经提到过，portType 节点只是公开接口，但接收数据上传及数据返回，将由 message 来定义。message 是数据的抽象定义，它本身不执行功能。假设将 operation 看作是成员类中的方法的话，那么 message 就是方法中的参数，如以下代码所示。

```
<wsdl:message name="getDataRequest">
  <wsdl:part name="city" type="xsd:string"/>
</wsdl:message>
<wsdl:message name="getDataResponse">
  <wsdl:part name="ResponseData" type="xsd:string"/>
</wsdl:message>
```

其中数据类型可以是 type 中定义的节点元素名称，也可以是 schema 标准数据类型。上述代码共定义了一个参数，即 city 对应的数据类型为 string。如果有多个参数，只需要继续添加 wsdl:part 节点元素即可。message 消息列表将每个操作（operation）分为接收模式（Request）及返回模式（Response），以便客户端在异步调用时能够处理数据上传及数据返回。需要注意的是，wsdl:part 参数列表必须要与消息类体（即后台 PHP 类）绑定的方法参数一一对应。

12.2.6　binding 服务绑定描述

客户端在调用服务端接口时，SOAP 解释器就会将 WSDL 指定的绑定操作映射为后台 PHP 中相对应的类成员方法。如以下代码所示。

```
<wsdl:binding name="apiSOAP" type="tns:api">
  <soap:binding style="rpc" transport="http://schemas.xmlsoap.org/soap/http"/>
  <wsdl:operation name="getData">
    <soap:operation soapAction="http://www.example.org/api/getData"/>
    <wsdl:input>
      <soap:body use="literal"/>
    </wsdl:input>
    <wsdl:output>
      <soap:body use="literal"/>
    </wsdl:output>
  </wsdl:operation>
</wsdl:binding>
```

如上述代码所示，wsdl:binding 表示这是一个服务绑定节点，一个 WSDL 文档模型必须要有一个绑定描述节点，这里的绑定名称为“apiSOAP”，对应该的类型为“tns:api（即proType 节点名称）”。wsdl:binding 节点共有 3 个重要的节点元素：

- soap:binding：表示使用 SOAP 通过 HTTP 协议进行互动，并且以 RPC 进行远程调用。
- wsdl:operation：描述可公开的服务（即 PHP 中的类成员方法）；每个操作由两部分组成，分别为 input（上传）和 output（返回）。
- soap:body：描述内容类型，常用的值有 use="literal"（文本）和 use="encoded"（代码）。

同理，如果需要公开多个 PHP 类方法为可调用的服务，只需要在 wsdl:binding 节点中添加多个操作即可。

12.2.7 service 服务描述

在 WSDL 文档模型中，service 节点始终贯穿整个 SOAP 请求流程。service 节点由多个 port 子节点元素组成，一个 port 代表一个功能类，如以下代码所示。

```
<!–服务列表 1......-->
 <wsdl:service name="api">
    <wsdl:port binding="tns:apiSOAP" name="apiSOAP1">
      <soap:address location="http://c1.localhost/api.php"/>
    </wsdl:port>
    <wsdl:port binding="tns:apiSOAP" name="apiSOAP2">
      <soap:address location="http://c3.localhost/api.php"/>
    </wsdl:port>
      <!–添加更多 port......-->
</wsdl:service>
<!–服务列表 2......-->
<wsdl:service name="smtp">
    <wsdl:port binding="tns:apiSOAP" name="smtpSOAP">
      <soap:address location="http://c1.localhost/smtp.php"/>
    </wsdl:port>
</wsdl:service>
```

如上述代码所示，一个 wsdl:port 由 binding 属性及 name 属性构成，这两个属性都是可选的，分别表示当前服务消息类绑定的 WSDL 操作，以及当前的 wsdl:prot 名称。

一个 WSDL 文件可以同时出现多个 service，每一个 service 又可以同时出现多个 port。这对于做分布式架构而言是非常方便的，例如根据服务类型端口的不同，使用不同的 service 绑定文件处理，避免单一 service 绑定脚本处理超时。soap:address 表示后台 PHP 脚本的 URL 地址，该 URL 地址必须是 RPC 可调用的 URL 地址。

12.2.8 可视化创建 WSDL

前面深入介绍了 WSDL 文件结构，相信读者已经对 WSDL 有了初步认识。前面的内容主要是方便读者深入认识 WSDL 的组成要素，以便在出错时能够迅速排除错误。事实上很多 PHP 可视化编程工具已经提供了全面的 WSDL 支持，例如 ZendStudio、Eclipse PDT 等。使用可视化工具创建 WSDL 不仅可以提高开发效率，还可以减少出错的几率。接下来将以 ZendStudio 8.0 为例，详细介绍在 IDE 环境中创建 WSDL 的全过程。

首先打开 ZendStudio，选中相应的 PHP 项目，按下键盘上的【Ctrl+N】快捷键，选择创建文件类型，这里选择“WSDL”，如图 12-4 所示。

单击“下一步”按钮，确认文件保存路径及文件名称（需要确保该文件能够被外部用户访问到），这里将文件命名为“User.wsdl”，如图 12-5 所示。

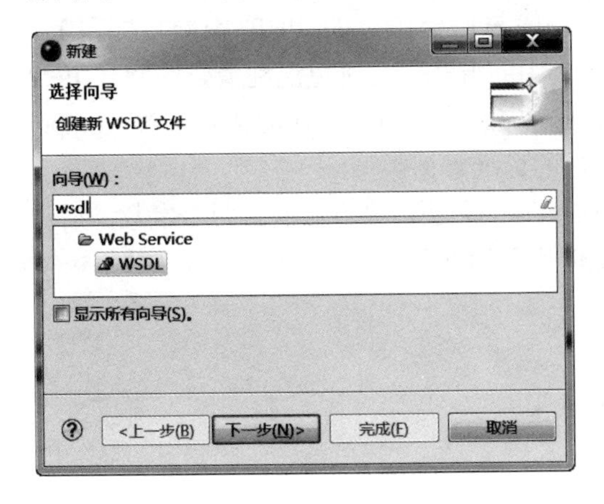

图 12-4　选择文件类型图

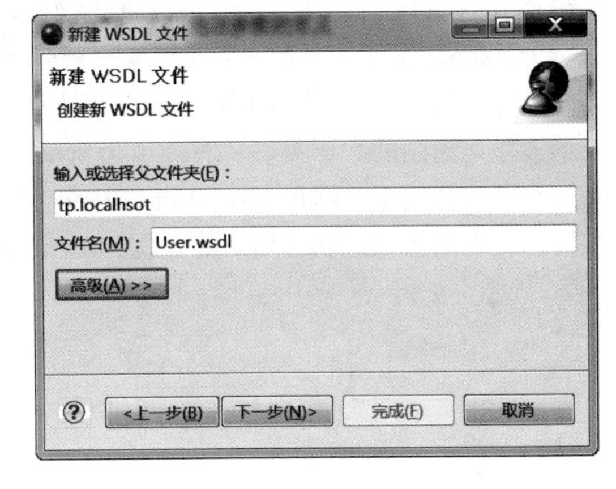

图 12-5　文件保存名称

继续单击“下一步”按钮，选择 WSDL 文档 Target namespace 命名空间、xmlns:tns 命名空间，并勾选“Create WSDL Skeleton”选项，如图 12-6 所示。

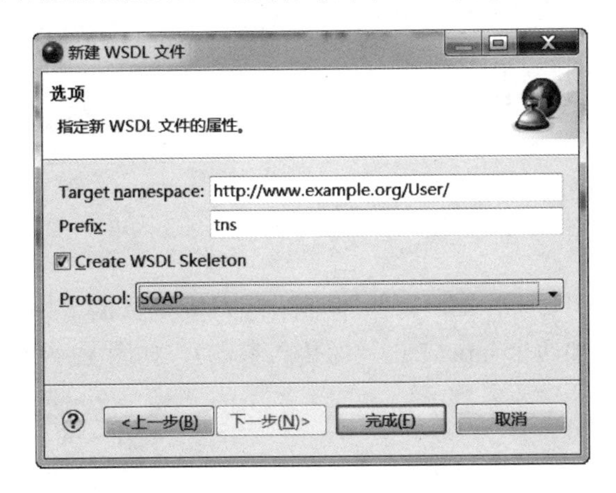

图 12-6　WSDL 文件属性

最后只需要单击“完成”按钮，即可创建一个 WSDL 文件。现在的 WSDL 文件只有骨架，并没有消息体。打开 User.wsdl 文件后，单击代码编辑区中的“设计”标签，切换到可视化设计模式，如图 12-7 所示。

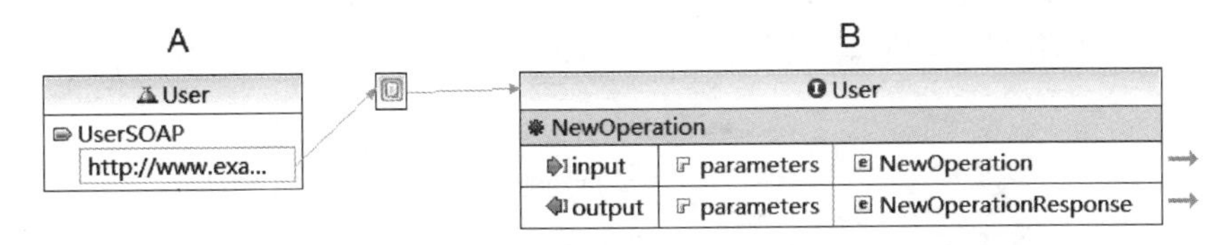

图 12-7　可视化编辑 WSDL 文件

图 12-7 中，A 区表示 service 服务描述列表，UserSOAP 表示一个 port，如果需要添加多个 port，只需要选中“UserSOAP”服务列表，弹出快捷菜单，选择“Add Port”命令即

可，如图 12-8 所示。

这里只需要将默认的 port 地址改为“http://c1.localhost/user.php”即可。B 区表示 WSDL 文档操作设置区，其中 User 表示消息类体名（一般与后台绑定的 PHP 类同名即可）；NewOperation 表示一个操作，一个操作就是 PHP 类中的方法（为避免混乱最好保持与 PHP 类成员方法同名），其中 input 表示数据上传，该项对应的值即为该操作的传入参数。output 表示该操作返回的数据类型，有效值为 schema 支持的标准数据类型。

为了方便演示，这里将在 User 类中创建一个 getUser 方法，该方法支持两个参数，后台将根据传入的参数返回该用户的数据，user.php 文件代码如下所示。

```
<?php
class User{
    public function getUser($username,$password){
        if ($username=="admin" && $password="123") {
            return "密码正确";
        }else{
            return "密码错误";
        }
    }
}
ini_set("soap.wsdl_cache_enabled", "1");
$server =new SoapServer('./user.wsdl',array('soap_version' => SOAP_1_2));
$server->setClass("User");
if (isset($HTTP_RAW_POST_DATA)) {
    $request = $HTTP_RAW_POST_DATA;
} else {
    $request = file_get_contents('php://input');
}
$server->handle($request);
?>
```

接下来只需要绑定到 user.wsdl 文件即可。首先将默认的“NewOperation”操作改为“getUser”操作，然后增加两个 input Part（即传入参数），如图 12-9 所示。

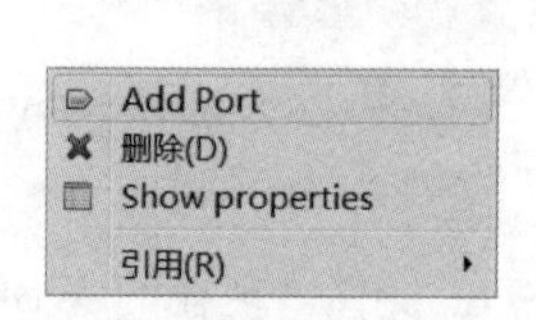

图 12-8　添加服务 port

图 12-9　可视化添加操作参数

添加的 part 默认数据类型为 string。如果需要修改现有的 part，只需要选中相应的 part，在代码编辑器下方将出现属性编辑窗口，如图 12-10 所示。

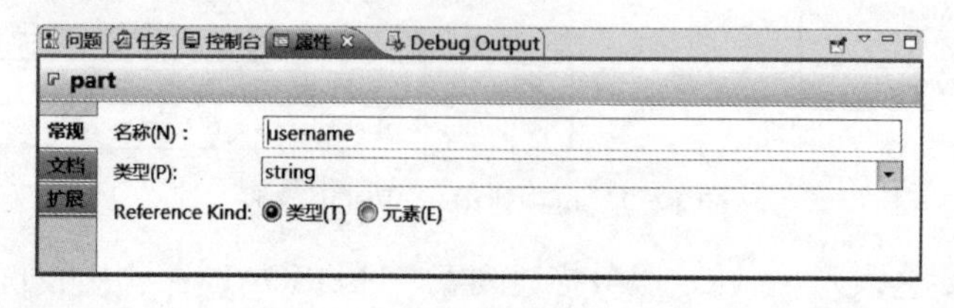

图 12-10　元素属性编辑对话框

在类型一栏中，可以选择 type（元素）定义，或者使用 xsd:schema 标准数据类型。一般选择“类型”即可。按照相同的方法，为 getUser 操作再添加一个 part 并命名为 password。

完成后，将 user.wsdl 与 user.php 保存到 http://c1.localhost 网站根目录中。通过前面的步骤，一个 SOAP 服务文件就创建完成了，读者可以在客户端中使用 SoapClient 进行测试，如以下代码所示。

```
<?php
$soap = new SoapClient('http://c1.localhost/user.wsdl'); //客户端
$rows=$soap->getUser("admin","123");
?>
```

当然也可以使用第三方 SOAP 测试工具进行测试，例如 Microsoft Visual Studio、soapUI、Eclipse 等，上述代码运行结果为“密码正确”。ZendStudio 对 WSDL 的支持还有很多功能，由于篇幅所限在此不再细述，读者可以一一动手实验，增加对 WSDL 的认识。

12.2.9　使用 nusoap 创建 WSDL

nusoap 是一套第三方开源类库，用于创建及调用 SOAP 服务。nusoap 不依赖于 PHP 扩展模块，在早期的 PHP 4.x 时就已经存在，所以就算 PHP 没有开启 SOAP 模块，也不会影响 nusoap 的运行。nusoap 非常灵活及强大，不仅支持常用的 SOAP 服务调用，而且还支持动态生成 WSDL，支持使用数组作为消息参数类型。

此外 nusoap 套件还支持多种客户端与服务端连接方式，例如代理连接，SSL 安全连接等。使用 nusoap 开发 SOAP 服务，不仅可以有效提高开发效率，而且由于代码全部基于 PHP，开发员不需要面对复杂难记的 WSDL 标记，只需要掌握 PHP 面向对象开发即可。接下来将结合示例代码，详细介绍 nusoap 的使用。

1．nusoap 入门

首先下载 nusoap，下载地址为 http:// beauty-soft.net/book/php_mvc/vendor/nusoap.html。解压后得到 lib 文件夹及 samples 文件夹，其中 lib 文件夹为 nusoap 核心文件类库；samples 文件夹存放了一些演示示例，这里只需要将 lib 文件夹复制到网站 nusoap 目录下即可。接下来分别介绍。

首先在 nusoap 目录中创建一个服务端文件并命名为 api.php，代码如下所示。

```
<?php
require_once("./lib/nusoap.php");
function test($str1,$str2) {
    if (is_string($str1) && is_string($str2)){
        return $str1 . $str2;
    }else{
        return new soap_fault(' 客户端 ','','参数错误 ');
    }
}
$soap = new soap_server;
$soap->configureWSDL('api');
$soap->register('test',
   array("str1"=>"xsd:string","str2"=>"xsd:string"),
   array("return"=>"xsd:string")
);
$HTTP_RAW_POST_DATA = isset($HTTP_RAW_POST_DATA) ? $HTTP_RAW_POST_DATA : '';
```

```
    $soap->service($HTTP_RAW_POST_DATA);
    ?>
```

上述代码共定义了一个函数，并命名为 test。这里为了便于测试，并没有实现具体功能。完成后，使用 register 方法将该函数注册为 WSDL 操作（operation）。register 第 2 个参数表示 message 消息体（即 operation 的传参），第 3 个参数表示操作返回的数据类型。

将文件保存，一个 SOAP 服务端就创建完成了。 nusoap 强大之处还在于其调试功能，nusoap 内置了一个简单的调试器，可直接访问 api.php 文件，如图 12-11 所示。

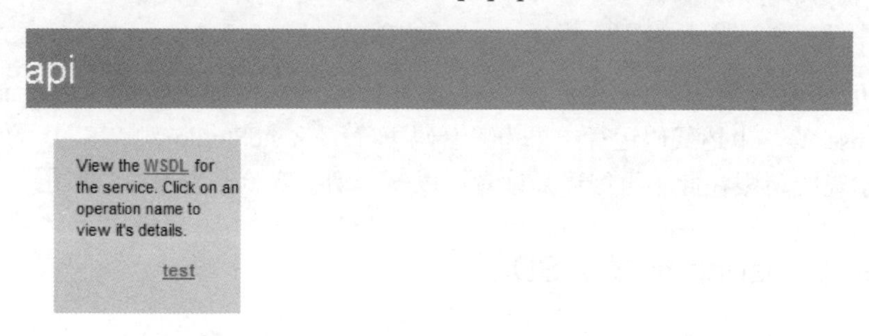

图 12-11 WSDL 生成效果

单击页面中的“test”操作，将显示该操作的调用方式及数据类型，如图 12-12 所示。

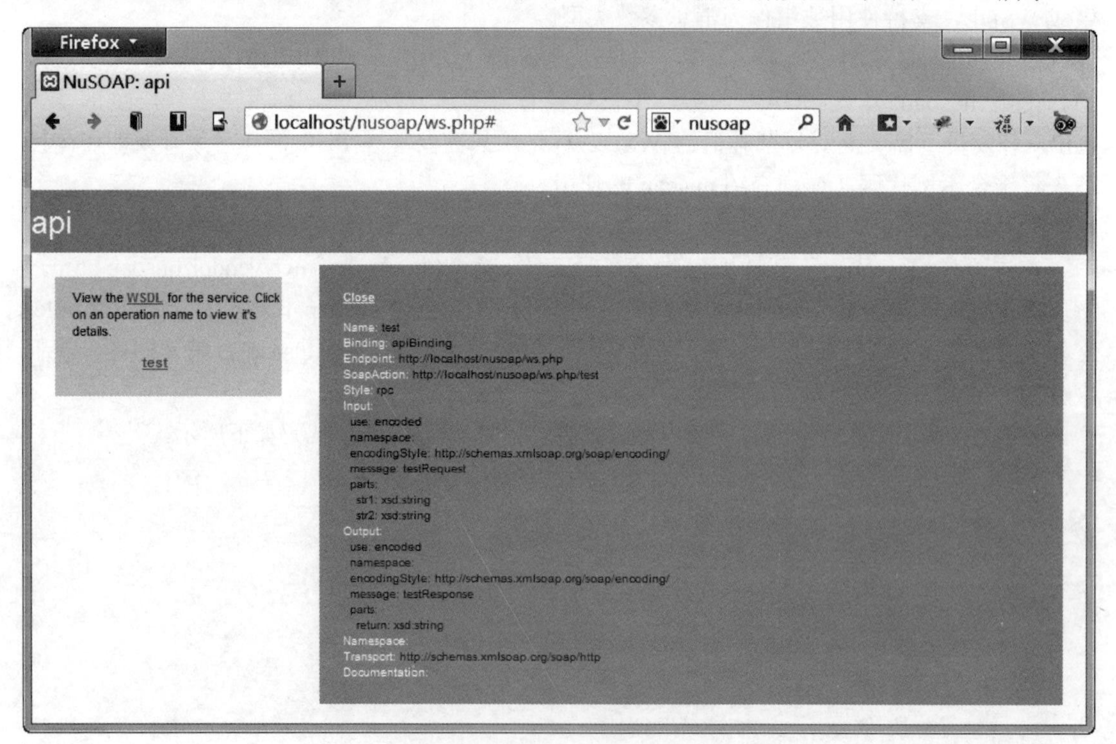

图 12-12 test 操作的调用说明

图 12-12 中，详细地列出了 test 操作的传递参数，返回类型以及调用 URL。如果需要查看生成后的 WSDL 文件源代码，可以单击页面上的“WSDL”连接，效果如图 12-13 所示。

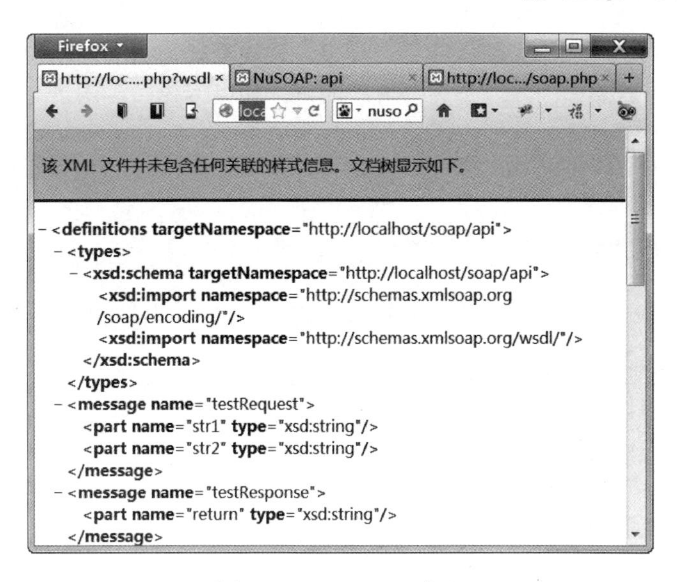

图 12-13　WSDL 源代码

2. 调用 SOAP 服务

nusoap 本身提供了用于调用 SOAP 服务的类，但是由于使用 SoapClient 作为类名，与 PHP 内置的 SoapClient 同名，由于 PHP 对类名、函数名大小写不敏感，所以如果启用了内置的 SOAP 扩展模块，就不要使用 nusoap 的 SoapClient 类库。只需要使用内置的 SoapClient 类即可，如以下代码所示。

```
<?php
$soap = new SoapClient('http://localhost/nusoap/ws.php?wsdl');
$rows=$soap->test("Hello","World");
var_dump($rows);
?>
```

12.2.10　ThinkPHP 生成 SOAP 服务

使用 SoapServer 类中的 setClass 方法可以将一个 PHP 类中的所有方法添加为 WSDL 操作。根据这个原理，我们可以将一个模型作为 WSDL 消息体。这是 MVC 开发优势所在，也是本书始终贯穿的主题。在 MVC 中，开发人员在设计完一个模型后，后期的扩展是非常灵活的，一个模型的展现层可以是 HTML、Json、XML 或者 SOAP。接下将继续以 ThinkPHP 3.0 为例，详细介绍在 MVC 的中 SOAP 服务端开发，步骤如下。

首先在当前应用中创建一个根目录，并命名为 api，该目录用于存放 WSDL 文件，所以需要确保用户能够访问到该目录。按照前面介绍过的方法，创建一个 WSDL 文件，并命名为 article.wsdl，该文件对应 ArticleModel 模型。如图 12-14 所示。

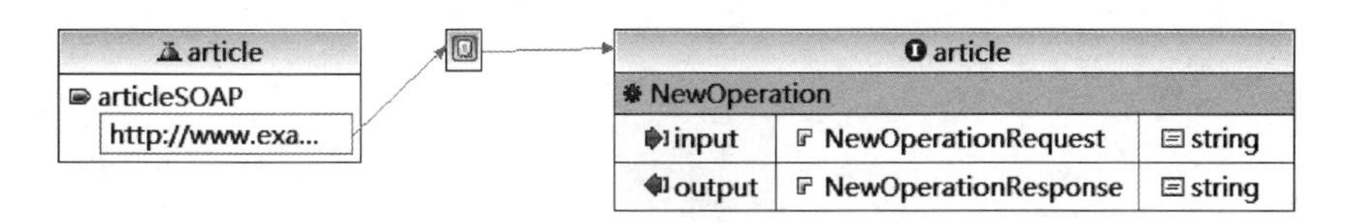

图 12-14　article.wsdl 文件结构图

接下来在 home 项目中创建 Article 用户模型，该模型即为 article.wsdl 文件的消息类体。为了方便演示，这里只需要创建两个公开方法即可，如以下代码所示。

```
<?php
class ArticleModel extends Model{
    public $dataType="json";
    /**
     * 获取用户所有文章
     * Enter description here ...
     */
    public function getUserArticleAll($user){
        $rows=$this->where(array(
            "add_user"=>$user
        ))->select();
        if ($this->dataType=="json"){
            return json_encode($rows);
        }else{
            return $rows;
        }
    }
    /**
     * 根据文章 ID 获取文章标题
     * @param unknown_type $id
     */
    public function getIdArticle($id){
        $rows=$this->where(array("id"=>$id))->find();
        $title=$rows["title"];
        if(empty($title)){
            $title="没有数据";
        }
        return $title;
    }
}
?>
```

然后在 home 项目中创建 api 控制器，该控制器用于 SOAP 服务绑定，首先创建 article.wsdl 服务绑定，如以下代码所示。

```
<?php
class ApiAction extends Action{
    public function Article(){
        D("Article");
        ini_set("soap.wsdl_cache_enabled", "1");
        $server =new SoapServer('./api/article.wsdl',array('soap_version' => SOAP_1_2));
        $server->setClass("ArticleModel");
        if (isset($HTTP_RAW_POST_DATA)) {
            $request = $HTTP_RAW_POST_DATA;
        } else {
            $request = file_get_contents('php://input');
        }
        $server->handle($request);
    }
}
?>
```

此时通过 http://tp.localhost/index.php/api/Article 访问 Article 动作，因为还没有在

article.wsdl 建立服务绑定，但在 Article 动作中已经声明绑定，所以出现错误，如图 12-15 所示。

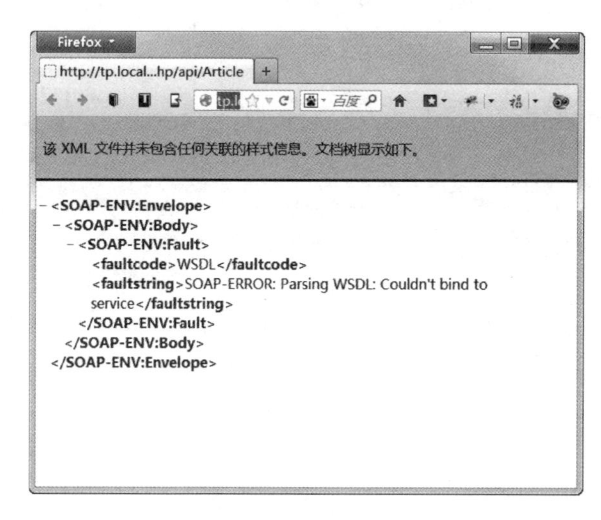

图 12-15　WSDL 绑定出错

接下来需要在 article.wsdl 文件中创建相应的操作及服务绑定。这里将创建 getUserArticleAll 操作及 getIdArticle 操作。并且建立 http://tp.localhost/index.php/api/Article 服务绑定地址。

需要注意的是，在 WSDL 中 PATHINFO URL 模式是无效的，所以上述绑定地址是不被 SOAP 认可的，解决办法是隐藏 index.php 入口文件，或者使用传统显式传参模式（普通模式）以及 REWRITE 模式。完成后 article.wsdl 设计视图如图 12-16 所示。

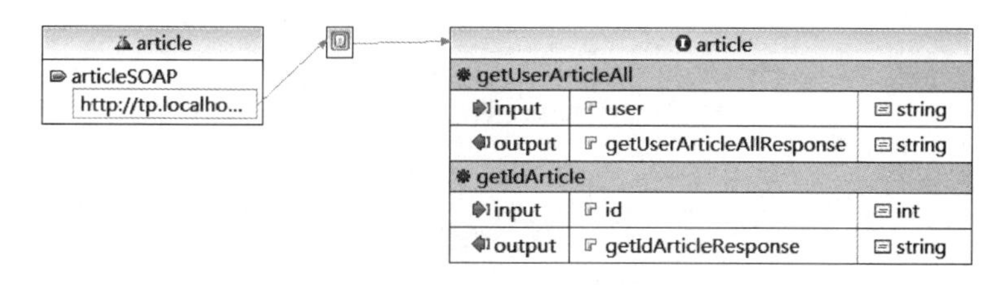

图 12-16　article.wsdl 文件设计视图

最终 article.wsdl 文件的源代码如下所示。

```
    <?xml version="1.0" encoding="UTF-8" standalone="no"?>
    <wsdl:definitions   xmlns:soap="http://schemas.xmlsoap.org/wsdl/soap/"   xmlns:tns=
"http://www.example.org/article/"xmlns:wsdl="http://schemas.xmlsoap.org/wsdl/"xmlns:xsd=
"http://www.w3.org/2001/XMLSchema"name="article"targetNamespace="http://www.example.org/
article/">
    <!—消息-->
    <wsdl:message name="getUserArticleAllRequest">
       <wsdl:part name="user" type="xsd:string"/>
     </wsdl:message>
     <wsdl:message name="getUserArticleAllResponse">
       <wsdl:part name="getUserArticleAllResponse" type="xsd:string"/>
     </wsdl:message>
     <wsdl:message name="getIdArticleRequest">
```

```
    <wsdl:part name="id" type="xsd:int"></wsdl:part>
  </wsdl:message>
  <wsdl:message name="getIdArticleResponse">
    <wsdl:part name="getIdArticleResponse" type="xsd:string"></wsdl:part>
  </wsdl:message>

  <!—公开可调用的操作-->
  <wsdl:portType name="article">
    <wsdl:operation name="getUserArticleAll">
      <wsdl:input message="tns:getUserArticleAllRequest"/>
      <wsdl:output message="tns:getUserArticleAllResponse"/>
    </wsdl:operation>
    <wsdl:operation name="getIdArticle">
     <wsdl:input message="tns:getIdArticleRequest"></wsdl:input>
     <wsdl:output message="tns:getIdArticleResponse"></wsdl:output>
    </wsdl:operation>
  </wsdl:portType>
  <!—操作绑定-->
  <wsdl:binding name="articleSOAP" type="tns:article">
    <soap:binding style="rpc" transport="http://schemas.xmlsoap.org/soap/http"/>
    <!—getUserArticleAll 操作-->
    <wsdl:operation name="getUserArticleAll">
      <soap:operation soapAction="http://www.example.org/article/getUserArticleAll"/>
      <wsdl:input>
        <soap:body namespace="http://www.example.org/article/" use="literal"/>
      </wsdl:input>
      <wsdl:output>
        <soap:body namespace="http://www.example.org/article/" use="literal"/>
      </wsdl:output>
    </wsdl:operation>

    <!—getIdArticle 操作-->
    <wsdl:operation name="getIdArticle">
      <soap:operation soapAction="http://www.example.org/article/getIdArticle"/>
      <wsdl:input>
        <soap:body namespace="http://www.example.org/article/" use="literal"/>
      </wsdl:input>
      <wsdl:output>
        <soap:body namespace="http://www.example.org/article/" use="literal"/>
      </wsdl:output>
    </wsdl:operation>
  </wsdl:binding>

  <!—服务描述-->
  <wsdl:service name="article">
    <wsdl:port binding="tns:articleSOAP" name="articleSOAP">
      <soap:address location="http://tp.localhost/index.php?m=api&amp;a=Article"/>
    </wsdl:port>
  </wsdl:service>
</wsdl:definitions>
```

至此，一个 article.wsdl SOAP 服务就创建完成了，接下来就可以使用专业的 SOAP 测试工具或者在 PHP 中直接调用该服务。

12.3　使用 soapUI 测试 WSDL

前面提到过，虽然 SoapClient 类可以实现对 SOAP 的调用，但由于 PHP 对数据类型不敏感，所以并不意味着在 PHP 中正能够正常调用就意味着 SOAP 服务正确无误。为了能够让 SOAP 服务通用于各种软件及硬件平台，需要借助于第三方工具进行深入测试。比较友好且严谨的测试工具包括 soapUI、Microsoft Visual Studio，前者代表 Java 平台，后者代表微软设备平台，下面将对 soapUI 进行介绍。

12.3.1　soapUI 简介

soapUI 是一套功能强大、方便易用的第三方开源测试工具。能够对各类型 SOAP 进行严紧的测试，确保 SOAP 适用于各种平台。soapUI 基于 Java 构建，可以运行于多数支持 Java 环境的桌面系统，例如 Windows、Linux、MaxOS 等。

soapUI 专业之处在于能够简化 SOAP 的测试步骤，以自动化的方式为测试人员提供智能化的测试流程，并且能够对每个测试单元进行管理，支持对每个单元进行赋值测试、断言测试、性能测试等。soapUI 测试时不依赖网络，可以对本地 WSDL 进行测试。利用 soapUI 的性能测试工具，还能够对网站负载能力进行直观的测试，尽早发现网站性能瓶颈之所在。soapUI 的项目网址为 http://www.soapui.org/，开发人员可以免费获取最新版本（试用版）。

soapUI 支持以独立的软件包进行安装，也支持以插件的方式整合到 Eclipse、maven2.X、Netbeans 、intellij 等 IDE 环境中。界面如图 12-17 所示。

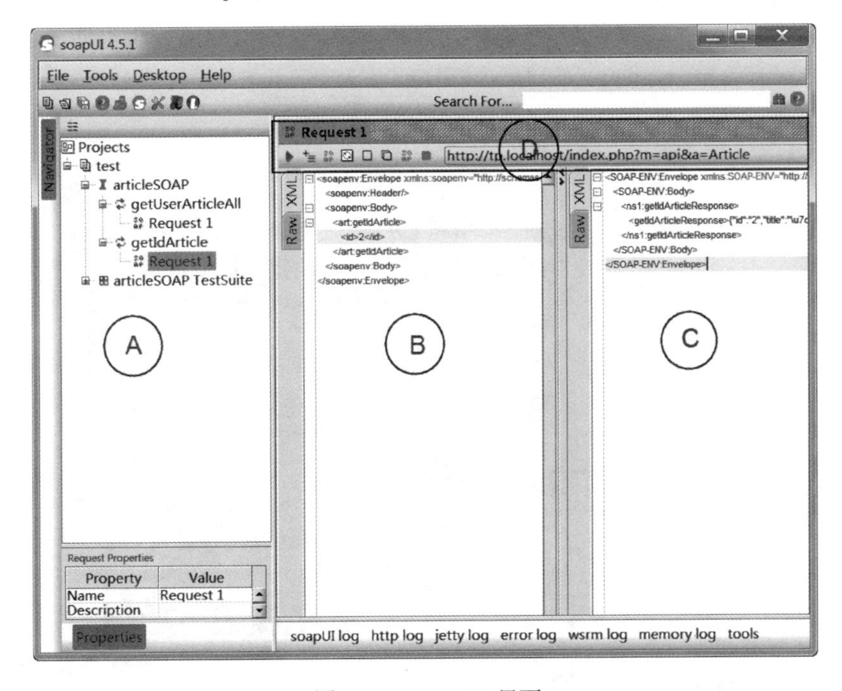

图 12-17　soapUI 界面

如图 12-17 所示，soapUI 工具界面大致可分为四大部分，分别如下：

- A：表示项目管理区。通常情况下，每一个项目对应一个 WSDL 文件。
- B：表示操作请求区。测试人员双击项目管理区的操作返回节点，操作请求区将要求输入请求参数。
- C：表示请求结果区。显示请求的结果。
- D：工具栏。▶图标表示开始执行请求；图标表示增加断言测试。

12.3.2 安装 soapUI

接下来将使用 soapUI 独立安装包对前面创建的 article.wsdl 文件进行测试。首先前往官方网站下载相应的 Java 源代码包，这里下载的版本为 soapUI 4.5.1。下载完成后解压将得到 soapUI 4.5.1 目录，该目录存放了 soapUI 所需要的源代码文件。在启动 soapUI 工具之前，需要确保当前机器上已经安装 Java 环境。笔者的环境如图 12-18 所示。

```
管理员: 命令提示符
Microsoft Windows [版本 6.1.7601] .
版权所有 (c) 2009 Microsoft Corporation。保留所有权利。

C:\Users\Administrator>java -version
java version "1.6.0_31"
Java(TM) SE Runtime Environment (build 1.6.0_31-b05)
Java HotSpot(TM) Client VM (build 20.6-b01, mixed mode, sharing)

C:\Users\Administrator>
```

图 12-18　Java 环境

在确认安装 Java 环境后，只需要进入 soapUI 4.5.1 目录，然后再进入 bin 目录，双击“soapui.bat”批处理文件，此时操作系统会询问是否允许 soapUI 通过防火墙，选择“允许”按钮即可。首次启动界面如图 12-19 所示。

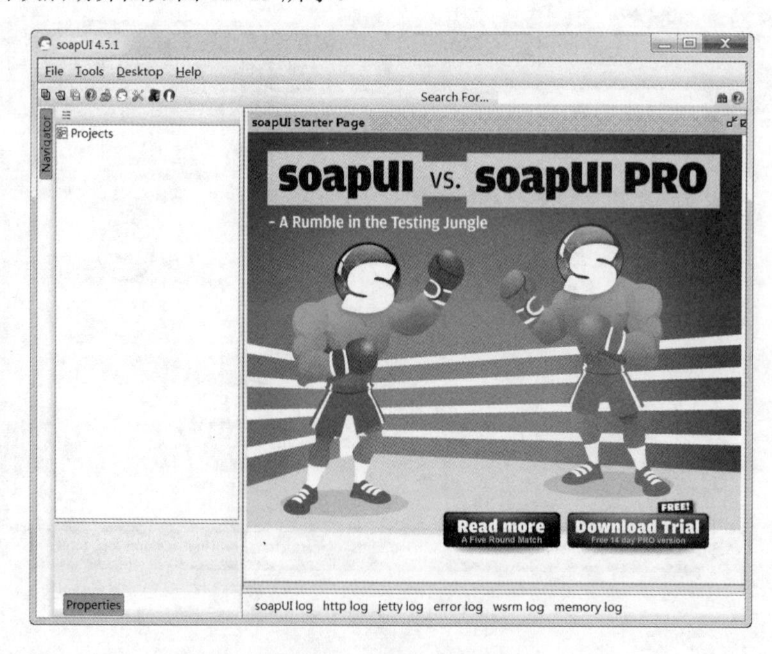

图 12-19　soapUI 欢迎界面

12.3.3　创建项目

启动 soapUI 后，首先创建一个测试项目。单击“项目管理区”，然后按下鼠标右键，弹出快捷菜单，选择“New soapUI Project”命令，如图 12-20 所示。

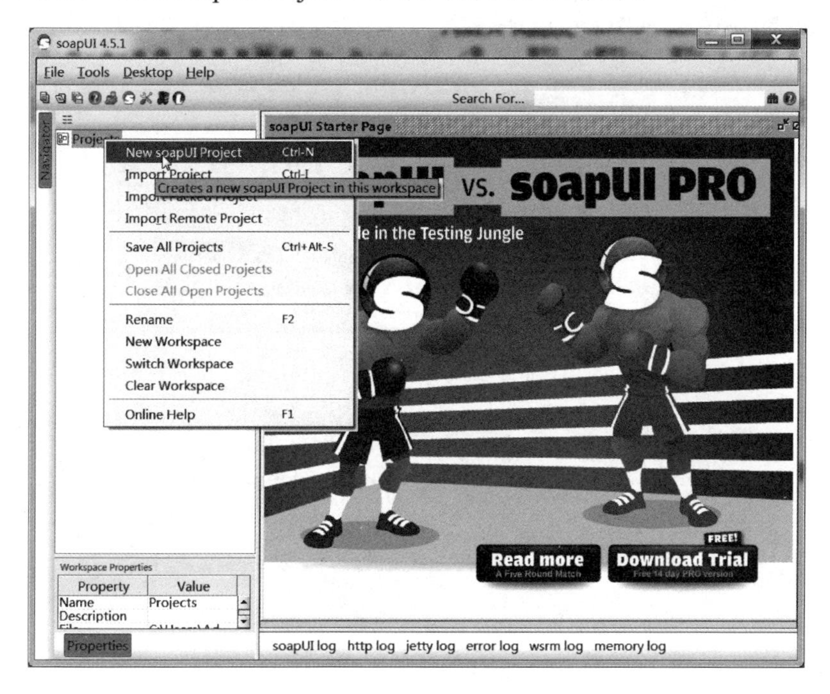

图 12-20　创建测试项目

向导将进入“New SoapUI Project”对话框，在 Project Name 选项栏中输入测试项目名称，这里命名为 article；Initial WSDL/WADL 文本框中是 WSDL 文件地址，可以选择本地或者远程 URL。如果选择本地文件，可以单击“Borwse”按钮进行选择，这里只需要输入“http://tp.localhost/api/article.wsdl”地址即可；完成后如图 12-21 所示。

New soapUI Project
New soapUI Project
Creates a new soapUI Project in this workspace
Project Name: article
Initial WSDL/WADL: http://tp.localhost/api/article.wsdl Browse...
Create Requests: Create sample requests for all operations?
Create TestSuite: Creates a TestSuite for the imported WSDL or WADL
Create MockService: Creates a Web Service Simulation of the imported WSDL
Add REST Service: Opens dialog to create REST Service
Relative Paths: Stores all file paths in project relatively to project file (requires save)
Create Web TestCase: Creates a TestCase with a Web Recording session for functional web testing
OK Cancel

图 12-21　测试文件地址

单击“OK”按钮，向导将进入文件保存对话框，默认情况下 soapUI 使用“project 名称+- soapui-project.xml”的形式进行命。所以 article 项目的文件名称为“article-soapui-project.xml”。

单击“保存”按钮后，向导将进入“Generate TestSuite”对话框，在 Operations 选项栏中选择需要测试的操作，如图 12-22 所示。

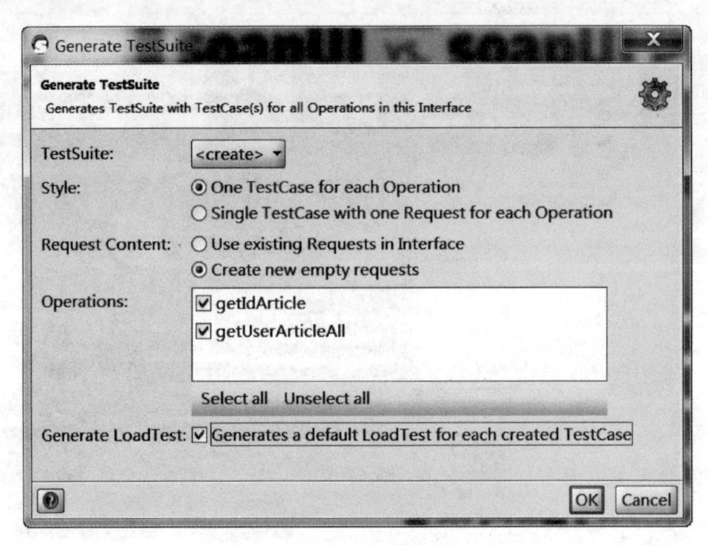

图 12-22　soap 生成测试选择框

单击“OK”按钮，进入测试用例命名对话框，如图 12-23 所示。单击“确定”按钮即可。此时项目管理区将会显示前面创建的测试项目，以及项目的公开操作。如图 12-24 所示。

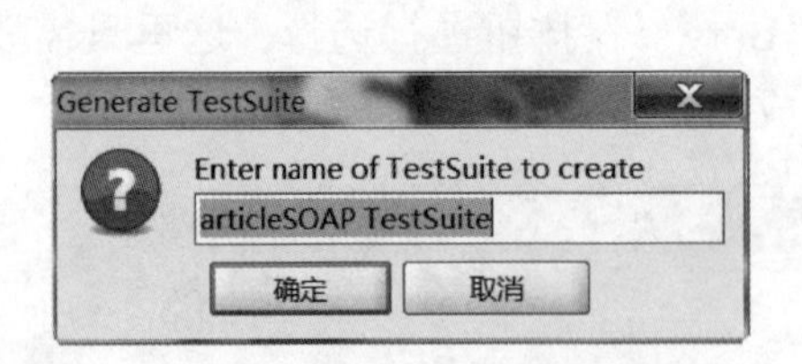

图 12-23　测试用例命名对话框

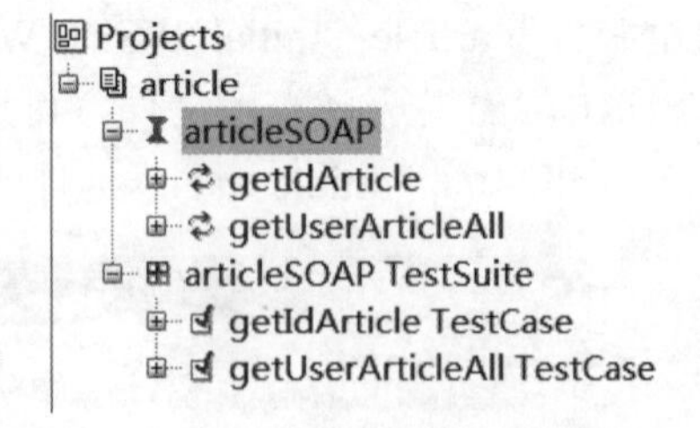

图 12-24　项目管理区

12.3.4　测试项目

通过前面的步骤，已经增加了 article 测试项目，并且 soapUI 已经根据 WSDL 的 Schema 定义为每一个操作创建了默认请求。接下来首先测试 getIdArticle 操作。

依次单击“articleSOAP TestSuite”→“getIdArticle TestCase”节点，然后双击“getIdArticle”节点，弹出测试请求窗口，如图 12-25 所示。

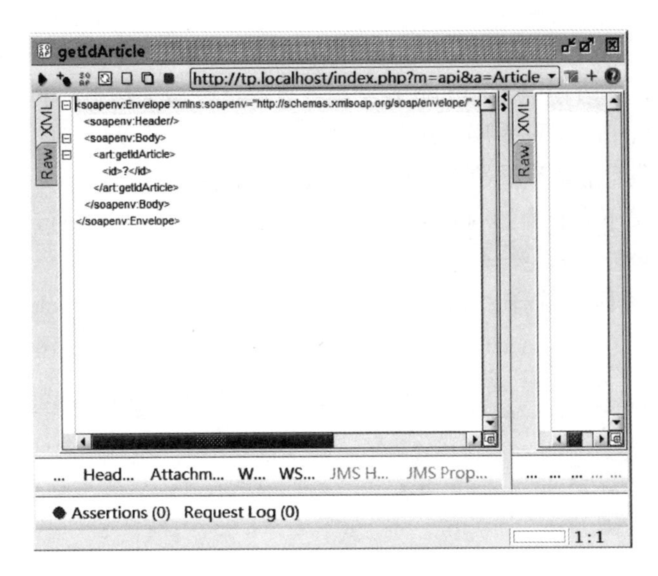

图 12-25　测试请求窗口

代码中的 id 元素表示请求参数名称，“?”表示需要传递的参数值。输入相应的参数值，单击工具栏▶按钮，右边的请求结果区将显示 SOAP 返回的结果，如图 12-26 所示。

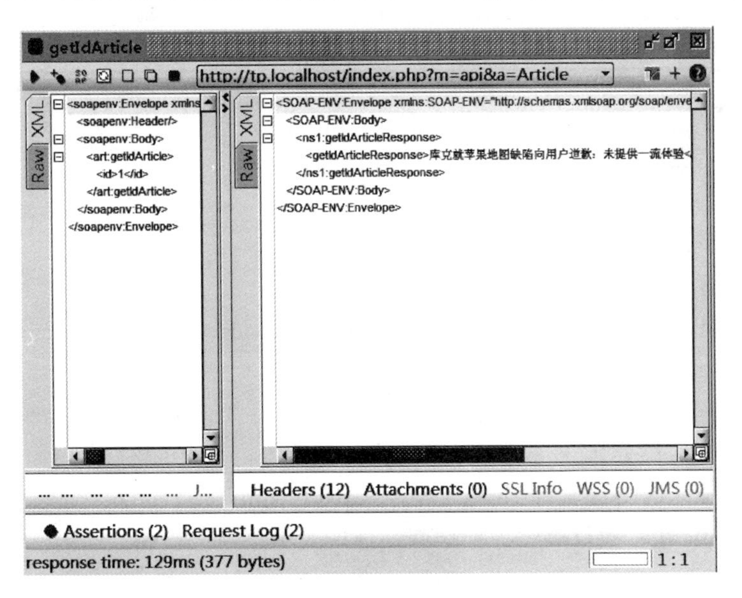

图 12-26　SOAP 返回结果

利用同样的方法，对其他公开的操作进行测试，这就是 soapUI 的简单使用。如果 WSDL 出现异常，请求结果窗口将返回详细的异常说明，开发人员可以根据这些说明查找异常所在。

12.3.5　负载测试

由于 SOAP 本质上是一种 XML 通信，XML 在进行数据传递时，需要传输大量的标记元素，这对接口的性能是一个挑战，所以性能测试也是衡量一个 SOAP 服务是否稳定的关键。网站性能测试，一般使用 loadrunner 工具进行测试，该工具是一套专业且强大的商业测试工具，使用 loadrunne 能够对网站进行全面的性能测试，并以报表的方式返回结果，为开发人员优化程序提供可靠的数据参考。但 loadrunner 使用烦琐，对于一般程序员而言，上手是一件困难的事。接下来将介绍 soapUI 内置的负载能力测试工具，该工具不仅使用简单，而且界面友好，完全能够满足一般的 SOAP 性能测试需求。

首先在项目管理区中选择“article”项目，然后依次单击“articleSOAP TestSuite”→“Load Tests” 节点。双击“LoadTest 1”节点，弹出 LoadTest 1 测试对话框，如图 12-27 所示。

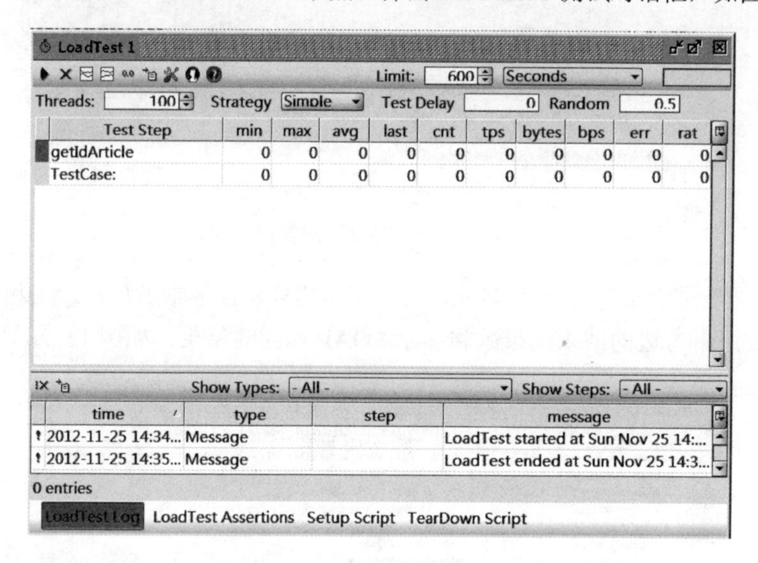

图 12-27 soapUI 性能测试对话框

如图 12-27 所示，可设置的测试选项如下：

- Limit：测试超时规则，单位有 Total Runs、Seconds、Runs pre Threads。
- Threads：启动的测试线程（即访问用户）。
- Strategy：测试策略，可选的值有 Burst、Simple、Threads、Varinace。

测试对话框大致可分为 3 部分：顶部的为测试设置栏；中间区域表示测试状态显示区；底部为测试结果显示区。这里将 Threads 值设为 100；Limit 值设为 600 Seconds。

完成后单击▶按钮，执行测试。根据网站性能及网络状态，将会耗时一段时间，完成后 soapUI 将返回相应的测试数据，如图 12-28 所示。

Limit: 600 Seconds 100%
Threads: 100 Strategy Simple Test Delay 0 Random 0.5

Test Step	min	max	avg	last	cnt	tps	bytes	bps	err	rat
getIdArticle	2023	13020	5,816....	5901	10261	17.07	38683...	6437	0	0
TestCase:	2023	13020	5,816....	5901	10261	17.07	38683...	6437	0	0

Show Types: - All - Show Steps: - All -

图 12-28 性能测试结果

如图 12-28 所示，SOAP 服务接口经过测试后，soapUI 将以直观的数据反馈给开发人员。max 数值越小，证明性能越好。点击工具栏中的按钮，将以曲线图的方式显示结果数据，如图 12-29 所示。

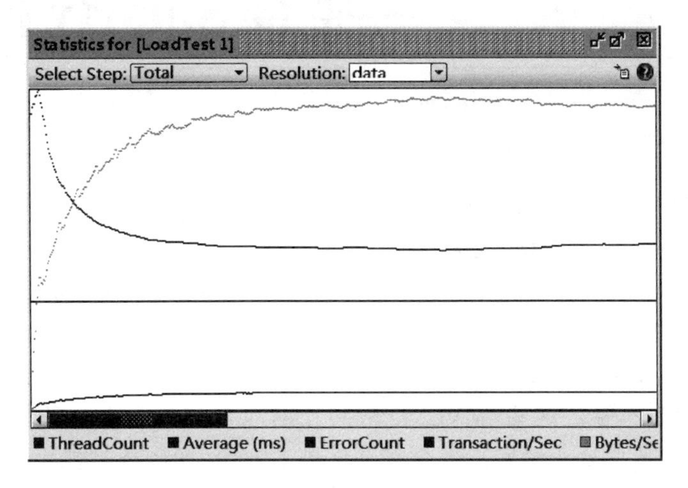

图 12-29　以曲线图显示性能测试结果

12.4　小结

本章首先讲解了分布式开发概念，然后介绍了 PHP 对 SOAP 支持的情况，结合简单明了的示意图，相信读者已经对 SOAP 有所认识。

接着深入介绍 WSDL 消息文档模型，包括 types、portType、message、binding 及 service。只有深入理解这些文档节点或元素的意义，才能设计出功能强大，运行稳定的 SOAP 服务。

本章还介绍了 nusoap 类库，该类库最大的特点就是可以动态生成 SOAP 服务，是 PHP 平台中比较好用、强大的 SOAP 开发类库。

在 PHP 中要测试 SOAP 是比较困难的事，本章最后介绍了 soapUI 开源工具，使用该工具可以对任何类型的 SOAP 服务进行全面的测试。

第13章 整合Smarty模板引擎

内容提要

Smarty 是 PHP 中一套非常完善、强大的 PHP 模板引擎，真正实现了 PHP 代码与界面 HTML 代码相分离。尽管 PHP 技术已经发展得非常完善，各种 MVC 框架的出现实现了 Smarty 代码分离的功能，但 Smarty 凭借着稳定的性能、高效的模板标签、灵活的扩展机制使其仍然具有不可替代的作用。

正因如此，越来越多的主流 MVC 框架开始支持使用 Smarty 作为模板引擎，例如 CakePHP、ThinkPHP 等，这些 MVC 框架均可以通过扩展或内置的视图引擎开关引入 Smarty 引擎。由于本书后面的实战部分需要使用 Smarty 的较多功能，所以本章将会深入介绍 Smarty 的方方面面，读者只有全面掌握本章内容，才能对实战部分内容进行学习。

学习目标

- 了解 Smarty 的特点。
- 掌握在 ThinkPHP 中整合 Smarty 的方法。
- 掌握 Smarty 常用标签的使用方法。
- 理解并熟悉 Smarty 变量调节器。
- 理解并熟悉 Smarty 对象方法。
- 掌握 Smarty 插件扩展的使用。
- 掌握 Smarty 强大的缓存功能。

13.1 Smarty 模板引擎介绍

Smarty 并不是一项新的 PHP 技术，而在 PHP 4.x 以前就已经是非常流行的界面与后台相分离的技术。由于 PHP 的特性，早期的 PHP 编程要实现 MVC 编程非常困难，但 Smarty 出现之后，虽不能说是 MVC 编程，但至少实现了部分 MVC 编程思想，以至于现在主流的 MVC 框架或多或少都受 Smarty 影响。

Smarty 的本质是分离代码，使得美工与后台的逻辑在一定程序度相分离，以便更好地分工合作。这种分工合作不仅能够提高开发效率，而且能够有效改善代码质量，为后期网站的维护提供极大的便利，如图 13-1 所示。

在早期的 PHP 开发模式中，能够真正实现 MVC 设计的 PHP 框架并不多，所以当时几乎由 Smarty 主导。直至现在，Smarty 依然盛行，这点从各大招聘网站中可见一斑。本书是介绍 PHP MVC 的，理论上 MVC 框架就能实现美工与界面相分离，但 MVC 是一种模式，而 Smarty 只是模式中的一个部件而已。所以要深入理解这两者之间的关系，还需要读者真正掌握 Smarty 的使用。

Smarty 与 MVC 不同之处在于 Smarty 并不负责后台逻辑的处理，普通的 PHP 程序只需要包含 Smarty 入口文件，其他的编程模式可以使用传统的 PHP 面向对象或面向过程方式实现。Smarty 在处理模板时，首先由 PHP 分析当前请求是否应用 Smarty，然后对相关的请求文件进行静态化处理，如果存在缓存则直接返回该文件的缓存；否则执行模板解释工作，将前台设计人员设置的模板标签解释为 PHP 标准代码，并且生成预编译文件。

这个过程只需要在第一次解释模板或者模板标签改变时执行，下次执行时直接获取解释后的结果即可，避免重复解释，这在一定程度上改善了 PHP 运行效率；最后将生成后的缓存返回给浏览用户，如图 13-2 所示。

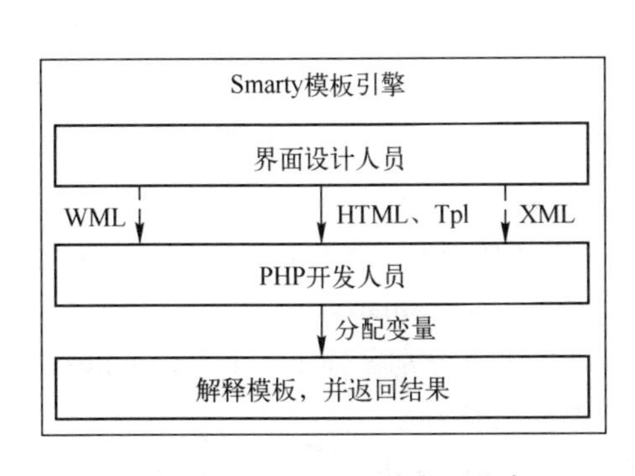

图 13-1　Smarty 前台后分离

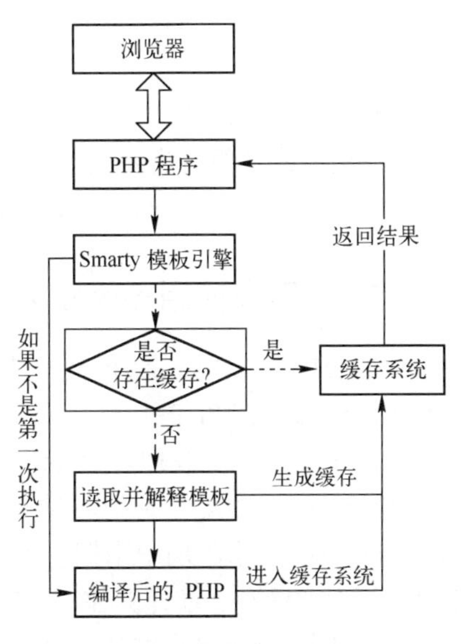

图 13-2　Smarty 执行流程

相信读者对 Smarty 的执行流程并不陌生，因为前面介绍的 ThinkPHP 模板引擎就是以相同的方式处理模板的。不仅同样支持 PHP 编译，而且使用 assign 方法分配变量；在模板设计层面，同样也使用标签，这些都是 Smarty 原本就有的特色功能。

除了 Smarty 引擎之外，常见的模板引擎如下。

- PHPLIB：一套古老且主流的模板引擎，直接在 HTML 中使用 PHP 变量进行编程。
- Template Blocks：一款轻巧且速度非常快的 PHP 模板引擎，支持 XML 语法。
- TinyButStrong：小强模板，业界非常著名好用的模板引擎，直接支持 Dreamweaver 插件编辑。
- Rain TPL：易于使用和安装引擎，有 6 个标签、3 个 PHP 函数和 2 个 PHP 类。支持对模板中的相对路径自动转换为绝对路径。
- PHPTAL：PHPTAL 是一个 ZPT 的 PHP 执行。简而言之，PHPTAL 是一个 PHP 下的 XML/XHTML 模板库。
- PHP Template Engine：类似于 PHPLIB，但支持在模板中使用 Cookie、Session。

通过前面的介绍，可以看到 PHP 模板引擎主要分为两类：一类是直接在模板中使用 PHP 语法作为模板标签；另外一类是使用特定的语法标记作为模板标签。在这两类模板中，基于 PHP 语法的模板引擎由于不需要开发员掌握额外的知识，所以越来越受到开发人员的欢迎，本书一开始介绍的几种主流 MVC 框架模板引擎都使用类似技术。

使用特定语法的模板引擎由于性能问题，近年来受到一些诟病，但由于其能够真正将界面设计人员与 PHP 开发人员很好地分离，所以在大型项目开发中具有不可替代的作用，而这一类的模板引擎最流行的就是 Smarty 了。所以本章重点介绍 Smarty 引擎，读者在深入掌握该模板引擎的使用后，将会对 MVC 设计有更深入的认识。

13.2 使用 Smarty

Smarty 的兼容性非常好，多数情况下 Smarty 高版本都能够兼容低版本。但有一点必须要注意，Smarty 之所以功能强大，是由于支持众多模板插件，这些插件并非都具备良好兼容性，所以在使用前或升级前需要开发人员自行测试，以确保适用新的 Smarty 版本。接下来将以 Smarty 3.1.12 为例，详细介绍 Smarty 的安装及使用。

13.2.1 在 PHP 中使用 Smarty

在传统的 PHP 中使用 Smarty 是主要的开发方式，也是最简单的使用方式。下面将通过示例详细介绍 Smarty 在 PHP 中的导入及使用，步骤如下。

首先下载 Smarty，下载地址为 http://beauty-soft.net/book/php_mvc/down/Smarty.html。将下载后的 Smarty 文件夹复制到网站相应的目录，例如 Smarty 目录。完成后可以通过 http://localhost/smarty 网址访问到该目录。然后在该目录中分别创建 cache、compiles、conf、tpl 目录，用于存放缓存、编译文件、配置文件、模板文件等。

完成后，创建 index.php 网站入口文件，在该文件中包含 Smarty.class.php 入口文件，并初始化相关配置信息，如以下代码所示。

```
<?php
include_once("./smarty/Smarty.class.php");
$smarty=new Smarty();
//模板目录
$smarty->template_dir='./Tpl';
//编译目录
$smarty->compile_dir='./compiles';
//配置文件目录
$smarty->config_dir='./Conf';
//缓存存放目录
$smarty->cache_dir='./Cache';
$smarty->caching=true;
//模板定界符
$smarty->left_delimiter='{';
$smarty->right_delimiter='}';
$rows=array(0=>array(
    "title"=>"标题一",
    "content"=>"内容",
    ),
    1=>array(
    "title"=>"标题二",
    "content"=>"内容",
    ),
);
$smarty->assign("rows",$rows);
$smarty->assign("pageTitle","第一个 Smarty 程序");
$smarty->display("index.html");
?>
```

通过前面章节的学习，相信读者对上述代码并不陌生。无论是分配变量还是分配模板，这些操作都与 ThinkPHP 相类似，事实上这是类 Smarty 模板引擎所具有的特性。保存上述代码，然后在 tpl 目录中创建 index.html 模板文件，代码如下。

```
<!DOCTYPE html PUBLIC "-//W3C//DTD XHTML 1.0 Transitional//EN" "http://www.w3.org/TR/xhtml1/DTD/xhtml1-transitional.dtd">
<html xmlns="http://www.w3.org/1999/xhtml">
<head>
<meta http-equiv="Content-Type" content="text/html; charset=utf-8" />
<title>{$pageTitle}</title>
</head>
<body>
{foreach from=$rows item=list}
<li>{$list["title"]}</li>
{/foreach}
</body>
</html>
```

如上述代码所示，标粗的即为后台 PHP 变量。运行结果如图 13-3 所示。

图 13-3　Smarty 运行结果

13.2.2 开启 ThinkPHP 模板扩展

前面介绍的 Smarty 使用方式是基于传统 PHP 开发的，并没有涉及设计模式。事实上 ThinkPHP 已经内置 Smarty 引擎支持，并且直接支持在配置文件中开启，过程如下。

首先打开 MVC 项目配置文件，将 TMPL_ENGINE_TYPE 配置项的值修改为 smarty 即可，如以下代码所示。

```
<?php
return array(
    'TMPL_ENGINE_TYPE' => 'smarty',
    'TMPL_TEMPLATE_SUFFIX' => '.html',
    'TMPL_ENGINE_CONFIG' => array(
            'template_dir' =>APP_PATH.'Tpl/',
            'cache_dir' => APP_PATH.'Runtime/'.'Cache',
            'config_dir' => APP_PATH.'Conf/',
            'compile_dir' => APP_PATH.'Runtime/'.'compiles',
            'compile_check' =>true,
              'use_sub_dirs' => true,
              'caching'=>false,
              'left_delimiter'=>'<!--tmp-',
              'right_delimiter'=>'-->',
            ),

);
?>
```

如上述代码所示，除了 TMPL_ENGINE_TYPE 配置项外，第三方模板引擎配置参数需要赋值于 TMPL_ENGINE_CONFIG 配置项（配置值与在传统的 PHP 中保持一致）。如果 TMPL_ENGINE_CONFIG 为空，则使用 ThinkPHP 内置引擎的相关参数代替。切换模板引擎后，其他的变量分配和默认引擎保持一致，但模板标签的使用必须遵循 Smarty 标准及规范，如以下代码所示。

```
public function index(){
      $this->assign('pageTitle',"网页标题");
       $this->display("index");
}
```

13.2.3 以扩展的方式使用全功能 Smarty

在 11.1.2 节中，已经介绍过 ThinkPHP 虽然可以切换到 Smarty 模板引擎，但这种切换方式是指标签解释的方式上，并不包括 Smarty 模板扩展功能。所以使用 TMPL_ENGINE_TYPE 切换方式，只能使用 Smarty 的基础解释功能，而不能使用 Smarty 特有的扩展功能，例如注册函数、注册对象等。而 Smarty 灵活及强大之极就在于扩展机制。但可以通过 ThinkPHP 扩展的方式引入 Smarty，从而实现全功能的 Smarty 模板引擎。具体方法读者可参考 11.1.2 节。

配置完成后，只需要在项目 conf 目录中创建 confing.conf 配置文件即可，该文件用于直接在模板中获取配置数据。这样 ThinkPHP 就具备全功能的 Smarty 环境了。

本章接下来的全部内容基于 ThinkPHP+Smarty 环境。继续以 mobile 项目作为演示用例，此时通过 http://tp.localhost/mobile.php 网址将能够访问到该项目。index 动作代码如下所示。

```
<?php
// 本类由系统自动生成，仅供测试用途
class IndexAction extends PublicAction {
    public function index(){
        $this->smarty->template_dir=APP_PATH.'/Tpl/index';
        $this->smarty->assign('pageTitle',"欢迎光临");
        $this->smarty->assign('foot',"现在时间".Date("Y-m-d H:i:s"));
        $article=M("Article");
        $rows=$article->where(array("add_user"=>"ceiba"))->select();
        $this->smarty->assign("list",$rows);
        $this->smarty->display('index.html');
    }

}
?>
```

可以看到 index 控制器不再继承于 Action 类，而是继续于 PublicAction 类。该类是一个自定义的项目成员控制器，用于全局控制，代码如下。

```
<?php
class PublicAction extends Action{
   public $smarty;
   //初始化 Smarty
   public function _initialize() {
      // 加载 Smarty 模板扩展
      Vendor("Smarty.Smarty","",".class.php");
      $this->smarty=new Smarty();
      //默认模板目录
      $this->smarty->template_dir=APP_PATH.'Tpl/';
      //编译目录
      $this->smarty->compile_dir=APP_PATH.'Runtime/'.'compiles';
      //配置文件目录
      $this->smarty->config_dir=APP_PATH.'Conf/';
      //缓存目录
      $this->smarty->cache_dir=APP_PATH.'Runtime/'.'Cache';
      $this->smarty->caching=false;
      $this->smarty->left_delimiter='<!--{';
      $this->smarty->right_delimiter='}-->';

  }
}
?>
```

这里的 Smarty 引擎是 ThinkPHP 提供的，如果读者需要最新版本的 Smarty，只需要覆盖 Smarty 目录即可。也可将 Smarty 存放于当前项目扩展目录，然后使用 import 函数导入即可。index 动作对应的 index.html 模板文件如以下代码所示。

```
<!DOCTYPE html PUBLIC "-//W3C//DTD XHTML 1.0 Transitional//EN" "http://www. w3.
org/TR/xhtml1/DTD/xhtml1-transitional.dtd">
<html xmlns="http://www.w3.org/1999/xhtml">
<head>
<meta http-equiv="Content-Type" content="text/html; charset=utf-8" />
<meta name="viewport" content="width=device-width, initial-scale=1">
<link rel="stylesheet" type="text/css" href="http://beauty-soft.net/js/jquery.
mobile-1.0/jquery.mobile-1.0.min.css" />
```

```
    <script src="http://code.jquery.com/jquery-1.4.3.min.js"></script>
    <script src="http://code.jquery.com/mobile/1.0a1/jquery.mobile-1.0a1.min. js">
</script>
    <title><!--{$pageTitle}--></title>
    </head>
    <body>
    <!--首页-->
    <div data-role="page" id="Index_Page" class="type-index">
    <dir data-role="header" data-position="fixed"><h1><!--{$pageTitle}--></h1></dir>
    <!--内容区-->
    <div data-role="content">
     <ul data-dividertheme="b" data-theme="c" data-role="listview" data-inset="true">
       <!--{foreach from=$list item=rows}-->
        <li><a href="#UserPage" ><!--{$rows["title"]}--></a></li>
       <!--{/foreach}-->
      </ul>
    </div>
    <!--底部-->
    <dir data-role="footer" data-position="fixed">
      <h4><!--{$foot}--></h4>
    </dir>
    </div>
    <!--首页 END-->
    </body>
    </html>
```

上述代码是一个基于 JqueryMobile 的手机页面代码，并且使用 Smarty 标签及语法。读者在实验时可以使用普通的模板代码，这里只是为了减少代码量，方便讲解，对 Smarty 的功能介绍并无影响。运行效果如图 13-4 所示。

图 13-4　在 ThinkPHP 中使用 Smarty

13.3　Smarty 模板函数和标签

Smarty 模板引擎内置了很多函数，这些函数只允许开发人员调用，但并不允许修改。接下来将介绍常用和重要的内置函数。

13.3.1　include（包含文件）

include 函数是一个常用的函数，与其他语法或函数一样，include 函数也是用于包含站内文件的。Smarty 引擎中的 include 函数支持包含模板文件、资源文件（如图片、CSS、JS 等）。合理使用 include 还可以实现网站布局功能，如以下代码所示。

```
<!--head 区域-->
<!--{include file="mobile_head.html"}-->
<!--内容区-->
<div data-role="content">
 <ul data-dividertheme="b" data-theme="c" data-role="listview" data-inset="true">
    <!--{foreach from=$list item=rows}-->
    <li><a href="#UserPage" ><!--{$rows["title"]}--></a></li>
    <!--{/foreach}-->
  </ul>
</div>
<!--foot 区域-->
<!--{include file="foot.html"}-->
</html>
```

上述代码将原本冗长的代码进行了简化，使用 include 函数分别导入 mobile_head.html 及 foot.html 文件，这两个文件作为网页公共头部及底部，实现了简单的布局功能。需要注意的是，include 导入路径是相应于当前模板文件位置的（支持绝对路径方式），上述代码中被包含的文件需要与 index.html 文件同级。此外，include 还支持参数传递，如以下代码所示。

```
<!--{include file="foot.html" copyright="copyright beauty-soft.net"}-->
```

foot.html 页面在接收传参时，直接填写变量名称即可。如果存在相同变量名，该变量值将被替换，如以下代码所示。

```
<!--{$foot}--><!--{$copyright}-->
```

13.3.2　capture（暂存数据）

capture 是一个模板数据暂存标签，一般配合 include 函数使用。通常情况下，使用 include 包含文件时，相应的代码会被立即显示到网页中。但配合 capture 标签使用后，被包含的外部文件代码并不会立即显示，而是暂存变量，直到调用$smarty.capture.var 时才会显示。如以下代码所示。

```
<!--{include file="mobile_head.html"}-->
<!--{capture name=foot}-->
<!--{include file="foot.html"}-->
<!--{/capture}-->
<!--内容区-->
<div data-role="content">
 <ul data-dividertheme="b" data-theme="c" data-role="listview" data-inset="true">
    <!--{foreach from=$list item=rows}-->
    <li><a href="#UserPage" ><!--{$rows["title"]}--></a></li>
    <!--{/foreach}-->
  </ul>
</div>
<!--{$smarty.capture.foot}-->
```

上述代码首先在 capture 标签内包含 foot.html 文件，Smarty 在解释时不会将代码立即显示，而是保存到 foot 变量中（由 name 参数指定）；在使用时直接获取变量名即可。利用 capture 标签特性，可以将常用的代码保存到独立文件，页面在调用时，只需要包含一次即可。capture 非常适用于广告代码、导航栏等页面片段代码。

13.3.3 include_php（包含 PHP 文件）

include 函数只能包含静态资源文件，不能包含 PHP 代码。虽然大多数情况下，使用模板变量都能够完成大多数运算功能，但有些情况下直接包含 PHP 处理脚本更加灵活及简捷。例如局部页面部件（Widget）、Ajax 数据收集、页面权限检测等。include_php 函数支持直接包含 PHP 文件代码，被包含的 PHP 文件会被服务器解释，而不是由模板引擎解释。include_php 标签参数如表 13-1 所示。

表 13-1 include_php 参数

参数	说明	默认值
file	PHP 文件所在路径	空（必须）
once	是否处理 PHP 嵌套包含	no
assign	使用变量保存所包含的 PHP 文件代码	空

如果设置了 assign 参数，Smarty 在解释时不会立即返回结果，而是将运算结果存放于 assign 变量值中，使用时直接使用$this.var 获取运算结果，如以下代码所示。

```
<!--{include_php file="test.php" assign="test"}-->
<!--{$this.test}-->
```

如果设置了安全模式，被包含的脚本必须位于$trusted_dir 路径下。同时必须设置 file 参数，该参数声明被包含的 PHP 文件路径，可以是$trusted_dir 的相对路径，也可以是绝对路径。

13.3.4 insert（插入函数）

insert 函数可以将现有的 PHP 函数直接插入到当前模板文件中，执行的顺序是首先执行 PHP 函数再执行模板解释。insert 函数格式如表 13-2 所示。

表 13-2 insert 参数

参数	说明	默认值
name	插入的函数名称	空（必须）
assign	指定变量保存插入结果，但不输出	空
script	插入函数前额外执行 PHP 脚本	空
[var..]	插入函数参数，使用数组表达式	空

insert 对插入的函数需要使用关键字“insert_”+“name”进行命名，假设插入 getData 函数，代码如下。

```
<!--{insert name="getData"}-->
```

对应的自定义函数命名规则就是 insert_getData，如以下代码所示。

```
<?php
```

```
function insert_getData(){
}
?>
```

insert 在插入函数时支持为该函数传入参数。在传入参数时，只需要直接附加参数名及参数值即可。最终的自定义函数将会把参数转换为数组键值对，如以下代码所示。

```
<!--{insert name="getData" id="1" username="ceiba"}-->
```

上述参数的传入结果如以下代码所示。

```
array("id"=>1, "username"=>"ceiba")
```

所以，在自定义函数中获取传入的参数，只需要直接获取数组键即可，如以下代码所示。

```
function insert_getData($array){
    $userObj=M("User");
    $user=$array["username"];
    $rows=$userObj->where(array("user_name"=>$user))->find();
    return  $rows["user_email"];
}
```

insert 函数无论是否第一次执行，都不对插入的步骤进行缓存，如果插入的数据太多，将对页面刷新速度产生影响，这一点需要读者注意。

13.3.5　literal（原文本输出）

literal 函数用于原文本输出。位于 literal 标签内的数据，Smarty 在解释时会按照原格式输出。这些数据包括 HTML 代码、PHP 代码、Smarty 定界符、JavaScript 等脚本。如以下代码所示。

```
<!--{literal}-->
    <script language=javascript>

    <!--
    function isblank(field) {
    if (field.value == '')
    { return false; }
    else
    {
    document.loginform.submit();
    return true;
    }
    }
    // -->
    </script>
<!--{/literal}-->
```

13.3.6　php（执行 PHP 语句块）

与 ThinkPHP 模板引擎自动支持 PHP 代码不同，Smarty 默认情况下是不支持在模板中嵌入 PHP 代码的，但提供了 PHP 标签，用于实现 PHP 代码运算，功能类似于 include_php 函数。如以下代码所示。

```
<!--{php}-->
phpinfo();
<!--{/php}-->
```

可以使用 php 标签代替 include_php 函数，如以下代码所示。

```
<!--{php}-->
include("user.php");
<!--{/php}-->
```

需要注意的是，出于安全考虑 Smarty 默认是关闭 php 标签支持的，如果需要开启，在初始化 Smarty 时更改配置即可。

```
$smarty->allow_php_templates = true
```

虽然允许嵌入 PHP 代码，但 Smarty 官方并不建议使用。

13.3.7 strip（保留空格和回车符）

strip 标签用于格式化页面上的 HTML 标记，例如换行标记、空格等。使用方法也比较简单，如以下代码所示。

```
<!--{strip}-->
<table border=0>
    <tr>
        <td>
            <A >
            <font color="red">This is a test</font>
            </A>
        </td>
    </tr>
</table>
<!--{/strip}-->
```

上述代码的运行结果如下。

```
<table border=0><tr><td><A HREF="http://my.domain.com"><font color="red">This is a test</font></A></td></tr></table>
```

13.4 Smarty 模板控制语句

Smarty 支持在模板中使用判断标签实现解释流程控制，例如常见的 if、if...else 以及各种数据循环语句等。下面将分别介绍。

13.4.1 if、elseif（判断语句）

无论是 ThinkPHP 模板引擎，还是 Smarty 模板引擎，都提供了完善的判断语句标签。在开始介绍判断语句前，首先理解 Smarty 中最常用的比较运算符，如表 13-3 所示。

表 13-3 Smarty 常用比较运算符

Smarty 比较运算符	说 明	与 PHP 匹配
eq	等于	==
ne、neq	不等于	!=
gt	大于	>
lt	小于	<

（续）

Smarty 比较运算符	说　明	与 PHP 匹配
gte、ge	大于或等于	>=
lte、le	小于或等于	<=
no	非	!

判断语句的条件都是建立在这些运算符上的。其中 if 判断语句是最常用的流程控制语句之一，在 Smarty 中，所有流程控制语句均使用标签表示，如以下代码所示。

```
<!--{if $class eq "news"}-->
    <!--{foreach from=$list item=rows}-->
    <li><a href="#UserPage" ><!--{$rows["title"]}--></a></li>
    <!--{/foreach}-->
<!--{/if}-->
```

对应的后台代码如下。

```
$this->smarty->assign("class",$_GET["c"]);
```

上述代码表示根据后台的 GET 请求，判断是否存在参数“news”。如果条件成立，则执行数据循环操作。

与 PHP 一样，存在 if 语句，当然也会存在 elseif 及 else 语句。在 Smarty 中同样有对应的标签，如以下代码所示。

```
<!--{if $class eq "news"}-->
    <!--{foreach from=$list item=rows}-->
    <li><a href="#UserPage" ><!--{$rows["title"]}--></a></li>
    <!--{/foreach}-->
<!-{elseif $class eq "sports"}-->
    体育频道尚未开通
<!-{else}-->
    参数请求错误
<!--{/if}-->
```

13.4.2　foreach（循环数据）

在前面的内容中，foreach 标签已经多次出现，相信读者已经能够掌握其使用方法。foreach 是 Smarty 模板引擎中最简单的循环语句标签，该标签属性如表 13-4 所示。

表 13-4　foreach 属性

属　性	说　明	是否必须
form	循环数组数据源	是
item	循环临时存放变量	是
key	当前数组 key	否
name	循环源名称，用于访问循环源	否

其中属性 key 是一个隐匿的数组变量，在循环时直接获取即可，如以下代码所示。

```
<!--{foreach from=$list item=rows key=key}-->
    <li>Key: <!-{$key}-->标题: <!--{$rows["title"]}--></li>
<!--{/foreach}-->
```

需要注意的是，foreach 是以属性 name 为循环依据的，如果该属性值为空，foreach 将退出循环。

13.4.3 section（遍历数组）

与 foreach 一样，section 标签也是用于循环数组数据的，但 foreach 只能循环简单的一维数据，例如索引数组、关联数组等。而 section 不仅能够循环单维、多维数组，还支持无限级嵌套循环等。section 标签属性如表 13-5 所示。

表 13-5 section 属性

属　性	说　明	是否必须
name	循环名称	是
loop	循环数组数据源	是
start	循环开始序号，默认 0	否
step	循环步长，即本次循环与上次循环中间跳过的记录数	否
max	最大循环次数，默认情况下根据数组记录决定次数	否
show	是否显示循环	否

事实上 section 被编译后，就是 PHP 中的 for 语句，如以下代码所示。

```
<!--{section name=i loop=$list}-->
    <li><a href="#UserPage" ><!--{$list[i].title}--></a></li>
<!--{/section}-->
```

上述代码编译后的 PHP 代码如以下代码所示。

```
<?php
$list= array(
  0=>array(
    "id"=>1,
    "title"=> "标题 1",
  ),
  1=> array(
    "id"=>1,
    "title"=> "标题 2",
  ),
);
for($i=0;$i<count($list);$i++){
    echo "<li>".$list[$i]["title"]. "</li>";
}
?>
```

相信阅读本书的读者都能够看懂上述代码，所以这里不再说明。前面介绍的 section 标签，被编译后的代码形式就如上述代码所示。当然在真实的生产环境中，数据源通常来自于后台数据库（即后台 PHP 变量），这里为了便于讲解，简化了代码。

从这就可以看出，属性 name 相当于 for 循环的条件变量（即$i）；属性 loop 相当于数组存放变量（即$list）；属性 start 相当于起始偏移量（即$i=0）；属性 max 相当于循环结束数量（即$i<count($list)）；step 相当于循环步进（即$i++）。通过这样的比较，相信读者就能轻松掌握 section 标识的使用了。

section 标签基于 for 语句实现循环，而 foreach 标签基于 foreach 语句实现循环，所以

foreach 在性能上具备优势。在实际应用开发中可根据需要进行选择。

13.5　变量调节器

变量调节器也称变量修饰函数，它是 Smarty 内置的功能类库，方便开发人员直接调用。在使用方式上与 ThinkPHP 中的标签外部函数类似。下面将对 Smarty 模板引擎内置的常用变量调节器进行介绍。

13.5.1　capitalize（首字母大写）

capitalize 函数可以实现英文首字母大写，但对中文字符没有意义。如以下代码所示。

```
$this->smarty->assign('topic', 'Police begin campaign to rundown jaywalkers.');
$this->smarty->display('index.html');
```

index.html 模板代码如下。

```
<!--{$topic|capitalize}-->
```

最后输出的结果如下。

Police Begin Campaign To Rundown Jaywalkers.

13.5.2　count_characters（统计字符）

count_characters 函数可以统计变量中的字符数量，支持中文统计。

```
$this->smarty->assign('topic', 'Hello PHP5');
$this->smarty->assign('pageTitle',"欢迎光临");
$this->smarty->display('index.html');
```

index.html 模板代码如下。

```
Number1:<!--{$topic|count_characters}-->
Number2:<!--{$pageTitle|count_characters}-->
```

最后输出的结果如下。

Number1：9

Number2：4

13.5.3　count_paragraphs（统计段落）

count_paragraphs 函数是一个根据回车换行符得到文件段落数量的变量调节器，支持中文。

```
$this->smarty->assign('topic', 'Smarty 并不是一个新的 PHP 技术，而是在 PHP4.x 以前就已经是非常流行的界面代码与 PHP 代码相分离的技术。
        由于 PHP 的特性，早期的 PHP 编程要实现 MVC 编程，是非常困难的事，但 Smarty 出现之后...');
$this->smarty->display('index.html');
```

index.html 模板代码如下。

```
Paragraph:<!--{$topic|count_paragraphs}-->
```

最后输出结果如下。

Paragraph：2

13.5.4 count_sentences（统计句数）

count_sentences 函数可以统计变量中的句数，所谓的句数是指英文语法中的句数，即英文“.”加空格。

```
$this->smarty->assign('topic', 'beauty-soft.net. www.beauty-soft.net.');
$this->smarty->assign('pageTitle',".net 开发相比 PHP 开发更加复杂. 但能够提供线程保护.李开湧");
$this->smarty->display('index.html');
```

index.html 模板代码如下。

```
<!--{$topic|count_sentences}-->
<br/>
<!--{$pageTitle|count_sentences}-->
```

最后输出结果如下。

2

1

可以看到，尽管 pageTitle 设置了 3 个英语点号（.），但由于只有其中一个英文连接空格，所以统计结果为 2。

13.5.5 count_words（统计单词）

count_words 可以统计变量中的英文单词数量，不支持中文拼音或汉字。

```
$this->smarty->assign('topic', 'beauty-soft.net. www.beauty-soft.net.');
$this->smarty->assign('pageTitle',"欢迎光临本站，Welcome to php");
$this->smarty->display('index.html');
```

index.html 模板代码如下。

```
<!--{$topic|count_words}-->
<br/>
<!--{$pageTitle|count_words}-->
```

最后输出结果如下。

5

4

13.5.6 date_format（格式化日期）

date_format 函数可以格式化变量中的日期及时间。该函数共支持 2 个参数：第 1 个参数表示输出日期的格式；第 2 个参数为可选参数，表示输入时参数的日期及时间格式。在 Smarty 引擎中，变量调节器函数参数之间使用“;”分隔符。其中参数 1 表示输出格式，Smarty 使用特定的字符表示格式，常用的格式如表 13-6 所示。

表 13-6 date_format 时间格式

字 符 串	输 出 格 式	效 果 样 例
%a	当前区域星期几的简写	Thu
%A	当前区域星期几的全称	Thursday
%b	当前区域月份的简写	Nov

（续）

字　符　串	输 出 格 式	效 果 样 例
%B	当前区域月份的全称	November
%c	当前区域首选的日期时间表达	11/29/12 11:11:56
%d	日号的十进制数表达（范围从 1～31）	30
%m	月份的十进制数表达（范围从 1～12）	10
%H	24 小时制的十进制小时数（范围从 00～23）	23
%I	12 小时制的十进制小时数（范围从 00～12）	11
%S	十进制秒数	44
%u	星期几的十进制数表达	3

事实上 date_format 编译后就是 PHP 中的 strftime 函数。接收的时间格式可以是 PHP 中有效的时间，例如 time、date 等。

```
$this->smarty->assign('pdate',time());
$this->smarty->display('index.html');
```

index.html 模板代码如下。

```
现在时间：<!--{$pdate|date_format:"%Y 年 %m 月 %d 日 %H 点 %I 分 %S 秒 "}-->
```

最后输出结果如下。

现在时间：2012 年 10 月 28 日 20 点 11 分 14 秒

13.5.7　escape（字符转码）

escape 能够对输出变量进行转码，与 PHP 中的 urlencode 函数类似，但使用方式比较灵活。escape 函数通过改变参数的值改变转码方式，参数值如表 13-7 所示。

表 13-7　escape 参数

参　　数	说　　明	示　　例
html	使用 htmlspecialchars 过滤 HTML	{$articleTitle|escape:"html"}
htmlall	使用 mb_convert_encoding 过滤 HTML	{$articleTitle|escape:"htmlall"}
url	使用 urlencode 函数转码	{$articleTitle|escape:"url"}
quotes	使用 preg_quote 正则过滤引用代码	{$articleTitle|escape:"quotes"}
hex	加密电子邮件地址	{$email|escape:"hex"}

13.5.8　replace（字符替换）

replace 函数可以方便地对输出变量进行字符替换，支持中文字符。该函数共支持两个参数：参数 1 表示需要替换的原字符；参数 2 表示替换后的字符。

```
$this->smarty->assign('topic', 'beauty-soft.net. www.beauty-soft.net.');
$this->smarty->assign('pageTitle',"欢迎光临本站，Welcome to php");
$this->smarty->display('index.html');
```

index.html 模板代码如下。

```
<!--{$pageTitle|replace:"欢迎":"Welcome"}-->
<br/>
<!--{$topic|replace:".net.":".net"}-->
```

最后输出结果如下。

Welcome 光临本站，Welcome to php

beauty-soft.net www.beauty-soft.net

13.5.9 regex_replace（正则替换）

regex_replace 与 replace 函数功能类似，都是用于替换变量输出的字符，不同的是 regx_replace 函数使用正则表达式处理被替换的字符。

```
$this->smarty->assign('topic', '下载地址：[hide]beauty-soft.net[/hide]');
$this->smarty->display('index.html');
```

index.html 模板代码如下。

```
<!--{$topic|regex_replace:"/\[hide\](.*?)\[\/hide\]/i":"*内容回复可见*"}-->
```

最后输出结果如下。

下载地址：*内容回复可见*

13.5.10 truncate（字符截取）

truncate 函数可以对输出变量进行字符截取，功能与 str_replace PHP 函数类似。truncate 共支持 3 个参数。其中参数 1 为必选项，表示截取的字符数量（中文以双字节进行计算）；参数 2 为可选择项，表示截取后追加的字符；参数 3 为可选项，表示是否截取到单词边界，默认为 false。

```
$this->smarty->assign('pageTitle',"欢迎光临本站，Welcome to php");
$this->smarty->display('index.html');
```

index.html 模板代码如下。

```
t1:<!--{$pageTitle|truncate:8}-->
<br/>
t2:<!--{$pageTitle|truncate:8:""}-->
<br/>
t3:<!--{$pageTitle|truncate:8:"...":true}-->
```

最后输出结果如下。

t1:欢迎光临本...

t2:欢迎光临本站，W

t3:欢迎光临本...

13.6 视图助手

Smarty 内置了一系列函数用于生成 HTML 表单组件，这些函数称为视图助手。视图助手本质上是方便开发人员以更简洁的代码代替 HTML 代码，从而提高开发效率。常用的视图助手包含 html_options、html_radios、html_select_date 等。下面分别介绍。

13.6.1 html_image（生成图像）

html_image 标签用于生成图像控件。该标签共支持 7 个属性，如表 13-8 所示。

表 13-8　html_image 属性

属　性	说　明	默 认 值
file	图像的地址（本地或远程均可）	是（必须）
border	图像边框大小	0
height	图像高度	自动
width	图像宽度	自动
basedir	文件相对路径	当前网站根目录
alt	鼠标经过提示信息	空
href	图像链接地址	空

html_image 标签中的各项属性与 html imge 标签元素一致，如以下代码所示。

```
<!--{html_image   file="http://www.beauty-soft.net/soft-css/t17.png"   width="100"
height="30"}-->
```

最终生成后的 HTML 如以下代码所示。

```
<img width="100" height="30" alt="" src="http://www.beauty-soft.net/soft-css/t17.
png">
```

需要说明的是，虽然 html_image 标签可以生成 HTML 图像控件，但其本质上最终还是由 PHP 转换的，这就意味着过多地使用 html_image 标签，将会导致解释引擎的性能损失。所以在实际应用开发中，应尽量避免使用 html_image 标签。

13.6.2　html_options（生成表单选择组件）

html_options 标签能够根据后台的数据源生成 HTML 下拉选择组件，很好地代替 foreach 循环。html_options 标签共支持 5 个属性，如表 13-9 所示。

表 13-9　html_options 属性

属　性	说　明	默 认 值
value	下拉列表选择项对应的值，需要确保唯一性	空（可选）
output	下拉列表选择项文本	空（必选）
selected	默认组件选中的值	空（可选）
options	生成组件的数据源（关联数组）	空（必选）
name	组件名称	空（必选）

需要注意的是，如果 value 属性值为空，html_options 将使用数组循环 key 作为属性值。下面结合示例代码，演示 html_options 标签的使用。

```
public function index(){
        $article=M("Article");
        $rows=$article->where(array("add_user"=>"ceiba"))->select();
        $options_rows=array();
        foreach ($rows as $key => $value) {
           array_push($options_rows, $value["title"]);
        }

        $options_rows_id=array();
       foreach ($rows as $key => $value) {
```

```
            array_push($options_rows_id, $value["id"]);
        }
        $this->smarty->assign('options_rows_id', $options_rows_id); // values
        $this->smarty->assign('cust_options', $options_rows);// output
        $this->smarty->assign('customer_id', $options_rows_id[0]);// selected
        $this->smarty->display('index.html');
    }
```

index.html 模板代码如下。

```
    <select name=customer_id>
    <!--{html_options  values=$options_rows_id  output=$cust_options  selected= $customer_id}-->
    </select>
```

运行效果如图 13-5 所示。

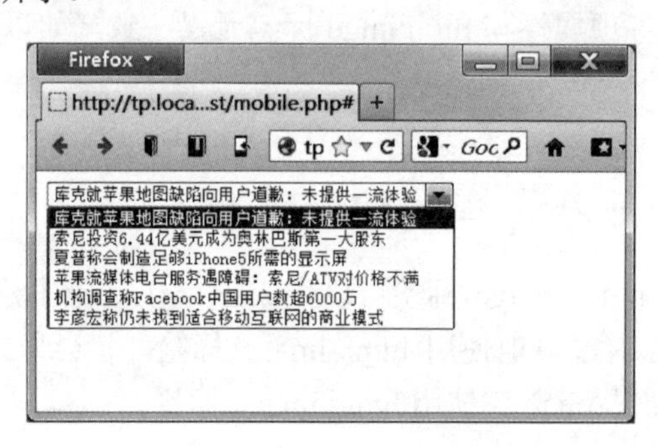

图 13-5　html_options 生成效果

最终生成的 HTML 如以下代码所示。

```
    <select name=customer_id>
        <option value="1" selected="selected">库克就苹果地图缺陷向用户道歉：未提供一流体验</option>
        <option value="2">索尼投资 6.44 亿美元成为奥林巴斯第一大股东</option>
        <option value="3">夏普称会制造足够 iPhone5 所需的显示屏</option>
       <option value="4">苹果流媒体电台服务遇障碍：索尼/ATV 对价格不满</option>
       <option value="5">机构调查称 Facebook 中国用户数超 6000 万</option>
       <option value="6">李彦宏称仍未找到适合移动互联网的商业模式</option>
    </select>
```

13.6.3　html_radios（生成表单单选组件）

html_radios 标签与 html_options 标签一样，都是根据后台数据源生成相应的表单元素。html_radios 用于生成表单单选按钮，该标签共支持 6 个属性，如表 13-10 所示。

表 13-10　html_radios 属性

属　性	说　明	默 认 值
name	单选按钮名称	空（可选）
values	单选按钮值（需要唯一性）	空（必选）
output	单选按钮的显示文本	空（必选）
checked	选定的单选按钮值	空（可选）
options	后台数据源（关联数组）	空（必选）
separator	单选按钮分隔符	空（必选）

接下来继续以前面创建的数据源为基础，介绍 html_radios 标签的实际应用。这里只需要修改 index.html 模板文件代码即可。

```
<!--{html_radios name="id" options=$cust_ options checked=$customer_id separator=
"<br />"}-->
```

其中 separator 属性支持合法的 HTML 标签，运行效果如图 13-6 所示。

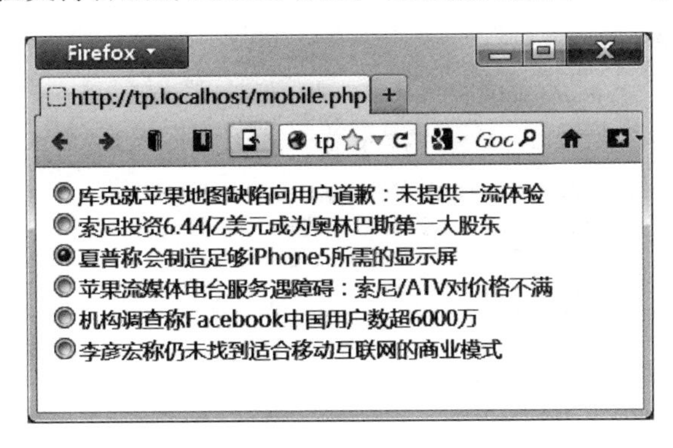

图 13-6　html_radios 生成效果

最终生成的 HTML 如以下代码所示。

```
<label><input type="radio" name="id" value="0" />
库克就苹果地图缺陷向用户道歉：未提供一流体验</label><br />
<label><input type="radio" name="id" value="1" checked="checked" />
索尼投资 6.44 亿美元成为奥林巴斯第一大股东</label><br />
<label><input type="radio" name="id" value="2" />
夏普称会制造足够 iPhone5 所需的显示屏</label><br />
<label><input type="radio" name="id" value="3" />
苹果流媒体电台服务遇障碍：索尼/ATV 对价格不满</label><br />
<label><input type="radio" name="id" value="4" />
机构调查称 Facebook 中国用户数超 6000 万</label><br />
<label><input type="radio" name="id" value="5" />
李彦宏称仍未找到适合移动互联网的商业模式</label><br />
```

13.6.4　html_checkboxes（生成表单复选组件）

html_checkboxes 标签用于方便生成表单复选按钮，使用方式上与前面介绍的 html_radios 和 html_options 相类似。html_checkboxes 标签所支持的属性如表 13-11 所示。

表 13-11　html_checkboxes 属性

属　性	说　明	默 认 值
name	复选按钮名称	空（可选）
values	复选按钮值（需要唯一性）	空（可选）
optput	复选按钮显示文本	空（必选）
selected	选定的复选按钮值	空（可选）
options	后台数据源（关联数组）	空（必选）
separator	复选按钮分隔符	空（可选）
labels	是否为每个复选按钮添加 labels 标签	true

继续以前面创建的数据源为基础，详细介绍 html_checkboxes 标签的实际应用。这里只需要修改 index.html 模板文件代码即可。

```
<!--{html_checkboxes  name="checkboxes_id"  options  =$cust_options  checked=$customer_id
separator="<br />"}-->
```

运行效果如图 13-7 所示。

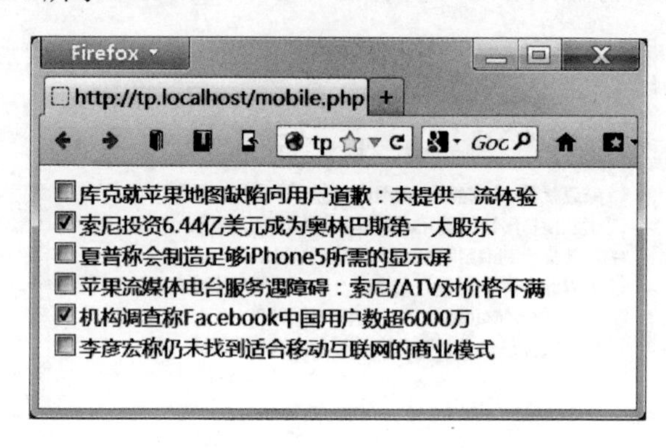

图 13-7　html_checkboxes 生成效果

最终生成的 HTML 如以下代码所示。

```
<label><input type="checkbox" name="id[]" value="0" />
库克就苹果地图缺陷向用户道歉：未提供一流体验</label><br />
<label><input type="checkbox" name="id[]" value="1" checked="checked" />
索尼投资 6.44 亿美元成为奥林巴斯第一大股东</label><br />
<label><input type="checkbox" name="id[]" value="2" />
夏普称会制造足够 iPhone5 所需的显示屏</label><br />
<label><input type="checkbox" name="id[]" value="3" />
苹果流媒体电台服务遇障碍：索尼/ATV 对价格不满</label><br />
<label><input type="checkbox" name="id[]" value="4" />
机构调查称 Facebook 中国用户数超 6000 万</label><br />
<label><input type="checkbox" name="id[]" value="5" />
李彦宏称仍未找到适合移动互联网的商业模式</label><br />
```

13.6.5　html_select_date（生成表单日期选择组件）

html_select_date 标签用于方便生成日期选择组件。这里所说的日期选择实际上就是 select 下拉选择组件，不同之处在于 html_select_date 标签能够智能填充数据，避免设计人员手动输入，以提高开发效率。html_select_date 标签支持的属性非常多，这里只列出重要及常用的属性，如表 13-12 所示。

表 13-12　html_select_date 属性

属　性	说　明	默 认 值
prefix	变量名称前缀	空（必选）
time	UNIX 时间戳	空（可选）
start_year	下拉列表开始年份	空（必选）
end_year	下拉列表结束年份	空（必选）
display_days	是否显示天	true

（续）

属　性	说　明	默 认 值
display_months	是否显示月	true
display_years	是否显示年	true
month_format	基于 strftime 函数的月份格式	空
day_format	基于 strftime 函数的日号格式	空
day_value_format	月号显示格式	空
year_as_text	是否以文本形式显示年份	false
reverse_years	逆序显示年份	false

接下来将通过代码演示 html_select_date 标签的使用，如以下代码所示。

```
<!--{html_select_date prefix="StartDate" time=$time start_year="-5" end_year="+1" display_days=false}-->
```

上述代码的显示效果如图 13-8 所示。

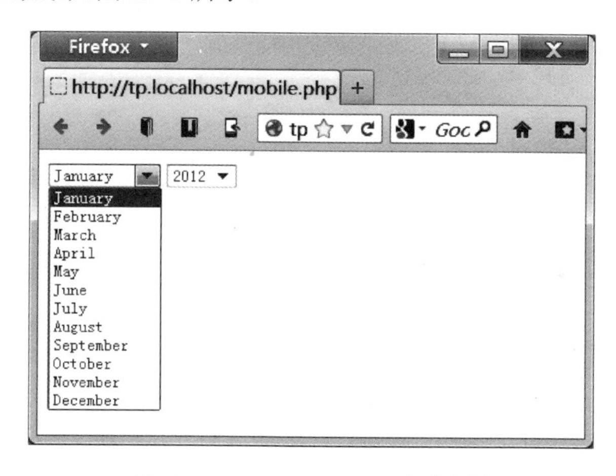

图 13-8　html_select_date 生成效果

最终生成的 HTML 如以下代码所示。

```
<select name="StartDateMonth">

  <option value="01">January</option>
  <option value="02">February</option>
  <option value="03">March</option>
  <option value="04">April</option>
  <option value="05">May</option>
  <option value="06">June</option>
  <option value="07">July</option>
  <option value="08">August</option>
  <option value="09">September</option>
  <option value="10">October</option>
  <option value="11">November</option>
  <option value="12">December</option>
</select>

<select name="StartDateYear">
  <option value="2007">2007</option>
  <option value="2008">2008</option>
```

```
    <option value="2009">2009</option>
    <option value="2010">2010</option>
    <option value="2011">2011</option>
    <option value="2012">2012</option>
    <option value="2013">2013</option>
</select>
```

13.6.6 html_select_time（生成表单时间选择组件）

html_select_time 标签与 html_select_date 标签一样都是用于生成时间组件的，不同的是 html_select_time 以小时为单位，包括 12 小时模式及 24 小时模式。html_select_time 支持的属性如表 13-13 所示。

表 13-13 html_select_time 属性

属　性	说　明	默 认 值
prefix	组件的变量名前缀	Time_
time	UNIX 时间戳	空（可选）
display_hours	是否显示小时	true
display_minutes	是否显示分钟	true
display_seconds	是否显示秒	true
display_meridian	是否显示正午界（上午/下午）	true
use_24_hours	是否开启 24 小时制	true
minute_interval	分钟下拉列表的间隔	1
second_interval	秒钟下拉列表的间隔	1
field_array	输出值到该值指定的数组	空（可选）

接下来将通过代码演示 html_select_time 标签的使用，如以下代码所示。

```
<!--{html_select_time use_24_hours=true prefix="my_"}-->
```

运行效果如图 13-9 所示。

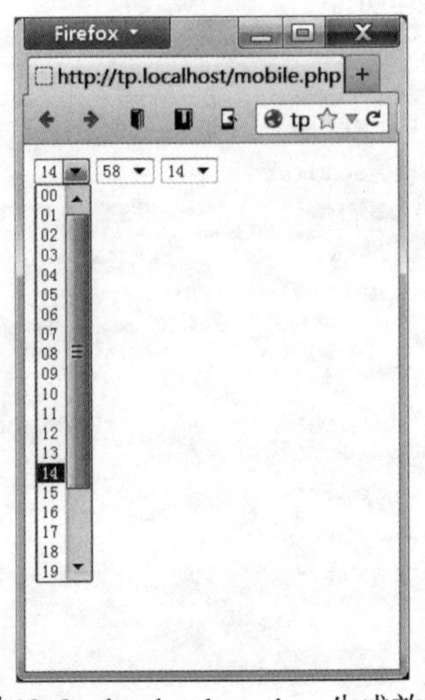

图 13-9　html_select_time 生成效果

13.6.7　html_table（生成表格）

html_table 能够根据后台的数据源动态生成表格视图。所支持的属性如表 13-14 所示。

表 13-14　html_table 属性

属　性	说　明	默 认 值
loop	后台数组数据源	空（必选）
cols	表格列数量	3
table_attr	表格线条边框宽度	1
tr_attr	行标签属性	空（可选）
td_attr	列标签属性	空（可选）
trailpad	最后一行附加的数据	空（可选）
hdir	表格行对齐方式，可选的值有 left 和 right	left
vdir	表格列对齐方式，可选的值有 up 和 down	down

接下来将通过代码演示 html_table 标签的使用，如以下代码所示。

```
    public function index(){
        $this->smarty->template_dir=APP_PATH.'/Tpl/index';
        $article=M("Article");
        $list=array();
        foreach ($rows as $key => $value) {
            array_push($list, $value["id"]);
            array_push($list, $value["title"]);
        }
        $this->smarty->assign("rows",$list);
        $this->smarty->display('index.html');
    }
```

index.html 模板代码如下。

```
<!--{html_table loop=$rows cols=2  table_attr='border="0" cellspacing="1"  '}-->
```

上述代码的运行效果如图 13-10 所示。

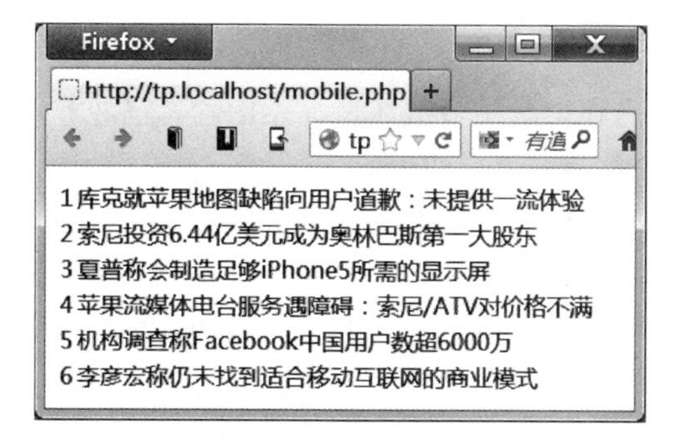

图 13-10　html_table 生成效果

最终生成的 HTML 如以下代码所示。

```
<table border="0" cellspacing="1"  >
<tbody>
<tr>
<td>1</td>
```

```
<td>库克就苹果地图缺陷向用户道歉：未提供一流体验</td>
</tr>
<tr>
<td>2</td>
<td>索尼投资 6.44 亿美元成为奥林巴斯第一大股东</td>
</tr>
<tr>
<td>3</td>
<td>夏普称会制造足够 iPhone5 所需的显示屏</td>
</tr>
<tr>
<td>4</td>
<td>苹果流媒体电台服务遇障碍：索尼/ATV 对价格不满</td>
</tr>
<tr>
<td>5</td>
<td>机构调查称 Facebook 中国用户数超 6000 万</td>
</tr>
<tr>
<td>6</td>
<td>李彦宏称仍未找到适合移动互联网的商业模式</td>
</tr>
</tbody>
</table>
```

13.7 Smarty 对象方法

前面对 Smarty 模板引擎常见的视图标签进行了详细介绍，这些标签或函数对设计人员非常重要，对提高网站的开发效率非常有帮助。接下来将介绍 Smarty 对象对外提供的常用方法，通过调用或改变 Smarty 对象方法值，可以提高 Smarty 的灵活性，例如注册自定义函数库、注册定义类库等。

13.7.1 display（显示模板）

display 方法在前面的内容中已经多次涉及，相信读者已经非常熟悉。display 方法用于显示视图模板，共支持 4 个参数，形式如下。

public function display($template = null, $cache_id = null, $compile_id = null, $parent = null)

其中参数 template 表示模板文件路径，支持相对路径及绝对路径，模板文件后缀名为“.tp”；参数 cache_id 表示缓存 id；参数 compile_id 表示编译 id，通常情况下一套模板对应一个编译号（由系统自动分配），但如果需要一套模板应用在多种环境（例如中英文切换），这时 compile_id 就派上用场了；参数 parent 表示取模板范围。下面将通过示例演示 display 的使用。

```
// 绝对路径
$smarty->display("/usr/local/include/templates/header.tpl");
// 绝对路径（另外一种方式）
$smarty->display("file:/usr/local/include/templates/header.tpl");
// WINDOWS 平台下的绝对路径（必须使用“file:”前缀）
$smarty->display("file:C:/www/pub/templates/header.tpl");
```

13.7.2　fetch（获取输出内容）

fetch 方法与 display 方法类似，用于输出模板。但 fetch 不会直接输出，而是将结果保存到临时变量。fetch 方法形式如下。

public function fetch($template = null, $cache_id = null, $compile_id = null, $parent = null, $display = false, $merge_tpl_vars = true, $no_output_filter = false)

其中参数 template 表示模板文件；参数 cache_id 表示模板缓存 id；参数 compile_id 表示编译 id；参数 parent 表示取模板范围；参数 display 表示是否直接显示。看到 display 参数，相信读者已经能够明白 fetch 与 display 之间的关系了。

事实上 display 就是 fetch 的功能重写，通过改变参数 display 实现模板直接显示。fetch 虽然较少使用，但在一些权限认证的网页中还是会用到的，例如以下代码所示。

```
class IndexAction extends PublicAction {
    public function index(){
        $this->smarty->template_dir=APP_PATH.'/Tpl/index';
        $tmp=$this->smarty->fetch('index.html');
        if ($session("username")){
          //用户已经登录
          $tmp=str_replace("[/name/]", session("username"), $tmp);
        }else{
          $tmp=str_replace("[/name/]", "游客", $tmp);
        }
        echo $tmp;
    }

}
```

fetch 将结果保存到变量中，开发人员可以直接输出，也可以将模板数据保存到数据库、集群缓存系统中。在执行输出或保存前，开发人员可以方便地对数据进行修改、增加、删除等。从这一点来分析，fetch 非常适合输出 xml、wap 等模板。

13.7.3　configLoad（加载配置信息）

configLoad 方法用于加载配置文件信息。其中参数 1 表示配置文件地址（相对于 $smarty->config_dir 指定值）；参数 2 表示加载的配置节点。假设配置文件 config.conf 如以下代码所示。

```
[gloab]
url = "http://localhost/tp"
name = "mobile"
pageTitle = "Main Menu"
bodyBgColor = #000000
tableBgColor = #000000
rowBgColor = #00ff00
[db]
host = "localhost"
db_name = "tp"
db_user = "root"
db_password = "root"
charset = "utf-8"
```

后台处理逻辑如以下代码所示。

```
$config=$this->smarty->configLoad('config.conf, 'gloab');
dump($config);
```

configLoad 方法是用于在后台获取配置文件信息的，如果在视图模板中获取配置信息需要使用 config_load 标签，该标签功能与 configLoad 方法一样，支持的属性如表 13-15 所示。

表 13-15 config_load 属性

属 性	说 明	默 认 值
file	加载配置文件名称	空（必选）
section	加载配置文件节点	空（可选）
scope	加载数据的作用域，可选值有 local、parent 和 global	local
global	加载变量作用域	false

其中 scope 属性用于声明数据作用域：local 表示作用域为当前模板；parent 表示变量的作用域为当前模板和当前模板的父模板；global 表示变量的作用域为所有模板。通常情况下只需要保持默认即可。config_load 标签与 configLoad 方法使用方式是一样的，如以下代码所示。

```
<!--{config_load file="confing.conf" section="gloab"}-->
<!DOCTYPE html PUBLIC "-//W3C//DTD XHTML 1.0 Transitional//EN" "http://www.w3.org/TR/xhtml1/DTD/xhtml1-transitional.dtd">
<html xmlns="http://www.w3.org/1999/xhtml">
<head>
<meta http-equiv="Content-Type" content="text/html; charset=utf-8" />
<title><!--{#pageTitle#}--></title>
</head>
<body bgcolor="<!--{#bodyBgColor#}-->">
</body>
</html>
```

需要注意的是，config.conf 文件需要 ANSI 编码格式，默认情况下不支持获取中文节点以及中文配置项。如果有此需要，可以使用将中文汉字转为 ASCII 编码。

13.7.4 registerPlugin（注册插件）

在 Smarty 中插件是以函数的形式进行扩展的。Smarty 内置的许多标签也是基于插件实现的，例如前面介绍的变量调节器、判断语句等。但这些插件是系统内置的，虽然可以通过修改内置插件的形式增强 Smarty 功能，但并不建议这样做，因为新版 Smarty 3 采用了 registerPlugin 插件扩展机制，允许开发人员编写普通的 PHP 函数作为 Smarty 视图标签，从而实现 Smarty 高效扩展。要使用 registerPlugin 注册插件，首先就需要理解插件的分类。Smarty 共分为 4 种类型的插件，即 function、block、compiler、modifier。下面首先介绍 registerPlugin 方法的使用

1. registerPlugin 方法

默认情况下，Smarty 并不允许开发人员在模板视图中使用自定义函数，这点与 ThinkPHP 模板引擎差别比较大。要插入自定义函数，需要首先在后台使用 registerPlugin 方法注册函数，registerPlugin 方法参数形式如下。

public function registerPlugin($type, $tag, $callback, $cacheable = true, $cache_attr = null)

其中参数 type 表示参数的类型，可选的值有 function、block、compiler 及 modifier；参数 tag 表示插件名称，该名称用于在模板中调用；参数 cacheable 表示是否开启函数缓存；参数 cache_attr 表示是否缓存函数参数值。

通常情况下，只需要设置参数 type 及参数 tag 即可。其中 type 必须是一个合法的 Smarty 插件类型，接下来将深入介绍 Smarty 插件类型。

2. 插件类型

插件类型，决定了插件的调用形式、适用范围、功能性质等。在前面的内容中，已经接触过的插件类型有 function、block 及 modifier。接下来将重点介绍这三种插件类型。

（1）function 函数插件

function 插件是 Smarty 模板引擎中最基础，也是最常用的插件类型。顾名思义 function 插件就是使用普通的 PHP 函数作为 Smarty 模板标签。假设需要注册 articleTop 函数，该函数代码如下。

```
function articleTop($args,&$smarty){
if (is_array($args) && array_key_exists("title", $args)){
    if (!empty($args["title"])){
        import("ORG.Util.String");
        $title=String::msubstr($args["title"],0,intval($args["length"]));
        $str="<font color='".$args["color"]."'>".$title."</font>";
        return $str;
    }else{
        return "请提供文章标题";
    }

}else{
    return "参数错误";
}

}
```

上述代码仍然使用 ThinkPHP+Smarty 开发模式，所以在自定义函数中可以调用 ThinkPHP 内置的类库。在实际应用开发中，读者还可以结合数据库进一步处理数据。articleTop 自定义函数共声明了 2 个参数，其中参数 args 是一个重要的参数，表示模板传参数组，标签形式为{top title="测试标题" length=10 color="#FF0000"}。这就是说，标签中的属性列表传递给后台自定义函数时，将以数组的方式传递（数组键表示参数名称，键值表示参数值）。参数 smarty 表示传入的 Smarty 实例对象，该参数不需要开发人员传参。

定义完自定义函数之后，接下来就可以将该函数注册为模板标签了，以便在模板中使用，代码如下所示。

```
$this->smarty->registerPlugin("function","top","articleTop");
$this->smarty->display("index.html");
```

index.html 文件代码如下所示。

```
<!--{top title="测试标题" length=10 color="#FF0000"}-->
```

最终生成的 HTML 如以下代码所示。

```
<font color='#FF0000'>测试标题...</font>
```

（2）block 块函数插件

block 块函数插件相对于 function 函数插件更利于数据传递。因为 block 函数插件是以成对标签出现的，格式如下。

```
<mytag size="30" color="red">
   content
</mytag>
```

如上述代码所示，block 标签必须成对出现。这里的 size 及 color 属性将转换为后台 mytag 函数第 1 个参数（使用数组传参），标签之间的内容区将以独立的参数进行赋值。

下面将通过示例代码，演示 block 函数插件的使用。首先在 common 文件中创建一个自定义函数，并命名为 articleContent，代码如下所示。

```
/**
 * block 块函数插件
 * Enter description here ...
 * @param array $params
 * @param string $content
 * @param object $smarty
 * @param object $repeat
 */
function articleContent($args, $content, &$smarty, &$repeat){
    if (!empty($content) && !$repeat){
        $size=12;
        if (array_key_exists("size", $args)) $size=$args["size"];
       $str="<font size='{$size}' color='".$args["color"]."'>".$content."</font>";
        return $str;
    }


}
```

如上述自定义函数代码所示，参数 args 表示参数列表（数组类型）；参数 content 表示 block 区块间内容；参数 smarty 表示 Smarty 实例对象；参数 repeat 表示是否重复解释。

完成后，在 PHP 前台只需要将 articleContent 函数注册为 block 插件即可，如以下代码所示。

```
$this->smarty->registerPlugin("block","artic","articleContent");
$this->smarty->display("index.html");
```

index.html 文件代码如下所示。

```
<!--{artic size="10" color="#FF0000"}-->
内容测试区
<!--{/artic}-->
内容...
```

最终生成的 HTML 如以下代码所示。

```
<font size='10' color='#FF0000'>
内容测试区
</font>
内容...
```

（3）modifier 变量调节插件

前面已经介绍过 Smarty 内置的变量调节器，使用这些调节器，可以实现对模板输出变量进行加工和处理。同样，Smarty 也提供了相应的变量调节器扩展机制，下面将结合示例代码，演示 modifier 插件函数的使用。

```
/**
 * 自定义变量调节器
 * Enter description here ...
 * @param string $str
```

```
 * @param int $star
 * @param int $length
 * @param string $color
 */
function msubstrs($str,$star=0,$length=20,$color=""){
    if (!empty($str)){
        import("ORG.Util.String");
        $return_str=String::msubstr($str,intval($star),intval($length));
        $return_str="<font  color='".$color."'>".$return_str."</font>";
        return $return_str;

    }else{
        return false;
    }
}
```

如上述代码所示，参数 1（即 str）是一个隐式的参数值，而且是必选的，表示变量本身的结果值；后面的 3 参数为自定义参数，在实际应用开发中，读者可根据需要添加相应的参数。

完成后，在 PHP 前台只需要将 msubstrs 注册为 modifier 插件即可，如以下代码所示。

```
public function index(){
    $this->smarty->template_dir=APP_PATH.'/Tpl/index';
    $article=M("Article");
    $rows=$article->where(array("add_user"=>"ceiba"))->select();
    $this->smarty->assign("list",$rows);
    $this->smarty->registerPlugin("modifier","mstr","msubstrs");
    $this->smarty->display("index.html");
}
```

index.html 文件代码如下所示。

```
<!--{foreach from=$list item=rows}-->
<li><!--{$rows.title|mstr:0:10:"red"}--></li>
<!--{/foreach}-->
```

最终生成的 HTML 如以下代码所示。

```
<li><font  color='red'>库克就苹果地图缺陷向...</font></li>
<li><font  color='red'>索尼投资 6.44 亿美...</font></li>
<li><font  color='red'>夏普称会制造足够 iP...</font></li>
<li><font  color='red'>苹果流媒体电台服务遇...</font></li>
<li><font  color='red'>机构调查称 Faceb...</font></li>
<li><font  color='red'>李彦宏称仍未找到适合...</font></li>
```

13.8 Smarty 缓存

缓存是动态网站开发中必不可少的一项技术，主流的 MVC 框架都针对各自的模板引擎提供相应的缓存模块。Smarty 是一款主流的 PHP 模板引擎，本身就内置了一套功能强大、简单易用的文件缓存系统，接下来针对 Smarty 缓存功能进行讲解。

13.8.1 开启缓存

Smarty 内置的缓存系统是非常高效及智能的，开发人员只需要开启 caching 选项，即可开启缓存功能，如以下代码所示。

```
//缓存目录
$this->smarty->cache_dir=APP_PATH.'Runtime/'.'Cache';
//缓存过期时间
$this->smarty->$cache_lifetime=360000;
$this->smarty->caching=ture;
```

开启缓存后，访问任何一个页面都在 Cache 目录中生成相应的静态缓存文件。但现在的模板缓存是以模板文件页作为缓存依据的，这种缓存方式存在一定的局限性。假设网址为 http://tp.localhost/a.php?id=1&page=1，Smarty 将以 a.php 作为缓存依据，这会导致用户在浏览第 2 页（page=2）时，返回结果与第 1 页相同，这显然不是我们要的结果。

事实上 display 显示方法已经提供了相应解释方案，开发人员只需要简单设置即可。前面已经讲述过 display 方法共支持 4 个参数，其中参数 2（即 cache_id）就是用于解决上述问题的。如以下代码所示。

```
$this->smarty->display("index.html",md5($_GET["page"]));
```

需要注意的是，默认情况下，Smarty 的所有缓存都是存放于 cache_dir 配置项指定目录中，并且以单级目录存放。这就意味着 cache_id 需要具备唯一性，这里所指的唯一性不仅针对于当前模板，而是针对整个项目。假设网址为 http://tp.localhost/a.php?class_id=2&page=1，该 URL 并不是获取文章，而是获取栏目列表，如果继续使用$_GET["page"]作为缓存 id，显然会造成缓存冲突。这时可以使用$_SERVER['REQUEST_URI']获取页面 URL 作为缓存 id，或者使用 class_id+page 参数值的方式构建缓存 id。总而言之，需要确保 cache_id 值唯一性即可。

开启缓存后，可以调用 isCached 方法检测当前文件是否已经缓存，如以下代码所示。

```
public function index(){
        $this->smarty->template_dir=APP_PATH.'/Tpl/index';
        $this->smarty->assign("dtime",date("Y-m-d H:i:s"));
          if (!$this->smarty->isCached("index.html",md5($_GET["page"]))){
                //没有缓存的情况下才进行数据库查询操作
                $article=M("Article");
                $rows=$article->select();
                $this->smarty->assign("list",$rows);
        }
        $this->smarty->display("index.html",md5($_GET["page"]));
}
```

isCached 的使用方法与 display 方法一致，缓存 id 必须确保一致。

13.8.2 局部缓存

将整个页面进行缓存，是提高页面响应速度的一个重要手段。但同时也给编程灵活性带来了一些问题，例如页面中某些数据是实时更新的，这时如果系统读取的是缓存中的数据，将会导致异常。在 Smarty 中，使用局部缓存技术能够避免整个页面都被缓存，在一些 PHP 缓存系统中，局部缓存是一项非常烦琐的操作，但在 Smarty 中只需要一对标签即可。接下来继续以前面创建的例子为例，详细介绍 Smarty 局部缓存的应用。

前面在介绍 registerPlugin 方法时，已经介绍过该方法第 4 个参数（即 cacheable）用于设置是否开启数据缓存，默认是开启的。利用该特性，只需要自定义一个 block 插件，该插件只需要返回传入的内容（即标签区间的数据），通过声明禁止缓存数据，就达到了局缓存的目的，步骤如下。

首先在函数库（common.php）中创建一个自定义块函数，并命名为 nocachefun，完成后代码如下所示。

```
/**
 * 不缓存区块
 * Enter description here ...
 * @param unknown_type $args
 * @param unknown_type $content
 * @param unknown_type $smarty
 * @param unknown_type $repeat
 */
function nocachefun($pre, $content, &$smarty, &$repeat){
    if(!$repeat){
        return $content;
    }

}
```

接下来就可以在 PHP 前台页面中注册该函数了，如以下代码所示。

```
$this->smarty->registerPlugin("block","nocache","nocachefun",false);
```

如上述代码所示，参数 4 设置为 false 表示禁止缓存数据。下面就可以在模板中使用 nocache 标签了，代码如下所示。

```
<!DOCTYPE html PUBLIC "-//W3C//DTD XHTML 1.0 Transitional//EN" "http://www.w3.org/
TR/xhtml1/DTD/xhtml1-transitional.dtd">
<html xmlns="http://www.w3.org/1999/xhtml">
<head>
<meta http-equiv="Content-Type" content="text/html; charset=utf-8" />
<title><!--{$pageTitle}--></title>
</head>
<body>
<!--{nocache}-->现在时间<!--{$dtime}--><!--{/nocache}-->
<div class="main">
<ul class="list">
    <!--{foreach from=$list item=rows}-->
    <li>标题：<!--{$rows.title}--></li>
   <!--{/foreach}-->
</ul>
</div>
</body>
</html>
```

如上述代码所示，位于 nocache 标签中的代码将不会被缓存，一个页面中可以重复放置多对 nocache 标签，以实现页面局部缓存。在实际应用开发中，读者可根据需要决定局部缓存的位置。

13.9 小结

本章详细介绍了 Smarty 的使用方法，方便后面的实战学习。ThinkPHP 本身就内置了一套高效、灵活的模板引擎，但由于 Smarty 在业界的知名度，许多开发人员仍然在使用 Smarty。

本章一开始就介绍了 Smarty 的特点，然后结合示例代码详细介绍在 ThinkPHP 中整合 Smarty 的过程，接着分别介绍了 Smarty 内置的函数、标签等。

最后用较长的篇幅分别对 Smarty 内置的 3 种自定义插件扩展进行了详细介绍。使用自定义插件，结合 ThinkPHP 类库，使得 Smarty 编程更加高效和灵活。

第 14 章 整合 Coreseek 全文搜索服务

内容提要

全文搜索是网站开发中比较重要的技术，用于解决传统搜索精度差、效率低、用户体验差等问题。在全文搜索技术中，常见的有数据库全文索引与互联网搜索引擎站内搜索。对于前者，遗憾的是并不是所有数据库都能够提供完善的支持，尤其在中文分词方面；对于后者，由于基于第三方服务，所以即时性及搜索深度上并不能满足所有网站的需求。本章将深入介绍 Sphinx 全文搜索引擎，利用 Sphinx 简单的 API，普通的 PHP 程序员也能开发出功能强大、高效稳定的全文搜索引擎。

学习目标

- 了解全文搜索概念。
- 了解中文分词原理。
- 掌握 Coreseek 的安装。
- 掌握 Coreseek 常用命令工具的使用。
- 掌握 Coreseek 的索引源配置。
- 使用 Sphinx API 开发一个千万级别的搜索引擎。

14.1 全文索引概述

全文索引是搜索引擎中最关键的技术，程序要在杂乱无章的文本信息中提取用户要查找的词汇，如果采用传统的 SQL 语言进行查询，不仅精度差，而且效率非常低。全文索引的关键是分词技术，词组量的多寡决定了全文索引的精度、效率、甚至搜索成败。

在全文搜索技术中，主流的商业数据库都提供了成熟的全文索引解决方案。著名的开源数据库 MySQL 从 4.x 开始支持全文索引。在开启全文索引的字段中，使用 MATCH 查询语句即可实现全文查询，但是这种方式只适用于英文单词环境，对中文词组无法提供支持。

针对 MySQL 中文全文索引，国内已经有个人或组织开发了 MySQL 中文全文索引插件。例如海量科技开发的 MySQL5.0.37--LinuxX86-Chinese+以及 Hightman 论坛开发的 MySQL-5.1.11-hi1，这两款插件都能够为 MySQL 提供全文索引服务，在速度及效率上是 like 语句的 20 倍。

无论是商业数据库的全文索引，还是 MySQL 全文索引，都是建立在自身数据库引擎上的，在设计数据表时，需要开发人员首先定义全文索引字段。如果数据原本就已存在，并且创建时并没有创建全文索引，这时再建立全文索引将会给数据库系统造成极大的影响，包括数据冗余、数据完整性及系统本身的运行效率等。全文索引本质上是一个数据表文件，如果索引的内容过多，无疑会降低系统的运行效率，最终导致查询速度下降。

本章介绍的全文索引并非指数据库全文索引，而是独立于数据库的第三方全文索引服务器。目前最流行的全文索引服务器为 Lucene 和 Sphinx。这两套开源工具都是出色的全文索引服务软件，在各大型网站中，都有一定的应用规模。但 Lucene 是基于 Java 实现的，所以与 Java 本身的融合比较好。而 Sphinx 是基于 C 语言开发的高性能全文索引服务器，能够运行于主流操作平台上，它对单个 4GB 的文本字段，能够在毫秒内取得结果。Lucene 和 Sphinx 的特点主要如下。

1．Lucene 特点

- 索引文件独立于应用平台。Lucene 定义了一套以 8 个字节为基础的索引文件格式，使得兼容系统或者不同平台的应用能够共享建立的索引文件。
- 在传统全文检索引擎的倒排索引的基础上，实现了分块索引，能够针对新的文件建立小文件索引，提升索引速度。然后通过与原有索引进行合并，达到优化的目的。
- 优秀的面向对象系统架构，使得 Lucene 扩展的学习难度降低，方便扩充新功能。
- 设计了独立于语言和文件格式的文本分析接口，索引器通过接受 Token 流完成索引文件的创建，用户扩展新的语言和文件格式，只需要实现文本分析接口。
- 默认实现了一套强大的查询引擎，用户无需编写任何代码即可获得强大的查询功能，Lucene 的查询引擎默认实现了布尔操作、模糊查询、分组查询等。

2．Sphinx 特点

- 支持高速建立索引，可达 10MB/s，而 Lucene 建立索引的速度是 1.8MB/s。
- 高扩展性（实测最高可对 100GB 的文本建立索引，单一索引可包含 1 亿条记录）。
- 支持分布式检索。

- 支持基于短语和基于统计的复合结果排序机制。
- 支持任意数量的文本字段（数值属性或全文检索属性）。
- 支持不同的搜索模式，例如完全匹配、短语匹配、任一匹配等。
- 支持作为 MySQL 的全文存储引擎（SphinxSE）。
- 官方提供主流开发语言 API，包括 PHP、Java、C#、C++等。

这两套全文索引引擎，各有特点。综合来看 Lucene 功能比较多，例如内置查询语言，并且支持多种查询方式；Sphinx 最显著的特点是它本身不储存数据，只保存索引 id，所以查询效率非常突出。本章将重点介绍 Sphinx 的实战应用。

14.2　Coreseek 基础

与其他国外全文索引引擎一样，Sphinx 本身并没有提供中文分词功能。Coreseek 的出现，很好地解决了上述问题，接下来将对 Coreseek 进行介绍。

14.2.1　Coreseek 概述

Coreseek 是一款基于 Sphinx 独立发行的全文搜索引擎，能够在极少的时间内对海量的中文数据创建索引库。基于 Sphinx 强大及高效的搜索服务，能够为中文搜索环境提供出色的用户体验。与 Sphinx 一样，虽然称之为搜索引擎，但事实上 Coreseek 并不存放原文数据。对开发者而言，数据存放过程是透明的，基于海量的中文词组库，Coreseek 能够对常见的中文词汇建立索引，并生成唯一索引号。开发人员通过索引号，结合 SQL 语句查询到最终的原文数据。整个流程如图 14-1 所示。

通过图 14-1 可以看到，Coreseek 在创建中文索引时，是根据 MMSEG 来创建的。首先，系统管理员配置好数据源驱动后，indexer 索引程序将载入 MMSEG 词库，并连接到数据源。如果数据源全文包含有 MMSEG 任何一条词条，Sphinx 将对该原文创建索引并保存到内置的 key-value 数据库中（key 存放词条，value 存放原文 id）。这就意味着用户搜索到 Sphinx 数据库中的词组，就可以根据 Sphinx 返回的 id，得到数据原文。

整个用户搜索过程，Sphinx 并没有与数据源进行互动，用户搜索的只是 Sphinx 数据库。由于 Sphinx 数据库只存放 key-value 数据，所以响应速度非常快。最后通过曲线获取数据源原文，Sphinx 相当于查询中间件，从而很好地解决了效率、安全、精度的问题。

这其中直接决定搜索精度的是 MMSEG 中文词条记录（词条越多精度越高）。对于英文检索而言，由于英文词条是有空格的，所以不需要额外的词库。但对中文环境而言需要使用特定的词条分割技术，把中文词条提取出来。MMSEG 就是一套高效的中文词条分割类库，结合 Sphinx 就能够实现将分割的词条收录到内置的数据库中，最终用户查询的也是 Sphinx 内置的数据库。

简而言之，全文搜索主要分两个步骤：首先程序在 Sphinx 数据库中搜索词条；然后得到词条 id；最后根据返回的 id 使用 SQL 进行查询。在这个过程中，用户搜索 Sphinx 数据库时，MMSEG 分割模式的更改，将直接影响搜索的精度。在接下来的内容中将结合示例进行介绍。下面首先需要安装 Coreseek。

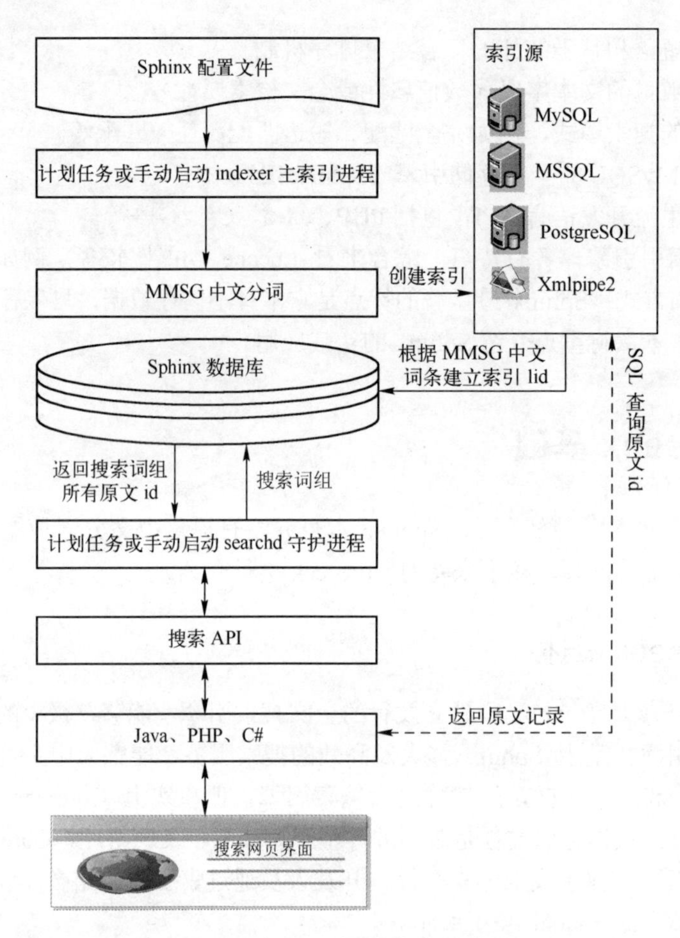

图 14-1　Coreseek 全文索引过程

14.2.2 在 Windows 下安装 Coreseek

Coreseek 能够运行在 Windows、FreeBSD、Mac OS 以及 Linux 等主流操作系统上。与多数开源软件一样，Coreseek 虽然能够运行在 Windows 操作系统上，但通常只用于开发阶段的测试及学习，如果需要部署到生产环境，应该选择 Linux 及 FreeBSD。为了方便学习及测试，下面首先介绍 Windows 下安装 Coreseek 的过程。

1. 下载安装包

在安装 Coreseek 前，首先需要安装 Microsoft Visual C/C++编译环境。读者可以在 http://www.coreseek.cn/news/7/52/ 网页找到 Coreseek for Windows 安装包，这里将下载 Coreseek-3.2.14-win32.zip。下载完成后，将得到 Coreseek 类库及 API 源代码。目录及文件结构如下。

```
coreseek-3.2.13-win32
    api/ ………… 第三方应用程序 API 目录
    bin/ ………… Sphinx 运行文件目录
    etc/ ………… Sphinx 配置文件目录
```

test.cmd ………… Sphinx 测试工具

var/ ………… Sphinx 数据库

README.txt ………… Coreseek 说明文档

在解压文件时，尽量避免解压到中文名称目录。接下来只需要简单配置就可以测试 Coreseek 了。

2. 配置文件

进入 etc 目录，将会看到 Coreseek 默认已经提供了 5 个配置文件，etc 目录结构如下。

etc

pysource ………… python 接口源代码

csft.conf ………… 配置 XML 数据源

csft_demo_python.conf ………… 配置 python 接口（万能接口，需要安装 ActiveState Python）

csft_demo_python_pymssql.conf ………… 配置 MSSQL 数据源

csft_mysql.conf ………… 配置 MySQL 数据源

mmseg.ini ………… MMSEG 配置文件

unigram.txt ………… MMSEG 词库

为了方便测试，这里只需要配置 csft_mysql.conf 文件即可。在配置该文件前，首先需要确保当前环境已经安装 MySQL 数据库，并且能够正常访问。打开 csft_mysql.conf 配置文件，这里将对 tp 数据库中的 tpk_article 数据表创建全文索引，代码如下。

```
#源定义
source mysql
{
    type                    = mysql
    sql_host                = localhost
    sql_user                = root
    sql_pass                = root
    sql_db                      = tp
    sql_port                = 3306
    sql_query_pre           = SET NAMES utf8
    #关闭查询 SQL 缓存
    sql_query_pre           = SET SESSION query_cache_type=OFF
    #索引 mysql 查询语句
    sql_query = SELECT id,title,content FROM tpk_article
    #对排序字段进行注释
    #sql_attr_uint              = add_time
    #sql_attr_timestamp         = UNIX_TIMESTAMP(add_time) AS added_ts
    #仅被命令行搜索所用 ，用来获取和显示文档信息
    sql_query_info              = SELECT * FROM tpk_article WHERE id=$id
}
#index 定义
index mysql
{
#对应的 source 名称
    source              = mysql
    path            = var/data/mysql
    docinfo             = extern
    mlock               = 0
    morphology          = none
```

```
        min_word_len        = 1
        html_strip                  = 0
        #charset_dictpath = /usr/local/mmseg3/etc/
        charset_dictpath = etc/
        charset_type        = zh_cn.utf-8
    }
    #全局 index 定义
    indexer
    {
        mem_limit                = 128M
    }
    #searchd 服务定义
    searchd
    {
        listen                  =   9312
        read_timeout        = 5
        max_children        = 10
        max_matches              = 10000
        seamless_rotate          = 0
        preopen_indexes          = 0
        unlink_old               = 1
        pid_file = var/log/searchd_mysql.pid
        log = var/log/searchd_mysql.log
        query_log = var/log/query_mysql.log
    }
```

上述配置文件只是一个简单的 Coreseek 配置文件，该配置将对 tpk_article 数据表中的 title、content 字段创建全文索引。更加详细及高级的配置将在后面进行介绍，在此读者只需要简单了解即可。

3．启动测试

保存配置文件，接下来就可以进行测试了。Windows 平台下的 Coreseek 测试比较简单，首先打开命令行终端，然后切换到 Coreseek 源码包目录，如图 14-2 所示。

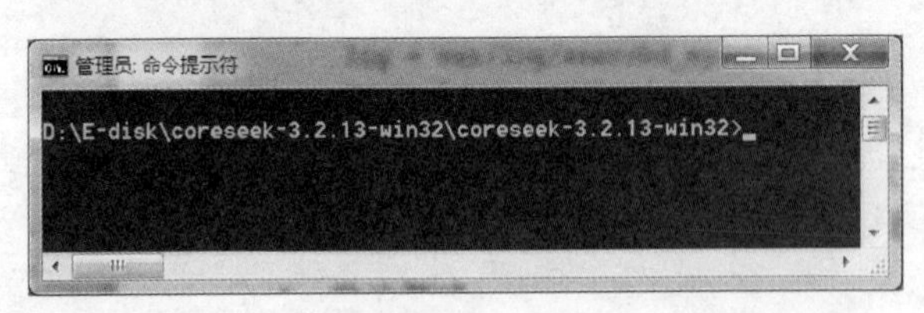

图 14-2　切换到 Coreseek 源码包目录

接着指定 Coreseek 配置文件（默认为 csft.conf）。输入“bin\indexer -c etc\csft_mysql.conf”命令，如图 14-3 所示。

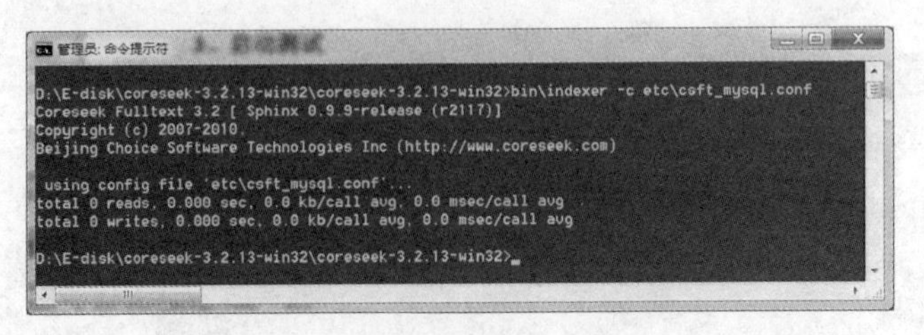

图 14-3　指定 Coreseek 配置文件

如果配置文件无误，接下来就可以使用 indexer 工具创建全文索引数据库了。输入“bin\indexer -c etc\csft_mysql.conf --all”命令，如图 14-4 所示。

```
管理员: 命令提示符

D:\E-disk\coreseek-3.2.13-win32\coreseek-3.2.13-win32>bin\indexer -c etc\csft_mysql.conf --all
Coreseek Fulltext 3.2 [ Sphinx 0.9.9-release (r2117)]
Copyright (c) 2007-2010,
Beijing Choice Software Technologies Inc (http://www.coreseek.com)

 using config file 'etc\csft_mysql.conf'...
indexing index 'mysql'...
collected 6 docs, 0.0 MB
sorted 0.0 Mhits, 100.0% done
total 6 docs, 11867 bytes
total 0.074 sec, 160211 bytes/sec, 81.00 docs/sec
total 1 reads, 0.000 sec, 13.0 kb/call avg, 0.0 msec/call avg
total 5 writes, 0.000 sec, 6.6 kb/call avg, 0.1 msec/call avg
```

图 14-4　创建全文索引

如图 14-4 所示，indexer 创建完索引后，会清楚地显示索引条数、数据大小等。这在大型数据中是非常必要的。完成前面的步骤，接下来就可以使用命令工具进行简单的测试了。在测试数据前，首先观察 tpk_article 数据表记录，如图 14-5 所示。

id	add_time	title	content
1	1346401694	库克就苹果地图缺陷向用户道歉：未提供一流体验	网易科技讯 9月28日晚间消息，苹果CEO蒂姆·库克今日就苹果地图存在诸多功能问题向用户发函致歉，称...
2	1346401704	索尼投资6.44亿美元成为奥林巴斯第一大股东	新华网东京9月28日电（记者 冯武勇）日本奥林巴斯光学公司28日宣布与索尼结成资本与业务合作关系。索...
3	1346401694	夏普称会制造足够iPhone5所需的显示屏	网易科技讯 9月28日消息，据国外媒体报道，夏普已经制造了足够用于苹果iPhone5的显示屏。这也表...
4	1346401704	苹果流媒体电台服务遇障碍：索尼/ATV对价格不满	网易科技讯 9月29日消息，据国外媒体报道，苹果的互联网电台服务计划最近在获得由索尼/ATV控制的音...
5	1346401694	机构调查称Facebook中国用户数超6000万	网易科技讯 9月29日消息，据国外媒体报道，英国市场调查机构GlobalWebIndex近日公布了一...
6	1346401704	李彦宏称仍未找到适合移动互联网的商业模式	网易科技讯 9月29日消息，据国外媒体报道，百度创始人、董事长兼首席执行官李彦宏昨天在斯坦福大学举行...

图 14-5　tpk_article 数据表记录

假设需要搜索包含关键字为“28”的记录，那么只需要输入“bin\search -c etc\csft_mysql.conf 28”命令即可，搜索结果如图 14-6 所示。

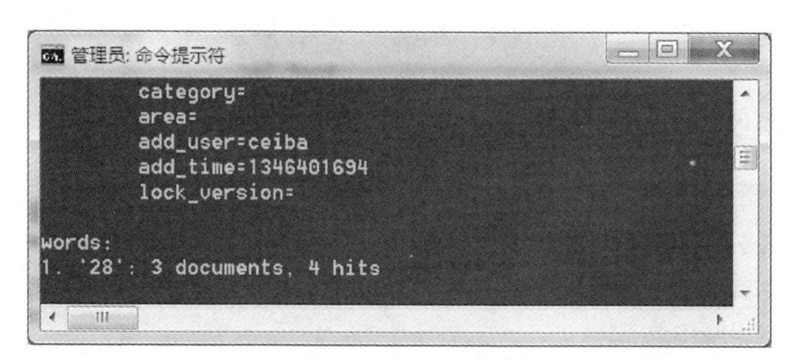

图 14-6　搜索测试

可见搜索的结果与我们期待的结果是一致的，即一共有 3 条包含关键字为“28”的文章记录。通过前面的测试，可以看出 Coreseek 搜索精度是非常高的。由于在命令行下 search 工具对中文编码并不能正确识别，所以这里并没有测试中文字符，事实上 Coreseek 已经能够提供中文检索了，后面将使用 PHP 代码测试中文词组检索。

前面已经提到过，在 Windows 平台下的 Coreseek 主要用于开发阶段的测试。所以在安装时 Coreseek 时并没有自动创建启动服务。这里只需要使用“bin\searchd.exe -c etc\csft_mysql.conf”命令启动 Coreseek 即可，如图 14-7 所示。

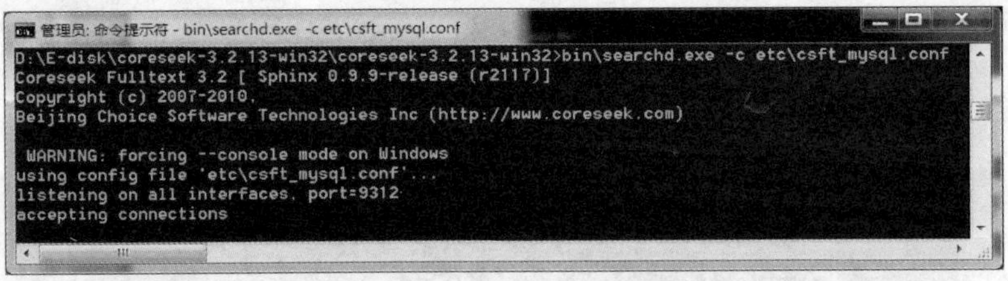

图 14-7　启动 Coreseek 主进程

至此 Coreseek 就安装完成了。读者还可以使用 sc 命令将 Coreseek 加入到 Windows 启动服务中，避免需要挂起命令终端，影响开发效率。命令如下。

```
sc create CoreseekServer binpath= "D:\E-disk\coreseek-3.2.13-win32\bin\searchd.exe -c D:\E-disk\coreseek-3.2.13-win32\etc\csft_mysql.conf" type= share start= auto displayname= "Coreseek全文搜索服务" depend= RpcSs/EventSystem
```

读者可根据 Coreseek 实际路径，修改相应的 binpath 选项即可。成功添加后，在服务管理面板中，可以找到前面创建的 CoreseekServer 服务，如图 14-8 所示。

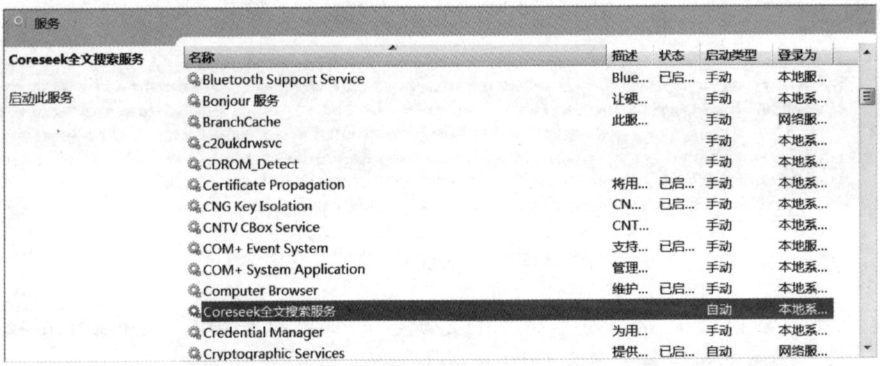

图 14-8　CoresseekServer 服务

14.2.3　在 Linux 下安装 Coreseek

在 Windows 下的安装过程，只能用于测试及调试，应该尽量避免在生产环境中使用。接下来将在 Cent OS 6.0 操作系统中安装 Coreseek 3.2.14，安装完成后可以用于测试环境，也可以用于生产环境，步骤分别如下。

1. 安装 Coreseek 3.2.14

首先升级或安装系统依赖库。

```
[root@~]# yum install make gcc g++ gcc-c++ libtool autoconf automake imake mysql-devel libxml2-devel expat-devel
```

操作完成后，接下来下载 Coreseek 3.2.14。

```
[root@~]# mkdir -p /data1
[root@~]# cd /data1
[root@~]# wget http://www.coreseek.cn/uploads/csft/3.2/coreseek-3.2.14.tar.gz
[root@~]# tar -zxvf coreseek-3.2.14.tar.gz
```

完成上述操作后，将得到 Coreseek 3.2.14 源码文件。通过前面的操作，现在就可以安装

Coreseek 3.2.14 了。在安装前首先需要编译 MMSEG 插件。

```
[root@~]# cd coreseek-3.2.14
[root@~]# cd mmseg-3.2.14/
[root@~]# ./configure --prefix=/usr/local/mmseg3
config.status: creating Makefile
config.status: WARNING:  'Makefile.in' seems to ignore the --datarootdir setting
config.status: error: cannot find input file: src/Makefile.in
```

配置 MMSEG 插件时，将出现 Makefile 错误。可以通过安装 autoconf 和 automake 解决。下面是解决过程。

```
[root@linux mmseg-3.2.14]# yum -y install autoconf automake
[root@linux mmseg-3.2.14]# aclocal
aclocal:configure.in:26: warning: macro 'AM_PROG_LIBTOOL' not found in library
[root@linux mmseg-3.2.14]# yum -y install libtool
[root@linux mmseg-3.2.14]# aclocal
[root@linux mmseg-3.2.14]# libtoolize --force
Putting files in AC_CONFIG_AUX_DIR, 'config'.
[root@linux mmseg-3.2.14]# automake --add-missing
[root@linux mmseg-3.2.14]# autoconf
[root@linux mmseg-3.2.14]# autoheader
[root@linux mmseg-3.2.14]# make clean
```

上述操作完成后，只需要重新配置即可。

```
[root@linux mmseg-3.2.14]# ./configure --prefix=/usr/local/mmseg3
-----------------------------------------------------------------------
Configuration:
  Source code location:       .
  Compiler:                  gcc
  Compiler flags:             -g -O2
  Host System Type:           i686-redhat-linux-gnu
  Install path:              /usr/local/mmseg3
  See config.h for further configuration information.
-----------------------------------------------------------------------
```

完成前面的步骤后，接下来就可以安装 MMSEG 了。

```
[root@linux mmseg-3.2.14]# make && make install
test -z "/usr/local/mmseg3/etc" || /bin/mkdir -p "/usr/local/mmseg3/etc"
 /usr/bin/install -c data/unigram.txt data/uni.lib data/mmseg.ini '/usr/local/
mmseg3/etc'
make[2]: Leaving directory '/home/data/coreseek-3.2.14/mmseg-3.2.14'
make[1]: Leaving directory '/home/data/coreseek-3.2.14/mmseg-3.2.14'
```

configure 可用的配置项如下（可通过—help 选项获得详细的帮助信息）。

- --prefix：定义 Coreseek 安装路径，比如--prefix=/usr/local/sphinx。
- --with-mysql：当检测到不存在 MySQL 头文件和库文件时，手动指定存放路径。
- --with-pgsql：当检测到不存在 PostgreSQL 头文件和库文件时，手动指定存放路径。
- --with-mmseg：启用 MMSeg 中文分词插件，并手动声明 MMSeg 头文件和库文件路径。
- --with-python：启用 Python 数据源驱动支持（需要预先安装 Python 2.6）。

如果在安装 MMSEG 过程中出现如下信息。

```
/usr/local/sphinx-0.9.9/src/sphinx.cpp:20060: undefined reference to 'libiconv_
open'
```

有效的解决方法如下。

首先打开 configure 文件，找到“#define USE_LIBICONV 1”，去掉“#”注释符，并将 1 改成 0。然后保存 configure 文件，重新编译并安装即可（这种解决方法也适用其他软件安装异常）。

MMSEG 中文分词插件安装完成后，接下来就可以安装 Coreseek 3.2.14 了，过程如下。

```
[root@linux mmseg-3.2.14]# ln -s /usr/local/mmseg3/bin/mmseg /bin/mmseg
[root@linux mmseg-3.2.14]# cd ..
[root@linux coreseek-3.2.14]# cd csft-3.2.14/
[root@linux coreseek-3.2.14]# ./configure --prefix=/usr/local/coreseek --without-
unixodbc --with-mmseg-includes=/usr/local/mmseg3/include/mmseg/ --with-mmseg-
libs=/usr/local/mmseg3/lib/ --with-mysql
[root@linux coreseek-3.2.14]# make & make install
```

通过前面的步骤，MMSEG 及 Coreseek 3.2.14 就安装完成了。通过 ls 命令可以查看到安装后的目录及文件。

```
[root@linux coreseek-3.2.14]# ls /usr/local/coreseek/
 bin  etc  var
[root@linux coreseek-3.2.14]#
```

2. 测试 Coreseek 中文分词

在 Linux 环境下，Coreseek 安装完成后，提供了一个 example.sql 文件，该文件是一个标准的 MySQL 查询文件，用于建立测试数据库。同时，为了方便测试 MMSEG 插件，Coreseek 安装包还提供了一个 test.xml 测试文件及 testpack 测试包。接下来将使用 testpack 测试工具及配置文件，对 MMSEG 进行测试，步骤如下。

```
[root@~]# cat /data1/coreseek-3.2.14/testpack/var/test/test.xml
```

运行上述命令后，将会显示一篇基于 Xmlpipe2 数据格式的测试文章，如图 14-9 所示。

接下来将使用 MMSEG 创建中文词条，并保存到 Sphinx 数据库中。步骤如下。

```
[root@~]# cd /data1/coreseek-3.2.14/testpack/
[root@~]# /usr/local/mmseg3/bin/mmseg -d /usr/local/mmseg3/etc var/test/test.xml
[root@~]# /usr/local/coreseek/bin/indexer -c etc/csft.conf --all
```

通过前面的步骤，接下来就可以搜索 test.xml 文件中的数据了。假设需要搜索内容包含“网络搜索”的数据，步骤如下。

```
documents.sql  test.xml
[root@bogon etc]# ls /data1/coreseek-3.2.14/testpack/var/test/test.xml
/data1/coreseek-3.2.14/testpack/var/test/test.xml
[root@bogon etc]# cat /data1/coreseek-3.2.14/testpack/var/test/test.xml
<?xml version="1.0" encoding="utf-8"?>
<sphinx:docset>
        <sphinx:schema>
        <sphinx:field name="subject"/>
        <sphinx:field name="content"/>
        <sphinx:attr name="published" type="timestamp"/>
        <sphinx:attr name="author_id" type="int" bits="16" default="1"/>
        </sphinx:schema>
        <sphinx:document id="1">
                <subject>愚人节最佳蛊惑爆料 谷歌300亿美元收购百度</subject>
                <published>1270131607</published>
                <content>据国外媒体报道，谷歌将巨资收购百度，涉及金额高达300亿美元。谷歌借此重返大陆市场。
    该报道称，目前谷歌与百度已经达成了收购协议，将择机对外公布。百度的管理层将100%保留，但会将项目缩减，包括有啊商城，以及目前实施不力的凤巢计划。正在进行测试阶段的视频网站qiyi.com将输入更多的Youtube资源。(YouTube在大陆区因内容审查暂不能访问)。
    该消息似乎得到了谷歌CEO施密特的确认，在其twitter上用简短而暧昧的文字进行了表述：" Withdraw from that market? u'll also see another result, just wait... " 意思是：从那个市场退出?你还会看到另外一个结果。毫无疑问，那个市场指的就是中国大陆。而另外的结果，对应此媒体报道，就是收购百度，从而曲线返回大陆搜索市场。
    在最近刚刚结束的深圳IT领袖峰会上，李彦宏曾言，"谷歌没有退出中国，因为还在香港"。也似乎在验证被收购的这一事实。
    截止发稿，百度的股价为597美元，市值为207亿美元。谷歌以高达300亿美元的价格，实际溢价高达50%。而谷歌市值高达1796亿美元，而且手握大量现金，作这样的决策也在情理之中。
    近日，很多媒体都在报道百度创始人、CEO李彦宏的两次拒购：一次是百度上市前夕，李彦宏拒绝谷歌的并购，这个细节在2月28日央视虎年首期对话节目中得到首次披露；一次是在百度国际化战略中，拒绝采用海外并购的方式，而是采取了从日本市场开始的海外自主发展之路。这也让笔者由此开始思考民族品牌的发展之路。
```

图 14-9 Coreseek 测试文章

```
[root@bogon testpack]# /usr/local/coreseek/bin/search -c etc/csft.conf 网络搜索
Coreseek Fulltext 3.2 [ Sphinx 0.9.9-release (r2117)]
Copyright (c) 2007-2011,
Beijing Choice Software Technologies Inc (http://www.coreseek.com)

 using config file 'etc/csft.conf'...
index 'xml': query '网络搜索 ': returned 1 matches of 1 total in 0.141 sec

displaying matches:
1. document=1, weight=1, published=Thu Apr  1 22:20:07 2010, author_id=1

words:
1. '网络': 1 documents, 1 hits
2. '搜索': 2 documents, 5 hits
```

从结果中可以看到，MMSEG 将输入的“网络搜索”一词拆分成了“网络”和“搜索”两个词条，这就意味着，全文数据中无论是存在“网络搜索”还是只包含“网络”或“搜索”都能够被 Coreseek 检索。读者可以修改 test.xml 数据，观察 MMSEG 中文分词的变化。

14.3 Coreseek 管理工具

与 Windows 版的 Coreseek 一样，在 Linux 版本中同样提供了一系列管理工具，包括 indexer、search、searchd 等。下面分别介绍这些工具的作用及使用方式。

14.3.1 indexer

indexer 工具是 Sphinx 内置的一个重要的命令管理工具，用于为系统创建索引文档。indexer 是一个统一的管理工具，无论数据源来自于数据库，还是 XML，indexer 工具的使用方式都是一致的，所以无论是用于命令行，还是作为计划任务脚本，数据源被修改后，都不会影响 indexer 的执行。indexer 工具命令格式如下。

```
indexer [OPTIONS] [indexname1 [indexname2 [...]]]
```

indexer 选项决定了创建索引的配置信息及索引类型、范围。下面将对 indexer 工具的常用选项进行介绍。

（1）--config 配置文件

Coreseek 安装完成后，默认 sphinx.conf.dist、sphinx-min.conf.dist 作为配置文件模板（注意与 Windows 版本之间的区别）。假设 Coreseek 安装在/usr/local/coreseek/目录，那么 sphinx.conf 配置文件的完整路径就是/usr/local/coreseek/sphinx.conf。如果 sphinx.conf 文件被删除或改名，indexer 工具会尝试在当前目录中查找 sphinx.conf 文件。当然，开发人员也可以通过--config 选项强制指定 indexer 配置文件位置，如以下代码所示。

```
[root@~]#   indexer --config /usr/local/coreseek/sphinx.conf myindex
```

值得需要注意的是，Coreseek 默认的配置文件为 csft.conf。为了方便演示，这里将使用 sphinx-min.conf.dist 模板作为 Coreseek 配置文件，只需要将该文件复制为 csft.conf 即可。

```
[root@bogon bin]# cp /usr/local/coreseek/etc/sphinx-min.conf.dist csft.conf
```

一个简单的 Coreseek 配置文件至少需要由 source、index、indexer、searchd 四大部分组成。如以下代码所示。

```
#配置数据源
source main
{
}
#生成索引
index main
{
}
#配置索引进程参数
indexer
{
}
#配置搜索进程参数
searchd
{
}
```

为了方便测试，这里将修改默认的 csft.conf 配置文件，帮助读者加深对 Coreseek 配置文件的认识，代码如下所示。

```
#
# Minimal Sphinx configuration sample (clean, simple, functional)
#
#主索引
source main
{
       type                                  = mysql

       sql_host                               = 192.168.2.9
       sql_user                               = root
       sql_pass                               = root
       sql_db                                 = test
       sql_port                               = 3306  # optional, default is 3306
```

```
        sql_query_pre               = SET SESSION query_cache_type=OFF
        sql_query_pre               = SET NAMES utf8
        sql_query                   = SELECT id,title,content FROM tpk_article
        sql_attr_uint                   = add_time
        sql_attr_timestamp               = id
        sql_query_info                   = SELECT * FROM tpk_article WHERE id=$id
}
index main
{
        source                                = src1
        path                                 = /usr/local/coreseek/var/data/main
        docinfo                               = extern
        charset_type                  = sbcs
}
indexer
{
        mem_limit                              = 32M
}


searchd
{
        port                                 = 9312
        log                                  = /usr/local/coreseek/var/log/searchd.log
        query_log                            = /usr/local/coreseek/var/log/query.log
        read_timeout                  = 5
        max_children                  = 30
        pid_file                              = /usr/local/coreseek/var/log/searchd.pid
        max_matches                            = 1000
        seamless_rotate                = 1
        preopen_indexes                = 0
        unlink_old                             = 1
}
```

上述配置文件与前面介绍的 Windows 版 Coreseek 配置文件相类似，只有 searchd 配置存在微小区别。这样一个简单的 Coreseek 配置文件就创建完成了，接下来的演示示例均使用该配置文件。

❒ 提示：config 配置选项的缩写形式为-c，所以 indexer --config /usr/local/Coreseek/sphinx.conf myindex 与 indexer -c /usr/local/Coreseek/sphinx.conf myindex 效果是一致的。

（2）--all 生成所有索引源

indexer 在创建索引库时，是根据配置文件中的配置信息进行索引的。Coreseek 灵活及强大之处还在于其对分布式的良好支持，但在数据量少的情况下只需要配置一个索引源即可，使用 all 选项表示对所有索引源创建索引库，该选项执行后所有索引库中的数据将全部被刷新。使用方式如下。

```
[root@bogon ~]# cd /usr/local/coreseek/bin/
[root@bogon bin] ./indexer --all
```

也可以显示指定配置文件。

```
[root@bogon bin] ./indexer --config /usr/local/coreseek/etc/sphinx.conf --all
```

如果作为计划任务执行时，需要完整的执行路径，并显式指定配置文件。

（3）--rotate 索引轮换

all 选项将索引配置文件中的所有索引源，rotate 选项可以对原有的索引进行平滑替换。利用 rotate 选项，可以轻易地实现数据增量合并（即在原有的索引上增加新索引）。rotate 选项被执行后，原有的旧索引将被替换，这一过程是在服务不被中断的情况下进行的，使用方式如下。

```
[root@bogon ~]# cd /usr/local/coreseek/bin/
[root@bogon bin] ./indexer --rotate --all
```

（4）--merge 索引合并

rotate 使用新的索引库替换旧索引库，虽然能够解决索引更新的问题，但在数据量大的情况下，显然会影响效率（尽管 Coreseek 索引速度非常快），理想的办法是将新增加的索引追加到旧索引中，即索引合并。merge 选项能够实现索引合并，使用方式如下。

```
[root@bogon ~]# cd /usr/local/coreseek/bin/
[root@bogon bin] ./indexer --merge main xmldata --rotate
```

上述代码表示将新增加的 xmldata 索引库追加到旧 MySQL 索引库。通过上述操作，Coreseek 将会把 xmldata 库中的数据追加 MySQL 索引库中，完成后清空等待下一次执行 merge 操作。关于多数据源的配置将在后面的内容中继续深入介绍，在此读者只需要理解即可。

14.3.2 searchd

searchd 是一个重要的命令工具，无论是前面的配置文件，或者 indexer 创建索引，这些操作只是进行全文索引前的准备工作，要让 Coreseek 能够对外提供搜索服务，后台管理人员必须手动或使用计划任务启动 Coreseek 服务进程。searchd 工具就是用于启动 Coreseek 服务的，下面分别对 searchd 工具常用选项进行介绍。

（1）--help

help 选项将列出 searchd 工具的帮助选项，简写形式为-h。选项运行后将得到详细的帮助信息，如以下代码所示。

```
[root@bogon bin]# ./searchd --help
Coreseek Fulltext 3.2 [ Sphinx 0.9.9-release (r2117)]
Copyright (c) 2007-2011,
Beijing Choice Software Technologies Inc (http://www.coreseek.com)

 Usage: searchd [OPTIONS]

Options are:
-h, --help             display this help message
-c, -config <file>      read configuration from specified file
                       (default is csft.conf)
--stop                 send SIGTERM to currently running searchd
--status               get ant print status variables
```

```
                    (PID is taken from pid_file specified in config file)
--iostats             log per-query io stats
--cpustats            log per-query cpu stats

Debugging options are:
--console             run in console mode (do not fork, do not log to files)
-p, --port <port>      listen on given port (overrides config setting)
-l, --listen <spec>    listen on given address, port or path (overrides
                    config settings)
-i, --index <index>    only serve one given index
--nodetach            do not detach into background

Examples:
searchd --config /usr/local/csft/etc/csft.conf
```

（2）--config

与 indexer 工具一样，searchd 运行时需要载入配置文件（即载入配置文件中的 searchd 节点配置信息），默认情况下载入的配置文件为/usr/local/coreseek/etc/csft.conf 文件，如果需要切换配置文件，可以通过 config 配置选项指定。使用方式如下。

```
[root@bogon ~]# cd /usr/local/coreseek/bin/
[root@bogon ~]# ./searchd --config /usr/local/coreseek/etc/sphinx.conf
Copyright (c) 2007-2011,
Beijing Choice Software Technologies Inc (http://www.coreseek.com)
using config file '/usr/local/coreseek/etc/sphinx.conf'...
listening on all interfaces, port=9312
WARNING: index 'test1': preload: failed to open /usr/local/ coreseek/ var/data/
test1.sph: No such file or directory; NOT SERVING
WARNING: index 'test1stemmed': preload: failed to open /usr/local/coreseek/ var/
data/test1stemmed.sph: No such file or directory; NOT SERVING
WARNING: multiple addresses found for 'localhost', using the first one (ip= 127.0.
0.1)
```

--config 简写形式为-c，通过该选项读者可以指定任何合法的配置文件作为 searchd 运行环境配置信息。

（3）--pidfile

searchd 主程序启动后，系统将生成 searchd.pid 文件，并保存到/usr/local/coreseek/var/log/目录。该文件是 searchd 主进程与其他进程进行通信的描述文件。通过 pidfile 选项，可以改变文件存放位置，以便于管理，如以下代码所示。

```
[root@bogon ~]# cd /usr/local/coreseek/bin/
[root@bogon bin] ./searchd --config /usr/local/coreseek/etc/csft.conf --pidfile
/tmp/searchd.pid
```

（4）--prot

默认情况下，searchd 主进程启动后，将使用 9312 作为通信接口。通过 port 选项，可以修改默认的通信接口。

```
[root@bogon bin]# ./searchd --port 9315
Coreseek Fulltext 3.2 [ Sphinx 0.9.9-release (r2117)]
Copyright (c) 2007-2011,
Beijing Choice Software Technologies Inc (http://www.coreseek.com)
WARNING: --listen and --port are only allowed in --console debug mode; switch
ignored
using config file '/usr/local/coreseek/etc/csft.conf'...
listening on all interfaces, port=9312
```

修改端口后，可以使用 ps 命令检测 9315 端口。

```
[root@bogon bin]# ps -aunx |grep 9315
Warning: bad syntax, perhaps a bogus '-'? See /usr/share/doc/procps-3.2.8/FAQ
     0  7532  0.1  0.8  12004   988 pts/0    S    07:44   0:00 ./searchd --port 9315
     0  7536  3.0  0.6   5952   756 pts/0    S+   07:45   0:00 grep 9315
```

需要注意的是，更改通信接口后，需要在防火墙中开放相应的通信接口，否则客户端 API 将被拒绝链接。

14.3.3 search

search 工具是一个用于命令行搜索测试的辅助工具。在 searchd 成功启动后，Coreseek 就处于激活状态，此时可以借助于 search 工具进行简单的测试。所有的操作均是独立的，不会影响 Coreseek 数据检索效果，也不会对 API 获取数据产生影响。简单地说 search 是一个可删除的工具，但为了方便测试，建议保留该工具。search 工具常用搜索命令选项如表 14-1 所示。

表 14-1 search 常用选项

选 项	简写	说 明	使 用 示 例
--config	-c	indexer 配置文件	./search -c ../etc/csft.conf 苹果
--index	i	搜索测试节点，即配置文件中数据源节点	./search -i test1 苹果
--limit	-l	指定搜索返回的数据量，默认为 20 条	./search -l 2 苹果
--offset	-o	返回结果偏移量起始位置，配合 limit 选项可以实现数据分页	./search -o 2 苹果
--group	-g	对搜索结果，按照配置文件 attr 属性进行分组，类似 SQL 中的 GROUP BY 子语句	./search -g 苹果
--sortby	-s	使用排序语句对结果进行排序	./search -s "@id DESC" 苹果
--sort=date		搜索结果按日期升序	./search --sort=date 苹果
--rsort=date		搜索结果按日期降序	./search --rsort=date 苹果
--sort=ts		搜索结果按 UNIX 时间戳分组	./search --sort=ts 苹果
--noinfo	-q	测试 searchd 及 MySQL 通信是否正确	./search --noinfo 苹果

上述选项中，除了--noinfo 选项外，其他的搜索选项在 API 接口中，均有对应的调用属性。--noinfo 选项是一个测试开关，运行结果如下。

```
[root@bogon bin]# ./search --noinfo  苹果
Coreseek Fulltext 3.2 [ Sphinx 0.9.9-release (r2117)]
Copyright (c) 2007-2011,
Beijing Choice Software Technologies Inc (http://www.coreseek.com)
 using config file '/usr/local/coreseek/etc/csft.conf'...
index 'test1': query '苹果 ': returned 6 matches of 6 total in 0.005 sec
displaying matches:
1. document=1, weight=4
2. document=4, weight=4
3. document=5, weight=4
4. document=2, weight=3
5. document=3, weight=3
6. document=6, weight=3
words:
1.  '6 documents, 353 hits
```

如上述反馈信息所示，weight 显示了 MySQL 查询记录权重状况。如果为 0 表示处于失效状态，此时就需要检测 MySQL 是否连接正常。

14.4 创建索引

创建索引是全文搜索引擎最关键的操作，在 Coreseek 中可以对多种数据源创建索引，包括常见的主流数据库，以及 Xmlpipe2 、HTML、TXT 等。同时，Coreseek 提供了多种索引类型，以满足各种场合的全文索引需求，下面首先对索引源分类进行介绍。

14.4.1 索引源分类

索引源即为 Coreseek 提供数据的对象。Coreseek 支持主流的数据文件、数据库、网页文件等作为数据源，在索引方式上都是一致的，只需要在配置文件时对索引源进行配置即可。一个配置文件可以同时配置多个不同类型的索引源，也可以将多个索引源分别定义不同的节点，在用户搜索时，这些索引源将被用户搜索。下面将对常见的索引源进行介绍。

1. Xmlpipe2

Sphinx 并不是对所有 XML 数据格式都能够创建索引的，Xmlpipe2 是一种由 Sphinx 所规范的 XML 数据格式。开发人员只有遵循这些规范，Sphinx 或 Coreseek 才能识别索引源文档。一个简单的 Xmlpipe2 数据格式文档如下代码所示。

```
<?xml version="1.0" encoding="utf-8"?>
<sphinx:docset>
     <sphinx:schema>
     </sphinx:schema>
```

```
    <sphinx:document id="001">

    </sphinx:document>
</sphinx:docset>
```

如上述代码所示，该文档共定义了 3 对 XML 标签元素。其中<sphinx:docset>元素是 Xmlpipe2 文档格式的根元素，只有该元素的存在，Sphinx 引擎才能解释，否则将停止后续索引操作；schema 元素是一对可选的 Xmlpipe2 元素，它用于自定义全文索引字段，例如标题、内容正文等；document 是 Xmlpipe2 数据格式元素中必须出现的元素，它用于存放创建全文索引的 schema 自定义元素值，也就是说只有定义在该元素内的数据才会被创建索引。

这里需要重点对 schema 元素进行介绍。虽然 schema 元素是可选的，但却是非常重要的。为了便于理解，这里首先使用代码进行演示。假设需要对索引源文档中的 title 和 content 字段创建全文索引，那么在 schema 中定义的元素如以下代码所示。

```
<sphinx:schema>
    <sphinx:field name="title"/>
    <sphinx:field name="content"/>
</sphinx:schema>
```

上述信息是可以在配置文件中定义的，如以下代码所示。

```
#源定义
source xml
{
    type                = xmlpipe2
    xmlpipe_command = cat var/test/test.xml
    #请修改为实际使用的绝对路径，例如：cat /usr/local/coreseek/var/...
    xmlpipe_field    = title
    xmlpipe_field    = content
}
```

上述配置与前面介绍的 Xmlpipe2 schema 子元素配置在作用上是一致的。正如前面所言 schema 是可选的，但前提是已经在配置文件中配置了相应的 xmlpipe_field 选项。也就是说，schema 元素就转换后就是 xmlpipe_field 配置项。

出于灵活性考虑，直接在 schema 元素中定义 xmlpipe_field 显然更加友好（至少不会因为更改了不同数据源文档，又要重新修改配置文件，而只需要在数据源文档修改即可)。所以建议读者尽量在 Xmlpipe2 文档中完成 xmlpipe_field 定义。

配置了 xmlpipe_field 索引字段，还需要实现 xmlpipe_field 字段，并赋予全文数据，才能实现全文索引。如以下代码所示。

```
<sphinx:document id="001">
    <title>第一条新闻</title>
    <content>新闻内容 1</content>
</sphinx:document>
<sphinx:document id="002">
    <title>第二条新闻</title>
    <content>新闻内容 2</content>
</sphinx:document>
```

通过上述操作，结合 MMSEG 中文分词插件，Coreseek 就可以对所定义的全文文本字段进行索引了。最终 Xmlpipe2 文档如以下代码所示。

```
<?xml version="1.0" encoding="utf-8"?>
<sphinx:docset>
    <sphinx:schema>
```

```
            <sphinx:field name="title"/>
            <sphinx:field name="content"/>
        </sphinx:schema>
        <sphinx:document id="001">
            <title>第一条新闻</title>
            <content>新闻内容 1</content>
        </sphinx:document>
        <sphinx:document id="002">
            <title>第二条新闻</title>
            <content>新闻内容 2</content>
        </sphinx:document>
    </sphinx:docset>
```

通过前面的介绍，相信读者已经对 Xmlpipe2 数据格式有了一些认识。事实上 Xmlpipe2 主要的标签元素只有 5 个，其他都是可自定义的。如表 14-2 所示。

表 14-2　Xmlpipe2 文档格式元素

Xmlpipe2 元素	说　明	是否必须
sphinx:docset	Xmlpipe2 文档根元素	是
sphinx:schema	文档模式，如果定义，必须位于第 1 个元素	否
sphinx:field	schema 子元素，用于定义全文索引字段	否
sphinx:attr	sphinx:schema 子元素，作用类似于 sphinx:field，但提供了字段数据类型限制	否
sphinx:document	sphinx:docset 子元素，存放全文索引的文本字体	是

默认情况下，使用 sphinx:field 元素定义的字段为文本字段。使用 sphinx:attr 元素定义字段时，可以对字段的数据类型进行限制。sphinx:attr 支持的数据类型分别如下：

- int：数值整型。
- timestamp：UNIX 时间戳。
- str2ordinal：字符串类型。
- bool：布尔值。
- float：浮点数值类型。
- multi：数据集合。

这些数值类型通过 sphinx:attr 元素中的 type 属性指定。假设定义一个名为 author_id，类型为 int 的字段，代码如下。

```
<sphinx:schema>
    <sphinx:attr name="author_id" type="int" default="1"/>
</sphinx:schema>
```

sphinx:attr 元素还支持以下属性列表。

- name：字段名称。
- bits：默认情况下，int 数据类型长度为 32 位，可以通过 bits 属性项修改 int 数值长度。
- default：为字段提供一个默认值。

需要注意的是，无论字段定义为何种数据类型，字段的数据量最大不能超过 2MB，否则 Coreseek 将对字段中的数据进行截取。这就意味着 Xmlpipe2 文档并不适合海量型的数据，如果有此需要，可以使用数据库索引源。

2. 数据库索引源

Coreseek 对常见的开源数据提供了很好的支持，包括 MySQL 和 PostgreSQL。在 Windows 环境下还实现了对 Microsoft SQL Server 数据库原生支持。通过内置开放性接口，例如 ODBC（微软开放数据库互联）、Python 数据源等，Coreseek 能够轻松地实现万能数据库连接。如以下代码所示。

```
source mysql
{
    type                    = mysql
    sql_host                = localhost
    sql_user                = root
    sql_pass                = root
    sql_db                  = tp
    sql_port                = 3306
    sql_query_pre           = SET NAMES UTF8
    sql_query  = SELECT id, UNIX_TIMESTAMP(add_time) AS times, title,content FROM
    tpk_article
    sql_query_info    = SELECT * FROM tpk_article WHERE id=$id
}
```

如上述代码所示，配置项 type 定义了数据库连接类型。在 Linux 平台下原生（不需要额外安装驱动）支持的驱动有 MySQL、psSQL；在 Windows 平台下，原生支持的驱动有 MSsql、MySQL、psSQL、ODBC。开发人员可根据需要自行选择。

对于 Coreseek 而言，数据库连接是由中间件来完成后。对于开发人员而言，中间件提供了一套接口，通过配置接口选项数据，Coreseek 就能够完成不同类型数据库的连接及切换。最终只需要修改配置项 type 值即可。常见的数据库配置项如表 14-3 所示。

表 14-3　数据库配置项

配　置　项	说　　明	默 认 值
连接数据库配置（仅对原生支持的驱动生效）		
sql_host	数据库连接地址	空（必选）
sql_user	数据库认证用户名	空（必选）
sql_pass	数据库认证用户密码	空（必选）
sql_db	选择数据库名称	空（必选）
sql_port	数据库通信端口	3306（mysql）、5436（pssql）
sql_sock	连接到本地 SQL 服务器时使用的 UNIX socket 名称	空（可选）
数据查询配置		
sql_query_pre	预查询，即设置查询前的环境（例如查询编码，查询缓存等）	空（可选）
sql_query	主查询，结果将作为索引数据来源	空（必选）
sql_query_range	分区查询	空（可选）
sql_range_step	区块查询步进	1024
sql_attr_uint	声明无符号整数属性	空（可选）
sql_attr_timestamp	Linux 时间戳排序	空
sql_query_info	命令终端显示查询语句	空
sql_query_post	后查询，与 sql_query_pre 作用相反	空

配置好数据源后，读者可以使用前面介绍的 indexer、searched 工具测试是否配置正常。如果一切正常就可以使用 Coreseek 高效索引引擎创建全文索引数据了。

14.4.2　增量索引

前面介绍了使用 indexer 创建索引的过程。在多数情况下，因为 Coreseek 索引速度高达 10MB/s，所以只需要创建一个索引源即可满足需求。但是在数据量随时激增的大型应用中（如 SNS、评论系统等），单一的索引源将会给 indexer 造成极大的性能负荷。

增量索引能够在一定程度上提升 Coreseek 索引性能，降低 CPU 使用率。增量索引的原理非常简单，即使用“主索引+增量索引”的方式创建索引。其中主索引表存放 50%以上的数据量，增量索引表通常只需要存放较近插入的数据即可（增量索引表允许由多个索引表组成）。增量索引是通过主从索引继承实现的，继承的格式为“增量索引:父索引”，如以下代码所示。

```
#主索引
source main
{
}
#生成索引
index main
{
}
#main 的增量索引表
source topic1:main
{
}
index topic1:main
{
}
#配置索引进程参数
indexer
{
}
#配置搜索进程参数
searchd
{
}
```

通过继承，增量索引配置就拥有了主索引全部配置信息。当然也可以重新设置增量索引配置信息，这些配置信息将覆盖主索引配置项。如以下代码所示。

```
#
# Minimal Sphinx configuration sample (clean, simple, functional)
#
source main
{
        type                = mysql
        sql_host            = 192.168.2.9
        sql_user            = root
        sql_pass            = root
        sql_db              = tp
        sql_port            = 3306  # optional, default is 3306
```

```
        sql_query_pre   = SET SESSION query_cache_type=OFF
        sql_query_pre = SET NAMES utf8
        sql_query   = SELECT id,title,content FROM tpk_article where id<10
        sql_attr_uint   = add_time
        sql_attr_timestamp  = id
        sql_query_info  = SELECT * FROM tpk_article WHERE id=$id
}
index main
{
        source                                  = main
        path                                    = /usr/local/coreseek/var/data/main
        docinfo                                 = extern
        #charset_type                       = sbcs
        charset_dictpath = /usr/local/mmseg3/etc/   #Linux 环境需要声明
        charset_type                      =  zh_cn.utf-8 #中文分词必须使用 zh_cn.utf-8 编码

}
source article1:main
{
        sql_query_pre = SET NAMES utf8
        sql_query = SELECT id,title,content FROM tpk_article where id>10

}

index article1:main
{
        source = article1
        path = /usr/local/coreseek/var/data/main_article1
        charset_dictpath = /usr/local/mmseg3/etc/   #Linux 环境需要声明
        charset_type                      =  zh_cn.utf-8 #中文分词必须使用 zh_cn.utf-8 编码



}

indexer
{
        mem_limit                               = 32M
}
searchd
{
        port                                    = 9312
        log                                     = /usr/local/coreseek/var/log/searchd.log
        query_log                               = /usr/local/coreseek/var/log/query.log
        read_timeout                    = 5
        max_children                    = 30
        pid_file                                = /usr/local/coreseek/var/log/searchd.pid
        max_matches                             = 1000
        seamless_rotate                 = 1
        preopen_indexes                 = 0
        unlink_old                              = 1
}
```

上述配置文件定义了一个 main 主索引和一个 article1 增量索引。为了方便演示，这里将主索引数据范围限制为 id<10 的数据；而在 article1 增量索引中限制 id>10 的数据，这样就实现了主从索引（即增量索引）。在合并主从索引前，首先需要生成增量索引，命令如下。

```
[root@~]cd /usr/local/coreseek/bin
[root@bogon bin] ./indexer article1
```

增量索引生成后，只需要使用前面介绍的 merge 选项将增量索引表合并到主索引表即可。完成索引合并后，可以使用 search 工具测试搜索效果。

```
[root@bogon bin]cd /usr/local/coreseek/bin
[root@bogon bin] ./search facebook
```

为了提高效率，最后只需要将增量索引合并到主索引数据库中即可。

```
[root@~]cd /usr/local/coreseek/bin
[root@bogon bin] ./indexer --merge main  article1 --rotate
```

14.4.3　实时索引

Coreseek 是一个独立的索引服务器，所有新增的数据必须通知 Coreseek 才会创建新增的数据索引。也就是说，Coreseek 并没有实时索引的功能，开发人员需要通过第三方监控脚本或接口实现实时索引。当前最常用的方法有两种：一种是使用 SphinxSE 插件；另外一种是使用数据库索引统计计数器。SphinxSE 是一个基于 Sphinx 索引引擎的 MySQL 全文索引插件，在使用方式上与 MySQL 全文检索相类似，但由于只能对 MySQL 生效，并且需要特定的 MySQL 版本，所以这里不建议使用。下面将使用统计计数器实现实时索引。

1．实现思路

顾名思义，实时索引就是新增数据后，索引服务器就能够立即（或在较少时间内）对新增的数据创建全文索引。利用前面介绍的增量索引，再配合 Linux 计划任务机制，可以实现狭义上的实时索引。但是这种方式只适用于数据增长较慢的场合。 如果数据增长较快，增量索引本身就是一个海量型的数据库，较短时间内对增量索引进行索引及合并操作无疑是不合理的。

实时索引的基本原理就是以增量索引为基础，然后在当前索引源数据库中创建一个统计表，用于统计当前索引数据表最大 id 值，每次创建增量索引时，在查询（sql_query_post）中使用 SQL 获取数据库表记录最大 id 值，并且将该值更新到统计表。利用最大 id 值可以实现每次创建增量索引时均从该 id 值开始。同时在创建主索引时，将主索引库的索引范围限于该 id 值内（增量索引应大于统计 id 值），并使用预查询（sql_query_pre）更新统计表 id 值。

通过上述步骤，每次执行增量索引就相当于对新增数据创建全文索引。结合 Linux 计划任务机制，就可以完美地实现实时索引了。下面将结合示例讲解实现过程。

2．实现过程

实时索引的核心是计数器，所以首先需要在数据库中创建一个统计表。这里创建的统计表名为 sph_counter，该表共有两个 int 类型字段，如以下 SQL 代码所示。

```
CREATE TABLE sph_counter
(
    counter_id INTEGER PRIMARY KEY NOT NULL,
    max_doc_id INTEGER NOT NULL
);
```

代码运行后，表结构如图 14-10 所示。

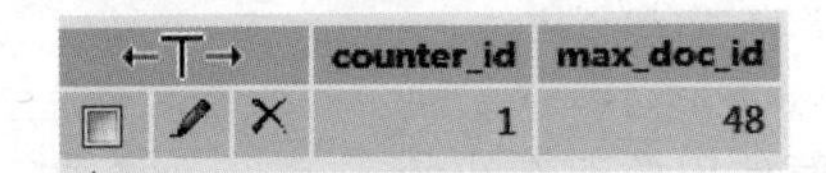

←T→	counter_id	max_doc_id
	1	48

图 14-10　sph_counter 统计表结构

统计表创建完成后，只需要重新配置/etc/csft.conf 文件即可，如以下代码所示。

```
#
# Minimal Sphinx configuration sample (clean, simple, functional)
#
source main
{
        type                                    = mysql

        sql_host                                = 192.168.2.9
        sql_user                                = ceiba
        sql_pass                                = 535416
        sql_db                                  = tp
        sql_port                                = 3306  # optional, default is 3306
        sql_query_pre                   = SET SESSION query_cache_type=OFF
        sql_query_pre                   = SET NAMES utf8
        sql_query_pre = REPLACE INTO sph_counter select 1,max(id) from tpk_article

        sql_query    = SELECT id,title,content FROM tpk_article \
                       where id <= (select max_doc_id from sph_counter where counter_
id=1)
        sql_attr_uint                   = add_time
        sql_attr_timestamp               = id

        sql_query_info                  = SELECT * FROM tpk_article WHERE id=$id
}
index main
{
        source                                  = main
        path                                    = /usr/local/coreseek/var/data/main
        docinfo                                 = extern
        charset_dictpath = /usr/local/mmseg3/etc/
        charset_type                    =  zh_cn.utf-8
}
source article1:main
{
        sql_query_pre = SET NAMES utf8
        sql_query = SELECT id,title,content FROM tpk_article \
                where id >(select max_doc_id from sph_counter where counter_id=1)
        sql_query_post = REPLACE INTO sph_counter select 1,max(id) from tpk_article
}

index article1:main
{
        source = article1
        path = /usr/local/coreseek/var/data/main_article1
        charset_dictpath = /usr/local/mmseg3/etc/
        charset_type = zh_cn.utf-8
```

```
    }
    indexer
    {
        mem_limit                    = 32M
    }
    searchd
    {
        port                         = 9312
        log                          = /usr/local/coreseek/var/log/searchd.log
        query_log                    = /usr/local/coreseek/var/log/query.log
        read_timeout                 = 5
        max_children                 = 30
        pid_file                     = /usr/local/coreseek/var/log/searchd.pid
        max_matches                  = 1000
        seamless_rotate              = 1
        preopen_indexes              = 0
        unlink_old                   = 1
    }
```

通过上述的配置后，如果创建或更新增量索引 article1，sph_counter 表统计记录将发生相应变化。整个过程与前面介绍的实现思路是一致的，接下来将通过测试，观察数据变化。

3．测试实时索引

为了更好地进行测试，首先将原有的 main 及 article1 数据库清空。

```
[root@bogon bin]# rm -rf /usr/local/coreseek/var/data/*
```

然后创建主索引（即 main 索引）。

```
[root@bogon /]# cd /usr/local/coreseek/bin/
[root@bogon bin]# ./indexer main
```

主索引创建完成后，此时观察 sph_counter 表，可以看到 max_doc_id 字段值将更新为 tpk_article 表 id 字段最大值，假设为 10。接下来继续创建增量索引，为了方便演示，首先在 tpk_article 数据表中插入两条数据，这两条数据将作为增量索引，同时 id 最大值为 12（max_doc_id 值依旧为 10）。

```
[root@bogon bin]# ./indexer article1 --rotate
```

上述命令执行后，max_doc_id 将会更新为 12，同时增量索引数据库中将新增两条数据，证明配置正确无误，如果数值没有更新，需要仔细检测 sql_query_post 更新语句是否正确。读者可以使用前面介绍的 search 工具，测试索引效果。

4．创建监控脚本

接下来将创建一个 Shell 监控脚本，用于实时自动创建增量索引。

```
[root@bogon src]#mkdir  -p /home/src
[root@bogon src]#cd /home/src
[root@bogon src]# touch  article1.sh
[root@bogon src]# chmod +x  article1.sh
```

article1.sh 脚本文件代码如下所示。

```
#!/bin/sh
#coreseek.sh
/usr/local/coreseek/bin/indexer   article1 --rotate
```

最后只需要将该脚本加入 corntab 计划任务即可。

```
[root@bogon src]# crontab -e
*/2 * * * * /home/src/article1.sh >> /tmp/article1_crontab.log
```

上述代码表示每隔 2min 执行一次 article1.sh 脚本，最终达到模拟实时索引的效果。读者可以在 tpk_article 数据表中插入数据，并观察 sph_counter 统计表变化情况。

14.5 在 MVC 中搜索数据

Coreseek 索引服务器启动后最终还需要借助客户端为用户提供搜索服务。Sphinx 官方提供了常见开发语言 API，这些 API 同样适用于 Coreseek。对于 PHP 开发而言，官方提供了 sphinxapi.php 接口文件，该接口能够完成对 Sphinx 搜索服务的常见操作。同时，Sphinx 官方还提供了 PHP 扩展模块，通过扩展模块同样能够方便地完成 Sphinx 数据搜索，而且在效率及速度上具有明显的优势。下面首先介绍 PHP 扩展模块的安装。

14.5.1 安装 Sphinx 扩展模块

Sphinx 扩展模块是 PHP 官方推荐的扩展之一，在安装方式上与前面章节介绍的 Memcache、Redis 等扩展模块安装方式类似。不同之处在于安装 Sphinx 扩展模块前，首先需要安装 libsphinxclient 依赖包。下面分别介绍。

（1）安装 libsphinxclient 依赖包

libsphinxclient 依赖包由 Sphinx 官方提供，读者可以在 Coreseek 3.2.14 源码包中找到该类库（即 Coreseek-3.2.14/csft-3.2.14/api/libsphinxclient/）。将该类库复制到需要安装 Sphinx 扩展模块的服务器，然后执行编译安装命令即可，过程如下。

```
[root@~]# cd /data1/coreseek-3.2.14/csft-3.2.14/api/libsphinxclient/
[root@bogon libsphinxclient]#./configure
[root@bogon libsphinxclient]# make
[root@bogon libsphinxclient]# make install
```

通过上述操作，libsphinxclient 依赖包就安装完成了，接下来将进入 Sphinx 扩展模块的安装。

（2）安装 Sphinx 扩展

与其他 PHP 扩展模块一样，安装 Sphinx 扩展主要分为两个步骤。首先使用 phpize 工具编译安装 Sphinx 扩展模块，然后在 php.ini 配置文件中添加相应的扩展模块即可。操作步骤如下。

```
[root@~]# cd /data1
[root@bogon data1]# tar zxvf sphinx-1.1.0.tgz
[root@bogon data1]# cd sphinx-1.1.0
[root@bogon sphinx-1.1.0]# /usr/local/php/bin/phpize
[root@bogon sphinx-1.1.0]#./configure --with-php-config=/usr/local/php/bin/php-
config --with-sphinx
[root@bogon sphinx-1.1.0]# make && make install
```

```
Build complete.
Don't forget to run 'make test'.
Installing shared extensions:     /usr/local/php/lib/php/extensions/no-debug-non-zts-20090626/
```

通过上述操作，Sphinx 扩展模块就安装完成了。可以通过查看 PHP 扩展目录，检查 Sphinx 扩展模块文件是否存在。

```
[root@bogon sphinx-1.1.0]# ls /usr/local/php/lib/php/extensions/no-debug-non-zts-20090626/
sphinx.so
```

返回结果显示 sphinx.so 文件成功生成，表明 Sphinx 扩展模块安装成功。

（3）配置 Sphinx 扩展模块

接下来只需要在 php.ini 文件中加入 sphinx.so 模块声明即可。

```
[root@bogon sphinx-1.1.0]# vi /usr/local/php/etc/php.ini
;extension=php_shmop.dll
extension=sphinx.so
```

最后只需要重启 php-fpm，以便新配置文件生效。

```
[root@~]# pkill php-fmp
[root@~]# /usr/local/php/sbin/php-fpm
```

重新启动后，通过 phpinfo 检测 PHP 运行环境，如果存在 Sphinx 选项，证明 Sphinx 扩展模块运行正常。如图 14-11 所示。

sphinx support	enabled
Version	1.1.0
Revision	$Revision: 303462 $

图 14-11　Sphinx 扩展模块

至此，Sphinx 扩展模块就安装完成了。开发人员可以开发基于 Coreseek 或 Sphinx 全文搜索服务器了。

14.5.2　使用 PHP 接口

事实上 Sphinx 客户端与服务端的通信模式使用的就是 Socket 通信，所以只要掌握 Socket 通信，使用任意的编程语言均可以实现 Sphinx 搜索服务。同样，Sphinx 官方提供的 PHP 类库接口也是基于 Socket 实现的，所以在使用该类库前，首先需要确保当前 PHP 服务器已经开启 Socket 通信支持。通过 phpinfo 可以检测到相应选项，如图 14-12 所示。

Sockets Support	enabled

图 14-12　启动 Socket 通信支持

如图 14-12 所示，表示当前 PHP 环境支持 Socket 通信。一切就绪后，将 csft-3.2.14/api/sphinxapi.php 文件复制到本地网站即可。接下来就可以在 PHP 中直接调用了，如以下代码所示。

```
<?php
 require("sphinxapi.php");
 $sp=new SphinxClient();
 $conn=$sp->setServer("192.168.2.16",9312);
 $rs=$sp->query(urldecode("苹果"),"*");
 var_dump($rs);
?>
```

如果能够正确返回数组信息，表明 sphinxapi.php 运行正常。

❑ 提示：无论是使用 sphinxapi.php 类库还是使用 Sphinx 扩展模块作为 API，在客户端连接时，必须允许 Sphinx 服务通信端口接受外部访问（默认通信端口为 9312），建议将 Sphinx 搜索服务器放置于内网并关闭所有防火墙，以提高服务器响应能力。此外，PHP 5.2.17 版本 Socket 功能存在严重缺陷，使用该版本访问 Sphinx 服务器时，将得不到搜索结果。

14.5.3 在 MVC 中搜索数据

连接 Coreseek 索引服务器后，就可以调用 API 提供的成员方法进行全文搜索了。接下来将继续使用 ThinkPHP 搜索 Coreseek 服务器中的数据，帮助读者加深对全文索引的认识。这里将使用 Search 控制器作为搜索栏目。下面首先创建搜索入口。

1. 搜索入口

搜索入口是用户进行搜索前的一个 UI 界面，这里将使用 index 动作作为搜索入口，如以下代码所示。

```
<?php
class SearchAction extends Action{
     /**
     * 用户搜索入口
     * Enter description here ...
     */
    public function index(){
        C("LAYOUT_ON",false);
        $this->assign("title","全文搜索");
        $this->display();
    }
}
?>
```

在上述代码中，首先屏蔽 ThinkPHP 布局功能，然后渲染 index.html 模板即可，代码如下所示。

```
<div id="main">
<div class="search_block">
    <form onsubmit="return search();" action="__URL__/search" method="get" >
        <li><input type="text" size="32" name="words" value="请输入全文关键字" class=
"words" /><span>
         <input type="submit" class="sub_btn" value="全文搜索" />
         </span></li>
    </form>
   </div>
 <div class="search_result_bar"></div>
```

```
    <div id="search">
    </div>
  </div>
```

由于篇幅所限，这里并没有列出 index.html 模板的所有代码，读者可以在本书附送的源代码包的 home/Tpl/Index/目录中找到该文件的完整代码。界面效果如图 14-13 所示。

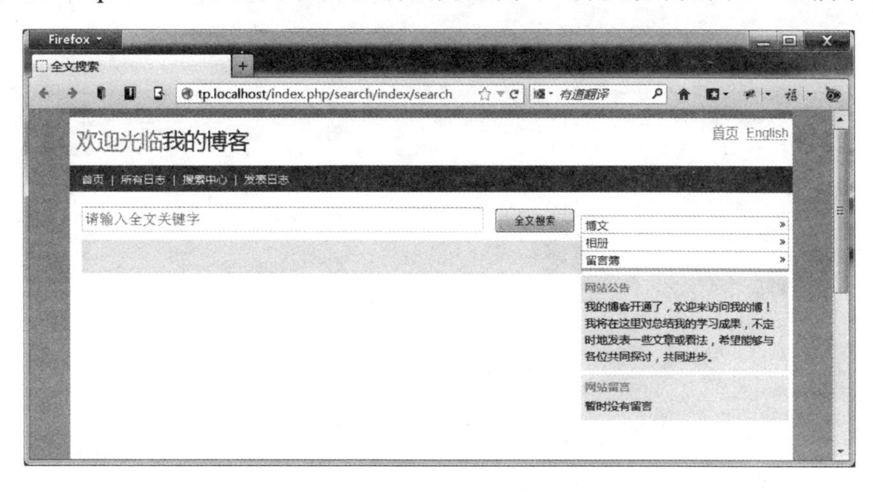

图 14-13　搜索入口界面

单击“全文搜索”按钮后，首先触发 search 脚本函数，在该函数中对用户输入的信息进行检验。脚本代码如下所示。

```
<script type="text/javascript" src="http://t.beauty-soft.net/js/jquery.js" >
</script>
<script type="text/javascript">
function search(){
if($(".words").val().length<1){
    $(".search_result_bar").html("请输入关键字");
    return false;
}
return true;
}
</script>
```

通过校验后，表单将会提交到当前控制器下的 search 动作。在该动作中需要调用 Sphinx API 实现全文检索。

2. 全文搜索

用户提交关键词后，将被提交到 search 动作进行处理。为了方便讲解，接下来将使用 Sphinxapi.php 类库进行搜索操作，在实例化 Shpinx 类库之前，首先需要在 ThinkPHP 中导入相应的类库文件。完成上述操作后，接下来就可以使用 SphinxClient 对象成员方法进行全文搜索了。如以下代码所示。

```
/**
* 搜索返回数据
* Enter description here ...
*/
public function search(){
    C("LAYOUT_ON",false);
    //导入系统扩展函数库
```

```
        import("Extend.Function.extend","ThinkPHP",".php");
        if (! empty ( $_GET ["words"] )) {
            import("@.ORG.sphinxapi","",".php");
            $sp=new SphinxClient();
            $conn=$sp->setServer("192.168.2.16",9312);
            if (! $rs = $sp->query ( urldecode ( $_GET ["words"] ), "*" )) {
                    die ( "Error:" . $sp->getLasSql () );
                    exit ( 0 );
            }
            $strs = array_keys ( $rs ["matches"] );
            $st = null;
            //提取 key
            foreach ( $strs as $key => $value ) {
                $st .= "," . $value;
            }
            //得到所有文章 id
            $article_id= trim ( $st, "," );
            //查询 MySQL 数据库
            $article=M("Article");
            $data["id"]=array("in",$article_id);
            $search_info="关键字为【".$words."】共有".$rs["total"]."条记录，用时
".$rs["time"]."秒";
            $rows=$article->where($data)->select();
            $this->assign("list",$rows);
        }

        $this->display();
    }
```

search 动作对应的 search.html 视图模板代码如下所示。

```
    <include file="search_head" />
    <div id="search">
    <div class="search_list">
        <input type="hidden" id="search_info" value="<!--{$search_info}-->" />
          <foreach name="list" item="vo">
            <li><a href="#"><!--{$vo.title}--></a>
                <p><!--{$vo.content|msubstr=###,0,190}--></p>
             </li>
          </foreach>
    </div>
    </div></div>
    <include file="search_foot" />
```

至此，一个简单的全文搜索引擎就完成了，效果如图 14-14 所示。

3. 数据分页

默认情况下，Sphinx 每次搜索最多返回 10 条记录，开发人员可以通过 setLimits 方法设置偏移量及返回记录数量，实现数据分页功能。如以下代码所示。

```
    /**
    * 搜索返回数据
    * Enter description here ...
    */
    public function search(){
    C("LAYOUT_ON",false);
        //导入系统扩展函数库
        import("Extend.Function.extend","ThinkPHP",".php");
```

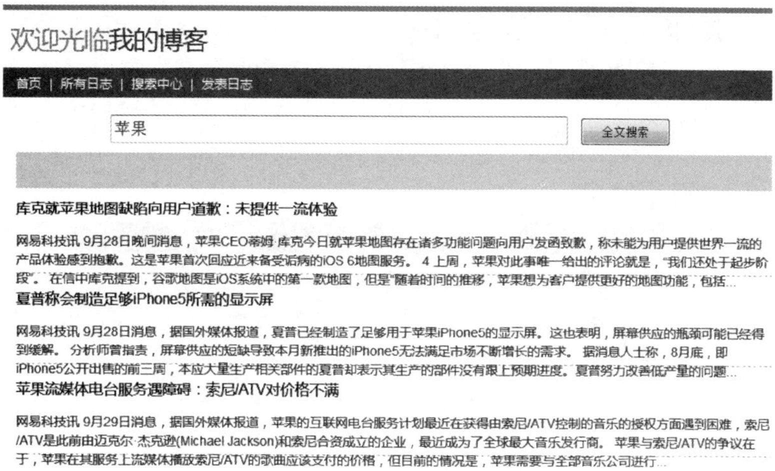

欢迎光临我的博客

首页 | 所有日志 | 搜索中心 | 发表日志

苹果　全文搜索

库克就苹果地图缺陷向用户道歉：未提供一流体验

网易科技讯 9月28日晚间消息，苹果CEO蒂姆·库克今日就苹果地图存在诸多功能问题向用户发函致歉，称未能为用户提供世界一流的产品体验感到抱歉。这是苹果首次回应近来备受诟病的iOS 6地图服务。 4 上周，苹果对此事唯一给出的评论就是，"我们还处于起步阶段"。在信中库克提到，谷歌地图是iOS系统中的第一款地图，但是"随着时间的推移，苹果想为客户提供更好的地图功能，包括...

夏普称会制造足够iPhone5所需的显示屏

网易科技讯 9月28日消息，据国外媒体报道，夏普已经制造了足够用于苹果iPhone5的显示屏。这也表明，屏幕供应的瓶颈可能已经得到缓解。 分析师普指责，屏幕供应的短缺导致本月新推出的iPhone5无法满足市场不断增长的需求。 据消息人士称，8月底，即iPhone5公开出售的前三周，本应大量生产相关部件的夏普却表示其生产的部件没有跟上预期进度。夏普努力改善低产量的问题...

苹果流媒体电台服务遇障碍：索尼/ATV对价格不满

网易科技讯 9月29日消息，据国外媒体报道，苹果的互联网电台服务计划最近在获得由索尼/ATV控制的音乐的授权方面遇到困难，索尼/ATV是此前由迈克尔·杰克逊(Michael Jackson)和索尼合资成立的企业，最近成为了全球最大音乐发行商。 苹果与索尼/ATV的争议在于，苹果在其服务上流媒体播放索尼/ATV的歌曲应该支付的价格，但目前的情况是，苹果需要与全部音乐公司进行...

图 14-14　全文搜索效果

```
        if (! empty ( $_GET ["words"] )) {
            import("@.ORG.sphinxapi","",".php");
            $sp=new SphinxClient();
            $conn=$sp->setServer("192.168.2.16",9312);
            $words=urldecode ( $_GET ["words"] );
            if (! $ras = $sp->query ( $words, "*" )) {
                die ( "Error:" . $sp->getLasSql () );
                exit ( 0 );
            }
            import("ORG.Util.Page");// 导入分页类
            $Page       = new Page($ras["total"],4);
        $show       = $Page->show();// 分页显示输出
            $sp->setLimits($Page->firstRow,$Page->listRows);
            $rs = $sp->query ( $words, "*" );
            $strs = array_keys ( $rs ["matches"] );
            $st = null;
            //提取 key
            foreach ( $strs as $key => $value ) {
                $st .= "," . $value;
            }
            //得到所有文章 id
            $article_id= trim ( $st, "," );
            //查询 MySQL 数据库
            $article=M("Article");
            $data["id"]=array("in",$article_id);
            $rows=$article->where($data)->select();
            $search_info="关键字为【".$words."】共有".$rs["total"]."条记录，用时".$rs
["time"]."秒";
            $this->assign("search_info",$search_info);
            $this->assign("page",$show);
            $this->assign("list",$rows);
        }
        $this->display();
    }
```

如上述代码所示，在实现分页的原理上与传统的 MySQL 数据分页相类似，不同的是由 SQL 语句变成 setLimits 方法。任何的记录只要满足两个条件即可实现数据分页（即总记录及偏移量）。这里使用$ras["total"]获取总记录，偏移量则由 Page 类计算。最后只需要在页面适当位置放置$page 变量即可。至此，一个带有分页功能的全文搜索引擎就完成了，效果如图 14-15 所示。

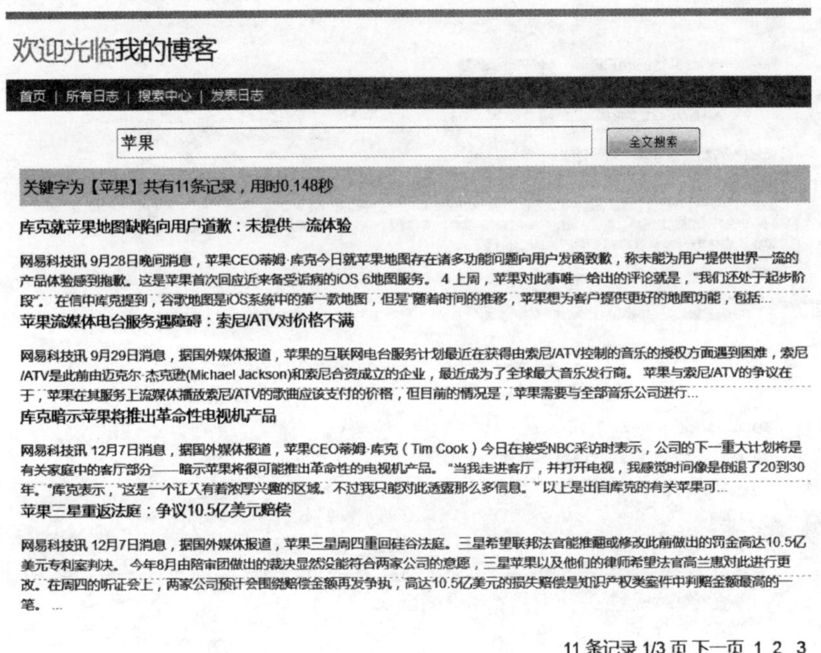

图 14-15　全文搜索分页效果

14.5.4　实现关键词高亮显示

接下来将继续完善前面创建的全文搜索引擎。其中关键词高亮能够让用户始终清楚自己所搜索的词汇，从而提高搜索体验。要实现高亮字显示，常见的方式有两种：一种是使用 PHP 正则替换，另一种使用 Sphinx API 提供的 BuildExcerpts 方法实现。正则替换相信读者已经非常熟悉，所以这里将使用 BuildExcerpts 方法实现。下面首先对 BuildExcerpts 方法做一个简单的介绍。

BuildExcerpts 方法用于对 Sphinx 搜索结果生成数据摘要及标识高亮字。如果操作成功将返回 true，否则返回 false。方法格式如下。

```
function BuildExcerpts ( $docs, $index, $words, $opts=array() )
```

BuildExcerpts 方法共支持 4 个参数，其中参数 docs 表示需要处理的内容字段值（数组类型）；参数 index 表示 Sphinx 索引数据库名称；参数 words 表示需要处理的关键词；参数 opts 用于设置高亮字处理参数。opts 参数使用关联数组表示，设置或改变关联数组的值，将决定高亮显示的方式。opts 共支持 8 个选项，分别如下。

- before_match：在匹配的关键词前添加的 HTML 或字符。
- after_match：在匹配的关键词后添加的 HTML 或字符。
- chunk_separator：摘要之间的分隔符，默认为“...”。

➢ limit：摘要最大包含的字符，默认为 256。
➢ around：每个关键词块左右选取的词的数目，默认为 5。
➢ exact_phrase：是否仅高亮精确匹配的整个查询词组，默认为 false。
➢ single_passage：是否抽取最佳的一个段落，默认为 false。
➢ weight_order：是否对抽取的段落进行排序，默认为 false。

opts 数组有许多选项，对于实现关键词高亮显示而言，只需要设置 before_match 及 after_match 项即可。接下来将在原有的功能上实现关键字高亮显示功能，代码如下所示。

```
/**
* 搜索返回数据
* Enter description here ...
*/
public function search(){
     C("LAYOUT_ON",false);
     //导入系统扩展函数库
     import("Extend.Function.extend","ThinkPHP",".php");
     if (! empty ( $_GET ["words"] )) {
          import("@.ORG.sphinxapi","",".php");
          $sp=new SphinxClient();
          $conn=$sp->setServer("192.168.2.16",9312);
          $words=urldecode ( $_GET ["words"] );
          if (! $ras = $sp->query ( $words, "*" )) {
                   die ( "Error:" . $sp->getLasSql () );
                   exit ( 0 );
          }
          import("ORG.Util.Page");// 导入分页类
          $Page       = new Page($ras["total"],4);
          $show       = $Page->show();// 分页显示输出
          $sp->setLimits($Page->firstRow,$Page->listRows);

          $rs = $sp->query ( $words, "*" );
          $strs = array_keys ( $rs ["matches"] );
          $st = null;
          //提取 key
          foreach ( $strs as $key => $value ) {
               $st .= "," . $value;
          }
          //得到所有文章 id
          $article_id= trim ( $st, "," );
          //查询 MySQL 数据库
          $article=M("Article");
          $data["id"]=array("in",$article_id);
          $rows=$article->where($data)->select();
          //关键字高亮
          $opts = array();
         $opts['before_match'] = '<b><font color="red">';
         $opts['after_match'] = '</font></b>';
        foreach ($rows as $key=>$value){
         $title[] = $rows[$key]['title'];
         $content[] = preg_replace('/\[[\/]?(b|img|url|color|s|hr|p|list|i|align|
email|u|font|code|hide|table|tr|td|th|attach|list|indent|float).*\]/','',strip_tags
($rows[$key]['content']));
          }
          $title=$sp->BuildExcerpts($title,"main",$words,$opts);
          $content=$sp->BuildExcerpts($content,"main",$words,$opts);
```

```
            foreach($rows as $k=>$v){
                $rows[$k]['title'] = $title[$k];
                $rows[$k]['contnet'] = $content[$k];
            }
            search_info="关键字为【".$words."】共有".$rs["total"]."条记录，用时".$rs
["time"]."秒";
            $this->assign("search_info",$search_info);
            $this->assign("page",$show);
            $this->assign("list",$rows);
        }
        $this->display();
    }
```

如上述代码所示，标粗的即为实现高亮关键字显示所需要的代码。运行效果如图 14-16 所示。

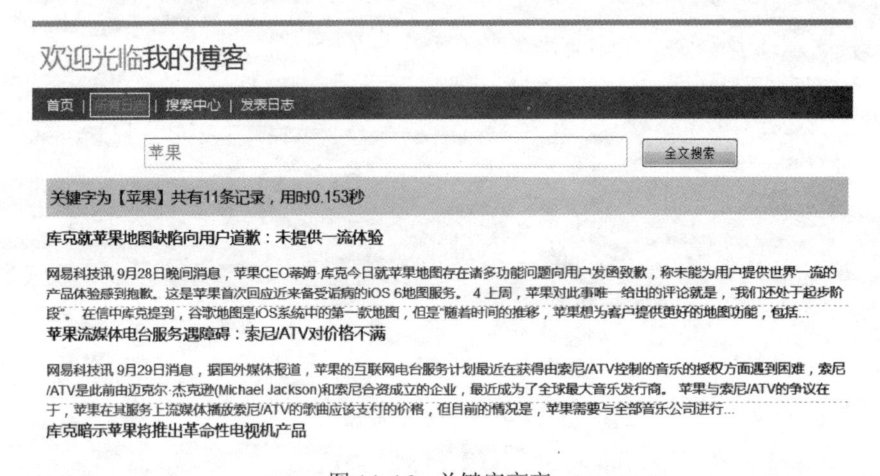

图 14-16　关键字高亮

至此，一个千万级别的全文搜索引擎就开发完成了。读者可以在此基础上继续完善，例如增加关键字联想提示、关键字自动完成、结果缓存等实用功能。

14.6　小结

本章首先对全文搜索概念进行了详细介绍，帮助读者认识全文搜索与普通搜索的区别。接着介绍了目前最主流的 Sphinx 全文搜索引擎，通过这些内容的学习，帮助读者加深对 Sphinx 的认识。然后分别介绍了 Sphinx 中文分词发行版 Coreseek 的安装。并详细介绍了 Coreseek 管理工具的使用以及索引源配置等。通过这些内容的学习，读者完全可以掌握中文检索的实战应用。

最后本章通过 Sphinx 官方提供的 API，结合 ThinkPHP MVC 框架，实现了一个性能高效的全文搜索引擎。本章内容比较紧凑，但实战性比较强，读者如果需要彻底掌握本章内容，务必按照内容编排进行学习及实验。

第15章 使用MongoDB

内容提要

MongoDB 是非关系型数据库中最像关系型的数据库。它不仅支持大型数据库中的许多特性，还保持了 NoSQL 数据库中特有的快速、简单、易用特点。本章将从最基础的非关系型数据库开始介绍，帮助读者轻松理解 NoSQL 各种概念，例如库概念、集合概念、文档概念等。

针对 MongoDB，本章将从最基础的 Bson 语法开始讲解，因为 Bson 是 MongoDB 唯一支持的命令行操作语言，读者只有在完全理解 Bson 后，才能在实际项目开发中得心应手。本章最后还结合 MVC 框架，详细介绍在 MVC 中 MongoDB 的 CURD 操作。

学习目标

- 了解 NoSQL 的概念。
- 掌握 MongoDB 在各平台下的安装。
- 掌握 Bson 语言。
- 掌握 MongoDB 的高级查询。
- 掌握 MongoDB 的性能优化。
- 掌握 MongoDB 配合 PHP MVC 的实战开发。

15.1 MongoDB 介绍

MongoDB 是一套高性能、易开发的文档型数据库。它使用键值对形式存放数据，能够存放包括字符串、数组、数据序列、图片、视频等在内的大多数数据文档。MongoDB 完善的设计，高效的可编程性使其成为当前 NoSQL 产品中最热门的一种。在对 MongoDB 进行介绍前，首先有必要来了解 NoSQL。

1. NoSQL 概述

NoSQL 全称为 Not Only SQL，指的是非关系型数据库。传统的关系型数据库是基于 SQL 语言进行操作的，虽然在功能上足够强大，但由于一些应用在局部上只需要简单的数据操作，传统的关系型数据库显得效率低下。随着 Web 2.0 的到来，SNS 应用的兴起，对数据库性能提出了苛刻的要求，关系型数据库也暴露出其难以解决的问题。NoSQL 由于其本身的特点迅速得到发展。

非关系型数据库与关系型数据库最大的区别是处理逻辑上的不同，但使用的目的是相同的（都是用于存放数据）。非关系型数据库使用数据集存放数据，在数据操作上没有统一的操作语言，如果读者使用过 Memcache 的话，那么对非关系型数据库并不会感到陌生，因为 Memcache 就属于非关系型数据库的雏形。

在使用方式上，非关系型数据库使用键值对存放方式。但数据库毕竟首先要有库的概念，才能称为数据库，例如数据类型、CURD 操作、用户权限、数据索引、数据备份、数据同步等，这些都是数据库所共有的概念。NoSQL 同样具备这些概念，甚至在功能上更加丰富，这一点在后面的学习过程中读者将会体会到。

随着非关系型数据库的发展，有些成熟的非关系型数据库完全可以代替传统的缓存服务器、队列服务器等基于键值对的数据服务对象。这也是 NoSQL 日后发展的一个方向。

2. NoSQL 的特点

NoSQL 有许多特点，但最显著的就是性能得到大幅提升。相对于传统的关系型数据库，在处理大并发及大数据量时，NoSQL 具有不可替代的优势。下面将分别介绍。

（1）处理海量数据

非关系型数据库是处理海量数据的最佳产品。对于 SNS 应用而言，瞬间的数据爆发是难免的，传统的关系型数据库在使用表分区、服务器集群等技术后虽然也能解决部分问题。但是当单一表数据量达到上亿条记录时，数据库引擎就难以有效地对数据进行处理。非关系型数据库在查询数据时，不存在复杂的关系运算，每个集合都有各自的唯一属性，NoSQL 在查询数据集合时，就如同直接读取文本，而不必进行复杂的 SQL 计算与转换，所以有效地提高了查询效率。

（2）高可用性和高可扩展性

NoSQL 虽然是一个很广泛的名称，没有特指某一产品。但几乎所有主流的 NoSQL 数据库都提供了高可用性和高可扩展性的特性，这一点相对海量型数据的 SNS 应用而言是尤其重要的。传统的关系型数据库通常是基于单点服务来提供运算的，一旦中途需要增加服务节点，就必须停止数据库服务器才能实现。NoSQL 数据库通常都提供了简单高效的数据同步、节点热切换等功能，从而真正实现高可用性及高可扩展性。

（3）数据处理灵活高效

传统的关系型数据库对数据的处理必须提供条理清晰、结构分明、类型精确的源数据，虽然这些结构对控制数据的完整性及可靠性是非常有必要的，但对于一些碎片式的数据而言，显然灵活自由的存储方式更加高效。

前面介绍的就是 NoSQL 数据库中 3 个最显著的特点，但 NoSQL 并非只有优点，它也存在缺点，并且是明显的。归纳如下。

- NoSQL 没有特定的查询语言，也不兼容 SQL 结构化标准查询语言。NoSQL 在各厂商产品中都有各自的 NoSQL 支持语言，这些语言不能通用。
- 正如前面所言，NoSQL 对网站局部数据操作提供了良好的支持，但并不表示 NoSQL 适合网站的全部应用范畴，也并不表示 NoSQL 可以代替关系型数据库。例如事务性较高的、需要多表复杂查询的以及传统的智能商务型网站，并不适合选用 NoSQL。
- NoSQL 是为解决大数据存储而生的，相对于关系型数据库，其还不够成熟。此外 NoSQL 数据库还没有比较完善的商业化支持。

3．MongoDB 特点

MongoDB 是 NoSQL 数据库中比较著名的一个，其最大的特点是特性丰富、功能强大、使用简单。MongoDB 官方一直标榜其为最像关系型数据库的非关系型数据库，事实上也是如此。MongoDB 为了方便初学者及开发人员能迅速上手，许多管理终端命令借鉴或直接兼容 MySQL 命令，这对于 PHP 开发人员而言是非常友好的。

MongoDB 使用 BSON 数据格式作为数据存放结构， BSON 数据格式就是 Json 数据格式的二进制化，对于开发者而言，在使用及表现形式上两者是一致的。也就是说开发人员可以使用熟悉的 Json 对 MongoDB 所有数据结构进行操作，例如数据集（表）的增、删、改、查等。

MongoDB 松散的数据结构，丰富了数据特性及后期扩展，并且能够支持关系型数据库中的主键 ID、数据唯一性、数据索引、数据校验等。具体的特性如下。

- 模式自由。支持动态查询、完全索引，可以方便地对文档中内嵌的对象及数组进行检索。
- 面向文档储存。开发人员可以将现有的序列文档直接导入到 MongoDB 数据集中。
- 高效的储存机制。MongoDB 对数据并没有特殊的限制，任何数据（包括大型的图片、视频等）保存到 MongoDB 数据库中，最终都将被转换为二进制数据，从而在一定程度上保证读写的高效，以及确保数据完整、安全等。
- 支持复制和故障恢复。提供了主-从、主-主模式的数据复制及服务器之间的数据复制。
- 自动分片并支持云级别的伸缩性。支持水平的数据库集群，可以动态添加额外的服务器。
- 支持 Python、PHP、Ruby、Java、C、C#、JavaScript、Perl 及 C++语言的驱动程序。
- 完全支持分布式架构。
- Sphinx 1.x 开始支持 MongoDB 驱动。

前面对 NoSQL 及 MongoDB 进行了深入的介绍。接下来将结合示例代码，重点介绍

MongoDB 的实战应用，帮助读者轻松开发高效、敏捷的互联网应用。下面首先介绍 MongoDB 的安装。

15.2 MongoDB 的安装

与大多数开源软件一样，MongoDB 同样也分为 Windows 平台安装及 Linux 平台安装。Windows 平台主要用于开发及测试环境，而 Linux 平台能够用于测试及生产环境。接下来将分别介绍这两种平台上的 MongoDB 安装过程。

15.2.1 在 Windows 下安装 MongoDB

在 Windows 下安装 MongoDB 相对比较简单。整体共分为 3 个步骤：首先下载对应平台的 MongoDB 源代码包；然后解压 MongoDB 源代码包，在命令行终端中切换到 MongoDB 源代码所在的 bin 目录，直接启动 mongod.exe 可执行文件；最后将 MongoDB 作为 Windows 随机启动服务即可。下面根据流程进行安装。

（1）下载 MongoDB 源代码包

读者可以在 http://www.mongodb.org/downloads 网址中找到相应平台的 MongoDB 源代码包，如图 15-1 所示。

	OS X 64-bit	Linux 32-bit note	Linux 64-bit	Windows 32-bit note	Windows 64-bit	Solaris 64-bit	Source
Production Release (Recommended)							
2.2.2 11/27/2012 Changelog Release Notes	download	download *legacy-static	download *legacy-static	download	download *2008R2+	download	tgz zip
Nightly Changelog	download	download *legacy-static	download *legacy-static	download	download *2008R2+	download	tgz zip
Previous Release							
2.0.8 11/19/2012 Changelog Release Notes	download	download *legacy-static	download *legacy-static	download	download *2008R2+	download	tgz zip
Nightly Changelog	download	download *legacy-static	download *legacy-static	download	download *2008R2+	download	tgz zip

图 15-1　MongoDB 源代码包

这里选择“Windows 32-bit”平台，MongoDB 版本为 2.0.8。读者可根据实际环境自行选择。下载完成后将得到“mongodb-win32-i386-2.0.8.zip”源代码包，将该压缩包解压到合适的目录，并将目录名称改为 mongodb。整个 mongodb 目录及文件结构如下。

```
mongodb
```

```
bin/
    bsondump.exe ………… bson 备份工具
    mongo.exe ………… mongodb 管理终端
    mongod.exe ………… mongodb 主服务
    mongodump.exe ………… 备份工具
    mongoexport.exe ………… 数据导出工具
    mongofiles.exe ………… GidFS 管理工具
    mongoimport.exe ………… 数据导入工具
    mongorestore.exe ………… 数据恢复工具（支持大数据）
    mongos.exe ………… 分片程序
    mongostat.exe ………… 综合性能监控工具
    mongotop.exe ………… 读写能力监控工具
GNU-AGPL-3.0
README
THIRD-PARTY-NOTICES
```

MongoDB 下载后，不需要安装，直接运行即可。在运行 mongod.exe 程序之前，首先需要创建 logs 及 data 目录，分别用于存放 MongoDB 日志文件及数据库文件，完成后就可以启动 MongoDB 了。

（2）启动服务

打开命令行终端，并切换到 MongoDB 源代码所在的 bin 目录，运行以下命令启动 MongoDB 服务。

```
D:\mongodb\bin>mongod.exe --dbpath=D:\mongodb\data --logpath=D:\mongodb\ logs\
mongodb.log
```

命令运行后，MongoDB 就成功启动了，如图 15-2 所示。

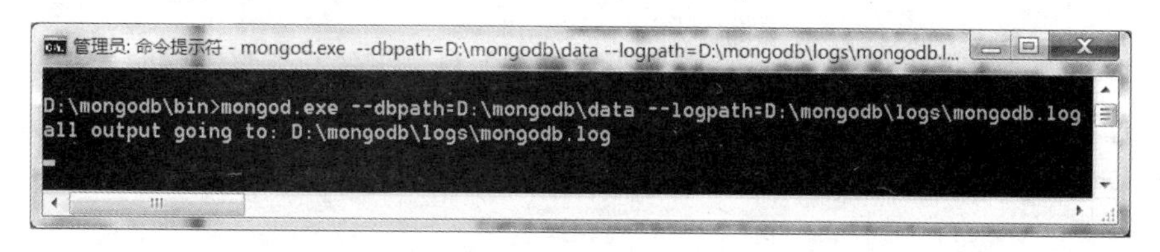

图 15-2　启动 MongoDB 主服务

（3）加入 Windows 随机服务

为了方便下次启动，最后只需要将 mongod.exe 加入 Windows 随机服务即可，命令如下。

```
D:\mongodb\bin>mongod.exe --dbpath=D:\mongodb\data --logpath=D:\mongodb\logs\
mongodb.log -install
D:\mongodb\bin>net start mongodb
```

命令成功运行后，打开服务管理面板，可以看到 MongoDB 服务已经成为 Windows 系统服务，如图 15-3 所示。

图 15-3 MongoDB 服务

至此，Windows 下的 MongoDB 就安装完成了，现在可以使用 mongo.exe 终端管理工具直接登录 MongoDB 数据库了，如图 15-4 所示。

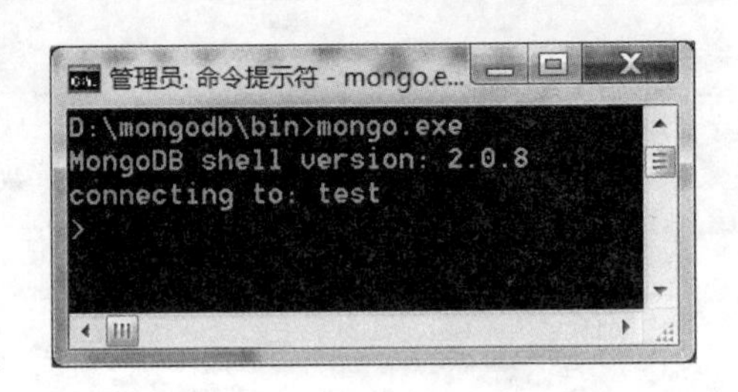

图 15-4 管理 MongoDB 数据库

15.2.2 在 Linux 下安装 MongoDB

MongoDB 给人最直接的印象是使用简单，包括数据库的安装。在 Linux 平台上同样如此，下面将详细介绍 CentOS 6.0 操作系统下的安装过程。

（1）下载 MongoDB

打开 http://www.mongodb.org/downloads 页面，选择相应平台的 Linux 安装源代码包。这里选择的是“Linux 32-bit”平台，MongoDB 版本为 2.0.8。也可以直接在命令终端下载。

```
[root@~]# cd /data1
[root@bogon data1]# wget http://fastdl.mongodb.org/linux/mongodb-linux-i686-2.0.8.
tgz
```

下载完成后，只需要解压即可。

```
[root@bogon data1]# tar zxvf mongodb-linux-i686-2.0.8.tgz
[root@bogon data1]# cd mongodb-linux-i686-2.0.8
[root@bogon mongodb-linux-i686-2.0.8]# dir
bin  GNU-AGPL-3.0  README  THIRD-PARTY-NOTICES
```

为了方便管理，这里将 mongodb-linux-i686-2.0.8 目录下的文件复制到/usr/local/mongodb 目录中，过程如下。

```
[root@bogon data1]# cd /data1
[root@bogon data1]# mkdir -p /usr/local/mongodb
[root@bogon data1]# cp -R mongodb-linux-i686-2.0.8/* /usr/local/mongodb/
[root@bogon data1]# cd /usr/local/mongodb/
```

与 Windows 版本一样，在 Linux 下同样不需要对 MongodDB 进行编译，只需要直接运行 bin 目录下的 mongod 主程序即可。但在这之前首先需要创建日志及数据库存放目录。

```
[root@bogon mongodb]# mkdir logs
[root@bogon mongodb]# mkdir data
[root@bogon mongodb]# ls
bin  data  GNU-AGPL-3.0  logs  README  THIRD-PARTY-NOTICES
[root@bogon mongodb]# cd bin
```

完成前面的步骤，接下来就可以启动了。

（2）启动服务

启动 MongoDB 服务的过程与 Windows 平台几乎是一样的，只需要修改路径形式即可。

```
[root@~]#./mongod  --dbpath=/usr/local/mongodb/data/  --logpath=/usr/local/ mongodb/
logs/mongodb.log --fork
```

上述命令中，加入了 fork 选项，该选项表示将 mongod 服务进程推送到后台运行。mongod 启动程序还支持其他启动可选项，分别如下。

- --dbpath：指定数据库目录。
- --port：指定通信端口，默认是 27017。
- --bind_ip：绑定管理 ip。
- --directoryperdb：使用独立的文件夹存放数据库文件。
- --logpath：指定日志存放目录。
- --logappend：指定日志生成方式（追加/覆盖）。
- --pidfilepath：指定进程文件路径，为空则不产生进程文件。
- --keyFile：集群模式的关键标识。
- --cpu：周期性地显示 CPU 和 IO 的使用率。
- --journal：启用日志。
- --ipv6：启用 IPV6 支持。
- --nssize：指定.ns 文件的大小，以 MB 为单位，默认 16MB，最大 2GB。
- --maxConns：最大的并发连接数。
- --notablescan：不允许进行表扫描。
- --quota：限制每个数据库的文件个数，默认为 8 个。
- --quotaFiles：每个数据库的文件个数，需要配合—quota 参数使用。
- --noprealloc：关闭数据文件的预分配功能。
- --auth：以用户授权模式启动。

MongoDB 成功启动后，默认情况下会使用 27017 端口作为通信端口。通过命令可以检测到相应的服务状态。

```
[root@bogon bin]# netstat -antlp|grep 27017
tcp      0    0 0.0.0.0:27017          0.0.0.0:*             LISTEN     15643/mongod
```

（3）加入随机启动

成功启动后，只需要将 mongod 主程序加入 rc.local 配置文件中即可。为了系统重新启动时启动 MongoDB 数据库服务，首先打开 rc.local 配置文件。

```
[root@bogon bin]# vi /etc/rc.local
```

然后在该配置文件最后面加入 mongod 启动项，代码如下所示。

```
#!/bin/sh
# This script will be executed *after* all the other init scripts.
# You can put your own initialization stuff in here if you don't
# want to do the full Sys V style init stuff.
touch /var/lock/subsys/local
/usr/local/mongodb/bin/mongod --dbpath=/usr/local/mongodb/data/ --logpath=/usr/
local/mongodb/logs/mongodb.log --fork
```

保存 rc.local 配置文件，至此 MongoDB 数据库就安装完成了。现在就可以使用 mongo

终端管理工具登录 MongoDB 数据库了。

```
[root@bogon bin]# ./mongo
MongoDB shell version: 2.0.8
connecting to: test
```

15.3 MongoDB 的使用

初次接触 MongoDB 的读者通常会觉得 MongoDB 数据操作语法很凌乱，没有 SQL 语言那样结构清晰、逻辑严谨。事实上，MongoDB 的数据库操作是非常直观的，无论开发者进行多么复杂的数据操作，始终面向的是文档模型，文档中的任意属性或字段都可作为操作的条件。在操作语言上就是普通的 JavaScript，所以只要理解 MongoDB 的数据结构，就能轻松驾驭数据库的常见操作。

15.3.1 理解 MongoDB 的数据结构

MongoDB 数据结构是由数据库（database）、集合（collection）、文档（document）三部分组成的。其中，开发人员主要面对的是 collection 及 document。其中数据文档（document）是数据的载体，其数据格式定义如下代码所示。

```
{文档名:文档内容}
```

如上述代码所示，其中文档名称是必选项，文档内容支持 JavaScript 常见的数据类型，例如数组、对象、字符串等（详细的数据类型将在下一节进行介绍）。数据文档配合操作方法，共同组成 MongoDB 数据库操作语句。一条最简单的 MongoDB 操作语句如下。

```
> db.c1.save({user:{username:"ceiba",email:"kf@86055.com"}});
```

相信读者对上述代码并不会感觉陌生，从代码格式上与常见的 Json 是类似的，这种数据格式在 MongoDB 中称为 Bson（Binary Json）。其中 c1 表示集合名称（数据表）；save 表示操作方法；操作方法中的参数即是标准的 Json 数据。格式如图 15-5 所示。

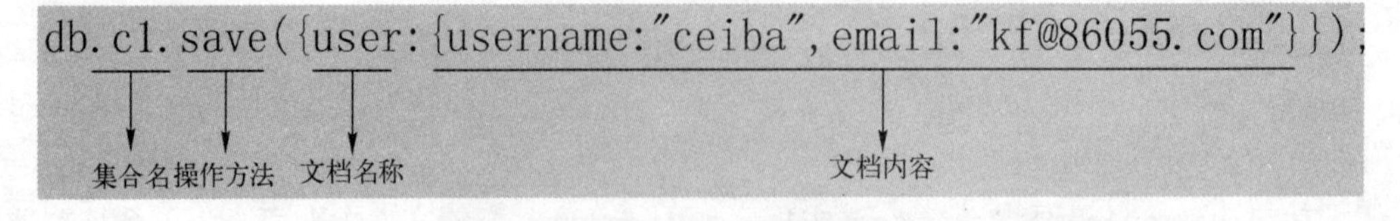

图 15-5 MongoDB 数据格式

其中文档相当于关系型数据库中的字段列，文档名称是为了方便数据管理而定义的分类名称。同一个数据集合中，允许多篇文档同名。在 MongoDB 中，文档没有字段的概念，一篇文档中的数据格式是松散的，同名文档之间不要求数据类型相同，也不要求数据项目相同。如以下代码所示。

```
> db.c1.save({user:["ceiba","kf@86055.com"]});
```

上述代码使用数组作为文档内容，在文档归类上属于 user 文档。从上述示例中可以看出，MongoDB 整个数据结构核心由文档组成，而文档就是 Bson。数据库是 MongoDB 的数据存放单元，数据集合相当于文档分类，而文档是整个 MongoDB 数据结构中最基础的单位。如图 15-6 所示。

MongoDB 之所以称为最像关系型数据库的非关系型数据库，就是因为 MongoDB 也遵循关系型数据库中的操作语法。前者使用 Bson 语法，后者使用 SQL 语法。对于习惯了关系型数据库的读者，接下来将通过表形式，将 MongoDB 与关系型数据库进行对比，以便让读者更深刻理解两者之间的逻辑结构，如表 15-1 所示。

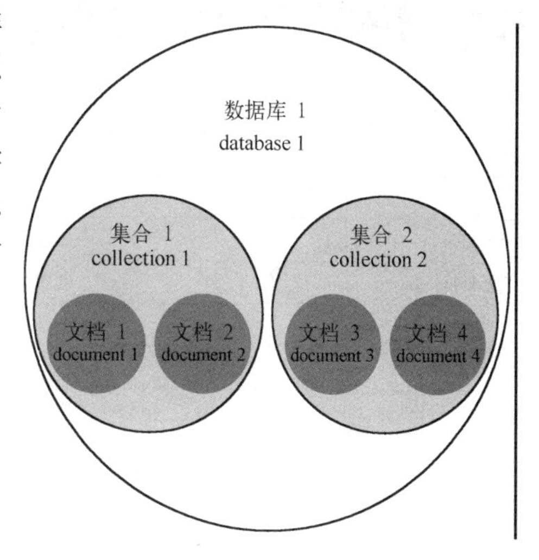

图 15-6　MongoDB 数据结构

表 15-1　MongoDB 与 MySQL 结构对比

MongoDB	MySQL
databases （数据库）	databases（数据库）
collection （集合）	tables（数据表）
document （文档）	row（列）
document name （文档名称）	空

值得注意的是，在定义数据文档时，文档内容虽然可以无限层次嵌套，但是为了方便 API 调用，文档内容原则上不要超出两层数据结构，如以下代码所示。

```
db.c1.save({user:{username:"ceibas",password:123,introduce:{age:25,school:{Elementa
ry:"gz86",Middle:"gz86"}}}});
```

上述代码虽然是合法的数据，在 JavaScript 中调用没有问题。但是由于 MongoDB 对各语言 API 的支持程度不同，过多的层次嵌套将让数据操作变得困难。

15.3.2　数据库管理

默认情况下，MongoDB 安装完成后，会自动生成 test 数据库。与关系型数据库一样，MongoDB 同样支持常见的数据库操作，例如显示数据库、创建数据库、删除数据库、修复数据库等。详细的命令如表 15-2 所示。

表 15-2　MongoDB 数据库管理命令

命　令	说　明
数据库常规管理	
show dbs	显示数据库列表
show collections	显示当前数据库中的集合，兼容命令为 show tables
use<db name>	切换数据库，如果不存在则创建
db.dropDatabase()	删除当前数据库
db.cloneDatabase("host")	远程复制数据库
db.copyDatabase("mydb","temp","host")	复制数据库
db.getName()	查看当前数据库
db.stats()	显示 MongoDB 状态
db.repairDatabase()	修复当前数据库
db.version()	显示 MongoDB 版本信息

（续）

命　令	说　明
	数据库常规管理
db.getMongo()	显示当前 MongoDB 通信 IP
db.help()	显示数据库操作帮助信息
	数据集管理
db.<table name>.help()	显示指定数据集帮助信息
db.createCollection();	创建数据集
db.<table name>.drop()	删除数据集
db.getCollection("name");	获取指定数据集信息（包括索引、容量等）
db.getCollectionNames()	显示 MongoDB 所有数据集信息
db.printCollectionStats()	输出所有数据集详细信息（包括索引、容量等）
db.<table name>. Stats()	显示指定集合的详细信息
db.<table name>.count()	统计指定集合文档数量
db. <table name>.dataSize()	查看指定集合空间使用大小
	用 户 相 关
db.addUser("name",”password”,true)	添加用户，共支持 3 个参数，最后一个参数表示是否只读
show users	显示所有用户
db.removeUser("userName")	删除指定用户

如表 15-2 所示，MongoDB 并有提供数据库创建命令，但提供了 use 命令，该命令用于切换数据库，如果切换的数据库不存在，则自动创建。默认情况下，启动 mongo 管理终端，将自动进入 test 数据库，如以下代码所示。

```
[root@bogon bin]# ./mongo
MongoDB shell version: 2.0.8
connecting to: test
> show dbs
local   (empty)
test    0.0625GB
>
```

在 mongo 管理终端中，所有命令都使用“;”作为命令结束符。同时，支持使用 JavaScript 语法作为 MongoDB 操作语法，如以下代码所示。

```
> for(i=0;i<10;i++){
... db.c1.save({user:{username:"ceiba_"+i,password:i}})
... };
```

上述代码使用了 JavaScript 语法实现了数据批量插入。这里只是简单地演示 MongoDB 的使用，更多的语法将在后面的内容中进行介绍。

15.3.3　文档数据类型

前面提到过 MongoDB 支持常见的数据类型。当然，由于开发语言之间的差异，在 API 调用时数据类型的声明方式也有所不同。下面将以 mongo 终端管理工具为例，分别介绍 MongoDB 所支持的数据类型。

（1）null

null 表示空值或不存在的字段，使用方式如下。

```
{name:null}
```

（2）布尔值类型

布尔值类型可接受的值包括 true 或 false，使用方式如下。

```
{male:true}
```

（3）整数

包括 32 位及 64 位的整数。由于 mongo 管理终端是基于 JavaScript 编写的，所以在声明 64 位整数时，管理终端将会统一转换为 32 位。但在 Java 等 API 上则不存在此问题。使用方式如下。

```
{age:20}
```

（4）浮点数

包括 32 位及 64 位的浮点数。特性与整数类型一样，使用方式如下。

```
{pay:80.12}
```

（5）字符串

字符串是 MongoDB 中最常用的数据类型，在使用时需要加双引号。支持 UTF-8 编码的字符串，使用方式如下。

```
{email:"kf@86055.com"}
```

（6）ObjectID 类型

默认情况下系统会为每篇文档自动生成 12 位 ObjectID，该字符串中包含了时间戳、机器识别码、计数器等信息。查询对应文档，将得到该文档对应的 ObjectID，如以下代码所示。

```
{"_id" : ObjectId("4df2dcec2cdcd20936a8b817")}
```

（7）日期类型

当前日期及时间，使用方式如下。

```
{user:{addtime:new Date()}}
```

（8）正则表达式

支持 JavaScript 正则表达式作为查询条件，使用方式如下。

```
{"user.username":/ceiba/i}
```

（9）代码

允许直接嵌入 JavaScript 代码，使用方式如下。

```
{"code":function test(){/*alert('hello mongodb')*/}})
```

（10）数组

允许直接插入 JavaScript 数组，使用方式如下。

```
db.c1.save({list:["a","b",["c","d"]]});
```

（11）内嵌文档

直接导入现有的 Json 文档，使用方式如下。

```
{email:"kf@86055.com"}
```

15.3.4 插入数据

前面的内容中，已经简单地涉及数据集合的插入操作。在插入数据时通常使用的操作方法有 insert 及 save。这两个方法如果忽略文档主键的话在使用方式上是一致的，但在一些场合下，主键 ID 作为唯一索引 ID，是具有特殊意义及作用的，下面首先介绍主键 ID。

（1）文档主键 ID

默认情况下，在插入数据时，系统都为每篇文档分配一个主键 ID。MongoDB 使用"_id"键作为文档的主键，系统使用 ObjectID 数据类型生成序列号作为主键 ID 值，并且为该键值生成唯一索引。ObjectID 数据类型是一种经过序列化的字符串，能够确保每次生成的唯一性（非自动增长）。如以下代码所示。

```
> db.c3.insert({username:"ceiba",age:25});
> db.c3.find();
{ "_id" : ObjectId("50b0466cc0d6f1ef5d6abbf0"), "username" : "ceiba", "age" : 25 }
```

前面提到过，MongoDB 文档字段是不分数据类型的，包括主键 ID。开发人员完全可以使用易于理解的整数类型作为主键 ID，如以下代码所示。

```
> db.c4.insert({_id:1,username:"ceiba",age:25});
> db.c4.insert({_id:2,username:"ceiba",age:26});
> db.c4.find();
{ "_id" : 1, "username" : "ceiba", "age" : 25 }
{ "_id" : 2, "username" : "ceiba", "age" : 26 }
```

当然，为了严谨及数据的唯一性，建议读者使用默认的 ObjectID 或整数类型作为主键 ID 值，尽量不要使用字符串或数组一类的数据类型。

（2）save 操作方法

save 操作方法是用于向数据集合插入或更新文档的一个常用方法。当插入的文档主键 ID 存在冲突时，save 方法将执行数据更新操作，反之执行数据插入操作。如以下代码所示。

```
> db.c5.save({_id:001,username:"ceiba",age:25});
> db.c5.save({_id:002,username:"ceiba",age:25});
> db.c5.find();
{ "_id" : 1, "username" : "ceiba", "age" : 25 }
{ "_id" : 2, "username" : "ceiba", "age" : 25 }
> db.c5.save({_id:001,username:"ceiba",age:24});
> db.c5.find();
{ "_id" : 1, "username" : "ceiba", "age" : 24 }
{ "_id" : 2, "username" : "ceiba", "age" : 25 }
>
```

如上述代码所示，标粗的即为 save 产生冲突的操作。由于_id 值已经存在，所以产生了冲突，这种冲突的处理方式是执行数据修改操作。

（3）insert 操作方法

与 save 操作方法一样，insert 方法也是向集合中插入数据文档的一个常用方法。不同之处在于 insert 不执行冲突处理。也就是说 insert 遇到冲突时直接中止后续操作，而不是执行修改操作。如以下代码所示。

```
> db.c5.insert({_id:001,username:"ceiba",age:24});
E11000 duplicate key error index: test.c5.$_id_  dup key: { : 1.0 }
```

如上述代码所示，由于主键 ID 为 001 的文档已经存在，再执行 insert 数据插入操作时，MongoDB 将直接反馈出错信息，并终止执行。

15.3.5　查询数据

查询数据无论是在非关系型数据库还是在关系型数据库都是 CURD 操作中比较重要的操作。在关系型数据库中，查询数据通常使用 SQL 语言，考量一个数据库的完善及强大程度，很大原因上取决于该关系型数据库对 SQL 标准的支持情况。同样，在 MongoDB 中，要查询文档数据同样要遵循 MongoDB 所支持的操作语言。MongoDB 虽然没有统一的标准化查询语言，但 MongoDB 使用 Bson 作为数据库操作语言，并且使用 find 操作方法作为数据查询方法。只有操作方法与操作语言结合一起使用，才能实现数据查询。下面将结合示例，详细介绍 find 操作方法的使用。

（1）普通查询

在 MongoDB 中进行数据查询是非常形象和直观的。一条最简单的查询语句格式如下。

```
db.<table name>.find();
```

上述命令将返回对应数据集的所有数据记录，如以下代码所示。

```
> db.c2.find();
{ "_id" : ObjectId("50b04197c0d6f1ef5d6abbed"), "username" : "ceiba", "age" : 20 }
{ "_id" : ObjectId("50b0419dc0d6f1ef5d6abbee"), "username" : "ceiba", "age" : 21 }
{ "_id" : 1, "username" : "ceiba", "age" : 21 }
{ "_id" : ObjectId("50b0464ec0d6f1ef5d6abbef"), "username" : "ceiba", "age" : 25 }
>
```

在关系型数据库中查询数据时，通常都配合 where 限制条件语句，实现数据的条件查询。同样，在 MongoDB 中也能使用类似的功能，如以下代码所示。

```
> db.c2.find({age:25});
{ "_id" : ObjectId("50b0464ec0d6f1ef5d6abbef"), "username" : "ceiba", "age" : 25 }
>
```

上述代码相当于以下 SQL 语句。

```
select * from c2 where age=25
```

可以看到，在 MongoDB 中查询数据实际上就相当于 Bson 文档属性匹配。例如“age:25”可以理解为“age=25”。表示在 c1 数据集中查询 age 字段值等于 25 的文档。如果多条记录符合查询要求，find 操作方法将返回所有记录。

上述代码实现了 Bson 文档简单的查询。在一些复杂的 Bson 文档中，例如多层 Bson 的文档，则需要使用“.”分隔符实现条件匹配。例如 c6 数据集记录如下。

```
> db.c6.find();
{ "_id" : ObjectId("50b05d1f3f530c0a115a89c9"), "user" : { "username" : "ceiba_0", "age" : 0 } }
{ "_id" : ObjectId("50b05d1f3f530c0a115a89ca"), "user" : { "username" : "ceiba_1", "age" : 1 } }
{ "_id" : ObjectId("50b05d1f3f530c0a115a89cb"), "user" : { "username" : "ceiba_2", "age" : 2 } }
{ "_id" : ObjectId("50b05d1f3f530c0a115a89cc"), "user" : { "username" : "ceiba_3", "age" : 3 } }
{ "_id" : ObjectId("50b05d1f3f530c0a115a89cd"), "user" : { "username" : "ceiba_4", "age" : 4 } }
{ "_id" : ObjectId("50b05d1f3f530c0a115a89ce"), "user" : { "username" : "ceiba_5",
```

```
"age" : 5 } }
    { "_id" : ObjectId("50b05d1f3f530c0a115a89cf"), "user" : { "username" : "ceiba_6",
"age" : 6 } }
    { "_id" : ObjectId("50b05d1f3f530c0a115a89d0"), "user" : { "username" : "ceiba_7",
"age" : 7 } }
    { "_id" : ObjectId("50b05d1f3f530c0a115a89d1"), "user" : { "username" : "ceiba_8",
"age" : 8 } }
    { "_id" : ObjectId("50b05d1f3f530c0a115a89d2"), "user" : { "username" : "ceiba_9",
"age" : 9 } }
```

现在需要查询 user 文档中 age 等于 5 的记录，代码如下。

```
    > db.c6.find({"user.age":5});
    { "_id" : ObjectId("50b05d1f3f530c0a115a89ce"), "user" : { "username" : "ceiba_5",
"age" : 5 } }
    >
```

如上述代码所示，由于 age 字段隶属于 user 字段，所以在查询时需要使用“.”分隔符。查询其他层级的 Bson 数据时，依次类推即可。

（2）使用 JavaScript

使用 find 操作方法能够直接对多条数据进行遍历，返回的数据结构是泛型的。事实上 mongo 管理终端是一个基于 JavaScript 编写的 Shell，所以也可以直接在终端上使用 JavaScript 格式化遍历数据，如以下代码所示。

```
    > var rows =db.c6.find();
    > while(rows.hasNext()){
    ... printjson(rows.next());
    ... };
    {
            "_id" : ObjectId("50b05d1f3f530c0a115a89c9"),
            "user" : {
                    "username" : "ceiba_0",
                    "age" : 0
            }
    }
    {
            "_id" : ObjectId("50b05d1f3f530c0a115a89ca"),
            "user" : {
                    "username" : "ceiba_1",
                    "age" : 1
            }
    }
    {
            "_id" : ObjectId("50b05d1f3f530c0a115a89cb"),
            "user" : {
                    "username" : "ceiba_2",
                    "age" : 2
            }
    }
    {
            "_id" : ObjectId("50b05d1f3f530c0a115a89cc"),
            "user" : {
                    "username" : "ceiba_3",
                    "age" : 3
            }
    }
```

```
{
        "_id" : ObjectId("50b05d1f3f530c0a115a89cd"),
        "user" : {
                "username" : "ceiba_4",
                "age" : 4
        }
}
{
        "_id" : ObjectId("50b05d1f3f530c0a115a89ce"),
        "user" : {
                "username" : "ceiba_5",
                "age" : 5
        }
}
{
        "_id" : ObjectId("50b05d1f3f530c0a115a89cf"),
        "user" : {
                "username" : "ceiba_6",
                "age" : 6
        }
}
{
        "_id" : ObjectId("50b05d1f3f530c0a115a89d0"),
        "user" : {
                "username" : "ceiba_7",
                "age" : 7
        }
}
{
        "_id" : ObjectId("50b05d1f3f530c0a115a89d1"),
        "user" : {
                "username" : "ceiba_8",
                "age" : 8
        }
}
{
        "_id" : ObjectId("50b05d1f3f530c0a115a89d2"),
        "user" : {
                "username" : "ceiba_9",
                "age" : 9
        }
}
>
```

当然也可以将结果转换为数组，然后使用游标输出。如以下代码所示。

```
> var rows=db.c6.find().toArray();
> rows[2];
{
        "_id" : ObjectId("50b05d1f3f530c0a115a89cb"),
        "user" : {
                "username" : "ceiba_2",
                "age" : 2
        }
}
>
```

15.3.6 更新数据

在关系型数据库中，通常使用 update 关键字更新数据。在 MongoDB 中同样提供了 update 操作方法，用于更新 MongoDB 数据文档。使用格式如下。

```
update(criteria,objNew,upsert,multi);
```

update 操作方法共支持 4 个参数，分别如下。

- criteria：更新操作条件，Bson 格式。
- objNew：更新后的值，Bson 格式。
- upsert：如果记录存在时，采取更新还是插入方式。默认为 0，即更新方式。
- multi：是否更新全部符合操作条件的记录。默认为 0，即只更新 1 条记录。

需要注意的是，如果数据集中不存更新条件中的多条记录，但 multi 参数为 1 时，将会报错并停止执行。下面结合示例演示 update 操作方法的使用。假设 c4 数据集结构如以下代码所示。

```
> db.c4.find();
{ "_id" : 1, "username" : "ceiba", "age" : 25 }
{ "_id" : 2, "username" : "ceiba", "age" : 26 }
{ "_id" : "cc", "username" : "ceiba", "age" : 26 }
>
```

现在需要对_id 等于 1 的数据进行修改，这里只需要修改“username”字段值为“ceibas”即可，代码如下所示。

```
> db.c4.update({_id:1},{username:"ceibas"},0,1);
> db.c4.find();
{ "_id" : 1, "username" : "ceibas" }
{ "_id" : 2, "username" : "ceiba", "age" : 26 }
{ "_id" : "cc", "username" : "ceiba", "age" : 26 }
{ "_id" : { "name" : 7 }, "username" : "ceiba", "age" : 26 }
>
```

这里的更新条件并非限于主键 ID。事实上只要是 Bson 对象，都可作为更新条件，如以下代码所示。

```
> db.c4.update({username:"ceibas"},{username:"ceiba"},0,1);
```

细心的读者已经发现在前面所介绍的 save 操作中已经涉及数据更新操作。事实上 save 就是 update 的别名，所以在使用方式上更加简单，如以下代码所示。

```
> db.c7.save({_id:001,username:"ceiba",email:"kf@86055.com"});
> db.c7.find();
{ "_id" : 1, "username" : "ceiba", "email" : "kf@86055.com" }
>
```

save 操作方法在前面的内容中已经多次涉及，这里不再细述。在 MongoDB 中，还可以使用魔术变量实现数据更新，关于魔术变量的使用将在本章后面进行介绍。

15.3.7 删除数据

remove 操作方法用于删除数据集合中的 Bson 数据。在功能实现上，remove 可以实现批量删除以及根据 Bson 条件进行删除。无论是执行哪种删除操作，在 MongoDB 中都是单向不可逆的（没有询问提示）。remove 使用格式如下。

```
db.<table name>.remove({删除条件});
```

其中删除条件是一条 Bson 语句。由于文档主键在生成时默认会自动创建主键索引，所以尽量使用文档主键 ID 作为删除条件。如以下代码所示。

```
> db.c7.find();
{ "_id" : 1, "username" : "ceiba", "email" : "kf@86055.com.cn" }
> db.c7.remove({_id:1});
>
```

需要注意的是，删除条件并非必需的。如果删除条件为空，系统将执行数据集清空操作，类似于 MySQL 中的 TRUNCATE 操作。如以下代码所示。

```
> db.c1.remove();
> db.c1.find();
>
```

15.4　条件操作

前面已经介绍过，在数据集 CURD 操作中，Bson 格式中的“:”可以理解为“=”。使用数据库的好处就是方便存储及查询数据，非关系型数据库也不例外。而要实现方便储存及查询数据，提供完善的条件操作是必不可少的，显然仅仅使用“=”条件操作是不能达到需求的。事实上 MongoDB 已经提供了类似于关系型数据库完善及强大的条件操作，包括条件判断、模式匹配、映射查询等。接下来将分别介绍。

15.4.1　条件判断语句

在关系型数据库中，开发人员可以使用直观的比较运算表达式实现数据的条件判断。例如“where id>3”，而在 MongoDB 中，由于使用 Bson 作为操作语言，显然 SQL 中的这些比较运算表达式是不兼容 MongoDB 的。为此，MongoDB 使用魔术变量实现表达式符号替换，分别为大于$get（>）、小于($lt)、大于或等于（$gte）等。相信读者对这些魔术变量并不会感到陌生，因为本书前面介绍的 ThinkPHP 模板引擎、Smarty 模板引擎就是使用类似的表达式符号。下面首先介绍魔术变量的使用方式。

前面分别介绍了大于、小于、大于或等于比较表达式魔术变量。其中等值表达式可以直接使用 Bson 表示，如以下代码所示。

```
> db.c8.find({_id:2});
```

但使用魔术变量时，比较表达式将变为如下格式。

```
db.<table name>.find({"条件字段":{魔术变量:"条件值"}});
```

其中，操作方法 find 也可以是其他的操作方法，例如 update、remove 等。接下来将结合示例代码，演示表达式的使用。假设 c8 数据集记录如以下代码所示。

```
> db.c8.find();
{ "_id" : 0, "username" : "ceiba_0", "age" : 2 }
{ "_id" : 1, "username" : "ceiba_1", "age" : 3 }
{ "_id" : 2, "username" : "ceiba_2", "age" : 4 }
{ "_id" : 3, "username" : "ceiba_3", "age" : 5 }
{ "_id" : 4, "username" : "ceiba_4", "age" : 6 }
{ "_id" : 5, "username" : "ceiba_5", "age" : 7 }
```

```
{ "_id" : 6, "username" : "ceiba_6", "age" : 8 }
{ "_id" : 7, "username" : "ceiba_7", "age" : 9 }
{ "_id" : 8, "username" : "ceiba_8", "age" : 10 }
{ "_id" : 9, "username" : "ceiba_9", "age" : 11 }
```

接下来需要查询_id 大于 5 的记录，代码如下所示。

```
> db.c8.find({_id:{$gt:5}});
{ "_id" : 6, "username" : "ceiba_6", "age" : 8 }
{ "_id" : 7, "username" : "ceiba_7", "age" : 9 }
{ "_id" : 8, "username" : "ceiba_8", "age" : 10 }
{ "_id" : 9, "username" : "ceiba_9", "age" : 11 }
```

假设需要删除_id 小于 2 的记录，代码如下所示。

```
> db.c8.remove({_id:{$lt:2}});
> db.c8.find();
{ "_id" : 2, "username" : "ceiba_2", "age" : 4 }
{ "_id" : 3, "username" : "ceiba_3", "age" : 5 }
{ "_id" : 4, "username" : "ceiba_4", "age" : 6 }
{ "_id" : 5, "username" : "ceiba_5", "age" : 7 }
{ "_id" : 6, "username" : "ceiba_6", "age" : 8 }
{ "_id" : 7, "username" : "ceiba_7", "age" : 9 }
{ "_id" : 8, "username" : "ceiba_8", "age" : 10 }
{ "_id" : 9, "username" : "ceiba_9", "age" : 11 }
```

同样的操作也适用于 update、save 等操作方法。需要注意的是，在进行表达式操作时，同样需要遵循 MongoDB 的数据类型限制。

15.4.2 $all 匹配全部

$all 魔术变量用于匹配文档内容类型为数组的数据，如以下代码所示。

```
> db.c9.insert({_id:1,a:[0,1,2,3,4,5,6,7,8,9]});
> db.c9.insert({_id:2,a:["a","b","c","d","e","f","g"]});
> db.c9.find({a:{$all:[0,1,2]}});
{ "_id" : 1, "a" : [ 0, 1, 2, 3, 4, 5, 6, 7, 8, 9 ] }
```

需要注意的是，$all 在匹配时，必须要确保被匹配的文档内容中包含有匹配条件中的所有数组元素，否则将停止匹配，如下代码所示。

```
> db.c9.find({a:{$all:[11,1,2,3]}});
>
```

如上述代码所示，虽然 a 文档内容中存在匹配条件中的“1、2、3”数组元素。但是由于不包含匹配元素“11”，所以最终结果为空。

15.4.3 $exists 检查字段

$exists 用于判断匹配条件中的文档属性是否存在或不存在。如果条件成立，将执行操作方法，否则将放弃执行。$exists 只支持布尔值（即 true 或 false），如以下代码所示。

```
> db.c9.find({a:{$exists:true}});
{ "_id" : 1, "a" : [ 0, 1, 2, 3, 4, 5, 6, 7, 8, 9 ] }
{ "_id" : 2, "a" : [ "a", "b", "c", "d", "e", "f", "g" ] }
```

如上述代码所示，由于 a 字段存在，所以 find 操作方法能够顺利执行。但是，如果改变 $exists 变量值，find 操作方法将会得到相反的结果，如以下代码所示。

```
> db.c9.find({a:{$exists:false}});
```

同样的原理，如果比较一个不存在的文档字段，得到的结果与$exists:true 一样，如以下代码所示。

```
> db.c9.find({aa:{$exists:false}});
{ "_id" : 1, "a" : [ 0, 1, 2, 3, 4, 5, 6, 7, 8, 9 ] }
{ "_id" : 2, "a" : [ "a", "b", "c", "d", "e", "f", "g" ] }
>
```

利用$exists 代码，可以方便地实现 CURD 操作前的各种检查。

15.4.4　null 空值处理

MongoDB 数据集允许使用 null 空值作为文档数据类型。如以下代码所示。

```
> db.c10.insert({user:"ceiba_1",age:20});
> db.c10.insert({user:"ceiba_2",age:21});
> db.c10.insert({user:"ceiba_3",age:null});
> db.c10.insert({user:"ceiba_4",age:"null"});
> db.c10.insert({user:"ceiba_5",age:""});
> db.c10.find();
{ "_id" : ObjectId("50b0bf16bf64d1ef58c81059"), "user" : "ceiba_1", "age" : 20 }
{ "_id" : ObjectId("50b0bf1ebf64d1ef58c8105a"), "user" : "ceiba_2", "age" : 21 }
{ "_id" : ObjectId("50b0bf26bf64d1ef58c8105b"), "user" : "ceiba_3", "age" : null }
{ "_id" : ObjectId("50b0bf31bf64d1ef58c8105c"), "user" : "ceiba_4", "age" : "null" }
{ "_id" : ObjectId("50b0bf37bf64d1ef58c8105d"), "user" : "ceiba_5", "age" : "" }
```

如上述代码所示，ceiba_3 与 ceiba_4 及 ceiba_5 的 age 属性数据类型分别表示三种数据类型，即空值 null、字符串 null，以及空符号。接下来将获取空值（null）的数据，如以下代码所示。

```
> db.c10.find({age:null});
{ "_id" : ObjectId("50b0bf26bf64d1ef58c8105b"), "user" : "ceiba_3", "age" : null }
>
```

上述代码得到的结果是正确的。因为 null 是一个合法的数据类型，所以允许直接操作。而“""”虽然是 Bson 值，但这里只表示空字符串值，与 null 数据类型并不同一概念。

需要注意的是，在 MongoDB 2.0 之前，空值运算不能直接赋值进行操作。可以使用$exists 魔术变量进行处理，如以下代码所示。

```
> db.c10.find({age:{$in:[null],$exists:true}});
{ "_id" : ObjectId("50b0bf26bf64d1ef58c8105b"), "user" : "ceiba_3", "age" : null }
>
```

15.4.5　$ne 比较

在 SQL 语言中，使用“!=”或“<>”作为非（不等于）比较运算符。在 MongoDB 中，同样也内置了$ne 魔术变量，用于实现“！=”比较运算。使用方式如以下代码所示。

```
> db.c10.find({age:{$ne:null}});
{ "_id" : ObjectId("50b0bf16bf64d1ef58c81059"), "user" : "ceiba_1", "age" : 20 }
{ "_id" : ObjectId("50b0bf1ebf64d1ef58c8105a"), "user" : "ceiba_2", "age" : 21 }
{ "_id" : ObjectId("50b0bf31bf64d1ef58c8105c"), "user" : "ceiba_4", "age" : "null" }
{ "_id" : ObjectId("50b0bf37bf64d1ef58c8105d"), "user" : "ceiba_5", "age" : "" }
>
```

上述代码表示查询 age 字段不等于空值的数据。既然可以实现查询操作，同样也可以实现 update 或 insert 等操作，如以下代码所示。

```
> db.c10.find();
{ "_id" : ObjectId("50b0bf1ebf64d1ef58c8105a"), "user" : "ceiba_2", "age" : 21 }
{ "_id" : ObjectId("50b0bf26bf64d1ef58c8105b"), "user" : "ceiba_3", "age" : null }
{ "_id" : ObjectId("50b0bf31bf64d1ef58c8105c"), "user" : "ceiba_4", "age" : "null" }
{ "_id" : ObjectId("50b0bf37bf64d1ef58c8105d"), "user" : "ceiba_5", "age" : "" }
> db.c10.remove({age:{$ne:null}});
> db.c10.find();
{ "_id" : ObjectId("50b0bf26bf64d1ef58c8105b"), "user" : "ceiba_3", "age" : null }
>
```

15.4.6 $mod 取模运算

取模运算也称取余运算，在 PHP 中通常用于实现验证码或者数据分页等功能。在 MongoDB 中，可以利用取模运算，对特定的文档属性实现奇偶数查询，如以下代码所示。

```
> db.c8.find();
{ "_id" : 2, "username" : "ceiba_2", "age" : 4 }
{ "_id" : 3, "username" : "ceiba_3", "age" : 5 }
{ "_id" : 4, "username" : "ceiba_4", "age" : 6 }
{ "_id" : 5, "username" : "ceiba_5", "age" : 7 }
{ "_id" : 6, "username" : "ceiba_6", "age" : 8 }
{ "_id" : 7, "username" : "ceiba_7", "age" : 9 }
{ "_id" : 8, "username" : "ceiba_8", "age" : 10 }
{ "_id" : 9, "username" : "ceiba_9", "age" : 11 }
> db.c8.find({age:{$mod:[2,1]}});
{ "_id" : 3, "username" : "ceiba_3", "age" : 5 }
{ "_id" : 5, "username" : "ceiba_5", "age" : 7 }
{ "_id" : 7, "username" : "ceiba_7", "age" : 9 }
{ "_id" : 9, "username" : "ceiba_9", "age" : 11 }
```

取模运算中使用数组[2,1]进行表示。其中元素 2 表示取模的操作数；1 表示整除后的余数。假设需要取出 age 为偶数的数据，只需要改变取模运算中的操作数即可，如以下代码所示。

```
> db.c8.find({age:{$mod:[2,0]}});
{ "_id" : 2, "username" : "ceiba_2", "age" : 4 }
{ "_id" : 4, "username" : "ceiba_4", "age" : 6 }
{ "_id" : 6, "username" : "ceiba_6", "age" : 8 }
{ "_id" : 8, "username" : "ceiba_8", "age" : 10 }
```

15.4.7 $in、nin 枚举查询

魔术变量$in 用于实现枚举操作，与 SQL 语言中的 in 作用相类似。支持匹配所有整数类型的文档字段。假设 c8 数据集数据记录如下。

```
> db.c8.find();
{ "_id" : 2, "username" : "ceiba_2", "age" : 4 }
{ "_id" : 3, "username" : "ceiba_3", "age" : 5 }
{ "_id" : 4, "username" : "ceiba_4", "age" : 6 }
{ "_id" : 5, "username" : "ceiba_5", "age" : 7 }
{ "_id" : 6, "username" : "ceiba_6", "age" : 8 }
{ "_id" : 7, "username" : "ceiba_7", "age" : 9 }
{ "_id" : 8, "username" : "ceiba_8", "age" : 10 }
{ "_id" : 9, "username" : "ceiba_9", "age" : 11 }
```

现在需要查询 age 字段值为 4、5、6 的数据，使用$in 魔术变量就很容易实现，如以下

代码所示。

```
> db.c8.find({age:{$in:[4,5,6]}});
{ "_id" : 2, "username" : "ceiba_2", "age" : 4 }
{ "_id" : 3, "username" : "ceiba_3", "age" : 5 }
{ "_id" : 4, "username" : "ceiba_4", "age" : 6 }
>
```

魔术变量$nin 与$in 的作用是相反的，但使用方式一致，如以下代码所示。

```
> db.c8.find({age:{$nin:[4,5,6]}});
{ "_id" : 5, "username" : "ceiba_5", "age" : 7 }
{ "_id" : 6, "username" : "ceiba_6", "age" : 8 }
{ "_id" : 7, "username" : "ceiba_7", "age" : 9 }
{ "_id" : 8, "username" : "ceiba_8", "age" : 10 }
{ "_id" : 9, "username" : "ceiba_9", "age" : 11 }
```

15.4.8　$or、$nor 判断查询

默认情况下，MongoDB 使用“and”作为所有 Bson 查询运算关系，如以下代码所示。

```
> db.c8.find({_id:2,age:4});
{ "_id" : 2, "username" : "ceiba_2", "age" : 4 }
```

如上述标粗代码所示，在 Bson 查询中，共支持两个操作条件，分别为_id:2 和 age:4。默认情况下操作条件之间的关系是“与”关系。转换为 SQL 语句，如以下代码所示。

```
select * from c8 where '_id'=2 and 'age'=4
```

MongoDB 提供了$or 及$nor 魔术变量，用于改变条件操作的运算关系。其中$or 表示“或、或者”；$nor 表示“非或”。$or 及$nor 的使用方式与其他魔术变量有些区别，格式如下。

```
{$or:[{条件 1},{条件 2},{条件 3}]}
```

可以看到，前面介绍的魔术变量都是在条件操作值前进行声明的，但$or 或$nor 需要在条件操作语句前进行声明，并且使用“[]”包含操作条件。下面将结合示例代码演示$or 及$nor 的使用。

```
> db.c8.find();
{ "_id" : 2, "username" : "ceiba_2", "age" : 4 }
{ "_id" : 3, "username" : "ceiba_3", "age" : 5 }
{ "_id" : 4, "username" : "ceiba_4", "age" : 6 }
{ "_id" : 5, "username" : "ceiba_5", "age" : 7 }
{ "_id" : 6, "username" : "ceiba_6", "age" : 8 }
{ "_id" : 7, "username" : "ceiba_7", "age" : 9 }
{ "_id" : 8, "username" : "ceiba_8", "age" : 10 }
{ "_id" : 9, "username" : "ceiba_9", "age" : 11 }
> db.c8.find({$or:[{_id:2},{age:5}]});
{ "_id" : 2, "username" : "ceiba_2", "age" : 4 }
{ "_id" : 3, "username" : "ceiba_3", "age" : 5 }
>
```

如上述标粗代码所示，转换为 SQL 查询，将得到以下代码。

```
select * from c8 '_id'=2 or 'age'=5
```

$nor 的使用方式也一样，但作用是相反的，如以下代码所示。

```
> db.c8.find({$nor:[{_id:2},{age:5}]});
{ "_id" : 4, "username" : "ceiba_4", "age" : 6 }
{ "_id" : 5, "username" : "ceiba_5", "age" : 7 }
{ "_id" : 6, "username" : "ceiba_6", "age" : 8 }
```

```
{ "_id" : 7, "username" : "ceiba_7", "age" : 9 }
{ "_id" : 8, "username" : "ceiba_8", "age" : 10 }
{ "_id" : 9, "username" : "ceiba_9", "age" : 11 }
```

15.4.9 $type 映射查询

为了便于理解 Bson 数据类型，提高开发效率，MongoDB 提供了$type 魔术变量，用于映射 MongoDB 所支持的 Bson 数据类型。开发人员只需要理解$type 映射值即可，而不需要记住文档属性中的数据类型，从而提高查询效率。如表 15-3 所示。

表 15-3 BSON 数据类型映射

数据类型	映射数字	说明
Double	1	双精度
String	2	字符串
Object	3	对象
Array	4	数组
Binary Data	5	二进制
Object id	7	ObjectID
Boolean	8	布尔值
Date	9	日期
Null	10	空值
Regular expression	11	JavaScript 正则表达式
JavaScript code	13	JavaScript 代码
Symbool	14	标记
JavaScript code with scope	15	JavaScript 代码
32-bit integer	16	32 位整数
Timestamp	17	Timestamp 时间戳
64-bit integer	18	64 位整数

接下来将通过代码演示$type 魔术变量的使用。假设 c10 数据集文档记录如以下代码所示。

```
> db.c10.find();
{ "_id" : ObjectId("50b0bf26bf64d1ef58c8105b"), "user" : "ceiba_3", "age" : null }
{ "_id" : ObjectId("50b1474c72f8ca2d8551f77d"), "username" : null }
{ "_id" : ObjectId("50b1475c72f8ca2d8551f77e"), "username" : [ 1, 2, 3, 4, 5 ] }
{ "_id" : ObjectId("50b1476472f8ca2d8551f77f"), "username" : "ceiba" }
{ "_id" : ObjectId("50b1476c72f8ca2d8551f780"), "username" : 18 }
{ "_id" : ObjectId("50b1478472f8ca2d8551f781"), "username" : 19 }
```

现在需要查询 username 为 null 的数据，在映射查询中，$type 为 10 时即表示 null 值。所以可以直接使用$type:10 表达式查询空值数据，如以下代码所示。

```
> db.c10.find({username:{$type:10}});
{ "_id" : ObjectId("50b1474c72f8ca2d8551f77d"), "username" : null }
>
```

15.4.10 使用正则表达式匹配

$regex 魔术变量，将让正则匹配查询变得更加直观。$regex 使用格式如下。

```
{"属性名",{$regex:"正则表达式",$options:"枚举值"}}
```

其中正则表达式支持所有 JavaScript 正则表达式。$options 与 JavaScript 正则处理中的 options 作用是一样（即枚举有效值）的。接下来将通过示例代码，演示$regex 魔术变量的使用。假设 c1 数据集数据记录如以下代码所示。

```
> db.c1.find();
{ "_id" : ObjectId("50b14e2372f8ca2d8551f78c"), "user" : "ceiba_11" }
{ "_id" : ObjectId("50b14e3072f8ca2d8551f78d"), "user" : "ceiba_21" }
{ "_id" : ObjectId("50b14e3372f8ca2d8551f78e"), "user" : "ceiba_31" }
{ "_id" : ObjectId("50b14e3772f8ca2d8551f78f"), "user" : "ceiba_41" }
{ "_id" : ObjectId("50b14e3b72f8ca2d8551f790"), "user" : "ceiba_51" }
{ "_id" : ObjectId("50b14e3f72f8ca2d8551f791"), "user" : "ceiba_52" }
{ "_id" : ObjectId("50b14e4372f8ca2d8551f792"), "user" : "ceiba_53" }
{ "_id" : ObjectId("50b14e4672f8ca2d8551f793"), "user" : "ceiba_54" }
>
```

现在需要查询 user 属性值后缀为 1 的文档。使用正则表达式即可轻松实现，如以下代码所示。

```
> db.c1.find({user:{$regex:"ceiba_.*1$",$options:"i"}});
{ "_id" : ObjectId("50b14e2372f8ca2d8551f78c"), "user" : "ceiba_11" }
{ "_id" : ObjectId("50b14e3072f8ca2d8551f78d"), "user" : "ceiba_21" }
{ "_id" : ObjectId("50b14e3372f8ca2d8551f78e"), "user" : "ceiba_31" }
{ "_id" : ObjectId("50b14e3772f8ca2d8551f78f"), "user" : "ceiba_41" }
{ "_id" : ObjectId("50b14e3b72f8ca2d8551f790"), "user" : "ceiba_51" }
>
```

正则表达式是计算机语言中通用的一套字符处理规则，在各种编程语言中均有广泛的应用。在 MongoDB 中运用好正则匹配，首先需要读者掌握并熟悉正则表达式。

15.4.11　limit、skip 限制查询

在 MySQL 数据库查询中，通常需要使用 limit 关键字限制查询记录范围。这样做不仅能够有效提高查询速度，还能实现数据分页。MongoDB 同样也提供了 limit 操作方法，该方法用于限制返回结果范围，使用格式如下。

```
db.<table name>.find().limit(数量);
```

接下来将通过示例代码，演示 limit 操作方法的使用。假设 c1 数据集共有 10 条记录，如以下代码所示。

```
> db.c1.find();
{ "_id" : ObjectId("50b1b8fa5b9625699c5eb2ce"), "user" : "user_1", "age" : 1 }
{ "_id" : ObjectId("50b1b8fa5b9625699c5eb2cf"), "user" : "user_2", "age" : 2 }
{ "_id" : ObjectId("50b1b8fa5b9625699c5eb2d0"), "user" : "user_3", "age" : 3 }
{ "_id" : ObjectId("50b1b8fa5b9625699c5eb2d1"), "user" : "user_4", "age" : 4 }
{ "_id" : ObjectId("50b1b8fa5b9625699c5eb2d2"), "user" : "user_5", "age" : 5 }
{ "_id" : ObjectId("50b1b8fa5b9625699c5eb2d3"), "user" : "user_6", "age" : 6 }
{ "_id" : ObjectId("50b1b8fa5b9625699c5eb2d4"), "user" : "user_7", "age" : 7 }
{ "_id" : ObjectId("50b1b8fa5b9625699c5eb2d5"), "user" : "user_8", "age" : 8 }
{ "_id" : ObjectId("50b1b8fa5b9625699c5eb2d6"), "user" : "user_9", "age" : 9 }
{ "_id" : ObjectId("50b1b8fa5b9625699c5eb2d7"), "user" : "user_10", "age" : 10 }
>
```

接下来将使用 limit 操作方法限制返回结果只显示前 3 条记录。

```
> db.c1.find().limit(3);
```

```
{ "_id" : ObjectId("50b1b8fa5b9625699c5eb2ce"), "user" : "user_1", "age" : 1 }
{ "_id" : ObjectId("50b1b8fa5b9625699c5eb2cf"), "user" : "user_2", "age" : 2 }
{ "_id" : ObjectId("50b1b8fa5b9625699c5eb2d0"), "user" : "user_3", "age" : 3 }
>
```

将上述代码转换为 MySQL 查询语句，如以下代码所示。

```
select * from c1 limit 0,3;
```

细心的读者已经发现，在 MongoDB 中 limit 方法只接受 1 个参数。这就意味着单纯使用 limit 操作方法是不能实现数据分页的。假设需要实现以下 SQL 查询效果。

```
select * from c1 limit 5,3;
```

上述 SQL 查询表示在结果中取出第 5 条记录，一共取 3 条。即筛选第 6～8 条之间的数据记录。要在 MongoDB 中实现上述查询操作，还必须借助于 skip 操作方法。如以下代码所示。

```
> db.c1.find().skip(5).limit(3);
{ "_id" : ObjectId("50b1b8fa5b9625699c5eb2d3"), "user" : "user_6", "age" : 6 }
{ "_id" : ObjectId("50b1b8fa5b9625699c5eb2d4"), "user" : "user_7", "age" : 7 }
{ "_id" : ObjectId("50b1b8fa5b9625699c5eb2d5"), "user" : "user_8", "age" : 8 }
>
```

skip 操作方法用于实现查询记录跳转，只接受一个整数类型参数。limit 操作方法用于限制返回记录条数，同样也只接受一个整数类型参数。这两者的配合是实现数据分页的基础（先后顺序不受限制）。

15.4.12 count 查询记录条数

count 操作方法用于统计数据查询记录。支持与其他操作方法配合使用，格式如下。

```
db.<table name>.[操作方法 1].[操作方法 2].count(1);
```

其中操作方法是可选的查询选项，如果不存在操作方法，count 将统计当前表所有记录。如以下代码所示。

```
> db.c1.count(0);
10
>
```

count 方法支持一个可选参数，接受的参数值为 0（默认）或 1。如果为 0 时，表示忽略 count 操作方法前的所有操作方法（find 除外）。如以下代码所示。

```
> db.c1.find().skip(5).limit(3).count();
10
>
```

如上述代码所示，因为使用了 skip 及 limit 限制查询，理论上第 5 条记录跳转到第 8 条记录共相隔 3 条记录（即筛选记录）。但结果却显示了 10 条，这显然与我们所期待的不一样。接下来将通过修改 count 操作方法的参数值，改变 count 统计方式。如以下代码所示。

```
> db.c1.find().skip(5).limit(3).count(1);
3
>
```

结合前面介绍的 skip、limit 操作方法，至此数据分页所需要的 3 个关键数据记录（起始记录、限制记录、总记录）已经具备，在进行数据分页时将变得简单。

15.4.13 sort 查询结果排序

结果排序主要分为升序及降序。在 MySQL 等关系型数据库查询中，通常使用“ORDER

BY”关键字实现。在 MongoDB 中，结果排序也是使用 Bson 实现的，但需要配合 sort 操作方法使用。格式如下。

```
db.<table name>.find().sort({排序字段:1});
```

其中排序字段可以是 Bson 文档中的所有合法字段或属性（一般选择数字类型或 ObjectID 类型的属性），排序字段值共支持 2 个值，分别为-1（倒序）及 1（升序）。如以下代码所示。

```
> db.c1.find().sort({age:1});
{ "_id" : ObjectId("50b1b8fa5b9625699c5eb2ce"), "user" : "user_1", "age" : 1 }
{ "_id" : ObjectId("50b1b8fa5b9625699c5eb2cf"), "user" : "user_2", "age" : 2 }
{ "_id" : ObjectId("50b1b8fa5b9625699c5eb2d0"), "user" : "user_3", "age" : 3 }
{ "_id" : ObjectId("50b1b8fa5b9625699c5eb2d1"), "user" : "user_4", "age" : 4 }
{ "_id" : ObjectId("50b1b8fa5b9625699c5eb2d2"), "user" : "user_5", "age" : 5 }
{ "_id" : ObjectId("50b1b8fa5b9625699c5eb2d3"), "user" : "user_6", "age" : 6 }
{ "_id" : ObjectId("50b1b8fa5b9625699c5eb2d4"), "user" : "user_7", "age" : 7 }
{ "_id" : ObjectId("50b1b8fa5b9625699c5eb2d5"), "user" : "user_8", "age" : 8 }
{ "_id" : ObjectId("50b1b8fa5b9625699c5eb2d6"), "user" : "user_9", "age" : 9 }
{ "_id" : ObjectId("50b1b8fa5b9625699c5eb2d7"), "user" : "user_10", "age" : 10 }
> db.c1.find().sort({age:-1});
{ "_id" : ObjectId("50b1b8fa5b9625699c5eb2d7"), "user" : "user_10", "age" : 10 }
{ "_id" : ObjectId("50b1b8fa5b9625699c5eb2d6"), "user" : "user_9", "age" : 9 }
{ "_id" : ObjectId("50b1b8fa5b9625699c5eb2d5"), "user" : "user_8", "age" : 8 }
{ "_id" : ObjectId("50b1b8fa5b9625699c5eb2d4"), "user" : "user_7", "age" : 7 }
{ "_id" : ObjectId("50b1b8fa5b9625699c5eb2d3"), "user" : "user_6", "age" : 6 }
{ "_id" : ObjectId("50b1b8fa5b9625699c5eb2d2"), "user" : "user_5", "age" : 5 }
{ "_id" : ObjectId("50b1b8fa5b9625699c5eb2d1"), "user" : "user_4", "age" : 4 }
{ "_id" : ObjectId("50b1b8fa5b9625699c5eb2d0"), "user" : "user_3", "age" : 3 }
{ "_id" : ObjectId("50b1b8fa5b9625699c5eb2cf"), "user" : "user_2", "age" : 2 }
{ "_id" : ObjectId("50b1b8fa5b9625699c5eb2ce"), "user" : "user_1", "age" : 1 }
>
```

15.5 性能优化

与关系型数据库一样，MongoDB 虽然性能卓越，但只有合理及有效的优化才能使数据库性能得到最大程度的发挥。在 MongoDB 中，常用的数据库优化手段包括使用索引、固定集合、使用 Profile 优化器以及使用分布式部署等。接下来将首先介绍索引技术。

15.5.1 使用索引

使用索引能够明显提高数据查询效率。MongoDB 提供了多种数据索引方式，前面已经介绍过系统在创建新文档时，将会为文档主键创建唯一索引，这些索引信息将被存放到 system.indexes 文件中。MongoDB 允许开发人员为其他文档字段或属性创建索引，创建格式如下。

```
db.<table name>.ensureIndex({字段: 1}, {索引类型: true})
```

其中索引类型是可选的参数，如果为空则创建单列索引。可选的值有 unique（唯一索引）和 sparse（松散索引）。索引字段后的值表示索引排序，数值为 1 时表示升序，-1 表示倒序。接下来将结合示例代码演示索引的创建与管理。

1. 创建索引

假设数据集 c1 有 10 条数据记录，如以下代码所示。

```
> db.c1.find();
{ "_id" : ObjectId("50b1b8fa5b9625699c5eb2ce"), "user" : "user_1", "age" : 1 }
{ "_id" : ObjectId("50b1b8fa5b9625699c5eb2cf"), "user" : "user_2", "age" : 2 }
{ "_id" : ObjectId("50b1b8fa5b9625699c5eb2d0"), "user" : "user_3", "age" : 3 }
{ "_id" : ObjectId("50b1b8fa5b9625699c5eb2d1"), "user" : "user_4", "age" : 4 }
{ "_id" : ObjectId("50b1b8fa5b9625699c5eb2d2"), "user" : "user_5", "age" : 5 }
{ "_id" : ObjectId("50b1b8fa5b9625699c5eb2d3"), "user" : "user_6", "age" : 6 }
{ "_id" : ObjectId("50b1b8fa5b9625699c5eb2d4"), "user" : "user_7", "age" : 7 }
{ "_id" : ObjectId("50b1b8fa5b9625699c5eb2d5"), "user" : "user_8", "age" : 8 }
{ "_id" : ObjectId("50b1b8fa5b9625699c5eb2d6"), "user" : "user_9", "age" : 9 }
{ "_id" : ObjectId("50b1b8fa5b9625699c5eb2d7"), "user" : "user_10", "age" : 10 }
>
```

为了便于演示，这里将使用 age 字段作为条件查询，并且使用 exp 方法观察 Bson 执行过程，如以下代码所示。

```
> db.c1.find({age:1}).explain();
{
        "cursor" : "BasicCursor",
        "nscanned" : 10,
        "nscannedObjects" : 10,
        "n" : 1,
        "millis" : 0,
        "nYields" : 0,
        "nChunkSkips" : 0,
        "isMultiKey" : false,
        "indexOnly" : false,
        "indexBounds" : {

        }
}
>
```

如上述标粗代码所示，nscanned 表示查询受影响行数（受影响行数直接决定了查询效率）；indexBounds 表示查询所使用到的索引。由于 age 并没有创建索引，所以会显示为空。接下来将对 age 字段创建普通索引。

```
> db.c1.ensureIndex({age:1});
```

索引创建完成后，接着再次查询 c1 数据集状态，如以下代码所示。

```
> db.c1.find({age:1}).explain();
{
        "cursor" : "BtreeCursor age_1",
        "nscanned" : 1,
        "nscannedObjects" : 1,
        "n" : 1,
        "millis" : 0,
        "nYields" : 0,
        "nChunkSkips" : 0,
        "isMultiKey" : false,
        "indexOnly" : false,
        "indexBounds" : {
              "age" : [
                     [
                            1,
```

```
                                1
                        ]
                ]
        }
}
>
```

通过观察执行过程，可以看到创建的索引已经被应用到了 age 字段上。受影响行数也由之前的 10 行变成 1 行，这就意味着查询引擎由全表扫描变为精确扫描，通过索引后查询效率将得到质的提升。

如果需要获取当前数据集字段索引情况，可以使用 stats 或 getIndexKeys 操作方法进行查看，如以下代码所示。

```
> db.c1.stats();
{
        "ns" : "test.c1",
        "count" : 10,
        "size" : 576,
        "avgObjSize" : 57.6,
        "storageSize" : 8192,
        "numExtents" : 1,
        "nindexes" : 2,
        "lastExtentSize" : 8192,
        "paddingFactor" : 1,
        "flags" : 0,
        "totalIndexSize" : 16352,
        "indexSizes" : {
                "_id_" : 8176,
                "age_1" : 8176
        },
        "ok" : 1
}
> db.c1.getIndexKeys();
[ { "_id" : 1 }, { "age" : 1 } ]
>
```

如果 Bson 文档字段中已经存在大量数据，此时进行索引将耗费系统大量资源。ensurcIndex 提供了 1 个参数，用于将操作推送到后台。如以下代码所示。

```
> db.c1.ensureIndex({age:1} , {backgroud:true})
```

2. 删除索引

创建索引将占用大量的磁盘空间，所以在创建索引时首先需要规划好 Bson 字段。通常情况下，只有用于条件查询的字段才需要创建索引，这点与关系型数据库是一样的。如果需要删除现有字段索引，可以使用 dropIndex 操作方法，如以下代码所示。

```
> db.c1.dropIndex({age:1});
{ "nIndexesWas" : 2, "ok" : 1 }
> db.c1.getIndexKeys();
[ { "_id" : 1 } ]
>
```

如果需要清空指定数据集中的所有索引（不包括默认主键索引），使用 dropIndexes 操作方法即可，如以下代码所示。

```
> db.c1.dropIndexes();
{
```

```
        "nIndexesWas" : 2,
        "msg" : "non-_id indexes dropped for collection",
        "ok" : 1
}
> db.c1.getIndexKeys();
[ { "_id" : 1 } ]
>
```

15.5.2 固定集合

固定集合是 MongoDB 中一项重要的技术，它能够在数据可控的范围内为系统提供性能出色的储存引擎。通常情况下，开发人员创建的数据集合无论是容量还是记录条数，都是可变的，几乎没有限制。但固定集合将改变这一模式，它允许开发人员在创建集合时指定容量或记录条数。这样，当数据记录达到所设定的临界时，固定集合将会使用新进入的数据代替先进入的数据（即由旧到新做老化移出处理），并自动维护数据集合对象顺序。根据这些特性，固定集合非常适合用于日志处理、消息队列、数据缓存等应用。接下来将深入介绍固定集合的使用。

1. 创建固定集合

在前面的内容中，并没有涉及集合的创建。事实上集合不需要手动创建，开发人员在使用 find、insert 等操作方法时，系统会自动做集合处理（如果操作的集合存在，则直接进入操作流程，否则首先创建相应的集合再执行操作流程）。当然，开发人员完全可以手动显式创建集合，如以下代码所示。

```
> db.createCollection("c11");
```

上述代码即为一个标准的集合创建方法。固定集合的创建，在方式上与显式创建集合是一致的，只需要声明几个文档关键属性即可。格式如下。

```
db.createCoolection("集合名",{capped :true,size:100000,max:10});
```

如上述代码所示，capped 属性表示集合对象的形式，当设置为 true 时表示受限的固定集合（默认为 false）；size 及 max 属性只有当 capped 设置为 true 时才具有意义。size 表示集合容量大小，以字节为单位；max 表示集合的记录受限数量。接下来将结合示例代码，演示固定集合的创建，代码如下。

```
> db.createCollection("logs",{capped:true,size:1000,max:10});
{ "ok" : 1 }
>
```

上述代码表示创建一个名称 logs 的固定集合，并设置最大容量为 1000B，最大数据记录为 10 条。size 和 max 属性允许同时设置，但只会执行其中一个属性（由受限条件先后顺序决定）。接下来将向该固定集合插入数据，方便接下来的测试。

```
> for(i=1;i<11;i++){
... db.logs.insert({_id:i,body:"logs_"+i});
... };
> db.logs.find();
{ "_id" : 1, "body" : "logs_1" }
{ "_id" : 2, "body" : "logs_2" }
{ "_id" : 3, "body" : "logs_3" }
{ "_id" : 4, "body" : "logs_4" }
{ "_id" : 5, "body" : "logs_5" }
```

```
{ "_id" : 6, "body" : "logs_6" }
{ "_id" : 7, "body" : "logs_7" }
{ "_id" : 8, "body" : "logs_8" }
{ "_id" : 9, "body" : "logs_9" }
{ "_id" : 10, "body" : "logs_10" }
>
```

前面插入了 10 条日志记录。由于在创建 logs 固定集合时，已经声明了最多可接受 10 条记录，所以以下的操作将会对数据进行 age-out（老化移出）处理，如以下代码所示。

```
> for(i=11;i<16;i++){
... db.logs.insert({_id:i,body:"logs_"+i});
... };
> db.logs.find();
{ "_id" : 6, "body" : "logs_6" }
{ "_id" : 7, "body" : "logs_7" }
{ "_id" : 8, "body" : "logs_8" }
{ "_id" : 9, "body" : "logs_9" }
{ "_id" : 10, "body" : "logs_10" }
{ "_id" : 11, "body" : "logs_11" }
{ "_id" : 12, "body" : "logs_12" }
{ "_id" : 13, "body" : "logs_13" }
{ "_id" : 14, "body" : "logs_14" }
{ "_id" : 15, "body" : "logs_15" }
>
```

可以看到，通过插入 5 条新数据，固定集合将旧数据（_id 为 1～5 的数据）移出，并在_id 为 10 的数据记录后添加 5 条新记录（_id 为 11～15）。

2．普通集合转固定集合

如果需要将现有的普通集合转换为固定集合，可以运行 convertToCapped 命令。在 MongoDB 管理终端中，如果需要运行额外的系统命令，可以使用 runCommand 方法，代码如下所示。

```
> db.runCommand({convertToCapped:"c5",size:10000});
{ "ok" : 1 }
>
```

上述操作表示将 c5 普通数据集合转换固定集合，并且限制容量为 10000B。这里需要注意的是， max 属性不能运用于 convertToCapped 命令。转换成功后，使用 stats 操作方法查看即可，如以下代码所示。

```
> db.c5.stats();
{
        "ns" : "test.c5",
        "count" : 2,
        "size" : 104,
        "avgObjSize" : 52,
        "storageSize" : 12288,
        "numExtents" : 1,
        "nindexes" : 0,
        "lastExtentSize" : 12288,
        "paddingFactor" : 1,
        "flags" : 0,
        "totalIndexSize" : 0,
        "indexSizes" : {
```

```
        },
        "capped" : 1,
        "max" : 2147483647,
        "ok" : 1
}
>
```

如上述标粗代码所示，capped 为 1 时表示该集合是固定集合。固定集合本质上用于轮换数据，所以并不需要创建索引。执行 convertToCapped 命令后，原有的字段索引也将会被删除（包括主键索引）。

15.5.3 GridFS

MongoDB 是一个文档型的数据库，包括前面介绍过的 BSON 数据，都会作为文档存储。MongoDB 对单篇文档最大限值为 16MB。这就意味着要储存大型文件（例如高清图片、视频、压缩包等），使用 Bson 数据存储系统显然是不能满足要求的。GridFS 是一套专门用于存放大型数据的 MongoDB 储存子系统。利用 GridFS 可以轻松地实现大文件高效管理，例如分布式储存、故障转移、实时系统热扩展等。接下来将结合示例代码，演示 GridFS 的实战应用。

GridFS 的管理终端为 mongodbfiles，在使用方式上非常简单。假设需要将/data1/nginx-1.3.8.tar.gz 文件存放到 GridFS 系统中，只需要执行如下命令。

```
[root@~]cd /usr/local/mongodb/bin
[root@bogon bin]# ./mongofiles put /data1/nginx-1.3.8.tar.gz
connected to: 127.0.0.1
added file: { _id: ObjectId('50b323e0742ab0ded6ee713d'), filename: "/data1/nginx-1.3.8.tar.gz", chunkSize: 262144, uploadDate: new Date(1353917409646), md5: "538dce8d18b7a2c855134668d6078252", length: 738216 }
done!
```

mongofiles 终端常用的有 3 个命令，分别是 put（上传文件）、get（下载文件）、list（列出文件）。假设需要查询 GridFS 中的文件列表，只需要运行以下命令即可。

```
[root@bogon bin]# ./mongofiles list
connected to: 127.0.0.1
/data1/nginx-1.3.8.tar.gz       738216
[root@bogon bin]#
```

在实际应用开发中，通常需要配合 crontab 或者 inotify 使用（将 PHP 上传的文件定时或实时上传到 GridFS 系统）。

15.5.4 Profile 优化器

在 MySQL 中可以通过开启慢查询日志，从而得出最需要进行优化的 SQL 语句。在 MongoDB 中，同样提供了慢查询日志功能，在使用方式上比 MySQL 更加简单，下面分别介绍。

1. 开启慢查询日志

开启 MongoDB 慢查询日志的方式共有两种：一种是加入 - profile 启动选项；另一种是在管理终端中使用 setProfilingLevel 方法设置慢查询日志级别。下面分别介绍。

（1） - profile 启动选项

在介绍 profile 启动选项前，首先来理解 profile 记录级别。profile 共支持 3 种级别，分别如下。

- 0：不开启。
- 1：记录慢命令 (默认为>100ms)。
- 2：记录所有命令。

一般情况下，只需要设置为 1 即可。

```
[root@bogon bin]# ./mongod --dbpath=/usr/local/mongodb/data/ --logpath=/usr/lol
/mongodb/logs/mongodb.log --profile=1 --fork
forked process: 2226
```

（2）使用 setProfilingLevel

如果已经启动 MongoDB，可以直接使用 setProfilingLevel 方法设置日志的级别。使用格式如下。

```
setProfilingLevel( level , slowms )
```

参数 level 表示日志的级别，支持的值与 profile 启动选项一致；参数 slowms 表示慢查询超时时间（以微秒为单位）。如以下代码所示。

```
> db.setProfilingLevel( 1 , 10 );
```

上述代码表示记录所有超过 10ms 的 BSON 操作。

2. 查看慢查询日志

在 MongoDB 中，所有日志都被存放于 db 库 profile 数据集里。所以只需要查询 profile 集合即可获取所需要的日志信息。例如查询记录时间为 10ms 的记录，代码如下。

```
db.system.profile.find( { millis : { $gt : 10 } } )
```

系统还提供了 show profile 快捷命令，快速查询最新 5 条超过 1ms 的日志记录。

15.6 在 MVC 中使用 MongoDB

前面介绍的内容都是基于 mongo shell 的，接下来将利用 MongoDB 提供的 PHP 扩展实现在 PHP 中直接操作 MongoDB 数据。默认的 PHP 并没有提供 MongoDB 扩展，需要开发人员自行安装。

15.6.1 安装 PHP 扩展

MongoDB 的扩展安装平台主要分为 Windows 及 Linux。Windows 下的 PHP 扩展安装非常简单，读者可以在 http://beauty-soft.net/book/php_mvc/down/php_mongo_extension.html 中找到相应的 php_mongo.dll 扩展文件。由于篇幅所限这里只介绍 Linux 环境下的安装。读者可以在 http://pecl.php.net/package/mongo 中找到相应的 PHP 扩展包，这里将使用 mongo-1.3.0

版本。

```
[root@bogon] cd /data1
[root@bogon data1]# wget http://pecl.php.net/get/mongo-1.3.0.tgz
```

下载完成后，解压即可。

```
[root@bogon data1]# tar zxvf mongo-1.3.0.tgz
[root@bogon data1]# cd mongo-1.3.0
```

接下来就可以使用 phpize 工具创建 configure 文件了。

```
[root@bogon mongo-1.3.0]# /usr/local/php/bin/phpize
Configuring for:
PHP Api Version:            20090626
Zend Module Api No:         20090626
Zend Extension Api No:      220090626

[root@bogon  mongo-1.3.0]#  ./configure  --with-php-config=/usr/local/php/bin/php-config --enable-mongo
creating libtool
appending configuration tag "CXX" to libtool
configure: creating ./config.status
config.status: creating config.h
```

configure 文件用于配置安装前的功能选项，可以通--help 选项查看所支持的配置项。执行完 configure 后，还需要手动进行安装。过程如下。

```
[root@bogon mongo-1.3.0]# make && make install
----------------------------------------------------------------------
   Libraries have been installed in:
     /data1/mongo-1.3.0/modules

   If you ever happen to want to link against installed libraries
   in a given directory, LIBDIR, you must either use libtool, and
   specify the full pathname of the library, or use the `-LLIBDIR'
   flag during linking and do at least one of the following:
     - add LIBDIR to the 'LD_LIBRARY_PATH' environment variable
       during execution
     - add LIBDIR to the 'LD_RUN_PATH' environment variable
       during linking
     - use the '-Wl,--rpath -Wl,LIBDIR' linker flag
     - have your system administrator add LIBDIR to '/etc/ld.so.conf'

   See any operating system documentation about shared libraries for
   more information, such as the ld(1) and ld.so(8) manual pages.
```

```
---------------------------------------------------------------------
Installing shared extensions:    /usr/local/php/lib/php/extensions/no-debug-non-zts-20090626/
[root@bogon  mongo-1.3.0]#  ls  /usr/local/php/lib/php/extensions/no-debug-non-zts-20090626/
mongo.so  sphinx.so
```

出现上述信息提示，表示 mongo for php 扩展安装成功。接下来打开 php.ini 文件，并加入 mongo 扩展模块引用。

```
[root@bogon mongo-1.3.0]# vi /usr/local/php/etc/php.ini
;extension=php_shmop.dll
extension=sphinx.so
extension=mongo.so
```

最后只需要重启 php-fpm 即可。

```
[root@bogon mongo-1.3.0]# pkill php-fpm
[root@bogon mongo-1.3.0]# /usr/local/php/sbin/php-fpm
```

至此，mongo for php 扩展就安装完成了。通过 phpinfo 可以查看到 mongo 选项，如图 15-7 所示。

mongo

MongoDB Support	enabled
Version	1.3.0

Directive	Local Value	Master Value
mongo.allow_empty_keys	0	0
mongo.allow_persistent	1	1
mongo.chunk_size	262144	262144
mongo.cmd	$	$
mongo.default_host	localhost	localhost
mongo.default_port	27017	27017
mongo.is_master_interval	*no value*	*no value*
mongo.long_as_object	0	0
mongo.native_long	0	0
mongo.no_id	0	0
mongo.ping_interval	*no value*	*no value*
mongo.utf8	1	1

图 15-7　php mongo 选项

15.6.2　开启 MongoDB 用户验证

在前面的内容中，细心的读者已经发现，我们在登录 MongoDB 时并不需要进行用户验证。事实上 MongoDB 已经提供了类似于 MySQL 的用户权限验证，在使用第三方 API（例如 PHP、Java）调用数据库时首先需要开启用户验证。步骤如下。

1. 开启验证

默认情况下，MongoDB 是处于非用户验证启动的，这种模式只适用于快速测试数据库，在生产环境使用时还需要开启用户权限验证。开启用户权限验证只需要在启动 mongod 时加入--auth 选项即可，如以下代码所示。

```
[root@bogon bin]# ./mongod --dbpath=/usr/local/mongodb/data/ --logpath=/usr/local/mongodb/logs/mongodb.log --auth -fork
```

成功启动后，此时 MongoDB 就处于用户权限验证模式了。直接使用 mongo 管理工具登录即可，如以下代码所示。

```
[root@bogon bin]# ./mongo
MongoDB shell version: 2.0.8
connecting to: test
```

这里需要注意的是，MongoDB 使用 db.admin 数据集存放超级管理员登录数据。默认情况下 admin 集合数据为空，所以就算开启了用户权限验证，系统依旧不会对空用户进行任何验证。

2. 创建用户

只有存在用户数据，系统才能实现权限验证。这里首先在 db.admin 数据集中创建超级管理员。过程如下。

```
> use admin
switched to db admin
> db.addUser("root","123")
{
"user" : "root",
"readOnly" : false,
"pwd" : "fa2121c224a64e8fd0f4f8c23999f7f5"
}
```

这样，用户 root 就具备数据库所有权限了。在实际应用中，客户端通常不会使用超级管理员连接数据库，而只需要使用一个普通管理员账号即可。

MongoDB 允许针对特定的数据库创建管理员，接下来将创建一个“user1”用户，该用户只对 test 数据库有管理及操作权限。代码如下。

```
> use test
switched to db test
> db.addUser("user1","123");
{ "n" : 0, "connectionId" : 4, "err" : null, "ok" : 1 }
{
	"user" : "user1",
	"readOnly" : false,
	"pwd" : "fa2121c224a64e8fd0f4f8c23999f7f5",
	"_id" : ObjectId("50b3dfe7211367d30ae43526")
}
>
```

这样，当前 MongoDB 数据库系统中就存在 2 个用户了。root 为超级管理员；user1 为 test 数据库的管理员。在 PHP 连接 test 数据库时，只需要使用 user1 管理员即可。要验证前面创建的用户，可以在进入 mongo shell 前进行验证，也可以在进入 mongo shell 后使用 db.auth 方法验证。

```
[root@bogon bin]# ./mongo -u user1 -p123
MongoDB shell version: 2.0.8
connecting to: test
```

如果验证失败，MongoDB 将终止操作，如以下代码所示。

```
[root@bogon bin]# ./mongo
MongoDB shell version: 2.0.8
connecting to: test
> show tables;
Tue Nov 27 05:49:48 uncaught exception: error: {
        "$err" : "unauthorized db:test lock type:-1 client:127.0.0.1",
        "code" : 10057
}
>
```

3. 在 PHP 中连接 MongoDB

通过前面的步骤，接下来就可以在 PHP 中连接 MongoDB 数据库，并读取数据库中的数据了，如以下代码所示。

```
<?php
//连接 mongodb
$m = new Mongo("mongodb://user1:123@192.168.2.16:27017/test");
//选择数据库
$db = $m->test;
//选择数据集合
$collection = $db->c8;
$arr=array("age"=>array('$gt'=>10));
//调用 find 方法
$cursor = $collection->find($arr);
//得出结果
foreach ($cursor as $obj) {
   echo $obj["_id"] . "<br/>";
}
// 关闭链接
$m->close();
?>
```

如上述代码所示，在 PHP 中所有查询语句由 Bson 变成了数组。事实上只要掌握 Bson，使用 PHP 数组时将变得直观、简单，因为这两者在 PHP 中是可以互换的。

15.6.3　ThinkPHP 操作 MongoDB

ThinkPHP 3.x 提供了对 MongoDB 的全面支持，将常用的 CURD 操作进行了封装，让其更适合 MVC 开发。ThinkPHP 的 MongoDB 操作模型为 MongoModel，用户设计的自定义模型需要继承于该模型，才能进行 MongoDB 开发。下面将分别介绍。

1. 连接数据库

默认情况下，ThinkPHP 只提供 MySQL 驱动，这里所需要的 MongoDB 数据库驱动需要读者自行前往官方网站下载。将下载后得到的 DbMongo.class.php 文件复制到 ThinkPHP/Lib/Driver/Db/目录，这样就完成了 MongoDB 驱动的安装。然后就可以配置数据库连接了，配置的方式与 MySQL 数据库配置相类似，如以下代码所示。

```
<?php
$arr1=include("./config.inc.php");
$arr2=array(
    'DB_TYPE'             => 'Mongo',      // 数据库类型
    'DB_HOST'             => '192.168.2.16', // 服务器地址
    'DB_NAME'             => 'test',         // 数据库名
```

```
    'DB_USER'              => 'user1',      // 用户名
    'DB_PWD'               => '123',      // 密码
    'DB_PREFIX'             => '',     // 数据库表前缀

);
//数组合并
return array_merge($arr1,$arr2);
?>
```

在实际应用开发中，读者可以使用独立的配置项存放 MongoDB 配置信息，在使用时动态切换即可。这里为了方便演示，所以使用了覆盖方式。配置完成后，要测试数据库是否连接正常，最直接的办法是在控制器动作中输出数据集信息。如以下代码所示。

```
public function index(){
    $m=new MongoModel('c8');
    dump($m);
}
```

2. CURD 操作

接下来将结合示例，介绍 ThinkPHP 对 MongoDB 常见操作的支持，分别为查询数据、增加数据、删除数据、修改数据。

（1）查询数据

在 ThinkPHP 中，开发人员可以使用高效、易用的连贯操作实现 MongoDB 的 CURD 操作，并且在操作方式上与其他数据库无异。如以下代码所示。

```
/**
* 查询数据
*/
public function index(){
    $m=new MongoModel('c8');
    $data["_id"]=array("lte","0");
    $rows=$m->where($data)->limit(0,20)->order("age desc")->select();
    $this->assign("list",$rows);
    $this->display();
}
```

可以看到，ThinkPHP 中的连贯操作方法，如 limit、order 等都可以直接使用，系统会自动转换为 MongoDB 所支持的 Bson 格式。对应的视图模板 index.html 文件如以下代码所示。

```
<ul class="list">
    <volist name="list" id="vo">
        <li><!--{$vo.username}--><a   href="__URL__/save/id/<!--{$vo._id}-->">  修  改
</a><a href="__URL__/delete/id/<!--{$vo._id}-->">删除</a></li>
    </volist></ul>
```

这里使用了“lte”表达式，ThinkPHP 与 MongoDB 之间的查询表达式如表 15-4 所示。

表 15-4 ThinkPHP 表达式与 Bson 表达式

ThinkPHP 表达式	含义	Bson 表达式
neq 、ne	不等于	$ne
Lt	小于	$lt
lte 、elt	小于等于	$lte
gt	大于	$gt

（续）

ThinkPHP 表达式	含义	Bson 表达式
gte 、egt	大于等于	$gte
like	模糊查询	$regex
mod	取模运算	$mod
in	in 查询	$in
nin 或者 not in	not in 查询	$nin
all	满足所有条件	$all
between	在某个区间	无
not between	不在某个区间	无
exists	字段是否存在	$exists
size	限制属性大小	$size
type	限制字段类型	$type
regex	MongoRegex 正则查询	$regex
exp	使用 MongoCode 查询	无

（2）删除数据

单击“删除”链接，将进入 delete 控制器动作，在该动作中需要完成数据的删除操作。代码如下所示。

```
/**
 * 删除数据
 * Enter description here ...
 */
public function delete(){
     $m=new MongoModel('c8');
     if ($m->where(array("_id"=>trim($_GET["id"])))->delete()) {
          $this->success("删除成功");
     }else{
          $this->error("删除失败");
     }
}
```

（3）修改数据

单击“修改”链接，将进入 save 控制器动作，在该动作中需要完成数据修改操作。代码如下所示。

```
/**
 * 修改数据
 * Enter description here ...
 */
public function save(){
     if (empty($_GET["id"])){
          $this->error("参数错误");
     }
     $pid=trim($_GET["id"]);
     if (!empty($_POST)){
          $m=new MongoModel('c8');
          $data["username"]=$_POST["username"];
          $data["age"]=intval($_POST["age"]);
```

```
            if ($m->where(array("_id"=>$pid))->save($data)){
                $this->success("数据修改成功");
            }else{
                $this->error("数据修改失败");
            }
        }else{
            $m=new MongoModel('c8');
            $rows=$m->where(array("_id"=>$pid))->find();
            $this->assign("data",$rows);
            $this->display();
        }
    }
```

对应的视图模板 save.html 文件如以下代码所示。

```
    <form action="__URL__/add/id/<!--{$Think.get.id}-->" method="post" name="form1">
    <li>用户名：<input type="text" size="32" name="username" value="<!--{$data.username}-
->" /></li>
    <li>年龄：<input type="text" size="10" name="age" value="<!--{$data.age}-->" /></li>
    <p>
      <label>
      <input type="submit" name="button" id="button" value="修改用户">
      </label>
    </p>
    </form>
```

（4）增加数据

通过前面的学习，增加数据同样也将变得简单。与修改数据相比，只需要改变操作方法及运行逻辑即可。如以下代码所示。

```
    /**
     * 增加数据
     * Enter description here ...
     */
    public function add(){
        if (!empty($_POST)){
            $m=new MongoModel('c8');
            $rows=$m->limit(1)->order("age desc")->select();
            $pid=array_keys($rows);
            $data["username"]=$_POST["username"];
            $data["age"]=intval($_POST["age"]);
            if ($m->add($data)){
                $this->success("数据添加成功");
            }else{
                $this->error("数据添加失败");
            }
        }else{
            $this->display();
        }

    }
```

对应的 add.htm 视图模板如以下代码所示。

```
    <form action="__URL__/add" method="post" name="form1">
    <li>用户名：<input type="text" size="32" name="username" /></li>
    <li>年龄：<input type="text" size="10" name="age" /></li>
    <p>
      <label>
```

```
        <input type="submit" name="button" id="button" value="增加用户">
        </label>
    </p>
    </form>
```

可以看到，MongoDB 的 CURD 操作在 ThinkPHP 中变得直观与简单，读者完全可以结合前面章节的内容，在自定义模型中实现 CURD 操作，这样就能够实现更加灵活的模型定制（例如定义主键 id、字段限制等）。

15.7　小结

本章深入介绍了 MongoDB 开发的方方面面，涉及的内容都是基于实战的，读者在学习时务必根据章节内容动手实验。

本章首先介绍了非关系型数据库与关系型数据库的区别，接着通过示例的方式详细演示了 Windows 平台及 Linux 平台上的 MongoDB 安装。

接着通过简单明了的示例，对最常用的 CURD 操作分别进行了介绍，方便读者迅速上手；为了更进一步理解 MongoDB，本章还对 MongoDB 所支持的查询表达式进行了深入的讲解。

通过这些内容，可以看到 MongoDB 是一个语法严谨、使用灵活的数据库。本章最后介绍了 MongoDB 的高级使用，包括索引、固定集合、GridFS 大文件储存等。读者在完全掌握这些内容后，使用 PHP 操作 MongoDB 将变得轻松及高效。

非关系型数据库最显著的特点是高效、灵活。本章介绍的 MongoDB 不仅可以用于数据库系统，还可作为文件管理系统，事实上很多 NoSQL 数据库也并非只限定于存放文本数据的，这点与关系型数据库不同。由于 NoSQL 的标准之一就是 key-value 储存，这种灵活的储存方式，使得 NoSQL 功能得到无限扩展。例如接下来将介绍的 Redis，就是一款多用途的 NoSQL。

第 16 章
Redis 实战

内容提要

Redis 是一套性能非常高效的内存数据储存系统。对于习惯使用 Memache 的读者而言，使用 Redis 是非常简单、直观的，因为这两者在数据结构上存在许多相同之处。本章首先介绍 Key-Value 储存系统的特点，然后进一步介绍 Redis 作为 Key-Value 储存系统的优势所在。最后通过示例，详细演示每个 Redis 操作命令的使用。

在 MVC 中集成 Redis，是实现高效编程的重要前提，国外主流 MVC 框架都提供了 Redis 编程支持，但国内的 MVC 框架只能实现简单的缓存应用。本章继续以 ThinkPHP 作为 MVC 框架，详细介绍通过模型扩展，实现 Redis 编程支持。本章内容是 10.3 节的延伸，读者需要在完成该章节学习的基础上才能对本章进行学习。

学习目标

- 了解 Key-Value 储存的概念。
- 了解 Redis 的优缺点。
- 理解 Redis 的五大数据类型。
- 掌握 Redis 对各数据类型的操作命令。
- 掌握 Redis 的优化。
- 掌握在 PHP 和 MVC 中结合 Redis 进行编程。

16.1　Redis 的使用

Redis 是一套高性能、多用途的 Key-Value 存储系统。在众多场合中均可以使用 Redis 代替传统的数据库或者缓存系统。本章将进一步介绍 Redis 的实战运用。

16.1.1　Redis 概述

本书 10.3 节已经对 Redis 进行了初步介绍，并使用 Redis 成功替换 Memcahed 作为强大、完善的缓存系统。接下来将介绍 Redis 对 NoSQL 的支持，方便读者在 MongoDB 与 Redis 中进行选择。

Redis 是更加彻底的 Key-Value 储存系统，它没有专门的查询语言，也没有明确的数据类型。一个字符串，可以代替所有的储存类型，例如直接使用 String 类型存放传统的文本、代码、序列等；也可以直接存放数据流，例如图片、视频等，并且没有数据大小的限制。

虽然没数据类型限制，但为了方便数据管理，Redis 提供了多种数据结构类型，分别为 string（字符串）、list（列表）、sets（集合）或者是 ordered sets（有序集合）。所有的数据类型都支持 push/pop、add/remove、服务端并集、交集、sets 集合差别等操作，这些操作都是具有原子性的，Redis 还支持各种不同的排序功能。

与 Memcache 一样，Redis 的储存方式是基于内存的，所有的数据读写都在内存中完成。但 Memcache 使用的是 libevent 库，而 Redis 则原生使用了 epoll 异步通信模型，所以在性能上比 Memcache 更加优秀。同时，Redis 还提供了 Virtual Memory 功能，使得数据能够在指定的间隔时间内保存到硬盘（由后台自动完成），避免数据在内存中丢失。

与 MongoDB 一样，虽然同称为 NoSQL，但 Redis 无论在使用方式上，还是数据处理流程上都存在较大区别，这对于初学者而言将会造成一些困惑。MySQL、Redis、MongoDB、Memache 这三者之间的属性对比如表 16-1 所示。

表 16-1　储存属性概念

数据库	数据库	数据表	字段
MySQL	库	表	字段、列
Redis	库	key	无
MongoDB	库	集合	文档属性
Memcached	无	key	无

与 MongoDB 相比，Redis 主要优点分别如下。

- Redis 数据储存在内存中完成，所以在速度上比较具有优势，MongoDB 使用的 memory-mapped 处理方式本质上还是磁盘操作。
- Redis 与 MongoDB 在设计之初均考虑到分布式处理能力，所以这两者都提供了集群部署配置接口，但相对而言 Redis 集群部署更加容易及稳定。
- Redis 提供了简单的事务支持，MongoDB 不支持事务。

Redis 并非只有优点，也有缺点，这些缺点是明显的，分别如下。

- Redis 没有字段的概念，所以在数据查询上功能比较弱，支持的特性比较简单。
- Redis 单个 value 的最大容量可达 1GB，虽然 MongoDB 单个文档最大容量为 16MB，但 MongoDB 提供了 GridFS 用于实现超大文件存储。
- 由于 Redis 本质上是一个内存数据库，所以内存硬件的容量大小直接决定了 Redis 可用的数据库空间（Redis 2.0 新增了 Virtual Memory 功能解决了容量问题，但虚拟内存本质上就是磁盘）。
- Redis 虽然在内存中查询数据，但为了确保数据的安全，Redis 默认情况下使用子线程对数据进行持久化处理，如果配置不当（默认刷新间隔为 20s），将会使系统运行效率适得其反。
- MongoDB 提供了 mapreduce 数据分析功能，Redis 则没有数据分析功能。

随着大数据的爆发，无论是 Redis 还是 MongoDB，都将会迎来越来越多的功能更新，选择哪一个作为 NoSQL 数据库，要看项目需要及开发人员技术水平。现在对这两种数据库进行总结及对比还为时过早。而 Memcache 已经好久没更新了，所以无论从性能、功能还是后续更新考虑，Redis 都是 Memcache 的理想替代品，除此之外 Reids 还非常适用于以下场合。

（1）海量的简单读写

根据 Redis 官方的测试结果，在 50 个并发的情况下请求 10 万次，写的速度是 110000 次/s，读的速度是 81000 次/s。所以用于处理类似于微博热点事件、焦点排序、关注排行之类实时但功能单一的局部应用是最理想的。

（2）实时的反垃圾系统

反垃圾系统通常都是基于关键词的，使用 Redis 储存关系词，能够利用 Redis 的高性能，为监控系统提供稳定及精确的实时监控功能。典型的应用有邮件系统、评论系统等。

（3）公开的统计系统

利用 Redis 的简单易用的群体部署功能，能够轻易地开发大规模的统计系统，例如广告系统、网站统计系统、简单的股市分析系统等。

（4）消息队列

消息队列是提高关系型数据库数据插入的有效手段，Redis 是 NoSQL 中为数不多支持消息队列的数据库。常用的应用有网站邮件、站内短信、评论系统等。

（5）消息堆栈系统

消息堆栈与消息队列在处理顺序上是相反的，消息队列的规则为先进先出；而消息堆栈则是先进后出。典型的应用有论坛回帖排序等。

（6）日志或缓存系统

Virtual Memory 功能非常适用于存放安全日志、网站日志以及数据缓存等。国内的新浪微博所构建的缓存系统是全球最大的 Redis 缓存系统。

16.1.2 常用管理命令

Redis 的安装方式在本书 10.3.1 节已经详细介绍过，这里不再重述。Redis 安装完成后，可以在安装路径 bin 目录中找到 redis-cli 管理终端。与 MongoDB 一样，直接运行即可进入 Redis 数据库。命令运行过程如下。

```
[root@bogon ~]# cd /usr/local/redis/bin/
[root@bogon bin]# ./redis-cli
redis 127.0.0.1:6379>
```

进入管理终端后，直接输入 key *命令，可以查看当前 Redis 数据库所有 Key（类似于 Memcached 中的 key），如以下代码所示。

```
redis 127.0.0.1:6379> keys *
 1) "key2"
 2) "key3"
 3) "k1"
 4) "k2"
 5) "list1"
 6) "list2"
 7) "k3"
 8) "list3"
 9) "test"
10) "num"
11) "name"
12) "li"
13) "key"
14) "key1"
redis 127.0.0.1:6379>
```

与 mongo 管理终端一样，redis-cli 管理终端同样内置了许多管理命令。为了方便后面的学习，这里首先对 redis-cli 常用的数据库管理命令进行介绍，分别如下。

- flushdb ：清空数据库。
- select db-index：通过索引选择数据库，0 表示所有。
- exists：检查 key 是否存在。
- move：移动 key。
- del：删除 key。
- rename：更改 key 名称。
- expire：设置 key 超时。
- ttl key：永久化剩余时间（-1 则表示已经完成持久化）。
- persist：立即执行 key 数据永久化。
- type：得到 key 数据类型。
- randomkey：随机返回 key。
- save：将数据同步保存到磁盘。
- bgsave：将数据异步保存到磁盘。
- lastsave：返回上次成功将数据保存到磁盘的 Unix 时间戳。
- shundown：将数据同步保存到磁盘，然后关闭服务。
- info：提供服务器的信息和统计。
- monitor：实时转储接收到的请求。
- slaveof：改变复制策略设置。
- config：在运行时配置 Redis 服务器。

- quit：关闭连接（connection）。
- auth：简单密码认证。

Redis 虽然称为数据库，但实际上 Redis 的数据库与 MongoDB、MySQL 等传统数据库存在概念上的区别。Redis 数据库是预先设计的，没有提供创建库的命令，但开发人员可以在配置文件中定义 Redis 数据库数量，默认为 16 个，如以下代码所示。

```
# dbid is a number between 0 and 'databases'-1
databases 16
```

默认情况下，redis-cli 将定位到索引号为 0 的数据库。要手动定位到指定的数据库，可以使用 select 命令，然后传入数据库索引号即可（从 0 开始）。如以下代码所示。

```
redis 127.0.0.1:6379> select 15
OK
redis 127.0.0.1:6379[15]>
```

上述代码状态表示进入索引号为 15 的数据库，所有 key 操作都将保存到该数据库。

16.1.3 Redis 用户验证

由于 Memcache 不提供用户登录验证功能，所以在部署时必须将其内置于内部网络中，这对分布式部署将会造成安全性问题。在 Redis 中，只需要在配置文件中设置 requirepass 选项，即可开启简单的用户验证功能，从而有效提高安全性，步骤如下。

首先打开 redis.conf 配置文件，命令如下。

```
[root@~]#cd /usr/local/redis/etc
[root@bogon etc]# vi redis.conf
```

在打开的 redis.conf 配置文件后，找到 requirepass foobared 配置项，复制并粘贴该配置数据，如以下代码所示。

```
# use a very strong password otherwise it will be very easy to break.
#
# requirepass foobared
requirepass 123456
```

如上述标粗代码所示，表示 Redis 登录密码设置为 123456。完成后，保存 redis.conf 配置文件，并重新启动 redis 即可。命令如下。

```
[root@bogon etc]# pkill redis-server
[root@bogon etc]# /usr/local/redis/bin/redis-server /usr/local/redis/etc/redis.conf
```

通过前面的步骤，Redis 就具备用户验证功能了。在使用前登录用户必须要进行授权才能进行操作，否则将出现权限错误，如以下代码所示。

```
redis 127.0.0.1:6379> keys *
(error) ERR operation not permitted
redis 127.0.0.1:6379>
```

与 MongoDB 一样，在 Redis 中进行用户授权共有两种方式。一种在登录 redis-cli 管理终端时加入-a 授权项，并传入授权密码即可，如以下代码所示。

```
[root@bogon bin]# ./redis-cli -a 123456
```

另一种则是进入 redis-cli 管理终端后使用 auth 命令授权。如以下代码所示。

```
redis 127.0.0.1:6379> auth 123456
OK
redis 127.0.0.1:6379>
```

由于 Redis 是以 key 作为储存单位的，所以用户验证显得比较简单。只能对全局的单用户进行验证，不像 MongoDB 那样支持多用户验证，这点在多人管理的系统中，将会造成不便。

16.2 Redis 数据类型

数据类型是 Redis 数据库中比较重要的概念，它是数据结构中的基础储存单元。在 Redis 中，数据类型直接与系统的功能相挂钩，例如如果要做一个队列服务器，需要使用 list 数据类型；而如果只需要作为缓存服务器，只需要使用 String 数据类型即可。Redis 共支持 5 种数据类型，从一定的角度讲，5 种数据类型代表了 5 种应用场合。接下来将深入介绍 Redis 所支持的数据类型。

16.2.1 String 类型

String 类型是 Redis 中最基础的数据类型，它使用典型的 key-value 方式存放及查询数据，在使用方式上与 Memcache 类似，如以下代码所示。

```
redis 127.0.0.1:6379> set name ceiba
OK
redis 127.0.0.1:6379>
```

上述代码表示设置一个名为 name 的字符串类型 key，并赋予 name 的值为 ceiba。与 Memcache 不同的是，在 Redis 中所有字符串都是使用二进制进行保存的，从而确保数据的安全与高效。当然，开发人员也可以直接存放二进制字符流，例如图片、视频、可执行文件等。

如果要获取字符串类型的 key，只需要使用 get 命令即可，如以下代码所示。

```
redis 127.0.0.1:6379> get name
"ceiba"
redis 127.0.0.1:6379>
```

set 及 get 是字符串类型中最简单的命令，相信读者能够轻易掌握。当然，Redis 还提供了其他非常有意义的字符串操作命令，下面将分别介绍。

（1）mset

mset 命令用于提高管理终端的输入速度，mset 允许开发人员一次性设置或更改多个字符串 key。如以下代码所示。

```
redis 127.0.0.1:6379> mset name1 ceiba1 name2 ceiba2
OK
redis 127.0.0.1:6379> get name1
"ceiba1"
redis 127.0.0.1:6379> get name2
"ceiba2"
redis 127.0.0.1:6379>
```

（2）msetnx

与 mset 命令相似，msetnx 也是用于设置多个 key 的值。但 msetnx 是原子性的，所以不支持修改，运行时要确保每个 key 必须都是不存在的，并且都是可设置成功的，就算存在其中一个 key 操作失败，整条命令也将终止执行。如果运行成功，将返回结果 1，否则返回

0。如以下代码所示。

```
redis 127.0.0.1:6379> msetnx name3 ceiba3 name4 ceiba4
(integer) 1
edis 127.0.0.1:6379> msetnx name3 ceiba3 name4 ceiba4
(integer) 0
redis 127.0.0.1:6379>
```

（3）incr

如果 key 的值为数字，可以使用 incr 命令进行加运算。该命令运行一次，key 数值将被加 1，如以下代码所示。

```
redis 127.0.0.1:6379> set age 30
OK
redis 127.0.0.1:6379> incr age
(integer) 31
redis 127.0.0.1:6379> incr age
(integer) 32
redis 127.0.0.1:6379> get age
"32"
redis 127.0.0.1:6379>
```

（4）incrby

incrby 与 incr 命令类似，不同之处在于 incrby 会自动创建相应的 key（当指定的 key 不存在时）。并且 incrby 可以指定加值的数值，而不是每次只能加 1。如以下代码所示。

```
redis 127.0.0.1:6379> set ran 10
OK
redis 127.0.0.1:6379> incrby ran 5
(integer) 15
redis 127.0.0.1:6379>
```

如果指定的 key 不存在，incrby 将会自动创建。如以下代码所示。

```
redis 127.0.0.1:6379> incrby rans 5
(integer) 5
redis 127.0.0.1:6379>
```

（5）append

如果需要在指定的 key 值尾部追加新字符，可以使用 append 命令。该命令运行成功后将返回新 key 值的长度。如以下代码所示。

```
redis 127.0.0.1:6379> set myname "Welcome to the redis "
OK
redis 127.0.0.1:6379> get myname
"Welcome to the redis "
redis 127.0.0.1:6379> append myname "thank you"
(integer) 30
redis 127.0.0.1:6379> get myname
"Welcome to the redis thank you"
redis 127.0.0.1:6379>
```

（6）getrange

getrange 类似于 PHP 编程中的 substr 函数，用于截取指定位置中的字符串。getrnage 命令支持两个参数，分别为字符串的开始位置及结束位置。假设需要获取字符串 myname 中的前 5 个字符，代码如下所示。

```
redis 127.0.0.1:6379> get myname
"Welcome to the redis thank you"
redis 127.0.0.1:6379> getrange myname 0 5
```

```
"Welcom"
redis 127.0.0.1:6379>
```

（7）mget

mget 用于获取多个 key 值，并自动按照批量查询顺序进行排序。如以下代码所示。

```
redis 127.0.0.1:6379> mget k1 k2 k3
1) "3"
2) "2"
3) "30"
redis 127.0.0.1:6379>
```

16.2.2　Hash 类型

String 类型只能储存单一的键值对，特别适合存放数值统计。Hash 类型对 String 类型进行了水平扩展，改变了一个 Value 只能存放单条数据的形式，而是一个 Value 对应一个 Hash 表，如图 16-1 所示。

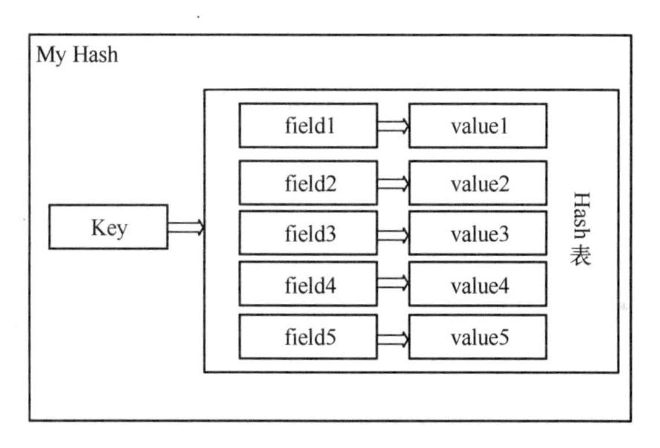

图 16-1　Hash 数据类型

Hash 类型是以虚拟表的形式存放数据的，特别适合储存对象。理论上将一个对象存放到内存中，相较于使用 String 类型更加高效。接下来将介绍 Hash 类型的常用命令。

（1）hset

hset 用于创建 Hash 数据类型，格式如下。

```
hset 键 字段 值 1 [值 2...]
```

如果创建的 key 不存在，则首先创建并返回 1，否则终止执行并返回 0。如以下代码所示。

```
redis 127.0.0.1:6379> hset h1 myfield book
(integer) 1
redis 127.0.0.1:6379> hset h1 myfield book
(integer) 0
```

（2）hmset

hmset 命令用于提高管理终端的输入速度，hmset 允许开发人员一次性设置或更改多个 Hash 字段值。如以下代码所示。

```
redis 127.0.0.1:6379> hmset h2 field1 v1 field v3
OK
redis 127.0.0.1:6379>
```

（3）hsetnx

设置 Hash 字段值为指定的值。与 hset 不同，hsetnx 不支持修改。如以下代码所示。

```
redis 127.0.0.1:6379> hsetnx h3 myfield v1
(integer) 1
redis 127.0.0.1:6379> hsetnx h3 myfield v2
(integer) 0
redis 127.0.0.1:6379>
```

（4）hget

获取指定 Hash 字段值。如果获取的字段不存在，则返回 nil。如以下代码所示。

```
redis 127.0.0.1:6379> hget h3 myfield
"v1"
redis 127.0.0.1:6379> hget h3 myfield2
(nil)
redis 127.0.0.1:6379>
```

（5）hmget

如果使用了 hmset 设置了多个 Hash 字段，可以使用 hmget 命令批量获取多个 Hash 字段。命令运行成功后，hmset 会按照指定的 Hash 字段进行排序。如以下代码所示。

```
redis 127.0.0.1:6379> hmset h5 name ceiba age 25
OK
redis 127.0.0.1:6379> hmget h5 name age
1) "ceiba"
2) "25"
6) hincrby
```

（6）hincrby

hincrby 命令可以为指定的 Hash 数值字段值增加指定的数值。命令运行成功后，将返回修改后新的字段数值。如以下代码所示。

```
redis 127.0.0.1:6379> hset h6 age 20
(integer) 1
redis 127.0.0.1:6379> hincrby h6 age 10
(integer) 30
redis 127.0.0.1:6379>
```

（7）hexists

检测指定的 Hash 字段值是否存在，如果存在则返回 1；否则返回 0。如以下代码所示。

```
redis 127.0.0.1:6379> hexists h5 name
(integer) 1
redis 127.0.0.1:6379> hexists h5 names
(integer) 0
redis 127.0.0.1:6379>
```

（8）hlen

返回指定 Hash 字段的长度，如果指定的字段不存在则直接返回 0。如以下代码所示。

```
redis 127.0.0.1:6379> hlen h5
(integer) 2
redis 127.0.0.1:6379> hlen h15
(integer) 0
redis 127.0.0.1:6379>
```

（9）hdel

删除指定的 Hash 字段。如果指定的字段不存在，则直接返回 0。如以下代码所示。

```
redis 127.0.0.1:6379> hmget h5 name age
1) "ceiba"
2) "25"
```

```
redis 127.0.0.1:6379> hdel h5 age
(integer) 1
redis 127.0.0.1:6379>
```

（10）hkeys

返回指定 Hash Key 所有字段名称。如果指定的字段不存在，则返回空值。如以下代码所示。

```
redis 127.0.0.1:6379> hkeys h2
1) "value"
2) "v2"
redis 127.0.0.1:6379>
```

（11）hvals

返回指定 Hash Key 所有字段值。如果指定的字段不存在，则返回空值。如以下代码所示。

```
redis 127.0.0.1:6379> hmset h9 field1 v1 field2 v2
OK
redis 127.0.0.1:6379> hvals h9
1) "field1"
2) "field2"
11) hgetall
```

（12）hgetall

返回指定 Hash Key 所有字段名称及字段值。如果指定的字段不存在，则返回空值。如以下代码所示。

```
redis 127.0.0.1:6379> hgetall h9
1) "field1"
2) "v1"
3) "field2"
4) "v2"
redis 127.0.0.1:6379>
```

16.2.3　List 类型

Hash 类型是一个哈稀表结构，而 List 类型则是一个链表结构，所以非常适合储存有序（正序或倒序）的队列数据。开发人员可以通过 lpush、lpop 命令对链接表中的队列数据进行压入或弹出，Redis 正是基于 list 链接表，实现列队或堆栈服务的。如图 16-2 所示。

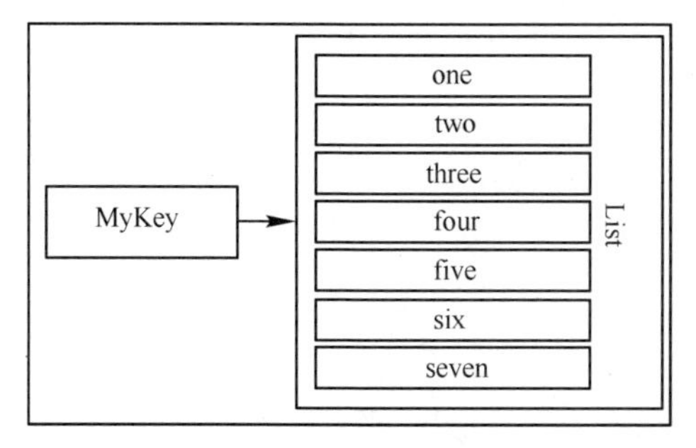

图 16-2　list 链接表

如图 16-2 所示，list 链接表结构中的元素（one 到 seven）通常情况下是有序的，也可以是无序的，元素名称可以相同。使用 lpush 命令对元素由上到下顺序进行叠加，命令运行成功后将返回当前列表的元素数量，如以下代码所示。

```
redis 127.0.0.1:6379> lpush mylist one
(integer) 1
```

如果要获取指定的 list 链接表元素，使用 lrange 命令即可。该命令共有两个参数，分别表示列表查询范围（从上到下由 0 开始，-1 表示列表最后一个元素）。如以下代码所示。

```
redis 127.0.0.1:6379> lrange mylist 0 -1
1) "one"
2) "one"
3) "one"
```

除了 lpush 及 lrange 命令之外，List 数据类型操作命令常用的有 rpush、linsert、lset 等。下面将结合示例代码分别介绍。

（1）rpush

rpush 与 lpush 命令类似，不同之处在于 rpush 的添加顺序是相反的，也就是说 rpush 由下往上进行元素压入。如以下代码所示。

```
redis 127.0.0.1:6379> rpush mylist one
(integer) 3
redis 127.0.0.1:6379>
```

（2）linsert

在指定的 list 链接表元素前面或后面添加新元素。命令成功运行后返回当前元素数量。如以下代码所示。

```
redis 127.0.0.1:6379> linsert mylist1 before one 1
(integer) 3
redis 127.0.0.1:6379>
```

上述代码表示在 mylist1 链接表“one”元素前面添加新元素“1”。当然也可以在指定的元素后面进行同样的操作，只需要修改 before 指令为 after 命令即可，如以下代码所示。

```
redis 127.0.0.1:6379> linsert mylist1 after one 1
(integer) 4
redis 127.0.0.1:6379> lrange mylist1 0 -1
1) "two"
2) "1"
3) "one"
4) "1"
```

（3）lset

每一个元素被添加进 list 链接表后，都将得到一个唯一的索引号。使用 lset 命令，通过唯一的索引号，就可以实现对列表的修改。如以下代码所示。

```
redis 127.0.0.1:6379> lrange mylist 0 -1
1) "one"
2) "one"
3) "one"
redis 127.0.0.1:6379> lset mylist 2 name
OK
redis 127.0.0.1:6379> lrange mylist 0 -1
1) "one"
2) "one"
3) "name"
```

（4）lrem

从指定的 list 连接表中批量删除相同的元素。删除格式如下。

```
lrem 列表 key 删除数量 同名元素
```

其中删除数量必须是一个数值，可以是正数或负数。当删除数量为正数时表示由上到下顺序删除，如果为负数时则由下往上进行删除，如以下代码所示。

```
redis 127.0.0.1:6379> lrange mylist 0 -1
1) "one"
2) "one"
3) "one"
4) "one"
5) "one"
6) "name"
redis 127.0.0.1:6379> lrem mylist 4 one
(integer) 4
redis 127.0.0.1:6379> lrange mylist 0 -1
1) "one"
2) "name"
redis 127.0.0.1:6379>
```

（5）ltrim

批量删除指定的 list 链接列表元素，并保留指定位置的元素，使用格式如下。

```
ltrim 列表 key 保留开始位置 保留结束位置
```

其中“保留开始位置”和“保留结束位置”必须为数值类型（从 0 开始，-1 表示最后一个元素），下面将通过代码演示 ltrim 命令的使用。

```
redis 127.0.0.1:6379> lrange mylist2 0 -1
1) "five"
2) "four"
3) "three"
4) "two"
5) "one"
redis 127.0.0.1:6379> ltrim mylist2 4 -1
OK
redis 127.0.0.1:6379> lrange mylist2 0 -1
"one"
```

（6）lpop

从指定的 list 链接列表中由上到下单个弹出（删除）元素。如果执行成功将返回被弹出的元素名称，否则返回 nil。如以下代码所示。

```
redis 127.0.0.1:6379> lrange mylist3 0 -1
1) "five"
2) "four"
3) "three"
4) "two"
5) "one"
redis 127.0.0.1:6379> lpop mylist3
"five"
redis 127.0.0.1:6379> lrange mylist3 0 -1
1) "four"
2) "three"
3) "two"
4) "one"
```

（7）rpop

从指定的 list 链接列表中由下（最底部）到上单个弹出（删除）元素。如果执行成功将返回被弹出的元素名称，否则返回 nil。如以下代码所示。

```
redis 127.0.0.1:6379> lrange mylist3 0 -1
1) "four"
2) "three"
3) "two"
4) "one"
redis 127.0.0.1:6379> rpop mylist3
"one"
redis 127.0.0.1:6379> lrange mylist3 0 -1
1) "four"
2) "three"
3) "two"
redis 127.0.0.1:6379>
```

（8）rpoplpush

从指定的 list 链接列表中由上到下顺序弹出单个元素，并将该元素追加到新链接列表的头部。如以下代码所示。

```
redis 127.0.0.1:6379> lrange mylist4 0 -1
1) "five"
2) "four"
3) "three"
4) "two"
5) "one"
redis 127.0.0.1:6379> lrange mylist5 0 -1
1) "5"
2) "4"
3) "3"
4) "2"
5) "1"
redis 127.0.0.1:6379> rpoplpush mylist4 mylist5
"one"
redis 127.0.0.1:6379> lrange mylist5 0 -1
1) "one"
2) "5"
3) "4"
4) "3"
5) "2"
6) "1"
```

（9）lindex

根据元素索引号，返回该元素内容。如以下代码所示。

```
redis 127.0.0.1:6379> lrange mylist4 0 -1
1) "five"
2) "four"
3) "three"
4) "two"
redis 127.0.0.1:6379> lindex mylist4 3
"two"
```

（10）llen

返回指定 list 链接列表的长度（即元素数量），如以下代码所示。

```
redis 127.0.0.1:6379> llen mylist4
(integer) 4
redis 127.0.0.1:6379>
```

16.2.4　Sets 类型

在数学中，集合表示一组具有某种共同性质的数学元素。在现实世界中，集合表示具有某种特定性质事物的总体。在 Redis 中，集合的概念与数学中的集合是一样的。使用集合运算，就可以轻松地实现好友推荐、微博粉丝（关注）、文章 Tag 等应用功能。对集合的操作，常见的有并集、交集及差集。事实上，这些概念也是传统数据中的集合概念。Redis 使用 Hash table 实现集合间的差集、并集、交集等常规操作。接下来将结合示例代码，详细介绍集合的使用。

1．集合的常规操作

在单个集合中，常见操作包括添加元素、查看元素、删除元素、弹出元素等操作。这些操作都有对应的命令，下面分别介绍。

（1）sadd

sadd 命令用于向指定的集合中添加元素。如果指定的集合不存在，则首先创建该集合，然后再执行添加操作。需要注意的是，在集合中不允许添加相同内容的集合元素。添加成功后，返回结果为 1，否则返回 0，如以下代码所示。

```
redis 127.0.0.1:6379> sadd s1 "ceiba"
(integer) 1
redis 127.0.0.1:6379> smembers s1
1) "ceiba"
redis 127.0.0.1:6379> sadd s1 ceiba
(integer) 0
```

（2）smembers

向集合中添加元素后，可以使用 smembers 查看指定集合中的所有集合元素。运行成功后，smembers 将自动对结果进行排序。如果指定的集合不存在，则返回空值。如以下代码所示。

```
redis 127.0.0.1:6379> smembers s1
1) "ceibas"
2) "ceiba"
```

（3）srem

根据集合名称，删除指定集合中的元素。命令成功运行后返回 1，否则返回 0。如以下代码所示。

```
redis 127.0.0.1:6379> srem s1 ceibas
(integer) 1
redis 127.0.0.1:6379> srem s1 ce
(integer) 0
redis 127.0.0.1:6379>
```

（4）spop

以单条的形式随机弹出（删除）指定集合中的元素。如果指定的集合不存在，将返回 nil，否则返回被弹出的集合元素。如以下代码所示。

```
redis 127.0.0.1:6379> smembers s2
1) "three"
2) "five"
3) "two"
4) "one"
5) "four"
```

```
redis 127.0.0.1:6379> spop s2
"four"
redis 127.0.0.1:6379> spop s3
(nil)
```

（5）smove

将指定的集合元素移动到新的集合中，该命令共有 3 个参数：参数 1 为源集合；参数 2 为目标集合（如果不存在，则自动创建）；参数 3 为被移动的集合元素。如以下代码所示。

```
redis 127.0.0.1:6379> smembers s7
1) "one"
2) "two"
3) "four"
4) "three"
5) "five"
redis 127.0.0.1:6379> smove s7 s8 one
(integer) 1
redis 127.0.0.1:6379> smembers s8
1) "one"
redis 127.0.0.1:6379> smembers s7
1) "four"
2) "three"
3) "two"
4) "five"
redis 127.0.0.1:6379>
```

（6）scard

返回指定集合元素数量。如以下代码所示。

```
redis 127.0.0.1:6379> smembers s7
1) "four"
2) "three"
3) "two"
4) "five"
redis 127.0.0.1:6379> scard s7
(integer) 4
```

（7）sismember

检测集合是否存在指定的元素。如果存在则返回 1，否则返回 0。如以下代码所示。

```
redis 127.0.0.1:6379> smembers s7
1) "four"
2) "three"
3) "two"
4) "five"
redis 127.0.0.1:6379> sismember s7 two
(integer) 1
redis 127.0.0.1:6379> sismember s7 1
(integer) 0
```

（8）srandmember

随机查询指定集合中的元素。如以下代码所示。

```
redis 127.0.0.1:6379> smembers s7
1) "four"
2) "three"
3) "two"
4) "five"
redis 127.0.0.1:6379> srandmember s7
```

```
"four"
redis 127.0.0.1:6379> srandmember s7
"three"
```

2．差集、并集、交集运算

两个集合进行对比后，得到不相同的数值，就称为差集。同样，两个集合对比后，得到相同的数值就称为交集。而两个集合对比后，所有数值相加就称为并集。假设有两个集合，如图 16-3 所示。

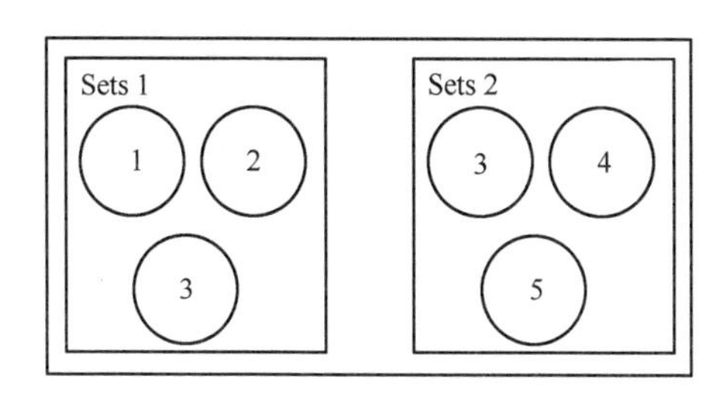

图 16-3　集合

如果要对图 16-3 所示集合进行差集运算，那么结果将为 1、2（Sets1 为运算集合，Sets2 为被运算集合）；交集运算的结果为 3；并集运算的结果为 1、2、3、4、5、6。在 Redis 集合运算中，同样提供了相应的命令。接下来将分别介绍。

（1）sdiff

对两个集合进行差集运算（以参数 1 作为运算集合，参数 2 作为被运算集合）。如以下代码所示。

```
redis 127.0.0.1:6379> smembers s3
1) "three"
2) "two"
3) "one"
redis 127.0.0.1:6379> smembers s4
1) "four"
2) "three"
3) "five"
redis 127.0.0.1:6379> sdiff s3 s4
1) "one"
2) "two"
```

运算集合与被运算集合是可以互相转换的。得到的结果将以运算集合为准，如以下代码所示。

```
redis 127.0.0.1:6379> smembers s3
1) "three"
2) "two"
3) "one"
redis 127.0.0.1:6379> smembers s4
1) "four"
2) "three"
3) "five"
redis 127.0.0.1:6379> sdiff s4 s3
1) "four"
2) "five"
redis 127.0.0.1:6379>
```

（2）sinter

对所有指定的集合进行交集运算。如以下代码所示。

```
redis 127.0.0.1:6379> smembers s3
1) "three"
2) "two"
3) "one"
redis 127.0.0.1:6379> smembers s4
1) "four"
2) "three"
3) "five"
redis 127.0.0.1:6379> sinter s3 s4
1) "three"
```

（3）sinterstore

对所有指定的集合进行交集运算，并将结果复制到新的集合中（如果新集合不存在，则首先创建）。如以下代码所示。

```
redis 127.0.0.1:6379> smembers s3
1) "three"
2) "two"
3) "one"
redis 127.0.0.1:6379> smembers s4
1) "four"
2) "three"
3) "five"
redis 127.0.0.1:6379> sinterstore s5 s3 s4
(integer) 1
redis 127.0.0.1:6379> smembers s5
1) "three"
```

上述代码表示将集合 s3 与 s4 的交集运算结果另存为集合 s5 中的元素。

（4）sunion

对所有指定的集合进行并集运算。如以下代码所示。

```
redis 127.0.0.1:6379> sunion s3 s4
1) "one"
2) "two"
3) "four"
4) "three"
5) "five"
5) snionstore
```

对所有指定的集合进行并集运算，并将结果复制到新的集合中（如果新集合不存在，则首先创建）。如以下代码所示。

```
redis 127.0.0.1:6379> smembers s3
1) "three"
2) "two"
3) "one"
redis 127.0.0.1:6379> smembers s4
1) "four"
2) "three"
3) "five"
redis 127.0.0.1:6379> sunionstore s7 s3 s4
(integer) 5
redis 127.0.0.1:6379> smembers s7
1) "one"
```

```
    2) "two"
    3) "four"
    4) "three"
    5) "five"
    redis 127.0.0.1:6379>
```

16.2.5　Zset 类型

Sets 集合类型是一种没有排列顺序的集合，开发人员只能通过添加的前后顺序进行排序。并且在查询数据时，只能使用元素内容进行查询，而不能通过索引进行查询。如果集合内容是一串长文本，显然这种查询方式是比较烦琐的。Zset 是一种增强型的 Sets，也称有序集合。顾名思义就是在集合中添加排序。如图 16-4 所示。

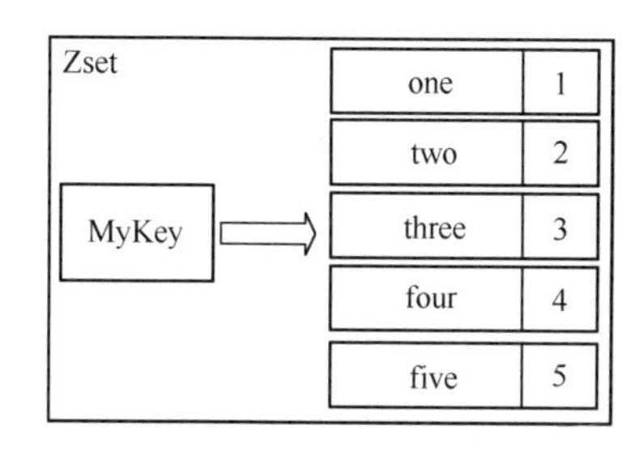

图 16-4　有排序的集合

此外，Zset 在添加集合元素时，系统会自动为每个元素分配唯一的索引号。开发人员可以通过唯一索引号取得对应的集合元素内容。在操作上与 List 列表相类似。接下来将对 Zset 常见操作进行详细介绍。

（1）zadd

向 Zset 中添加元素。如果添加成功则返回 1，否则返回 0。如以下代码所示。

```
    redis 127.0.0.1:6379> zadd z1 1 one
    (integer) 1
    redis 127.0.0.1:6379> zadd z1 2 two
    (integer) 2
    redis 127.0.0.1:6379> zadd z1 1 one
    (integer) 0
    redis 127.0.0.1:6379>
```

（2）zrange

在指定的范围内查询指定的 Zset 数据集合，并按照排序号自动完成排序（由小到大）。该命令支持 2 个参数，分别表示列表查询范围（从上到下由 0 开始，-1 表示列表最后一个元素）。如以下代码所示。

```
    redis 127.0.0.1:6379> zrange z1 0 -1
    1) "one"
    2) "three"
    3) "two"
```

如果需要显示排列顺序号，只需要在命令后加上 withscores 标记即可，如以下代码所示。

```
    redis 127.0.0.1:6379> zrange z1 0 -1 withscores
    1) "one"
    2) "1"
```

```
3) "two"
4) "2"
5) "three"
6) "3"
```

（3）zrevrange

在指定的范围内查询指定的 Zset 数据集合，并按照排序号自动完成排序（由大到小）。该命令支持 2 个参数，分别表示列表查询范围（从上到下由 0 开始，-1 表示列表最后一个元素）。如以下代码所示。

```
redis 127.0.0.1:6379> zrevrange z5 0 -1 withscores
 1) "five"
 2) "5"
 3) "four"
 4) "4"
 5) "three"
 6) "3"
 7) "two"
 8) "2"
 9) "one"
10) "1"
```

（4）zrevrank

返回指定 Zset 中的所有成员元素，并按照从大到小的顺序自动排序。如以下代码所示。

```
redis 127.0.0.1:6379> zrange z4 0 -1 withscores
 1) "two"
 2) "2"
 3) "one"
 4) "3"
 5) "three"
 6) "3"
 7) "four"
 8) "4"
 9) "five"
10) "5"
redis 127.0.0.1:6379> zrevrank z4 three
(integer) 2
```

（5）zrangebyscore

根据 Zset 索引号，返回集合中的区间元素。如以下代码所示。

```
redis 127.0.0.1:6379> zrange z5 0 -1
1) "one"
2) "two"
3) "three"
4) "four"
5) "five"
redis 127.0.0.1:6379> zrangebyscore z5 3 4
1) "three"
2) "four"
```

（6）zcount

根据 Zset 索引号，统计集合中的区间元素数量。如以下代码所示。

```
redis 127.0.0.1:6379> zrange z5 0 -1
1) "one"
2) "two"
3) "three"
```

```
4) "four"
5) "five"
redis 127.0.0.1:6379> zcount z5 3 5
(integer) 3
```

（7）zcard

统计指定 Zset 元素数量。如以下代码所示。

```
redis 127.0.0.1:6379> zrange z5 0 -1
1) "one"
2) "two"
3) "three"
4) "four"
5) "five"
redis 127.0.0.1:6379> zcard z5
(integer) 5
```

（8）zrem

根据元素名称，删除指定 Zset 中的集合元素。如果删除成功则返回 1，否则返回 0。如以下代码所示。

```
redis 127.0.0.1:6379> zrem z1 one
(integer) 1
redis 127.0.0.1:6379> zrange z1 0 -1
1) "three"
2) "two"
```

（9）zincrby

根据指定的元素名称，对该元素排序进行加值运算。如以下代码所示。

```
redis 127.0.0.1:6379> zrange z4 0 -1 withscores
 1) "one"
 2) "1"
 3) "two"
 4) "2"
 5) "three"
 6) "3"
 7) "four"
 8) "4"
 9) "five"
10) "5"
redis 127.0.0.1:6379> zincrby z4 2 one
"3"
redis 127.0.0.1:6379> zrange z4 0 -1 withscores
 1) "two"
 2) "2"
 3) "one"
 4) "3"
 5) "three"
 6) "3"
 7) "four"
 8) "4"
 9) "five"
10) "5"
```

（10）zremrangebyscore

根据排序号，对区间内的数据进行批量删除。执行成功后，将返回被删除的数据量。如以下代码所示。

```
redis 127.0.0.1:6379> zrange z7  0 -1 withscores
 1) "one"
 2) "10"
 3) "two"
 4) "11"
 5) "three"
 6) "12"
 7) "four"
 8) "13"
 9) "five"
10) "14"
redis 127.0.0.1:6379> zremrangebyscore z7 10 13
(integer) 4
redis 127.0.0.1:6379> zrange z7  0 -1 withscores
1) "five"
2) "14"
```

如上述标粗代码所示，表示删除 z7 集合中排列顺序 10～13 区间内的数据。如果指定的排序号不存在，则返回 0。

（11）zremrangebyrank

根据唯一索引号，对区间内的数据进行批量删除。执行成功后，将返回被删除的数据量。如以下代码所示。

```
redis 127.0.0.1:6379> zrange z9 0 -1
1) "one"
2) "two"
3) "three"
4) "four"
5) "five"
redis 127.0.0.1:6379> zremrangebyrank z9 1 3
(integer) 3
redis 127.0.0.1:6379> zrange z9 0 -1
1) "one"
2) "five"
```

如果对单个元素进行删除，只需要为两个参数传入相同的索引号即可。如以下代码所示。

```
redis 127.0.0.1:6379> zremrangebyrank z9 1 1
(integer) 1
```

16.2.6 使用 phpRedisAdmin

redis-cli 管理终端是 Redis 官方提供的基于命令行的管理工具，能够全面提供对 Redis 的支持。如果读者不习惯使用命令工具，当然也可以选择可视化的管理工具，例如 phpRedisAdmin 就是一款使用简单、开源及免费的 Redis 在线管理系统，在使用方式上与 phpMyAdmin 类似。接下来首先介绍 phpRedisAdmin 的安装。

1. phpRedisAdmin 的安装

phpRedisAdmin 是基于 PHP 编写的一套 Web 软件，所以并没有安装过程。虽然如此，安装方式上还是与 phpMyAdmin 存在区别。读者可以在 https://github.com/ErikDubbelboer/phpRedisAdmin 项目地址中找到对应的源代码压缩包，这里下载的版本为 2.4.17。读者也可以在本书配套的支持网站中下载，地址为 http://beauty-soft.net/book/php_mvc/down/phpredisadmin.html。

打开 includes/config.inc.php 配置文件，根据实际环境修改其中的配置信息。如以下代码所示。

```
<?php
$config = array(
  'servers' => array(
    0 => array(
      'name' => 'local server', // 显示名称
      'host' => '192.168.0.2', //redis 服务器地址
      'port' => 6379, //redis 通信端口
      'filter' => '*', //显示的字段
      'auth'=>'123456'   //登录密码
      // Optional Redis authentication.
      //'auth' => 'redispasswordhere' // Warning: The password is sent in plain-text
to the Redis server.
    ),

    /*1 => array(
      'host' => 'localhost',
      'port' => 6380
    ),*/

    /*2 => array(
      'name' => 'local db 2',
      'host' => 'localhost',
      'port' => 6379,
      'db'   => 1 // Optional database number, see http://redis.io/commands/select
      'filter' => 'something:*' // Show only parts of database for speed or security
reasons
    )*/
  ),
  'seperator' => ':',
  // Uncomment to show less information and make phpRedisAdmin fire less commands to
the Redis server. Recommended for a really busy Redis server.
  //'faster' => true,
  // Uncomment to enable HTTP authentication
  /*'login' => array(
    // Username => Password
    // Multiple combinations can be used
    'admin' => array(
      'password' => 'adminpassword',
    ),
    'guest' => array(
      'password' => '',
      'servers'  => array(1) // Optional list of servers this user can access.
    )
  ),*/

  // You can ignore settings below this point.

  'maxkeylen' => 100
);
?>
```

保存 config.inc.php 文件，直接访问 phpRedisAdmin 所在网址即可。界面如图 16-5 所示。

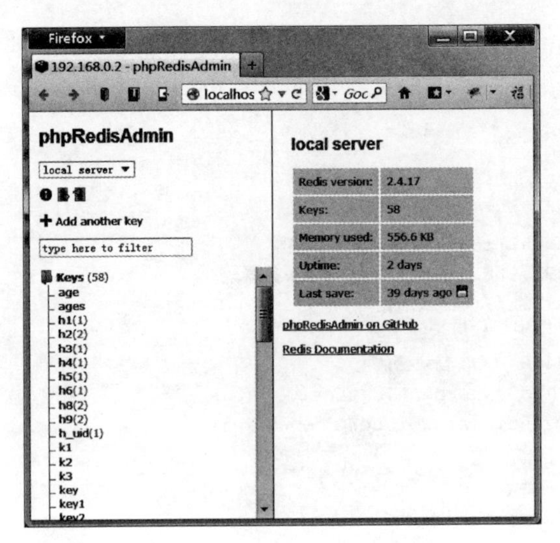

图 16-5　phpRedisAdmin 界面

如果读者并非在本书配套网站中下载 phpRedisAdmin，直接访问将会提示找不到 Redis 连接类库。如图 16-6 所示。

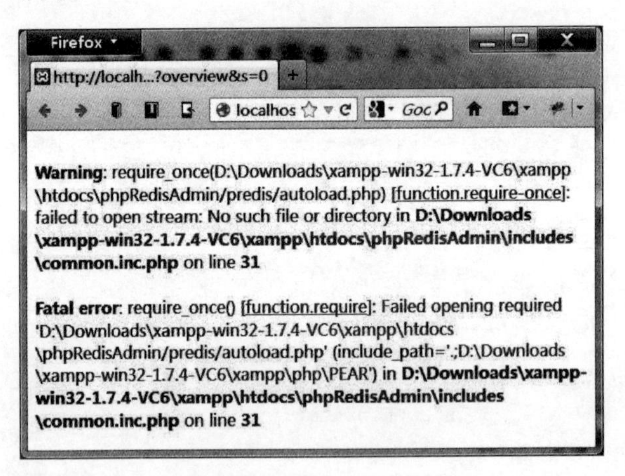

图 16-6　缺少 Redis 类库

解决办法：只需要使用 git 安装 Redis 类库即可（Windows 环境下可以使用可视化的 GitHub）。git 地址为 https://github.com/ErikDubbelboer/phpRedisAdmin.git。以下是 Linux 环境下的安装过程。

```
[root@bogon ~]# cd /home/wwwroot/phpRedisAdmin
[root@ phpRedisAdmin]# yum install git*
[root@ phpRedisAdmin]# git clone https://github.com/ErikDubbelboer/phpRedisAdmin.git
[root@ phpRedisAdmin]# cd phpRedisAdmin
[root@ phpRedisAdmin]# git submodule init
[root@ phpRedisAdmin]# git submodule update
```

2．phpRedisAdmin 的使用

在 phpRedisAdmin 中进行数据管理，将变得非常直观。例如创建一个 Key，只需要单击

左侧导航栏中的“Add another key”链接。在弹出的创建 Key 页面中，可以选择 Key 类型、名称、内容等。如图 16-7 所示。

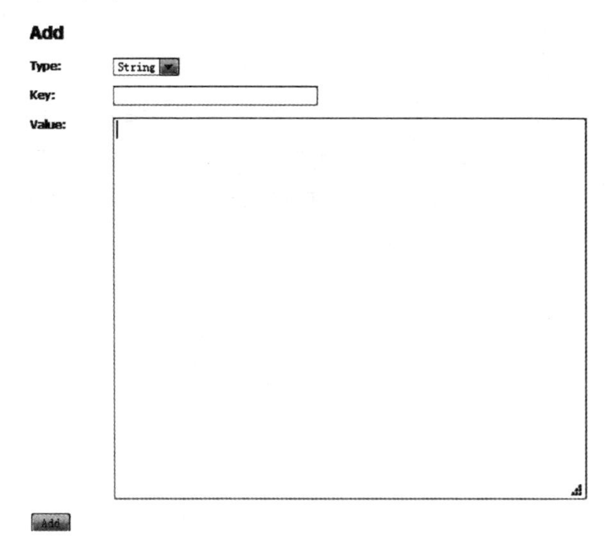

图 16-7 创建 Key 表单

通过前面命令行的学习，相信读者对图 16-7 中相关的概念并不会感到陌生，因为在本质上与命令行是一致的，只是表现形式不一样而已。

16.3 Redis 高级使用

Redis 支持丰富的功能特性，充分使用这些特性将让 Web 应用更加稳定及高效。接下来将分别介绍数据持久化、虚拟内存、事务处理等高级的实用功能。

16.3.1 数据持久化

前面已经多次提到过，Redis 是一个内存数据库。但 Redis 与 Memcache 特别之处在于提供了数据持久化功能，使得数据更加安全及完整，也为大容量储存提供了可靠支持。Redis 共支持两种数据持久化方式，分别为 SnapShotting 方式与 Append-only file 方式。下面分别介绍。

1. SnapShotting

SnapShotting 方式即快照方式。这是 Redis 默认使用的数据持久化方式。这种方式是将内存中的数据以快照的方式写入 dum.red 二进制文件中，我们可以通过配置 redis.conf 文件，改变快照的执行规则及时间。如以下代码所示。

```
save 900 1
save 300 10
save 60 10000
```

如上述代码所示，其中第 1 条规则表示 900s 内如果超过 1 条 Key 记录被修改，则执行快照记录。依次类推，第 2 条和第 3 条规则的作用也是一样的。

2. Append-only file

Append-only file 简称 Aof。SnapShotting 方式虽然在一定程度上解决了数据持久化的问题，但由于是基于时间规则来实现的，所以还会存在数据丢失的可能。例如系统在快照规则内出现故障，这时在内存中的数据将被清除。Aof 的智能之处就在于所有操作都是基于 Write 函数来实现的。也就是说 Redis 在执行写操作时，都是会收到操作系统内核发出的指令，然后通过 Write 函数将数据追加到 appendonly.aof 文件中。Aof 默认是关闭的，即 appendonly no。如果需要打开 Aof，只需要将 appendonly 设置为 yes 即可，如以下代码所示。

```
appendonly yes #开启 Aof
appendfsync always #立即追加
#appendfsync everysec #每秒执行一次
#appendfsync no #使用操作系统内核指令
```

如上述代码所示，Aof 同步方式共分为 3 种方式，分别如下。

- appendfsync always：基于应用层面触发 Write 函数，实现立即执行数据同步操作，但速度较慢。
- appendfsync everysec：通过时间触发函数实现数据同步，速度一般。
- appendfsync no：基于操作系统内核监控指令，速度较好。

需要注意的是，appendfsync no 方式虽然在性能上比较好，但由于某些操作系统会对 Write 函数操作进行缓存，所以并不会立即执行同步操作，此时也会存在数据丢失的风险。

16.3.2 虚拟内存

内存数据库最大的优点就是数据读写速度快，但缺点也非常名显。其中容量就是一个随时需要面对的问题。尽管近年来，内存容量已经有了大幅提升，价格也已经变得非常便宜。但与硬盘比起来，无论是在容量还是价格方面，硬盘都具有不可替代的地位。所以将一部分数据，例如不常用的数据或者较老旧的数据转存到硬盘上，是一种廉价及高效的储存方案。

在 Redis 中虚拟内存就是这样的一种技术，它的主要作用就是将不经常使用的数据转存到硬盘上，这样既确保了读写速度，又很好地解决了容量问题。要开启虚拟内存功能，只需要在配置文件中将 vm-enabled 选项设置为 yes 即可（默认为 no），如以下代码所示。

```
vm-enabled yes #开启虚拟内存
vm-swap-file /tmp/redis.swap #虚拟内存交换文件
vm-max-memory 1000 #redis 使用内存上限，字节为单位
vm-page-size 32 #每页大小，字节为单位
vm-pages 134217728 #最多交换页面数量
vm-max-threads 4 #执行交换任务的线程数量
```

其中 vm-max-threads 表示执行虚拟内存交换任务的线程数量，在实际应用中一般需要根据 CPU 数量进行设置（CPU 数量*4）。

16.3.3 事务处理

Redis 是一个为数不多支持事务处理的 NoSQL 数据库系统。事务处理不是必需的，但它对数据的可控性非常有效，这在一些对安全性、完整性较高的场合中是非常必要的。redis-cli 使用 multi 命令实现事务处理。

事务处理的一般流程：用户提交的操作语句会被保存到队列中，直到发出显式的执行命

令，系统才会真正执行操作。在等待显式的执行命令之前，用户可以进行任何的数据操作，例如增、删、改、查。事务机制会对操作语句进行容错性检测，如果存在其中一条异常操作语句，系统将放弃队列中的操作，称为事务回滚（也可显式声明事务回滚）。

在 MySQL 数据库中，使用 begin 命令声明一个事务；使用 commit 声明事务提交；使用 rollback 声明事务回滚。而在 Redis 中，同样提供了相应的事务处理命令，分别为 multi（声明事务）、exec（提交事务）、discard（事务回滚）。接下来将结合示例，演示 Redis 事务处理功能。

```
redis 127.0.0.1:6379> multi
OK
redis 127.0.0.1:6379> hset book1 author ceiba
QUEUED
redis 127.0.0.1:6379> hset book2 author beauty-soft
QUEUED
redis 127.0.0.1:6379> exec
1) (integer) 1
2) (integer) 1
redis 127.0.0.1:6379> hget book1 author
"ceiba"
redis 127.0.0.1:6379> hget book2 author
"beauty-soft"
```

上述代码分别使用 multi 事务实现了两个 Hash Key 的创建。Redis 使用 discard 处理事务回滚。如以下代码所示。

```
redis 127.0.0.1:6379> hget book1 author
"ceiba"
redis 127.0.0.1:6379> hget book2 author
"beauty-soft"
redis 127.0.0.1:6379> multi
OK
redis 127.0.0.1:6379> hset book1 author ceibas
QUEUED
redis 127.0.0.1:6379> hset book2 author mysoft
QUEUED
redis 127.0.0.1:6379> discard
OK
redis 127.0.0.1:6379> hget book1 author
"ceiba"
redis 127.0.0.1:6379> hget book2 author
"beauty-soft"
```

可以看到，虽然在事务中，提交了两条 hset 操作指令，但由于使用了 discard 命令，所以最终的结果将取消所有事务队列中的操作指令。

需要注意的是，Redis 对事务的支持非常有限。例如在传统的关系型数据库中，如果队列中存在一条错误的 SQL，事务机制将放弃队列中的所有操作。而在 Redis 中，并不遵循同样严格的事务机制。如以下代码所示。

```
redis 127.0.0.1:6379> hmset book1 author ceiba price 62
OK
redis 127.0.0.1:6379> hget book1 price
"62"
redis 127.0.0.1:6379> multi
OK
```

```
redis 127.0.0.1:6379> hincrby book1 price 3
QUEUED
redis 127.0.0.1:6379> hincrby book1 price sixty
QUEUED
redis 127.0.0.1:6379> exec
1) (integer) 65
2) (error) ERR value is not an integer or out of range
redis 127.0.0.1:6379> hget book1 price
"65"
```

如上述标粗代码所示，“hincrby book1 price 3”是一条正确的指令，放到事务中是能够执行的；但“hincrby book1 price sixty”明显是一条错误的指令（hincrby 不支持字符串），所以在执行 exec 命令时将提示“(error) ERR value is not an integer or out of range”。根据传统的关系型数据库事务机制特性，只要队列中存在异常的执行语句，将放弃队列中所有指令（即事务回滚）。所以尽管“hincrby book1 price 3”指令正确，但最终的结果理应是不产生作用的。但实际情况是，Redis 执行了操作。从这个角度上看，Redis 中的事务功能是不完善的，至少与我们常见的事务机制存在观念上的区别。这点在实际应用开发中，需要读者自行区分（不排除后续版本会进行完善）。

16.3.4 主从同步

主从同步是进行读写分离的首要前提（读写分离的意义详见本书 7.5.2 节），Redis 支持多种数据主从同步方式，包括一主多从、一主一从等。在配置方式上与传统的 MySQL 相比显得非常简单。只需要在配置文件中开启 slaveof 选项即可。接下来将通过示例，详细介绍一主一从的同步方式。

这里将使用 192.168.0.2 服务器作为主 Redis 数据库；192.168.0.3 作为从 Redis 服务器。首先将主服务器中的 Redis 复制到从服务器中，以便两台服务器的 Redis 数据相同。命令如下。

```
[root@bogon bin]#scp -r /usr/local/redis/ root@192.168.0.3:/usr/local/redis
root@192.168.0.3's password:
```

输入正确的系统密码，即可进行复制。如果 scp 命令不可用，只需要安装 openssh-clients 即可，命令如下。

```
[root@~]#yum -y install openssh-clients
```

复制完成后，可以在 192.168.0.3 服务器中查看 Redis 源代码文件，这些文件与 192.168.0.2 服务器上的文件是一样的。

完成上述操作后，修改 192.168.0.3 服务器上的 Redis 配置文件即可，如以下代码所示。

```
slaveof 192.168.0.2 6379

# If the master is password protected (using the "requirepass" configuration
# directive below) it is possible to tell the slave to authenticate before
# starting the replication synchronization process, otherwise the master will
# refuse the slave request.
#
 masterauth 123456
```

标粗的即为需要修改的配置项。完成后保存 redis.conf 文件，启动 Redis 服务即可。

```
[root@~]#ce /usr/local/redis/bin
[root@bogon bin]# ./redis-server /usr/local/redis/etc/redis.conf
```

通过前面的操作，一主一从的一个 Redis 集群就完成了，可以在 192.168.0.2 服务器上进行 Redis 数据操作，例如增加 Key 或删除 Key；然后观察 192.168.0.3 服务器上的 Redis 数据变化情况。在 192.168.0.2 主 Redis 服务器中使用 info 命令，可以查看当前 Redis 状态。

16.4　在 MVC 中使用 Redis

国外许多主流的 PHP MVC 框架都提供了 Redis 编程功能，例如 CakePHP、Akelos 等。接下来继续以国内较著名的 ThinkPHP 为例，详细介绍 Redis 的 CURD 操作。在此之前，首先需要确保当前环境已经正确安装了 Redis for php 扩展（可参阅本书 10.3.2 节）。为了方便介绍，接下来首先介绍在传统 PHP 中的 Redis 查询操作，帮助读者迅速掌握 Redis for PHP API 的使用。

16.4.1　在 PHP 中使用 Redis

Redis for PHP 扩展分为几种，例如 Predis、phpredis、Rediska 等。每种扩展在使用方式上不尽相同，读者可以在 http://redis.io/clients 网页上找到相关的 API 说明。一个最简单的 phpredis API 的示例如以下代码所示。

```
<?php
    $redis = new Redis();
    $redis->connect('192.168.0.2',6379);
    $redis->auth="123456";
    $redis->set('test','hello world!');
    echo $redis->get('test');
?>
```

如上述标粗代码所示，表示向 test 字符串 Key 添加“hello world!”字符串。通过前面的学习，相信读者对该成员方法并不陌生。phpredis API 支持大多数 redis-cli 操作命令，并且保持名称上的高度相似，方便 PHP 开发人员进行操作，接下来将对常用的成员方法进行介绍（更多详细的使用方法可参阅 https://github.com/nicolasff/phpredis）。

1．String 类型

（1）getSet

返回原来 Key 的值，并将 value 写入 Key。

```
$redis->set('x', '42');
$exValue = $redis->getSet('x', 'lol');
$newValue = $redis->get('x')'
```

（2）append

在指定的 Key Value 后面追加新的 Value。

```
$redis->set('key', 'value1');
$redis->append('key', 'value2');
$redis->get('key');
```

（3）getRange

根据指定 Key，对 Value 进行字符截取。

```
$redis->set('key', 'string value');
$redis->getRange('key', 0, 5);
$redis->getRange('key', -5, -1);
```

（4）setRange

根据指定 Key，对指定位置的字符进行更改。

```
$redis->set('key', 'Hello world');
$redis->setRange('key', 6, "redis");
$redis->get('key');
```

（5）strlen

获取指定 Key Value 的字符串长度。

```
$redis->strlen('key');
```

2．List 类型

（1）lPush

在队列的头部顺序添加元素。

```
$redis->lPush(key, value);
```

（2）rPush

在队列的尾部添加元素。

```
$redis->rPush(key, value);
```

（3）lPushx

在队列的头部顺序添加元素，如果指定的 Key 已经存在，则放弃操作。

```
$redis->lPushx(key, value);
```

（4）lPop

从队列的头部依次单个弹出元素。

```
$redis->lPop('key');
```

（5）lSize

统计指定 List 元素数量。

```
$redis->lSize('key');
```

（6）lIndex

根据队列索引，返回相应的元素内容。

```
$redis-> lIndex ('key', 0);
```

（7）lSet

根据队列索引，设置对应的元素内容。

```
$redis->lSet('key', 0, 'X');
```

（8）lRange

根据区间索引号，查询指定 Key 内的批量元素（-1 表示到达尾部最后一个元素）。

```
$redis->lRange('key1', 0, -1);
```

（9）lTrim

批量删除指定 List 数据，但保留 start 及 end 参数区间内的数据。

```
$redis->lTrim('key', start, end);
```

（10）lRem

从指定的 List 连接表中批量删除相同的元素。number 为 0 时，将删除所有元素。

```
$redis->lRem('key', 'A', number);
```

3．Hash 类型

（1）hSet

向指定的 Hash 添加字段及 Value。如果指定的字段已经存在，则执行修改操作。

```
$redis->hSet('h1', 'field1', 'test');
```

（2）hGet

查询指定 Hash Key 中指定的字段值。

```
$redis->hGet('h1', 'field1');
```

（3）hLen

获取指定 Hash Key 的元素数量。

```
$redis->hLen('h1');
```

（4）hDel

删除指定 Hash 字段及字段值。

```
$redis->hDel('h1', 'key1');
```

（5）hKeys

列出指定 Hash Key 所有字段。

```
$redis->hKeys('h1');
```

（6）hVals

列出指定 Hash Key 所有字段值。

```
$redis->hVals('h1')
```

（7）hGetAll

列出指定 Hash Key 所有字段及字段值。

```
$redis->hGetAll('h1');
```

（8）hExists

检查 Hash Key 是否存在指定的字段。

```
$redis->hExists('h1', 'field1');
```

（9）hIncrBy

对指定的 Hash 字段值（数值类型）进行加值运算。

```
$redis->hIncrBy('h1', 'field2', 2);
```

（10）hMset

批量添加 Hash 元素。

```
$redis->hMset('user:1', array('name' => 'ceiba', 'salary' => 2000));
```

（11）hMGet

根据 Hash 字段，批量查询对应的字段值。

```
$redis->hmGet('h1', array('field1', 'field2'));
```

4. Sets 类型

（1）sAdd

向指定的集合顺序添加元素。

```
$redis->sAdd(key , value);
```

（2）sRem

根据集合元素名称（内容），删除指定的元素。

```
$redis->sAdd('s1' , 'set1');
$redis->sAdd('s1' , 'set2');
$redis->sAdd('s1' , 'set3');
$redis->sRem('s1', 'set2');
```

（3）sMove

在指定的两个集合中，移动指定的集合元素。

```
$redis->sMove(seckey, dstkey, value);
```

（4）sIsMember

在指定的集合中，检查是否存在指定的元素。

```
$redis->sIsMember(key, value);
```

（5）sCard

获取指定集合的元素数量。

```
$redis->sCard('key')
```

（6）sPop

对指定的集合进行随机删除元素。

```
$redis->sPop('key')
```

（7）sInter

对多个集合进行交集运算。

```
$redis->sInter(array('s1', 's2'))
```

（8）sInterStore

对多个集合进行交集运算，并将交集保存到 output 的集合。

```
$redis->sInterStore('output', 's1', 's2', 's3')
```

（9）sUnion

对多个集合进行并集运算。

```
$redis->sUnion('s0', 's1', 's2');
```

（10）sDiff

对多个集合进行差集运算。

```
$redis->sDif('s0', 's1', 's2');
```

（11）sDiffStore

对多个集合进行差集运算，并将差集保存到 output 的集合。

```
$redis->sDiffStore('output', 's1', 's2', 's3')
```

（12）sMembers

查询指定全集所有元素。

```
$redis->sMembers('s1');
```

5．ZSet 类型

（1）zAdd

在指定的 Zset 中添加排序号及元素名称。

```
$redis->zAdd('z1', 1, 'v1');
$redis->zAdd('z1', 0, 'v2');
$redis->zAdd('z1', 5, 'v3');
$redis->zRange('z1', 0, -1);
```

（2）zRange

查询 Zset 中的区间元素，并将结果按照对应的排序号进行排序。

```
$redis->zAdd('z1', 0, 'v0');
$redis->zAdd('z1', 2, 'v2');
$redis->zAdd('z1', 10, 'v10');
$redis->zRange('z1', 0, -1);
```

（3）zRem

删除指定的 Zset 元素。

```
$redis->zAdd('z1', 2, 'v2');
```

```
$redis->zRem('z1', 'v2');
$redis->zRange('z1', 0, -1);
```

（4）zRevRange

查询 Zset 中的区间元素，并让结果是否显示相应的排序号。

```
$redis->zAdd('z1', 0, 'v0');
$redis->zAdd('z1', 2, 'v2');
$redis->zAdd('z1', 10, 'v10');
$redis->zRevRange('z1', 0, -1, true);
```

（5）zCount

获取指定 Zset 元素数量（支持区间获取）。

```
$redis->zCount('z1', 0, 3);
zRemRangeByScore
```

根据排序号，删除指定的 Zset 元素（支持区间删除）。

```
$redis->zRemRangeByScore('z1', 1, 5);
```

（6）zCard

查询指定 Zset 元素数量。

```
$redis->zCard('z1');
```

（7）zScore

返回指定 Zset 元素排序号。

```
$redis->zScore('z1', 'v1');
```

（8）zIncrBy

对指定的 Zset 元素（数值类型）进行加值运算。

```
$redis->zIncrBy('z2', 'age', 3);
```

16.4.2　在 MVC 中进行 CURD 操作

接下来以 ThinkPHP 作为 MVC 开发框架，详细介绍 Redis 的 CURD 操作。需要说明的是，在 ThinkPHP 中本身并不支持 Redis 开发环境，只支持使用 Redis 开发简单的数据缓存功能。所以我们必须要通过扩展功能，实现 Redis 的编程支持。为了方便读者学习，笔者临时开发了相应的模块扩展及数据库扩展，下载地址为 http://beauty-soft.net/book/php_mvc/code/thinkphp_redis.html。

解压下载后的压缩包，将得到 DbRedis.class.php 文件与 RedisModel.class.php 文件。将 DbRedis.class.php 文件复制到 ThinkPHP/Extend/Driver/Db 目录；将 RedisModel.class.php 文件复制到 ThinkPHP/Extend/Model 目录。然后在项目配置文件中加入 Redis 数据库连接信息，如以下代码所示。

```
'REDIS_HOST'=>'192.168.0.2',
'REDIS_PORT'=>6379,
'REDIS_AUTH'=>123456,
'REDIS_DB_PREFIX'=>'',
```

读者根据实际环境填写即可。通过前面的步骤，就完成了在 ThinkPHP 中进行 Redis 开发的前期准备，接下来将结合示例代码，详细演示 Redis 的 CURD 操作。

1. 增加数据

这里的增加数据包括 Redis 五大数据类型的数据添加。由于篇幅所限，这里不再详细介绍操作的实现原理，而是通过代码演示操作方式。如以下代码所示。

```
<?php
/**
 * redis 添加数据
 * Enter description here ...
 * @author Administrator
 *
 */
class AddAction extends Action{
    /**
     * list 类型
     * Enter description here ...
     */
    public function lists(){
        $Redis=new RedisModel("list11");
        //一次只能推送一条
        echo $Redis->add("ceiba");
    }
     /**
    * 字符串类型
    * Enter description here ...
    */
   public function string(){
    $Redis=new RedisModel();
    $data=array(
        "str1"=>"ceiba", //一个 key，对应一个值
        "str2"=>"李开湧",
        "str3"=>"李明",
    );
    echo $Redis->type("string")->add($data);
   }
   /**
    * HASH 类型
    * Enter description here ...
    */
    public function hash(){
        $Redis=new RedisModel("user:1");
        $data=array(
          "field1"=>"ceiba", //一个 key，对应一个值
          "field2"=>"李开湧",
          "field3"=>"李明",
        );
        //支持批量添加
        echo $Redis->type("hash")->add($data);
    }
     /**
    * 集合类型
    * Enter description here ...
    */
   public function sets(){
        $Redis=new RedisModel("sets:1");
        //一次只能推送一条
        echo $Redis->type("sets")->add("ceiba");
   }
     /**
    * 有序集合
```

```
     * Enter description here ...
     */
     public function zset(){
          $Redis=new RedisModel("zset:1");
          //支持批量添加
          $data=array(
               //排序=>值
               "10"=>"ceiba",
               "11"=>"李开湧",
               "12"=>"李明"
          );
          echo $Redis->type("zset")->add($data);
     }
}
?>
```

2. 查询数据

```
<?php
// redis 查询数据
class IndexAction extends Action {
     public function page(){
          $this->display();
     }
     /**
      * 列表类型，默认类型
      * Enter description here ...
      */
    public function lists(){
     //dump(C("REDIS_HOST"));
       $Redis=new RedisModel("list1");
       $field=array(
          "nmae","age","pro"
       );
          $data=$Redis->field($field)->select();
          dump($data);
          //获得队列中的记录总数
          $count=$Redis->count();
          dump($count);
    }
    /**
     * 字符串类型
     * Enter description here ...
     */
    public function string(){
         $Redis=new RedisModel();
         //field 表示每个 key 名称
         $rows=$Redis->type("string")->field(array("str1","str2"))->select();
         dump($rows);
    }
    /**
     * HASH 类型
     * Enter description here ...
     */
     public function hash(){
         $Redis=new RedisModel("h9");
```

```
        //默认显示所有 HASH 字段，可以通过 field 连贯操作限制
        $rows=$Redis->type("hash")->field(array("field1"))->select();
        dump($rows);
        //统计总记录
        $count=$Redis->type("hash")->count();
        dump($count);
    }
    /**
     * 集合类型
     * Enter description here ...
     */
    public function sets(){
        $Redis=new RedisModel();
        $arr=array(
         "s3","s4"
        );
      $rows=$Redis->type("sets")->field($arr)->where("sinterstore")->select();//求交集
      dump($rows);
      $rows=$Redis->type("sets")->field($arr)->where("sunion")->select();//求并集
      dump($rows);
      $rows=$Redis->type("sets")->field($arr)->where("sdiff")->select();//求差集
      dump($rows);
      $Redis=new RedisModel("s3");
      $rows=$Redis->type("sets")->select(); //返回单个集合列表中的所有成员
      dump($rows);
      //统计记录
      $Redis=new RedisModel("s3");
      $count=$Redis->type("sets")->count();
      dump($count);
    }
    /**
     * 有序集合
     * Enter description here ...
     */
     public function zset(){
       $Redis=new RedisModel("z2");
       //默认显示 0 到 20
         $data=$Redis->type("zset")->limit("0,-1")->select();
         dump($data);
         //使用 zRevRange 显示数据，数组第 2 个参数为 true 时显示排序号
          $data=$Redis->type("zset")->limit("0,-1")->order(array("zRevRange",
true))->select();
         dump($data);
         //不设置 limit 时，将统计所有记录
         $count=$Redis->type("zset")->limit("0,1")->count();
         dump($count);


    }
}
```

3. 删除数据

```
<?php
/**
 * Redis 删除数据
 * Enter description here ...
```

```
 * @author Administrator
 *
 */
class DeleteAction extends Action{
    /**
     * list 类型
     * Enter description here ...
     */
    public function lists(){
        $Redis=new RedisModel("mylist");
        //根据索引号，删除指定的 list 元素
        echo $Redis->where(3)->delete();
        //ltrim 区间批量删除，保留 4~5 之间的记录
        echo $Redis->type("list")->where(array("4","5"))->delete("ltrim");
        //lpop 单条顺序弹出
    echo $Redis->type("list")->delete("lpop");

    }
     /**
    * 字符串类型
    * Enter description here ...
    */
   public function string(){
      $Redis=new RedisModel();
      //直接删除 key，这个方式适用于所有数据类型
      echo $Redis->type("string")->field(array("str1","str2"))->delete();
   }
   /**
    * HASH 类型
    * Enter description here ...
    */
    public function hash(){
        $Redis=new RedisModel("user:1");
        //删除指定 hash 中的指定字段(field),不支持批量删除
        echo $Redis->type("hash")->where("field1")->delete();

    }
     /**
    * 集合类型
    * Enter description here ...
    */
   public function sets(){
        $Redis=new RedisModel("s1");
        //删除 sets:1 集合中名为 age 的 value
        echo $Redis->type("sets")->where("age")->delete();
   }
   /**
    * 有序集合
    * Enter description here ...
    */
    public function zset(){
        $Redis=new RedisModel("z1");
        //根据集合元素 value 进行删除
        echo $Redis->type("zset")->where("two")->delete();
        //根据排序号进行区间批量删除，保留 2~3 之间的记录
```

```
        echo $Redis->type("zset")->where(array("1","4"))->delete("zremRangeByScore");
        //根据索引号进行区间批量删除，保留 2~3 之间的记录
        echo $Redis->type("zset")->where(array("1","3"))->delete("zRemRangeByRank");
    }
}
?>
```

在 Redis 中，更新数据与添加数据是可以相互转换的，所以这里不再介绍。更多的功能特性及使用方法，笔者会进行更新。本书读者可在配套网站中得到后续的支持。

16.4.3 数据分页

在 Redis 中，由于数据类型之间的结构不同，所以要全部实现数据分页，是非常烦琐的，也是没必要的。这里建议只对 Zset、List 进行分页。事实上，前面所下载的 RedisModel.class.php 模型只对 List 数据类型提供数据分页功能（截止定稿为止）。在实现方式上与常规的 MySQL 数据分页相类似。

为了方便演示，首先使用 phpRedisAdmin 创建一个队列 Key，并命名为 news_list。在该队列中，添加相应的队列数据，如图 16-8 所示。

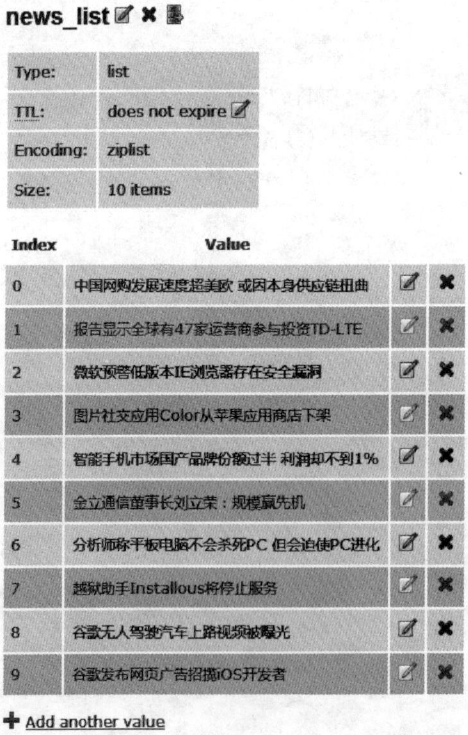

news_list

Type:	list
TTL:	does not expire
Encoding:	ziplist
Size:	10 items

Index	Value
0	中国网购发展速度超美欧 或因本身供应链扭曲
1	报告显示全球有47家运营商参与投资TD-LTE
2	微软预警低版本IE浏览器存在安全漏洞
3	图片社交应用Color从苹果应用商店下架
4	智能手机市场国产品牌份额过半 利润却不到1%
5	金立通信董事长刘立荣：规模赢先机
6	分析师称平板电脑不会杀死PC 但会迫使PC进化
7	越狱助手Installous将停止服务
8	谷歌无人驾驶汽车上路视频被曝光
9	谷歌发布网页广告招揽iOS开发者

+ Add another value

图 16-8 添加中文队列数据

上述步骤完成后，就可以在 ThinkPHP 中进行查询并显示了。如以下代码所示。

```
<?php
    class PageAction extends Action{
        public function index(){
            import("ORG.Util.Page");
            $Redis=new RedisModel("news_list");
```

```
            $count=$Redis->count();
            //每页数量
            $page_size=3;
            $Page      = new Page($count,$page_size);
            $show      = $Page->show();
            //当前页数
            $page_num = (!empty($_GET['p']))?$_GET['p']:1;
            //limit 分页
            $first=($page_num-1)*$page_size;
            $list=(($page_num-1)*$page_size+$page_size-1);
            $data=$Redis->limit($first.','.$list)->select();
            $rows=array();
            foreach ($data as $key=>$value) {
                $rows[$key]["title"]=$value;
            }
            $this->assign("page",$show);
            $this->assign("list",$rows);
            $this->display();
        }
    }
?>
```

如上述标粗代码所示。List 数据类型是基于 lRange 实现的，该方法与 MySQL 中的 limit 在处理方式上有着本质的区别。例如在 MySQL 中“limit 5 10”表示从第 5 条开始查询，每次查询 10 条，边界号为 15；而在 Redis 中，则表示从第 5 条开始查询，边界号为 10，共显示 5 条（10 减去 5）。除此之外，其他的调用代码与普通的 MySQL 分页并无区别。对应的 index.html 视图模板代码如下所示。

```
<!DOCTYPE html PUBLIC "-//W3C//DTD XHTML 1.0 Transitional//EN" "http://www.w3.org/TR/xhtml1/DTD/xhtml1-transitional.dtd">
<html xmlns="http://www.w3.org/1999/xhtml">
<head>
<meta http-equiv="Content-Type" content="text/html; charset=utf-8" />
<title>数据分页显示</title>
</head>
<body>
<div class="main">
    <div class="content">
    <ul>
        <volist name="list" id="vo" key="k">
            <li><!--{$vo.title}--></li>
         </volist>
      </ul>
   </div>
   <div class="page">
    <!--{$page}-->
   </div>
</div>
</body>
</html>
```

最终运行效果如图 16-9 所示。

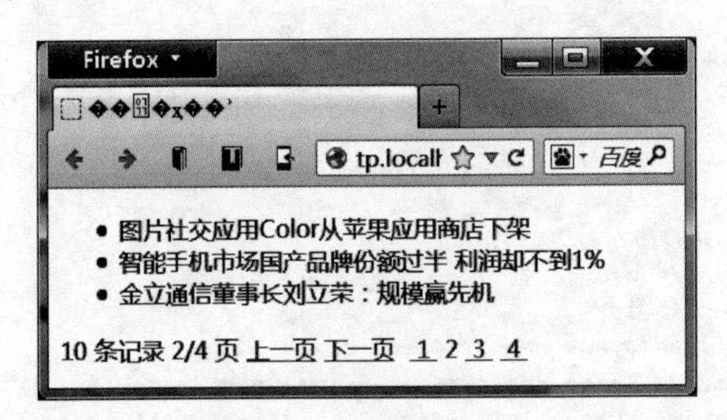

图 16-9 Redis 数据分页效果

需要说明的是，由于 List 元素并不支持多字段（field），所以数据的储存及查询将受到局限。例如要储存新闻标题的同时，还需要存储对应的新闻 id，以便于程序连接到相应的文章全文。但显然通过上述方式并不能满足要求。这里可以使用 List 元素存储 Json 的方式实现，或者使用 Hash 数据类型。

16.5 小结

本章从理论到实践，详细介绍了 Redis 的实战运用。在全面介绍 redis-cli 终端操作命令之后，结合 PHP 及 PHP MVC 框架，详细介绍了 phpredis API 的使用。读者在掌握了 redis-cli 各种操作命令之后，无论在哪种 API 中操作 Redis，都将变得得心应手，而这些内容正是本章所介绍的重点。

至此，本书关于 MVC 实战部分的内容就介绍完毕了，下一章将通过综合的实例，进一步巩固本书内容，帮助读者迅速融入到实际的项目开发中去。

项　目　篇

第 17 章
开发论坛系统

内容提要

论坛，也称 BBS，是一种较早的互联网应用。早期的互联网论坛比较简单，只需要上传文本及显示文本即可，随着互联网的发展，现在的论坛都是由若干个功能模块组成的，其复杂程度不亚于 CMS（Content Management System，内容管理系统）。所以怎样开发一个成熟、符合用户日常使用习惯的论坛系统，不仅需要过硬的技术，还需要全面且灵活的项目组织能力。

本章将学习论坛系统的构建，掌握真实环境下系统之间的耦合集成，从而为开发真正的用户产品奠定基础。通过本章内容，读者将学习到论坛系统的主要模块的构建，例如会员模块、登录模块、发帖模块、回复模块等。这些模块都是一个论坛系统中最基础的应用，学习完本章内容后，读者可以在此基础上添加其他模块，从而构建真正的全功能论坛系统。

学习目标

- 了解规划一个真实项目的过程。
- 了解使用 MVC 框架构建论坛系统的步骤。
- 掌握项目整体界面的协调。
- 掌握将应用整合到主流微博的过程。
- 巩固 ThinkPHP 标签扩展的应用。
- 全面巩固本书前面所学的内容。

17.1　开发前准备

论坛是互联网最典型的应用，它与网站留言板一样，是网站与用户进行在线交互的最主要手段。论坛系统是构建在线论坛的基础平台，在国内外都有比较成熟的解决方案，例如国内的 PHPWIND、Discuz!等。网站开发者使用这些软件平台，就能够轻易、迅速地创建功能强大的在线论坛。

本章将以实战的方式，全面介绍论坛系统的开发。通过本章的学习，读者完全能够创建一个具有实际意义的在线交流平台。当然，本章主要的目的是介绍 MVC 开发论坛系统的过程，重点是整合本书前面的内容，从而巩固所学的知识。下面首先介绍系统的构架。

17.1.1　系统介绍

虽然论坛系统与网站留言板一样，都是网站在线交互的主要平台。但论坛系统比留言板更加全面，也比留言板更加复杂。在开发上，主要面对的问题有权限控制、板块分类、会员管理、管理员管理、内容管理等。使用 MVC 框架开发论坛系统是最合适不过了，因为 MVC 的特性就是前后台分离。论坛系统根据功能而分，是由多个功能模块组成的。同时，MVC 框架能够为论坛系统提供重要的缓存支持、文件处理、URL 处理等，这些特性都是主流 MVC 框架能够完美支持的技术。本章继续以 ThinkPHP 3.x 作为 MVC 框架，详细介绍论坛系统的开发过程。

为了方便介绍，这里将系统分为 7 大模块，每个模块均包含若干个子模块，我们将在子模块中实现帖子发表、用户注册、邮件处理、会员控制等功能，如图 17-1 所示。

17.1.2　系统预览

笔者已经将本章所介绍的论坛系统代码上传到了配套网站中。为了方便读者学习，下面将对系统主要的功能模块进行预览，以便让读者对本系统有一个初步的认识。在预览前，首先需要将系统安装到本地机器上。

1．安装源代码

读者可以在 beauty-soft.net/book/php_mvc/code/bbs.html 网址下载到本章所介绍的论坛系统源代码。将下载得到的 bbs.zip 文件包解压缩，然后将 bbs 文件夹复制到网站根目录。打开 phpMyadmin 管理工具，创建一个数据库，用于存放论坛系统数据，并将数据库命名为 bbs。

单击“导入”链接，并选择导入文件格式为“SQL”，如图 17-2 所示。

将前面解压后的 databases/bbs.sql 文件导入到 bbs 数据库中。完成后如图 17-3 所示。

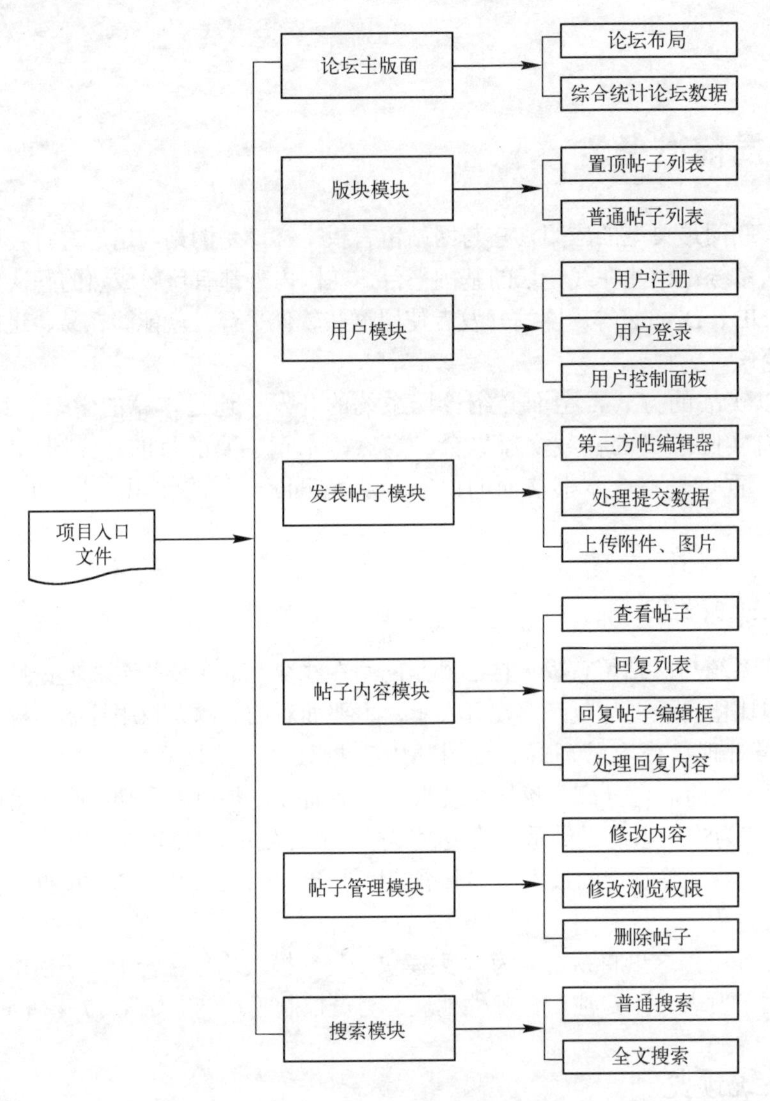

图 17-1　系统模块

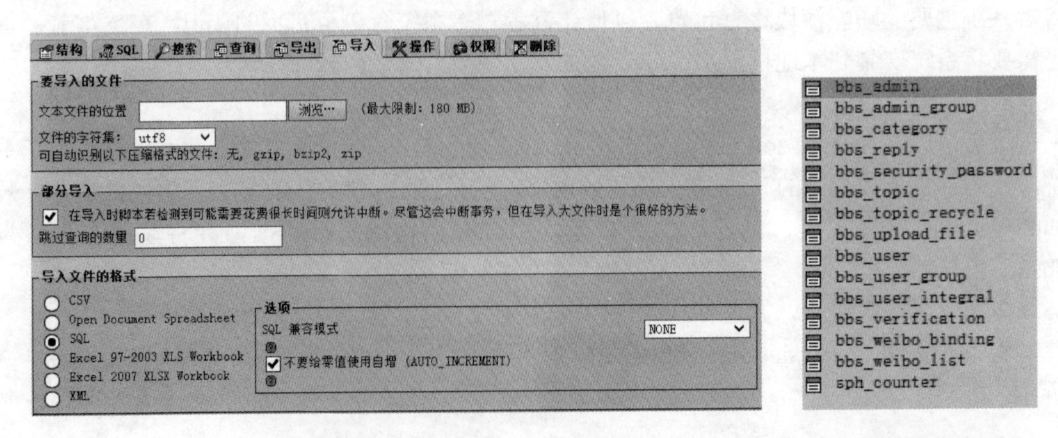

图 17-2　导入数据　　　　图 17-3　系统数据表

这些数据表的作用将在后面的内容中进行介绍，在此只需要完成导入操作即可。前面的步骤完成后，接下来只需要修改项目配置文件（/bbs/bbs/conf/config.php）即可。要让系统正常运行，这里需要修改的配置项如下。

```
//'配置项'=>'配置值'
'DB_TYPE'               => 'mysql',         // 数据库类型
'DB_HOST'               => 'localhost',     // 服务器地址
'DB_NAME'               => 'bbs,            // 数据库名
'DB_USER'               => 'root',          // 用户名
'DB_PWD'                => 'root',          // 密码
'DB_PREFIX'              => 'bbs_',          // 数据库表前缀
'TMPL_PARSE_STRING'  =>array(
     '__WEBSITE_URL__'=>"http://tp.localhost",              //需要正确填写
     '__BBSPUBLIC__'=>"http://tp.localhost/bbs/tpl/Public",
     '__PROJECT_NAME__'=>"BBS 讨论区",
     '__PROJECT_URL__'=>"http://tp.localhost/bbs.php",      //伪静态化绝对路径
     '__WEIBO_API_PATH__'=>"http://tp.localhost/bbs",       //微博 api 接口地址
),
```

上述配置信息可根据实际的环境进行配置，相信通过本书前面内容的学习，读者并不会对上述内容感到陌生。完成后，系统就能够正常运行了，但全文搜索模块还不能运行，为了方便演示，暂时不演示全文搜索模块，这将在后面的内容中进行介绍。

2. 系统预览

通过前面的步骤，系统就处于可运行状态了。直接访问系统 URL 即可，首页效果如图 17-4 所示。

图 17-4　系统首页效果

读者可以使用默认的 kf@86055.com 账号登录系统（密码为 123456）。同时，也可以直接单击腾讯微博账号图标进行登录，系统会自动完成账号的创建。成功登录后，页面上将会显示当前会员信息，如图 17-5 所示。

会员登录后，默认情况下就允许进行内容发布了。如图 17-6 所示。

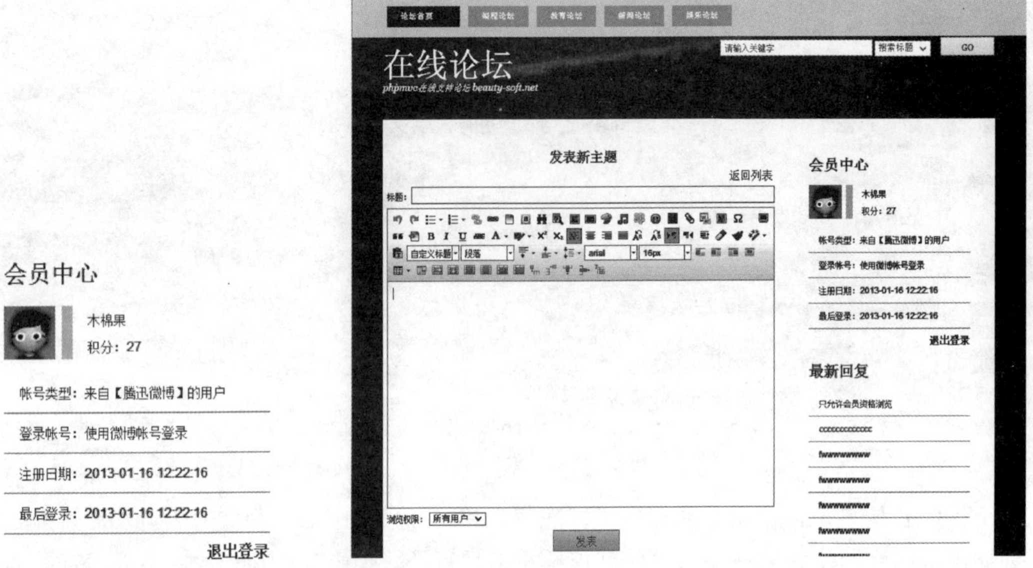

图 17-5　会员登录效果　　　　　　　　　　图 17-6　发表新主题

如果要对现有的主题帖子进行回复，只需要在帖子的底部输入回复内容，然后提交即可。如图 17-7 所示。

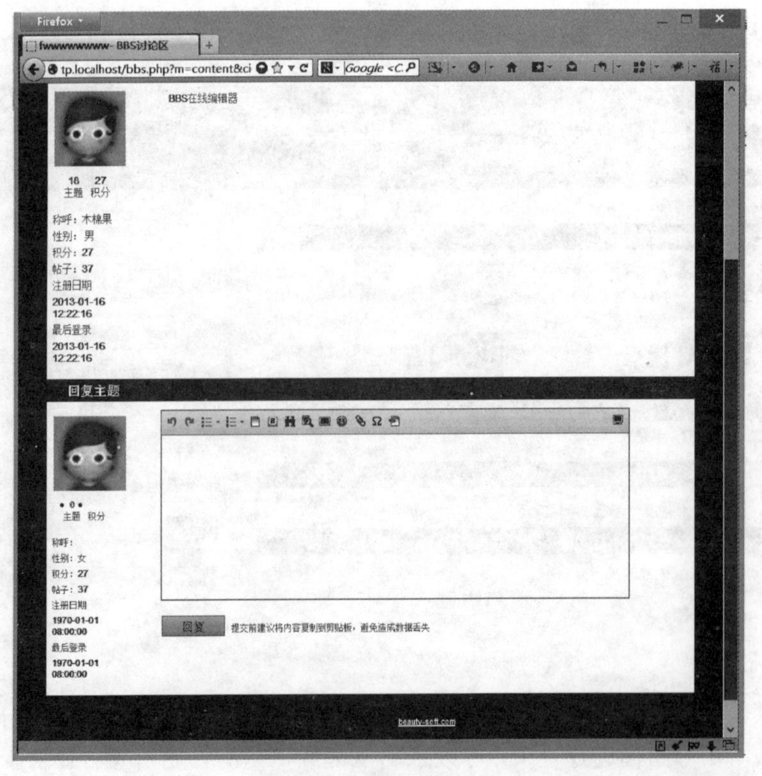

图 17-7　回复主题

系统提供了论坛中常见的帖子置顶、推荐、热门等功能，并且在版块中智能地排序并以图标显示。如图 17-8 所示。

图 17-8　论坛版块

前面演示了论坛系统常见的会员登录、内容发布、内容设置等功能，还有更多的功能由于篇幅所限，这里不再一一演示。接下来将结合代码，详细介绍系统的实现过程。

17.1.3　架构设计

这里所说的架构主要是指网站的运行平台以及数据库结构。本系统将使用 ThinkPHP 3.0+MySQL 5.1+Sphinx 进行构建。其中 ThinkPHP 作为网站的 MVC 开发框架，主要涉及本书前面所介绍过的内容，并重点介绍 CURD 操作、行为、自定义标签、自定义类库等功能。

本系统共使用了 15 个数据表，并且能够方便地进行扩展。这 15 个数据表分别为 bbs_admin、bbs_admin_group、bbs_category、bbs_reply、bbs_security_password、bbs_topic、bbs_topic_recycle、bbs_upload_file、bbs_user、bbs_user_group、bbs_user_integral、bbs_verification、bbs_weibo_binding、bbs_weibo_list、sph_couter。接下来将对数据表结构进行介绍。

1. bbs_admin 表

bbs_admin 表是一个后台管理员数据存放表，主要用于保存后台管理员的登录账号及密码，结构如表 17-1 所示。

表 17-1　bbs_admin 表

字 段 名	数 据 类 型	索　引	说　明
id	int	PRIMARY	主键
user_id	int	index	前台用户 id
admin_group_id	int	无	管理员组 id
status	tinyint(2)	index	状态

2．bbs_admin_group

论坛系统最重要的一个概念就是权限组概念。通过权限组功能，可以将一组管理员进行统一分配相应的权限，这在大型的论坛系统中是非常有必要的。虽然本章介绍的论坛系统只需要单管理员（后台只有一个管理员），但为了系统更容易扩展，这里仍然使用通用的权限组设计方案。bbs_admin_group 数据表结果如表 17-2 所示。

表 17-2　bbs_admin_group 表

字 段 名	数 据 类 型	索　引	说　明
id	int	PRIMARY	主键
group_name	char(20)	无	组别名称
sort	int	无	组排序
permission	tinytext	无	权限数据

其中 permission 字段用于存放 Json 权限数据，这些数据描述了该组用户是否拥有对应的操作权限，例如"is_delete_topic":1 表示该管理组下的管理员可以删除主题。

3．bbs_category

小型的论坛系统，如果不考虑后续扩展的需要，将论坛版块分类数据存放在静态文件中，例如 XML、Json、HTML 等，是一种理想的解决方案。但是对于需要经常对版块分类数据进行修改或扩展的论坛，将分类数据存放于数据库中，就是必然选择了。bbs_category 数据表用于存放论坛版块数据，结构如表 17-3 所示。

表 17-3　bbs_category 表

字 段 名	数 据 类 型	索　引	说　明
id	int	PRIMARY	主键
category_title	char(32)	无	版块分类名
category_image	varchar(200)	无	版块图标
category_order	int(9)	index	版块排序
parent_id	int(9)	index	父级 id
category_stats	tinyint(2)	index	版块状态

其中 parent_id 表示当前版块的父级 id。如果为 0 则表示当前版块为一级分类。

4．bbs_reply

bbs_reply 表用于存放主题的回复列表。结构如表 17-4 所示。

表 17-4　bbs_reply 表

字段名	数据类型	索引	说明
id	int	PRIMARY	主键
reply_content	mediumtext	无	回复内容
topic_id	int(11)	index	主题 id
category_id	int(9)	index	版块 id
add_time	int(9)	index	添加时间
last_update_time	int(11)	无	最后更新时间
add_user	int(9)	index	添加用户 id
add_ip	char(32)	无	添加 ip
stats	tinyint(2)	index	回复状态

5. bbs_security_password

bbs_security_password 表用于存放用户在注册会员时可供选择的安全问题，效果如图 17-9 所示。

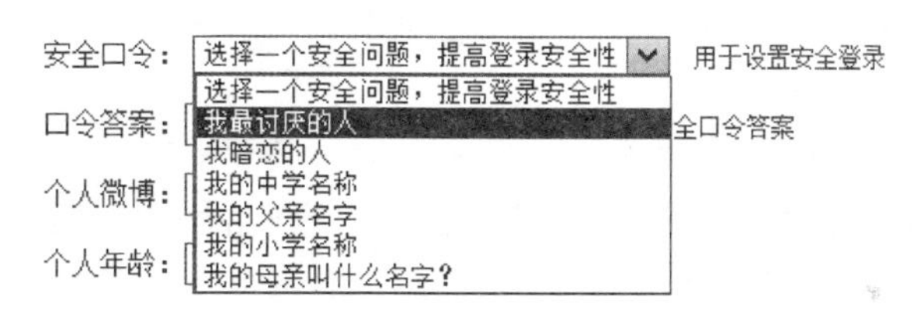

图 17-9　选择安全口令

为了方便扩展，这里将继续使用数据表存放安全提问。bbs_security_password 表结构如表 17-5 所示。

表 17-5　bbs_security_password 表

字段名	数据类型	索引	说明
id	int	PRIMARY	主键
password	char(60)	无	安全问题
sort	int(11)	index	index

6. bbs_topic

bbs_topic 是系统中比较重要的一个数据表，该表用于存放帖子数据。通常情况下，主题表将产生大量的数据，在设计时建议使用数据表分区技术，以提高数据表的储存效率。bbs_topic 表结构如表 17-6 所示。

表 17-6　bbs_topic 表

字段名	数据类型	索引	说明
id	int	PRIMARY	主键
titlet	char(40)	无	帖子标题
content	text	无	帖子正文

（续）

字段名	数据类型	索引	说明
add_time	int(9)	无	添加时间
last_update_time	int(9)	无	最后更新时间
add_ip	char(50)	无	添加 ip
add_user	int(9)	index	添加用户 id
category_id	int(9)	index	版块 id
recommend	tinyint(2)	index	是否推荐
top	int(9)	index	是否置顶
browse_number	int(11)	无	浏览次数
lock	char(32)	无	是否锁定
stats	tinyint(2)	index	状态
browse_user_group	int(11)	无	浏览用户权限组

其中 stats 字段表示帖子的状态，共支持 3 种状态：-1 表示帖子已经被删除；0 表示处于审核状态；1 表示正常状态。

7. bbs_topic_recycle

管理员在对帖子（主题帖）进行删除后，系统并不会真正删除相应的数据，而是将 stats 字段更新为-1。通过这样的设计，就能够安全地对数据进行删除与恢复了。同时，为了便于操作，系统会将删除的帖子 id 记录到 bbs_repic_recycle 数据表中，以便记录删除的时间、原因、事件等，以便恢复数据时提供依据。bbs_topic_recycle 表结构如表 17-7 所示。

表 17-7　bbs_topic_recycle 表

字段名	数据类型	索引	说明
id	int	PRIMARY	主键
topic_id	int(11)	index	帖子 id
recycle_time	int(11)	无	回收时间
operation_user	int(11)	无	操作用户（管理员）
note	varchar(200)	无	删除原因及说明

8. bbs_upload_file

bbs_upload_file 数据表用于存放文件上传的数据。用户在上传文件后，除了将上传的文件保存到上传目录外，还对上传的数据进行保存，以便后台管理员进行管理，前台用户进行下载等。bbs_upload_file 表结构如表 17-8 所示。

表 17-8　bbs_upload_file

字段名	数据类型	索引	说明
id	int	PRIMARY	主键
strkey	char(32)	index	文件 md5 码
user	int(11)	无	上传用户

（续）

字段名	数据类型	索引	说明
add_time	int(11)	无	上传时间
topic_id	int(11)	无	主题 id
reply_id	int(11)	无	回复内容 id
type	int(11)	index	文件类型
file_path	varchar(100)	无	文件保存路径
download_number	int(11)	无	用户下载次数

9．bbs_user

bbs_user 是一个用户表，用于保存用户的登录数据以及联系资料等。所以在开发时需要确保其安全可靠。bbs_user 表结构如表 17-9 所示。

表 17-9　bbs_user 表

字段名	数据类型	索引	说明
id	int	PRIMARY	主键
username	char(40)	index	账号名称（可空）
user_nickname	char(32)	无	用户昵称
head_image	varchar(100)	无	用户头像
user_email	char(42)	index	登录账号
password	char(32)	无	登录密码
security_password	char(60)	无	安全提问
security_answer	char(32)	无	安全问题答案
reg_time	int(9)	无	注册时间
last_login_time	int(11)	无	最后登录时间
last_login_ip	char(50)	无	最后登录 ip
gender	tinyint(2)	index	性别
user_information	mediumtext	无	用户联系资料（Json 数据）
user_group	int(11)	index	用户权限组
user_type	int(9)	index	用户类型
login_number	int(11)	无	登录次数
status	tinyint(2)	index	状态

其中 user_information 字段用于存放用户的联系资料（使用 Json 保存），例如联系 QQ、个人主页等。如以下代码所示。

```
{"weibo":"","qq":"102805","age":"","professional":"","introduce":"note2 "}
```

user_type 表示用户类型，系统支持 2 种用户类型，分别为正常用户和第三方用户。当 user_type 为 0 时表示正常用户，否则为第三方用户，例如来自腾讯微博、新浪微博的用户。

10．bbs_user_group

与管理员一样，普通的用户同样也受用户权限组的控制。bbs_user 表的 user_group 字段表示用户对应的用户组。bbs_user_group 用于存放数组数据，结构如表 17-10 所示。

表 17-10　bbs_user_group 表

字段名	数据类型	索引	说明
id	int	PRIMARY	主键
group_name	char(20)	无	用户组名称
sort	int(11)	index	组排序
permission	tinytext	无	权限控制数据

其中 permission 字段用于存放权限数据（Json 格式）。这些数据描述了该组用户是否拥有对应的操作权限，例如"is_browse_title":1 表示该用户组下的用户是否能够浏览主题。

11．bbs_user_integral

用户在登录或者发帖、回帖时，系统将对该用户进行积分记录，从而提高论坛的人气。bbs_user_integral 数据表用于保存积分、时间、事件等。结构如表 17-11 所示。

表 17-11　bbs_user_integral 表

字段名	数据类型	索引	说明
id	int	PRIMARY	主键
user	int(11)	index	用户 id
integral	int(11)	无	积分
add_time	int(11)	index	记录时间
note	varchar(100)	无	事件原因

12．bbs_verification

为了验证用户的邮箱有效性，系统支持对注册用户进行邮件验证。当用户单击邮件中的验证网址，系统将自动完成用户验证。而在此之前，用户处于等待验证状态。bbs_verification 表用于存放系统生成的验证码，当用户完成验证后，系统将删除对应的验证码，结构如表 17-12 所示。

表 17-12　bbs_verification 表

字段名	数据类型	索引	说明
id	int	PRIMARY	主键
verification	char(32)	index	生成的 MD5 验证码
add_time	int(11)	无	生成时间

13．bbs_weibo_binding

前面提到过，系统支持使用微博账号进行会员注册、登录等操作。此外，系统还支持现有的普通用户将账号绑定到多个微博账号。bbs_weibo_binding 数据表用于存放微博绑定用户的数据，例如绑定时间、绑定的微博账号、对应的普通账号等，结构如表 17-13 所示。

表 17-13　bbs_weibo_binding 表

字 段 名	数 据 类 型	索　引	说　明
id	int	PRIMARY	主键
user	int(11)	index	用户 id
binding_time	int(11)	index	绑定时间
weibo_id	int(11)	index	bbs_weibo_list 表主健 id
weibo_username	varchar(100)	无	微博账号或昵称
default	int(11)	无	是否默认微博账号

14. bbs_weibo_list

前面提到过，weibo_id 字段对应 bbs_weibo_list 数据表主键 id。该表用于存放可供绑定的微博服务列表，记录了服务名称、图标、API 地址、状态等数据，结构如表 17-14 所示。

表 17-14　bbs_weibo_list 表

字 段 名	数 据 类 型	索　引	说　明
id	int	PRIMARY	主键
name	char(30)	无	服务名称
mark	char(20)	index	服务标记
url	varchar(100)	无	服务主页
weibo_icon	varchar(100)	无	服务图标
api_url	varchar(200)	无	API 所在地址
sort	int(11)	index	排序
status	tinyint(2)	index	状态

15. sph_counter

sph_counter 数据表用于实现 Shinx 实时全文搜索功能，这在本书 14.4.4 节已经介绍过，在此不再重述。结构如表 17-15 所示。

表 17-15　sph_counter 表

字 段 名	数 据 类 型	索　引	说　明
counter_id	int(11)	无	统计 id
max_doc_id	int(11)	无	上次索引最大记录 id

17.1.4　系统部署

理解了系统架构及数据结构，接下来就可以着手实现系统各功能模块了。首先需要部署项目，在网站根目录中创建一个文件夹，该文件夹用于存放 ThinkPHP 3.0 框架文件以及论坛系统源文件。

完成后，将二级域名绑定到前面创建的目录，这里绑定的域名为 http://bbs.localhost。接下来创建论坛入口文件，并命名为 bbs.php（名称可自定义），代码如例程 17-1 所示。

【例程 17-1】 bbs/index.php 文件代码。

```
<?php
define("THINK_PATH","./ThinkPHP/");
define("APP_PATH","./home/");
define("APP_NAME","Home");
define("APP_DEBUG", true);
require_once(THINK_PATH."ThinkPHP.php");

?>
```

直接访问 http://bbs.localhost/bbs.php，系统将自动创建 bbs 项目，并完成所有初始化操作。接下来将对项目进行必要的配置。打开 bbs/Conf/config.php 文件，在该文件中配置本系统所需要的配置数据。代码如例程 17-2 所示。

【例程 17-2】 bbs/Conf/config.php 文件代码。

```
<?php
return array(
//'配置项'=>'配置值'
'DB_TYPE'               => 'mysql',     // 数据库类型
     'DB_HOST'               => 'localhost', // 服务器地址
'DB_NAME'               => 'bbs_demo',        // 数据库名
'DB_USER'               => 'root',      // 用户名
'DB_PWD'                => 'root',      // 密码
'DB_PREFIX'              => 'bbs_',     // 数据库表前缀
'COOKIE_PREFIX'=>'bbs_', //Cookie 前缀
'SESSION_PREFIX'=>'bbs_',
'SESSION_TABLE'=>'bbs_session', //存放 session 的数据表名
'COOKIE_PATH'=>"/",
'COOKIE_EXPIRE'=>36000,
'SHOW_ERROR_MSG' =>true,
'EXCEPTION_TMPL_FILE'=>'./Public/exception.html',
'ERROR_MESSAGE' =>'发生错误...........! ',
'LAYOUT_ON'=>true,
'TOKEN_ON'=>false,
'TOKEN_NAME'=>"__bbs__",
'DB_SQL_BUILD_CACHE' =>false,
'URL_CASE_INSENSITIVE' =>false,
'URL_MODEL'=>4,
'TMPL_L_DELIM'          => '<!--{',
'TMPL_R_DELIM'          => '}-->',
'URL_CASE_INSENSITIVE' =>true,
'TMPL_ACTION_ERROR'=>TMPL_PATH."Public/error.html",
'TMPL_ACTION_SUCCESS'=>TMPL_PATH.'Public/success.html',
//'TMPL_EXCEPTION_FILE'=>TMPL_PATH."Public/jump.html",
'TMPL_PARSE_STRING' =>array(
     '__WEBSITE_URL__'=>"http://bbs.localhost",
     '__BBSPUBLIC__'=>"http://bbs.localhost/bbs/tpl/Public",
     '__PROJECT_NAME__'=>"BBS 讨论区",
     '__PROJECT_URL__'=>"http://bbs.localhost/bbs.php", //伪静态化绝对路径
     '__WEIBO_API_PATH__'=>"http://bbs.localhost/bbs",//微博 api 接口地址
),
//网站运行时设置，可以配合后台数据表实现动态配置
"SCENARIO_CONFIG"=>array(
          //用户注册默认状态:1 正式通过、2 管理员审核、3 邮件审核
          "user_reg_stats"=>1,
```

```
        //用户注册增加积分
        "user_reg_integral"=>10,
        //用户登录增加积分
        "user_login_integral"=>1,
        //用户发表主题增加积分
        "user_post_topic_integral"=>20,
        //回复一个主题增加积分
        "user_reply_topic_integral"=>5,
        "user_addtopic_status"=>1,
        "user_addtopic_last_word_count"=>6,
        "user_addreply_status"=>1,
        "user_addreply_last_word_count"=>2,
        "SendMessage"=>array(
                //SMTP 服务配置
                "port"=>25,
                "host_name"=>"beauty-soft.net",
                "time_out"=>120,
                "bodytype"=>"html",
                "user"=>"adminftp",
                "pass"=>"ceiba_535416",
                "mail"=>array(
                        "from"=>"kf@86055.com",
                        "relay_host"=>"beauty-soft.net",
                        "auth"=>true,                    ),
                ),
        "FileUpload"=>array(
                "image"=>array(
                        "maxSize"=>1000000,
                        "allowExts"=>array('jpg', 'gif', 'png', 'jpeg'),
                        "savePath"=>APP_PATH."Uploads/images/",
                        "thumbMaxWidth"=>'100,200',
                        "thumbMaxHeight"=>'90,160',
                        ),
                "accessory"=>array(
                        "maxSize"=>5000000000,
                        "allowExts"=>array('zip', 'tar', 'gz', 'rar'),
                        "savePath"=>APP_PATH."Uploads/accessory/",
                        ),
                ),
        //全文搜索配置
        "Sphinx"=>array(
                "host"=>"192.168.0.3",
                "prot"=>9312,

                ),
),);
?>
```

17.2　系统整体界面设计

成功部署项目后，接下来就需要着手实现系统的各功能模块了。首先需要实现系统的布局功能，主要包括系统的主体布局、版块布局。由于版块并不是一成不变的，需要根据帖子属性或状态，智能地实现布局功能。下面将对主要的布局进行分析。

17.2.1 布局方案

布局是一个网站开发中最基础也是比较重要的准备工作，相信无论是前台界面设计人员还是后台编程人员，都不乐意在杂乱无章的系统界面中进行网站开发。所以设计模块，并规范化网站主体皮肤，是网站开发中首先所需要面对的问题。

在主流的 PHP MVC 框架中，均提供了网站布局功能。本书 6.4.8 节已经对 ThinkPHP 视图布局功能进行了全面介绍，这里将使用 ThinkPHP 中的 LAYOUT_ON 功能实现论坛系统布局。在 bbs/Tpl 目录下创建 layout.html 布局文件，代码如例程 17-3 所示。

【例程 17-3】 bbs/Tpl/Public/lay.html 代码。

```
    <!DOCTYPE html PUBLIC "-//W3C//DTD XHTML 1.0 Strict//EN" "http://www.w3.org/TR/
xhtml1/DTD/xhtml1-strict.dtd">
    <html xmlns="http://www.w3.org/1999/xhtml">
    <head>
    <meta http-equiv="content-type" content="text/html; charset=utf-8" />
    <title>
    <if condition="$pageTitle neq '' ">
    <!--{$pageTitle}-->- __PROJECT_NAME__
    <else /> 首页- __PROJECT_NAME__
    </if>
    </title>
    //……省略部分
    </head>
    <body>
    <div id="header-wrapper">
    <div id="header">
        <div id="menu">
            <!-- 导航栏 -->
              <ul>
                  <li   <eq   name="_GET.id"   value="">class="current_page_item"</eq>><a
href="__PROJECT_URL__">论坛首页</a></li>
                  <volist name=":NaviGation()" id="vo">
                      <li <eq name="_GET.id" value="$vo.id">class="current_page_
item"</eq>><a href="<!--{$vo.id|CategoryURL=###}-->" class="last"><!--{$vo.category_title}--
></a></li>
                  </volist>
            </ul>
              <!-- end导航栏 -->
        </div>
        <!-- end #menu -->
        <div id="search">
            <form method="get" action="__PROJECT_URL__">
                <input type="hidden" name="m" value="search" />
                <fieldset>
                    <input name="words" type="text" id="search-text" onclick="search_
txt();" value="<if condition='$_GET.words eq ""'>请输入关键字<else/><!--{$_GET.words}--
></if>" size="15" />
                    <label>
                    <select name="a" id="search_select" class="search_select">
                      <option value="title">搜索标题</option>
                      <option value="fulltext">搜索全文</option>
                  </select>
```

```
                    </label>
                <input type="submit" id="search-submit" class="search-submit" value=
"GO" />
                </fieldset>

            </form>
             <script>
              function search_txt(){
                 $("#search-text").attr("value","");
              }

            </script>

        </div>

    </div>
    </div>
    <!-- end #header -->
    <!-- end #header-wrapper -->
    <div id="logo">
    <h1><a href="#">在线论坛 </a></h1>
    <p><em>PHPMVC 在线支持论坛 <a href="http://beauty-soft.net/book/php_mvc/">beauty-
soft.net</a></em></p>
    </div>
    <hr />
    <!-- end #logo -->
    <div id="page">

    <div id="page-bgtop">
        <div id="content">
            {__CONTENT__}
        </div>
        <neq name="m" value="content">
        <div id="sidebar">
        <include file="Public:sidebar" />
        </div>
        </neq>
        <!-- end #sidebar -->
        <div style="clear: both;"> </div>
    </div>
    <!-- end #page -->
    </div>
    <div id="footer">
    <input type="hidden" id="sys_url" name="sys_url" value="<!--tmp-$Think.config.SYS_
URL-->" />
    <p>Copyright (c) 2012 BeautySoft  by <a href="http://beauty-soft.com/book/php_
mvc">beauty-soft.com</a>.</p>
    </div>
    <!-- end #footer -->
    </body>
    </html>
```

上述布局文件用于规范网站的主题皮肤，实现网站的灵活布局。其中使用了脚本文件及 CSS 等静态文件，这些文件是必不可少的，读者可以在配套源代码包 bbs/Tpl/Public/Resources 目录中找到本系统所有需要使用的静态资源文件。由于篇幅所限，这里不一一列出。

17.2.2 论坛首页

首页是用户访问论坛首先呈现的页面。在首页上通常会对版块数据、帖子主题数据、帖子回复数据、帖子访问情况、用户活跃状态等信息进行汇总。同时，对各大版块、终极版块等信息进行分区导航，方便用户迅速找到感兴趣的内容。对于本系统而言，首页数据主要来自于 bbs_topic、bbs_reply、bbs_category 数据表，统计效果如图 17-10 所示。

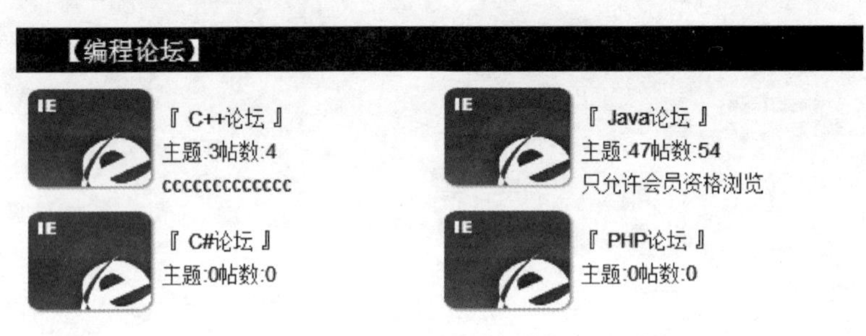

图 17-10　首页数据统计效果

为了方便调用，这里将所有版块数据查询操作封装为 CategoryModel 模型。该模型对应 bbs_category 数据表。代码如例程 17-4 所示。

【例程 17-4】 bbs/Lib/Model/CategoryModel.class.php 文件代码。

```
<?php
class CategoryModel extends Model{
protected $stats=1;
/**
 * 返回版块数据
 * Enter description here ...
 * @param unknown_type $id
 * $data=array("reply"=>false,"reply_data"=>array())
 * 说明：
 * 1 )reply 为 true 时，将显示对应主题的回复数据(默认 10 条，可通过 reply_data 设置数量)
 * 2) reply_data 参数值与当前模型 getTopicReply 方法$data 参数相同
 */
public function getCategoryData($id=0,$data=array()){
    $id=intval($id);
    $topic=M("Topic");
    $category_where["stats"]=$this->stats;
    if ($id>0){
        //根据 id 统计
        $category_where["category_id"]=array("eq",$id);
        $where_id="topic.category_id=$id";
    }else{
        //统计所有版块数据
        $category_where["category_id"]=array("gt",$id);
        $where_id="topic.category_id>$id";
    }
    if ($this->options["where"]){
        $category_where=array_merge($this->options["where"],$category_where);
    }
    $topicNum=$topic->where($category_where)->count();
    $reply=M("Reply");
```

```
        //回帖数量
        $replyNum=$reply->where($category_where)->count();
        //总帖子数量
        $topicAndreplyNum=$topicNum+$replyNum;
        //当前版块最新帖子
        if (!$this->options["limit"]){
            $limit=1;
        }else{
            $limit=$this->options["limit"];
        }
        //默认根据回复时间排序
        if (!array_key_exists("order", $this->options)){
            //根据最新回复时间,默认
            $DB_PREFIX=C("DB_PREFIX");
            $where="and topic.stats={$this->stats} and top=".intval($category_where
["top"]);
            $sql="SELECT topic.`id`,topic.`title`,topic.`add_time`,topic.`add_user`,
topic.`category_id`,
                topic.`category_chil_id`,topic.top,reply.add_time as reply_time
                FROM `{$DB_PREFIX}topic`  as topic, {$DB_PREFIX}reply as reply where
($where_id
                 and reply.topic_id=reply.id {$where})
                 %ORDER%
                 %LIMIT%
            ";
            $rows=$topic->limit($limit)->order("reply_time    desc,add_time    desc,id
desc")->query($sql,true);

        }else{
            //根据最新发表时间
    $rows=$topic->field("content,stats",true)->order($this->options["order"])->where
($category_where)->limit($limit)->select();

        }
        //是否显示回复数据
        if ($data["reply"] && $rows){
            foreach ($rows as $key=>$value){
                $rows[$key]["reply"]=$this-
>getTopicReply($value["id"],$data["reply_data"]);
            }
        }
        $datas=array(
            "topicNum"=>$topicNum,
            "replyNum"=>$replyNum,
            "topicAndreplyNum"=>$topicAndreplyNum,
            "newdata"=>$rows,
        );
        return $datas;
    }
    /**
     * 根据主题 id 获取应该的主题回复
     * @param unknown_type $id
     * $data=array("order"=>"add_time","limit"=>10)
     */
    public function getTopicReply($id,$data=array()){
```

```
        $reply=M("Reply");
        $where["id"]=$id;
        $where["stats"]=$this->stats;
        if ($data["order"]){
            $order=$data["order"];
        }else{
            $order="add_time desc";
        }
        if ($data["limit"]){
            $limit=$data["limit"];
        }else{
            $limit=10;
        }
        $rows=$reply->order("add_time   desc")->limit($limit)->order($orde)->where($where)-
>select();
        return $rows;
    }
    /**
     * 根据 ID 获取对应版块下的子版块
     * @param unknown_type $id
     * @param unknown_type $data
     * @return unknown
     */
    public function getCategorySubList($id,$data=array()){
        $Category=M("Category");
        $where=array(
            "parent_id"=>$id,
            "category_stats"=>1,
            "category_level"=>array("neq",0),

        );
        $rows=$Category->where($where)->order("category_order desc")->select();
        return $rows;
    }


    }
    ?>
```

完成 CategoryModel 模型创建后，只需要在 index 方法调用 CategoryModel 模型中的 getCategoryData 方法即可获取所需要的数据。代码如例程序 17-5 所示。

【例程 17-5】 IndexAction 控制器 index 动作代码。

```
      public function index(){
        load("extend");
        $category=D("Category");
        //推荐主题
        $where=array(
            "parent_id"=>0,
            "category_stats"=>1,
        );
      $category_list=$category->where($where)->order("category_order desc")->select();
        $this->assign("category_list",$category_list);
        $this->display();
      }
```

对应的 bbs/Tpl/Index/index.html 模板代码如下所示。

```
    <volist name="category_list" id="vo">
    <div class="post">
        <p class="meta"><span class="date">【<!--{$vo.category_title}-->】</span> </p>
            <div class="category">
            <div class="category-list">
                <volist name=":CategorySubList($vo['id'])" id="vos">

                    <div class="category-block">
                        <span class="category-image">
                            <a href="<!--{$vos.id|CategoryURL=###}-->" title="" target=
"_self" >
                            <neq name="vos.category_image" value="">
                            <img src="<!--{$vos.category_image}-->" border="0"/>
                            <else/>
                            <img src="__BBSPUBLIC__/Resources/Image/IE.png" width=
"90" height="68" border="0"/>
                    //………省略部分
                    </div>
                </volist>




            </div>
        </div>
    </div>
    </volist>
```

上述步骤使用了多个自定义函数，例如 CategoryData、PageURL 等。这些自定义函数具有非常重要的作用，如缺少将不能正常运行。读者可在配套源码包 bbs/Common/common.php 文件中找到所有自定义函数代码，这里不再讲述。

17.2.3　论坛版块

单击首页中的版块图标或版块名称，将进入该版块的终极栏目。但系统并非只支持两级栏目分类，而是支持多级栏目分类。这里为了方便讲解，将终极栏目的上级栏目称为大版块；将终极栏目称为小版块。下面分别介绍。

1．大版块

大版块是小版块的上层分类，利用大版块分类功能，可以实现论坛的无限级分类（建议不要超过 3 级分类）。大版块相当于终极分类的封面，原则上该版块只用于分类导航，而禁止存放内容。界面效果如图 17-11 所示。

大版块的数据与首页所需要的数据大致相同，都是取自于 CategoryModel 自定义模型中的 getCategoryData 方法。无论是大版块还是小版块，都在一个独立的控制器中实现。这里将使用 CategoryAction 控制器 index 动作实现版块访问处理。如以下代码所示。

```
    public function index(){
        load("extend");
        $Category=D("Category");    $obHead=$Category->field("parent_id,id")-
>where(array("id"=>$_GET["id"],"category_stats"=>1))->find();
        if(!$obHead["parent_id"]){
            //大版块
```

图 17-11　大版块界面效果

```
            $this->assign("list",CategorySubList($_GET["id"]));
            $this->display();
        }else{
    //小版块
    }
    }
```

如上述代码所示，在 index 动作中判断 parent_id 字段是否为 0，如果是 0 表示该版块为大版块；否则为小版块。如果是大版块，直接使用 display 显示当前视图版块。代码如例程 17-6 所示。

【例程 17-6】 bbs/Tpl/Category/index.html 文件代码。

```
    <div class="nav_path">导航：<span class="path"><!--{:NavPath($_GET['id'])}--></span></div>
    <volist name="list" id="vos">
        <div class="post">
         <p class="meta"><span class="date">【<!--{$vos.category_title}-->】</span> </p>
                <div class="category">
                <div class="category-list">
                    <div class="category-block">
                        <span class="category-image">
                            <a  href="<!--{$vos.id|CategoryURL=###}-->"  title=""  target=
"_self" >
                            <neq name="vos.category_image" value="">
                            <img src="<!--{$vos.category_image}-->" border="0"/>
                            <else/>
                            <img src="__BBSPUBLIC__/Resources/Image/IE.png" width="90" height
="68" border="0"/>
                            </neq>
                          </a>
                        </span>
                        <span class="category-item">
```

```
                    <p> 『    <a    href="<!--{$vos.id|CategoryURL=###}-->"><!--
{$vos.category_title}--></a> 』</p>
                    <p><em>主题:<!--{$vos.id|CategoryData=###,"topicNum"}--></em>
<em>帖数:<!--{$vos.id|CategoryData=###,"topicAndreplyNum"}--></em></p>
                    <p>
                    <a href="<!--{$vos.id|PageURL=###}-->" target="_blank" title
="<!--{$vos.id|CategoryData=###,"title"}-->">
                    <!--{$vos.id|CategoryData=###,"title"|msubstr=###,0,16,"utf-
8",false}--></a></p>
                  </span>
                </div>
          </div>
          </div>
      </div>    </volist>
```

2. 小版块

小版块的处理相对比较复杂，不仅需要处理当前版块的列表数据，还需要处理列表帖子状态。例如是否推荐、置顶等。代码如下所示。

```
    //小版块
    //置顶
    $top_list=$Category->limit(5)->where(array("top"=>1))->getCategoryData($_GET["id"]);
    $this->assign("top_list",$top_list["newdata"]);
    //普通主题
    import("ORG.Util.Page");
    $count_array      = $Category->where(array("top"=>0))->getCategoryData($_GET["id"]);
    $count=$count_array["topicNum"];
    $Page        = new Page($count,10);
    //分页
    $Page->setConfig('header','个主题');
    //分页样式定制
    $Page->setConfig("theme", "本版共有%totalRow% %header%  %upPage% %downPage% %first%
%prePage%  %linkPage%  %nextPage% %end%");
    $show        = $Page->show();
    $cache_str=md5($count.$Page->firstRow.$Page->listRows."_category");
    if(S($cache_str)){
        $list=S($cache_str);
    }else{
        $list=$Category->limit($Page->firstRow.','.$Page->listRows)->where(array("recommend"
=>0))->getCategoryData($_GET["id"],array("reply"=>false));
        S($cache_str,$list);
    }
    $categoryObj=M("Category");
    $categoryName=$categoryObj->field("category_title")-
>where(array("id"=>$_GET["id"]))->find();
    $this->assign("pageTitle",$categoryName["category_title"]);
    $this->assign("list",$list["newdata"]);
    if(C("URL_MODEL")==4){
        $arr1 = array (
                "/forum-(\d)-(\d)\.html\?\&p=(\d)/i",
                "/\?\&p=\d/i"
        );
        $arr2 = array (
                "forum-\\1-\\3.html",
                ""
        );
```

```
        $show = preg_replace ( $arr1, $arr2, $show );
    }
    $this->assign("navpage",$show);
    $this->display("SubIndex");
```

小版块的列表数据同样来自于 getCategoryData 自定义模型方法。但这里需要详细地取出列表数据，并且使用 Page 扩展类实现分页。

需要注意的是，由于论坛系统支持两种 URL 模式：一种是传统的 PHP 显式传参方式，表现形式如 http://bbs.localhost/?m=index&a=category&id=8；另一种是为了改善用户体验，优化搜索引擎收录的自定义 URLRewriter 模式，表现形式如 http://bbs.localhost/forum-7-1.html，所以这里需要使用 preg_replace 正则函数对原有的分页链接形式进行改写。URLRewriter 模式需要配合服务器的 URLRewriter 功能实现，具体可参阅配套源码包中的.htaccess 文件。小版块使用独立的视图模板，方便与大版块进行区分，代码如例程 17-7 所示。

【例程 17-7】 bbs/Tpl/Category/SubIndex.html 文件代码。

```
    <div class="nav_path">导航：<span class="path"><!--{:NavPath($_GET['id'])}--></span></div>
            <div  class="category_title"><!--{$pageTitle}--></div>
            <elt name="_GET.p" value="1">
            <egt name="top_list|count=###" value="1">
            <div class="post">
                <p class="meta"><span class="date">【本版置顶】</span> </p>
                <div class="entry" id="top_list">
                <!--列表-->
                <volist name="top_list" id="vo">
                        <li class="v_link">
                        <em  class="top_head_img"><!--{:TopicHeadImage($vo['id'],PageURL
($vo['id']))}--></em>
                            <a style="font-size:16px" title="<!--{$vo.title}-->" href="
<!--{$vo.id|PageURL=###}-->" ><!--{$vo.title}--></a>
                            <span>
                              <em>用户:<a href="__APP__?m=user&uid=<!--{$vo.add_user}--
>"><!--{$vo.add_user|uidToData=###,"user_nickname"}--></a></em><em>    时    间    :<!--
{$vo.add_time|date="m 月 d 日 H:i",###}--></em>
                            </span>

                        </li>
                    </volist>
                </div>
            </div>
             </egt>
            </elt>
             <div class="post">
                <p  class="meta"><span  class="date">【 普 通 主 题 】 </span><span  class=
"postTopic"><a    href="__PROJECT_URL__?m=posttopic&cid=<!--{$_GET.id}-->"><input    type=
"submit" value="发表新帖" /></a></span> </p>
                <div class="entry">
                <!--列表-->
                        <div class="v_link_r">
                          <span class="v_link_l">筛选:【图片】【推荐】</span>
                          <span class="v_link_e">
                             <em>发表</em><em>最后回复</em>
                          </span>
                       </div>
```

```
                <volist name="list" id="vo">
                        <li class="v_link">
                          <em class="top_head_img"><!--{:TopicHeadImage($vo['id'],PageURL
($vo['id']))}--></em>
                             <a title="<!--{$vo.title}-->" href="<!--{$vo.id|PageURL=###}
-->" ><!--{$vo.title|msubstr=###,0,16,'utf-8',false}--></a> [ add:<!--{$vo.add_time|date
="m月d日H:i",###}-->]
                             <span>
                                <em class="add_user_img"><img src="<!--{$vo.add_user|uidTo
Data=###,"head_image"}-->" width="25" height="25" /></em>
                                <em>
                                <a title="<!--{$vo.add_user|uidToData=###,'user_nickname'}
-->" href="__APP__?m=user&uid=<!--{$vo.add_user}-->"><!--{$vo.add_user|uidToData=###,"user_
nickname"|msubstr=###,0,3,'utf-8',false}-->
                                </a>

                                </em><em>【<if condition="getLastReplayUser($vo['id']) eq
null">
                                <a title="<!--{$vo.add_user|uidToData=###,'user_nickname'}
-->" href="__APP__?m=user&uid=<!--{$vo.add_user}-->"><!--{$vo.add_user|uidToData=###,"user_
nickname"|msubstr=###,0,3,'utf-8',false}-->
                                </a>

                                <else />
                                <a  title="<!--{$vo.add_user|getLastReplayUser=###,'user_
nickname'} -->" href="__APP__?m=user&uid=<!--{$vo.add_user}-->"><!--{$vo.add_user|getLast
ReplayUser=###,"user_nickname"|msubstr=###,0,3,'utf-8',false}-->
                                </a>
                                </if>】</em>
                             </span>

                        </li>
                    </volist>
                </div>
            </div>
     </div>
     <div class="navpage">
     <!--{$reg}-->
     <!--{$navpage}-->
```

如上述标粗代码所示，由于小版块列表形式并非固定的，当 top_list 数据列表为空时，表示当前模块并不存在置顶帖，所以使用 egt 标签控制置顶帖显示的时机。效果如图 17-12 所示。

图 17-12　置顶帖效果

17.3 用户模块

用户模块控制着登录用户与非登录用户之间的可操作权限，将直接影响用户的使用体验。所以用户模块的开发直接影响论坛平台的整体质量。用户模块的开发涉及多项技术，例如权限控制、安全处理、邮件处理、文件处理等。为了方便介绍，接下来只对用户模块中比较重要的注册及登录子模块进行介绍，这也是整个用户模块中最重要的部分。其他的如资料管理、头像修改、控制面板等读者可以直接阅读本书配套源代码。

17.3.1 用户登录

这里所说的用户主要是指未登录的访客。后面介绍的用户则主要是指登录后的会员。用户需要成为会员，并拥有会员资格，例如发帖、发表回复、上传图片等就需要进行登录。用户在登录时，共有两种方式。一种是使用论坛系统提供的用户账号；另外一种则是使用第三方服务账号，例如腾讯微博账号、新浪微博账号等。

无论使用哪种方式登录论坛系统，都必须经过系统的验证模块。为了方便介绍，下面首先介绍使用系统账号登录的过程。

首先用户在登录表单中输入登录邮箱及密码，并提交表单；后台验证模块将对用户的登录数据进行验证，如果验证失败，提示数据错误或者用户不存在；用户可以重新输入正确的账号或密码尝试重复登录，或者单击注册连接进入账号注册模块，过程如图 17-13 所示。

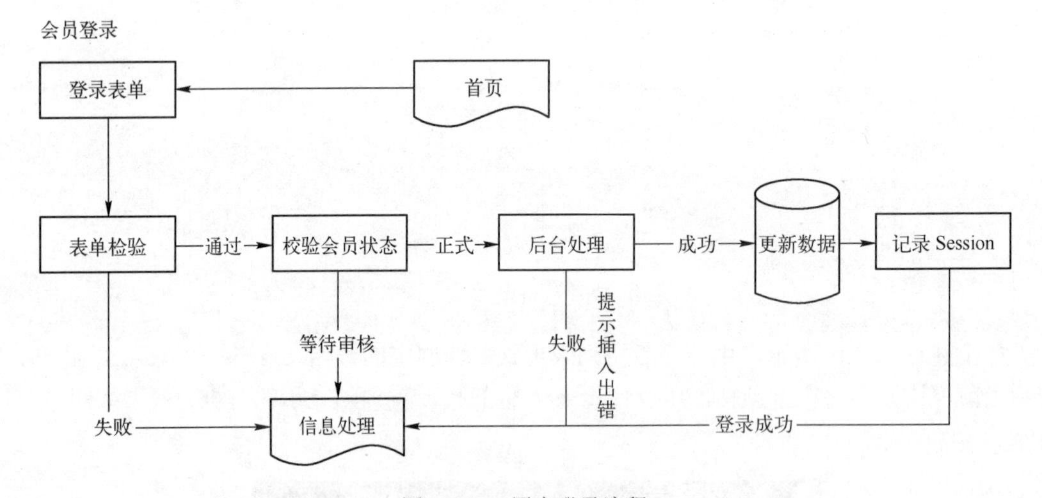

图 17-13　用户登录流程

用户在登录过程中，如果出现异常将提交给信息处理模块进行处理，该页面允许用户返回“上一页”、“版块列表”以及“会员注册”页面。而当用户登录成功后，信息处理页面将直接导航到用户控制面板。这里将使用 ThinkPHP 提供的 error 及 success 方法实现消息处理，对应的模板位于 bbs\Tpl\Public 目录（由配置文件 TMPL_ACTION_ERROR 及 TMPL_ACTION_SUCCESS 项决定模板路径）。用户表单页面由公共模板 sidebar.html 渲染，代码如例程 17-8 所示。

【例程 17-8】 bbs/Tpl/Public/sidebar.html 文件代码。

```
                    <div id="User-Login">
                    <div id="minicard"></div>
                    <if condition="$login eq 1 ">
                        <script type="text/javascript">
                            $("#minicard").load("__PROJECT_URL__"+"?m=user&a=userminicard");
                        </script>
                    <else />
                    <form method="post" id="userloginform" name="userloginform" onsubmit=
"return userlogin(this)" action="__PROJECT_URL__?m=user&a=userlogin">
                  <p>邮 箱 : <input name="user_email" onclick="clname();" type="text"
id="user_email" value="用户名/邮箱" />
                  </p>
                  <p>密码: <input type="password" name="password" id="password" /></p>
                  <p><span>验证: </span><span><input type="text" size="6" class="Verification"
id="Verification" /></span><span><img src="__APP__/index/verify" onclick="show(this);"
/></span></p>
                  <p><input type="submit" id="UserLoginBut" value="登录" /><span>[<a
href="__PROJECT_URL__?m=user&a=register" target="_blank">注册新用户</a>]</span><span>[<a
href="__PROJECT_URL__?m=user&a=getpassword" target="_blank">忘记密码</a>]</span>
                  <p class="wei_ico"><span>使用其他账号登录: </span>
                  <span><a id="qqLink" title="使用 QQ 登录" href="__PROJECT_URL__?m=
user&a=weibologin&wid=1">使用 QQ 账号登录</a></span>
                  <span><a id="sinaLink" title="使用新浪微博账户登录" href="__PROJECT_
URL__?m=user&a=weibologin&wid=2">使用新浪微博账户登录</a></span></p>

              </form>
              //……省略 JavaScript 部分代码

                </if>
               </div>
```

最终的界面效果如图 17-14 所示。

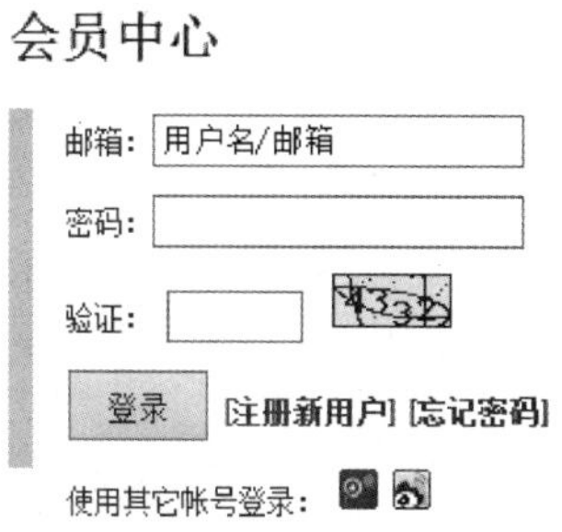

图 17-14　会员登录表单

用户单击登录表单后，将提交到 UserAction 控制器下的 userlogin 动作进行处理。代码如下所示。

```
    /**
     * 处理用户登录数据
     */
    public function userlogin(){
        $User=D("User");
        load("extend");
        if(md5($_POST["verify"])!=$_SESSION["verify"]){
            $this->ajaxReturn($_POST,"验证码出错",0);
        }
        if (!preg_match("/^([a-zA-Z0-9_-])+@([a-zA-Z0-9_-])+(\.[a-zA-Z0-9_-])+/",$_POST
["user_email"])){
            $this->ajaxReturn($_POST,"邮箱出错",0);
        }
        if (empty($_POST["password"]) || strlen($_POST["password"])<4){
            $this->ajaxReturn($_POST,"密码最少 4 位数",0);
        }
        $where=array(
                "user_email"=>h($_POST["user_email"]),
                "password"=>md5($_POST["password"])
```

```
        );
        $rows=$User->where($where)->find();
        if ($rows["status"]==1){
            //登录成功
            session("user_id",md5($rows["id"].$_POST["user_email"]));
            session("password",md5($_POST["password"]));
            cookie("user_email",$_POST["user_email"]);
            //增加积分
            $config=C("SCENARIO_CONFIG");
            AddUserIntegral($rows["id"],$config["user_login_integral"],"登录时增加积分");
            //增加登录次数
            $User->addUserLoginNumber($rows["id"]);
            $TMPL_PARSE_STRING=C("TMPL_PARSE_STRING");
            $url=$TMPL_PARSE_STRING["__PROJECT_URL__"]."?m=user&a=userminicard";
            $this->ajaxReturn(array("user"=>1,"url"=>$url),"登录成功",1);
        }elseif ($rows["stats"]==2){
           $this->ajaxReturn($_POST,"系统已经向{$rows['user_email']}发送了验证信，请验证。");
        }elseif ($rows["stats"]==3){
            $this->ajaxReturn($_POST,"你的用户资格管理员正在审核中");
        }else{
            $this->ajaxReturn($_POST,"登录失败，请检查用户名或邮箱".$User->getLastSql(),0);
        }
    }
```

上述校验过程使用了自定义 UserModel 模型，该模型代码如例程 17-9 所示。

【例程 17-9】 bbs/Lib/Model/UserModel.class.php 文件代码。

```
    <?php
    class UserModel extends Model {
    protected $_validate=array(
            array('user_email','email','请输入正确的 Email 地址'),
            array('user_email','','Email 已经存在',0,'unique',1),
            array("password","require","密码最少 4 位",1,"4,20"),
            array('repassword','password','确认密码不正确',0,'confirm'),
            //array('user_nickname','','该昵称已被使用',0,'unique',0),
            array('verify','require','验证码必须！'),
            array('user_nickname','user_nickname','请输入一个称呼'),
    );

    /**
     * 判断当前用户是否已经登录
     */
    public function UserLogin(){
        $sUserId=session("user_id");
        $User=M("User");
        //用户 id+email 等于 session 中存放的 user_id
        $uRows=$User->where(array("user_email"=>cookie("user_email")))->field("id,user_
email")->find();
        if (!$sUserId==md5($uRows["id"].$uRows["user_email"])){
            session("user_id",null);
            cookie("user_email",null);
            return 0;
        }
        $sUserPassword=session("password");
        $where=array(
                "id"=>$uRows["id"],
```

```
                "password"=>$sUserPassword,
                );
        $rows=$User->field("status")->where($where)->find();
        return intval($rows["status"]);
    }
    /**
     * 根据 sessid 获取当前登录用户数据
     * @param unknown_type $user_sessid
     */
    public function UserData($user_sessid){
        $sUserId=session("user_id");
        $User=M("User");
        if ($this->UserLogin()){
            $uRows=$User->where(array("user_email"=>cookie("user_email")))->find();
            if ($sUserId==md5($uRows["id"].$uRows["user_email"])){
                $uRows["integral"]=$this->sumUserIntegral($uRows["id"]);
                return $uRows;
            }else{

                Log::write("获取当前登录用户数据时产生了错误: ".$User->getLastSql());
                return "获取数据出错，请联系管理员";
            }
        }else{
            return "请登录后再操作";
        }

    }
    /**
     * 获取用户积分列表
     * @param unknown_type $id
     * @param unknown_type $field
     */
    public function getUserIntegral($id,$field=""){
        $user_integral=M("UserIntegral");
        if (empty($field)){
            $rows=$user_integral->where(array("user"=>$id))->select();
            return $rows;
        }else{
            $rows=$user_integral->field($field)->where(array("user"=>$id))->selct();
            return $rows[$field];
        }

    }
    /**
     * 统计用户发表的主题数量
     * @param int $id
     * @return int
     */
    public function  getUserTopicNumber($id){
        $topic=M("Topic");
        $topicNum=$topic->where(array("add_user"=>$id,"stats"=>1))->count();
        return $topicNum;
    }
    /**
     * 统计用户回复帖子数量
```

```
     * @param unknown_type $id
     * @return unknown
     */
    public function  getUserReplyNumber($id){
         $reply=M("Reply");
         $replyNum=$reply->where(array("add_user"=>$id,"stats"=>1))->count();
         return $replyNum;
    }
    /**
     * 统计用户积分
     * @param unknown_type $id
     */
    public function  sumUserIntegral($id){
         $user_integral=M("UserIntegral");
         $sum=$user_integral->where(array("user"=>$id))->sum("integral");
         return $sum;
    }
    /**
     * 增加用户登录次数
     *
     */
    public function addUserLoginNumber($user){
         $User=M("User");
         load("extend");
         $where=array("id"=>$user);
         $User->where($where)->save(array("last_login_ip"=>get_client_ip()));
         $num=$User->where($where)->setInc("login_number",1);
         return $num;
    }

    }
    ?>
```

17.3.2 用户注册

当访问用户单击“注册新用户”链接后，系统将引导用户进入会员注册页面。注册流程如图 17-15 所示。

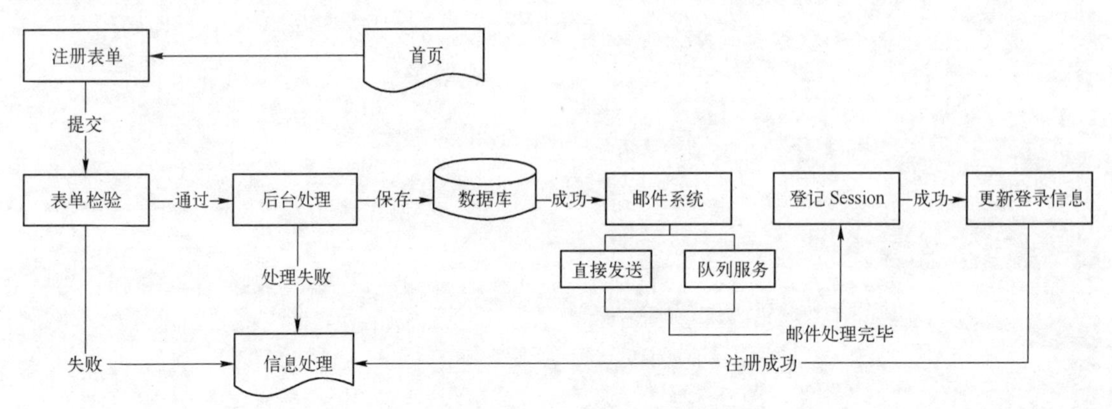

图 17-15　注册新用户

这里使用 register 动作作为注册表单页面；表单验证将使用 UserModel 自定义模型 $_validate 字段完成；邮件处理使用 SendMessage 扩展类完成（具体可参考本书 11.2.7 节）。下面将首先实现 register 动作，代码如下所示。

```
/**
 * 用户注册
 */
public function register(){
    if ($this->userlogin){
        $this->success("你已经成功登录");
    }
    $securityPassword=M("SecurityPassword");
    $security_list=$securityPassword->order("sort desc,id desc")->select();
    $this->assign("security_list",$security_list);
    $this->display();
}
```

对应的 register.html 视图模板代码如例程 17-10 所示。

【例程 17-10】 bbs/Tpl/User/register.html 文件代码。

```
<div class="post">
<form name="form1" method="post" action="__APP__?m=user&a=registerpost">
            <p class="meta"><span class="date">【用户注册】</span> </p>
            <ul style="font-size:14px">提示：如果你已经有账号，可以直接在右边登录窗口中进行
登录操作。</ul>
            <div class="main">
                <fieldset title="基础项" class="base">
                <legend>基础选项</legend>
                    <ul>
                        <li>登录邮箱：<input  type="text" name="user_email" size=
"30"><em>请填写邮箱（必填）</em></li>
                        <li>登录密码：<input  type="password" name="password"
size="30"><em>密码不能少于 4 位数（必填）</em></li>
                        <li>确认密码：<input  type="password" name="repassword"
size="30"><em>重复一次密码</em></li>                <li>用户昵称：<input  type="text"
name="user_nickname" size="30"><em>用户昵称，支持中文（必填）</em></li>
                    </ul>
                </fieldset>
                <fieldset class="expert" style="display:none" title="可选项">
                <legend>高级选项（可选）</legend>
                    <ul>
                        <li>安全口令：
                        <select name="security_password" >
                                <option value="">选择一个安全问题，提高登录安全
性</option>
                            <volist name="security_list" id="vo">
                                <option  value="<!--{$vo.password}-->"><!--
{$vo.password}--></option>
                            </volist>
                        </select>
                        <em>用于设置安全登录</em></li>
                        <li>口令答案：<input  type="text" size="30" name="security
_answer"><em>安全口令答案</em></li>

                       <li>个人微博：<input  type="text" name="weibo" value="http:
//" size="30"></li>
```

```
                                <li>个人年龄: <input  type="text" name="age" size="10"></li>
                                <li>联系 QQ: <input  type="text" name="qq" size="10"></li>
                                <li>从事职业: <input  type="text" name="professional" size
="10"></li>
                                <li>个人介绍
                                    <p>
                                        <textarea name="introduce" class="introduce" rows
="7" ></textarea>
                                    </p>
                                </li>

                                </li>
                            </ul>
                        </fieldset>
                        <p><input type="checkbox" name="che_1" onchange="ShowExpert(this);
"><em>高级选项</em></p>

                        <div class="sub">
                            <input  type="submit" value="同意条款并注册"><em>阅读条款</em>
                        </div>
                    </div>
    </form>
     </div>
    //……省略部份代码
```

最终的界面效果如图 17-16 所示。

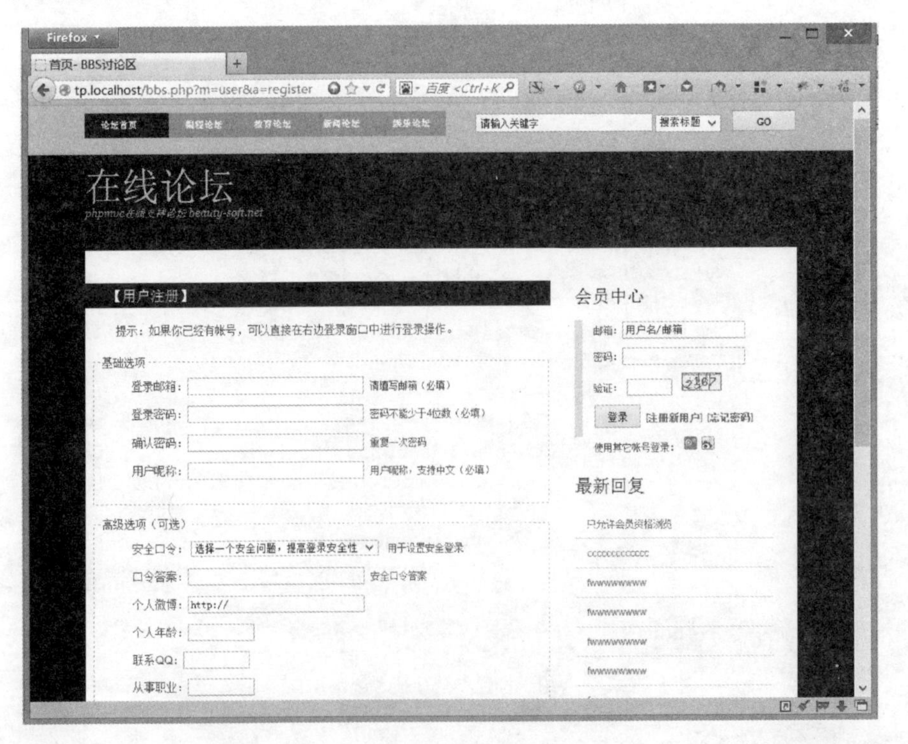

图 17-16　用户注册页面效果

用户单击“同意条款并注册”按钮，将提交到 registerpost 动作处理。代码如下所示。

```
    /**
     * 处理注册数据
     */
    public function registerpost(){
        $User=D("User");
        load("extend");
        $data=$User->create();
        $user_information =array(
                "weibo"=>h($_POST["weibo"]),
                "age"=>intval($_POST["age"]),
                "qq"=>h($_POST["qq"]),
                "professional"=>h($_POST["professional"]),
                "introduce"=>h($_POST["introduce"])
                );
        if($data){
            $user_information=json_encode($user_information);
            $data["user_information"]=$user_information;
            $data["security_answer"]=md5($data["security_answer"]);
            $data["reg_time"]=time();
            $data["stats"]=$config["user_reg_stats"];
            $config=C("SCENARIO_CONFIG");
            if ($User->add($data)){
                if ($config["user_reg_stats"]==3){
                    //发送邮件验证信，在实际开发中可结合消息队列（如 HTTPSQS）进行处理，以提高性能
                    C("LAYOUT_ON",false);
                    $config=C("SCENARIO_CONFIG");
                    import("@.ORG.SendMessage");
                    $verification=md5(time().$_POST["user_email"]);
                    $mailInfo=array(
                            "greetings"=>"尊敬的会员",
                            "verification"=>$verification,
                            "time"=>time()
                    );
                    $this->assign("mail",$mailInfo);
                    //邮件内容
                    $body=$this->fetch("Public:Mail");
                    SendMessage::init($config["SendMessage"]);
                    if (SendMessage::SendMail("欢迎注册丽物论坛会员", $body, $_POST["user
_email"])){
                        //将验证码保存到数据库
                        $verification=M("Verification");
                        $data["verification"]=$verification;
                        $data["add_time"]=time();
                        if (!$verification->add($data)){
                            Log::write("在保存邮件验证码时产生了错误：".$verification->
getLastSql());

                            throw new Exception("验证码插入失败，请联系管理员手动审核");
                        }

                    }else{
                        Log::write("在给注册会员发送验证邮件时发生了错误：".SendMessage::$debug);
                    }
                }
                //增加积分
              AddUserIntegral($rows["id"],$config["user_reg_integral"],"新用户注册积分");
```

```
                $this->success("用户注册成功",__APP__."?m=user&a=login");

            }else{
                Log::write("用户注册出错: ".$User->getLastSql());
                throw new Exception("数据插入失败，请联系管理员");
            }
        }else{
            $this->error($User->getError());
        }
    }
```

上述代码中，使用了 SendMessage 自定义扩展类，并且将邮件系统配置信息配置到了 config.php 中。所有自定义扩展类库均保存到 bbs/Lib/ORG 目录，所以 SendMessage 扩展类的真实路径为 bbs/Lib/ORG/SendMessage.class.php。由于篇幅所限，这里不再对该类进行介绍，具体使用方式可阅读本书前面讲述过的内容。

17.3.3 使用微博账号登录

使用现有的第三方账号进行登录，是有效提高用户体验的重要方式。由于主流 SNS 系统的普及，使用这些账号登录可以免去用户注册账号的麻烦，用户只需要成功登录第三方服务，就可以实现在当前系统中登录，并拥有正常会员的权限。

当前，主流的 SNS 对外提供服务都是基于 OAuth 2.x 协议的，所以无论安全性，还是便捷性，都是开发 SNS 应用的可靠技术。作为 PHP 程序员而言，只需要下载官方提供的 API 即可实现所有基于 OAuth 认证的功能或服务，例如登录、获取数据、上传数据等。这里只需要使用登录服务即可。

国内的主流 SNS 应用都提供了 OAuth 服务，并且都提供有完善的 API，开发人员下载后只需要修改少量数据，即可实现第三方账号登录服务。接下来将以腾讯微博为例，介绍腾讯微博的 OAuth 登录服务。

1. 下载和配置微博接口

OAuth 是一套开放的授权标准，任何厂商都可以使用。PHP 本身就能够支持 OAuth 标准，所以调用任何基于 OAuth 的第三方服务并不需要额外的扩展。但为了方便使用，这里将直接使用官方提供的 SDK。读者可以在 http://wiki.open.t.qq.com/index.php 网站中下载到本章所需要使用的 API 文件。

同时，本书配套源码中同样提供了相应的 API，文件位于 bbs/otherlogin/TencentWeibo 目录中。打开 SDK 目录下的 Config.php 配置文件，根据实际情况填写。代码如下。

```
<?php
//填写自己的appid
$client_id = '801065573';
//填写自己的appkey
$client_secret = '94a5c459cb55826ceeb6c34bb50a4c80';
//调试模式
$debug = false;
```

官方提供的 appid 及 appkey 能够实现基本的功能，读者也可以正式申请专有的 appid 及 appkey。由于本章内容只需要登录服务，所以使用官方提供的就已足够。

为了方便介绍，接下来并非将腾讯微博 SDK 整合到论坛系统中，而是使用 JavaScript 处理用户登录成功数据。只需要简单修改 demo.php 文件即可。代码如下所示。

```
    if ($_SESSION['t_access_token'] || ($_SESSION['t_openid'] && $_SESSION['t_openkey']))
{//用户已授权
        //获取用户信息
        $r = Tencent::api('user/info');
        //随机生成表单令牌
        $api_token=rand(100, 12000).time();
        $_SESSION["api_token"]=md5($api_token);
        $data=json_decode($r,true);
        ?>
        <html xmlns="http://www.w3.org/1999/xhtml">
    <head>
    <meta http-equiv="content-type" content="text/html; charset=utf-8" />
    <title>
    </title>
    <script type="text/javascript">
    setTimeout("document.weiboform.submit()",2)
    </script>
    </head>
    <body>
    <form name="weiboform" method="post" action="http://bbs.localhost/bbs.php?m=user&a=
receiveWeiboPost">
    <input type="hidden" name="source" value="1">
    <input type="hidden" name="nickname" value="<?php echo $data['data']['nick'];?>">
    <input type="hidden" name="username" value="<?php echo $data['data']['name'];?>">
    <input type="hidden" name="head_image" value="<?php echo $data['data']['head'];?>">
    <input type="hidden" name="api_token" value="<?php echo $api_token; ?>">
    <input type="hidden" name="data" value="<?php echo $r;?>">
    </form>
    </body>
    </html>

     <?php
    }
    //……省略部分
```

如上述代码所示，为了能够让第三方服务返回的登录数据能够提交（POST）到论坛系统中，使用了随机令牌机制，并登记到 Session。通过这些步骤就能够防止非法的数据来源，确保数据来自于微博服务。

2．处理登录数据

微博返回的数据最终将提交到 UserAction 控制器下的 receiveWeiboPost 动作。不管是哪一个第三方服务，需要提交的数据字段都包括 nickname、name、source、head_image、api_token。

在 receiveWeiboPost 动作中，处理的流程主要包括数据校验、用户检测、数据处理、Session 登记等。如图 17-17 所示。

图中，整个登录过程分为 2 条主线：当微博账号已经存在系统时，例如执行过绑定操作、或者非第一次执行微博登录，数据库中将会保存该用户信息，此时系统只需要在 Session 登记即可，以便确认登录状态；而当数据库中并不存在该微博用户时，为了提高用户体验，系统将自动注册该用户，但这一过程是后台自动完成的，并不会给用户任何提示，用户最终看到的是登录成功信息（即返回用户中心首页）。整个流程都将在 receiveWeiboPost

动作中完成，代码如下所示。

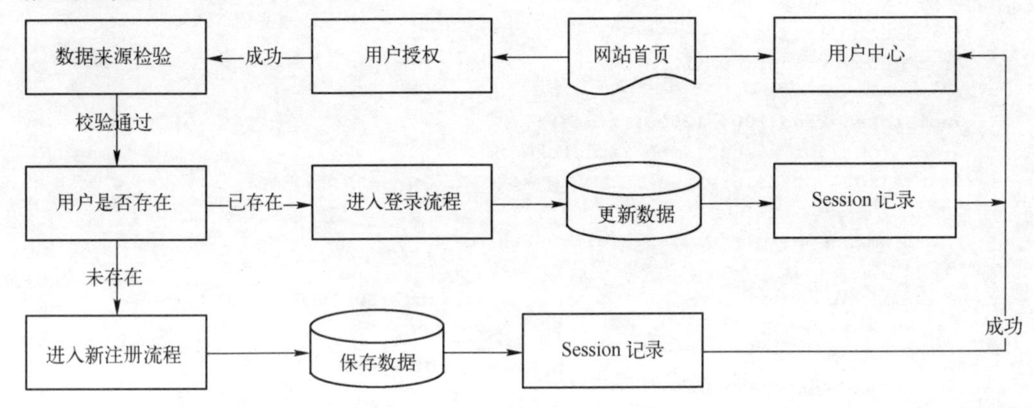

图 17-17　微博登录流程图

```
    public function receiveWeiboPost(){
        if (md5($_POST["api_token"])!=$_SESSION["api_token"]){
            //dump($_SESSION);
            $this->error("数据来源失败");
        }
        $User=D("User");
        $user_data=$User->UserData(session("user_id"));
        $weibo=M("WeiboList");
        load("extend");
        $weibo_rows=$weibo->where(array("id"=>$_POST["source"],"status"=>1))->find();
        $source=$weibo_rows["id"];
        $config=C("SCENARIO_CONFIG");
        $weibo_binding=M("WeiboBinding");
        $user_name=empty($_POST["username"])?$_POST["nickname"]:$_POST["username"];
        if ($source && $user_name) {
            $username=$weibo_rows["mark"]."_".$user_name;
            $rows=$User->where(array("username"=>$username,"status"=>1))->find();
            $weibo_binding_rows=$weibo_binding-
>where(array("weibo_id"=>$source,"weibo_username"=>$user_name))->find();
            if ($weibo_binding_rows){
                $rows=uidToData($weibo_binding_rows["user"],"",true);
            }
            if (($rows["user_type"]==$source && !session("binding")) || $weibo_binding_rows) {
                //保存登录数据
                session("user_id",md5($rows["id"].$rows["user_email"]));
                session("password",$rows["password"]);
                cookie("user_email",$rows["user_email"]);
                //增加积分
                AddUserIntegral($rows["id"],$config["user_login_integral"],"使用微博登录
增加积分");
                //增加登录次数
                $User->addUserLoginNumber($rows["id"]);
                jump("?m=user");
            }elseif (session("binding")){
                //将现有账号绑定到微博
                ……省略部分代码
```

```
        }else{
            //自动注册
            $data=array(
                    "username"=>$username,
                    "user_email"=>"0",
                    "password"=>md5(rand(100, 1000).time()),
                    "reg_time"=>time(),
                    "user_nickname"=>empty($_POST["nickname"])?$user_name:$_POST
["nickname"],
                    "last_login_time"=>time(),
                    "last_login_ip"=>get_client_ip(),
                    "status"=>1,
                    "user_type"=>$source
                    );
            if ($User->add($data)){
                //dump($_SESSION);
                $rows=$User->where(array("username"=>$username,"status"=>1))->find();
                session("user_id",md5($rows["id"].$rows["user_email"]));
                session("password",$rows["password"]);
                cookie("user_email",$rows["user_email"]);
                AddUserIntegral($rows["id"],$config["user_reg_integral"],"使用微博
账号注册积分");
                jump("?m=user");
            }else{
                Log::write("用户在使用微博登录时产生了严重错误："．$User->getLastSql());
                throw new Exception("操作失败，请联系管理员");
            }
        }
    }else{
        Log::write("微博账户不存在:".$weibo->getLastSql());
        $this->error("登录超时，请重新操作");
    }
}
```

17.3.4　将现有账号绑定到微博

普通的用户在登录会员中心后，可以将现有的账号绑定到微博上。这样，用户在登录时可以单击微链接进行登录，也可以使用内置的账号进行登录。当然，这个过程是可逆的，用户可以随时进行解除绑定操作。如图 17-18 所示。

图中，判读用户是否已经绑定，主要根据 bbs_weibo_binding 数据表查询记录。该表储存的是已绑定用户的相关数据，例如绑定微博服务商、绑定微博账号、绑定时间等。如果用户需要解除绑定关系，只需要将该表中对应的记录删除即可。

整个绑定流程关键之处在用户数据检验步骤，系统需要对 SDK 返回的微博账号等数据进行校验。例如判读该微博账号是否已经存在，服务商是否合法

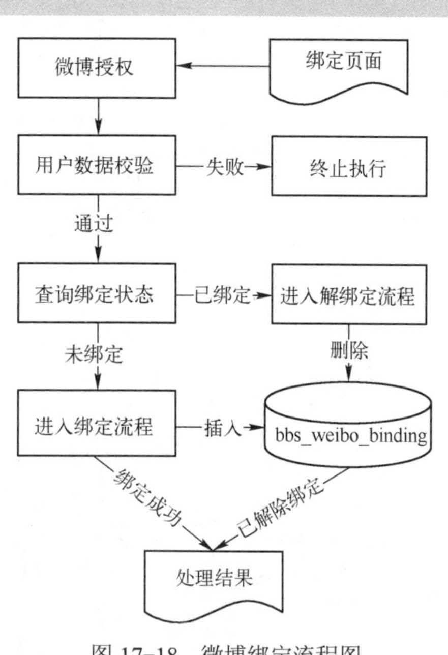

图 17-18　微博绑定流程图

等，这些操作同样是在 receiveWeiboPost 动作中完成，代码如下所示。

```
    public function receiveWeiboPost(){
        if (md5($_POST["api_token"])!=$_SESSION["api_token"]){
            //dump($_SESSION);
            $this->error("数据来源失败");
        }
        $User=D("User");
        $user_data=$User->UserData(session("user_id"));
        $weibo=M("WeiboList");
        load("extend");
        $weibo_rows=$weibo->where(array("id"=>$_POST["source"],"status"=>1))->find();
        $source=$weibo_rows["id"];
        $config=C("SCENARIO_CONFIG");
        $weibo_binding=M("WeiboBinding");
        $user_name=empty($_POST["username"])?$_POST["nickname"]:$_POST["username"];
        if ($source && $user_name) {
            $username=$weibo_rows["mark"]."_".$user_name;
            $rows=$User->where(array("username"=>$username,"status"=>1))->find();
            $weibo_binding_rows=$weibo_binding-
>where(array("weibo_id"=>$source,"weibo_username"=>$user_name))->find();
            if ($weibo_binding_rows){
                $rows=uidToData($weibo_binding_rows["user"],"",true);
            }
            if (($rows["user_type"]==$source && !session("binding")) || $weibo_binding_rows) {
                //保存登录数据
                session("user_id",md5($rows["id"].$rows["user_email"]));
                session("password",$rows["password"]);
                cookie("user_email",$rows["user_email"]);
                //增加积分
                AddUserIntegral($rows["id"],$config["user_login_integral"],"使用微博登录
增加积分");
                //增加登录次数
                $User->addUserLoginNumber($rows["id"]);
                jump("?m=user");
            }elseif (session("binding")){
                //账号绑定操作
                $user_id=$user_data["id"]; $weibo=$weibo_binding->where(array("weibo_
id"=>$source,"user"=>$user_id,"weibo_username"=>$user_name))->count();
                if ($rows["user_type"]!=$source && !$weibo){
                    $data=array(
                            "user"=>$user_id,
                            "binding_time"=>time(),
                            "weibo_id"=>$source,
                            "weibo_username"=>$user_name
                            );
                    if ($weibo_binding->add($data)){
                        session("binding",null);
                        $this->success("账号已经成功绑定");
                    }else{
                        Log::write("用户在进行账号绑定时，产生了一个错误：".$weibo_binding-
>getLastSql());
                        $this->error("账号绑定失败，请联系管理员");
                    }
                }else {
```

```
                    session("binding",null);
                    $this->error("该账号已经被使用，不能再绑定");
                }
            }else{
                //自动注册
                ....省略部分
            }
        }else{
            Log::write("微博账户不存在:".$weibo->getLastSql());
            $this->error("登录超时，请重新操作");
        }
    }
```

解除绑定操作将在 removeBinding 动作中完成，代码如下所示。

```
    public function  removeBinding(){
        if ($this->userlogin==1){
            $weibo_binding=M("WeiboBinding");
            $User=D("User");
            $user_data=$User->UserData(session("user_id"));
            $user_id=$user_data["id"];
        $weibo=$weibo_binding->where(array("weibo_id"=>$_GET["weibo_id"],"user"=>$user_
id))->count();
            if ($weibo){
                if ($weibo_binding->where(array("weibo_id"=>$_GET["weibo_id"],"user"=>
$user_id))->delete()){
                    $this->success("已经成功解除绑定");
                }else{
                    Log::write("用户在解除微博账号绑定时产生了一个错误：".$weibo_binding-
>getLastSql());
                    $this->error("解除绑定失败，请联系管理员");
                }
            }else{
                $this->error("不存在绑定关系");
            }

        }else{
            $this->error("请登录后再操作");
        }
    }
```

17.4　发表帖子模块

发表帖子相对比较简单，只需要使用 ThinkPHP 提供的 CURD 操作即可完成。本书前面的内容中已经对 ThinkPHP 内置的编辑器进行过详细介绍，读者可以直接引入到发表帖页面。但这里为了帮助读者更好地掌握 ThinkPHP 自定义标签功能（使用方式可参考本书 6.3.7 节），将使用百度编辑器作为发帖编辑器。

17.4.1　整合百度编辑器

百度编辑器简称 UEditor，是一套遵循 W3C 标准的强大在线编辑器。UEditor 强大之处不仅在功能上，而且还体现在部署方式上。UEditor 使用 JavaScript 进行部署，这就意味着

UEditor 能够运行在任何 Web 环境，在使用时只需要引入 UEditor 脚本类库即可。UEditor 的详细介绍与帮助信息读者可以在 http://ueditor.baidu.com/website/官方网站中获取。接下来将直接进入 UEditor 的实战开发。

本书 6.3.7 节中，已经详细介绍过 ThinkPHP 标签库的使用。使用自定义标签类库的好处是可以在类库中定义自定义标签，然后在视图模板中以 XML 的方式引入这些自定标义签，这不仅能够提高开发效率，同时也让代码维护变得容易。接下来将详细介绍通过自定义标签实现百度编辑器的引用。

1. 定义标签库

自定义标签可以全部定义在一个类库中，但为了便于讲解，这里将使用一个独立的标签库实现编辑器自定义标签。所有自定义标签类库必须保存到 ThinkPHP/Extend/Driver/TagLib 目录，这里创建的标签库为 Bbs。并且创建一个自定义标签，命名为 editor。在 editor 标签中实现 UEditor 的配置及初始化，代码如例程 17-11 所示。

【例程 17-11】 ThinkPHP/Extend/Driver/TagLib/TagLibBbs.class.php 文件代码。

```
<?php
class TagLibBbs extends TagLib{
// 标签定义
protected $tags = array(
        // 标签定义： attr 属性列表 close 是否闭合（0 或者 1 默认 1） alias 标签别名 level 嵌
套层次
        'editor' => array('attr' => 'id,editurl', 'close' => 1),

);
/**
 +----------------------------------------------------------
 * ueditor 标签解析 插入可视化编辑器
 * 格式：<bbs:editor id="textContent" editurl="http://url" theme="default" config="editor
_config" word="true" element="true" width="" height="" cleartdata="false"></bbs:editor>
 +----------------------------------------------------------
 * @access public
 +----------------------------------------------------------
 * @param string $attr 标签属性
 +----------------------------------------------------------
 * @return string|void
 +----------------------------------------------------------
*/
public function _editor($attr, $content) {
    $web_config=C("SCENARIO_CONFIG");
    $tag = $this->parseXmlAttr($attr, 'editor');
    $id = !empty($tag['id']) ? $tag['id'] : 'textarea';
    $theme = !empty($tag['theme']) ? $tag['theme'] : 'default';
    $lang = !empty($tag['lang']) ? $tag['lang'] : 'zh-cn';
    $config=!empty($tag['config']) ? $tag['config'] : 'editor_config';
    $wordCount=!empty($tag['word']) ?$tag['word'] : 0;
    $elementPathEnabled=!empty($tag['element']) ? $tag['element'] : 0;
    $minFrameHeight=!empty($tag['height']) ? $tag['height'] : 0;
    $width=!empty($tag['width']) ? $tag['width'] : 0;
    $autoClearinitialContent=!empty($tag['cleartdata']) ?$tag['cleartdata'] : 0;
    $url=$tag["editurl"];
    $imageUrl=__APP__."?m=UploadFile&a=uploadimage";
```

```
        $User=D("User");
        $user_data=$User->UserData(session("user_id"));
        $fileUrl=__APP__."?m=UploadFile&a=upload&user=".$user_data['id']."&token=".$token;
        $imageManagerUrl=__APP__."?m=UploadFile&a=index";
        $getMovieUrl=__APP__."?m=UploadFile&a=getmovieurl";
        $weburl=C("TMPL_PARSE_STRING");
        $weburl=$weburl['__WEBSITE_URL__'];
        $parseStr = "
        <script type='text/javascript'>
        <!--
            window.UEDITOR_HOME_URL = '{$url}';
        //-->

        </script>
        <script type='text/javascript' src='{$url}{$config}.js'></script>
        <script type='text/javascript' src='{$url}editor_all.js'></script>
        <script type='text/plain' id='".$id."' name='".$id."' style='width:".$width."px'>
            ".$content."
    </script>
    <script type='text/javascript'>
       UE.getEditor('".$id."', {
          theme:'".$theme."',
          lang:'".$lang."',
          minFrameHeight:$minFrameHeight,
          wordCount:$wordCount,
          elementPathEnabled:$elementPathEnabled,
          autoClearinitialContent:$autoClearinitialContent,
          imageUrl:'".$imageUrl."',
          imagePath:'',
          fileUrl:'".$fileUrl."',
          filePath:'',
          imageManagerUrl:'".$imageManagerUrl."',
          imageManagerPath:'".$weburl."',
          wordImageUrl:'".$imageUrl."',
          wordImagePath:'',
          getMovieUrl:'".$getMovieUrl."',
          maxInputCount:2
       });

    </script>
    ";
        return $parseStr;
    }
    }
    ?>
```

如上述标粗代码所示就是初始化 UEditor 所需要的代码。关于 UEditor 的配置及使用，由于不是本书所介绍的范畴，所以这里不再讲述。如果有必要，读者可以从官方帮助文档中获得帮助。定义 editor 标签后，就可以在视图模板中直接使用了。

假设下载的百度编辑器源代码保存到 bbs/Tpl/Public/Resources/ueditor 目录，那么 editor 标签的引用方式如以下代码所示。

```
    <bbs:editor id="textContent" editurl="/bbs/Tpl/Public/Resources/ueditor" cleartdata
="false" config="editor_config">初始化显示内容</bbs:editor>
```

由于 editor 标签位于 Bbs 标签库，所以还需要手动引入该标签库，代码如下。

```
<taglib name='Bbs' />
```

效果如图 17-19 所示。

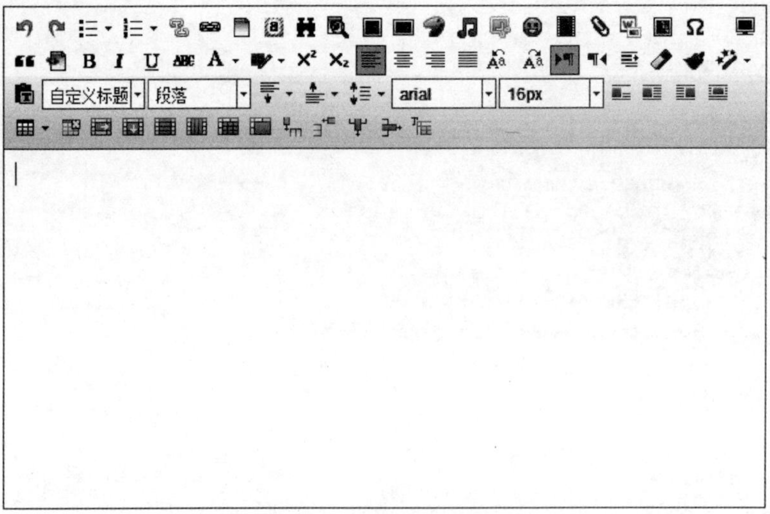

图 17-19　UEditor 效果

编辑器的样式及外观是由配置文件来决定的。http://ueditor.baidu.com/website/ipanel/panel.html 网址能够生成所有 UEditor 支持的样式及功能。将生成后的配置文件下载后，保存到 UEditor 所在目录，然后在调用 editor 标签时，指定配置文件即可，如以下代码所示。

```
<bbs:editor id="textContent" editurl="__BBSPUBLIC__/Resources/ueditor/" config="editor_config_2" width="650" height="220" >
    回复内容
</bbs:editor>
```

效果如图 17-20 所示。

图 17-20　定制 UEditor 外观

17.4.2　上传图片

下载 UEditor 后，不仅得到编辑器所有源代码，官方还提供了一系列后台处理接口，所有文件位于 ueditor/php 目录。需要注意的是，官方提供的 PHP 代码只能用于演示，但在实际应用开发中还要处理诸多问题，例如限制上传权限、上传类型、上传大小等。显然使用官方的 API 是不能满足开发需要的，所以这里将直接整合到 ThinkPHP 框架中，利用框架提供的上传功能，不仅能够有效地处理上传文件，还可以实现上传权限控制。前面在初始化 UEditor 时，已经对上传路径进行了初始化，代码如下。

```
imageUrl:'".$imageUrl."',
```

这里的$imageUrl 变量的值如下。

```
$imageUrl=__APP__."?m=UploadFile&a=uploadimage";
```

上述代码表示使用 UploadFile 控制器下的 uploadimage 动作完成图片上传。uploadimage 动作代码如下所示。

```
/**
 * 上传图片
 */
public function uploadimage(){
    C("LAYOUT_ON",false);
    if ($this->userlogin==1){
        $user=D("User");
        $user_data=$user->UserData(session("user_id"));
        if ( !UserPermission($user_data["id"], "is_upload_images")){
            echo json_encode(array("state"=>"权限出错"));
            exit(0);
        }
        import("ORG.Net.UploadFile");
        $configs=C("SCENARIO_CONFIG");
        $config=$configs['FileUpload']['image'];
        $upload = new UploadFile();
        $upload->maxSize  = $config["maxSize"] ;
        $upload->allowExts  = $config['allowExts'];
        $upload->savePath =  $config["savePath"];
        $upload->saveRule=time();
        $upload->thumb=true;  $upload->thumbMaxWidth=empty($config["thumbMaxWidth"])?
100:$config["thumbMaxWidth"];  $upload->thumbMaxHeight=empty($config["thumbMaxHeight"])?
90:$config["thumbMaxHeight"];
        $upload->thumbPath=$config["savePath"]."thumb/";
        $upload->uploadReplace=true;
        if(!$upload->upload()) {
            echo json_encode(array("state"=>$upload->getErrorMsg()));
            exit(0);
        }else{
            $info =  $upload->getUploadFileInfo();
            $info=$info[0];
            $weburl=C("TMPL_PARSE_STRING");
            $weburl=$weburl['__WEBSITE_URL__'];
            $data=array(
                    "url"=>$weburl.trim($info["savepath"],'.').$info["savename"],
                    "title"=>$info["name"],
                    "original"=>$info["name"],
                    "state"=>"SUCCESS"
            );
            echo json_encode($data);
        }
    }else{
        echo json_encode(array("state"=>"请登录后再操作"));
```

```
        }
    }
```

经过自定义后的上传模块，不仅可以实现对上传权限的控制，还可以方便地利用 ThinkPHP 强大的上传功能，完成对图片截图、打水印等常见操作。

17.4.3 管理图片

UEditor 编辑器还提供了在线管理图片的功能，用户可以通过在线浏览，选择所需要的图片，完成编辑器的图片插入。同样，在初始化时也需要将该模块整合到论坛系统中，代码如下。

```
imageManagerUrl:'".$imageManagerUrl."',
```

$iageManagerUrl 变量值如下。

```
$imageManagerUrl=__APP__."?m=UploadFile&a=index";
UploadFile 控制器下的 index 动作代码如下所示。
public function index(){
    header("Content-Type: text/html; charset=utf-8");
    error_reporting( E_ERROR | E_WARNING );
    $configs=C("SCENARIO_CONFIG");
    $config=$configs['FileUpload']['image'];
    $path = $config["savePath"]."thumb";
    //echo $path;
    $action = htmlspecialchars( empty($_POST[ "action" ])?$_GET['action']:$_POST
[ "action" ] );
    $UploadFile=D("UploadFile");
    if ( $action == "get" ) {
        $files = $UploadFile->getfiles( $path );
        if ( !$files ) return;
        rsort($files,SORT_STRING);
        $str = "";
        foreach ( $files as $file ) {
            $str .= $file . "ue_separate_ue";
        }
        echo $str;
    }
}
```

运行效果如图 17-21 所示。

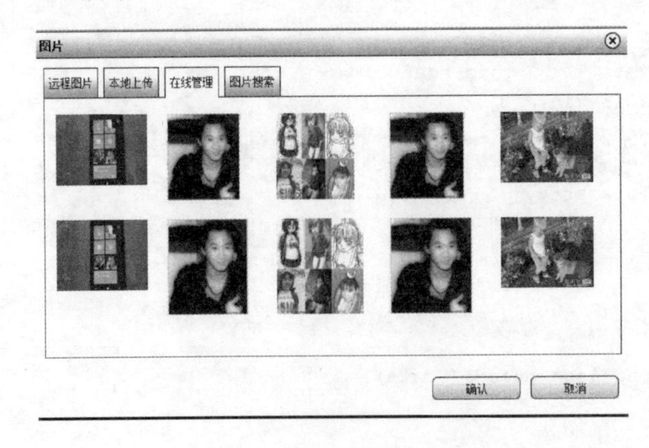

图 17-21 图片在线管理效果

17.4.4　上传附件

附件一般是指比较大型的压缩包文件。在上传方式上，一般使用 Flash 技术，以便实现实时上传进度显示效果，提高用户体验。UEditor 使用流行的 swfupload 组件实现附件上传，在后台配置上，与普通的图片上传并没有多大区别，只需要返回以下 Json 数据格式即可。

```
{
  'url'      :'a.rar',           //保存后的文件路径
  'fileType' :'.rar',            //文件描述
  'original' :'field.zip',       //原始文件名
  'state'    :'SUCCESS'          //上传状态，成功时返回 SUCCESS
}
```

在前面的初始化操作中，附件上传配置如以下代码所示。

```
fileUrl:'".$fileUrl."',
```

$fileUrl 变量值如以下代码所示。

```
$fileUrl=__APP__."?m=UploadFile&a=upload&user=".$user_data['id']."&token=".$token;
```

由于 Flash 不支持直接储存客户端 Session 数据，所以这里使用 token 参数作为令牌，防止未授权的用户进行上传，造成安全隐患。upload 动作代码如下所示。

```
/**
 * 上传附件
 */
public function upload(){
    $Topic=D("Topic");
    //$token=$Topic->ChedkToken("get",$_GET["cid"],$_GET['user'],$_GET['token']);
    $token=1;
    if ($token){
        C("LAYOUT_ON",false);
        $user=D("User");
        $user_data=$user->UserData(session("user_id"));
        import("ORG.Net.UploadFile");
        $configs=C("SCENARIO_CONFIG");
        $config=$configs['FileUpload']['accessory'];
        $upload = new UploadFile();
        $upload->maxSize  = $config["maxSize"] ;
        $upload->allowExts  = $config['allowExts'];
        $upload->savePath =  $config["savePath"];
        $upload->uploadReplace=true;
        $upload->saveRule=time();
        if(!$upload->upload()) {
            echo json_encode(array("state"=>"ERROR","info"=>$upload->getErrorMsg()));
        }else{
            $upload_file=D("UploadFile");
            $info =  $upload->getUploadFileInfo();
            $info=$info[0];
            $data=array(
                    "strkey"=>md5($info["savename"]),
                    "user"=>intval($_GET['user']),
                    "add_time"=>time(),
                    "type"=>$info["extension"],
                    "file_path"=>$info["savepath"].$info["savename"],
                    "topic_id"=>intval($_GET['cid']),
                    'reply_id'=>intval($_GET['rid'])
```

```
                );
                if (!$upload_file->add($data)){
                    Log::write("用户在上传附件时产生了一个错误："."$upload->getLastSql());
                }
                $data=array(
                        "url"=>__APP__."?m=download&cid=".md5($info["savename"]),
                        "title"=>$info["name"],
                        "original"=>$info["name"],
                        "state"=>"SUCCESS"
                );
                echo json_encode($data);
            }
        }else {
            echo json_encode(array("state"=>"ERROR","info"=>"权限出错"));
        }
    }
```

最终运行效果如图 17-22 所示。

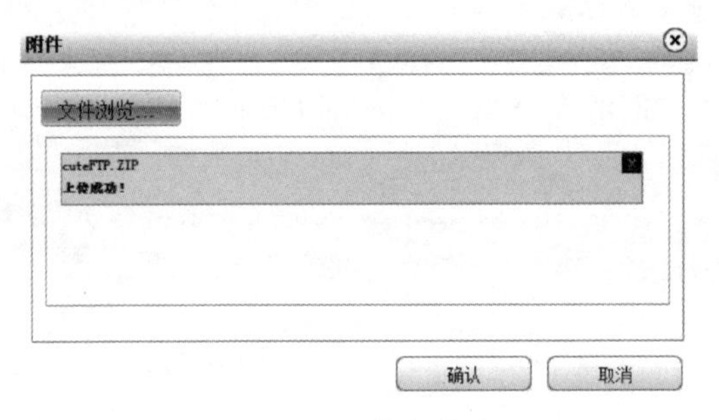

图 17-22　附件上传效果

17.4.5　数据提交处理

通过前面的学习，相信读者已经掌握发表帖子的页面设计了。用户在提交数据时，将提交到 PosttopicAction 控制器下的 add 动作中处理。代码如下所示。

```
    /**
     * 发表/修改主题
     */
    public function add(){
        if ($this->userlogin==1){
            $Topic=M("Topic");
            $config=C("SCENARIO_CONFIG");
            load("extend");
           if (ccStrLen(trim($_POST["textContent"]))<$config["user_addtopic_last_word_count"]
                    || ccStrLen(trim($_POST["subject"]))<$config["user_addtopic_last_
word_count"]
            ){
                $this->error("标题或内容必须多于".$config["user_addtopic_last_word_count"]."
个字符");
            }
            $User=D("User");
            $user_data=$User->UserData(session("user_id"));
            $data=array(
                "title"=>$_POST["subject"],
                "content"=>$_POST["textContent"],
```

```
            "add_user"=>$user_data["id"],
            "category_id"=>$_GET["id"],
            "browse_user_group"=>$_POST["browse_user_group"],
            "add_ip"=>get_client_ip(),
            "stats"=>$config["user_addtopic_status"],
            );
        if ($_POST["ac"]=="update" && !empty($_GET["id"])){
            //更新数据
            $data["last_update_time"]=time();
            if ($_POST["token"]!=session("__token__") || !session("__token__")){
                session("__token__",null);
                $this->error("非法的数据来源");
            }
            $row=$Topic->where(array("id"=>intval($_GET["id"])))->save($data);
            $message="更新成功";
        }else{
            //插入数据
            $data["add_time"]=time();
            $row=$Topic->add($data);
            $message="帖子发表完成";
        }
        session("__token__",null);
        if ($row){
            $this->assign("url",session("CategoryUrl"));
            $this->success($message);
        }else{
          Log::write("用户在发表/修改主题帖子时产生了一个错误: ".$Topic->getLastSql());
            echo $Topic->getLastSql();
            $this->error("操作失败，请联系管理员");
        }
    }else{

        $this->error("请登录后再操作");
    }
}
```

17.5　帖子内容模块

用户单击版块中的标题链接后，将进入帖子正文。帖子正文将直接呈现帖子的内容，包括内容全文、权限处理、回复列表等。下面分别介绍。

17.5.1　帖子正文

帖子正文是使用 ContentAction 控制器进行处理的。代码如下所示。

```
public function index(){
    $topic=D("Topic");
    $rows=$topic->where(array("id"=>$_GET["cid"],"stats"=>1))->find();
    $User=D("User");
    $user_data=$User->UserData(session("user_id"));
    $config=C("TMPL_PARSE_STRING");
    if (!$rows){
```

```
            $this->error("帖子不存在");
        }
        if ($rows["browse_user_group"]==1){
            if ($rows["add_user"]!=$user_data["id"] && $this->userlogin!=1){
                $this->error("该内容只允许会员浏览");
            }
        }
        if (!UserPermission($user_data["id"], "is_browse_title") || !UserPermission($user
_data["id"], "is_browse_content")){
            $this->error("权限错误!");
        }
        $toppic_cache_str="toppic_cache_".$_GET['cid'];
        $content=S($toppic_cache_str);
        if(empty($toppic_cache_str)){
            S($list_cahe_str,$content);
        }
        $this->assign("pageTitle",$rows["title"]);
        $this->assign("content",$rows);
        $user_data=uidToData($rows["add_user"]);
        //回复
        //…………省略部分代码
        $this->assign("m","content");
        $this->assign("user",$user_data);
        $this->display();
    }
```

相信通过本书前面内容的学习，上述代码读者不会感觉生涩，因为这些内容都是ThinkPHP 中基础的 CURD 操作。唯一需要注意的是权限判断。例如判断当前用户组是否具备浏览内容的权限，以及是否强制为注册会员才能浏览。总而言之，权限控制是任何论坛系统中最需要谨慎面对的问题，一旦处理不好将直接涉及系统的安全，权限控制不能通过简单的示例演示，需要读者在真实的环境中根据情况进行处理。

与小版块设计一样，正文页面同样支持自定义 UrlRewriter 模式，但 ThinkPHP 的分页扩展类并不支持该模式。这里只需要使用 preg_replace 函数处理即可。对应的 index.html 视图模板如以下代码所示。

```
    //……省略部分
    <div class="main">

                    <div class="content_left">
                        <div class="hm1">
                            <span>查看:<!--{$content.browse_number}--></span> | <span>
回复:<!--{$replyCount}--></span>
                        </div>
                        <div class="user_head">
                            <img  src="<!--{$content.add_user|uidToData=###,"head_image"}
-->" width="100" height="100" border="0" />
                        </div>
                        <div  class="hm2">
                        <span><li><!--{$user.topicNumber}--></li>主题</span><span><li>
<!--{$user.integral}--></li>积分</span>
                        </div>
                        <div class="hm3">
                        <li>称呼: <!--{$user.user_nickname}--></li>
                            <li>性别: <if condition="$content['gender']  eq 1">女
```

```
    <else /> 男
    </if></li>
                                <li>积分：<!--{$user.integral}--></li>
                                <li>帖子：<!--{$user.topicAndreplayNumber}--></li>
                                <li>注册日期</li>
                                <li><!--{$user.reg_time|date="Y-m-d H:i:s",###}--></li>
                                <li>最后登录</li>
                                <li><!--{$user.last_login_time|date="Y-m-d  H:i:s",###}--
></li>
                            </div>
                        </div>
                        <div class="content_right">
                        <div class="_bar">

                        <em class="wei_ico"><span>分享到：</span>
                        <span><a id="qqLink"  title="使用 QQ 登录"  href="#"></a></span>
                        <span><a id="sinaLink"  title="使用新浪微博账户登录"  href="#"></a>
</span></em>

                        <span>发表时间：<!--{$content.add_time|date="Y-m-d H:i:s",###}-->
</span></div>
                        <div class="_content">
                            <!--{$content.content}-->
                        </div>
                        </div>

                    </div>
                </div>
                </elt>
                <include file="Content:replylist" />
    </div>
    //……省略部分
```

17.5.2　回复列表

在前面的 index.html 代码中，已经使用的 include 标签包含 replylist 模板。该模板即为正文下的回复列表。代码如下所示。

```
    <volist name="reply" id="vo" key="k">
                    <div class="post" id="reply_<!--{$vo.id}-->" >
                    <p class="meta"><span class="date"><?php echo ($firsRow+$k);?>#楼</span>
                    <span class="admin">【<a href="javascript:showReList(<!--{$vo.id}-->)">
管理</a>】</span>
                    <span class="golist"><a href="#top">回顶部</a></span>

                    <div class="topicblock" >
                    <li><a href='__PROJECT_URL__?m=admin&a=reply&rid=<!--{$vo.id}-->&p=<!-
-{$_GET.p}-->&cid=<!--{$_GET.cid}-->'>修改</a></li>
                    <li><a  href='__PROJECT_URL__?m=admin&a=deletereply&rid=<!--{$vo.id}--
>' onclick="return ConfirmDel()">删除</a></li>
                    </div>

                     </p>
                     <script type="text/javascript">
                    function showReList(id){
```

```
                    $("#reply_"+id+" .topicblock").toggle();
                }
                </script>
                <div class="main">
                    <div class="content_left">

                        <div class="user_head">
                            <img src="<!--{$content.add_user|uidToData=###,"head_image"}
-->" width="100" height="100" border="0" />
                        </div>
                        <div  class="hm2">
                        <span><li><!--{$vo.add_user|uidToData=###,"topicNumber"}--
></li>主题</span><span><li><!--{$vo.add_user|uidToData=###,"integral"}--></li>积分</span>
                        </div>
                        <div class="hm3">
                        <li>称呼: <!--{$vo.add_user|uidToData=###,"user_nickname"}--></li>
                            <li>性别: <if condition="uidToData($vo['add_user'],'gender')
eq 0">男
    <else /> 女
    </if></li>
                            <li>积分: <!--{$user.integral}--></li>
                            <li>帖子: <!--{$user.topicAndreplayNumber}--></li>
                            <li>注册日期</li>
                            <li><?php echo date("Y-m-d H:i:s",uidToData($vo['add_user'],
'reg_time'));?></li>
                            <li>最后登录</li>
                            <li><?php                echo                date("Y-m-d
H:i:s",uidToData($vo['add_user'],'last_login_time'));?></li>
                        </div>
                    </div>
                    <div class="content_right">
                   <div class="_bar"><span>回复时间: <!--{$vo.add_time|date="Y-m-d H:i:s",
###}--></span></div>
                    <div class="_content">
                        <!--{$vo.reply_content}-->
                    </div>
                    </div>
                </div>
            </div>
    </volist>
```

上述标粗代码表示 volist 循环数据来自于 reply 变量，该变量需要在 index 动作中定义。如以下代码所示。

```
            //……省略部分
            //回复
            import("ORG.Util.Page");// 导入分页类
            $count      = $topic->getReplyList($_GET["cid"],true);
            $Page       = new Page($count,6);
            $show       = $Page->show();
            $reply_list       =       $topic->limit($Page->firstRow.','.$Page->listRows)-
>getReplyList($_GET["cid"]);
            $this->assign("firsRow",$Page->firstRow);
            if(C("URL_MODEL")==4){
                    $arr1 = array (
                            "/-(\d)\.html/i",
```

```
                    "/\?\&p=(\d)/i"
                );
                $arr2 = array (
                    "",
                    "-\\1.html"
                );
            $show = preg_replace ( $arr1, $arr2, $show );
        }
        $this->assign("page",$show);
        $this->assign("reply",$reply_list);
        $this->assign("replyCount",$count);
//……省略部分
```

与小版块分页设计一样，系统支持自定义的 UrlRewriter 模式，而 ThinkPHP 内置的分页扩展类并不支持该模式，这里只需要使用 preg_replace 函数处理即可。

至此，帖子正文模块就开发完成了。但需要注意的是，由于 UEditor 编辑器支持插入原生代码，要在内容页面中实现相应的插入效果，还需要引入官方提供的 CSS 文件及编写 JavaScript 处理脚本，如以下代码所示。

```
<script type="text/javascript">
    //为了在编辑器之外能展示高亮代码
    SyntaxHighlighter.highlight();
    //调整左右对齐
    for(var i=0,di;di=SyntaxHighlighter.highlightContainers[i++];){
            var tds = di.getElementsByTagName('td');
            for(var j=0,li,ri;li=tds[0].childNodes[j];j++){
                ri = tds[1].firstChild.childNodes[j];
                ri.style.height = li.style.height = ri.offsetHeight + 'px';
            }
    }
    var editor_a = new baidu.editor.ui.Editor();
    editor_a.render( 'myEditor' );
</script>
```

最终的效果如图 17-23 所示。

图 17-23　原生代码格式显示效果

17.5.3 回复帖子

用户在浏览正文时，可以在帖子底部迅速找到回复帖子的入口。只需要在 index.html 文件底部适当位置包含回复编辑器页面即可，如以下代码所示。

```
<include file="Content:postreply" />
```

对应的 bbs/Tpl/Content/postreply.html 文件代码如下所示。

```
//……省略部分
<form method="post" action="__PROJECT_URL__?m=posttopic&a=addreply&cid=<!--{$_GET.cid}-->&id=<!--{$_GET.id}-->&p=<!--{$_GET.p}-->" name="reply_from">
                        <taglib name='Bbs' />

                        <bbs:editor id="textContent" editurl="__BBSPUBLIC__/Resources/ueditor/" config="editor_config_2" width="650" height="220" >
                            <!--{$reply_content}-->

                        </bbs:editor>
                        <div class="addReply"><input type="submit" name="addReply" value="回复" /><span style="margin-left: 8px">提交前建议将内容复制到剪贴板，避免造成数据丢失</span>



                        </div>
</form>
//……省略部分
```

如上述标粗代码所示，这里使用了定制的 UEditor 编辑器，配置文件为 editor_config_2.js。用户单击“回复”按钮后，将提交到 PosttopicAction 控制器下的 addreply 动作中处理。代码如下所示。

```
public function addreply(){
    if ($this->userlogin==1){
    $reply=M("Reply");
    load("extend");
    $config=C("SCENARIO_CONFIG");
    if ((ccStrLen(trim($_POST["textContent"])))<$config["user_addreply_last_word_count"]){
        $this->assign("content",urlencode($_POST["textContent"]));
        $this->error("回复内容最必须多于".$config["user_addreply_last_word_count"]."个字符");
    }
    if (empty($_GET["cid"])){
        $this->error("参数错误");
    }
    $User=D("User");
    $user_data=$User->UserData(session("user_id"));
    $data=array(
            "reply_content"=>$_POST["textContent"],
            "topic_id"=>intval($_GET["cid"]),
            "category_id"=>intval($_GET["id"]),
            "add_time"=>time(),
            "add_user"=>$user_data["id"],
            "add_ip"=>get_client_ip(),
            "stats"=>$config["user_addreply_status"]
            );
    if ($reply->add($data)){
```

```
        S("reply_list_".$_GET['cid'],NULL);
        $this->assign("url",PageURL($_GET["cid"],$_GET["p"]));
        $this->success("回复成功");
    }else{
        Log::write("用户在回复主题时产生了一个错误: ".$reply->getLastSql());
        $this->error("数据插入失败，请联系管理员");
    }
    }else{
        $this->error("请登录后再操作");
    }
}
```

17.6　帖子管理模块

帖子拥有者或者系统指定的管理员应该具备对帖子进行相应管理的权力，例如删除、锁定、加入待审、置顶、推荐等。管理员还可以对回复列表进行删除、隐藏等操作。下面将对常见的帖子管理操作进行介绍。

17.6.1　删除帖子

通常前台管理员或者版主可以对帖子进行删除操作。这里所说的删除并不特指删除主题帖，还包括删除主题帖下的回复列表。两种删除模式在操作方式上具有不同之处，下面分别介绍。

1．删除主题

管理员单击正文上的“管理”链接，将弹出删除等操作链接。对于主题而言，删除主题意味着回复列表也失去了作用，所以也需要一并删除。需要注意的是，这里所说的删除是指字面上的，事实上为了数据的安全，通常情况下都会提供可逆操作选项，即允许管理员恢复数据（类似于回收站），只有后台管理员进行“清空回收站”，系统才真正删除数据库中的数据。

帖子管理模块将使用 AdminAction 控制器实现所有操作，其中 deletetopic 动作实现删除主题操作，代码如下所示。

```
/**
 * 删除帖子
 */
public function deletetopic(){
    if ($this->userlogin!=1){
        $this->error("请登录后再操作");
    }
    $User=D("User");
    $user_data=$User->UserData(session("user_id"));
    $config=C("TMPL_PARSE_STRING");
    $topic=D("Topic");
    $rows=$topic->where(array("id"=>$_GET["cid"]))->find();
    if (!$rows){
        $this->error("数据不存在");
    }
    if  ($rows["add_user"]!=$user_data["id"]  ||  !UserPermission($user_data["id"],
```

```
"is_delete_topic")){
            if (!AdminPermission($user_data["id"], "is_delete_topic")){
                $this->error("权限出错");
            }
        }
        if (empty($_GET["ac"])){
            $this->display();
        }elseif ($_GET["ac"]=="del"){
            $reply=M("Reply");
            $where=array(
                    "topic_id"=>intval($_GET["cid"]),
                    );
            $count=$reply->where($where)->count();
            if($count){
                $rows=$reply->where($where)->setField("stats",-1);
            }
            if ($topic->where(array("id"=>intval($_GET["cid"])))->setField("stats",-1) ){
                //删除回复列表
                $topic_recycle=M("TopicRecycle");
                $data=array(
                        "topic_id"=>intval($_GET["cid"]),
                        "recycle_time"=>time(),
                        "operation_user"=>$user_data["id"]
                        );
                if (!$topic_recycle->add($data)){
                    Log::write("用户在删除主题时，产生了一个错误："..$topic_recycle->get
LastSql());
                }
                $row=$topic->where(array("id"=>intval($_GET["cid"])))->field("category
_id")->find();
                $this->assign("url",CategoryURL($row["category_id"]));
                $this->success("删除成功");
            }else{
                $errSql=$topic->getLastSql()."//".$reply->getLastSql();
                Log::write("用户在删除一个主题是产生了错误",$errSql);
                $this->error("删除失败，请检测 SQL 语句:".$errSql);
            }
        }
    }
```

2. 删除回复

删除单条回复比较简单，只需要使用 ThinkPHP 中的连贯操作即可。如以下代码所示。

```
/**
 * 删除回复
 */
public function deletereply(){
    if ($_GET["rid"]){
        $User=D("User");
        $user_data=$User->UserData(session("user_id"));
        $reply=M("Reply");
        $rows=$reply->where(array("id"=>intval($_GET["rid"])))->find();
        if (!$rows){
            $this->error("数据不存在");
        }
        if ($rows["add_user"]!=$user_data["id"] || !UserPermission($user_data["id"],
```

```
"is_delete_reply")){
                if (!AdminPermission($user_data["id"], "is_delete_reply")){
                    $this->error("权限出错");
                }
            }
            if ($reply->where(array("id"=>intval($_GET["rid"])))->delete()){
                $this->success("删除成功");
            }

        }else{
            $this->error("参数错误");
        }
    }
```

17.6.2　锁定帖子

一些特殊的帖子并不需要用户参与回复，例如公告、广告、通知等。这里可以使用锁定功能拒绝任何用户的回复。锁定帖子是可逆的，即管理员可以在任何时候进行锁定，也可以进行解锁。在后台处理上，需要判断该主题目前的锁定状态：如果帖子处于锁定状态，则执行解锁操作，否则执行锁定操作。这就是锁定的流程，这里使用 locktopic 动作实现，代码如下。

```
    /**
     * 锁定帖子
     */
    public function locktopic(){
        if ($this->userlogin!=1){
            $this->error("请登录后再操作");
        }
        if ($_GET["cid"]){
            $User=D("User");
            $user_data=$User->UserData(session("user_id"));
            $topic=D("Topic");
            $rows=$topic->where(array("id"=>intval($_GET["cid"])))->find();
            if (!$rows){
                $this->error("数据不存在");
            }
            if ($rows["add_user"]!=$user_data["id"] || !UserPermission($user_data["id"],
"is_lock_topic")){
                if (!AdminPermission($user_data["id"], "is_lock_topic")){
                    $this->error("权限出错");
                }
            }
            if ($rows["lock"]){
                $lock=0; //解锁
            }else {
                $lock=1; //锁定
            }
            if ($topic->where(array("id"=>intval($_GET["cid"])))->setField("lock",$lock) ){
                $this->success("操作成功");
            }else{
                Log::write("用户在对帖子进行锁定时产生了一个错误: ".$topic->getLastSql());
                $this->error("操作失败，请联系管理员");
```

```
            }
        }else{
            $this->error("删除错误");
        }
    }
```

17.6.3 置顶帖子

默认情况下，帖子的排序是根据最新回复和发表时间进行智能排序的。如果需要让帖子始终保持在版块的前面，只需要将该帖子设置为置顶即可。如以下代码所示。

```
    /**
     * 设置置顶
     */
    public function settop(){
        if ($this->userlogin!=1){
            $this->error("请登录后再操作");
        }
        if ($_GET["cid"]){
            $User=D("User");
            $user_data=$User->UserData(session("user_id"));
            $topic=D("Topic");
            $rows=$topic->where(array("id"=>intval($_GET["cid"])))->find();
            if (!$rows){
                $this->error("数据不存在");
            }
            if ($rows["add_user"]!=$user_data["id"] || !UserPermission($user_data["id"],
"is_settop_topic")){
                if (!AdminPermission($user_data["id"], "is_settop_topic")){
                    $this->error("权限出错");
                }
            }
            if ($rows["top"]){
                $top=0;
            }else {
                $top=1;
            }
            if ($topic->where(array("id"=>intval($_GET["cid"])))->setField("top",$top) ){
                $this->success("操作成功");
            }else{
                Log::write("用户在设置帖子置顶时产生了一个错误: ".$topic->getLastSql());
                $this->error("操作失败，请联系管理员");
            }
        }else {
            $this->error("错误错误");
        }
    }
```

17.6.4 推荐帖子

与设置置顶帖子一样，推荐帖子只需要更新 recommend 字段即可。代码如下。

```
    /**
     * 设置推荐
     */
```

```
    public function topicrecommend(){
        if ($_GET["cid"]){
            $User=D("User");
            $user_data=$User->UserData(session("user_id"));
            $topic=D("Topic");
            $rows=$topic->where(array("id"=>intval($_GET["cid"])))->find();
            if (!$rows){
                $this->error("数据不存在");
            }
            if ($rows["add_user"]!=$user_data["id"] || !UserPermission($user_data["id"],
"is_crecommend_topic")){
                if (!AdminPermission($user_data["id"], "is_crecommend_topic")){
                    $this->error("权限出错");
                }
            }
            if ($rows["recommend"]){
                $recommend=0;
            }else {
                $recommend=1;
            }
           if  ($topic->where(array("id"=>intval($_GET["cid"])))->setField("recommend",
$recommend) ){
                $this->success("操作成功");
            }else{
                Log::write("用户在设置帖子推荐时产生了一个错误：".$topic->getLastSql());
                $this->error("操作失败，请联系管理员");
            }
        }else {
            $this->error("错误错误");
        }
    }
```

17.7　行为拦截器

本书 11.4 节已经对行为进行了详细、深入的介绍。使用行为可以方便地对 URL 进行拦截，然后对所请求的资源进行处理。总而言之，行为就是一种拦截机制，可以在应用程序初始化或任务结束等任何阶段触发拦截器，接下来将利用行为扩展，实现页面访问量统计功能。

17.7.1　统计浏览量

统计帖子浏览数量只需要更新 bbs_topic 表中的 browse_number 字段即可。这里将使用自定义行为实现统计功能，之所以使用行为实现，是因为行为本身是一套灵活强大的扩展机制，这对于系统的后期维护是非常有利的。

首先在 bbs/Lib/Behavior 目录创建一个自定义行为库，并命名为 TopicBrowseBehavior。代码如例程 17-12 所示。

【例程 17-12】 bbs/Lib/Behavior/TopicBrowseBehavior.class.php 文件代码。

```
    <?php
```

```
//统计帖子行为
class TopicBrowseBehavior extends Behavior{
protected $str;
public function run(&$params){
    $QUERY_STRING=$_SERVER["QUERY_STRING"];
    parse_str($QUERY_STRING,$arr);
    $this->str=$arr;
    if (strtolower($this->str["m"])=="content" && $this->str["cid"]){
        $this->statisticsBrowseNumber();
    }

}
/**
 * 统计浏览量
 */
private function statisticsBrowseNumber(){
    $str=$this->str;
    $Topic=M("topic");
    return $Topic->where('id='.$str["cid"])->setInc('browse_number');

}
}
?>
```

创建自定义行为后，还需要在 bbs/Conf/tags.php 配置文件中开启行为才会生效，代码如下。

```
'app_init'=>array('TopicBrowse'), // 帖子行为
```

17.7.2 登记浏览位置

用户在浏览版块时，可以利用自定义行为统计用户正在浏览的位置，方便后台进行数据统计。这里将使用 CategoryBrowseBehavior 行为实现，代码如例程 17-13 所示。

【例程 17-13】 bbs/Lib/Behavior/CategoryBrowseBehavior.class.php 文件代码。

```
<?php
//浏览版块行为
class CategoryBrowseBehavior{
protected $str;
public function run(&$params){
    $QUERY_STRING=$_SERVER["QUERY_STRING"];
    parse_str($QUERY_STRING,$arr);
    $this->str=$arr;
    if (strtolower($this->str["m"])=="category"){
        $this->registerThisBrowseCategory();
    }
}
private function registerThisBrowseCategory(){
    $str=$this->str;
    $url=CategoryURL($str["id"],$str["p"]);
    session("CategoryUrl",urlencode($url));

}
}
?>
```

行为扩展非常灵活及强大，不仅可以实现页面统计等简单功能。事实上行为完全可以实

现系统所有基于 URL 拦截的功能，例如用户权限控制、管理员权限控制、计划任务等，在实际应用开发中可根据需要灵活使用行为扩展。

17.8　帖子搜索模块

论坛是一个数据量比较集中的平台，所以提供站内搜索模块是非常必要的。接下来将使用两种方式实现搜索模块：一种是使用传统的 LIKE 查询语句实现标题搜索；另一种是基于 Coreseek 的全文搜索。无论哪一种搜索模式，系统都支持用户权限控制。下面分别介绍。

17.8.1　标题搜索

搜索模块使用 SearchAction 控制器实现。用户可以在论坛的任意地方找到搜索入口，并且可以选择搜索模式，如图 17-24 所示。

图 17-24　搜索模式

选择标题搜索时将使用 title 动作进行处理。代码如下所示。

```
    /**
     * 标题搜索
     */
    public function title(){
        if (!empty($_GET["words"])){
            $User=D("User");
            $user_data=$User->UserData(session("user_id"));
            if (!UserPermission($user_data["id"], "is_search_title")){
                $this->error("你没有搜索标题的权限 ");
            }
            $topic=D("Topic");
            $where=array(
                        "title"=>array("like","%".mysql_escape_string($_GET["words"])."%"),
                        "stats"=>1,
                    );
            import("ORG.Util.Page");
            $count      = $topic->where($where)->count();
            if ($count){
                $Page       = new Page($count,10);
                $show       = $Page->show();
                $list = $topic->where($where)->limit($Page->firstRow.','.$Page->listRows)
->select();
                foreach ($list as $key=>$value){
                    $list[$key]["title"]=preg_replace("/({$_GET['words']})/i", "<font
color='red'>\\1</font>", $value['title']);
                }
                $this->assign("list",$list);
                $this->assign("count",$count);
```

```
                $this->assign("navpage",$show);

            }else{
                $this->error("没有标题关键字为【".$_GET["words"]."】的记录，可以尝试使用全文搜索。");
            }
            $this->display();
        }else{
            $this->error("请输入关键字");
        }
    }
```

对应的 title.html 模板代码如下。

```
    //……省略部分
    <volist name="list" id="vo">
                    <li class="v_link">
                    <em  class="top_head_img"><!--{:TopicHeadImage($vo['id'],PageURL
($vo['id']))}--></em>
                        <a style="font-size:16px"   href="<!--{$vo.id|PageURL=###}--
>" ><!--{$vo.title}--></a>
                        <span>
                          <em>用户:<a href="__APP__?m=user&uid=<!--{$vo.add_user}--
>"><!--{$vo.add_user|uidToData=###,"user_nickname"}--></a></em><em>时间:<!--{$vo.add_time|
date="m月d日H:i",###}--></em>
                        </span>

                    </li>
      </volist>
    //………省略部分
```

17.8.2　使用全文搜索

使用 Coreseek 能够轻松地实现高性能海量全文搜索引擎，对于论坛这种交互性强的应用，使用 Coreseek 实现全文搜索是最适合不过了。用户选择全文搜索模式后，系统将引导到 fulltext 动作，在该动作中可以完成全文搜索处理，如以下代码所示。

```
    /**
     * 全文搜索
     */
    public function fulltext(){
        if(!empty($_GET["words"])){
            $User=D("User");
            $user_data=$User->UserData(session("user_id"));
            if (!UserPermission($user_data["id"], "is_search_fulltext")){
                $this->error("你没有全文搜索的权限 ");
            }
            $config=C("SCENARIO_CONFIG");
                load("extend");
                import("@.ORG.sphinxapi","",".php");
                $sp=new SphinxClient();
                $conn=$sp->setServer($config["Sphinx"]["host"],$config["Sphinx"]["prot"]);
            $words=urldecode ( $_GET ["words"] );
            if (! $ras = $sp->query ( $words, "*" )) {
                die ( "Error:" . $sp->getLasSql () );
                exit ( 0 );
            }
```

```
            import("ORG.Util.Page");// 导入分页类
            $Page      = new Page($ras["total"],4);
            $show      = $Page->show();// 分页显示输出
            $sp->setLimits($Page->firstRow,$Page->listRows);
            $rs = $sp->query ( $words, "*" );
            $strs = array_keys ( $rs ["matches"] );
            $st = null;
            //提示 key
            foreach ( $strs as $key => $value ) {
                $st .= "," . $value;
            }
            //得到所有文章 id
            $topic_id= trim ( $st, "," );
            //查询 mysql 数据库
            $topic=D("Topic");
            $data["id"]=array("in",$topic_id);
            $rows=$topic->where($data)->select();
            //关键字高亮
             $opts = array();
              $opts['before_match'] = '<b><font color="red">';
              $opts['after_match'] = '</font></b>';
             foreach ($rows as $key=>$value){
                    $title[] = $rows[$key]['title'];
                    $content[]  = preg_replace('/\[[\/]?(b|img|url|color|s|hr|p|list|i|align
|email|u|font|code|hide|table|tr|td|th|attach|list|indent|float).*\]/','',strip_tags($ro
ws[$key]['content']));

             }
            $title=$sp->BuildExcerpts($title,"main",$words,$opts);
            $content=$sp->BuildExcerpts($content,"main",$words,$opts);
            foreach($rows as $k=>$v){
                    $rows[$k]['title'] = $title[$k];
                    $rows[$k]['contnet'] = $content[$k];
            }
            //关键字高亮结束
            //dump($rows);
            $search_info="关键字为【".$words."】共有".$rs["total"]."条记录，用时".$rs
["time"]."秒";
            $this->assign("search_info",$search_info);
            $this->assign("navpage",$show);
            $this->assign("list",$rows);
            $this->display();

        }else{
            $this->error("请输入关键字");
        }
    }
```

如上述标粗代码所示，这里使用 sphinxapi.php 扩展类操作 Coreseek 服务器。但是如果当前 Web 服务器已经安装了 Sphinx 扩展模块，则可以免去类库导入步骤，只需要直接实例化即可。代码如下。

```
    $sp=new SphinxClient();
    $conn=$sp->setServer($config["Sphinx"]["host"],$config["Sphinx"]["prot"]);
```

关于 Coreseek 全文搜索服务器的配置及使用，本书第 14 章已经有详细介绍，这里不再重述。直接给出配置文件数据，如例程 17-14 所示。

【例程 17-14】 Coreseek 配置文件代码。

```
    source main
    {
          type                                   = mysql

          sql_host                                = 192.168.0.10
          sql_user                                = root
          sql_pass                                = root_root
          sql_db                                 = bbs_demo
          sql_port                                = 3306  # optional, default is 3306
          sql_query_pre                    = SET SESSION query_cache_type=OFF
          sql_query_pre                    = SET NAMES utf8
          sql_query_pre = REPLACE INTO sph_counter select 1,max(id) from bbs_topic

          sql_query                       = SELECT id,title,content FROM bbs_topic \
                                         where  id  <=  (select  max_doc_id  from  sph_counter
where counter_id=1)
          sql_attr_uint                    = add_time
          sql_attr_timestamp                = id

          sql_query_info                   = SELECT * FROM bbs_topic WHERE id=$id
    }


    index main
    {
          source                                 = main
          path                                   = /usr/local/coreseek/var/data/main
          docinfo                                 = extern
          charset_dictpath = /usr/local/mmseg3/etc/
          charset_type                     =  zh_cn.utf-8
    }
    source mysql_topic_1:main
    {
          sql_query_pre = SET NAMES utf8
          sql_query = SELECT id,title,content FROM bbs_topic \
                    where id >(select max_doc_id from sph_counter where counter_id=1)
          sql_query_post = REPLACE INTO sph_counter select 1,max(id) from tpk_article
    }

    index topic_1:main
    {
          source = mysql_topic_1
          path = /usr/local/coreseek/var/data/main_mysql_topic_1
          charset_dictpath = /usr/local/mmseg3/etc/
          charset_type = zh_cn.utf-8
    }

    indexer
    {
          mem_limit                               = 32M
    }
```

```
    searchd
    {
            port                                    = 9312
            log                                                 = /usr/local/coreseek/var/log/
searchd.log
            query_log                                = /usr/local/coreseek/var/log/query.log
            read_timeout                        = 5
            max_children                        = 30
            pid_file                                 = /usr/local/coreseek/var/log/searchd.pid
            max_matches                              = 1000
            seamless_rotate                     = 1
            preopen_indexes                     = 0
            unlink_old                               = 1
    }
```

将“/usr/local/coreseek/bin/indexer　mysql_topic_1 --rotate”索引命令保存到计划任务表即可实现实时索引。最终论坛全文搜索效果如图 17-25 所示。

图 17-25　全文搜索效果

至此，论坛系统就开发完成了。需要注意的是，本系统只是一个示例，并不适合用在真实的线上环境。读者可以继续完善，使其更加强大、易用。这里提供几点需要继续完善的技术思路：

- 开发系统管理后台。
- 继续完善权限模块，例如增加版块管理员、超级版主等控制功能。
- 文件上传模块需要继续完善，特别是权限控制方面，避免造成安全隐患。
- 需要继续开发会员中心的各模块。

- 开发更加灵活及有效的缓存控制（使用 S 函数及静态缓存实现）。
- 整合更多微博或第三方服务，以实现多账号登录。

总而言之，论坛系统是比较复杂及大型的应用，需要处理非常多的细节（尤其是权限控制方面），这些都要求开发者具备过硬的技术及团队合作意识，才能开发出真正的社区交流平台。实战开发一直是本书的主旨，相信读者通过前面的系统学习，对本章内容的理解并不会感到困难。

17.9 小结

本章通过一个大型的论坛系统平台，详细介绍了使用 PHP MVC 进行实战开发的全过程。本章内容是以本书前面的内容为基础的，例如数据库 CURD 操作、XML 处理、Json 处理、ThinkPHP 扩展以及全文索引等。通过综合示例的方式，帮助读者巩固所学知识。

第 18 章
开发自己的 MVC 框架

内容提要

MVC 是一种设计模式，在各种成熟的面向对象编程技术中均有相应的 MVC 框架（平台）。通过本书前面内容的学习，相信读者已经能够深入领悟 MVC 设计思想。但是，在一些特别的场合中，并非所有 MVC 框架都适合，这时就需要手动定制自己的 MVC 框架，以实现团队之间更好协作。

定制自己的 MVC 框架，不仅要求读者全面理解 MVC 设计思想，还要求熟悉并掌握各种成熟类库的使用（例如 Smarty、PHPLIB），最重要的是具备过硬的 PHP 面向对象编程技术。所以阅读本章，需要读者首先掌握本书前面所有内容。

本章将通过开发一个简单的 MVC 框架，深入介绍 MVC 设计模式中的 URL 处理、数据库处理、扩展处理等内容，帮助读者从使用 MVC 的技术层面提升到开发 MVC 的技术层面。本章内容从理论到实践，配合简明的代码示范，将使读者全面掌握 MVC 框架的开发。

学习目标

- 了解开发 MVC 框架的理论基础。
- 掌握 MVC 框架的文件结构及规范。
- 理解开发 MVC 框架中的难点、要点。
- 掌握 MVC 框架的文件载入机制。
- 掌握 MVC 数据库操作的实现过程。
- 全面提高 PHP 的编程水平。
- 全面提高编程模块的整合技能。

18.1 开发前准备

通过前面内容的学习，相信读者已经对 MVC 框架有了深刻的认识。MVC 框架提供了高效好用的数据库操作、驱动扩展、类库扩展等机制，为完成复杂的高质量应用提供了平台支持。事实上，这些看似复杂的 MVC 功能模块设计，在 PHP 开发中是非常基础的，一个简单的 MVC 框架甚至只需要编写少量的代码就能实现。学习本章内容不仅可以掌握 PHP MVC 开发模式，还能设计、开发、定制自己的 MVC 框架。

18.1.1 开发 MVC 框架的思路

开发一套 MVC 框架并非想象中的那么困难，只要具备 PHP 面向对象编程技术，普通的 PHP 程序员能也完成简单的框架设计。但是，很多程序员甚至高级的 PHP 程序员，苦于找不到设计入口，往往最后搞得力不从心。从根源上来说，这并非技术的问题，而是设计思想的问题。当然，设计思想是抽象的，不可能从一开始就能把全部开发需要考虑在内。这时，不妨参照现有成熟的 PHP 框架，完成最核心的功能设计，然后在此基础上衍生自己的功能特性。下面将通过一张图，简单理解 MVC 框架设计的基本思路，如图 18-1 所示。

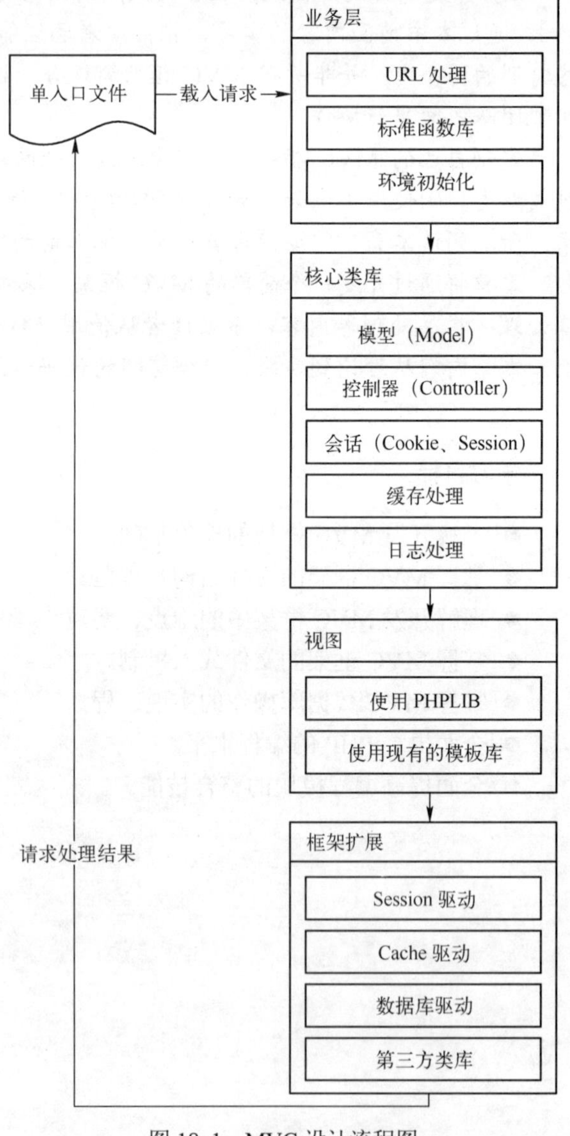

图 18-1 MVC 设计流程图

图中演示了一个简单的 MVC 设计流程，当然在实际应用开发中，也并非一定要如此进行设计。读者可根据实际需要设计出符合要求的设计图。接下来将通过真实的示例，演示 MVC 设计的全过程。

18.1.2 文件结构

接下来将要介绍的 MVC 框架，是笔者为了方便本书读者学习，临时开发的一个简单 MVC 框架，并命名为 CleverPHP。虽然简单，但实现了 MVC 开发模式中比较重要的功能，例如 URL 处理、模型、视图、控制器、连贯操作、缓存、驱动扩展、外部扩展等。

CleverPHP 将使用 Smarty+PDO+类工厂的形式开发，此框架功能上与主流的 MVC 框架没有可比性，这里只作为演示之用。CleverPHP 的文件及目录结构组成如下。

```
CleverPHP
├─BLL  ························ 存放基础类库、函数库
├─Conf ····················   存放框架配置文件
├─DALFactory ··········· 框架核心
│  └─Extend ··········· 系统内置扩展
│      └─Drive ········ 驱动扩展
├─Lang ·················  框架语言文件处理
├─PDO ·················  PDO 套件
├─Vendor ················ 第三方扩展处理
│  └─Coreseek
└─View ···················· 视图引擎
```

读者可以在 http://beauty-soft.net/book/cleverphp 网站页面下载到 CleverPHP 所有文件。接下来将通过示例的方式，介绍 CleverPHP 所有文件的作用与实现。

18.2　核心类库

核心类库是一个极其重要的基础类库，为了方便介绍，这里将核心类库分成多个单元进行介绍。首先是 MVC 框架的入口，即环境初始化。

18.2.1　初始化

主流的 MVC 框架都是单入口文件的，这样的好处是可以方便地对整体环境进行控制、定制等。缺点是由于一时载入过多类库，将造成一定的性能损失。但通常情况下，MVC 框架将要求网站开发人员手动或自动载入所需要的类，CleverPHP 采用的是自动载入机制。这些文件的载入，需要在入口文件中完成，这里将入口文件命名为 CleverPHP.php，代码如例程 18-1 所示。

【例程 18-1】 /CleverPHP/CleverPHP.php 文件代码。

```
<?php
//+----------
//|项目引用页
//+----------
include_once("BLL/shortcutinfo.php");   //导航快捷方式
include 'BLL/function.php';  //公共函数
include 'BLL/constants.php';
include("BLL/app.php");
require_once("PDO/PDO_DB_Conn.class.php");  //导入pdo
?>
```

上述代码中，CleverPHP.php 入口文件共载入了 5 个核心类库文件。其中 app.php 是一个环境初始化文件，负责初始化框架所需要的基本环境，例如载入类库、URL 处理等。

前面的操作只是初始化 CleverPHP 框架本身的环境，但程序员在开发网站时，还需要对

网站的环境进行初始化。初始化开发网站将使用 run 方法实现，该方法位于 app 类中，代码如下。

```
/**
 * 初始化环境变量
 *
 */
static public function Run(){
    $app=new App();
    $app->AutoLoadFun();
    $app->NavUrl();

}
```

18.2.2 URL 处理

CleverPHP 支持两种 URL 模式，一种是传统的 GET 参数传递模式；另一种则是主流 MVC 框架支持的 PATHINFO 模式。URL 处理在 NavUrl 方法中完成。代码如下。

```
/**
 * 页面导航模型
 * Enter description here ...
 */
private function NavUrl(){
    if (!empty($_SERVER['PATH_INFO'])){
          $parray=$_SERVER['PATH_INFO'];
         $url=$_SERVER['REQUEST_URI'];
          $str=explode("/",trim($parray,"\/"));
          //得到控制器类名
          $controller=ucfirst(empty($str[0])?"Index":$str[0])."Controller";
          //得到动作方法
          $model=ucfirst(empty($str[1])?"Index":$str[1]);

    }else {
         //传统的 GET 传参模式
         $controller=isset($_GET["m"])?ucfirst($_GET["m"])."Controller":"IndexController";
          $model=isset($_GET["a"])?ucfirst($_GET["a"]):"Index";
    }
    if (@!class_exists($controller)){
         exit($controller."控制器不存在");
    }
    $this->controller=$controller;
    $model=empty($model)?"Index":$model;
    $this->model=ucfirst($model);
      $controllerClass=new $controller();
      $ur=url_parse();
      $controllerClass->$model();
}
```

最终，整个 app.php 文件代码如例程 18-2 所示。

【例程 18-2】 CleverPHP/BLL/app.php 文件代码。

```
<?php
//+-----------------
//|应用程序初始化
```

```
//|加载必要的数据
//+----------------
class App{
protected $controller;
protected $model;
/**
 * 初始化环境变量
 *
 */
static public function Run(){
     $app=new App();
     $app->AutoLoadFun();
     $app->NavUrl();

}
/**
 * 页面导航模型
 * Enter description here ...
 */
private function NavUrl(){
     if (!empty($_SERVER['PATH_INFO'])){
           $parray=$_SERVER['PATH_INFO'];
          $url=$_SERVER['REQUEST_URI'];
           $str=explode("/",trim($parray,"\/"));
           $controller=ucfirst(empty($str[0])?"Index":$str[0])."Controller";
           $model=ucfirst(empty($str[1])?"Index":$str[1]);

     }else {
          $controller=isset($_GET["m"])?ucfirst($_GET["m"])."Controller":"IndexController";
           $model=isset($_GET["a"])?ucfirst($_GET["a"]):"Index";
     }
     if (@!class_exists($controller)){
          exit($controller."控制器不存在");
     }
     $this->controller=$controller;
     $model=empty($model)?"Index":$model;
     $this->model=ucfirst($model);
        $controllerClass=new $controller();
        $ur=url_parse();
        $controllerClass->$model();
}
//自动载入自定义函数库
private function AutoLoadFun(){
     if (file_exists(AppDir."/Common/function.php")){
          include_once AppDir."/Common/function.php";
     }
}
}?>
```

18.3　控制器的开发

控制器通常只负责处理 URL 请求，它本身不执行重要的功能运算。前面提到过，CleverPHP 使用类自动载入机制，所以需要在控制器中完成文件的载入。这里将控制器基类命名为 Controller，下面对重要的功能设计进行介绍。

18.3.1 类自动载入

类自动载入对于 MVC 框架设计来说，是非常必要的。首先看一段代码。

```
<?php
include '/Clever/Bill/Cache.class.php';
function index(){
    $obj=new Cahce();
   //逻辑代码
}
?>
```

上述代码是传统 PHP 开发中的文件引入模式。但在 MVC 中，只需要直接实例化类即可，而不需要每次导入相应的类文件。代码如下。

```
<?php
function index(){
    $obj=new Cahce();
   //逻辑代码
}
?>
```

对比两种引入模式，无疑后面的代码更加简洁。在 MVC 中，要实现自动载入类文件，通常有两种方法：一种使用正则查找；另外一种使用 PHP 提供的__autoload 自动载入函数。目前主流 MVC 框架，都是使用__autoload 实现文件自动加载的，这里只需要将__autoload 函数定义在公共函数库（CleverPHP/BLL/function.php）中即可。代码如下。

```
//+--------------
//|自动加载类文件
//+--------------
function __autoload($className){
if (strpos($className, "Model")>1){
     include AppDir."/Lib/Model/".ucfirst($className).".class.php";
}elseif ($className=="Model"){
     include 'CleverPHP/DALFactory/Model.class.php';
}elseif (strpos($className,"Controller")>1){
     include AppDir."/Lib/Controller/".ucfirst($className).".class.php";
}elseif ($className=="Controller"){
     include 'CleverPHP/DALFactory/Controller.class.php';
}elseif ($className=="Cache"){
     include ("CleverPHP/DALFactory/Cache.class.php");
}elseif ($className=="Log"){
     include ("CleverPHP/DALFactory/Log.class.php");
}elseif ($className=="Session"){
     include ("CleverPHP/DALFactory/Session.class.php");
}
}
```

如上述代码所示，当开发人员试图调用一个类，PHP 引擎会首先查找该类文件是否已经存在，如果不存在将会触发__autoload 函数，最后才进行资源创建及释放。也就是说，__autoload 是自动触发的，不需要开发人员手动调用。所以，只需要在入口文件中，引入公共类库文件，即可实现全局类库自动载入。

18.3.2 加载模板引擎（View）

前面提到过，CleverPHP 的视图处理引擎是基于 Smarty 的。只需要在控制器中完成 Smarty 的配置及初始化即可。代码如下。

```
public $smarty;
/**
 * 初始化模板引擎
 * @see IController::View()
 */
public function View(){
      include("CleverPHP/View/Smarty/Smarty.class.php");
      $this->smarty=new Smarty();
      $smarty_config=C("smarty_config");
      $this->smarty->template_dir=$smarty_config["template_dir"];
      $this->smarty->compile_dir=$smarty_config["compile_dir"];
      $this->smarty->config_dir=$smarty_config["config_dir"];
      $this->smarty->cache_dir=$smarty_config["cache_dir"];
      $this->smarty->caching=$smarty_config["caching"];
      $this->smarty->left_delimiter=$smarty_config["left_delimiter"];
      $this->smarty->right_delimiter=$smarty_config["right_delimiter"];
      $this->smarty->registerPlugin("function","__URL__","getURL");
      $this->smarty->registerPlugin("function","Config","C");
}
```

通过上述代码，在项目控制器中，只需要使用$this->View()即可加载 Smarty 模板引擎。上述代码使用 registerPlugin 注册 CleverPHP 函数库中的函数，这样就可以直接在视图模板中进行调用了。

18.3.3 处理消息（message）

消息主要指操作成功提示信息及失败提示信息。这里统一使用 message 方法处理。代码如下。

```
    /**
     * 输出信息
     * @see IController::success()
     */
public function message($data=array(),$ajax=false,$type="success"){
      $this->View();
      if($ajax==false){
          //标题
          array_key_exists("title",$data)?$title=$data["title"]:$title=null;
          $this->smarty->assign("title",$title);
          //信息内容
          array_key_exists("message",
$data)?$message=$data["message"]:$message=null;
          $this->smarty->assign("message",$message);
          //转向
          array_key_exists("url",
$data)?$url=$data["url"]:$url=$_SERVER["HTTP_REFERER"];
          //转向时间
          array_key_exists("times", $data)?$times=$data["times"]:$times=1;
          $this->smarty->assign("times",$times);
```

```
        $this->smarty->assign("url",$url);
        if ($type=="success"){
            $this->smarty->display('success.html');
        }else{
            $this->smarty->display('error.html');
        }
    }else {
        $this->ajaxReturn($data, 1,"json");
    }

}
```

在项目控制器中，只需要使用$this->message（“操作成功”）；即可完成消息的处理。此外，还需要一个用于处理 Json 及 XML 的消息处理方法，代码如下。

```
/**
 * ajax 返回
 * Enter description here ...
 * @param unknown_type $data
 * @param unknown_type $info
 * @param unknown_type $type
 */
public function  ajaxReturn($data=array(),$status,$type="xml"){
     if (array_key_exists("title", $data))
           $datas["title"]=$data["title"];
     if (array_key_exists("message", $data))
           $datas["message"]=$data["message"];
     $datas["status"]=$status;
     if ($type=="json"){
          //输出 json
          header("Content-Type:text/html; charset=utf-8");
          exit(json_encode($datas));
     }elseif ($type=="xml"){
          //输出 xml
          header("Content-Type:text/xml; charset=utf-8");
          exit(xml_encode($datas));
     }
}
```

最终，Controller 基类控制器的代码如例程 18-3 所示。

【例程 18-3】 CleverPHP/DALFactory/Controller.class.php 文件代码。

```
<?php
//+----------------
//|控制器
//+---------------
class Controller{

public $smarty;
/**
 * 初始化模板引擎
 * @see IController::View()
 */
public function View(){
     include("CleverPHP/View/Smarty/Smarty.class.php");
     $this->smarty=new Smarty();
     $smarty_config=C("smarty_config");
```

```
        $this->smarty->template_dir=$smarty_config["template_dir"];
        $this->smarty->compile_dir=$smarty_config["compile_dir"];
        $this->smarty->config_dir=$smarty_config["config_dir"];
        $this->smarty->cache_dir=$smarty_config["cache_dir"];
        $this->smarty->caching=$smarty_config["caching"];
        $this->smarty->left_delimiter=$smarty_config["left_delimiter"];
        $this->smarty->right_delimiter=$smarty_config["right_delimiter"];
        $this->smarty->registerPlugin("function","__URL__","getURL");
        $this->smarty->registerPlugin("function","Config","C");
}
    /**
     * 输出信息
     * @see IController::success()
     */
public function message($data=array(),$ajax=false,$type="success"){
      $this->View();
      if($ajax==false){
           //标题
           array_key_exists("title",$data)?$title=$data["title"]:$title=null;
           $this->smarty->assign("title",$title);
           //信息内容
           array_key_exists("message", $data)?$message=$data["message"]:$message=null;
           $this->smarty->assign("message",$message);
           //转向
          array_key_exists("url",  $data)?$url=$data["url"]:$url=$_SERVER["HTTP_REFERER"];
           //转向时间
           array_key_exists("times", $data)?$times=$data["times"]:$times=1;
           $this->smarty->assign("times",$times);
           $this->smarty->assign("url",$url);
           if ($type=="success"){
               $this->smarty->display('success.html');
           }else{
               $this->smarty->display('error.html');
           }
      }else {
          $this->ajaxReturn($data, 1,"json");
      }

}
/**
 * ajax 返回
 * Enter description here ...
 * @param unknown_type $data
 * @param unknown_type $info
 * @param unknown_type $type
 */
public function  ajaxReturn($data=array(),$status,$type="xml"){
     if (array_key_exists("title", $data))
            $datas["title"]=$data["title"];
     if (array_key_exists("message", $data))
            $datas["message"]=$data["message"];
     $datas["status"]=$status;
     if ($type=="json"){
          //输出 json
          header("Content-Type:text/html; charset=utf-8");
```

```
            exit(json_encode($datas));
        }elseif ($type=="xml"){
            //输出 xml
            header("Content-Type:text/xml; charset=utf-8");
            exit(xml_encode($datas));
        }
    }
    public function __call($method,$args) {
        exit($method."方法不存在");
    }

}
?>
```

18.4 模型的开发

模型，主要是用于操作数据库的接口，当然也可以作为控制器的功能辅助类来使用。模型的设计主要包括初始化数据库驱动，数据表映射以及数据库的 CURD 操作。下面分别介绍。

18.4.1 使用 PDO

PDO 套件是一套功能强大，简单易用的数据库操作中间件，内置了主流数据库驱动支持，从 PHP 5.1 开始，PDO 已经作为插件整合到了 PHP 安装包中。关于 PDO 套件的使用，不是本章介绍的内容，读者可以从 http://www.php.net/manual/en/book.pdo.php 网页中获得帮助信息。这里只介绍将 PDO 整合到 MVC 框架中的全过程。

首先创建一个数据库连接类，为了方便介绍，这里只需要使用 PDO 套件（不使用传统的 mysql_content 函数）即可，所以命名为 PDO_DB_Conn。代码如例程 18-4 所示。

【例程 18-4】 CleverPHP/PDO/PDO_DB_Conn.class.php 文件代码。

```
<?php
//+-------------------
//|PDO 连接 Mysql
//+------------------
class PDO_DB_Conn{
  static public $PDOs;

    /**
     * 返回数据连接对像
     *
     * @return PDO_Mysql
     */
function PDO_DB_Conn(){
        try {
          $db_host=C("db_host");

          $db_name=C("db_name");

        self::$PDOs=new PDO("mysql:host=$db_host;dbname=$db_name",C("db_user"),C("db_pwd"));
```

```
            self::$PDOs->query("set names utf8");

        }catch (PDOException $e){
            print $e->getMessage();
        }
    }
}
?>
```

如上述标粗代码所示，表示使用 mysql 驱动。如果需要切换其他数据库驱动，可以根据 PDO 手册进行设置。完成上述步骤后，只需要在 Model 模型基类中实例化即可。代码如下。

```
public function __construct($tableName=""){
    if (empty($tableName)) {
        $this->TableName=C("db_table_prefix").str_replace("Model", "", get_called_
class());
    }else{
        $this->TableName=C("db_table_prefix").$tableName;
    }
    new PDO_DB_Conn();
}
```

这样，当 Model 类库被继承或者实例化时，Model 类将完成所有数据库连接准备工作。

18.4.2　模型实例化

模型通常是在控制器中进行调用的。例如调用上述基类模型，代码如下。

```
<?php
class IndexController{
  function index(){
     $mod=new("Model");
     var_dump($mod);
  }
}
?>
```

为了方便操作，可以使用快捷函数实现快速实例化模型，这里创建的快捷函数为 MOD，代码如下。

```
/**
 * 快捷实例化模型
 * Enter description here ...
 * @param unknown_type $ModelName
 */
function MOD($ModelName){
     $ModelName=ucfirst($ModelName);
     $ModelName=$ModelName."Model";
     return new $ModelName();
}
```

框架快捷函数可以使用一个独立的文件存放。CleverPHP 使用 shortcutinfo.php 文件存放所有快捷函数。

18.4.3　实现连贯操作

习惯使用第三方 MVC 框架的读者相信已经对连贯操作非常熟悉。连贯操作主要是指数

据库增、删、改、查的一种操作方式（并非只适用于数据库操作，同样适用于其他类库）。由于连贯操作在方式上非常接近传统的 SQL，但又提供了全面向对象编程的特性，对后续扩展提供了良好的支持，所以越来越多的 PHP MVC 框架都内置了连贯操作支持。

连贯操作主要是使用__call 魔术方法实现的。__call 方法是一个实用的函数，能够实现自动回调对象方法。假设 PHP 代码如下。

```
<?php
class test {
   function index(){
     echo 'index方法';
    }
}
$testOBJ=new test();
echo $testOBJ->home();
?>
```

上述代码明显会出错的，因为 testOBJ 对象中并没有 home 方法。但使用__call 方法后，就算不存在 home 方法，解释引擎也不会报错。如以下代码所示。

```
<?php
class test{
     function index(){
          return  'index方法';
     }
     public function __call($method,$args) {
          return  '你所调用的'.$method.'方法不存在';
     }
}
$testOBJ=new test();
echo $testOBJ->home();
?>
```

上述代码输出的结果为“你所调用的 home 方法不存在”。从这里就可以出__call 方法的作用。可以利用__call 方法的特性，将不存在的方法转换为 SQL 查询语句，即可实现连贯操作。代码如下。

```
protected $options  =  array();
public function __call($method,$args) {
     if(in_array(strtolower($method),array('field','where','order','limit'),true)) {
          // 连贯操作的实现
          $this->options[strtolower($method)] =  $args[0];
          return $this;
     }else{
          exit("当前模型不存在".$method."方法");
     }
}
```

上述代码的作用是，当开发人员试图使用连贯操作对 Model 基类进行 CURD 操作时，连接操作方法中包含'field'、'where'、'order'、'limit'方法时，由于这些方法是不存在的虚方法，所以使用__call 魔术方法将方法参数转换为 SQL 字符串，并保存到$options 类成员变量中。当调用真正存在的实方法时，根据变量中的语句来进行相应的操作，例如更新或查询等。

18.4.4 读取数据

前面介绍了连贯操作的实现原理。连贯操作中可以存在多个虚方法，但实方法必须存在

（只能有一个），所有的 CURD 操作必须要在实方法中完成。例如需要读取数据，就必须要创建一个真实的读取数据方法，在该方法中调用 PDO 相应的查询方法即可。这里将使用 read 方法实现数据查询操作。代码如下。

```
/**
 * 读取数据
 * @see IModel::read()
 */
public function read(){
       if ($pdo=PDO_DB_Conn::$PDOs) {
          if (array_key_exists("where", $this->options)){
               $where=" where ".$this->options["where"];
          }else{
               $where=null;
          }
          if (array_key_exists("order", $this->options)){
               $order=" order ".$this->options["order"];
          }else{
               $order=null;
          }
          if (array_key_exists("limit", $this->options)){
               $limit=" limit ".$this->options["limit"];
          }else{
               $limit=" limit 0,20";
          }
          if (array_key_exists("field", $this->options)){
               $field=$this->options["field"];
          }else{
               $field=" * ";
          }
          if (!$this->sql){
              $this->sql="select ".$field." from ".$this->TableName.$where.$order.$limit;
          }
          $pdo->query("set names utf8");
          $rs=$pdo->prepare($this->sql);
          $rs->execute();
          $this->lastSql=$rs->queryString;
          return  $rs->fetchAll();
       }else {
          return false;
       }
}
```

read 方法利用 PDO 套件提供的 fetchAll 方法，实现数据批量查询功能。为了提高效率，这里还将创建 find 方法，该方法只读取单条数据。代码如下。

```
/**
 * 读取单条数据
 * @see IModel::read()
 */
public function find(){
     if ($pdo=PDO_DB_Conn::$PDOs) {
          if (array_key_exists("where", $this->options)){
               $where=" where ".$this->options["where"];
          }else{
               $where=null;
```

```
            }
            if (array_key_exists("order", $this->options)){
                $order=" order ".$this->options["order"];
            }else{
                $order=null;
            }
            $limit=" limit 0,1";
            if (array_key_exists("field", $this->options)){
                $field="  ".$this->options["field"]." ";
            }else{
                $field=" * ";
            }
            if (!$this->sql){
               $this->sql="select ".$field." from ".$this->TableName.$where.$order.$limit;
            }
            $pdo->query("set names utf8");
            $rs=$pdo->prepare($this->sql);
            $rs->execute();
            $rs->setFetchMode(PDO::FETCH_ASSOC);
            $this->lastSql=$rs->queryString;
            return  $rs->fetch();
        }else {
            return false;
        }
    }
```

为了方便数据分页，还需要创建一个统计方法，并命名为 count，代码如下。

```
/**
 * 统计总记录
 * @return number|boolean
 */
public function count(){
     if ($pdo=PDO_DB_Conn::$PDOs) {
          if (array_key_exists("where", $this->options)){
               $where=" where ".$this->options["where"];
          }else{
               $where=null;
          }
          if (!$this->sql){
               $this->sql="select * from ".$this->TableName.$where;
          }
          $pdo->query("set names utf8");
          $rs=$pdo->prepare($this->sql);
          $rs->execute();
          $count=$rs->rowCount();
          $this->lastSql=$rs->queryString;
          return $count;
     }else {
          return false;
     }
}
```

18.4.5 插入数据

在 PDO 操作中，插入或更新数据可以使用 execute 方法，接下来将使用 execute 方法实现 Model 中的数据插入功能。这里将使用 create 方法作为 Model 基础模型数据插入操作的方法。代码如下。

```
/**
 * 插入数据
 * @see IModel::create()
 */
public function create(){
     $data=$this->options["data"];
     $field=null;
     $val=null;
     if ($data){
          foreach ($data as $key=>$value) {
               if (is_string($value)){
                    $value=mysql_escape_string($value);
                    $value="'$value'";
               }else {
                    $value=intval($value);
               }
               $val.=$value.",";
               $field.="`".$key."`,";
          }
          $field=rtrim($field,",");
          $val=rtrim($val,",");
          $this->sql="insert ".$this->TableName." ($field)"." Values($val)";
     }else{
          exit("数据为空");
     }
     if ($pdo=PDO_DB_Conn::$PDOs) {
          $rs=$pdo->prepare($this->sql);
              return $rs->execute();
     }else {
          $this->error=$pdo->errorInfo();
          return false;
     }
}
```

如上述代码所示，数据插入操作与数据查询操作并无多大区别。难点就在于将连贯操作中的数组键值对转换成 SQL 操作中的字段与字段值。转换的方式有很多种，这里只使用简单的 foreach 语句遍历实现。

18.4.6　更新数据

更新数据与插入数据在形式上是一致的。不同之处在于 SQL 语句的转换。这里将使用 update 方法实现数据更新，代码如下。

```
/**
 * 更新的数据
 * @see IModel::update()
 */
public function update(){
     $where=" where ".$this->options["where"];
     $data=$this->options["data"];
     $field=null;
     if ($data){
```

```
            foreach ($data as $key=>$value) {
                if (is_string($value)){
                    $value="'$value'";
                }else {
                    $value=intval($value);
                }
                $field.=",`".$key."`=".$value;
            }
            $sets=trim($field,",");
            $sets="set ".$sets;
            $this->sql="Update ".$this->TableName." $sets"." $where ";
        }else{
            exit("数据为空");
        }
        if ($pdo=PDO_DB_Conn::$PDOs) {
            $rs=$pdo->prepare($this->sql);
               return $rs->execute();
        }else {
            $this->error=$pdo->errorInfo();
            return false;
        }
    }
```

18.4.7 删除数据

删除数据使用 delete 操作方法实现，代码如下。

```
/**
 * 删除数据
 * Enter description here ...
 */
function delete(){
        if ($pdo=PDO_DB_Conn::$PDOs) {
          if (array_key_exists("where", $this->options)){

               $where=" WHERE ".$this->options["where"];

               $this->sql="DELETE FROM {$this->TableName} ".$where;
          }else{
              $this->error="where 条件不能为空";
              return false;
          }
          $rs=$pdo->prepare($this->sql);
          $this->lastSql=$rs->queryString;
           return $rs->execute();
        }else {
         return false;
    }
}
```

这里只是介绍最基础的数据库操作，读者还可根据实际需要，设计更加好用的 CURD 操作。最终，Model 基础模型代码如例程 18-4 所示。

【例程 18-4】 CleverPHP/DALFactory/Model.class.php 文件代码。

```
<?php
//+---------------
```

```
    //|实现 Model
    //+---------------
    class Model {
    public  $sql;
    public  $TableName;
    public $lastSql;
    public $error;
    protected $options  =   array();
    public function  __call($method,$args) {
        if(in_array(strtolower($method),array('field','where','order','limit'),true)) {
            // 连贯操作的实现
            $this->options[strtolower($method)] =  $args[0];
            return $this;
        }else{
            exit("当前模型不存在".$method."方法");
        }
    }
    public function  __construct($tableName=""){
        if (empty($tableName)) {
            $this->TableName=C("db_table_prefix").str_replace("Model", "", get_called_
class());
        }else{
            $this->TableName=C("db_table_prefix").$tableName;
        }
        new PDO_DB_Conn();
    }
    /**
     * 插入数据
     * @see IModel::create()
     */
    public function create(){
        $data=$this->options["data"];
        $field=null;
        $val=null;
        if ($data){
            foreach ($data as $key=>$value) {
                if (is_string($value)){
                    $value=mysql_escape_string($value);
                    $value="'$value'";
                }else {
                    $value=intval($value);
                }
                $val.=$value.",";
                $field.="`".$key."`,";
            }
            $field=rtrim($field,",");
            $val=rtrim($val,",");
            $this->sql="insert ".$this->TableName." ($field)"." Values($val)";
        }else{
            exit("数据为空");
        }
        if ($pdo=PDO_DB_Conn::$PDOs) {
                $rs=$pdo->prepare($this->sql);
               return $rs->execute();
        }else {
```

```
            $this->error=$pdo->errorInfo();
            return false;
        }
    }
    /**
     * 更新的数据
     * @see IModel::update()
     */
    public function update(){
        $where=" where ".$this->options["where"];
        $data=$this->options["data"];
        $field=null;
        if ($data){
            foreach ($data as $key=>$value) {
                if (is_string($value)){
                    $value="'$value'";
                }else {
                    $value=intval($value);
                }
                $field.=",`".$key."`=".$value;
            }
            $sets=trim($field,",");
            $sets="set ".$sets;
            $this->sql="Update ".$this->TableName." $sets"." $where ";
        }else{
            exit("数据为空");
        }
        if ($pdo=PDO_DB_Conn::$PDOs) {
            $rs=$pdo->prepare($this->sql);
               return $rs->execute();
        }else {
            $this->error=$pdo->errorInfo();
            return false;
        }
    }
    /**
     * 读取数据
     * @see IModel::read()
     */
    public function read(){
          if ($pdo=PDO_DB_Conn::$PDOs) {
            if (array_key_exists("where", $this->options)){
                $where=" where ".$this->options["where"];
            }else{
                $where=null;
            }
            if (array_key_exists("order", $this->options)){
                $order=" order ".$this->options["order"];
            }else{
                $order=null;
            }
            if (array_key_exists("limit", $this->options)){
                $limit=" limit ".$this->options["limit"];
            }else{
                $limit=" limit 0,20";
```

```
            }
            if (array_key_exists("field", $this->options)){
                $field=$this->options["field"];
            }else{
                $field=" * ";
            }
            if (!$this->sql){
               $this->sql="select ".$field." from ".$this->TableName.$where.$order.$limit;
            }
            $pdo->query("set names utf8");
            $rs=$pdo->prepare($this->sql);
            $rs->execute();
            $this->lastSql=$rs->queryString;
            return  $rs->fetchAll();
        }else {
            return false;
        }
    }
    /**
     * 读取单条数据
     * @see IModel::read()
     */
    public function find(){
        if ($pdo=PDO_DB_Conn::$PDOs) {
            if (array_key_exists("where", $this->options)){
                $where=" where ".$this->options["where"];
            }else{
                $where=null;
            }
            if (array_key_exists("order", $this->options)){
                $order=" order ".$this->options["order"];
            }else{
                $order=null;
            }
            $limit=" limit 0,1";
            if (array_key_exists("field", $this->options)){
                $field="  ".$this->options["field"]." ";
            }else{
                $field=" * ";
            }
            if (!$this->sql){
               $this->sql="select ".$field." from ".$this->TableName.$where.$order.$limit;
            }
            $pdo->query("set names utf8");
            $rs=$pdo->prepare($this->sql);
            $rs->execute();
            $rs->setFetchMode(PDO::FETCH_ASSOC);
            $this->lastSql=$rs->queryString;
            return  $rs->fetch();
        }else {
            return false;
        }
    }
    /**
     * 统计总启记录
```

```
 * @return number|boolean
 */
public function count(){
    if ($pdo=PDO_DB_Conn::$PDOs) {
        if (array_key_exists("where", $this->options)){
            $where=" where ".$this->options["where"];
        }else{
            $where=null;
        }
        if (!$this->sql){
            $this->sql="select * from ".$this->TableName.$where;
        }
        $pdo->query("set names utf8");
        $rs=$pdo->prepare($this->sql);
        $rs->execute();
        $count=$rs->rowCount();
        $this->lastSql=$rs->queryString;
        return $count;
    }else {
        return false;
    }
}
/**
 * 删除数据
 * Enter description here ...
 */
function delete(){
      if ($pdo=PDO_DB_Conn::$PDOs) {
      if (array_key_exists("where", $this->options)){
              $where=" WHERE ".$this->options["where"];
              $this->sql="DELETE FROM {$this->TableName} ".$where;
       }else{
             $this->error="where 条件不能为空";
             return false;
       }
       $rs=$pdo->prepare($this->sql);
          $this->lastSql=$rs->queryString;
           return $rs->execute();
        }else {
         return false;
        }
}
}
?>
```

18.5 扩展类库

扩展大致上可分为两类：一类是指在项目中进行调用的第三方类库；另一类是指框架本身所需要使用到的扩展。前者只需要使用功能函数实现文件导入即可，但后者需要编写相对复杂的中间件，所以这里主要介绍后者（即驱动扩展）。

18.5.1 Session 驱动扩展

PHP 本身提供了完善的 Session 会话支持，由于 PHP 的 Session 是基于本地文件系统实现的，所以并不适合分布式开发及高性能的运行环境。通过 Session 扩展，可以实现将 Session 存放到缓存系统或数据库系统，实现高效的 Session 会话控制。这就意味着，在开发 Session 操作类时，必须要考虑可扩展的问题，主流的 MVC 框架通常使用中间的方式实现驱动扩展。如图 18-2 所示。

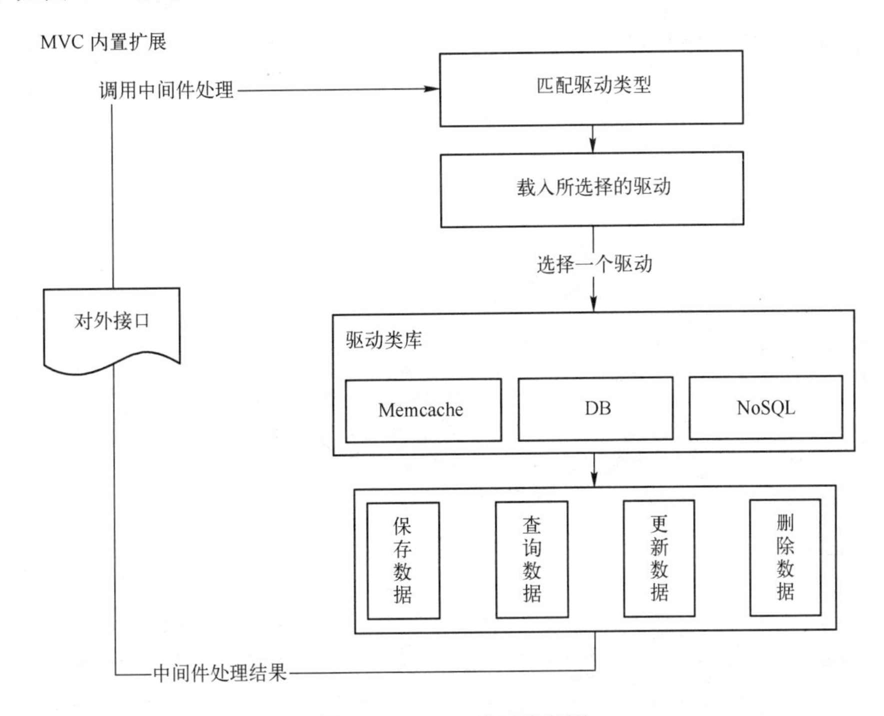

图 18-2　MVC 扩展流程图

如图 18-2 所示，对于外部程序而言，只需要实现公开的接口即可。接口内置了常用的操作方法，无论程序调用哪个驱动，实现过程都是一样的。这就是中间件实现的思路。

在 Session 中间件设计中，只需要在外部接口中实现普通的 Session 支持，以便在基本的 PHP 环境下也能够使用 Session。代码如例程 18-5 所示。

【例程 18-5】 CleverPHP/DALFactory/Session.class.php 文件代码。

```
<?php
//Session 中间件
class Session {
protected $session_prefix;
public function __construct(){
    $config=C();
    if (array_key_exists("session", $config)){
            $this->session_drive=$config["session"];
            $className="Session".ucfirst($config["session"]);
            $fiel='./CleverPHP/DALFactory/Extend/Drive/'.$className.".class.php";
            if(is_file($fiel)){
                require_once "{$fiel}";
```

```
                    $className::init();
                }else{
                    throw  new Exception("{$fiel}"."文件不存在");
                }
        }else{
            session_start();
        }
        $this->session_prefix=$config["session_prefix"];
    }
    /**
     * 获取 session
     * Enter description here ...
     * @param string $key
     */
    public function  get($key)
    {
        $key=$this->session_prefix.$key;
        return $_SESSION[$key];
    }
    /**
     * 写入 session
     * Enter description here ...
     * @param string || int $name
     * @param string $value
     */
     public function set($key,$value){
        $key=$this->session_prefix.$key;
        $_SESSION[$key]=$value;
        if ($_SESSION[$key]){
            return 1;
        }else{
            return 0;
        }
    }
    /**
     * 清除 session
     * Enter description here ...
     * @param string||org $key
     */
     public function  clear($key=NULL){
        $key=$this->session_prefix.$key;
        if ($key==null){
            session_destroy();
        }else {
            unset($_SESSION["$key"]);
        }
    }
    }
    ?>
```

其他的 Session 扩展则保存到 CleverPHP/DALFactory/Extend/Drive 目录中，并以 Session XXX.class.php 的文件命名规范作为 Session 驱动扩展类。例如 SessionMemcache.class.php 表示使用 Memcache 作为 Session 驱动扩展。代码如例程 18-6 所示。

【例程 18-6】 CleverPHP/DALFactory/Extend/Drive/SessionMemcache.class.php 文件代码。

```
<?php
class SessionMemcache {
    private static  $handler=null;
    private static  $lifetime=null;
    private static  $time = null;
    public static  function init(){
        if(!array_key_exists("session_lifetime", C())){
            self::$lifetime=ini_get('session.gc_maxlifetime');
        }
        self::$time=time();
        self::$handler= new Memcache();
        $pro=C("memcache_prot")?C("memcache_prot"):11211;
        self::$handler->connect(C("memcache_host"), intval($pro));
        if (!self::$handler) {
            throw new Exception("Session 驱动连接失败");
        }
        self::start();
    }
    public static  function start(){
        session_set_save_handler(
                array(__CLASS__, 'open'),
                array(__CLASS__, 'close'),
                array(__CLASS__, 'read'),
                array(__CLASS__, 'write'),
                array(__CLASS__, 'destroy'),
                array(__CLASS__, 'gc')
            );
        session_start();
    }

    /**
     * 打开
     * Enter description here ...
     * @param unknown_type $path
     * @param unknown_type $name
     */
    public static  function open($path, $name){
        return true;
    }
      /**
       * 关闭
       * Enter description here ...
       */
    public static function close(){
        return true;
    }
      /**
       * 读取
       * Enter description here ...
       * @param unknown_type $PHPSESSID
       */
    public static function read($PHPSESSID){
        $out=self::$handler->get(self::session_key($PHPSESSID));
        if($out===false || $out == null)
            return '';
```

```
            return $out;
        }
          /**
           * 写入
           * Enter description here ...
           * @param unknown_type $PHPSESSID
           * @param unknown_type $data
           */
        public static function write($PHPSESSID, $data){
            $method=$data ? 'set' : 'replace';
            return  self::$handler->$method(self::session_key($PHPSESSID), $data, MEMCACHE_
COMPRESSED, self::$lifetime);
        }
          /**
           * 注消
           * Enter description here ...
           * @param unknown_type $PHPSESSID
           */
        public static function destroy($PHPSESSID){
            return self::$handler->delete(self::$session_key($PHPSESSID));
        }
          /**
           * 清空
           * Enter description here ...
           * @param unknown_type $lifetime
           */
        public static function gc($lifetime){
            return true;
        }
        private static function session_key($PHPSESSID){
            return $PHPSESSID;
        }
    }
    ?>
```

开发 Session 驱动扩展，需要熟悉 session_set_save_handler 函数的使用。读者可以在此基础上继续实现 DbSession.class.hp、RedisSession.class.php 文件驱动。

18.5.2 缓存驱动扩展

由于 Smarty 模板引擎本身就内置了非常灵活及强大的文件缓存，所以这里不再介绍文件缓存的使用。接下来将要介绍的是 Memcache 缓存扩展。当然，由于缓存驱动也是基于中间件实现的，所以也可以在此基础上实现其他缓存驱动。

缓存驱动中间件使用 Cache 类实现，在该类中只需要实现 get、set、del 方法即可。这样，网站开发人员只需要使用上述 3 种方法即可对所有缓存驱动进行缓存操作。代码如例程 18-7 所示。

【例程 18-7】 CleverPHP/DALFactory/Cache.class.php 文件代码。

```
<?php
//+---------
//|缓存类，中间件
//+---------
class Cache{
```

```
    protected $cacheName;
    protected $cacheObj;
    function __construct($Drive=""){
        $config=C();
        if (empty($Drive)){
            if (array_key_exists("cache", $config)){
                $this->cacheName="Cache".ucfirst($config["cache"]);
            }else{
                $this->cacheName="CacheMemcache";
            }
        }else {
            $this->cacheName="Cache".ucfirst($Drive);
        }
        $fiel='./CleverPHP/DALFactory/Extend/Drive/'.$this->cacheName.".class.php";
        if(is_file($fiel)){
            require_once "{$fiel}";
            $class=$this->cacheName;
            $this->cacheObj=new $class();
        }else{
            throw  new Exception("{$fiel}"."文件不存在");
        }
    }
    /**
     * 设置缓存
     * @param string $key
     * @param string $data
     * @param int $expire
     */
    public function set($key,$data,$expire=""){
        return $this->cacheObj->setCache($key,$data,$expire);
    }
    /**
     * 获取缓存
     * @param string $key
     */
    public function get($key){
        return $this->cacheObj->getCache($key);
    }
    /**
     * 删除缓存
     * @param string $key
     */
    public function del($key){
        return $this->cacheObj->delCache($key);
    }
    }
    ?>
```

缓存驱动类文件存放到 CleverPHP/DALFactory/Extend/Drive 目录，并以 CacheXXX.class.php 的文件命名方式进行命名。例如 CacheMemcache.class.php 文件表示使用 Memcache 作为缓存系统。代码如例程 18-8 所示。

【例程 18-8】 CleverPHP/DALFactory/Extend/Drive/CacheMemcache.class.php 文件代码。

```
<?php
class CacheMemcache{
```

```
    /**
     * Memcache 生成缓存
     * @see ICache::Memcaches()
     */
    protected $memcache;
    function __construct(){
        if ($this->clientMemcache()==false)
            die("Memcache 连接失败");
    }
    protected function clientMemcache(){
        $this->memcache= new Memcache;
        return  $this->memcache->connect(C("memcache_host"),  (int)C("memcache_prot"))?
true:false;
    }
    public function setCache($key,$data,$expire=""){
        try {
            empty($expire)?$expire=C("memcache_expire"):$expire=$expire;
            return $this->memcache->set($key,$data,MEMCACHE_COMPRESSED,$expire);
        }catch (Exception $e){
            exit($e->getMessage());
        }
    }
    /**
     * 获取缓存
     * @see ICache::getMemcache()
     */
    public function getCache($key){
        try {
            return $this->memcache->get($key,2);
        }catch (Exception $e){
            die($e->getMessage());
        }
    }
    /**
     * 删除 memcache 缓存
     * @see ICache::delMemcache()
     */
    public function delCache($key){
        try {
            return $this->memcache->delete($key,0);
        }catch (Exception $e){
            die($e->getMessage());
        }
    }
}
?>
```

开发缓存驱动比较容易，最简单的缓存驱动只需要实现 setCache、getCache、delCache 三种公开方法即可。需要注意的是，无论是 Session 或者 Cache 驱动，都必须配合项目配置文件进行使用。接下来将通过示例的方式，全面演示 CleverPHP 的使用。

18.6 测试 MVC 框架

通过前面的步骤，一个简单的 MVC 框架就完成了。下面将通过创建一个项目的示例，演示 CleverPHP 的使用。

18.6.1　创建项目

CleverPHP 并不会自动创建项目所需要的目录及文件，所以在部署时需要开发人员自行创建所需要的目录结构。层次如图 18-3 所示。

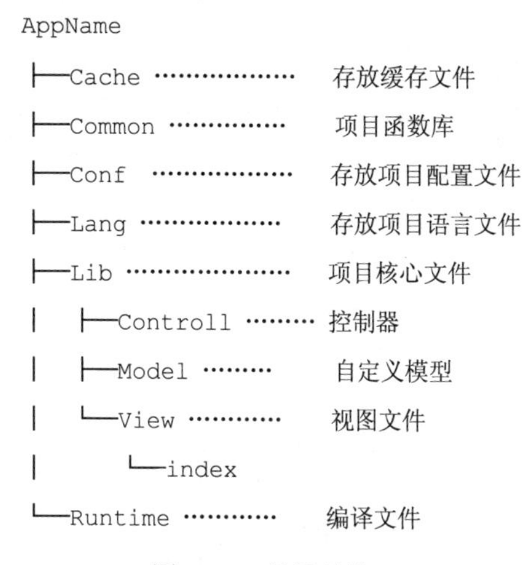

图 18-3　目录结构

创建完相应的目录结构之后，只需要在网站目录下创建入口文件，然后引入 CleverPHP 初始化文件即可。这里创建的入口文件为 index.php，项目命名为 app。代码如下。

```
<?php
define("AppDir","app");
require("./CleverPHP/CleverPHP.php");
App::Run();
?>
```

为了方便演示数据库操作，还需要创建数据表。SQL 代码如下。

```
--
-- 数据库: `cleverphp`
--

-- --------------------------------------------------------

--
-- 表的结构 `cl_content`
--

CREATE TABLE IF NOT EXISTS `cl_content` (
  `id` int(11) NOT NULL AUTO_INCREMENT,
  `title` varchar(100) NOT NULL,
  `user` char(50) CHARACTER SET utf8 COLLATE utf8_estonian_ci NOT NULL,
  `content` varchar(200) NOT NULL,
  PRIMARY KEY (`id`),
  KEY `id` (`id`)
) ENGINE=MyISAM  DEFAULT CHARSET=utf8 AUTO_INCREMENT=821 ;

-- --------------------------------------------------------

--
```

```
-- 表的结构 `cl_user`
--

CREATE TABLE IF NOT EXISTS `cl_user` (
  `id` int(11) NOT NULL AUTO_INCREMENT,
  `username` char(20) NOT NULL,
  `password` char(32) NOT NULL,
  `add_time` int(11) NOT NULL,
  PRIMARY KEY (`id`),
  KEY `username` (`username`)
) ENGINE=MyISAM DEFAULT CHARSET=utf8 AUTO_INCREMENT=1 ;
```

读者可以添加相应的数据，方便后续的操作。完成之后，在 app/Conf 创建配置文件，并命名为 config.php。代码如下。

```
<?php
/**
 * 配置文件
 */
$config=array(
    "db_host"=>"localhost",
    "db_user"=>"root",
    "db_pwd"=>"root",
    "db_name"=>"cleverphp",
    "db_quert_encoding"=>"utf8",
    "db_table_prefix"=>"cl_",
    "path_mode"=>1,
    "sys_config"=>array(
       "sys_name"=>"CleverPHP 框架演示",
       "sys_url"=>"http://localhost/cms"
    ),
    "memcache_host"=>"127.0.0.1",
    "memcache_prot"=>11211,
    "memcache_expire"=>0,
     "cache"=>"memcache",
     "session"=>"memcache",
     "session_prefix"=>"ceiba_",
     "session_lifetime"=>3600,
);
?>
```

至此，CleverPHP 就准备就绪了。相应的操作将会在接下来的内容中分别介绍。

18.6.2 测试 CURD

CURD 操作是数据库创建数据（Create）、更新数据（Update）、读取数据（Read）、删除数据（Delete）的简写。也是一个框架最常用的功能之一，CURD 操作的设计直接关系到网站开发效率。下面将分别演示 CleverPHP 的 CURD 操作。

1．增加数据

接下来的所有操作将在 IndexController 控制器中完成（所有控制器需要继承于 Controller 基础类）。首先创建一个 Create 动作，在该动作中只需要输出一个视图模板即可。在该模板中接受用户输入用户名及密码。Create 动作代码如下。

```
public function Create(){
```

```
        $this->View();
        $this->smarty->display("create.html");
    }
```

完成后之后，需要在/app/Lib/View 目录中创建相应的视图模板。这里需要注意的是，模板路径需要遵循“项目模板目录+控制器名称前缀”的命名规范（区分大小写）。所以 create.html 文件的正确文件路径就是/app/Lib/View/Index/create.htm。代码如下。

```
    <!DOCTYPE html PUBLIC "-//W3C//DTD XHTML 1.0 Transitional//EN" "http://www.w3.org/TR/xhtml1/DTD/xhtml1-transitional.dtd">
    <html xmlns="http://www.w3.org/1999/xhtml">
    <head>
    <meta http-equiv="Content-Type" content="text/html; charset=utf-8" />
    <title>增加数据</title>
    </head>
    <body>
    <form action="<!--{__APP__}-->/index/post" method="post" name="form1">
        <ul>
        <li>用户名: <input type="test" name="username" /></li>
          <li>密码: <input type="password" name="password" /></li>
       </ul>
       <input type="submit" value="提交" />
    </form>
    </body>
    </html>
```

如上述标粗代码所示，表示将表单提交到当前项目 Index 控制器下的 post 方法。在该方法中调用 Model 类实现数据插入操作。为了强化模型的概念，CleverPHP 并不允许直接实例化 Model 基类，必须首先创建实体类，并继承于 Model 基类。自定义的 Model 类名需要与数据库中的数据表名称相对应（不带前缀及后缀）。所以，user 表的实体模型就是 UserModel，代码如下。

```
    <?php
    class UserModel extends Model{
    public function add(){
        $data=array(
                "username"=>mysql_escape_string($_POST["username"]),
                "password"=>md5($_POST["password"]),
                "add_time"=>time()

                );
        $row=$this->data($data)->create();
        return $row;
    }
    }
    ?>
```

定义完数据表模型之后，只需要在 post 动作调用即可。代码如下。

```
    //提交数据
    public function post(){
        if(empty($_POST["username"])){
            $this->message("用户名不能为空");
        }elseif(empty($_POST["password"])){
            $this->message("密码不能为空");
        }
        $user=MOD("user");
```

```
        if ($user->add()){
            echo "插入成功";
        }else{

            echo "插入失败:".$user->error;
        }
    }
```

2. 查询数据

查询数据只需要调用 Mode 基类中的 Read 方法即可。接下来将继续以前面创建的示例为例，在 UserModel 自定义模型中添加查询方法。如以下代码所示。

```
    /**
     * 显示列表
     */
    public function rows(){
        $rows=$this->Read();
        return $rows;
    }
```

完成后，只需要在控制器动作中调用，然后将变量值分配给模板引擎即可。代码如下。

```
    //首页
      public function  Index(){

            $user=MOD("User");
            $rows=$user->rows();
            $this->View();
            $this->smarty->assign("pageTitle","会员中心首页");
            $this->smarty->assign("list",$rows);
            $this->smarty->display("index.html");
      }
```

对应的 index.html 视图模板如以下代码所示。

```
    <!DOCTYPE html PUBLIC "-//W3C//DTD XHTML 1.0 Transitional//EN" "http://www.w3.org/
TR/xhtml1/DTD/xhtml1-transitional.dtd">
    <html xmlns="http://www.w3.org/1999/xhtml">
    <head>
    <meta http-equiv="Content-Type" content="text/html; charset=utf-8" />
    <title><!--{$pageTitle}--></title>
    </head><body>
    <ul>
    <!--{foreach from=$list item=vo}-->
        <li><!--{$vo.username}-->  <span><a  href="<!--{__APP__}-->/Index/delete"> 删 除
</a></span><span><a href="<!--{__APP__}-->/Index/update">修改</a></span></li><br>
    <!--{/foreach}-->
    </ul></body>
    </html>
```

3. 删除数据

单击列表中的“删除”链接后，将进入 Delete 动作，并实现数据删除操作。首先在 UserModel 自定义模型中添加相应的删除方法，代码如下。

```
    /**
     * 删除
     */
    public function delUser(){
        return $this->where("id =".intval($_GET["id"]))->delete();
    }
```

控制器 Delete 动作代码如下。

```
//删除数据
public function delete(){
    if (empty($_GET["id"])){
        $this->message("参数错误");
    }
    $user=MOD("user");
    if ($user->delUser()){
        $this->message("删除成功");
    }else{
        throw new Exception("删除失败：".$user->error);
    }
}
```

4．更新数据

单击“修改”链接后，将进入 Update 页面，在该页面中完成数据搜集。Update 动作代码如下。

```
//更新数据
public function Update(){
        $user=MOD("user");
        $row=$user->where("id=".intval($_GET["id"]))->find();
    $this->View();
    $this->smarty->assign("user",$row);
      $this->smarty->display("update.html");

}
```

对应的 update.html 视图模板代码如下。

```
<!DOCTYPE html PUBLIC "-//W3C//DTD XHTML 1.0 Transitional//EN" "http://www.w3.org/
TR/xhtml1/DTD/xhtml1-transitional.dtd">
<html xmlns="http://www.w3.org/1999/xhtml">
<head>
<meta http-equiv="Content-Type" content="text/html; charset=utf-8" />
<title>更新数据</title>
</head><body>
<form action="<!--{__APP__}-->/index/save/id/<!--{$user.id}-->" method="post" name=
"form1">
    <ul>
    <li>用户名：<input type="test" value="<!--{$user.username}-->" name="username"
/></li>
      <li>密码：<input type="password" name="password" /></li>
      <li>重复密码：<input type="password" name="repassword" /></li>
  </ul>
  <input type="submit" value="提交" />
</form>

</body>
</html>
```

用户提交修改表单后，将进入 Save 动作，在该动作中完成数据更新。代码如下。

```
/**
 * 提交数据更新
 * @throws Exception
 */
public function Save(){
```

```
            $user=MOD("user");
            if (empty($_POST["username"])){
                $this->message("用户名不能为空");
            }elseif (empty($_POST["password"]) || $_POST["password"]!=$_POST["repassword"]){
                $this->message("请输入正确的密码");
            }
            $data=array(
                    "username"=>mysql_escape_string($_POST["username"]),
                    "password"=>md5($_POST["password"])
                    );
            if ($user->where("id =".intval($_GET["id"]))->data($data)->update()){
                $this->message("数据更新成功");
            }else{
                throw new Exception("数据更新失败: ".$user->error);
            }
    }
```

18.6.3 测试驱动

前面已经介绍过，CleverPHP 的 Session 及缓存驱动是使用中间件实现的。接下来将通过代码演示 Session 及缓存驱动的使用。

这里将继续使用 Memcache 作为 Session 及缓存数据库。为了方便操作，这里将 Session 及缓存操作分别封装为 Session 及 S 函数。Session 函数如以下代码所示。

```
/**
 * session
 * @param string or int $name
 * @param string $value
 */
function session($name,$value=""){
if (empty($name)){
    return $_SESSION;
}
$sessino=new Session();
if (empty($value)){
    return $sessino->get($name);
}elseif(is_null($value)){
    return $sessino->clear($name);
}else{
    return $sessino->set($name,$value);
}
}
```

S 函数代码如下。

```
/**
 * 缓存快捷函数
 * @param string $key
 * @param string $data
 * @param int $expire
 */
function S($key,$data="",$expire=""){
$Cache=new Cache();
if(empty($expire)){
    $expire=C("memcache_expire");
```

```
    }
    if (!empty($data)){
        //设置
        return $Cache->set($key,$data,$expire);
    }elseif(is_null($data)){
        //删除
        return $Cache->delete($key,0);
    }else{
        //获取
        return $Cache->get($key);
    }
    }
```

下面首先测试 Session 函数，代码如下。

```
public function Index(){
    session("username","李开涌");
    echo session("username");
}
```

要确保 Session 操作切换到 SessionMemcache 驱动，需要将项目配置文件中的 Session 配置改为 memcache。同时，需要确保 Memcache 处理正常运行状态。

缓存的使用同样变得简单，代码如下。

```
public function Cache(){
    $data=S("username");
    if (!$data){
        $data="李开涌";
        S("username",$data);
    }
    echo $data;
}
```

18.7　小结

本章结合了全书内容特点，循序渐进地介绍了 MVC 框架的设计及开发过程。本章内容是全书最注重实践应用的部分，不要求读者全部掌握，但需要读者理解并熟悉 MVC 框架设计的流程。由于篇幅所限，在还有大量代码及类库并没有在章节里进行介绍，需要读者结合本书配套源码在实践时进行深入学习。

开发 MVC 框架是需要技术及思想的，但这些都需要在实践中进行积累，所以笔者并没有以堆砌代码的形式对 MVC 框架进行全面介绍，而是从一开始就贯穿 MVC 设计思想，选取常见的 CURD 操作、驱动扩展等重点内容进行介绍，让读者领略开发 MVC 框架的乐趣。

附　　录

附录 A　让 Nginx 支持 Pathinfo 模式

Pathinfo 是一种 CGI 1.1 标准，用于收集文件及目录路径信息。大多数 PHP MVC 框架都提供 Pathinfo 访问模式，从而较好地改善用户体验。对于 Apache 而言，通常情况下不需要额外设置，即可正常使用。但是对于 Nginx 而言，安装完成后并不能使用 Pathinfo，这无疑会给我们在开发及调试 MVC 应用时，造成困扰。事实上，Nginx 可以通过自定义 fastcgi_param 实现对 Pathinfo 支持，接下来将以 Nginx 1.3.8 为例，详细介绍 Nginx 实现对 Pathinfo 支持。

首先查看 php.ini 是否已经开启 cgi.fix_pathinfo 支持，如以下代码所示。

```
; cgi.fix_pathinfo provides *real* PATH_INFO/PATH_TRANSLATED support for CGI.  PHP's
; previous behaviour was to set PATH_TRANSLATED to SCRIPT_FILENAME, and to not grok
; this to 1 will cause PHP CGI to fix its paths to conform to the spec.  A setting
; what PATH_INFO is.  For more information on PATH_INFO, see the cgi specs.  Setting
; of zero causes PHP to behave as before.  Default is 1.  You should fix your scripts
; to use SCRIPT_FILENAME rather than PATH_TRANSLATED.
; http://php.net/cgi.fix-pathinfo
cgi.fix_pathinfo=1
```

将 cgi.fix_pathinfo 设置为 1 即可。完成后重新启动 php-fpm，然后打开 Nginx 配置文件。找到 PHP 转发配置（位于 server 节点下），代码如下。

```
location ~ \.php$ {
    fastcgi_pass 127.0.0.1:9000;
    fastcgi_index index.php;
    set $path_info "/";
    set $real_script_name $fastcgi_script_name;
    if ($fastcgi_script_name ~ "^(.+?\.php)(/.+)$") { set $real_script_name $1;
        set $path_info $2;
    }
}
```

上述配置信息是 Nginx 1.3.8 默认提供的 PHP 转发配置。接下来需要在该配置信息中添加一个自定义 fastcgi_param 项，从而实现 Pathinfo 支持，代码如下。

```
location ~ .+\.php {
   set $script    $uri;
    set $path_info  "/";
   set $real_script_name $fastcgi_script_name;
   if ($uri ~ "^(.+\.php)(/.+)") {
      set $script     $1;
      set $path_info  $2;
   }
   fastcgi_pass 127.0.0.1:9000;
   fastcgi_index  index.php?IF_REWRITE=1;
   include /usr/local/nginx/conf/fastcgi_params;
   fastcgi_param PATH_INFO $path_info;
   fastcgi_param SCRIPT_FILENAME  $document_root/$script;
```

```
    fastcgi_param SCRIPT_NAME $script;
    fastcgi_param SCRIPT_NAME $real_script_name;
}
```

通过上述改动，最后只需要保存 nginx.conf 配置文件，并重启 Nginx，即可实现 Pathinfo 访问支持。

需要注意的是，虽然通过配置 PHP 转发能够实现 Pathinfo。但是，完整模拟隐藏入口（index.php）文件后的 Pathinfo，还需要配合 URL 重写功能才能实现。代码如下。

```
location / {
     index  index.php;
     if (!-e $request_filename) {
            rewrite  ^/(.*)$  /index.php/$1  last;
        break;
     }
}
```

上述转发规则很简单，作用就是将所有以“/”结尾的 URL 请求都重写到 index.php 文件。当然，读者也可以将重写规则单独配置到虚拟主机或者特定的项目目录中。如以下代码所示。

```
location /tp/ {
     index  index.php;
     if (!-e $request_filename) {
            rewrite  ^/tp/(.*)$  /tp/index.php/$1  last;
        break;
     }
}
```

至此，所有 PHP MVC 框架都能够正常使用 Pathinfo 访问模式了。

附录 B　配置团队开发环境

本书一开始就介绍了 SubVersion 的实战应用。使用 SubVersion，可以让团队协作变得简单，很好地解决团队开发中常见的问题，例如代码托管、代码备份、版本控制等。但这里有一个重要的问题没有解决，那就是团队测试。

怎样在团队开发环境中测试项目，这是普通程序员所经常遇到的问题。常见的做法有两种：一种是使用本地环境进行调试，然后通过 QQ、FTP 或远程管理等工具传递给团队其他程序员，完成逐个功能测试；另一种是使用网络文件共享。前者效率慢，只能适用于 2、3 个人的开发环境。后者是常用的大型团队开发测试方案，其运行原理如附图 B-1 所示。

附图 B-1 所示，网络文件共享服务将 Web 服务器（即文件服务器）上的文件及目录映射到本地计算机上，程序员在保存及测试文件时，直接将文件保存到所映射的目录上，就相当于保存到 Web 服务器上。这一过程，程序员并不需要对文件进行任何上传操作，一切就如同本地文件系统一样方便。在文件被保存后，团队内的其他成员可以实时地了解该文件开发进度，并参与测试。

实现网络文件共享服务的套件主要有 CIFS（网络邻居）及 NFS。前者主要在 Windows 操作系统下使用；后者只适用于 Linux 或 UNIX 之间文件共享。但在真实环境中，通常情况下都是服务端使用 Linux 操作系统，而客户端使用 Windows、Mac OS 操作系统。这时，无论是 CIFS 或者 NFS 都不能满足要求，所以就有了开源且免费的 Samba 了。

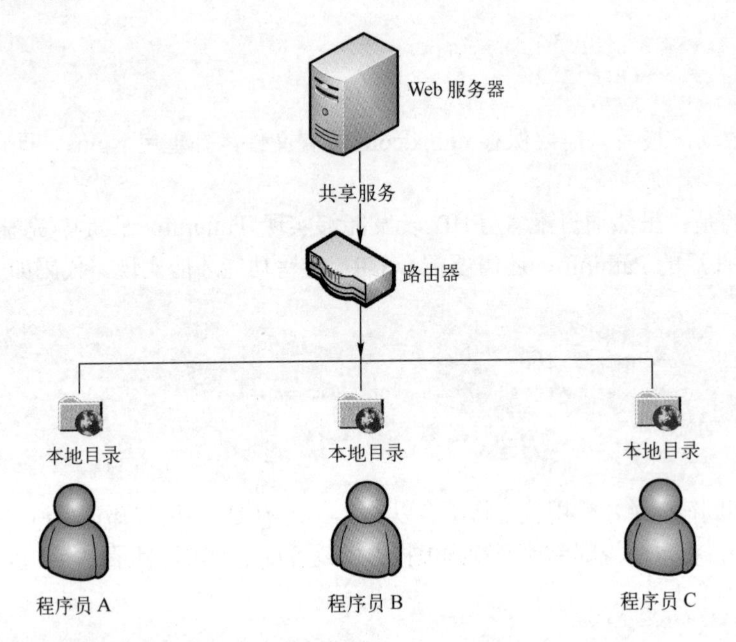

附图 B-1　网络文件共享服务

Samba 与 CIFS 及 NFS 一样，都是基于 SMB（Server Message Block）通信协议实现的。不同之处在于 Samba 不仅能够实现 Linux 之间进行网络文件共享，还能够实现 Linux 与非 Linux（包括 Windows）文件共享。所以使用 Samba 构建团队开发环境是非常明智的。

由于 Samba 非常强大及易用，所以很多 Linux 发行版本都内置了 Samba 套件。需要说明的是，虽然 Samba 提供了可靠的文件共享服务，但在配置团队开发环境时，需要注意安全配置。此外，由于映射的目录通常为 Web 目录，而该目录所属组及用户通常归属于 Web 服务器进程。而正是这个原因，导致很多程序员在配置完成并启动 Samba 后，虽然可以正常提供网络文件共享服务，但却不允许文件写入操作。这无疑是没有意义的，接下来将通过示例的方式，详细介绍使用 Samba 构建团队开发环境的全过程。

1. 安装 Samba

假设有一台 Linux（版本为 CentOS 6.0）服务器，IP 地址 192.168.2.20。现在使用该服务器作为团队开发文件服务器。为了方便调试程序，该服务器上已经安装 LNMP。现在需要安装 Samba 套件，以实现文件共享服务。步骤如下。

首先安装 Samba 套件。

```
[root@localhost ~]# yum install cups-libs samba samba-common
```

安装完成后，将会在/etc/samba/目录查看到 Samba 配置文件。

```
[root@localhost ~]# ls /etc/samba/
lmhosts  smb.conf  smbusers
[root@localhost ~]#
```

至此，Samba 就安装完成了。

2. 创建共同用户

利用 Samba 共享目录可以方便地搭建远程开发服务器，我们在本地储存文件时，其实操作的是 Linux 上的文件系统，但效果和操作本地文件一样。利用这一特点，我们可以将

Linux 服务器上的 Web 目录设置为 Samba 共享目录，并且将共享目录及 Web 进程拥有者设置为 Samba 用户库中合法的用户，即可解决权限冲突或不足的问题。步骤如下。

```
[root@localhost ~]# groupadd www
[root@localhost ~]# useradd -g www www
```

接下来将 www 用户导入到 Samba 用户库中。

```
[root@localhost ~]# smbpasswd -a www
New SMB password:
Retype new SMB password:
[root@localhost ~]#
```

上述操作中的用户密码并不是 Linux 系统登录密码，而是 Samba 用户数据库中存放的密码。客户端访问共享目录时需要提供该密码（查看已有 Samba 用户可以使用 pdbedit -L 命令）。完成后，将 Nginx 的进程所有者修改为 www。

```
[root@localhost ~]# vi /usr/local/nginx/conf/nginx.conf
```

```
user www www;
worker_processes  1;
events {
    worker_connections  1024;
}
```

上述操作的目的是确保程序员在本地操作文件时，能够以文件所有者的权限进行。完成后，只需要将 Samba 共享目录定位到 Nginx 网站主目录即可。

3. 配置 Samba

为了方便介绍，这里并没有对 Samba 详细的配置进行介绍，有需要的读者可以参考相关 Linux 图书。接下来只需要配置一个共享目录，即可实现需求。

```
[root@localhost ~]# vi /etc/samba/smb.conf
```

```
246 #============================ Share Definitions ==============================
247
248 [homes]
249         comment = Home Directories
250         browseable = yes
251         writable = yes
252 ;       valid users = %S
253 ;       valid users = MYDOMAIN\%S
254 [web]      #自定义节点
255         comment = web smb          #备注
256         path = /home/wwwroot #Nginx 网站主目录
257         writable = yes        #是否可写
258         browseable = yes      #是否可浏览
259 [printers]
260         comment = All Printers
261         path = /var/spool/samba
262         browseable = yes
263         guest ok = yes
264         writable = yes
265         printable = yes
```

至此，Samba 就配置完成了，接下来只需要启动 Samba 服务即可完成团队开发环境配置。

4．启动 Samba

经过上述步骤，接下来就可以启动 Samba 服务器了。如果开启了防火墙，需要打开 139 和 445 端口（使用 netstat -tpln | grep smb 命令查看）。同时，由于 CentOS 6.x 默认开启 SELinux，为了避免给实验造成困扰，可以临时将其关闭。

```
[root@localhost ~]# setenforce 0
```

当然，由于开发服务器通常都是处于内网的，所以并不需要较高的安全保护。我们也可以永久关闭 SELinux。

```
[root@localhost ~]# vi /etc/selinux/config
#SELINUX=enforcing       #注释
#SELINUXTYPE=targeted #注释
SELINUX=disabled        #增加
```

保存后，重新启动系统即可生效。接下来只需要启动 Samba 服务即可。

```
[root@localhost ~]# service smb start
[root@localhost ~]# chkconfig smb on
```

5．使用 Samba

Samba 启动后，接下来就可以在客户端连接共享目录，从而实现高效的团队协作开发。在 Windows 7 中的步骤如下。

在 Windows 开始菜单中启动“运行”对话框，然后输入 Samba 服务器所在的 IP 地址（本例 Samba 服务器 IP 地址为 192.168.2.20），如附图 B-2 所示。

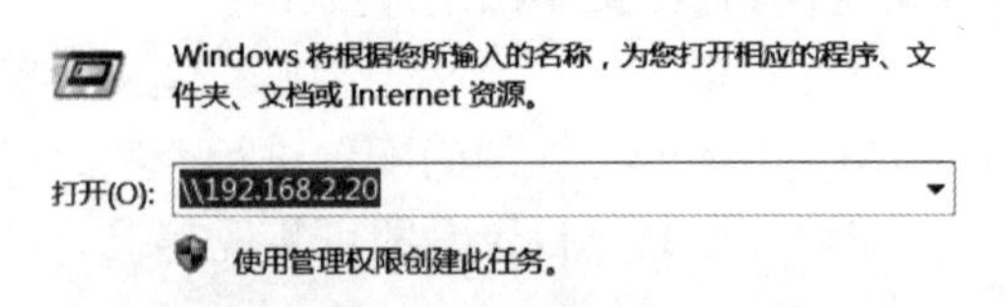

附图 B-2　Windows 打开任务对话框

点击“确定”按钮，输入 www 认证用户和密码，登录成功后，就能看到 Web 网站下的所有文件了。此时，可以在共享目录中新建、删除、修改等常见操作，就如同本地操作一样。对文件进行修改并保存后，可以通过 Web 地址访问到该文件。为了便于操作，可以将共享目录映射为本地目录，方法如附图 B-3 所示。

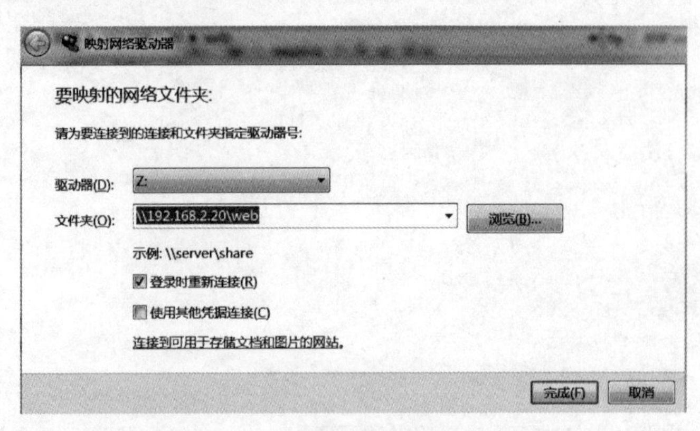

附图 B-3　将共享目录映射为本地目录

至此，团队开发环境就配置完成了。

机工出版社·计算机分社书友会邀请卡

尊敬的读者朋友：

感谢您选择我们出版的图书！我们愿以书为媒与您做朋友！我们诚挚地邀请您加入：

“机工出版社·计算机分社书友会”

以书结缘，以书会友

加入“书友会”，您将：

★ 第一时间获知新书信息、了解作者动态；

★ 与书友们在线品书评书，谈天说地；

★ 受邀参与我社组织的各种沙龙活动，会员联谊；

★ 受邀参与我社作者和合作伙伴组织的各种技术培训和讲座；

★ 获得“书友达人”资格（积极参与互动交流活动的书友），参与每月 5 个名额的“书友试读赠阅”活动，获得最新出版精品图书 1 本。

如何加入“机工出版社·计算机分社书友会”

两步操作轻松加入书友会

Step1

访问以下任一网址：

★ 新浪官方微博：http://weibo.com/cmpjsj

★ 新浪官方博客：http://blog.sina.com.cn/cmpbookjsj

★ 腾讯官方微博：http://t.qq.com/jigongchubanshe

★ 腾讯官方博客：http://2399929378.qzone.qq.com

Step2

找到并点击调查问卷链接地址（通常位于置顶位置或公告栏），完整填写调查问卷即可。

联系方式

通信地址：北京市西城区百万庄大街 22 号
机械工业出版社计算机分社

邮政编码：100037

联系电话：010-88379750

传　　真：010-88379736

电子邮件：cmp_itbook@163.com

敬请关注我社官方微博：　http://weibo.com/cmpjsj

第一时间了解新书动态，获知书友会活动信息，与读者、作者、编辑们互动交流！